I0032272

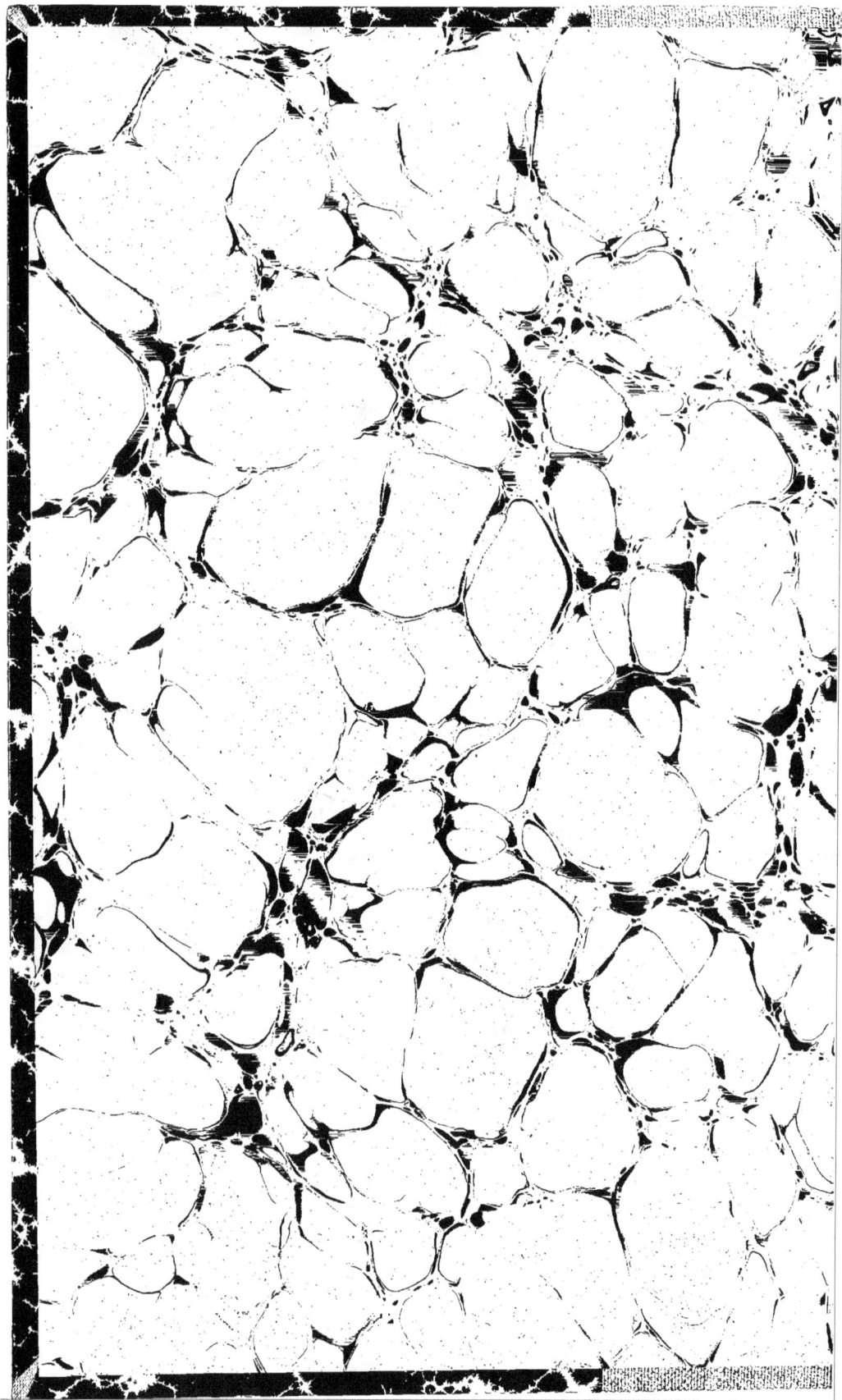

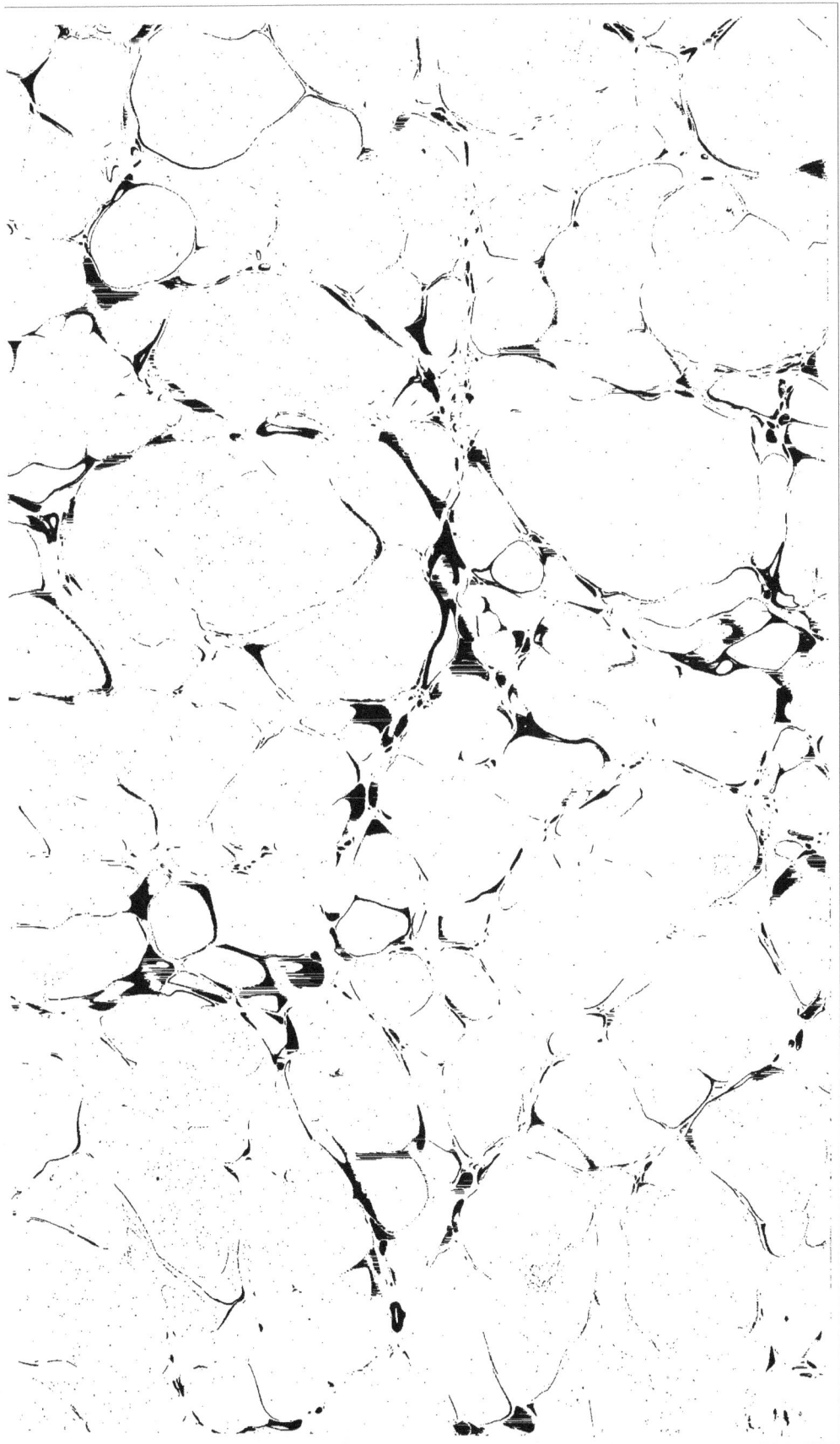

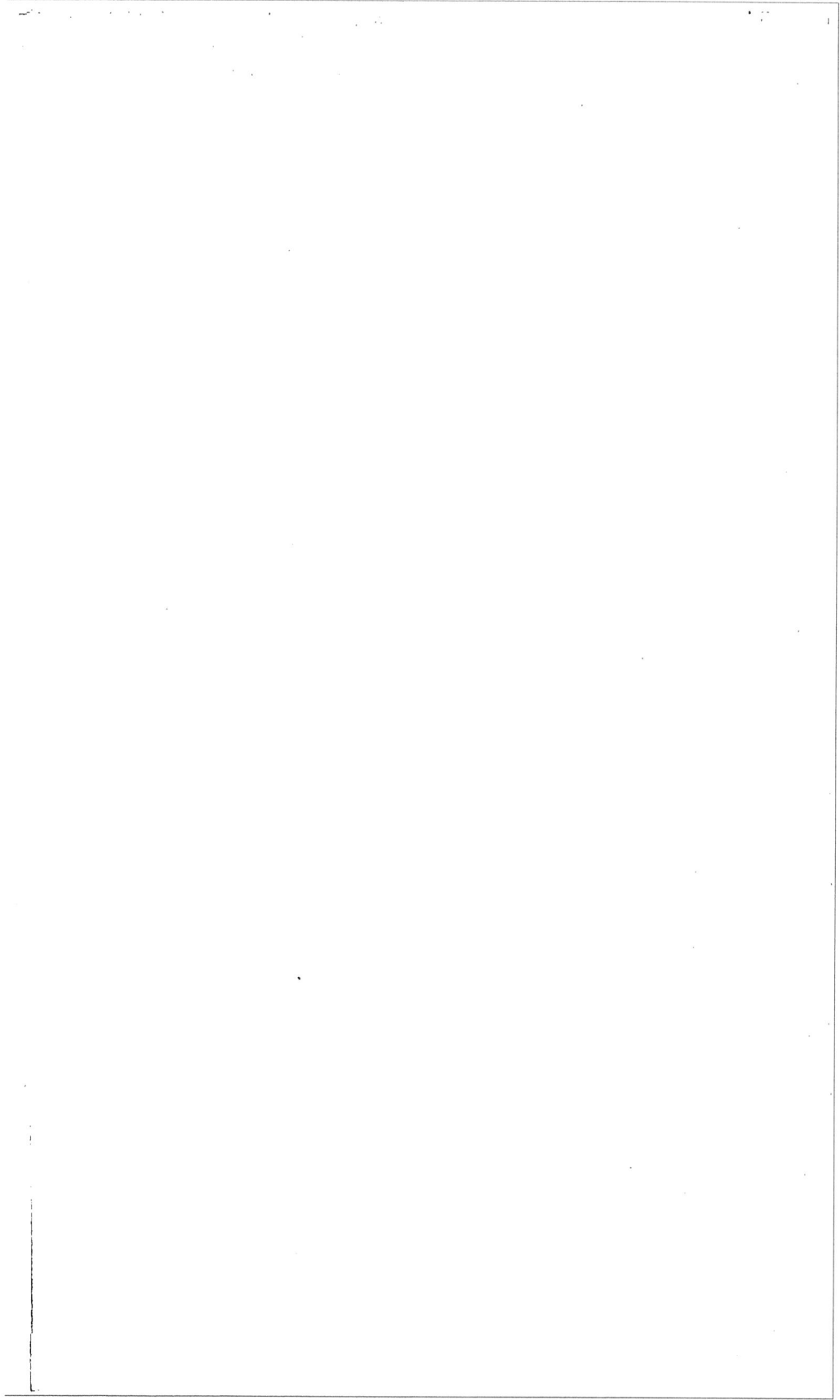

LA VÉGÉTATION

DE LA

RÉGION LYONNAISE

ET DE LA PARTIE MOYENNE

DU BASSIN DU RHONE

OU

DESCRIPTION TOPOGRAPHIQUE, GÉOLOGIQUE ET BOTANIQUE
DES RÉGIONS DU LYONNAIS, DU BEAUJOLAIS, DE LA DOMBES ET DU BAS-DAUPHINÉ;
CARACTÈRES DE LEURS FLORES ÉTUDIÉES DANS LEURS RAPPORTS AVEC LE
CLIMAT ET LA NATURE DU SOL ET COMPARÉES AVEC CELLES DES
RÉGIONS VOISINES DU FOREZ, DE LA BRESSE, DU JURA
MÉRIDIONAL ET DES TERRES-FROIDES,

PAR LE

Dr Ant. MAGNIN

Ouvrage contenant sept cartes, dont six coloriées

BALE — LYON — GENÈVE
H. GEORG, LIBRAIRE-ÉDITEUR
65, rue de la République.

1886

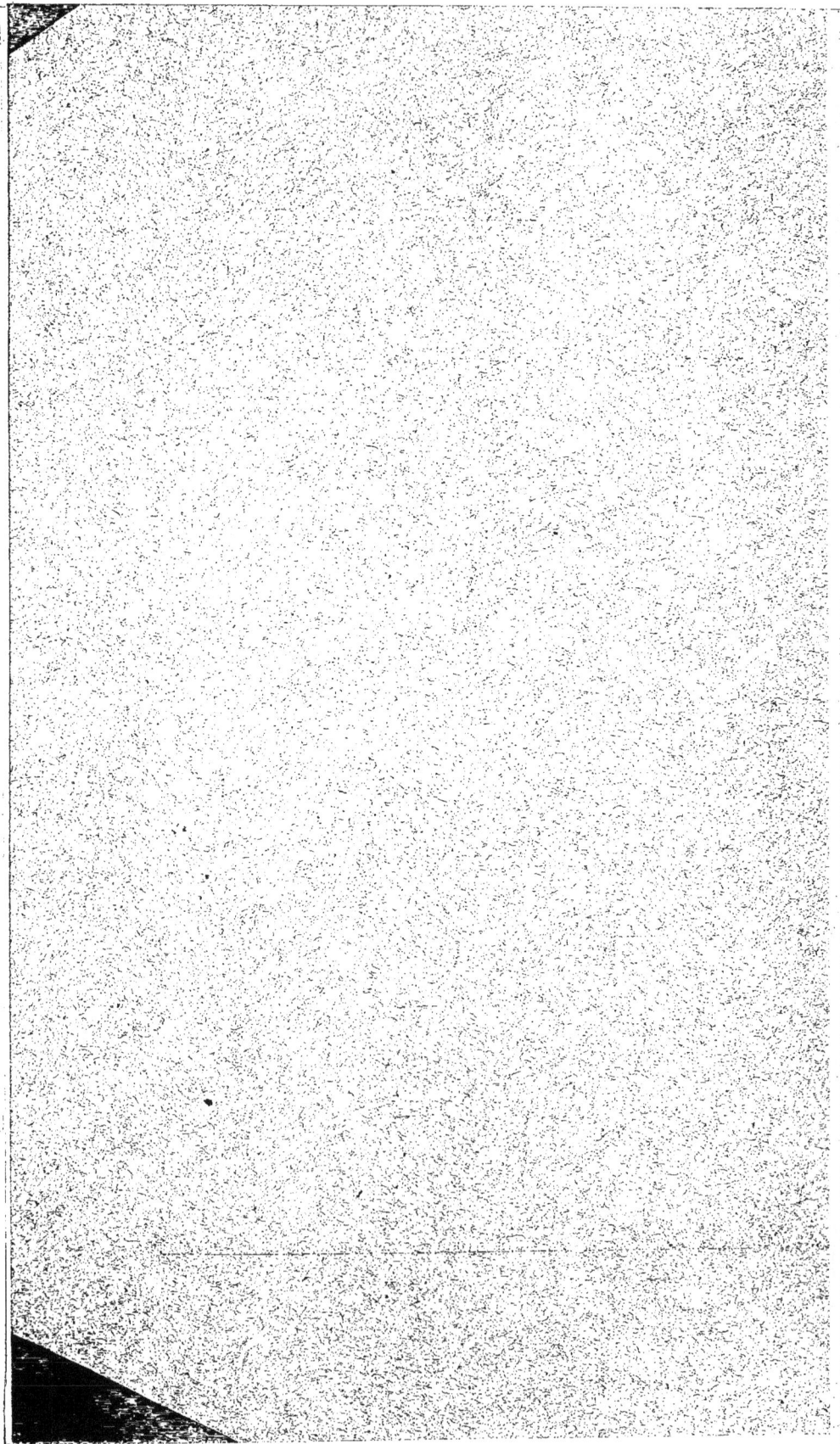

LA VÉGÉTATION

DE LA

RÉGION LYONNAISE

ET DE LA PARTIE MOYENNE

DU BASSIN DU RHONE

OU

DESCRIPTION TOPOGRAPHIQUE, GÉOLOGIQUE ET BOTANIQUE
DES RÉGIONS DU LYONNAIS, DU BEAUJOLAIS, DE LA DOMBES ET DU BAS-DAUPHINÉ;
CARACTÈRES DE LEURS FLORES ÉTUDIÉES DANS LEURS RAPPORTS AVEC LE
CLIMAT ET LA NATURE DU SOL ET COMPARÉES AVEC CELLES DES
RÉGIONS VOISINES DU FOREZ, DE LA BRESSE, DU JURA
MÉRIDIONAL ET DES TERRES-FROIDES,

PAR LE

Dr Ant. MAGNIN

BIBLIOTHÈQUE NATIONALE IMPRIMÉS

DÉPÔT LÉGAL
Rhône
n.° 385
1886

Ouvrage accompagné de sept cartes, dont six coloriées

BALE — LYON — GENÈVE

H. GEORG, LIBRAIRE-ÉDITEUR
65, rue de la République.

—

1886

4° S
280

Lyon. Association typographique, rue de la Barre, 12. — F. PLAN, directeur.

PRÉFACE

Les diverses parties de cet ouvrage, malgré leur disposition méthodique, n'ont pas la même origine : le premier chapitre est le développement des communications que j'ai faites à la *Société botanique de Lyon* sur la Géographie botanique de la région lyonnaise, pendant les dernières années de mon séjour dans cette ville (1879-1884) ; je les ai complétées par des notions sur la topographie, la géologie de chacune des régions secondaires et par une étude des causes qui agissent sur la distribution des végétaux dans la partie moyenne du bassin du Rhône, c'est-à-dire le climat, les variations locales que lui font subir l'exposition ou l'altitude, la nature du sol ; l'étude de ce dernier facteur, qui intervient par ses propriétés physiques et sa composition chimique, m'a permis d'exposer mes idées sur cette question qui divise encore les phytostaticiens et d'apporter un certain nombre de faits nouveaux, de quelque intérêt, à l'appui de la théorie de la prépondérance de l'influence chimique ; le tableau de la végétation du Lyonnais se termine enfin par l'histoire de ses modifications dans les temps géologiques et depuis la période historique.

Cette origine diverse explique le développement inégal donné aux différentes parties de ce travail et les modifications qui ont été apportées dans le cours de sa publication, notamment pour les divisions et les subdivisions du texte (1) ; mais, grâce à l'ordonnance du plan adopté dès le début (2), plan que j'ai suivi rigoureusement, l'ensemble a peu souffert de cette composition intermittente ; le lecteur pourra seulement se plaindre de la concision apportée à la rédaction de la plupart de ces pages, qui ont exigé souvent de longues recherches sur le terrain ou dans la littérature botanique ; j'ai mieux aimé condenser que sacrifier au désir de produire un ouvrage plus volumineux.

---

(1) C'est pour cela qu'il importe de rectifier les titres des principales divisions et de prendre de suite une idée exacte de l'enchaînement des sujets traités, en parcourant la *Table des matières* placée ci-après.

(2) Voyez mes *Recherches sur la géographie botanique du Lyonnais*, Paris, 1879, p. 25.

Il est encore un autre point sur lequel je dois m'expliquer : le lecteur, ayant remarqué qu'à chaque instant il est fait appel aux recherches des botanistes de la région pour compléter mes observations personnelles, aurait le droit de s'étonner que je les publie ainsi prématurément ; si j'ai cru devoir les livrer quand même au public, malgré leurs imperfections, c'est qu'un changement inopiné de résidence, en m'éloignant pendant la plus grande partie de l'année de la région lyonnaise, m'a mis dans la nécessité de coordonner de suite des matériaux rassemblés depuis plus de quinze ans. Bien que j'entreprenne, aux mêmes points de vue, l'étude de la contrée où les circonstances m'ont conduit, je ne me désintéresse nullement de cette belle région du Lyonnais que j'ai explorée pendant tant d'années ; aussi recevrai-je avec la plus vive reconnaissance les communications, rectifications ou additions, que mes confrères voudront bien me faire parvenir ; elles me permettront d'améliorer ce premier travail, qui aura du moins le mérite d'être suggestif, c'est-à-dire de provoquer des recherches sur les parties encore mal explorées de la région et d'appeler l'attention des observations locaux sur certains faits de phytostatique qui passent inaperçus des botanistes uniquement préoccupés de la recherche des espèces *rares* de la Flore.

Je crois devoir, en terminant, adresser mes plus sincères remercîments à la *Société botanique de Lyon*, qui a donné à cet ouvrage l'hospitalité de ses *Annales* et fait les frais d'une partie des cartes, ainsi qu'à l'*Association française pour l'avancement des sciences*, dont la généreuse subvention a permis la publication des autres cartes de phytostatique.

A. M.

Besançon, Faculté des sciences, avril 1886.

TABLE DES MATIÈRES

CHAPITRE PREMIER

TOPOGRAPHIE, GÉOLOGIE ET VÉGÉTATION DES DIFFÉRENTES PARTIES DE LA RÉGION LYONNAISE (RÉGIONS GÉOGRAPHIQUES)

CHAPITRE II

**COMPARAISON DES FLORES. — DIVISION
DE LA RÉGION LYONNAISE EN RÉGIONS BOTANIQUES**

CHAPITRE III

INFLUENCE DES MILIEUX SUR LA DISTRIBUTION DES VÉGÉTAUX DANS LA RÉGION LYONNAISE

CHAPITRE IV

MODIFICATIONS DE LA FLORE DANS LES TEMPS GÉOLOGIQUES ET DEPUIS LA PÉRIODE HISTORIQUE

OBSERVATIONS

SUR LA

FLORE DU LYONNAIS

PAR LE

Dr Ant. MAGNIN

INTRODUCTION

Si l'on embrasse par la pensée la série des recherches accomplies pendant ces cinquante dernières années dans le domaine de la Flore locale, on ne peut s'empêcher de reconnaître que depuis la publication de l'ouvrage de Balbis (1), la botanique descriptive ne se soit enrichie d'une quantité considérable de documents; et cependant, telle est l'étendue du champ à explorer, tel est le nombre des espèces à étudier dans leurs variations, leur dispersion géographique, etc., telle est, du reste, la multiplicité des points de vue auxquels on peut se placer dans ces recherches, qu'on est loin de les avoir épuisées complètement, malgré le nombre, l'activité et le savoir des observateurs qui se sont multipliés d'une façon remarquable depuis ces dernières années; chaque jour apporte quelques faits nouveaux, et l'ouvrage le plus récent ne représente bientôt plus l'état actuel de nos connaissances.

Ces considérations nous sont suggérées pour un nouvel exa-

---

(1) Flore lyonnaise, par le Dr Balbis, 2 vol. Lyon, 1828.

men auquel nous venons de nous livrer du dernier ouvrage publié sur la Flore du Lyonnais par M. l'abbé Cariot (1). Certes,
nous nous faisons un plaisir et un devoir de reconnaitre avec
notre ami le Dr Saint-Lager (2), que cette dernière édition constitue un grand progrès sur les précédentes ; mais nous sommes
forcés de constater aussi que, pour un certain nombre d'espèces,
les indications fournies sur leur dispersion géographique sont
tout à fait insuffisantes. Cette partie de l'étude des plantes est
du reste, en général, négligée dans beaucoup de Flores : les
auteurs de ces ouvrages se contentent trop souvent de signaler,
d'après les divisions administratives, les localités des plantes
plus ou moins rares qu'ils ont observées, sans essayer de les
rattacher aux régions établies, d'après les accidents topographiques, les zones d'altitude, d'après les différences de nature
et de composition de sol, ou les autres circonstances qui modifient la constitution du tapis végétal. C'est une lacune que pour
notre part nous essayons de combler dans la mesure de nos
connaissances et du temps que nous pouvons consacrer à ces
recherches ; et ce sont les résultats obtenus par des courses
répétées, spécialement accomplies dans ce but depuis quelques
années, que nous venons condenser dans ces pages. Mais avant
de procéder à l'énumération des faits particulier de dispersion
que nous avons relevés sur les espèces intéressantes de la Flore
lyonnaise, il nous a paru utile de présenter dans une introduction un aperçu sommaire de la climatologie et de la géographie botanique du Lyonnais, aperçu qui devrait être norma-
lement placé en tête de toute Flore locale.

(1) *Étude des fleurs* par l'abbé Cariot, 6e édition, t. II. Lyon, 1879.
(2) *Ann. de la Soc. botan. de Lyon*, t. VII, 1878-1879, p. 322.

I

DE LA BOTANIQUE PHYTOSTATIQUE A LYON [1]

Il sera certainement intéressant pour le lecteur de jeter un coup d'œil rétrospectif sur l'histoire de la botanique dans notre ville, d'étudier ses origines, ses développements, et de chercher sous quelles influences cette branche de l'histoire naturelle a subi des phases successives de prospérité et de décadence.

Les origines de la botanique lyonnaise remontent haut dans l'histoire : longtemps avant que les De Jussieu eussent illustré leur ville natale de la gloire qui s'attache à leur nom, les Daléchamps, les Bauhin avaient déjà donné à la cité lyonnaise le lustre de leur renommée scientifique ; et depuis ces *pères* de la botanique, que de savants illustres, que de modestes mais utiles *herborisateurs* se sont succédé dans ces trois derniers siècles !

On peut diviser cette longue période en quatre époques caractérisées chacune par des botanistes célèbres, groupés autour d'une institution scientifique, leur servant de lien ou de centre d'activité.

La première époque, qui embrasse les XVIe et XVIIe siècles et le commencement du XVIIIe, peut s'appeler l'époque du *Collège des médecins de Lyon*: elle s'étend de 1530 à 1730, c'est-à-dire de Daléchamps à Goiffon.

La deuxième époque commence vers 1760, au moment de la fondation de l'Ecole vétérinaire : les La Tourrette, les Rozier, les Gilibert en sont les principales illustrations ; puis en 1798, la création de la *Société d'Agriculture* qui groupe autour d'elle les naturalistes lyonnais, et en 1802 celle du jardin botanique, donnent une nouvelle impulsion à l'étude des fleurs.

---

[1] Extrait d'un article paru dans le *Lyon scientifique* en 1879.

A partir de 1822, c'est la *Société linnéenne* qui réunit plus spécialement la phalange nombreuse des botanistes : cette troisième époque est celle des Balbis, des Seringe et des Jordan.

Enfin la dernière époque commence avec la fondation de la *Société botanique de Lyon*, en 1872.

C'est un fait certainement digne d'être noté que chacune de ces institutions scientifiques, après avoir été le centre d'activité des études botaniques, se soit laissé ensuite entraîner plus spécialement vers d'autres branches des sciences naturelles. C'est ainsi que la Société d'agriculture dont les premiers volumes des *Annales* renferment les nombreuses communications de botanique dues aux Gilibert, Mouton-Fontenille, Hénon (l'ancien), Rast-Maupas, Madiot, etc., ne publia bientôt plus que des travaux d'agriculture proprement dits ou de géologie ; les *Annales* de la Société linnéenne donnent alors asile aux travaux des Balbis, Seringe, Jordan et aux découvertes dues aux herborisations des Lortet (Mme), Champagnieux, Aunier, Roffavier, Timeroy, etc. De même, la Société linnéenne, sous l'influence de notre savant naturaliste M. Mulsant, s'étant spécialisée à la fin dans l'entomologie, les botanistes lyonnais se réunissent à leur tour en une association distincte, homogène, la *Société botanique de Lyon*.

Nous proposant d'étudier plus tard chacune de ces époques, nous nous bornerons aujourd'hui à montrer ce que la flore lyonnaise doit aux travaux des plus anciens de ses explorateurs.

Les premiers documents sur la Flore du Lyonnais datent du milieu du XVIe siècle ; sans doute, on trouverait auparavant, dans le collège des médecins de l'Hôtel-Dieu, des *herboristes*, pour employer l'expression du temps, qui devaient rechercher dans nos environs les *simples* préconisées par les anciens thérapeutes : tel est, par exemple, Symphorien Champier qui, dans son *Hortus gallicus* publié à Lyon, en 1531, voulait prouver que la France possédait tous les remèdes ; mais ce n'est qu'à partir de Daléchamps et de Bauhin qu'on trouve des renseignements de quelque précision sur la flore de notre région.

Daléchamps (1), notre Esculape lyonnais (2), herborisa en effet pendant 36 ans autour de Lyon, et dans son *Histoire des*

---

(1) Né à Caen en 1513, mort à Lyon en 1588.
(2) C'est ainsi que l'appelle Rubys dans son *Histoire de Lyon*, p. 113.

plantes parue en 1587, il décrit et figure un grand nombre d'espèces observées par lui sur nos coteaux et dans nos vallées, entre autres le *Leuzea conifera*, un des joyaux de notre Flore.

J. Bauhin (1) ne séjourna probablement que peu d'années à Lyon, bien que Pernetti (2) dise qu'« il avait ici un jardin de plantes médicinales et en donnait publiquement des leçons » ; quoi qu'il en soit, les deux volumes in-folio de son *Historia universalis plantarum* renferment à chaque page les preuves de ses fructueuses herborisations dans la région lyonnaise (3).

Puis viennent Claude Millet, « grand herboriste, qui commenta Galien, » Jean Desmoulins, traducteur de Daléchamps, André Caille, et enfin Goiffon (4) dont les recherches, accomplies pendant près de 40 ans avec ardeur et souvent avec bonheur dans les environs de notre ville, peuvent être considérées comme les premiers documents précis au point de vue de la phytostatique.

C'est Goiffon qui signala le premier exactement l'habitat des raretés de la Flore lyonnaise, tels que les *Leuzea conifera, Lavandula Spica, Aphyllanthes monspeliensis*, etc. Les mémoires inédits qu'il a laissés sont une mine importante dans laquelle ont puisé tous les botanistes venus après lui (5).

Après Goiffon vint Claret de Fleurieu de la Tourrette (6), qui énuméra nos richesses végétales, d'abord dans son *Voyage au Mont Pilat* (7), où l'on trouve une liste assez complète des plantes de cette montagne (8), puis dans le *Chloris lugdunensis* (9), première ébauche d'une Flore lyonnaise, et enfin dans ses *Démonstrations élémentaires de botanique*, publiées d'abord en

---

(1) Né à Bâle en 1541, mort à Montbéliard en 1613.
(2) *Les Lyonnois dignes de mémoire*, t. I, p. 251.
(3) Il indique, par exemple, l'*Anchusa italica* dans les bois de la Belle-Allemande, l'*Onosma echioides* entre Lyon et Vienne... etc.
(4) Né à Cerdon (Ain) le 25 février 1658, mort à Lyon le 30 septembre 1730.
(5) Un autre des mérites de Goiffon est d'avoir été l'initiateur des De Jussieu ; on raconte, en effet, que ce fut lui qui donna au fondateur de cette dynastie de botanistes le goût de l'étude des plantes.
(6) Né en 1729, mort en 1793.
(7) Voyage au mont Pilat, Avignon, in-8, 1770 ; *Botanicon pilatense*, Lyon, in 8°, 1773.
(8) Du Choul avait publié, en 1555, un *Pilati montis descriptio*, Lugduni, in-8°, renfermant une liste de plantes dont la synonymie a été donnée par M. Jordan, dans la traduction publiée en 1868 par M. Mulsant.
(9) *Chloris lugdunensis* ; Lyon, in-12, 1785.

collaboration avec l'abbé Rozier (1), puis remaniées et augmen-
tées par Gilibert. La Tourrette a laissé en outre un herbier précieux renfermant de nombreuses indications de localités et des
notes importantes.

Gilibert (2), dans les 3ᵉ et 4ᵉ éditions des *Démonstrations
élémentaires de botanique* (3), dans *l'Histoire générale des
plantes d'Europe* (4), et dans son *Calendrier de Flore* (5), a
donné aussi d'utiles renseignements sur la végétation du Lyonnais ; c'est lui qui a indiqué pour la première fois la présence
du rare *Orchis papilionacea*, à la Pape, où il a été trouvé par
Barou, chatelain du Soleil (commune de Beynost).

A partir du commencement de ce siècle, le nombre des naturalistes qui se livrent à l'étude de la végétation des environs de
Lyon devient tellement considérable, qu'ils doivent faire l'objet
d'un article spécial ; je me borne aujourd'hui à citer : Vaivolet,
Mᵐᵉ Lortet, Cap, Aunier, Roffavier, Champagnieux, Foudras,
dont les découvertes ont servi à composer la *Flore lyonnaise* de
Balbis (6) et son *Supplément* (7), les Seringe, Timeroy, Jordan,
etc., et tant d'autres dont les travaux sont consignés soit dans
les *Annales* des Sociétés d'agriculture et linnéenne de Lyon (8),
soit dans la dernière Flore lyonnaise qui a paru sous le nom
d'*Etudes des fleurs*, publiée d'abord par l'abbé Chirat, puis par
M. Cariot et dont la 6ᵉ édition vient de paraître (9).

A la lecture de ce résumé succinct d'une longue période de
l'histoire de la botanique, on s'étonne que dans ce champ exploré
depuis tant d'années avec un soin si minutieux, par plusieurs
générations d'observateurs infatigables et perspicaces, il reste
encore aux botanistes contemporains quelque chose à glaner !

---

(1) *Démonstrations élémentaires de Botanique*, 2 vol. in-8°, 1766. —
3ᵉ édition, 3 vol. in-8°, 1787.
(2) Né le 12 juin 1741, mort le 2 septembre 1814.
(3) *Démonstr. élém. de Botanique*, 4ᵉ édit., 4 vol. in-8°, 1796.
(4) *Hist. gén. des plantes d'Europe*, Lyon, 3 vol. in-8°, 1ʳᵉ éd., an VII
(1798). — 2ᵉ éd., 1806.
(5) *Calendrier de Flore*, Lyon, in-8°, 1809.
(6) *Flore lyonnaise*, Lyon, 2 tomes en 3 vol. in-8°, 1827.
(7) *Supplément à la Flore lyonnaise* (anonyme, mais dû à Roffavier)
Lyon, Perrin, in-8°, 1835.
(8) *Flore du départ. du Rhône*, dans *Ann. de la Soc. linnéenne*, 1852.
— Fourreau : *Catalogue des plantes qui croissent spontanément le long du
cours du Rhône*, ibid., 1868, etc.
(9) *Étude des Fleurs : Botanique élémentaire, descriptive et usuelle*,
par l'abbé Cariot, Lyon, 3 vol. in-12, 6ᵉ éd., 1879.

C'est que les flores actuelles, de même que les végétations des époques géologiques, obéissent à la loi générale de l'évolution ; comme elles, notre Flore lyonnaise s'est modifiée avec le temps : depuis la période historique, depuis Daléchamps et Bauhin, des espèces ont disparu, d'autres les ont remplacées, favorisées dans leur mouvement d'extension ou par les changements climatériques, ou par le fait de l'homme, les défrichements, la culture, les ensemencements par des graines étrangères, les transports par les chemins de fer, etc.

D'autre part, des aperçus nouveaux surgissent chaque jour dans l'étude des végétaux : ce sont d'un côté les influences météorologiques observées avec suite et à l'aide d'appareils perfectionnés, les rapports de la végétation avec la nature physique ou chimique du sol, les modifications des espèces suivant les changements des milieux ou par le fait des croisements, etc. ; c'est enfin l'étude approfondie de ces formes ou *espèces critiques*, laquelle, grâce aux travaux de notre illustre compatriote M. A. Jordan, sera la plus belle page de l'histoire de la botanique lyonnaise.

PRÉCIS D'UNE GÉOGRAPHIE BOTANIQUE

DE LA RÉGION LYONNAISE

Lyon est placé au centre de trois régions distinctes, aussi bien au point de vue géographique qu'au point de vue de la végétation; ce sont : 1° le Lyonnais (le Mont-d'Or y compris) et le Beaujolais; 2° les Dombes et la Bresse; 3° le Bas-Dauphiné. Contrairement à la plupart des Floristes, nous n'y rattachons pas le Bugey et la Grande-Chartreuse, qui appartiennent à la Flore jurassique (1), ni le Pilat, qui est une dépendance de celle du Forez (2).

Une étude complète de la Flore lyonnaise doit comprendre : 1° la topographie et la végétation de chacune de ces régions; 2° la division en régions botaniques établies d'après les caractères de la Flore des différentes parties de chacune des régions naturelles; 3° l'influence des différents milieux physiques et chimiques : *chaleur* (climat, exposition, altitude, etc.); *nature* du sol (chimique : flore calcicole, flore silicicole; physique : stations, etc.); 4° les variations de cette flore (fl. paléontologique, plantes introduites, adventices).

CH. Ier. TOPOGRAPHIE ET VÉGÉTATION DES DIFFÉRENTES PARTIES DE LA RÉGION LYONNAISE.

La vallée, à direction N.-S., de la Saône et du Rhône (au-dessous de Lyon) sépare complètement les plateaux bressans et dauphinois de la région montagneuse du Lyonnais et du Beaujolais : cette dernière est constituée par des chaînes alignées

---

(1) Voy. THURMANN. *Essai de Phytostatique appliqué à la chaine du Jura*, 1847; — MICHALET, t. II (*Botanique*), dans *Hist. natur. du Jura* de Fr. Ogérien, 1864; — Ch. GRENIER. *Flore de la chaine jurassique*, 1865-1875; — CARIOT. *Etude des fleurs*, 1876, 6° édition, etc.

(2) Voy. les ouvrages classiques de BALBIS, CARIOT, etc., et particulièrement : LEGRAND. *Statistique botanique du Forez*, 1873.

en général du S. au N., soit directement N., comme dans une partie du Beaujolais (ch. des Mollières, de Chatoux, etc), soit NNE. (Iseron), NE. (Gier, bas-plateaux lyonnais) , ou NO. (Ardière, Turdine), etc.; les sommets les plus élevés se trouvent à l'intersection de deux de ces axes, par exemple au Saint-Rigaud (1012ᵐ), au Boucivre (1004ᵐ) ; les autres sommets oscillent entre 600ᵐ et 1000ᵐ ; les bas-plateaux lyonnais, le plateau bressan et les coteaux du Dauphiné, entre 200ᵐ et 300ᵐ ; les vallées de la Saône et du Rhône autour de 170ᵐ.

§ 1ᵉʳ. — Région du Lyonnais.

Le Lyonnais comprend les montagnes du Lyonnais proprement dit et du Beaujolais, les bas-plateaux qui s'étendent à leurs pieds, les coteaux qui avoisinent le Rhône et la Saône, et enfin le massif du Mont-d'Or.

I. — Lyonnais granitique.

Si l'on excepte le Mont-d'Or et les coteaux du Rhône, on peut donner le nom de *Lyonnais granitique* à toute la contrée située à l'ouest de Lyon, entre le Rhône et le Forez d'une part, et s'étendant de l'autre depuis la vallée de la Turdine et de la Basse-Azergue au nord, jusqu'à celle du Gier au sud ; toute cette région, — massif montagneux de Tarare, du Boucivre, de Sainte-Foy-l'Argentière, de Riverie, etc., bas-plateaux de Charbonnières, Chaponost, Taluyers, etc., vallées qui les sillonnent (Brevenne, Ratier, Iseron, Garon, etc.), — présente la plus grande uniformité dans la nature des terrains qui la composent et dans les grands traits de sa végétation : partout le sol est formé de roches riches en silice, pauvres en chaux ou complètement dépourvues de cette base (granites, gneiss, micaschistes, porphyres, schistes chloriteux, calcaire carboniférien, grés bigarrés, etc.) (1) ; partout le tapis végétal renferme les plantes caractéristiques des régions granitiques, qui, pour la plupart, manquent ou sont bien plus rares dans les autres parties de la région lyonnaise.

Parmi ces espèces caractéristiques, un certain nombre se rencontre depuis le fond des vallées (170 à 200ᵐ) jusqu'aux som-

(1) Voy. FOURNET. *Géol. lyon.*, passim.

mets (900-1000ᵐ) ; ce sont, en outre des Bruyères (*Calluna vulgaris* Salisb.), Fougères [*Pteris aquilina* (1)], Genêts (*Sarothamnus vulgaris* Wimm., *Genista sagittalis*), etc. :

Sur les rochers, le gore, les pelouses sèches, les bruyères :

Teesdalia nudicaulis R. Br.	Aira canescens.
Hypericum humifusum.	A. caryophyllea.
Scleranthus perennis.	Festuca Pseudo-myuros Soy.-Will.
Corrigiola littoralis.	Nardus stricta.
Ornithopus perpusillus.	Asplenium septentrionale Sw.
Vicia lathyroides.	Racomitrium canescens Brid.
Arnoseris minima.	Polytrichum piliferum Schreb.
Jasione montana.	P. juniperinum Hedw.
Veronica verna.	Lecidea geographica.
Anarrhinum bellidifolium Desf.	Umbilicaria pustulata.
Myosotis versicolor Pers.	Etc.

Et plus spécialement dans les cultures :

Sinapis Cheiranthus Koch.	Filago arvensis.
Gypsophila muralis.	F. gallica.
Spergula arvensis.	Galeopsis dubia Leers.
Spergularia rubra Pers.	Rumex acetosella.
Filago montana.	Mibora minima Desv.

Dans les sols humides :

Roripa pyrenaica Spach.	Montia minor Gmel.
Sagina procumbens.	Gnaphalium luteo-album.
S. apetala.	Pedicularis silvatica.
Peplis Portula.	

Les bois formés principalement par des Chênes (*Quercus sessiliflora* Sm.), Charmes (*Carpinus Betulus*), Bouleaux (*Betula alba*), Châtaigniers, etc., renferment :

Mœhringia trinervia Clairv.	Hieracium umbellatum.
Hypericum pulchrum.	Centaurea nemoralis Jord.
Cerasus Padus DC.	Luzula silvatica Gaud.
Potentilla Tormentilla Nestl.	Festuca heterophylla Lamk.
Epilobium lanceolatum Seb. Maur.	Deschampsia flexuosa Nees.

Et les prairies, en outre des Graminées et autres plantes fourragères habituelles :

Bunium verticillatum Gr. God.	Orchis viridis.
Scorzonera plantaginea Schleich.	Anthoxanthum odoratum.
Leontodon autumnalis.	Holcus mollis.
Orchis coriophora.	Etc.

---

(1) Les plantes qui ne sont pas suivies de noms d'auteurs sont des espèces établies par Linné ou des plantes déjà plusieurs fois citées.

Enfin de nombreux points marécageux, plus ou moins tourbeux, dus à l'imperméabilité du sous-sol, ont la flore habituelle à ces stations, mais qui n'a rien de caractéristique. Ces espèces se retrouvent dans toutes les stations identiques, dans les terrains calcaires aussi bien que dans les sols granitiques ; signalons particulièrement :

Ranunculus Flammula.	Eriophorum Sp.
Taraxacum palustre DC.	Alopecurus utriculatus Pers.
Veronica scutellata.	Ophioglossum vulgatum.
Myosotis palustris.	Hypnum cuspidatum.
Salix cinerea.	Etc.

Division en montagnes, bas-plateaux et vallées. — Si la plupart des espèces caractéristiques s'observent dans toute l'étendue de la région granitique, les parties situées aux altitudes de 600^m à 1000^m renferment quelques plantes spéciales, qui, ne descendant pas au-dessous, donnent à la végétation un caractère tout-à-fait particulier, montagnard, et justifient la distinction d'une Flore des montagnes et d'une Flore des bas-plateaux et des vallées.

1° Zône montagnarde. — Monts du Lyonnais.

Les montagnes du Lyonnais se présentent sous l'aspect particulier aux chaînes granitiques : pas d'escarpements profonds, ni de gorges à parois perpendiculaires ; sommets ordinairement arrondis, garnis de pelouses ou de broussailles, se continuant par des pentes peu abruptes, boisées surtout sur le versant exposé au nord ; çà et là, principalement vers les sommets, des *chirats*, amoncellement de blocs anguleux de granites, ressemblant à des débris de constructions cyclopéennes et qui sont dus simplement à un mode de désagrégation particulier à certains granites schisteux (1).

De frais vallons, des vallées à versants garnis de bois ou de prairies les sillonnent, mais toujours largement ouvertes ; souvent les prairies, les bruyères deviennent marécageuses, au moins par places, par défaut d'écoulement de l'eau dû à l'imperméabilité du sous-sol ; ces stations particulières s'observent

---

(1) Voy. pour l'explication de la formation des *Chirats* : FOURNET, *Géol., lyon.*, p. 372 ; GRUNER, *Description géol. et minér. de la Loire*, p. 107.

non-seulement dans le fond des vallées, au bord des ruisseaux, mais encore dans des *cuvettes* placées à toute hauteur sur le flanc des montagnes.

Les espèces qui caractérisent la flore montagnarde sont ou plus fréquentes à cette altitude ou tout à fait spéciales aux sommets.

Dans le premier groupe nous trouvons :

Spergula Morisonii Bor.	Myosotis silvatica Sm.
Rubus glandulosus Bell.	M. Balbisiana Jord.
Alchemilla vulgaris.	Digitalis purpurea.
Sorbus Aria.	D. grandiflora All.
Ribes alpinum.	Aspidium aculeatum Sw.
Gnaphalium silvaticum.	Cystopteris fragilis Bernh.
Senecio viscosus.	Asplenium septentrionale Sw.
S. silvaticus.	Gyrophora grisea Sm.
Prenanthes purpurea.	Lecidea flavicunda, etc.
Jasione Carioni Bor.	

les Pins (*Pinus silvestris*), les Fayards (*Fagus silvatica*) qui constituent les essences caractéristiques des bois ; et dans ces derniers, ainsi que dans les vallées ombragées : *Cardamine impatiens*, *Lychnis silvestris* Hoppe, *Geranium nodosum*, *Impatiens Noli-Tangere*, etc.

Les espèces suivantes, tout-à-fait caractéristiques du reste, descendent cependant assez abondamment dans quelques bois des bas-plateaux : *Polygala depressa* Wender., *Dianthus deltoides, Centaurea nigra* L. (*obscura* Jord. non Bor.), *Polystichum spinulosum* DC.; les *Senecio adonidifolius* Lois., *Epilobium spicatum* Lamk., *Campanula Cervicaria, Polygonum Bistorta* y sont encore plus rares ou accidentelles.

Les espèces spéciales, qui ne descendent pas sur les bas-plateaux, sont :

Trifolium spadiceum.	Vaccinium Myrtillus.
Rubus idæus.	Pirola minor.
Sedum villosum.	Juncus supinus Mœnch.
Chrysosplenium oppositifolium.	Luzula nivea DC.
Sambucus racemosa.	Polypodium Dryopteris.
Ribes alpinum.	Blechnum Spicant Roth.
Conoponium denudatum Koch.	Equisetum silvaticum.
Galium saxatile.	Gyrophora glabra.

assez largement distribuées dans tout le massif, et de plus :

Ranunculus aconitifolius.	Sorbus Aucuparia.
Cardamine amara.	Circæa intermedia Ehrh.

Lonicera nigra.

Senecio Fuchsii Gmel.

Juncus squarrosus.

Botrychium Lunaria Sw.

Gyrophora cylindrica.

qui n'existent que dans quelques rares localités.

Signalons encore les *Ranunculus hederaceus, Montia rivularis* Gmel., qui peuvent descendre dans les vallées, les sources, les ruisseaux des bas-plateaux.

La région des montagnes est divisée, par la vallée de la Brevenne, en deux massifs distincts surtout au point de vue de leur composition géologique.

En effet, si l'on trace une ligne NNE-SSO, parallèle à la Brévenne, passant vers Sainte-Foy-l'Argentière, en amont de Courzieux, Chevinay, Sourcieu, Fleurieux et le Pont-de-Buvet, on a, à l'est de cette ligne, des gneiss et des micaschistes comme roches dominantes, tandis qu'à l'ouest, on trouve d'abord un large ruban parallèle de cornes vertes et de carboniférien, puis des roches granitiques, syénitiques et porphyriques.

Le **massif occidental**, vaste triangle compris entre la Turdine, la Brevenne et la vallée de la Loire, a une *physionomie étrangement bosselée* (Fournet), due à de nombreux sommets dont l'altitude augmente à mesure qu'on se rapproche de la Loire ; en se dirigeant, en effet, de l'est à l'ouest, de l'Arbresle à Tarare, on rencontre successivement le Popey (606ᵐ), l'Arjoux (817ᵐ) le Pottu (821ᵐ), le Pélerat (860ᵐ), le mont du Crépier (935ᵐ) et le Boucivre (1004ᵐ), point culminant des monts du Lyonnais.

Tous ont la flore générale énumérée plus haut ; quelques localités possèdent cependant une flore plus riche ou mieux explorée, par ex. :

Le Boucivre, sur les flancs duquel se voient déjà de belles forêts de Sapins *(Abies pectinata)* : *Sorbus aucuparia, Vaccinium Vitis-idæa* et *Gyrophora cylindrica !* (Magnin) seules localités pour les monts du Lyonnais;

Dans les montagnes de Tarare : *Gentiana lutea, Stachys alpina ;* — dans les prés marécageux du Pin-Bouchain : *Anagallis tenella, Sedum hirsutum* All. ;

Au pied du Boucivre, sur les territoires de Violay, Villechenève, Panissières, etc. (1): *Teesdalia nudicaulis* R. Br., *Galium*

---

(1) Indications dues au Fr. Anthelme dans CARIOT, *op. cit.*

tricorne With., *G. divaricatum* Lamk.; *Lychnis silvestris*
Hoppe, *Doronicum Pardalianches*, *Luzula silvatica* Gaud.;
Narcissus poeticus; Parnassia palustris, Lotus uliginosus
Behk., *Stellaria uliginosa* Mur., *Comarum palustre, Crepis
paludosa* Mœnch., *Eriophorum intermedium* Bast., *Carex
pallescens;* — A Violay, plus spécialement : *Umbilicus pendu-
linus, Lathyrus silvestris, Ceterach officinarum* DC.; *Myr-
rhis odorata* Scop. (vers l'Eglise), *Stellaria nemorum, Chæro-
phyllum aureum, Ch. hirsutum, Senecio silvaticus, S. Fuchsii*
Gmel., *Pirola rotundifolia, Luzula nivea* DC.; *Narcissus
Pseudo-narcissus, Carex teretiuscula* Good., *Glyceria airoides*
Rchb.; — à Panissières : *Genista anglica, Scabiosa Gramuntia,
Phleum arenarium; Lepidium latifolium, Oxalis corniculata,
Vicia monanthos* Koch, *Vinca major, Isopyrum thalictroides,
Geranium silvaticum, Sedum hirsutum, Menyanthes trifo-
liata, Glyceria spectabilis* Mert. et K., *Gl. loliacea* Godr.;
Orchis tridentata Scop., *O. mascula, Ophrys anthropophora,
Epipactis lancifolia* DC., *E. ensifolia* Sw.; — à Montchal :
Erica decipiens St-Am. (Palay); — à Villechenève : *Asplenium
Halleri* DC.

Mont Arjoux (1): *Mercurialis perennis, Pulmonaria affinis*
Jord., *Dentaria pinnata* Lamk.; — St-Julien-sur-Bibost : *Ga-
lium silvaticum;* — au-dessous de Bibost : *Betula pubescens*
Ehrh.; — *Ribes alpinum, Symphytum tuberosum, Myosotis
Balbisiana* Jord., à St-Laurent-de-Chamousset; — *Ranuncu-
lus hederaceus* aux Halles, etc.

Fenoyl : *Biscutella lævigata* (Chanrion), *Calepina Corvini*
Desv., *Epilobium spicatum, Ribes alpinum, Conium maculatum, Asperula galioides* M. Bieb., *Centaurea nigra, Lactuca
muralis* Fresen., *Digitalis grandiflora* All., *Orchis mascula,
O. incarnata* Willd., *Luzula nivea* DC., *Phleum præcox*
Jord.; — à Hte-Rivoire : *Neottia Nidus-avis* Rich., *Polypodium Dryopteris.*

Le **massif oriental** comprend les chaînes suivantes, formées
principalement de gneiss et de micaschistes traversés de distance
en distance par des filons de granites :

Chaîne d'Iseron (NNE-SSO), commençant au-dessus de

(1) Voy. *Ann. Soc. botan. Lyon*, VII, p. 308.

Lentilly, au Mercruy (570ᵐ), (1), puis se continuant par le col
de la Luére, St-Bonnet-le-Froid (787ᵐ), le col de Malval (732ᵐ),
les Jumeaux de Vaugneray (882ᵐ), le signal de la Roue (904ᵐ)
et le col d'Iseron (730ᵐ) ; — b. ch. de St-André-la-Côte faisant
suite à la précédente, mais avec une direction N-S : Pié-froid,
crêt de la Pouade, signal de St-André (937ᵐ), etc. ; — c. dans
le chaînon S O - N E, qui termine au sud les monts du Lyonnais,
on trouve plusieurs mamelons d'altitude sensiblement égale
(autour de 850 à 900ᵐ), au-dessus de Riverie, de Ste-Catherine,
etc. ; — d. La vallée de la Coise (St-Martin-en-Haut, Larajasse,
Coise), sépare ses deux dernières chaînes d'une autre plus occidentale où l'on trouve, en allant du N. au S. : Duerne, le signal
de la Courtine (919ᵐ), Aveize, l'Orjol, le Chatelard (746ᵐ) au-
dessus de l'Argentière, Pomeys, etc.

Toutes ses hauteurs possèdent les espèces intéressantes qui
suivent :

Spergula Morisonii Bor.	Prenanthes purpurea.
Polygala depressa Wender.	Jasione Carioni.
Rubus Bellardi W. et N.	Pirola minor.
Sorbus Aria.	Digitalis purpurea.
Sambucus racemosa.	Veronica verna.
Galium saxatile.	Luzula nivea DC.
Gnaphalium silvaticum.	Equisetum silvaticum.
Senecio silvaticus.	

On trouve en outre plus particulièrement à :

Saint-Bonnet-le-Froid : (2) *Ranunculus aconitifolius, Cardamine amara, Circœa intermedia* Ehrh., *Verbascum crassifolium* DC., *Botrychium Lunaria* Sw., très-rares dans les
monts du Lyonnais ; *Trifolium spadiceum, Galium commutatum* Jord., *Centaurea obscura* Jord., *Campanula Cervicaria,
Senecio Fuchsii* Gmel., *Bromus giganteus,* moins rares et se
retrouvant dans d'autres localités. Notons encore : *Alchemilla
vulgaris, Hypochœris maculata, Monotropa hypopytis, Quercus lanuginosa* Thuil., *Athyrium acrostichoideum* Bory, *Myosotis Balbisiana* Jord., *Ranunculus hederaceus, Digitalis*

---

(1) Voy. *Ann. Soc. botan. Lyon,* VIII, p. 141 ; — (2) *Ibid.,* V, p. 181 ;
VIII, p. 139. — La Flore de Saint-Bonnet est connue par les recherches de
Mᵐᵉ Lortet (voy. *Ann. Soc. linn. Lyon,* 1836.), des Aunier , Chabert, etc.
et dans ces dernières années par les excursions d'un grand nombre de botanistes : le tout consigné dans CARIOT, *op. cit.*

grandiflora All., *Epipactis Nidus-avis* All., etc.; et dans les
prairies marécageuses : *Lotus uliginosus* Bechk., *Crepis paludosa* Mœnch., *Sedum villosum, Carex pulicaris, Juncus supinus, J. squarrosus, Eriophorum Vaillantii* Poit. et Turp., etc.

Aux Jumeaux : *Polygala depressa* Wender., *Trifolium spadiceum, Polygonum Bistorta, Salix pentandra*, et dans les
prés humides la même flore qu'à Saint-Bonnet, *Crepis, Juncus,
Eriophorum* indiqués déjà, *Parnassia, Gentiana Pneumonanthe*, etc.

Iseron (1): *Umbilicus pendulinus, Senecio adonidifolius* (entre
Iseron et Duerne), et dans les prés marécageux : *Crepis, Juncus,
Sedum, Carex* cités plus haut, *Salix aurita, S. cinerea, Poly-
podium Dryopteris*, etc.

Duerne (2) : *Trifolium spadiceum, Rubus idæus, Senecio
Fuchsii* Gmel., *Monotropa, Scrofularia vernalis*, (cure, ci-
metière) ; dans les marais : *Comarum palustre, Menyanthes
trifoliata, Polyp. Dryopteris*, etc. ; au signal de la Courtine :
Polystichum spinulosum DC., *P. dilatatum* DC.

Aveize (3): *Conopodium denudatum, Umbilicus pendulinus,
Aira præcox, Asplenium Breynii* Retz. ; marais à *Comarum,
Menyanthes, Pedicularis palustris, Carex canescens* (bords de
la Gimont), *Salix aurita*, etc. ; — dans les marais de l'Arjol :
Juncus squarrosus, J. supinus, Carex pulicaris, C. pilulifera.

Le Chatelard, au-dessus de l'Argentière, est un des points
les plus riches du massif (4): en outre des espèces indiquées déjà,
telles que *Polygala depressa, Gnaphalium silvaticum, Senecio
silvaticus, Luzula nivea*, etc., on y trouve : *Trifolium spadiceum, Epilobium spicatum, Sedum hirsutum, Galium silvaticum, Campanula Cervicaria, Maianthemum bifolium,
Blechnum Spicant* Sw., et surtout le rare *Carex Buxbaumii*
Wahl. (Chanrion); d'autres espèces intéressantes se trouvent
encore dans les points marécageux : *Parnassia palustris,
Crepis paludosa, Carex pulicaris*, etc.

Les prairies marécageuses sont du reste très-fréquentes dans
tous les monts du Lyonnais : on les observe, ainsi qu'on a pu

---

(1) Voy. *Ann. Soc. botan. Lyon*, II, p. 93 ; VIII, p. 104, — (2) *Ibid*, V,
p. 205; — (3) *Ibid*, V, p. 202.
(4) Exploré depuis longtemps par les professeurs de l'Argentière, et notamment MM. Chirat, Cariot, Chanrion, etc.

le voir déjà, non-seulement dans les hautes vallées de Violay, Panissières, Villechenève, la Brevenne, la Coise, Aveize, Duerne, Saint-Martin-en-Haut, etc., mais encore sur les flancs des montagnes comme à Saint-Bonnet-le-Froid, aux Jumeaux, à Iseron, au Chatelard, etc.; elles ont une flore particulière dont les espèces sont communes, pour la plupart, à tous les marais tourbeux; cependant, bien que cette flore, comme celle des tourbières, soit indifférente non-seulement à la nature chimique du sous-sol mais encore à l'altitude (du moins, dans une certaine mesure, pour notre région), on trouve plus particulièrement dans les prés marécageux des monts du Lyonnais les espèces suivantes :

Parnassia palustris.	Juncus squarrosus.
Stellaria uliginosa Mur.	J. supinus.
Comarum palustre.	Eriophorum angustifolium
Sedum villosum.	et *var*. Vaillantii P. et Turp.
Crepis paludosa Mœnch.	Carex pulicaris.
Menyanthes trifoliata.	Carex pilulifera.
Gentiana Pneumonanthe	C. pallescens.
et *var*. humilior.	Polypodium Dryopteris.
Pedicularis palustris.	Sphagnum cymbifolium Ehrh.
Salix cinerea.	Sph. acutifolium Ehrh.
S. aurita.	

Les environs de L'Argentière et de Sainte-Foy, bien explorés depuis longtemps (1), renferment, en outre des espèces de rochers, bois et marais déjà signalées en d'autres points de la région (2), les plantes suivantes, croissant dans les cultures, les chemins, les coteaux secs, formés dans le bassin de Sainte-Foy-l'Argentière par les roches du calcaire carbonifèrien, etc. :

Lepidium ruderale.	Alsine segetalis.
L. Draba.	Lathyrus angulatus.
Rapistrum rugosum All.	Rubus thyrsoideus Wimm.

---

(1) Voy. la note de la page précédente, et *Ann. Soc. botan.*, V, p. 201.
(2) Dianthus deltoides, Hypericum pulchrum, H. hirsutum, Rubus glandulosus, R. idæus, Sorbus Aria, S. torminalis, Genista anglica, Alchemilla vulg., Epilobium spicatum, Sambucus racemosa, *Lonicera nigra*, Lactuca muralis, Veronica montana, Centaurea nigra, Aspidium aculeatum ; — Cardamine impatiens, Impatiens noli-tangere, Chærophyllum aureum, Adoxa moschatellina; — Scorzonera plantaginea, Polygonum Bistorta, Orchis coriophora, O. incarnata; — Sagina erecta, Stellaria uliginosa, Montia rivularis, Sedum villosum, Gentiana Pneumonanthe, Scirpus setaceus, Carex pallescens, Ophioglossum vulgatum, etc.

Crassula rubens.	V. acinifolia.
Sedum sexangulare.	Gagea arvensis.
Torilis nodosa Gærtn.	Neottia æstivalis DC.
Campanula persicifolia.	N. autumnalis DC.
Veronica verna.	Carex divulsa Good.

Signalons encore, pour montrer l'uniformité de la végétation de tout le massif, à Pomeys : *Comarum, Sorbus Aria, Conopodium denudatum, Gnaphalium silvaticum*, etc. ; — à Meys : *Conopodium, Scorzonera plantaginea, Pirola minor, Aira præcox*, etc. ; à Larajasse : *Barbarea stricta, Polygala depressa, Conopodium, Carex pilulifera, Blechnum Spicant* ; — à l'Aubépin : *Umbilicus pendulinus;* — Saint-André-la-Côte : *Potentilla micrantha, Prenanthes purpurea, Pirola minor, Blechnum spicant;* — Saint-Martin-en-Haut : *Ranunculus hederaceus, Potent. micrantha, Gent. Pneumonanthe*, etc.

2° *Bas Plateaux du Lyonnais* (1).

Des chaînes d'Iseron, de Saint-André et de Riverie, se détachent des coteaux qui se dirigent vers le N-E, en s'abaissant graduellement vers la Saône et le Rhône, et forment, près de Lyon, une série de plateaux dont l'altitude se maintient entre 350 et 300^m environ. Ce sont, en allant du N. au S. :

1° Les coteaux de Fleurieux et Lentilly se terminant par le plateau de la Tour de Salvagny ;

2° Les coteaux du Poirier et de Sainte-Consorce se continuant avec les plateaux de Marcy, Charbonnières, l'Aigua, Méginant, et Saint-Genis-les-Ollières ;

3° Les coteaux de Grézieux-la-Varenne et Vaugneray se terminant sur le plateau de Craponne ;

4° Le plateau de Brindas, Chaponost et Francheville-le-Haut ;

5° Les coteaux de Messimy, Soucieu-en-Jarrêt, Orliénas, Taluyers, Mornant et Chassagny.

---

(1) Voy. A. MAGNIN. *Rech. sur la Géographie botanique du Lyonnais*, 1879, 1re partie, pp. 27 à 99. — Pour les environs immédiats de Lyon, il est inutile de citer tous les botanistes qui les ont explorés et auxquels on doit les renseignements consignés dans l'ouvrage de M. CARIOT suivant l'ordre taxonomique ; nous nous bornerons à citer, comme ayant un intérêt phytostatique général, les notes publiées dans les *Ann. de la Soc. botan. de Lyon*, par MM. BOULLU, CUSIN, DEBAT, SAINT-LAGER, THERRY, VIVIAND-MOREL, etc.

Nous les arrêtons à une limite orientale passant par Lozanne, Dommartin, la hauteur qui sépare la vallée de Charbonnières de celle du ruisseau des Planches, Tassin, Francheville-le-Bas, les vallées de Beaunant et du Garon (au-dessous de Brignais).

Ces plateaux sont formés, dans leur plus grande étendue, par des gneiss et des granites ; vers Lentilly et Sourcieux-les-Mines, apparaissent les schistes chloriteux (cornes vertes) et le carbonifèrien ; mais la particularité la plus importante consiste en *terrains de transports* qui recouvrent ces plateaux vers leur extrémité orientale et septentrionale ; au nord de la Tour de Salvagny, à Dommartin, ce sont les alluvions de l'Azergue constituées par des débris de toutes les roches siliceuses du Beaujolais ; à l'est, du côté de Lyon, les alluvions du grand glacier des Alpes, formées presque exclusivement ici par des quartzites alpins ; aussi le sol qui en résulte ne diffère-t-il guère du sol autochtone, c'est-à-dire du sol provenant de la décomposition des granites et des gneiss ; ce n'est que dans quelques points, vers le bord des plateaux de Tassin, Saint-Genis-les-Ollières, Francheville, etc., qu'on trouve, par place, des alluvions ou du lehm renfermant du carbonate de chaux.

Leur végétation présente tous les caractères de la Flore des régions granitiques ; elle a de grandes affinités avec celle des monts du Lyonnais dont elle ne diffère guère que par l'absence ou la rareté des plantes montagnardes caractéristiques données plus haut (voy. p. 272) et la présence d'espèces méridionales ou des terrains secs et chauds, qui manquent complètement à la zône des montagnes.

Pelouses, bruyères, etc. : Teesdalia nudicaulis, Malva moschata, Sarothamnus scoparius *Koch*, Genista anglica, Trifolium striatum, Tr. glomeratum, Vicia lathyroides, Ornithopus perpusillus, Scleranthus perennis, Hypochœris glabra, Jasione montana, J. Carioni *Bor.*, Myosotis versicolor *Pers.*, Anarrhinum bellidifolium, Aira canescens ;

Cultures, lieux sableux, secs : Sinapis Cheiranthus *Koch*, Bunias Erucago, Gypsophila muralis, Spergula arvensis, Sp. pentandra, Alsine segetalis, A. rubra, Matricaria Chamomilla, Arnoseris pusilla *Gœrtn.*, Galeopsis dubia *Leers.*, Mibora minima *Desv.*, Agrostis alba ;

Sables humides, champs argileux : Myosurus minimus, Roripa pyrenaica *Spach*, Ranunculus Philonotis, Sagina procumbens, S. apetala, S. patula, Hypericum humifusum, Lotus diffusus *Sm.*, Lythrum hyssopifolium, Peplis Portula, Montia minor *Gmel.*, Corrigiola littoralis, Gnaphalium luteo-album, Filago sp., Inula graveolens *Desf.*, Nardus stricta ;

Bois taillis, de Chênes *principalement, à espèces triviales, et de plus :* Orobus tuberosus, Hieracium umbellatum, Teucrium Scorodonia, Centaurea nemoralis *Jord.*, Serratula tinctoria, Hypericum montanum, H. pulchrum, Veronica officinalis, Luzula sp., Polytrichum commune, P. piliferum *Schreb.*, Pogonatum nanum *P. B.*, P. aloides *P. B.*, Astomum crispum, etc.

Mentionnons les localités suivantes des Bas-plateaux, dont la flore est plus particulièrement riche :

Bois de l'Étoile (au-dessus de Charbonnières) et terres argileuses voisines (1): *Dianthus deltoides, Polygala depressa* Wend., *Medicago apiculata* Willd., *Peucedanum parisiense* DC., *Centaurea tubulosa* Chabert, *Campanula Cervicaria, Senecio adonidifolius* (rare), *Sedum elegans* Lej., *Quercus apennina* Lamk., *Juncus tenageia, Festuca ovina, Danthonia decumbens* DC., *Aira aggregata* Tim., *A. patulipes* Jord., *Diphyscium foliosum* Mohr., *Hypnum Schreberi, Webera nutans, Leucobryum glaucum* Hampe, et de nombreuses Roses, surtout parmi les rares Systylées et Gallicanes, *Rosa bibracteata* Bast., *R. systyla* Bast., *hybrida* Schleich., *conica* Chab., *silvatica* Tausch., *austriaca* Crantz, *incarnata* Mill., *mirabilis* Desegl., *cordata* Car., *virescens* Desegl., *gallica, velutinæflora* Desegl., *pumila* L. fils, *ruralis* Desegl., etc.

Bois de Tassin (2): *Dianthus deltoides, Senecio adonidifolius* (rare), *Epilobium spicatum, Senecio flosculosus* Jord., *Gnaphalium silvaticum*, etc., et des Roses nombreuses.

Chaponost(3): *Alchemilla vulg., Centunculus minimus, Carex Schreberi* Schkr., *Aira aggregata, A. patulipes, Avena tenuis, Danthonia decumbens, Hieracium lycopifolium* Frol. (vers les aqueducs).

Vaugneray (4): *Ranunculus hederaceus, Parnassia palustris, Bupleurum affine* Sadler, *Senecio silvaticus, Myosotis Balbisiana* Jord., *Digitalis purpurea; — Cicendia filiformis,* au

(1) Voy. *Ann. Soc. botan.*, I, p. 120 ; IV, p. 168 ; V, p. 11 ; VI, p. 139 ; — *Bull. Soc. botan. de France*, session de Lyon, t. XXIII, p. CLXIV, CLXV; — MAGNIN. *op. cit.*, p. 56, 58.
(2) Voy. pour les plateaux de Tassin, l'Aigua, Saint-Genis-les-Ollières, Craponne, etc., *Ann. Soc. botan. Lyon*, IX, p. 147 ; — *Soc. bot. Fr.*, sess. de Lyon, p. CLXX ; — MAGNIN. *op. cit.*, p. 51, 53.
(3) Voy. *Ann. Soc. bot. Lyon*, II, p. 82 ; III, p. 92 ; V, p. 113 ; — MAGNIN, *op. cit.*, p. 45, 54.
(4) Voy. *Soc. bot. Lyon*, I, p. 118.

Poirier (h. de Lentilly); *Asplenium Breynii* Retz, au Bâtard, près Taluyers, etc.

Les buissons, les haies de tous ces plateaux, principalement les environs de Marcy-les-Roses, Charbonnières, Tassin (à Cornatelle, Champoly, l'Aigua, Méginant), Saint-Genis-les-Ollières, Grézieu-la-Varenne, Vaugneray, Francheville, etc., possèdent une variété remarquable d'espèces ou de formes du g. Rosier (1); nous nous bornerons à citer, parmi les plus rares, (en outre de celles indiquées déjà au Bois de l'Étoile) :

R. erronea Rip.	R. coriifolia Fries.
R. sphærica Gren.	R. corymbifera Bork.
R. aciphylla Rau.	R. Friedlanderiana Besser.
R. Carioti Chab.	R. Pugeti Bor.
R. venosa Sw.	R. speciosa Desegl.
R. Kosinsciana Besser.	R. Vaillantiana Red.
R. Chaberti Car.	R. properata Boullu.
R. obtusifolia Desv.	R. Marcyana Boullu.

R. sublœvis Boullu, *R. incomparabilis* Boullu, *R. marcyana* Boullu, à Méginant; — *R. scotophylla* Boullu, à Saint-Genis-les-Ollières; — *R. intromissa* Crép., à Craponne; — *R. falcata* Puget, *macrodonta* Boullu, à Chaponost; — *R. glauca* Vill., *Touranginiana* Desegl. et Rip., *globularis* Franchet, *verticillacantha* Mérat, *Leveillei* Boullu, *Timeroyi* Chab., *rotundifolia* Rau., *Aunieri* Car., etc., à Francheville.

3o *Vallées du Lyonnais.*

Les vallées qui descendent des monts du Lyonnais, creusées entièrement dans les sols siliceux, ont une végétation assez uniforme; cependant elles présentent quelques différences, suivant qu'elles appartiennent au massif montagneux ou aux bas-plateaux.

A. Les vallées du massif montagneux se rendent soit dans le bassin de la Loire, comme le Rhins (Amplepuis), l'Oise (Chambost-Longesaigne), la Thoranche, la Coise (Saint-Martin–en–Haut, Saint-Symphorien-sur-Coise), soit au bassin du Rhône, comme les vallées de la Turdine (Tarare, Pontcharra, L'Ar-

---

(1) Voy. CARIOT, *Etude des Fleurs*, t. II, pp. 222 à 264 ; BOULLU, *Enumération des Rosiers de la Flore lyonnaise*, dans *Bull. Soc. botan. de France*, t. XXIII, 1876, session de Lyon, p. XLVI et seq.

bresle) et ses affluents le Torranchin (Saint-Forgeux) et la
Brevenne (Sainte-Foy-l'Argentière, Bessenay, Sain-Bel) ; les
premières, moins la partie supérieure du bassin de la Coise,
ressortissant à la Flore du Forez, nous ne nous occuperons ici
que de celles qui se jettent dans l'Azergue, la Saône et le
Rhône.

Ce sont des vallées profondes, dont le fond et les flancs, jusqu'à une certaine hauteur, sont occupés par des prairies ou des
cultures, à végétation spontanée identique à celle des bas-plateaux. La partie supérieure des versants est ordinairement
garnie de bois, qui renferment les plantes propres à la flore
montagnarde ; ces espèces descendent quelquefois assez bas
dans les vallées avec les bois qui leur servent d'abri : on trouve
souvent sur les bords de la Turdine, et même de la Basse-
Azergue, *Cardamine impatiens, Lychnis silvestris, Impatiens noli-tangere, Geranium nodosum, Senecio silvaticus,
Digitalis purpurea*, etc.

Dans la vallée de la Brevenne (1), dont le lit est creusé depuis
l'Arbresle jusqu'à Sainte-Foy, d'abord dans les schistes chloriteux, puis les calcaires carbonifériens et les terrains houillers,
on trouve comme plantes intéressantes : *Malva alcea, Pulmonaria affinis* Jord., (cette forme remarquable existe dans toute
la vallée, à l'Arbresle, Sain-Bel, Bessenay, Courzieu, et dans
ses affluents, le Trésoncle, etc.), *Digitalis grandiflora* All.
(Courzieu), *Betula pubescens* Erh. (au-dessus de Sain-Bel), etc.;
— sur les bords de la Gimont (aff. de la Coise) : *Chœrophyllum Cicutaria, Carex canescens*, etc.

B. Les vallées qui séparent les bas-plateaux, — v. du Gour et
de Pleine-Serve formant la riv. de Charbonnières (Charbonnières, Tassin, Pont-d'Alaï), v. du Ratier, v. de l'Iseron (Iseron,
Francheville, Beaunant), v. du Garon (Moulin du Barail, Brignais, etc.) et ses affluents de droite le Chéron, le Cara-Nona,
le Mornantet, — se présentent toutes sous le même aspect et
avec la même végétation : fonds garnis de prairies, versants
recouverts de bois frais, généralement tournés au nord, ou
hérissés d'escarpements plus ou moins abruptes, généralement
granitiques.

---

(1) Voy. *Ann. Soc. bot. Lyon*, VII, p. 243, 308; VIII, p. 104, 137; —
CARIOT, etc.

Les escarpements qui bordent les plateaux et les sommets des versants exposés au midi, ordinairement arides, ont, en outre des plantes signalées dans les stations analogues des bas-plateaux (pelouses, bruyères, etc.), les espèces spéciales qui suivent :

Pulsatilla rubra Jord.
Ranunculus monspeliacus.
R. Chærophyllos.
Trifolium subterraneum.
T. elegans Savi.

Galium dumetorum Jord.
Crucianella angustifolia.
Andryala sinuata.
Plantago carinata Schrad.
Etc.

Les fentes des rochers donnent asile aux :

Umbilicus pendulinus.
Cystopteris fragilis Bernh.
Asplenium septentrionale Sw.

Asplenium Halleri DC.
Umbilicaria pustulata (sur le rocher même).

Les bois frais tournés au nord :

Mæhringia trinervia Clairv.
Rhamnus Frangula.
Cerasus Padus DC.
Epilobium collinum Gmel.
E. lanceolatum Koch.
Circæa lutetiana.
Sanicula europæa.
Asperula odorata.

Lactuca muralis Fresen.
Lysimachia nemorum.
Euphorbia dulcis.
Luzula silvatica Gaud.
Festuca heterophylla Lamk.
Aspidium aculeatum Dœll.
Athyrium Filix-fœmina Roth.
Polystichum Filix-mas Roth.

Dans presque toutes ces vallées, à la lisière des bois ou dans les prairies ombragées, au bord des ruisseaux, etc., on trouve plus ou moins communément :

Corydalis solida.
Anemone ranunculoides.
Ranunculus auricomus.
Isopyrum thalictroides.

Cardamine impatiens.
Adoxa Moschatellina.
Symphytum tuberosum.
Scilla bifolia, etc.

Les localités les plus riches (ou les mieux explorées) sont :

Vallée du Charbonnières (1); — dans les bois et vallons des environs de Charbonnières : *Lychnis Viscaria, Epilobium obscurum* Rchb., *Senecio silvaticus, Juncus capitatus* Weig., *J. hybridus* Brot., *Scirpus setaceus, Carex pallescens, C. pilulifera, Asplenium Halleri, Eurynchium Stockesii, Pterogonium gracile, Plagiothecium denticulatum*, etc. ; — dans les prairies au-dessous : *Carex polyrrhiza* Wallr. ; — sous

---

(1) Voy. *Ann. Soc. bot. Lyon*, II, p. 28; IV, p. 167; VI, p. 138, 151; — *Bull. Soc. bot. Fr.*, sess. de Lyon, p. CLXII; — MAGNIN, *Rech.*, p. 50, 58.

Tassin : *Chœrophyllum aureum, Gnaphalium silvaticum, Myosotis silvatica, Maianthemum bifolium, Juncus hybridus*; — au Pont-d'Alaï : *Veronica montana.* — Vallée du Ratier (1) : *Umbilicus, Isopyrum, Adoxa, Asplenium septentrionale* et dans les prairies au-dessus de la cascade : *Fritillaria Meleagris.*

Vallée de l'Iscron (2) : *Chœrophyllum aureum, Isopyrum, Adoxa, Anemone ranunculoides, Echinospermum Lappula, Scirpus setaceus, Asplenium septentrionale* et *Halleri; —* aux environs de Francheville : *Polygonum Bistorta, Aira prœcox, Polystichum spinulosum, Asplenium Breynii* Retz. ; — à Beaunant : *Chœr. aureum, Veronica verna, Carex pulicaris, Thamnium alopecurum,* etc.

Vallée du Garon (3) : — Dans les bois, lieux frais, etc. : *Hesperis matronalis, Potentilla procumbens, Montia rivularis, Gnaphalium silvaticum, Crepis paludosa, Myosotis silvatica, Juncus capitatus, Digitalis purpurea* (vers le moulin du Barail), *Ranunculus hederaceus* (mares sous le Corandin) ; — rochers, sables, coteaux : *Thlaspi silvestre* Jord., *Spergula Morisonii* Bor., *Trifolium glomeratum, Umbilicus, Centaurea tubulosa* Chab., *Echinospermum, Veronica verna, Digitalis grandiflora, Aira elegans* Gaud., *Danthonia decumbens, Asplenium septentrionale, A. Halleri,* etc. ; *Centaurea intermedia* Car., forme du *C. lugdunensis* Jord. (sous Chaponost au-dessus du moulin du Barail), etc.

Sur les coteaux qui dominent la vallée du Garon, bien exposés au soleil, commence à apparaître une Flore méridionale (4) représentée ici par :

Ranunculus cyclophyllus Jord.	Crucianella angustifolia.
Silene Armeria.	Bupleurum junceum.
Acer monspessulanum.	B. Jacquinianum Jord.
Trifolium Lagopus.	Etc.

Ces espèces thermophiles deviennent plus abondantes sur les coteaux du Rhône et dans les vallées encore plus méridionales

---

(1) Voy. *Soc. bot. Lyon,* IV, p. 147 ; V, p. 118 ; VI, p. 158 ; — Nos *Rech.,* p. 49.
(2) Voy. *Soc. bot. Lyon,* I, p. 79 ; II, p. 30, etc.
(3) Voy. *Soc. bot. Lyon,* I, p. 80 ; II, p. 30, 37, 82 ; III, p. 92 ; V, p. 113, 178 ; VI, p. 188 ; — MAGNIN, *Rech.,* p. 46.
(4) Voy. A. MAGNIN, *op. cit.,* p. 90.

du Lyonnais, le Cara-Nona, le Mornantet et le Gier ; dans ces deux dernières vallées en trouve, en outre des espèces précédentes : *Draba muralis, Centaurea tenuisecta* Jord., etc. (1).

Grâce à l'imperméabilité du sous-sol, de nombreux points *marécageux* se forment dans les prairies des vallées et dans les dépressions des bas-plateaux, principalement aux environs de Charbonnières, de Méginant, de Francheville, de Chaponost, à l'Etang du Loup (vallée de Beaunant), au Bâtard (sous Taluyers), à l'Etang de Lavaure (entre Souzy et Chassagny) ; ces marais (2) ont la flore habituelle dont voici les espèces les plus remarquables :

Ranunculus Flammula, Stellaria uliginosa *Murr.*, Œnanthe fistulosa, Œ. Phellandrium *Lamk.*, Œ. peucedanifolia *Poll.*, Galium palustre, Cirsium palustre *Scop.*, Gratiola officinalis, Veronica scutellata et *var.* parmularia, Pedicularis palustris, Scutellaria galericulata, Myosotis palustris, Mentha Pulegium, Salix cinerea, Orchis viridis, Eriophorum latifolium et angustifolium, Alopecurus geniculatus, A. utriculatus *Pers.*, Ophioglossum vulgatum, Hypnum cuspidatum, Brachythecium rutabulum, etc.

Signalons plus spécialement, en outre de ces espèces, à l'Etang du Loup (3) : *Gratiola officinalis, Carex paradoxa* Willd., *C. paniculata, Alopecurus fulvus* Smith, *Chara glomerata* Desv., etc. ; — à l'Etang de Lavaure ou dans le voisinage (4) : *Isnardia palustris, Ceratophyllum submersum, Œnanthe pimpinelloides, Littorella lacustris, Juncus pygmœus, J. Tenageia, Scirpus supinus, Polygonum amphibium, Sparganium simplex, Carex hirtœformis* Pers., *Alopecurus fulvus, Chara flexilis* Vill., etc.

Quant à la Flore, du reste identique, qu'on observe dans les parties du Lyonnais constituées par les alluvions siliceuses du glacier des Alpes ou de l'Azergue, par les schistes chloriteux,

---

(1) Cette flore méridionale peut s'observer plus haut dans la région lyonnaise, mais sur les coteaux du Rhône ou les parties calcaires du mont d'Or et du Bas-Beaujolais.

(2) Voy. A. MAGNIN, *op. cit.*, p. 37, 67, 69, 84.

(3) Voy. *Ann. Soc. bot. Lyon*, II, p. 81; III, p. 92; — MAGNIN, *op. cit.*, p. 44.

(4) Voy. CARIOT, *op. cit.*, passim (d'après les indications de Chabert et de MM. Guinand, Cariot, Thévenet et feu Bernardin): — Voy. pour les autres points marécageux : — Méginant, env. de Charbonnières: *Soc. bot. Lyon*, IV, p. 168; V, p. 12; VI p. 139; *Soc. bot. Fr.* session de Lyon, p. CLXVIII; MAGNIN, *op. cit.*, p. 57; — Chaponost : nos *Rech.*, p. 46.

carbonifériens, etc., nous renvoyons à nos *Recherches* déjà citées (1).

4° *Coteaux du Rhône.*

Près du Rhône, les bas–plateaux sont remplacés par une série
de coteaux élevés de 80 à 140 mètres au-dessus de la vallée du
fleuve (alt. 160 mètres), formés par des roches granitiques et
gneissiques que recouvrent presque entièrement des terrains de
transport souvent riches en carbonate de chaux et dont la
flore est caractérisée par la présence d'espèces thermophiles ou
calcicoles.

Ce sont, en allant de Vaise à Givors : 1° Le coteau de Fourvières (St-Just, St-Irénée, Ste-Foy-lès-Lyon) ; 2° Le coteau de
St-Genis-Laval, séparé du précédent par la dernière portion de
la vallée de l'Iseron, et divisé en Côte-Lorette (Beaunant, les
Barolles, Beauregard) et colline du Perron ; 3° Le coteau s'étendant d'Irigny à Givors (Vourles, Charly, Millery, Grigny), séparé des précédents par le Vallon de la Mouche.

Au point de vue géologique (2), ces coteaux sont constitués
par les terrains suivants, énumérés en allant du sommet à la
base : 1° le *lehm* et la *boue glaciaire*, donnant ordinairement
des sols riches en carbonate de chaux et en potasse : ils forment
la plus grande étendue de leur surface ; 2° les *alluvions glaciaires* qui apparaissent seulement sur leurs flancs, soit en
éboulis plus ou moins mélangés avec le lehm, soit en poudingues dont les galets jurassiques ou siliceux sont agglutinés par
un ciment calcaire ; ces poudingues se rencontrent par exemple
de Vaise à la Demi-Lune, le long du quai des Étroits, au-dessus
d'Oullins, vers les aqueducs de Beaunant, etc. (3) ; 3° le gneiss
et les divers granites (granite bleu à grains moyens d'Oullins,
granulite rose de Pierre-Scize, leptinite et oligochlase du Pigeonnier de Francheville, etc.), qui se montrent rarement en

(1) *Rech. sur la Géog. bot.*, p. 72, pour les alluvions glaciaires alpines ;
p. 94, pour les alluvions de l'Azergue ; p. 95, pour les Cornes vertes.
(2) Voy. FALSAN et CHANTRE, *Cat. des blocs erratiq.*, dans *Ann. Soc. Agricult. de Lyon*, 1877, p. 182, 185, 189, et nos propres observations, dans le
même ouvrage, p. 186, 191, etc.
(3) La richesse en carbonate de chaux de ces terrains est prouvée par les
sources incrustantes qu'on observe tout le long de ces coteaux, à Gorge de-
Loup, au quai des Étroits (s. de Fontanières), à Millery (s. de la Galée), etc.,
déjà citées par ALLÉON-DULAC, *Mémoires*, 1765, t. I, p. 303, 307. (Voy.
DRIAN, *Min. et Petr.*, p. 411).

grands escarpements, mais affleurent le plus souvent à la base
des coteaux, principalement dans les échancrures qui découpent leurs bords (Pigeonnier de Francheville, Vourles, Charly,
Millery, etc.).

Aux points où affleurent les gneiss et les granites, la flore
est tout-à-fait celle des stations identiques (roches, pelouses,
etc.) des bas-plateaux ; il en est de même des prairies et lieux
humides des vallons ; mais les alluvions glaciaires, la boue glaciaire et le lehm calcaires, principalement les cultures qui y
sont établies, ont des espèces particulières qui ne se rencontrent
pas dans les autres parties du Lyonnais, sauf au Mont-d'Or ou
sur les coteaux du Beaujolais calcaire et des bords de la Saône
et du Rhône.

Parmi les espèces intéressantes de cette sous-région on peut
citer d'abord les espèces suivantes qui, bien que pouvant croître
aussi dans la région granitique, sont cependant bien plus fréquentes dans les pelouses, broussailles et autres stations sèches
des coteaux du Rhône :

Anemone rubra Lamk.	Tordylium maximum.
Ranunculus Chærophyllos.	Galium tricorne With.
Helianthemum guttatum Mill.	Andryala sinuata.
Trifolium medium.	Campanula Rapunculus.
T. glomeratum.	Echinospermum Lappula.
T. elegans Savi.	Orchis tridentata.
Potentilla collina Jord.	Phlœum præcox.
Sedum sexangulare.	Etc.

Les plantes suivantes, tout-à-fait spéciales aux coteaux, sont
encore plus caractéristiques ; ce sont d'abord dans les sables,
graviers, poudingues des alluvions glaciaires :

Ranunculus lugdunensis Jord.	M. cinerascens Jord.
Helianthemum salicifolium Pers.	Trigonella monspeliaca.
H. obscurum Pers.	Melilotus arvensis Wallr.
H. pulverulentum DC.	M. macrorhiza Pers.
Silene Otites Sm.	Trifolium medium.
S. conica.	T. alpestre.
S. italica Pers.	T. rubens.
Alsine hybrida Jord.	Coronilla Emerus (Oullins).
A. laxa Jord.	C. minima.
Linum tenuifolium.	Cerasus Mahaleb Mill.
Geranium sanguineum.	Torilis nodosa Gærtn.
Cytisus capitatus Jacq.	Asperula galioides M. Bieb.
Ononis Columnæ All. (Oullins, Yvour)	Globularia vulgaris.
Medicago ambigua Jord.	Cirsium acaule.

Rubia peregrina.	Lactuca saligna.
Kentrophyllum lanatum Duby.	Barkausia setosa DC.
Helichrysum Stæchas DC.	Podospermum laciniatum DC.
Aster Amellus (à Laval).	Verbascum nigrum.
Inula hirta.	Onosma arenarium.
I. salicina.	Etc. (1)

Et des espèces à dispersion plus remarquable encore, des plantes spéciales à la vallée du Rhône (dans notre région), comme les *Erucastrum Pollichii* Schimp., *E. obtusangulum* Rchb., *Diplotaxis tenuifolia* DC., *Rapistrum rugosum* All., *Gypsophila saxifraga*, etc., ou descendues des montagnes, comme le *Lepidium petræum*.

Les cultures, ordinairement établies sur le lehm ou les alluvions glaciaires et occupant la plus grande partie de la surface des coteaux, ont aussi une végétation caractéristique ; en outre des *Bunias Erucago, Gagea arvensis,* etc., et autres espèces qui se retrouvent dans les cultures des bas-plateaux, on observe dans les champs, vignes, décombres, au bord des chemins des coteaux :

Nigella arvensis.	Lepidium graminifolium.
Delphinium Consolida.	Reseda Phyteuma.
Berberis vulgaris.	Polycarpum tetraphyllum.
Papaver dubium.	Caucalis daucoides.
Fumaria capreolata.	Scandix Pecten.
F. parviflora Lamk.	Solanum villosum Lamk.
Diplotaxis muralis DC.	Heliotropium europæum.
Neslia paniculata Desf.	Lamium hybridum Vill., etc.
Iberis pinnata.	Allium intermedium DC.

Dans les bois, les prairies ombragées, les lieux humides : *Ranunculus Philonotis, R. parviflorus, Mœhringia trinervia, Stellaria graminea, Cerastium aquaticum*, etc. ; — *Orobus vernus, Fragaria collina, Rosa lugdunensis, Campanula persicifolia, Orchis purpurea, Epipactis latifolia, E. lancifolia,* etc.

Relevons comme rares et ne se trouvant que dans quelques localités : *Adiantum Capillus-Veneris*, dans les excavations

---

(1) La plupart des espèces des pelouses et des broussailles sont en voie de disparition, par suite des défrichements ; c'est ainsi que le *Cistus salviæfolius* qui existait à Charly du temps de Gilibert (Voy. *Hist. pl. Eur.* t. II, p. 15) en a disparu depuis ; pour les mêmes causes, les *Quercus Ilex, Cytisus capitatus, Coronilla Emerus*, etc., deviennent de plus en plus rares.

des poudingues et les murs des Étroits (1) ; — *Ornithogalum nutans*, *Tulipa præcox* Ten., *Gastridium lendigerum* Gaud., dans les cultures à Ste-Foy-lès-Lyon ; — *Tulipa silvestris*, *T. clusiana* DC., *Allium intermedium*, etc., dans les cultures de St-Genis-Laval (2).

Le vallon et les environs d'Oullins renferment aussi de bonnes espèces : *Trifolium striatum*, *Medicago ambigua* Jord., *M. cinerascens* Jord., *Melica glauca* Fr. Sch., sur les pelouses et les rochers; *Agrostis interrupta*, *Kœleria phleoides* Pers., *Psilurus nardoides* Trin., dans les champs sabloneux; *Trifolium elegans* Savi, *Bromus giganteus*, *B. asper*, *Orchis tridentata* Scop., dans les bois; *Cytisus capitatus* Jacq., *Coronilla Emerus*, bords des coteaux (3).

On indique encore les *Celtis australis*, *Carex divulsa*, Good., au-dessus d'Yvour, le *Rumex scutatus* à Charly, le *Quercus Ilex* à Grigny, etc. ; le *Celtis* et l'*Ilex* sont des représentants de cette Flore méridionale en voie de disparition dans les broussailles et autres lieux incultes, mais remplacée par les plantes thermophiles des cultures, qui deviennent de plus en plus fréquentes (4).

Signalons enfin les prairies marécageuses, mares, fossés, qui occupent les dépressions séparant les différents coteaux, par ex., à Gorge-de-Loup derrière Vaise, dans le vallon de la Mouche, à Yvour, etc. En outre des espèces hygrophiles habituelles à ces stations, on trouve à Gorge-de-Loup : *Menyanthes*, *Bidens cernua*, *Lotus uliginosus*, *Polygonum amphibium*, *Sparganium ramosum*, *Cyperus longus*, *Carex Kochiana* DC. ; — à la Mouche et autres endroits marécageux des environs de St-Genis-Laval : *Cirsium bulbosum*, *Bidens cernua*, *Orchis palustris* Jacq., *bifolia*, *conopea*, *incarnata*, *Epipactis palustris* Crantz, *Schœnus nigricans*, *Ophioglossum vulgatum;* — à Yvour : *Senecio paludosus*, *Orchis odoratissima*, *incarnata*,

---

(1) Les excavations de ces poudingues (aux Étroits, à Beaunant, etc.), souvent inondées par des eaux calcaires incrustantes, sont tapissées de Mousses intéressantes, tout-à-fait calcicoles : *Trichostomum tophaceum*, *Eucladium verticillatum*, *Gymnostomum curvirostrum*, *Hypnum commutatum*, qu'on retrouve toujours dans ces mêmes stations. (Voy. CONTEJEAN, *Ann. sc. natur.*, 1875, t. II, p. 127, et nos *Rech.*, 1er fasc., p. 128).

(2) Pour les Tulipes du Lyonnais, voy. H. PERRET, *Ann. Soc. botan.* III, p. 94 ; BOULLU, *id.*, IV, p, 171 ; SAINT-LAGER, *id.*, VI, p. 156, etc.

(3), (4) Voyez plus haut, p. 288.

palustris, Ophrys apifera Huds., *Neottia æstivalis* DC., *Cyperus longus, Scirpus holoschænus, Carex paradoxa, C. pallescens*, etc., et autres espèces hygrophiles des bords du Rhône, dont nous allons dire quelques mots.

Alluvions modernes des bords du Rhône. — Au pied des coteaux s'étendent les alluvions modernes du Rhône, formées de bancs de galets, graviers, sables et limons, entrecoupés de *lônes*, fossés ou branches du fleuve plus ou moins profondes; le sol, tantôt argilo-calcaire, tantôt argilo-siliceux, donne naissance à une végétation bien différente de celle que nous avons vue jusqu'à présent, mais qui se retrouve avec le même caractère dans toutes les parties des vallées du Rhône et de la Saône comprises dans notre Flore. Il convient, pour cette dernière saison, d'en renvoyer l'étude générale à la fin de cette esquisse et de nous borner pour le moment à indiquer les espèces les plus intéressantes qu'on observe dans les saulaies d'Oullins, d'Irigny, les lônes de Pierre-Bénite, les prairies marécageuses d'Yvour, etc., localités qui sont le plus souvent explorées (1).

Dans les graviers, les cultures, les décombres, on observe :

Delphinium Consolida.
Diplotaxis tenuifolia DC.
Erucastrum sp.
Sinapis incana.
Lepidium Draba.
Xanthium strumarium.

Salsola Kali.
Allium carinatum.
Tragus racemosus Desf.
Phleum arenarium.
Kœleria valesiaca Gaud.
Poa Eragrostis.

Et plus spécialement sur les bords du Rhône :

Gypsophila saxifraga.
Rapistrum rugosum All.
Melilotus Petitpierreana Willd.
Ononis natrix.
Epilobium rosmarinifolium Hœng.
Œnothera biennis.
Sedum anopetalum.
Linum tenuifolium.

Helichrysum Stœchas.
Xanthium strumarium.
Aristolochia Clematitis.
Salix triandra Ser.
S. incana Schkr.
S. purpurea.
S. viminalis.

Les saulaies, constituées principalement par le *Salix alba* et autres arbres et arbrisseaux hygrophiles, abritent des prairies, où croissent de nombreuses formes de *Thalictrum (Th.*

(1) Voy. CARIOT, *op. cit.*, passim ; — *Ann. Soc. botan. Lyon*, t. II, p. 12, etc.

flavum Willd., *laserpitiifolium*, *medium* Jacq., *nitidulum* Jord., etc.) et de Menthes (*Mentha rotundifolia*, *viridis*, *parietariæfolia* Beck. ? etc.); de plus :

Tetragonolobus siliquosus Roth.	Tanacetum vulgare.
Inula Brittanica.	Solidago glabra.

ces deux dernières pouvant être considérées comme parfaitement spontanées.

Les marais, fossés, lônes du Rhône renferment enfin :

Ranunculus divaricatus Schrank.	Bidens cernuus.
R. fluitans.	Villarsia nymphoides Vent.
Caltha palustris,	Hydrocharis Morsus-Ranæ.
Nymphæa, Nuphar	Butomus umbellatus.
Hippuris sp.	Potamogeton pl. sp. (P. pectinatus,
Callitriche sp.	etc.)
Myriophyllum sp.	Sparganium sp.
Galium palustre.	Cyperus longus.
Senecio paludosus.	Etc.

II. — Beaujolais.

Le Beaujolais, comme le Lyonnais, dont il n'est du reste que la continuation, comprend : des *montagnes* et des vallées granitiques, porphyriques et métamorphiques, différentes géologiquement de celles du Lyonnais, mais produisant un sol siliceux et une flore silicicole analogue à celle de cette dernière région ; — des *coteaux* qui s'abaissent aussi vers la Saône, dont une partie, recouverte à son extrémité orientale par des alluvions anciennes possède une végétation analogue à celle des bas-plateaux lyonnais, mais dont une autre zone, par sa constitution géologique (terrains secondaires) et sa flore, se rattache directement au Mont-d'Or lyonnais ; — enfin, sur les bords de la Saône, des *alluvions* modernes ayant de grandes affinités avec celles étudiées sur les bords du Rhône.

1° *Monts du Beaujolais.*

Le massif montagneux situé au nord de la Turdine et de la partie inférieure du cours de la Brevenne et de l'Azergue (direction O.-E.) est divisée, par la vallée de l'Azergue supérieure, à direction N.-S., en deux systèmes de chaînes ayant aussi, en général, ce même alignement.

1° Les chaînes occidentales de Thizy et des Mollières, sépa-

rées entre elles par la vallée du Rhins, appartiennent au premier système; leur flore, qui a été peu étudiée, appartient du
reste, à l'exception du versant oriental des Mollières, au bassin de la Loire; la chaîne des Mollières, des Écharmeaux au
nord (718ᵐ), à Amplepuis et Tarare, au sud, est composée d'une
série de hauteurs variant de 700 à 900 m.: (Mt-Corcelette,
702ᵐ; Mt-Sottier, 702ᵐ; alt. maxima, 921; St-Bonnet-le-Troncy,
Meaux, St-Just-d'Avray, Ronno, St-Apollinaire; Mt-Chatard,
710ᵐ; Ternand); le sol en est entièrement siliceux, même dans
les parties constituées par des terrains de transition (carboniférien, calcaire saccharoïde de Ternand, etc.) et la Flore est celle
des monts du Lyonnais et des autres parties du Beaujolais
montagneux.

La partie méridionale, séparée des localités précédentes par
le Soanan (affluent de l'Azergue aux Ponts-Tarets), comprend
vers l'Est, des basses montagnes et des coteaux qui s'abaissent
graduellement de Darcizé (450ᵐ), par St-Loup, les Olmes, Sar-
cey et Bully, à la rencontre de l'îlot calcaire d'Oncin; le sol
est formé par des granites, syénites, porphyres quartzifères,
schistes carbonifériens, etc.; la végétation est tout-à-fait analogue à celle des bas-plateaux du Lyonnais.

2° Les montagnes du Beaujolais proprement dit, c'est-à-dire
celles qui sont comprises entre l'Azergue et la Saône, forment
au voisinage de l'Azergue des chaînes alignées suivant la direction N.-S. de la partie supérieure du cours de cette rivière
(ch. d'Oingt, Theizé, Anse, Chatoux, etc.); des chaînons obli-
ques s'en détachent, en s'inclinant vers la Saône dans la direction O.-E., (ch. de St-Bonnet-de-Montmelas, la Chaise, Avenas, etc.), de même que les montagnes qui entourent la vallée
de l'Ardière.

Leur constitution géologique est assez compliquée (1); dans la
partie méridionale on trouve une zone de terrain jurassique,
occupant un quadrilatère compris entre l'Arbresle, le Saule
d'Oingt, Villefranche et Lucenay, reliée vers le sud au Mᵗ-d'Or
lyonnais, se prolongeant vers le nord en s'amincissement sous
les alluvions anciennes qui recouvrent les coteaux du Beaujo-

---

(1) Voyez FOURNET, *Géol. lyon.*, passim; — EᴴRAY, *Cartes canton.*, etc.

lais, par Cogny, Charentay et Remanèche ; nous nous en occuperons spécialement plus loin. Au nord de cette région, se trouve la zone siliceuse, comprenant: les schistes noirs, les grès et poudingues des carbonifériens inférieur et moyen, dans la partie de la chaîne N.-S. comprise entre le Saule d'Oingt et Chênelette ; — des granites porphyroïdes dans la partie située à l'est de la précédente, ces terrains étant fréquemment traversés par des filons de porphyres quartzifères ;—enfin, les grès porphyriques noirs, qui s'observent depuis les Écharmaux, Chênelette, les Ardillats, Avenas jusqu'à Vaux-Renard. Le sol qui résulte de la décomposition des diverses roches de cette dernière zône est entièrement siliceux et la végétation qu'il supporte éminemment silicicole, ainsi que le montrent les énumérations qui vont suivre (1).

L'altitude moyenne de ces montagnes varie de 600 à 800ᵐ ; des sommets un peu plus élevés (900ᵐ environ, 1,012ᵐ au St-Rigaud), s'en détachent, ordinairement arrondis, dénudés et couverts de pâturages secs, ou garnis de taillis de Chênes, quelquefois de bouquets de Pins ; les sapins ne se montrent que sur les plus hautes cimes, au St-Rigaud, par exemple ; des bois garnissent les flancs des montagnes sur les versants tournés au nord ou à l'ouest; quelques *chirats* apparaissent aux points où percent les porphyres quartzifères, mais bien plus rares que dans le Lyonnais; partout ailleurs le sol est occupé par des cultures qui s'élèvent souvent presque jusqu'aux sommets.

Les pelouses des sommets dénudés sont garnies de :

Teesdalea nudicaulis R. Br.	Filago minima Fr.
Brassica Cheiranthus Vill.	Thrincia hirta Roth.
Dianthus carthusianorum.	Jasione Carioni Bor.
— var. uniflorus Coss. Germ.	Euphrasia ericetorum Jord..
Hypericum microphyllum Jord.	Galeopsis dubia Leers.
Scleranthus perennis.	Aira præcox, etc.
Trifolium agrestinum Jord.	

Sur les rochers ou dans leurs fentes : *Sedum elegans* Lej., *Asplenium septentrionale* Sw., *Gyrophora pustulata*, *G. glabra*, etc.

Au bord des chemins et des champs : *Sarothamnus vulgaris*,

---

(1) Voy. CARIOT, *op. cit.*, passim; — SARGNON, dans *Ann. Soc. bot. Lyon*, III, p, 104; — GILLOT, dans *Ann.*, VIII, p. 13 et seq. — MAGNIN, *ibid.*, IX (en voie de publication).

Genista sagittalis, Pyrethrum Parthenium, Calluna vulgaris Salisb., *Digitalis purpurea*, etc.

Dans les bois, à l'ombre des Chênes, des *Pinus silvestris, Carpinus Betulus, Fagus silvatica, Sorbus Aria, Sambucus racemosa*, etc. :

Stellaria nemorum.	Vaccinium Myrtillus.
Lychnis silvestris.	Digitalis purpurea.
Hypericum montanum.	D. grandiflora.
H. pulchrum.	Lysimachia nemorum.
Rubus idæus.	Teucrium Scorodonia.
Epilobium lanceolatum S. et M.	Calamintha grandiflora.
Ribes alpinum.	Aira flexuosa.
Galium silvestre Poll.	Festuca silvatica.
Conopodium denudatum.	E. heterophylla Lamk.
Prenanthes purpurea.	Aspidium aculeatum, etc.

Et plus rares, ne s'observant que dans quelques localités :

Aconitum Napellus.	Gnaphalium dioicum.
Thlaspi silvestre Jord.	Doronicum austriacum.
Epilobium spicatum.	Orchis sambucina.
Ribes petræum.	Blechnum Spicant.

Les marais, les prairies marécageuses, moins fréquentes que dans le Lyonnais proprement dit, renferment :

Parnassia palustris.	Scutellaria minor.
Drosera rotundifolia.	Carex pulicaris.
Menyanthes trifoliata.	C. stellulata Good.
Pedicularis palustris.	Etc.

Et, enfin, dans les paturages des plus hauts sommets : *Ranunculus aconitifolius, Trifolium spadiceum, Geum rivale, Arnica montana*, etc.

Les montagnes du Beaujolais se divisent en deux massifs, l'un septentrional, le Haut-Beaujolais, et l'autre méridional, séparés par la vallée de l'Ardière.

I. Le *Haut-Beaujolais* est constitué, en grande partie, par des grès porphyriques noirs, reposant sur la syénite et traversés par de nombreux filons de porphyre quartzifère, donnant tous un sol exclusivement siliceux ; il renferme les sommets les plus élevés et la flore la plus riche des montagnes beaujolaises et lyonnaises.

On trouve, en effet, en allant de l'O. à l'E., la Roche-d'Ajoux (973^m), le Moné (1,000^m), le St-Rigaud (1,012^m), qui dépasse ainsi de quelques mètres le Boucivre, point culminant des monts du Lyonnais, et le massif d'Avenas et de Vauxrenard (894ᵐ, 850ᵐ, etc.) ; point important de la ligne de partage des eaux, les flancs de cette chaîne donnent naissance : au nord, au Sornin (affl. de la Loire) et à la Grosne ; au sud, à l'Azergue (Chênelette, Poule, etc.), à l'Ardière (les Ardillats, Beaujeu, etc.) ; à l'est, aux ruisseaux de l'Ouby, de la Mauvaise (Julié, Juliénas), de Villié, Corcelles, Lancié, Chiroubles, etc., tous affluents de la Saône.

Tous les sommets de ce massif, auquel on peut joindre le Tourvéon, situé un peu plus au sud, possédent une végétation identique, remarquable par la présence d'espèces qui ne se retrouvent pas ou très rarement dans les monts du Lyonnais. Ce sont, en outre des espèces suivantes, communes à toutes les montagnes beaujolaises, mais très fréquentes ici, *Polygala depressum* Wender., *Lychnis silvestris* Hoppe, *Sambucus racemosa*, *Gnaphalium silvaticum*, *Prenanthes purpurea*, *Jasione Carioni*, *Vaccinium Myrtillus*, *Digitalis purpurea*, etc. :

Thlaspi virens Jord. (St R.)	Senecio silvaticus (St R.)
Sorbus Aucuparia (St R., Aj., Tourv.)	S. Fuchsii Gmel (Vauxr., St R., Aj.)
Epilobium spicatum (St R., Aj.)	S. adonidifolius (St R., Tourv.)
Galium saxatile (St R., Aj., Tourv.)	Blechnum Spicant (Aj., St R.) (1).

Indiquons plus particulièrement les localités suivantes :

Massif de Vauxrenard et d'Avenas : — Avenas : *Senecio Fuchsii, Gnaph. silvaticum, Prenanthes purpurea, Lysimachia nemorum, Carex strigosa* Huds.; — Vauxrenard, bois de la Roche-au-Loup : *Leucoium vernum, Adoxa, Senecio Fuchsii*; prairies marécageuses à *Sedum villosum, Crepis paludosa*, etc.

St-Rigaud (1,012ᵐ) : au sommet, prairies à *Centaurea nigra* L. ; sur les flancs, belle forêt de Sapins (*Abies pectinata* et *excelsa*), Hêtres, Charmes, etc., à *Sambucus racemosa, Sorbus Aucuparia, S. Aria, Vaccinium Myrtillus, Digitalis purpurea, Senecio silvaticus, S. Fuchsii* Gmel., *Lychnis silvestris*,

---

(1) Ces résultats, consignés en grande partie dans la Flore de M. CARIOT ou dans les notes citées de MM. SARGNON et GILLOT sont dues principalement aux explorations de MM. Aunier, Grogniot et Fray, puis de MM. Cariot, Saint-Lager, Sargnon, Gillot et nous-même.

*Potentilla Tormentilla, Galium saxatile; — Aconitum Lycoc-
tonum, Dentaria pinnata, Impatiens Noli-tangere, Senecio
adonidifolius* (Sargnon), *Polypodium Phegopteris, P. Dryopteris, Blechnum Spicant* (sec. Cariot); — *Thlaspi virens*
Jord., *Viola contempta* Jord., *Hyper. quadrangulum, Circæa
intermedia* (sec. Grogniot); — *Circæa alpina,* vers Monsols;
Polypodium Dryopteris, dans les bois de la Faye; le rarissime
Meconopsis cambrica, au bois de la Tour (abbé Fray); — dans
les prés marécageux : *Campanula hederacea, Carex pulicaris,
C. stellulata* Good.; *Carex canescens, Eriophorum vagina-
tum?* (Grogniot), etc., et autres plantes de ces stations (1).

Roche d'Ajoux (973ᵐ) : au sommet, rochers de grès porphyriques noirs, à *Lecidea geographica, Gyrophora glabra* (f. *mo-
nophylla* et *complicata*), *G. flocculosa;* chirats de même nature à broussailles et taillis de Chênes, Charmilles; en descendant, bois de Pins et Sapins, pelouses, etc., à *Sorbus Aria,
S. Aucuparia, Rubus idæus, Sambucus racemosa, Lonicera
nigra, Ribes alpinum, R. petræum* Wulf., *Vaccinium Myrtillus, Sonchus Plumieri, Epilobium spicatum, Senecio Fuchsii,
Prenanthes purpurea, Sedum aureum* Wirtg., *Polygala depressum, Oxalis acetosella, Alchemilla vulgaris, Hypnum
crista-castrensis,* etc.,(Magnin, Sargnon); —*Corydalis fabacea,
Conopodium denudatum, Doronicum austriacum, Pirola chlorantha, Blechnum Spicant* (sec. Cariot); — *Corydalis solida,
Pulmonaria saccharata* Mill., *Veronica montana, Paris quadrifolia, Polystichum Oreopteris* DC., *P. spinulosum* DC.,
P. dilatatum DC. (sec. Grogniot).

Dans les prés marécageux, en descendant sur Chênelettes,
les espèces qui habitent les stations analogues du Lyonnais :
*Parnassia palustris, Drosera rotundifolia, Lotus uliginosus,
Comarum palustre, Sedum villosum, Cirsium palustre, Pedicularis palustris, Eriophorum angustifolium, Carex pulicaris, C. stellulata* Good., et plus rares, les espèces suivantes
qui sont tout-à-fait montagnardes ou spéciales à d'autres régions : *Ranunculus aconitifolius, Viola palustris, Eriophorum intermedium* Bast., *Wahlenbergia hederacea; Anagallis
tenella, Carex Hornschuchiana* Hoppe, *Sphagnum cymbifo-*

---

(1) CARIOT, *op. cit.;* — SARGNON, *loc. cit.,* p. 105; —GILLOT, *loc. cit.,* p. 18
— MAGNIN, *herbor.,* etc.

lium Ehrh., *acutifolium* Ehrh. et *rigidum* Sch. (Sargnon);
Juncus squarrosus, à Chaussailles (Grogniot) (1).

II. La partie des monts du Beaujolais située au sud de l'Ardière comprend deux systèmes de chaînes à direction différente:
d'abord, une chaîne N.-S., parallèle à la rive gauche de l'Azergue, dont les principaux sommets sont: le Tourvéon (953ᵐ), le
Sobrant (898ᵐ), l'Arguel (890ᵐ), le Grand et le Petit-Chatoux
(872ᵐ); cette chaîne s'abaisse au-delà, vers le col, dit le Saule
d'Oingt (555ᵐ), à la rencontre de la région calcaire [signal
d'Oingt (651ᵐ), Bois-d'Oingt, Chessy]; — en second lieu, des
chaînons qui se détachent de la chaîne précédente, et se dirigent
vers la Saône; ce sont: 1° le chaînon des monts Saburin et
Brouhy au-dessus de Quincié; 2° le télégraphe de Marchampt,
les monts de la Chaise (au-dessus d'Odenas), Brouilly et Saint-
Lager; 3° la chaîne de la Sévelette et du signal de Saint-Bonnet-
sur-Montmelas (680ᵐ); 4° la chaîne de Cogny, Lacenas et
Gleizé. La partie la plus méridionale se termine par le système
spécial aussi bien par la direction de ses coteaux que par la
nature du sol et la végétation, qui s'étend de Theizé à l'Arbresle
et de Villefranche à Chazay-d'Azergue.

La partie la plus rapprochée de l'Azergue, c'est-à-dire la
chaîne N.-S. et les parties voisines des chaînons qui s'en détachent, sont constituées principalement par les roches métamorphiques du carbonifèrien inférieur et moyen, traversées par des
filons de porphyre quartzifère; en dehors, à l'Est, une bande
parallèle de granite porphyroïde s'avance jusqu'à la zone des
terrains secondaires et erratiques qui constituent les bas-plateaux
et les coteaux des bords de la Saône.

En suivant, du N. au S., l'arête parallèle à la Haute-Azergue,
on rencontre d'abord le *Tourvéon* (953ᵐ), montagne conique
qui domine les origines des vallées de l'Ardière et de l'Azergue
et dont le sommet est occupé par les restes (caves, lignes de
charmilles) d'un ancien château-fort. Le Tourvéon se rattache
par sa flore au massif septentrional du Saint-Rigaud et de la
Roche d'Ajoux; dans les chirats de granite porphyroïde à *Lecidea geographica, Gyrophora pustulata, polyphylla*, et les

---

(1) Sargnon, *loc. cit.*, p. 106; Gillot, *loc. cit.*, p. 17; Magnin, *Herb.*, etc.

broussailles qui les recouvrent, on trouve, en effet : *Jasione Carioni* Bor., *Potentilla Tormentilla, Vaccinium Myrtillus, Ribes alpinum, Lychnis silvestris, Prenanthes purpurea, Sorbus Aucuparia, S. Aria*, etc., et les espèces plus rares : *Galium saxatile, Senecio adonidifolius* (Aunier), *Lathyrus silvestris* (Gillot), *Pimpinella saxifraga* var. *alpestris* (Cariot) (1).

Les sommets qui s'élèvent ensuite, soit sur cette ligne N.-S., comme le Sobrant, l'Arguel, les Chatoux, soit sur les chaînes qui s'en détachent, comme le télégraphe de Marchampt, le Montout, le Saburin, etc., ont ordinairement leurs croupes dénudées, couvertes de pelouses ou garnies de cultures, possédant la flore générale donnée plus haut : *Teesdalea nudicaulis, Hypericum microphyllum* Jord., *Trifolium agrestinum* Jord., *Scleranthus perennis, Filago minima, Thrincia hirta, Arnoseris minima, Jasione Carioni, Euphrasia ericetorum* Jord., *Galeopsis dubia*, etc.; sur les roches de carbonifèrien, granite porphyroïde ou, plus rarement, de porphyre quartzifère : *Asplenium septentrionale, Racomitrium canescens, Umbilicaria pustulata, Gyrophora glabra, Lecidea geographica, L. contigua*, etc.

Les bois qui couvrent les flancs des montagnes, principalement ceux de la Chaise, de Montout, Marchampt, de la Grange (vers les Chatoux), de Saint-Bonnet-sur-Montmelas, renferment le plus fréquemment :

Thlaspi silvestre Jord.	Peucedanum parisiense DC.
Hypericum montanum.	Galium silvestre.
H. pulchrum.	Pirola rotundifolia.
Orobus niger.	Melittis melissophyllum.
Sorbus Aria.	Digitalis lutea.
Epilobium montanum.	Festuca heterophylla.
E. lanceolatum.	Leucobryum glaucum.

Signalons, en particulier, les localités suivantes :

Chaînes de Marchampt : *Trifolium aureum* Poll. (Gillot), *Asperula odorata*, au bois de Montout ; *Stachys alpina*, au bois de la Chaise (Gillot) ; *Dentaria digitata, Seseli Libanotis*, au Crêt-David (Cariot) ; *Dentaria pinnata, Thlaspi silvestre* Jord., *Orchis sambucina*, à Roche-Tachon, près le télégraphe de Marchampt (Cariot) (2).

---

(1) Pour ses explorateurs, voy. la note concernant le Haut-Beaujolais, à la page 295.
(2) Explorations de MM. Aunier, Fray, Gillot, etc.

Chaîne des Chatoux ; — à Saint-Cyr-de-Chatoux : *Polygala oxyptera* Rchb., *P. depressa* Wend., *Circœa intermedia* Ehrh., *Sambucus racemosa, Lilium Martagon, Phleum serotinum* Jord. ; — dans les cultures, aux bords des chemins : *Senecio viscosus, Corrigiola littoralis, Reseda Luteola, Digitalis purpurea, Chrysanthemum Parthenium* ; — Bois de Chatoux : *Acer Pseudoplatanus* (Magnin), *Rubus idœus, Sorbus Aria, Prenanthes purpurea, Pirola chlorantha* Sw., *Atropa Belladonna, Orchis sambucina, Blechnum Spicant* (1).

Chaîne de Saint-Bonnet-sur-Montmelas ; — à Saint-Bonnet : *Thalictrum collinum* Wallr., *Thlaspi virens* Jord., *Teesdalea nudicaulis* R. Br., *Cardamine silvatica* Link., *Stellaria nemorum, Mœhringia trinervia* Clairv., *Cerastium brachypetalum* Desf., *Lathyrus silvestris, Sorbus torminalis* Crantz, *Sambucus racemosa, Asperula odorata, Sedum elegans* Lej., *Solidago monticola* Jord., *Senecio silvaticus, Prenanthes purpurea, Jasione perennis, J. Carioni* Bor., *Myosotis silvatica* Hffm., *Melampyrum pratense, Verbascum nigrum, Orchis mascula, O. sambucina, Luzula nivea* DC., *Athyrium acrostichoideum* Bory ; *Gnaphalium norwegicum* Gunn. (Cariot) ; signalons encore de beaux bois de Pins et Sapins, et l'abondance du Buis, dans le voisinage, il est vrai, d'anciennes constructions, mais en plein terrain siliceux. — A la Sévelette : *Thalictrum expansum* Jord., *Thlaspi virens* Jord., *Galium rotundifolium, Centaurea nigra, Gnaphalium silvaticum, Jasione perennis, Carex humilis* Leys. — Pic de Rotrou (au-dessus de Vaux) : *Orchis montana* Schm., *Botrychium Lunaria* Sw. (2).

2° Bas-plateaux et coteaux du Beaujolais.

Les coteaux du Beaujolais comprennent deux régions bien distinctes : l'une à sol siliceux et à flore analogue à celle des montagnes beaujolaises moins les espèces spéciales aux montagnes (3) ; l'autre située au sud de celle-ci, caractérisée par des

---

(1 Observat. diverses dans CARIOT, *op. cit.*, et les nôtres.

(2) Explorations de Groguiot (voy. Gillot, *op. cit.*, p. 17), de MM. Gandoger (dans Cariot, *op. cit.*), Méhu, Tillet, etc. et notre Compte-rendu, dans *Ann. Soc. botan. Lyon*, t. IX.

(3) De même que dans le Lyonnais, quelques espèces montagnardes peuvent descendre ici plus ou moins bas, comme le *Sedum villosum* à Chénas, Beaujeu, Arnas, etc., le *Ranunculus hederaceus* à Rivollet, etc.

terrains de formation secondaire à végétation spéciale qui fera l'objet d'un paragraphe particulier.

A la première partie se rattachent : 1° les coteaux formant la base du massif de Vauxrenard (Chénas, Fleurie, Chiroubles, Villié-Morgon, Durette, Lantignié); 2° les coteaux qui s'étendent de l'Ardière à la Morgon (Saint-Lager et Brouilly, Odenas, Arbuissonas, Saint-Julien, Arnas, Gleizé); leur altitude varie entre 200 et 500 mètres et correspond à la zone du *vignoble*.

La partie siliceuse des bas-plateaux beaujolais n'est pas du reste formée exclusivement de roches granitiques (granite porphyroïde, etc.) ou métamorphiques (carboniférien, etc.) : ces terrains n'affleurent que dans leur portion occidentale; sur leur bord oriental, ils sont recouverts par des placages plus ou moins étendus de terrains de transport (lehm, sables de l'erratique) qui donnent à la flore un caractère particulier, s'accentuant encore davantage dans les points où apparaissent les couches jurassiques (bajocien et bathonien), sur de fort petites surfaces, il est vrai, et recouverts en général par les éboulis de l'erratique ou des roches siliceuses qui les dominent.

A. *Sols autochtones*. — La flore est donc nettement silicicole dans la plus grande partie des territoires de Chénas, Fleurie, Chiroubles, Villié, Lantignié, Saint-Lager, Brouilly, Odenas, Arbuissonas, Blacé, où le sol est constitué par des granites porphyroïdes, du porphyre quartzifère et du carboniférien. On trouve, en effet, dans les sables, les lieux incultes : *Teesdalea nudicaulis, Hyper. humifusum, Malva moschata, Scleranthus perennis, Ornithopus perpusillus, Arnoseris minima, Myosotis versicolor, Anarrhinum bellidifolium*, etc. ; — dans les terrains cultivés et spécialement les vignes qui constituent la principale des cultures : *Brassica Cheiranthus, Filago arvensis, Corrigiola littoralis, Crassula rubens*, etc., et moins communément : *Andryala sinuata, Heliotropium europæum, Echinospermum Lappula*.

Signalons ensuite les stations suivantes : — à Chénas : *Aira præcox, Myosotis Balbisiana* Jord.; — Fleurie : *Myosotis Balbisiana, Spergula pentandra, Aira aggregata, Spartium junceum*; — Chiroubles : *Linaria arvensis, Gagea arvensis*; — Villié-Morgon : *Spergula Morisonii, Celerach officinarum, Circæa intermedia* (Grogniot); — Durette : *Ambrosia arte-*

misiœfolia (Chanrion) (1) ; — Lautignié : *Crucianella angustifolia*, *Verbascum virgatum* Roth, *Linaria ochroleuca* de Bréb. ; — Beaujeu : *Spergula Morisonii*, *Rubus dumetorum* W. et N. ; *Rumex scutatus*, sur les murs du château de Saint-Jean.

B. *Terrains de transports.*— La partie des coteaux recouverte par l'erratique (lehm, sables), qui comprend la plus grande partie des communes de Romanèche, Lancié, Corcelles, Saint-Jean-d'Ardières, Durette, Cercié, Saint-Lager et Brouilly, Charantay, Blacé, Saint-Julien, Arnas, Lacenas, Gleizé, et dans la zone calcaire, Liergues, Pouilly, Alix, etc., possède une flore qui offre quelque analogie avec celle des bords du plateau de la Dombes et surtout avec celle de la partie des bas-plateaux lyonnais recouverte aussi par des terrains de transport ; on y rencontre, en effet, en outre des *Brassica Cheiranthus*, *Corrigiola littoralis*, *Filago arvensis*, *spathulata*, *Andryala sinuata*, *Heliotropium europœum*, etc., association de plantes commune dans ces régions, les *Illecebrum verticillatum*, *Myosurus minimus*, *Cupularia graveolens*, *Teucrium Botrys*, etc., espèces fréquentes surtout dans la Dombes, dont la présence en divers points de ces coteaux est ainsi justifiée. Notons encore : *Bupleurum tenuissimum*, à Saint-Jean-d'Ardières ; — *Trifolium elegans* à Saint-Julien, Arnas ; — et la présence du *Tulipa silvestris* dans la plupart des vignes, par exemple à Fleurie, Romanèche, Dracé, et de là, dans la zone franchement calcaire, à Limas, Charnay, etc. (2).

Une particularité qui rapproche encore cette partie des coteaux beaujolais des bas plateaux lyonnais, principalement du Bois-de-l'Étoile, près Charbonnières, c'est l'abondance remarquable des formes de Rosiers, qu'on observe en diverses stations, dont les privilégiées sont Saint-Lager et Brouilly ; dans la première de ces localités on a signalé : *Rosa systyla* Bast., *geminata* Rau, *silvatica* Tausch., *austriaca* Krantz, *Touranginiana* Déségl., *Pugeti* Bor., *Jundzilliana* Bess., et les formes très-rares de *R. incomparabilis* Chab., *conica* Chab., *rhombi-*

---

(1) Voy. *Ann. Soc. bot. Lyon*, t. IV, p. 40, 86 ; V, p. 17 ; VI, p. 5 ; — *Feuille des jeunes natur.*, 1er janv. 1880.
(2) Voy. Cariot, *op. cit.*, p. 708 ; A. Méhu, dans *Ann. Soc. botan. Lyon*, t. I, p. 78.

folia Boullu ; — à Brouilly : *R. hybrida* Schleich., *velutinæ-flora* Déségl., *mirabilis* Déségl., *pumila* L. f. ; et en d'autres points des coteaux : *R. hybrida* Schleich., *Lemanii* Bor., *micrantha* Smith, à Corcelles; *R. gallica, Aunieri* Car., *Friedlanderiana* Bess., *flexuosa* Rau, *mollis* Sm., à Villié; *R. Jundzilliana,* à Odenas; *R. Cheriensis* Déségl., *arvatica* Puget, à Montmelas; *R. leucochroa* Desv., à Arnas, Lacenas; *R. Friedlanderiana,* à Denicé ; *R. globularis* Franch., *rubiginosa* L., *micans* Déségl., à Gleizé (1).

La présence de quelques préférentes calcicoles, comme *Lathyrus latifolius* à Gleizé et Belleville, *Peucedanum Cervaria* à Saint-Julien-sur-Montmelas, *Bupleurum rotundifolium* à Régnié, *Echinospermum Lappula* à Brouilly, Chiroubles, *Brunella grandiflora* à Brouilly, Villié, *Teucrium montanum* et *Rumex scutatus* à Saint-Bonnet-sur-Montmelas, peut s'expliquer par l'existence d'éléments calcaires provenant soit des alluvions anciennes (lehm), soit des roches jurassiques qui y affleurent en plusieurs endroits; il n'est peut-être pas nécessaire de les faire intervenir (du moins comme influence chimique) pour expliquer la présence des *Spartium junceum, Genista pilosa* à Fleurie, *Bupleurum tenuissimum* à Saint-Jean-d'Ardière, *Crucianella angustifolia* à Lantignié, etc., qui recherchent surtout les expositions chaudes ou les coteaux arides.

3º *Coteaux calcaires.*

Toute une zone qui s'étend du Saule d'Oingt à l'Arbresle et de Villefranche à Chazay-d'Azergue, est remarquable par une flore bien différente de celles que nous venons de voir et qui s'explique par la constitution géologique spéciale de cette région : le sol est ici formé par des roches appartenant aux terrains triasiques et jurassiques inférieur (lias et oolithe), où les éléments calcaires prédominent souvent, et la flore est caractérisée par la présence des *Thalictrum, Peucedanum Cervaria, Campanula Medium, Trifolium alpestre, Gentiana Cruciata, Physalis Alkekengi, Lithospermum purpureo-cæruleum,* etc.,

---

(1) Voy. CARIOT, *op. cit.,* p. 222 à 264 ; BOULLU, *Emmer., l. cit.,* et précédemment p. 281.

l'abondance des Orchidées, et d'autres espèces croissant de préférence dans les terrains de cette nature.

Ce massif calcaire comprend en allant de la Saône à l'Azergue :

A. *Les collines de Lachassagne, d'Alix et de Theizé ;* les premières, parallèles à la Saône, s'étendent de Villefranche à Chazay et Châtillon-d'Azergue ; ce sont : 1° la colline de Limas, M⁺ Buissanthe (357ᵐ), Lachassagne, Lucenay, Morancé, Saint-Jean-des-Vignes (altit. moy. de 300 à 400ᵐ ; max. 414ᵐ, au-dessus de la Chassagne) ; 2° le coteau de Pommiers, Marcy, Charnay (alt. 400ᵐ ; max. 418ᵐ au-dessus de Marcy) ; — dans la dépression qui sépare ces collines des suivantes : Chervinges, Liergues, Alix et Châtillon-d'Azergue. — La chaîne de Theizé, oblique aux précédentes, se dirige par Ville-sur-Jarnioux, Theizé, Frontenas, vers Châtillon ; son altitude arrive à 606ᵐ, au-dessus de Theizé, et à 651ᵐ, à l'ancien télégraphe, au-dessus d'Oingt.

Les terrains dominants sont les couches calcaires du bajocien (calcaire jaune à entroques) et du bathonien (pierre blanche de Lucenay) ; les couches calcaréo-siliceuses du trias et de l'infrà-lias y sont peu développées : aussi la flore est-elle nettement calcicole, sauf dans les points recouverts par le terrain erratique, sur une partie du territoire d'Alix, par exemple.

Voici les principales espèces qui ont été signalées et dont la plupart sont caractéristiques :

Limas : *Thalictrum collinum* Wallr., *Peucedanum Cervaria, Physalis Alkekengi, Gagea arvensis ;*

Pommiers : *Thalictrum majus* Jacq., *Th. montanum* Wallr., *Senebiera Coronopus* Poir., *Arabis sagittata* Rchb., *Genista tinctoria* var. *lasiocarpa* Car., *Medicago Timeroyi* Jord., *Trifolium alpestre, Rosa lugdunensis* Déségl., *R. rubiginosa, R. Kosinsciana* Bess., *Peucedanum Cervaria, Physalis Alkekengi, Euphrasia lutea, Melampyrum cristatum, Carex humilis* Leyss., *Gagea arvensis ;*

Liergues : *Helianth. salicifolium* Pers., *Genista tinctoria* var. *lasiocarpa* Car., *Trifolium alpestre, Orobus niger, Cornus mas, Campanula Medium, Brunella grandiflora, Narcissus poeticus, Gagea arvensis ;*

Alix : *Bupleurum rotundifolium, Cornus mas, Campanula*

Medium, *Lithospermum purpureo-cæruleum*, *Lilium Marta-gon*, *Epipactis ensifolia* Sw.; — *Rosa fastigiata* Bast., *collina* Déségl., *Friedlanderiana* Bess., *Pugeti* Bor., *subglobosa* Sm., *mollis* Sm., *micans* Déségl. (Voyez plus bas : plantes de l'erra-tique);

Theizé : *Helianth. salicifolium*, *Gentiana Cruciata*, *Digitalis grandiflora* Lamk.;

Notons encore : *Rumex scutatus* et *Teucrium montanum*, à Ville-sur-Jarnioux; *Epipactis latifolia* All., à Chervinges; — *Helianth. salicifolium*, *Medicago cinerascens* Jord., *Trigonella monspeliaca*, sur les coteaux bien exposés de Saint-Jean-des-Vignes et de Charnay; — *Tulipa præcox* Ten., dans les champs cultivés à Marcy; — *Papaver hybridum*, dans les blés à Chazay; — *Farsetia clypeata* R. Br., de Chazay à Marcilly (sec. Gandoger) (1).

Par les collines calcaires de Civrieux, ces coteaux se ratta-chent au Mont-d'Or lyonnais dont on verra plus bas l'analogie du sol et de la végétation.

B. *Les coteaux de Cogny*, au nord des précédents, s'étendant de l'O. à l'E., du Vernay (com. de Rivollet) à Denicé, Lacenas, et Gleizé, et se prolongeant au N., sous Montmelas, vers Blacé et Saint-Julien.

Ici, ce sont surtout les grès du trias et de l'infra-lias, les cal-caires siliceux du sinémurien et du liasien qui dominent, c'est-à-dire des sols mixtes produisant une flore moins caractéristique, plutôt thermophile que nettement calcicole.

En effet, sur les coteaux secs et bien exposés de Cogny, on signale : *Thalictrum collinum* Wallr., *Buffonia perennis* Pourr. (et aussi à Rivolet, Denicé, Montmelas), *Caucalis leptophylla*, *Rubus tomentosus* Bork., *Rosa lugdunensis*, *Crucianella an-gustifolia*, *Galium ruricolum* Jord., *G. tricorne* With., *Xeran-themum inapertum*, *Micropus erectus*, *Digitalis grandiflora*, etc.; *Peucedanum Cervaria* à Saint-Julien, etc.

C. *Le massif d'Oncin* est séparé des chaînes d'Oingt, Theizé et Châtillon (A), par la vallée de l'Azergue; mais il s'y ratta-che intimément par la flore et la nature du sol : sur les terri-

---

(1) Les environs d'Alix, de Pommiers, etc., ont été surtout explorés par MM. Seytre et Bourdin, longtemps professeurs à Alix, M. Gandoger, etc.

toires de Bully, Saint-Germain-sur-l'Arbresle, Nuelles et le plateau d'Oncin (altit. 430ᵐ), on voit, au-dessus des schistes chloriteux du cirque de l'Arbresle, se développer successivement les grès bigarrés du trias, les grès de l'infrà-lias, les calcaires à charveyrous, à bryozoaires et à entroques du lias et du bajocien ; la flore est riche en espèces calcicoles, comme le montre la liste suivante qu'on peut relever de l'Arbresle à Bully et dans les environs de Saint-Germain et de Nuelles :

Coronilla Emerus.	Scilla autumnalis.
Orobus niger.	Orchis pyramidalis.
Bupleurum Jacquinianum Jord.	O. purpurea.
Kentrophyllum lanatum Duby.	O. anthropophora.
Physalis Alkekengi.	Epipactis rubra.
Lithospermum purpureo-cæruleum.	Molica glauca, etc.
Melampyrum cristatum.	

Terrains erratiques. — Les lambeaux de terrains erratiques qui recouvrent divers points de la région calcaire introduisent dans la flore des modifications qu'il importe de signaler. Il faut du reste distinguer deux sortes de terrains erratiques dans le Beaujolais : premièrement l'erratique alpin provenant du grand glacier du Rhône, dont les éléments sont tantôt calcaires, tantôt siliceux, mais souvent à prédominance calcaire, ainsi qu'on le voit dans les coteaux du Rhône et de la Saône ; et l'erratique local, provenant des glaciers de l'Azergue, de la Brévenne, exclusivement siliceux, comme on l'observe sur le plateau d'Oncin et dans les environs d'Alix ; aussi n'est-il pas étonnant de rencontrer dans ces régions, mais sur ces derniers sols, une végétation nettement silicicole: c'est ce qui explique la présence au-dessus de Nuelles du Sarothamne, des Genets ; à Lachassagne, de l'*Illecebrum verticillatum* ; et dans les environs d'Alix, sur le glaciaire, des *Hypericum pulchrum*, *Trifolium striatum*, *Ullex europæus*, *U. nanus*, et des points marécageux à *Sagina erecta*, *Barbarea stricta*, *Cicendia filiformis*, *Erythræa ramosissima*, *Ophioglossum vulgatum*, etc.

4º Vallées du Beaujolais.

Les vallées du Beaujolais se comportent comme celles du Lyonnais ; on y voit descendre plus ou moins bas les plantes des bois des montagnes, et dans les basses vallées apparaître les sespèce qui se rencontrent soit dans les vallées des bas plateaux lyonnais (*Anemone ranunculoides*, *Isopyrum thalictroides*, etc.), soit dans les échancrures des bords du plateau bressan (*Dipsacus pilosus*, *Maianthemum bifolium*, etc.)

Voici les quelques particularités qui ont été signalées dans les plus importantes de ces vallées :

1° La *vallée de l'Azergue* se divise en deux portions (1): la Haute-Azergue, ou Azergue supérieur (Chénelette, Poule, Lamure, Chamelet, Ternand), séparant les deux régions orientale et occidentale du Beaujolais ; — la Moyenne et la Basse-Azergue (Légny, Chessy, Châtillon-d'Azergue, Lozanne, Chazay, Anse), séparant le Beaujolais calcaire des massifs d'Oncin et du Mont-d'Or.

Sur ses bords descendent : *Cardamine impatiens*, *Lychnis silvestris*, *Geranium nodosum*, *Veronica montana*, comme dans les vallées du Lyonnais ; on y voit, en outre : *Silene gallica*, *Sisymbrium Sophia*, etc.

Les espèces suivantes paraissent moins répandues : *Impatiens Noli-Tangere*, à Chamelet, l'Arbresle ; *Umbilicus pendulinus* à Claveyzolles (Gillot), Bully (Cariot), Nuelles (Pélagaud, Magnin) ; *Myosotis silvatica* à Grandris ; *Dipsacus pilosus*, à Bully, l'Arbresle ; *Spiræa Filipendula*, l'Arbresle ; *Pulmonaria affinis* Jord., à Saint-Germain-sur-l'Arbresle (et aussi aux sources de l'Azergue) ; *Lycopodium inundatum*, à Chazay ; *Adoxa moschatellina*, à Anse, etc. (2).

2° Dans la *vallée de l'Ardière*, qui sépare le Haut et le Bas-Beaujolais (les Ardillats, Beaujeu, Cercié, Saint-Jean-d'Ardières) : *Viola collina* Bess., *Silene gallica*, *Lychnis silvestris* Hoppe ; — *Sedum villosum*, *Circæa luteliana*, à Beaujeu ; *Dipsacus pilosus*, au Moulin de Thuaille, à Saint-Jean ;

Vallée de Marchampt (ruisseau affluent de l'Ardière) : *Cardamine impatiens*, *Dipsacus pilosus* ;

3° Vallées de la Vauxonne (Vaux, Saint-Etienne-les-Oullières : *Athyrium acrostichoideum* ; — du Marverand (Saint-Julien, Arnas) : *Hesperis matronalis*, *Conium maculatum*, *Dipsacus pilosus* ; — du Nizerand (Rivollet, Denicé) : *Actæa spicata* ; *Ranunc. hederaceus*, à Rivollet.

(1) Voy. GROS dans Ann. Soc. Agric. Lyon, 1853, t. V, p. 343.
(2) Herborisations de MM. Seytre et Bourdin (dans CARIOT op. cit.).

4° Vallée de la Morgon et ses affluents (Cogny, Gleizé ; Chervinges, Liergues, Alix ; avec le ruiss. du Moulin, affluent
de l'Azergue) : *Hepatica triloba*, à Cogny ; *Anemone ranunculoides*, à Liergues ; *Isopyrum thalictroides, Maianthemum
bifolium*, à Liergues, Alix ; *Dipsacus pilosus*, à Gleizé, Chervinges, Liergues.

Alluvions récentes de la Saône (1). — Les alluvions déposées
par la Saône au pied des coteaux du Beaujolais, forment une
plaine assez large, s'étendant de la Grosne (sous Mâcon), à
l'embouchure de l'Azergue, sur les territoires de Saint-Romain,
Dracé, Saint-Jean-d'Ardières, Taponnas, Belleville, Saint-
Georges-de-Reneims, Arnas, Villefranche et Anse ; sa largeur,
en moyenne de 2 à 3 kilomètres, peut atteindre 5 kilomètres,
par exemple à Dracé.

Le sol est constitué par des alluvions ordinairement argilo-
calcaires, couvertes principalement de cultures, sauf quelques
bois et de nombreuses parties marécageuses, périodiquement
inondées, donnant une flore riche en plantes hygrophiles (2).

Dans les cultures, les vignes : *Turritis glabra, Bunias Erucago* et la forme *B. arvensis* Jord., *Papaver Argemone, Ranunculus sardous* Crantz, *Myosurus minimus, Gypsophila muralis, Ornithogalum umbellatum*, etc.; *Ornithogalum nutans*,
à Romanèche ; *Tulipa silvestris*, à Dracé.

Dans les champs incultes, les haies, les bords des chemins :
Fumaria speciosa Jord., *Cucubalus baccifer, Fragaria col-
lina* Ehrh., *Conium maculatum, Erythræa pulchella* Pers.,
Verbascum virgatum With., etc.

On y rencontre encore, çà et là, et assez fréquemment, des
plantes adventices, introduites avec les moissons, comme : *Camelina sativa, Centaurea solstitialis, Helminthia echioides*
Gærtn., *Crepis setosa* Hall., etc. ; *Lepidium Draba*, à Corcelles ; *L. latifolium*, à Arnas, etc.

Dans les terrains sableux, arides : *Silene conica, Erucastum
Pollichii, Lotus tenuis, Cynoglossum pictum* Ait., *Armeria*

---

(1) Voy. F. Lacroix, *Essai sur la végétation des environs de Mâcon* dans
Ann. de l'Acad. de Mâcon, 30 mars 1874 ; tir. à part, p. 11 et 15 ; —
Dr Gillot, *op. cit.*, p. 2 et suiv. ; — Notes manuscrites de M. Fray, etc.
(2) Pour le bassin de la Saône inférieure, l'influence du barrage naturel
de Pierre-Scize sur la formation des alluvions, les inondations, etc., voy. les
travaux de Fournet dans les *Ann. Soc. d'agricult.* de Lyon.

plantaginea,Plantago arenaria,etc.; *Sysimbrium Sophia,Cen-
taurea paniculata,* vers Bourdelans, etc., et d'autres espèces des
bords de la Saône.

Les bords de la Saône, les prairies qui l'avoisinent et les
fossés de dessèchement qui s'y jettent, renferment une série
d'espèces intéressantes ; d'abord les *Œnothera biennis, Solidago glabra, Inula Brittanica, Tanacetum vulgare, Aristolochia Clematitis,* que nous avons déjà vu suivre les bords du
Rhône (voir précédemment, p. 291) ; puis *Œgopodium Podagraria, Ranunculus sceleratus, Senecio erucæfolius, S. pra
tensis* Richt., *Lysimachia vulgaris, Euphorbia Esula* et ses
différentes formes (*E. salicetorum, ararica, riparia,* etc. Jord.),
Allium acutangulum Schrad., *Juncus compressus, Carex tomentosa, Hydrocharis Morsus-Ranæ, Potamogeton pusillus,
Chara aspera* A. Br., et les différents Saules des bords des
eaux, *Salix alba, triandra, purpurea, rubra* Huds., *cinerea,* etc.

Notons plus spécialement : *Braya supina, Viola elatior,
Althæa officinalis* (remarquablement abondante dans les îles
et les prairies des bords de la Saône), *Teucrium Scordium* ;
Lychnis silvestris, descendu des montagnes du Beaujolais ;
Fritillaria meleagris, descendue aussi des montagnes, mais
probablement du Jura par le Doubs et la Saône, et qu'on rencontre depuis Mâcon jusqu'à Anse, dans des stations qui varient
d'année en année ; *Vallisneria spiralis,* devenant de plus en
plus abondante dans les eaux de la Saône.

Certaines prairies marécageuses présentent, rassemblées
dans un espace restreint, un grand nombre d'espèces intéressantes ; la mieux explorée est celle de Bourdelans, située entre
Villefranche, Anse et la Saône, où l'on peut récolter en quelques heures (1) : *Ranunculus radians* Revel, *R. auricomus,
R. Lingua, Thalictrum riparium* Jord., *Erysimum cheiranthoides, Viola elatior* Fr., *V. pumila* Chaix, *V. stagnina*
Kit., *Althæa officinalis, Trifolium fragiferum, Lotus uliginosus* Schrk., *Gratiola palustris, Scutellaria galericulata,
Sc. hastifolia, Teucrium Scordium, Fritillaria Meleagris,*

---

(1) Voy. *Ann. Soc. botan. Lyon,* t. III, p. 3, etc. ; — A MÉHU, *Note sur
la Florule de la prairie de Bourdelans* dans *Bull. Soc. botan. France,*
t. XXIII, session de Lyon, p. IX.

Carex vulpina, tomentosa, etc., et surtout *C. nutans* Host.,
Leersia orizoides Sw., *Alopecurus utriculatus* Pers., *Ophioglossum vulgatum,* etc. ; *Mentha gentilis,* à Anse (Fray.)

III. — Mont-d'Or.

Le Mont-d'Or lyonnais se dresse, suivant l'expression de
MM. Falsan et Locard (1), comme un immense bastion, construit
sur une vaste surface triangulaire, allongé du nord au sud,
dont le sommet se dirige vers Lyon, et dont la base s'épanouit
au nord vers Quincieux.

Ce massif, qui semble ainsi émerger des plaines et des bas-
plateaux du Lyonnais, est limité pour nous, au nord, par la vallée de l'Azergue, à l'est par la Saône, à l'ouest et au sud par
les ruisseaux de Dommartin (ou de Semonet) et des Planches.
Il est formé par la réunion de plusieurs sommets dont l'altitude
varie de 500 à 600 mètres : le mont Verdun (625ᵐ) le plus septentrional, se continuant à l'est par la Garenne (570ᵐ) ; le mont
Toux (612ᵐ), séparé du précédent par la vallée (orientée O. E.)
de Curis et Poleymieux, se terminant à l'est par les escarpements
de Couzon ; contre eux viennent s'appuyer : en face du Verdun,
le Narcel (588ᵐ) ; contre le mont Toux, la roche de Saint-Fortunat (531ᵐ) et le mont Cindre (467ᵐ) ; ce dernier, séparé du
mont Toux et de Couzon par le vallon de Saint-Romain, et
de la Roche de Saint-Fortunat par le vallon de Chatanay,
« s'avance au milieu des plaines lyonnaises comme un magni-
fique promontoire ».

Au point de vue géologique, le Mont-d'Or comprend : 1° à sa
base, des terrains primitifs ou métamorphiques (gneiss et granites), apparaissant surtout dans les échancrures et sur les
flancs des vallées et développés principalement dans sa partie
occidentale ; ces roches, se reliant à celles des bas-plateaux et
des montagnes du Lyonnais, sont ordinairement masquées ici
par des alluvions ou les éboulis des terrains supérieurs ; 2° au-
dessus, des formations secondaires (trias et jurassique inférieur)
à composition minéralogique très-variable : ce sont, en effet,
tantôt des roches plus ou moins siliceuses (grès bigarrés du

(1) Falsan et Locard, *Monographie géologique du Mont-d'Or lyonnais.*
1 vol. in 8°, Lyon, 1866.

4

trias, calcaire à bryozoaires et *cirel* du bajocien), tantôt des roches où le carbonate de chaux prédomine, comme dans les marnes du lias ou le calcaire à entroques (1).

Au pourtour du Mont-d'Or, s'étendent des plateaux inférieurs qui font suite aux bas-plateaux lyonnais, avec lesquels ils se relient vers La Tour de Salvagny et Dommartin ; mais ils en diffèrent par le *lehm* ou les *alluvions calcaires* qui recouvrent toute leur superficie ; sur leurs bords seulement et sur le flanc des vallons qui les découpent et les limitent apparaissent les gneiss à mica noir sous-jacents et plus rarement le granite porphyroïde. Ces plateaux, dont l'altitude varie entre 250 et 300 mètres, sont : 1° plateau de Collonges, Saint-Cyr et Roche-Cardon ; 2° plateau de Saint-Didier et de la plaine de Crécy, séparé du précédent par le ruisseau d'Arche ; 3° plateau d'Écully, séparé du précédent par le vallon de Rochecardon ; 4° les hauteurs de Dardilly et Limonest ; vers Chasselay et Saint-Germain ces hauteurs s'abaissent pour se confondre avec les plaines alluviales de l'Azergue (2).

Végétation (3). — Étudiée dans son ensemble, la Flore du

---

(1) Voici, au surplus, l'énumération des divers terrains qu'on observe dans le Mont-d'Or, d'après MM. Falsan et Locard, *op. cit.* :

15.	Lehm ;		
14.	Alluvions glaciaires (conglomérat) ;		
13.	Calcaire à *Am. Parkinsoni* (Ciret) ...	}	Bajocien ;
	Calc à *Am. Blagdeni*		
12.	Calc. jaune à entroques............		
11.	Calc. à fucoïdes...................		
10.	Minerai de fer		Toarcien ;
9.	Calc. à *Plicatula lævigata*.........	}	Liasien ;
8.	Marnes du Lias et Calc. à Belemnites.		
7.	Calc. à Gryphées		Sinémurien ;
6.	Choin-Bâtard....................		Infra-liasien ;
5.	Cargneules, etc.		Rhœtien ;
4.	Marnes irisées	}	Trias ;
3.	Muschelkalk		
2.	Grès bigarrés....................		
1.	Gneiss, Granites.		

(2) On remarque encore à l'ouest du Mont-d'Or, les deux petites hauteurs jurassiques de Dardilly-d'en-Haut et de Civrieux, qui relient le Mont-d'Or aux collines calcaires de Lucenay et de la Chassagne ; mais leur peu d'étendue nous les fait négliger dans cette esquisse.

(3) Pour les observateurs du Mont-d'Or, même observation que pour ceux des environs immédiats de Lyon (Voy. précédemment p. 22 et p. 9, Daléchamps, Goiffon) ; en outre de mes recherches personnelles, j'ai mis à profit des renseignements puisés dans *Ann. Soc. d'Agric.*, passim ; *Ann. Soc. linnéenne*, passim ; CARIOT, *Étude des fleurs*, 6° édition ; *Ann. de la Soc. botan. de Lyon*, IV, p. 161, etc. ; *Bull. Soc. botan. France*, t. XXIII.

Mont-d'Or comprend à la fois des plantes que nous avons vues répandues dans tout le Lyonnais granitique et des espèces particulières au Mont-d'Or ou ne se rencontrant que dans quelques points du Beaujolais et des coteaux du Rhône, et qui sont ici au contraire extrêmement fréquentes ; comme ces espèces spéciales sont localisées dans la partie *calcaire* du Mont-d'Or et que ces terrains y forment un horizon bien défini, il nous paraît plus simple d'adopter de suite cette division en zone calcaire et zone siliceuse.

A. *Zone calcaire.* (Pelouses, rochers, bois des sommets et des versants orientaux et méridionaux : mont Verdun, Poleymieux, Saint-Germain, mont Toux, Couzon, Saint-Fortunat, mont Cindre, Collonges ; vallées de Curis et de Saint-Romain ; bas-plateaux (à lehm) de Lachaux, Roche-Cardon, Saint-Didier, etc.).

1° Les plantes à la fois les plus *répandues* et les plus *caractéristiques* de la zone calcaire du Mont d'Or sont :

Dans les *pelouses* tapissant les sommets et les bords formés par le conglomérat des bas-plateaux :

Helianthemum vulgare Gærtn.	Euphrasia lutea.
H. obscurum Pers.	Veronica spicata.
H. procumbens Dun.	Orobanche cruenta Bertol.
H. pulverulentum DC.	O. Epithymum DC.
Reseda lutea.	O. Teucrii Holl.
Linum tenuifolium	Chlora perfoliata.
Geranium sanguineum.	Brunella grandiflora Mœnch.
Ononis Columnæ.	Ophrys anthropophora.
Genista tinctoria.	O. fucifera Rchb.
Trifolium medium.	O. aranifera Huds.
T. alpestre.	Orchis hircina Cr.
T. rubens.	O. pyramidalis.
T. montanum.	O. simia.
Coronilla minima.	Epipactis ovata All.
Bupleurum aristatum.	E. lancifolia DC.
Trinia vulgaris DC.	E. rubra All.
Galium Timeroyi Jord.	Carex nitida Host.
Globularia vulgaris.	C. montana.
Cirsium acaule.	C. Halleriana Asso.
Carlina chamæleon Vill.	Hypnum chrysophyllum.
Convolvulus cantabrica.	

Dans les *bois* secs, les taillis :

Helleborus fœtidus.	Rosa lugdunensis Deségl.
Coronilla Emerus.	Cerasus Mahaleb.

Fragaria collina Ehrh.
Vicia tenuifolia Roth.
Sorbus Aria
Cornus Mas.
Serratula tinctoria.
Aster Amellus.
Inula hirta.
I. salicina.
Pyrethrum corymbosum.
Campanula Medium.
C. persicifolia

Lithospermum purpureo-cœruleum.
Digitalis parviflora.
Melampyrum cristatum.
Calamintha officinalis.
Melittis Melissophyllum.
Daphne Laureola.
Buxus sempervirens.
Mercurialis perennis.
Lilium Martagon.
Limodorum abortivum.
Iris fœtidissima.

Plus spécialement dans les *rochers*, éboulis, murs, etc. :

Sedum dasyphyllum.
Rubia peregrina.
Rumex scutatus.
Melica glauca F. Schult.
Bromus madritensis.
Orthotrichum saxatile.

Grimmia crinita.
Barbula ruralis.
Placodium callopismum.
Urceolaria calcarea.
Lecanora, etc.

Et dans les *bois frais*, tournés au nord, dans les vallées de Curis, Saint-Romain, etc. :

Ranunculus nemorosus.
Aquilegia vulgaris.
Hypericum hirsutum.
Vicia tenuifolia.
Orobus vernus.
Asperula odorata.
Maianthemum bifolium.

Paris quadrifolia.
Fragaria collina.
Festuca heterophylla.
Aspidium aculeatum.
Scolopendrium officinale.
Neckera crispa.

2° Les pelouses ou taillis des *sommets du mont Toux*, du *mont Cindre*, des carrières de *Couzon*, etc., renferment particulièrement :

Polygala comosa Schk.
Althæa hirsuta.
Genista pilosa.
Rosa Vaillantiana Red.
R. comosa Rip.
Peucedanum Cervaria.
Carlina Chamæleon Vill.
Erigeron serotinus Weihe.
Gentiana ciliata.
G. Cruciata.
Orobanche Picridis Sch. (Boullu).

O. Cervariæ Suard.
Brunella grandiflora Mœnch.
Lilium Martagon.
Orchis pyramidalis.
O. purpurea Huds.
Ophrys fucifera Rchb.
Epipactis lancifolia DC.
E. Nidus-avis All
E. latifolia All.
Carex montana.

3° Les espèces suivantes sont moins répandues ; on indique en effet spécialement au :

Mont Verdun : — dans les pelouses, taillis, etc., du sommet :

Onobrychis supina, Leontodon crispus Vill., *Rosa Carioti*
Chab., *Monotropa hypopitys, Pimpinella magna*, etc. ; —
dans les bois, sur Limonest : *Spartium junceum, Cytisus Laburnum, Prenanthes purpurea, Senecio silvaticus, Stachys
alpina*, etc ; — bois sur Chasselay : *Veronica montana, Stachys alpina, Rosa mollis* Sm. ; — du mont Verdun à Poleymieux et à Saint-Germain : *Rosa leucochroa* Desv., *R. systyla*
Bast. ; — à Poleymieux : *R. squarrosa* Rau, var. *gracilescens*
Car., *R. Timeroyi* Chab. ; — au-dessus de Saint-Germain, de
Curis : *Hippochœris maculata, Lonicera etrusca* Santi, *Epilobium spicatum, Trichostomum tophaceum* (Debat) ; — de Poleymieux à Curis : *Acer pseudoplatanus* (1).

Mont Toux : — dans les pelouses, lieux secs du sommet, en
outre des *Carlina chamæleon* Vill., *Gentiana ciliata, G. cruciata, Orobanche Picridis*, déjà cités : *Buffonia macrosperma*
Gay, *Medicago ambigua* Jord., *Rosa nemorum* Rip., *R. Carioti*
Chab., *R. cheriensis* Desegl., *Scabiosa Gramuntia, Gnaphalium dioicum, Crepis nicæensis, Orchis mascula, Hypnum
callichroum*, et dans les bois ombragés : *Monotropa hypopitys, Hypochœris maculata, Pirola minor, Bromus asper* (2).

Les pelouses et les taillis situés au-dessus des *carrières de
Couzon* renferment les plantes les plus intéressantes des environs de Lyon ; ce sont d'abord : *Ononis Columnæ, Trinia vulgaris* DC., *Gentiana ciliata, G. Cruciata, Orobanche Picridis,
Thesium divaricatum* Jan., *Orchis purpurea* Huds., et son hybride avec l'*O. Morio* (H. Perret), *Ophrys fucifera* Rchb., *Epipactis rubra* All., *E. latifolia* All., etc., qu'on retrouve dans
la plupart des stations analogues du Mont-d'Or et des coteaux
du Rhône ; puis moins fréquentes : *Thalictrum montanum*
Wallr., *Genista tinctoria* var. *lasyocarpa* Cariot, *Anthyllis Vulneraria* var. *polyphylla* Koch, *Potentilla opaca, Rosa Vaillantiana* Red., *R. Pouzzini* Tratt., *Seseli coloratum, Inula
montana, Orobanche unicolor* Bor., *Ophrys apifera* Huds.,
etc. ; enfin les *Genista horrida, Leuzea conifera, Lavandula
vera* et *Aphyllanthes monspeliensis*, représentent les plus rares
de la Florule méridionale établie dans les stations chaudes du

(1) Pour la source de ces indications, voy. la note de la page 54.
(2) Voy. *Bull. Soc. botan. de France*, 1876, t. XXIII, p. LXXXIX.

Lyonnais et qui ne se rencontrent que là dans nos environs (1);
— notons encore dans les bois : *Acer monspessulanum,
A. Martini* Jord., *Spartium junceum, Vicia tenuifolia, Sorbus
aria, Amelanchier vulgaris, Lonicera etrusca* Santi, *Centaurea lugdunensis* Jord. (forme à feuilles étroites du *C. montana*),
Bromus giganteus, et enfin dans les éboulis, les vignes qui
s'étendent sur les flancs du coteau et au pied des carrières : *Rosa
ramosissima* Rau, *R. fastigiasta* Bast., *Lathyrus latifolius,
Epilobium rosmarinifolium, Helychrysum Stœchas, Rumex
scutatus, Melica glauca* Schult., *Bromus madritensis*, etc. (2).

La végétation du *mont Cindre* offre la plus grande analogie
avec celle du mont Toux et de Couzon, quoique moins riche que
cette dernière localité : *Althœa hirsuta, Buffonia macrosperma, Spartium junceum, Genista pilosa, Rosa Pouzini,
R. Vaillantiana, Sorbus aria, Peucedanum Cervaria, Cornus
mas, Trigonella monspeliaca, Bupleurum aristatum, B. rotundifolium, Campanula Medium, Lithospermum purpureocœruleum, Veronica prostrata, Brunella grandiflora, Thescium divaricatum, Gentiana cruciata, Orobanche Cervariœ,
Lilium martagon, Orchis purpurea, O. militaris, O. Simiomilitaris, Ophrys antropophora, O. fucifera, O. muscifera,
Epipactis nidus-avis, E. lancifolia, E. ensifolia, E. rubra,
E. latifolia, Limodorum abortivum, Carex divulsa, C. nitida*,
etc. ; notons spécialement : *Rosa comosa* Rip., *Sorbus torminalis* Cr., *Epipactis microphylla* Sw. (3).

Ce sont surtout les parties boisées du mont Cindre, situées
au-dessus du vallon de Saint-Romain, qui renferment la plus
riche végétation et le plus grand nombre des espèces de l'énumération qui précède ; les endroits plus frais des bois de ce vallon possèdent en outre : *Acer opulifolium, Orobus niger, Sanicula europœa, Stachys alpina, Festuca heterophylla*, etc. ;
sur les rochers : *Polypodium calcareum, Seligeria pusilla,
Neckera crispa ;* dans les prairies du vallon ; *Cirsium bulbosum, Narcissus pseudonarcissus* et *N. incomparabilis* Mill. (4).

---

(1) L'Aphyllante se trouve aussi, mais rarement, sur les coteaux du Rhône
de la Pape à Montluel.
(2) Voy. *Ann. Soc. botan. Lyon*, I, p. 37, 85, 86; V, p. 112, 179, 187; etc.
(3) Mêmes sources que pour le Mont Toux et Couzon, et principalement
Ann. Soc. bot. Lyon, IV, p. 161.
(4) Cf. *Ann. Soc. botan. Lyon*, IV, p. 161.

Dans les éboulis, rocailles, etc., du flanc du mont Cindre, principalement au-dessus de Collonges, de Saint-Cyr : *Sedum dasyphyllum, Epilobium rosmarinifolium, Rumex scutatus*, et plus rares : *Galium Vaillantii* DC., *Corydalis lutea* DC. (aussi à Saint-Fortunat) ; *Erysimum perfoliatum* Cr. (Seytre), et plus bas à Vaise (suivant M. Morel fils) ; *Farsetia clypeata* R. Br., ces deux dernières accidentelles (1) ?

4° Les coteaux secs des bords des plateaux de Collonges, Roche-Cardon, Écully, formés par les couches du lehm ou du conglomérat ont la végétation générale indiquée plus haut pour les pelouses et les taillis du Mont-d'Or (voy., p. 55) ; signalons spécialement à :

Roche-Cardon : *Thalictrum collinum* Wallr., *Trifolium striatum, Fragaria collina* Ehrh., *Vinca major, Euphrasia lutea*, etc.

Collonges, Saint-Cyr : *Rosa collina* Déségl., *Bupleurum rotundifolium;*

Écully : *Fragaria collina, Rubus nemorosus* Gr. God., *R. tomentosus* Bork., *Rosa systyla, R. stylosa* Desv., *R. Malmundariensis* Lej., *R. flexuosa* Rau, *R. agrestis* Savi, *R. Lemanii* Bor., *R. nemorosa* Lib., *Epilobium lanceolatum, Galium corrudæfolium, Crassula rubens, Physalis Alkekengi, Euphrasia lutea*; — *Campanula rotundifolia* var. *Bocconi* Vill. (rue profonde, entre Écully et Dardilly).

5° Dans les cultures (lehm ou conglomérat des bas-plateaux, marnes du lias sur les flancs du massif, bajocien sur les sommets), on observe communément :

Reseda Phyteuma.	Asperula arvensis.
R. lutea.	Valerianella carinata Lois.
Fumaria Vaillantii Lois.	Tragopogon major.
Thlaspi arvense.	Pterotheca nemausensis Cass.
T. perfoliatum.	Anchusa italica Retz.
Iberis pinnata.	Melampyrum arvense.
Caucalis daucoides.	Veronica acinifolia.
Bupleurum rotundifolium.	Gagea arvensis.
Bunium Bulbocastanum.	

(1) Signalons de plus sur les rochers calcaires : *Orthotrichum saxatile* (Debat), *Grimmia crinita* (Magnin), et nombreux Lichens caractéristiques que nous énumérerons plus tard. (Voy. déjà dans *Ann. Soc. botan. Lyon,* II, p. 40; V, p. 127; VI, p. 136.)

Et au bord des chemins : *Berberis vulgaris, Barkhausia
setosa, Cynoglossum officinale, Clinopodium vulgare, Iris
fœtidissima, Bromus madritensis*, etc.

On a indiqué particulièrement au mont Verdun : *Orlaya
platycarpos* Koch ; — à Limonest : *Silene gallica, Lathyrus
inconspicuus* (Foudras), *Stachys arvensis* ; — à Saint-Germain :
Medicago denticulata ; — au mont Toux ; *Valerianella membranacea* Lois., *Bifora testiculata* Spreng. ; — à Couzon : *Polygonum Bellardi* All., *Phleum præcox* Jord. ; *Mercurialis
ambigua*, talus du chemin de fer (Viviand-Morel) ; — au mont
Cindre : *Fumaria Vaillantii, Melilotus Petitpierreana, Lathyrus Cicera, Sison Amomum, Galium tricorne, Carduus
oligacanthus* Gdgr., *Senecio gallicus, Podospermum laciniatum, Stachys germanica*, etc. ; — à Saint-Cyr : *Tordylium
maximum, Solanum villosum, Parietaria officinalis* ; — à
Écully : *Myagrum perfoliatum, Physalis Alkekengi, Veronica
præcox*. Signalons encore le *Chenopodium Botrys*, dans le
chemin de Saint-Rambert à Saint-Cyr (Chabert), l'*Impatiens
parviflora* DC., originaire de la Russie, qui s'est naturalisée à
Roche-Cardon et sous Saint-Didier (1).

On remarquera particulièrement dans les énumérations qui
précèdent : 1° la présence de plantes que nous avons déjà constatées dans les coteaux du Rhône et dans les parties calcaires du
Beaujolais (Voy. précédemment, p. 28, 31, 46) ; 2° l'existence à
Couzon, mont Cindre, etc., d'une *Florule méridionale* caractérisée ici par *Buffonia macrosperma, Acer monspessulanum,
Genista horrida, Spartium junceum, Lonicera etrusca, Leuzea
conifera, Convolvulus cantabrica, Lavandula vera, Aphyllanthes*, etc. (V. précédemment, p. 28, 48).

B. *Zone siliceuse*. (Versant occidental du Mont-d'Or et flancs
des vallées de Roche-Cardon, Saint-Didier, de Chalins, des
Planches ; environs de Dardilly, Limonest, Chassselay, etc., et
quelques affleurements de gneiss sous Collonges, Lachaux,
Saint-Rambert, etc.).

En outre de ces localités où affleurent les roches granitiques
et gneissiques on peut rapporter à la zone siliceuse les grès du
trias qui remontent assez haut sur le flanc occidental du Narcel et du mont Verdun, ainsi que les diverses couches plus ou

(1) Voy. *Ann Soc. bot. Lyon*, I, p. 127.

moins riches en silice du bajocien, les charveyrons et le circt
de Couzon, etc.; c'est ce qui explique la présence au mont Verdun, des Pins, du *Spergula pentandra*, etc.; à Couzon, de
l'*Herniaria glabra*, et dans toutes ces localités des Bruyères,
Sarothamne, *Deschampsia flexuosa* Gris., *Danthonia decumbens* (1).

La végétation de cette zone est tout à fait celle des bas-plateaux lyonnais; c'est ainsi qu'à Dardilly on signale : *Myosurus
minimus, Ranunculus Philonotis, Barbarea præcox, Sagina
patula, Hypericum pulchrum, H. humifusum, Ulex nanus,
Genista anglica, Alsine segetalis, Stellaria uliginosa, Agrimonia odorata, Montia minor, Peucedanum parisiense, Senecio aquaticus, Andryala sinuata, Scorzonera plantaginea,
Veronica præcox, Carex strigosa, Aira aggregata, A. patulipes*, etc.; — à Chasselay : *Hypericum pulchrum, Myosotis
Balbisiana* Jord., *Rosa mollis* Sm., *Senebiera coronopus,
Centaurea amara;* — à Écully : *Potentilla decipiens, Peucedanum parisiense, Ulex nanus, Epilobium lanceolatum*, etc.

Quelques localités des environs de Dardilly (alluvions glaciaires du bois de Serres), de Limonest (alluvions de l'Azergue,
au bois d'Ars), présentent une analogie remarquable avec les
stations identiques des bas-plateaux lyonnais (alluvions glaciaires des bois de l'Étoile, à Charbonnières, par exemple) ; on
ne sera pas étonné de retrouver par conséquent : *Peucedanum
parisiense, Leucobryum glaucum*, les *Aira*, les Roses gallicanes *(R. hybrida* Schleich., *R. incomparabilis* Chab., *R. ar-
vina* Krock., *R. geminata* Rau, *R. silvatica* Tausch., *R. subi-
nermis* Chab.,) à Dardilly ; le *R. gallica,* à Limonest, etc. (2).

Vallées du Mont-d'Or. — Si nous exceptons les vallées de Curis, de Saint-Romain et de Saint-Fortunat, dont la végétation
a du reste été étudiée avec celle de la zone calcaire (voy. plus
haut, p. 56), toutes les autres vallées qui rayonnent autour du
Mont-d'Or (échancrures de Saint-Rambert, vallons de Roche-
Cardon, Saint-Didier, la Duchère, Chalins, Écully, des Planches,
de Dardilly, du Sémonet, de la Barollière, de Chasselay, etc.)
sont creusées dans le gneiss ou le granite et appartiennent à la

_____

(1) Voy. A. MAGNIN, *Recherches*, I, p. 146, 147, 148 ; *Ann. Soc. bot. Lyon*,
III, p. 83 ; V, p. 179.
(2) Cf. précédemment, p. 24.

zone siliceuse; leur végétation est celle des vallées des bas-plateaux lyonnais (voy. précédemment, p. 27); mentionnons cependant dans les vallons de :

Roche-Cardon : *Anemone ranunculoides, Isopyrum thalictroides, Viola collina, Orobus niger, Potentilla micrantha, Veronica montana, Carex maxima* Scop., *C. Kochiana* DC., *Festuca heterophylla* Lk., *Aspidium aculeatum* Dœll., *Scolopendrium officinale* Sm., etc.

Écully, ruisseau des Planches : *Isopyrum, Hypericum hirsutum, Potentilla micrantha, Adoxa moschatellina, Bromus giganteus;* — r. de Chalins : *Anemone ranunculoides;*

Dardilly : *Potentilla micrantha, Veronica montana, Paris quadrifolia, Carex pilulifera, Polystichum spinulosum* DC. et *Viola barbata* Car. (Grange, dans CARIOT, *op. cit.*, p. 82), forme du *V. Reichenbachiana* Jord. ; — Limonest : *Potentilla micrantha, Senecio silvestris;* — Chasselay : *Veronica montana.*

Alluvions, bords et îles de la Saône. — Au pied du Montd'Or, la Saône, resserrée entre ce massif et les coteaux de la Dombes, n'a laissé que des alluvions de peu d'étendue; ce n'est que sous Quincieux et en face de Couzon et de Collonges qu'on trouve, sur les bords de la Saône, des saulées et des prairies dont la végétation est du reste celle indiquée déjà pour la partie supérieure de la vallée (voy. Beaujolais, p. 52) : en outre des Saules, des *Thalictrum flavum* et *laserpitiifolium*, des *Erucastrum, Diplotaxis*, de l'*Euphorbia Esula* et ses diverses formes, répandues sur tous les bords, nous indiquerons particulièrement à :

Couzon : *Thalictrum majus* Jacq., *Sisymbrium Sophia, Geranium nodosum, Sedum Fabaria* Koch, *Senecio paludosus;*

Collonges : *Senecio aquaticus* Huds., *Scutellaria hastifolia, Blitum rubrum* Rchb., *Poa pilosa, Scirpus Michelianus, Carex prolixa* Fr., *Crypsis alopecuroides* Schrad., et de plus : *Lychnis silvestris* Hoppe, *Geranium nodosum*, descendus des montagnes du Beaujolais par l'Azergue et la Saône; c'est à une cause analogue qu'il faut attribuer la présence des *Fritillaria Meleagris* et *Tulipa silvestris*, trouvés quelquefois en face de Collonges, dans les Iles Roy (1); ces îles possèdent aussi : *Sedum Fabaria, Blitum rubrum* et *Crypsis.*

(1) Cf. précédemment, p. 52, et *Ann. Soc. bot. Lyon*, III, p. 76.

Notons encore : *Erysimum cheiranthoides*, à l'Ile-Barbe ; *Lepidium latifolium* à Saint-Rambert, *L. ruderale* à Vaise, vers la gare d'eau, et enfin dans la Saône même : *Potamogeton pectinatus, Naias major, Vallisneria spiralis, Butomus umbellatus*, etc.

§ 2. — Plateaux bressans et dauphinois.

IV. — Dombes et Bresse.

En se plaçant à un point de vue exclusivement topographique, et sans tenir compte des anciennes divisions administratives, on peut donner à la région située au nord de Lyon, entre la Saône, le Rhône et les montagnes du Bugey, le nom de *Dombes* ou de partie méridionale du *plateau bressan*.

Cette région comprend : 1° un plateau qui se rattache vers le nord à la Bresse proprement dite ; la pente générale en est, dans sa plus grande étendue, dirigée du sud au nord et sa surface présente de nombreuses ondulations ayant servi, en beaucoup de points, à établir des étangs *(Dombes d'étangs);* — 2° des rebords, limités dans leur partie méridionale par une falaise d'autant plus accusée (par son élévation au-dessus des vallées du Rhône et de la Saône et l'inclinaison de ses flancs) qu'on se rapproche davantage de Lyon *(Côtière méridionale de la Dombes);* — 3° à ses pieds, les plaines alluviales de la Saône et du Rhône, qui atteignent leur plus grand développement au moment où elles rejoignent les alluvions de la rivière d'Ain, à l'extrémité orientale de la *Valbonne*.

La géologie du plateau bressan est résumée dans la coupe suivante (1) :

6. Lehm (*Terre à Pisé*), jaune, rougeâtre, quelquefois gris ;	Terrain erratique.
5. Boue glaciaire : terre argileuse, imperméable, *à étangs ;* moraines ; blocs erratiques ; cailloux anguleux, striés, d'origine alpine ou jurassique.	

---

(1) Consulter principalement : POURIAU. Études géologiques, chimiques et agronomiques des sols de la Bresse et de la Dombes. (*Ann. Soc. d'Agric. Lyon*, 1858, t. II, p. 77) ; — E. BENOIT. Esquisse géologique et agronomique de la Bresse (*Bull. Soc. géol. de France*, 2ᵉ série, t. XV, 1858, p. 315) ; — A. MAGNIN. Recherches géologiques, botaniques et statistiques sur la Dombes. Paris, 1876, p. 20 et 109 ; — FALSAN et CHANTRE. Monographie du terrain erratique (*Ann. de la Soc. d'agric. de Lyon*, 1875 et suiv.).

4. Alluvions glaciaires *(Conglomérat bressan)* : amas de cailloux roulés, quartzites principalement, calcaires du Jura, etc., libres, noyés
dans un sable micacé, ou empâtés dans un ciment calcaire résistant.

3. Sables pliocènes. — Tufs calcaires de Meximieux, etc.

2. Dépôts sableux, argileux, mio-pliocènes.

1. Mollasse.

Toutes ces couches n'interviennent pas également dans la
composition du sol superficiel et par suite n'ont pas la même
influence sur la végétation; sur une grande partie de la surface
du plateau bressan, dans sa portion centrale principalement,
c'est la boue glaciaire avec son limon silicéo-argileux, imperméable, qui constitue presque entièrement le sol et le sous-sol ;
le lehm, souvent riche en carbonate de chaux, recouvre principalement quelques hauteurs et les bords du plateau ; enfin,
sur les flancs soit des vallées d'érosions, soit de la côtière, apparaissent les alluvions glaciaires, sables, cailloux roulés,
souvent agglutinés au voisinage de Lyon par un ciment calcaire (poudingues du conglomérat bressan) et plus rarement les
sables pliocènes et mollassiques.

La végétation des diverses parties de la Dombes énumérées
plus haut présente de telles différences qu'il n'est pas possible
d'en donner une caractéristique générale ; nous entrons de
suite dans l'examen particulier de chacune de ses divisions (1).

1° Dombes d'étangs.

Un renflement dirigé du S.-O. au N.-E., de Lyon à Pont-
d'Ain (*Dorsale* de Fournet) divise le plateau de la Dombes en
deux parties inégales : un versant septentrional (N.-O.), et un
versant méridional (S.-E.) entre lesquels se place la cuvette
des Échets.

Le versant N.-O., le plus étendu, s'abaisse lentement, à partir de la dorsale, vers le nord, forçant ainsi les rivières à courir
du S. au N. avant de se jeter dans la Saône ; ces rivières dont

---

(1) Voy. Bossi. Statistique générale du département de l'Ain. Paris, 1808
(indications botaniques dues principalement à Auger) ; — Thurmann. Essai
de phytostatique appliquée à la chaîne du Jura et aux contrées voisines, 1849 ;
— Carion (Dr), Catalogue des plantes vasculaires de la Saône-et-Loire, Autun, 1863 ; — Michalet, Botanique dans *Hist. nat. du Jura*, t. II,Lons-le-
Saunier, 1864 ; — Cariot, Etude des fleurs, déjà citée ; — Dr Saint-Lager,
Note sur la Géographique botanique de la Bresse (*Ann. Soc. bot. Lyon*,
t. VI, 1879, p. 39) ; — Fray, Notes manuscrites, etc.

la pente, malgré leur long parcours, est encore de 1/1000, sont : la Reyssouze, la Veyle, le Renom et la Chalaronne, le Formans, etc.

Le versant S.-E., bien moins étendu (il n'est que le 1/5 du précédent) se confond bientôt avec la partie de la côtière méridionale comprise entre Lyon et la rivière d'Ain ; ses rivières ou plutôt ses torrents (leur pente est de 1/100) sont le Gardon, le Longerent, la Screine, etc., affluents de l'Ain et du Rhône (1).

En outre de ces vallées, sur les bords desquelles s'étendent, en beaucoup d'endroits, des prairies marécageuses à végétation spéciale, la surface du plateau bressan présente de nombreuses ondulations dont le sol formé par de la boue glaciaire compacte et imperméable retient facilement les eaux lorsqu'on arrête leur écoulement naturel par des chaussées établies en travers des vallons ; telle est l'origine (artificielle) de ces nombreux *étangs*, qui donnaient autrefois à la Dombes une physionomie si caractéristique ; bien que leur nombre diminue tous les jours, depuis 1863 surtout (2), les parties actuellement encore soumises à l'évolage, celles qui l'ont été il y a peu de temps, et même les terrains incultes ou couverts de broussailles possèdent une végétation aussi caractéristique, bien différente de celle du reste de la Dombes et qui est étudiée principalement dans ce paragraphe.

La cuvette des Échets, située entre la Dorsale, la côtière de Néron et la moraine de Sathonay, est la seule partie de la Dombes où l'écoulement des eaux ait été pendant longtemps impossible ; aujourd'hui encore, malgré le canal conduisant les eaux dans le ruisseau de Rochetaillée, la plus grande partie du sol est à l'état de marais tourbeux, inondés pendant une partie de l'année (3).

Dans toute l'étendue de la Dombes d'étangs, le sol est constitué par un terrain argileux ou argilo-sableux (silicates alumineux et alcalins, quartz, etc.); diverses causes en modifient constamment l'aspect et la nature : la succession des cultures de l'étang, en eau (*évolage*, pendant deux ans), et en *assec*,

---

(1) La pente est donc partout suffisante pour l'entier écoulement des eaux.
(2) Date de la convention passée entre l'État et la Compagnie du chemin de fer des Dombes, pour le dessèchement de 6,000 hectares d'étangs, à achever dans un délai de dix ans.
(3) Voy. nos *Rech. géologiques, botaniques,* etc., sur la Dombes, p. 13.

(la troisième année); l'action des pluies qui entraînent les éléments ténus, argile, humus, etc., dans les parties les plus déclives, laissant ainsi les parties supérieures appauvries et plus ou moins sablonneuses.

Il en résulte les diverses stations suivantes :

Stations sèches : bois, pelouses, landes n'ayant jamais été cultivées en eau ; champs, anciens étangs desséchés depuis longtemps.

Stations humides : année d'assec des terres couvertes les autres années en étang ; chaintres et douves des parties qui avoisinent la surface inondée.

Stations marécageuses : prairies des bords des rivières ; fossés, bords des étangs brouilleux, etc.

Station aquatique : eaux profondes de l'étang.

I. Les étangs, les mares, les fossés qui les avoisinent renferment en outre des plantes hygrophiles communes, comme : *Nuphar luteum, Myriophyllum verticillatum, Callitriche vernalis* Kutz., *C. stagnalis* Scop., *Hydrocotyle vulgaris, Bidens tripartita,* les *Polygonum Hydropiper, P. Persicaria, P. nodosum,* etc., *Sparganium ramosum, Alisma Plantago, A. lanceolatum, Scirpus palustris, Sc. acicularis, Potamogeton natans, P. fluitans,* les espèces suivantes plus caractéristiques par leur rareté dans les autres parties de la région lyonnaise et leur large diffusion dans la Dombes :

Elatine Alsinastrum.	Alisma Damasonium.
E. hexandra DC.	A. natans.
Isnardia palustris.	Triglochin palustre.
Trapa natans.	Sparganium simplex.
Myriophyllum spicatum.	Scirpus ovatus Roth.
Callitriche tenuifolia Pers.	Sc. fluitans.
Ceratophyllum demersum.	Sc. maritimus.
Helosciadium inundatum.	Sc. Michelianus.
Bidens cernua.	Sc. supinus.
Hottonia palustris.	Leersia orizoides.
Villarsia nymphoides.	Glyceria fluitans.
Limosella aquatica.	Gl. spectabilis.
Utricularia vulgaris.	Marsilea quadrifolia.
Littorella lacustris.	Pilularia globulifera.
Polygonum amphibium.	Lemna trisulca.
Hydrocharis Morsus-Ranæ.	Chara fragilis Desv.
Butomus umbellatus.	Ch. flexilis Vill.
Sagittaria sagittæfolia.	Ch. syncarpa Thuill.

et moins répandues : *Elatine major* Br., *Lindernia pyxidaria,
Hippuris vulgaris, Ceratophyllum submersum, Carex cyperoides, Zanichella pedicellata* Fr. (Cariot), *Naias major* Roth
et *minor* All., *Lemna gibba, L. polyrrhiza*, etc.

L'alternance des cultures en eau et en assec produit dans la
flore des étangs des modifications périodiques remarquables (1);
certaines espèces, bien qu'hygrophiles, n'apparaissent en effet
que lors de la mise en *assec* de l'étang ; d'autres, probablement
pour des causes analogues, ne se développent qu'une année sur
plusieurs ; telles sont : *Elatine triandra* (dans la Bresse jurassienne), *Bidens radiata* Thuill., *Cicendia pusilla* Grisb.,
C. filiformis Rchb., *Lindernia pyxidaria, Rumex maritimus,
Potamogeton heterophyllus, Carex cyperoides, Scirpus Michelianus*, etc.

II. Marais, prairies marécageuses, etc. ; — plantes communes : *Ranunculus Flammula, Œnanthe fistulosa, Œ. peucedanifolia* Poll., *Galium palustre, G. uliginosum, Valeriana
dioica, Myosotis palustris, Mentha aquatica, M. Pulegium,
Scutellaria galericulata, Polygonum minus, mite*, etc., *Anthoxanthum odoratum, Alopecurus pratensis, A. geniculatus,
Orchis latifolia, Carex disticha, C. panicea, C. vesicaria,
Equisetum telmateja, E. palustre*, etc. — Espèces caractéristiques :

Roripa nasturtioides Spach.	Symphytum officinale.
Parnassia palustris.	Gratiola officinalis.
Stellaria glauca With.	Limosella aquatica.
Lotus tenuifolius Reichb.	Pedicularis palustris.
Peucedanum palustre.	Veronica scutellata.
Laserpitium pruthenicum.	Stachys palustris.
Œnanthe Phellandrium.	St. ambigua.
Bunium verticillatum.	Scutellaria minor.
Conium maculatum.	Rumex maritimus.
Bidens radiata Thuill.	R. palustris Sm.
Senecio erraticus Bert.	Salix cinerea.
S. crucifolius.	Juncus acutiflorus.
S. aquaticus.	J. pygmœus.
Menyanthes trifoliata.	J. supinus.
Scorzonera plantaginea Schleich.	Scirpus setaceus.
Erythraea pulchella.	Sc. mucronatus.

---

(1) Cf. MICHALET, *op. cit.*, p. 35 et 380.

Carex brizoides.	Alopecurus utriculatus Pers.
C. Davalliana.	A. fulvus.
C. nutans.	Hordeum secalinum Schreb.
Anthoxanthum villosum Dun.	Danthonia decumbens DC.

et plus rares : *Viola stricta* Horn., *V. stagnina* Kit., *V. elatior* Fr., *Polygala austriaca* Cr., *Drosera longifolia*, *D. intermedia* Hayn., *Trifolium aureum* Poll., *Anagallis tenella*, *Comarum palustre*, *Epilobium palustre*, *Scutellaria hastifolia*, *Tofieldia calyculata*, *Liparis Lœselii*, *Orchis palustris*, *Juncus capitatus* Weig., *Schœnus nigricans*, *Cladium Mariscus*, *Rhynchospora alba* ; *Carex teretiuscula*, *paradoxa* Willd., *paniculata*, *Hornschuchiana*, *Pseudocyperus*, *filiformis*, *Kochiana* ; *Osmunda regalis*, *Polystichum Thelypteris*, etc.

III. Lieux argileux (plus rarement sableux), mouillés pendant une partie de l'année, chaintres, douves d'écoulement des eaux : *Ranunculus Philonotis*, *Sagina procumbens*, *Stellaria uliginosa*, *Agrimonia odorata*, *Gnaphalium uliginosum*, *Alnus glutinosa*, *Agrostis alba*, *Aira cœspitosa*, etc., et les espèces suivantes tout à fait caractéristiques de la végétation de la Dombes :

Radiola linoides Gmel.	Gnaphalium luteoalbum.
Lotus uliginosus Bchk.	Inula Pulicaria.
Lythrum hyssopifolia.	Erythrea pulchella.
Corrigiola littoralis.	Centunculus minimus.
Illecebrum verticillatum.	Cicendia filiformis Rchb.
Montia minor Gmel.	Stachys arvensis.
Peplis Portula	Juncus tenageia.

IV. Dans les champs argilo-sableux secs, les cultures, etc. : *Sagina procumbens*, *S. apetala*, *S. erecta*, (souvent cependant dans les parties un peu humides), *Spergula arvensis*, *Spergula pentandra*, *Alsine segetalis*, *Als. rubra* Wahl., *Trifolium arvense*, *Lathyrus angulatus*, *Filago minima* Fr., *F. arvensis*, *F. gallica*, *Anthemis arvensis*, *Thrincia hirta*, *Veronica triphyllos*, *Rumex Acetosella*, *Alopecurus agrestis*, *Holcus mollis*, et

Myosurus minimus.	Lythrum hyssopifolia.
Gypsophila muralis.	Corrigiola littoralis.
Hypericum humifusum.	Filago lutescens Jord.
Ornithopus perpusillus.	Matricaria Chamomilla.
Lotus diffusus Sm.	Anthemis Cotula.

Hypochœris glabra.
Arnoseris pusilla Gærtn.
Linaria Pelliceriana Mill.
Veronica acinifolia.

Galeopsis dubia.
Stachys arvensis.
Aira præcox.
Etc.

Notons encore quelques espèces erratiques, dans les moissons : *Camelina sativa, Senebiera Coronopus, Neslia paniculata, Vicia varia* Host., *Ervum gracile* DC.; *Senecio gallicus, Anthemis nobilis, Ventenata avenacea* Kœl., etc.

V. Dans les pâturages, pelouses, lieux incultes :

Dianthus Armeria.
Malva Alcea.
Ulex europæus.
Sarothamnus vulgaris.
Genista anglica.
Lotus diffusus Sm.
Agrimonia odorata Mill.
Scleranthus perennis ?
Bupleurum tenuissimum.

Centaurea nemoralis Jord.
Myosotis versicolor.
Euphrasia nemorosa.
Verbascum thapsiforme.
V. phlomoides.
Orobanche rapum Thuill.
Neottia autumnalis DC.
Gaudinia fragilis P. Beauv.
Nardus stricta.

VI. Dans les bois constitués principalement par les essences suivantes : Chêne (*Quercus sessiliflora*), Tremble (*Populus tremula*), Bouleau (*Betula alba*), etc., les morts-bois ou taillis de Coudrier, Charme, Viorne, Bourdaine, Verne (*Alnus glutinosa*), etc.; *Erythræa Centaurium, Teucrium Scorodonia, Orobus tuberosus, Stachys silvatica, Brachypodium silvaticum, Aira cæspitosa, Festuca heterophylla, Pteris aquilina,* etc., et plus caractéristiques :

Cardamine silvatica.
Malva moschata.
Hypericum pulchrum.
Cytisus capitatus.
Trifolium elegans Savi.
Potentilla procumbens Sibtp.
Laserpitium pruthenicum.
Centaurea nemoralis Jord.

Gnaphalium silvaticum.
Senecio silvaticus.
Melampyrum pratense.
Pedicularis silvatica ?
Teucrium Scordium.
Aira flexuosa.
Bromus giganteus.

Division. — *Localités principales.* — La végétation de la Dombes présente quelques différences suivant qu'on l'étudie dans sa partie centrale ou dans ses différentes lisières orientale, septentrionale, occidentale et méridionale.

1° **Zone centrale,** *zone à étangs* proprement dite. — Elle comprend les localités de St-André-de-Corcy, Montribloud, St-Jean-de-Thurigneux, St-Marcel, Birieux, La Peyrouse,

5

Villars, Bouligneux, le Plantay, Marlieux, Chalamont, St-Germain-de-Renom, St-Nizier-le-Désert, St-Paul-de-Varax, etc. C'est dans cette région qu'on trouve particulièrement, soit dans les étangs, soit sur leurs bords : *Stellaria glauca, Elatine Alsinastrum, E. hexandra, Radiola, Callitriche pedunculata, Illecebrum, Trapa, Corrigiola, Peplis, Limosella, Littorella, Lindernia, Peucedanum palustre, Laserpitium pruthenicum, Pulicaria, Gnaphalium uliginosum, Scutellaria minor, Stachys palustris, Cicendia filiformis, Polygonum lapathifolium, P. Persicaria*, etc., *Damasonium, Alisma natans, A. lanceolatum, Potamogeton crispus, Scirpus ovatus, Sc. acicularis, Sc. supinus, Sc. mucronatus, Juncus bufonius, J. supinus, J. pygmæus, Leersia, Glyceria loliacea, Alopecurus fulvus, Pilularia, Marsilia, Chara fragilis, Chlorococcum Coccoma* (1), dans les étangs ou sur leurs bords ; — *Gypsophila muralis, Spergularia rubra, Sp. arvensis, Polycnemum majus, Trifolium arvense, Ervum tetraspermum, Lotus diffusus, Lythrum hyssopifolium, Bupleurum tenuissimum, Filago gallica, Leontodon autumnalis, Hypochœris glabra, Jasione montana, Linaria peliceriana, Galeopsis dubia, Euphrasia officinalis*, dans les champs ; — *Ulex europæus, Senecio silvaticus, Centaurea nemoralis, Betonica officinalis, Erythrœa Centaurium, Carex brizoides, Holcus mollis, Trisetum flavescens*, dans les bois.

Signalons particulièrement : *Elatine major* Br., *Peplis Timeroyi* Jord., *Hieracium tridentatum* Gr. God., *Scirpus pauciflorus* Lightf., à Montribloud ; — *Peplis Borœi* Guep., *Verbascum phlomoides, Neottia æstivalis* DC., *Alisma arcuatum* Michal., au Plantay ; — *Anthemis nobilis*, de St-Jean-de-Thurigneux à Villars ; *Senecio gallicus*, dans les champs entre Chalamont et St-Nizier-le-Désert ; *Polygonum microspermum* Jord., à St-André-de-Corcy, etc. (2).

2° Les **vallées** des rivières qui traversent la Dombes d'étangs,

---

(1) Voy. nos *Rech. sur la Dombes*, p. 96, 98.
(2) CARIOT, *op. cit.* ; — Cf. à Civrieux. d'après M. MORAND (*Ann. Soc. bot. Lyon*, 11, p. 93) : *Myosurus, Ran. hederaceus, Drosera longifolia, Elatine* sp., *Radiola, Ornithopus, Isnardia, Peplis Portula, P. Timeroyi, Illecebrum, Montia, Gratiola, Limosella, Littorella, Butomus, Sagittaria. Marsilia, Pilularia*, etc. — Pour Saint André-de-Corcy, Saint-Marcel, voy. *Ann. de la Soc. botan. de Lyon*, III, p. 13 ; VI, p. 2.

celles de la Chalaronne et du Moignans (St-Trivier, Chatillon-les-Dombes, St-Étienne, St-Didier-sur-Chalaronne, Thoissey), du Renom et de la Veyle (Romans, Neuville, Pont-de-Veyle), sont garnies de prés marécageux dont la végétation générale est donnée plus haut (voy. p. 67, II) ; on indique spécialement sur les bords de la Chalaronne : *Adoxa Moschatellina*, *Lotus diffusus*, *Stellaria glauca*, *Hippuris vulgaris*, *Carex brizoides*, *Hydrocharis Morsus-ranæ*, *Butomus umbellatus*, *Leersia orizoides*, *Alopecurus fulvus*, *Salix cinerea*, et surtout : *Lychnis silvestris* Hoppe, *Pimpinella magna*, *Salix daphnoides;* et dans les environs de Thoissey, en outre des espèces précédentes : *Viola elatior*, *Sagina erecta*, *Silene gallica*, *Matricaria chamomilla*, *Lemna trisulca*, *L. gibba*, *L. polyrrhiza* (1); de plus, *Ranunculus hederaceus* à Neuville (Cariot), *Sedum hirsutum* (Car.), *Carex pseudocyperus* (Fray), à St-Didier-sur-Chalaronne.

3° **Bord oriental.** — Environs de Bourg-en-Bresse : vallées de la Veyle et de la Reyssouze, Forêt de Seillons, etc. — Dans les environs de Bourg, une des parties les mieux explorées de la Bresse méridionale (2), se trouvent les localités suivantes dont la Flore est particulièrement intéressante :

A. Prairies marécageuses des bords de la Reyssouze, du Jugnon (entre Ceyzériat et Jasseron), de la Veyle (principalement sous St-Denis et Corgenon), des étangs de la Chambrière, etc., dans lesquelles on peut récolter : *Elatine Alsinastrum*, *E. major* Br., *Ceratophyllum submersum* (Thurmann), *Illecebrum verticillatum*, *Villarsia nymphoides* Vent. (Bross.), *Cicendia filiformis* Rchb., *Butomus umbellatus*, *Alisma parnassifolium*, etc., dans les étangs (rares aux environs de Bourg) ou sur leurs bords; *Comarum palustre*, *Epilobium palustre*, *Hottonia palustris*, *Menyanthes trifoliata*, *Gentiana Pneumonanthe*, *Limosella aquatica*, *Pedicularis palustris*, *Butomus umbellatus*, *Scirpus Michelianus*, *Orchis palustris*, *Juncus supinus* Mœnch., *Sparganium minimum* Fr., *Rhynchospora alba* Vahl., *Carex*

_____

(1) Voyez aussi pour Thoissey, ainsi que pour les autres localités du bord occidental, le paragraphe consacré plus bas à la végétation de la vallée de la Saône.

(2) Principaux explorateurs : BROSSARD (cité dans BOSSI, THURMANN), RICHTER, abbé FRAY, etc.

Pseudocyperus, Danthonia decumbens, Alopecurus utricula-tus, Polystichum Thelipteris Roth., dans les prairies maréca-geuses, les fossés, etc. — Signalons spécialement les *Ranunculus hederaceus, Sedum villosum, Lycopodium inundatum* indiqués dans les fossés ou les marais tourbeux des environs de Bourg et l'*Osmunda regalis* à Corgenon et St-Denis.

B. La forêt de **Seillons,** qui recouvre au sud de Bourg une surface d'environ 700 hectares, sur la boue glaciaire (1), renferme, en outre des espèces que nous avons indiquées plus haut comme caractéristiques des bois de la Bresse : *Cardamine amara, Ranunculus lanuginosus, Galium silvaticum,* descendus des montagnes du Bugey; *Hypericum androsæmum, H. pulchrum, Laserpitium pruthenicum, Monotropa Hypopitys, Veronica montana, Teucrium Scordium, Scutellaria hastifolia, S. minor, Alisma parnassifolium, Carex brizoides, Juncus pygmæus, Blechnum Spicant* Roth, *Lycopodium clavatum,* etc. (2).

C. Dans les terrains secs, incultes ou les champs : *Silene gallica, Malva Alcea, Ulex europæus, Matricaria Chamomilla, Verbascum phlomoides, Aira præcox, Ventenata avenacea* Kœl.; *Crepis agrestis* W. et Kit., dans les prés (Richter); *Conium maculatum, Nepeta Cataria, Leonurus Cardiaca,* dans les haies, les décombres; *Potentilla recta,* dans les prés et le clos du séminaire de Brou (Chevrolat).

4° **Partie septentrionale** : Marboz, St-Trivier-de-Courtes, etc., vallées du Solnan, de la Basse-Reyssouze, etc. — Les étangs y sont rares, comme dans le bord oriental; les vallées du Solnan, de la Reyssouze sont garnies de prés marécageux à végétation déjà indiquée; de nombreux bois humides ont les espèces hygrophiles de la liste VI (page 69). Indiquons spécialement : *Trapa natans, Hotonnia palustris, Pedicularis palustris, Alopecurus utriculatus;* et *Osmunda regalis, Polystichum Oreopteris* DC., *Lycopodium clavatum,* dans les environs de Marboz.

----

(1) Voy. FALSAN et CHANTRE, *op. cit.*
(2) Quelques-unes de ces espèces se retrouvent dans d'autres lieux boisés, à Bouvant par exemple : *Galium silvaticum, Monotropa hypopitys, Carex brizoides,* etc.

Mieux connue, la Flore de cette partie de la Bresse se rapprochera davantage encore de celle de la Bresse louhannaise qui l'avoisine (1); il est possible qu'on y découvre les espèces suivantes observées jusqu'à ce jour seulement dans la Haute-Bresse de Louhans, de Châlon, etc. (2) : *Elatine triandra, Potentilla supina, Potamogeton acutifolius* Link, *P. trichoides* Gr. God., *Carex limosa, Chara Braunii* et plus rares encore : *Carex Moniczi* Lagr. (*Carex multiflora* Mulhb., sec. Gillot), *Trifolium Michelianum, Tr. parisiense, Tr. filiforme, Senecio adonifolius*, etc.; de même les espèces suivantes, communes dans la Haute-Bresse, sont indiquées comme rares dans la Dombes : *Ranunc. hederaceus, Epilobium palustre, E. obscurum, Alisma arcuatum, Carex paniculata, C. teretiuscula, C. Pseudocyperus, C. elongata, Calamagrostis lanceolata, Polystichum Thelipteris, P. Oreopteris;* par contre, d'autres, telles que *Stellaria glauca, Œnanthe peucedanifolia, Aira praecox*, communes dans la Dombes, paraissent plus rares dans la Haute-Bresse.

5° **Bord occidental.** — En allant du nord au sud on rencontre successivement :

Dans les environs de Pont-de-Vaux : *Elatine major, Illecebrum, Helosciadum inundatum, Centunculus, Hottonia, Cicendia filiformis, Scirpus setaceus, Glyceria spectabilis, Chara flexilis*, etc. (3); — entre Pont-de-Vaux et Vescours : *Polystichum Thelipteris;* — dans les étangs de Vescours : *Epilobium palustre, Sparganium minimum;* — de Chevroux : *Radiola linoides, Elatine major, Juncus capitatus, Blechnum Spicant, Lycopodium inundatum.*

Dans les environs de Bagé-le-Châtel : *Ranunculus radians* Revel (Lacroix) (4); *Sedum villosum*, entre Pont-de-Vaux et Bagé; *Conium maculatum*, à Manziat; *Sison Amomum*, à Cruzille, Iliat.

---

(1) Pour cette partie de la Bresse, nous renvoyons à la *Notice sur la Flore de la Bresse châlonnaise et louhannaise*, par le Dr X. GILLOT, in 4°, 18 pages, Châlon, 1878 ; voyez aussi *Bull. Soc. botan. de France*, t. XXVIII, 1881, C. R., n° 6.
(2) Voy. CARION, *op. cit.* ; MICHALET, *op. cit* , p. 36 et passim ; Dr X. GILLOT.
(3) On y indique aussi, principalement d'après le chev. Du Marché : *Trifolium hybridum* (prés à Léol), *Tillœa muscosa, Asclepias Cornuti, Veronica urticæfolia*, etc.
(4) *Ann. Soc. bot. Lyon*, III, p. 3.

L'étang **Genoud** (situé près de la croisée des routes de Mâcon à Bourg et de Bagé à Pont-de-Veyle) et les prairies, les bruyères tourbeuses qui s'étendent à l'est, au-dessous de Gaché, sont les points les plus riches de cette région (1); on y observe en effet :

Dans les eaux profondes, les bords inondés de l'étang : *Isnardia palustris, Scirpus fluitans, Sc. multiculmis* Sm., *Juncus supinus* Mœnch. var. *fluitans, Hydrocotyle vulgaris, Parnassia palustris, Scutellaria minor;* — dans les prairies marécageuses : *Veronica scutellata, Carex Davalliana* Sm., *C. pilulifera, Danthonia decumbens, Cicendia filiformis, Scirpus setaceus, Leerzia orizoides, Juncus capitatus, J. supinus; Mentha serotina* Bor., *M. minor* Op. (Méhu); — dans les douves : *Sarothamnus, Calluna vulg., Pteris aquilina, Laserpitium pruthenicum, Solidago glabra* Desf., *Aira præcox, A. agregata* Timeroy; — dans les champs sablonneux : *Corrigiola, Illecebrum, Radiola, Centunculus, Sagina subulata* Jord., *Setaria glauca, Spergula arvensis, pentandra, Tormentilla erecta, Montia minor* Gmel., *Hypericum humifusum, Arnoseris pusilla* Gærtn., *Hypochœris glabra,* etc. ; — buissons d'Aunes, à *Aspidium Filix fœmina* Sw., *Polystichum Filix mas* Roth, *Blechnum Spicant* Roth, *Polypodium Phegopteris* (Fray) ; — bois de Pins, à *Aira multiculmis* Dum. (2).

Bruyères tourbeuses à l'est de l'étang : *Drosera intermedia* Hayn., *Gentiana Pneumonanthe, Spiranthes æstivalis* Rich.; — dans les haies voisines : *Osmunda regalis.*

6° **Bord méridional** : marais des Échets, de Ste-Croix, vallée de la Sereine, etc. — La partie méridionale de la Dombes est aujourd'hui presque entièrement dépourvue d'étangs ; mais la cuvette des Échets et la vallée de la Sereine renferment des stations privilégiées, souvent explorées par les botanistes lyonnais.

(1) Premiers explorateurs, AUGÉ, DU MARCHÉ, puis MM. F. LACROIX, FRAY, etc. : voy. *Ann. Soc. bot. de Lyon*, III. p. 72 et surtout VI, p. 30 à 39.
(2) Et plus communes : *Nymphæa alba, Ranunculus aquatilis, Alisma Plantago, Carex distans, Juncus diffusus* Hoppe, *Ranunc. Flammula: Polygonum minus, P. lapathifolium, Lythrum Salicaria, Scirpus acicularis, Panicum Crus-Galli, Juncus bufonius; Peucedanum oreoselinum* Mœnch., *Geum urbanum, Lysimachia nummularia, Euphrasia officinalis, Kœleria cristata; Spergula arvensis,* etc. ; *Hypochœris maculata, Cyperus flavescens, Digitaria ciliaris* Kœl., etc.

Les prairies tourbeuses des **Échets** qui occupent une grande
partie du bassin que nous avons étudié 'plus haut (p. 65) renferment, en outre des plantes fréquentes dans ces stations (1),
les espèces plus rares qui suivent (2) : *Ranunculus reptans*
Thuill., *Viola stagnina* Kit., *V. stricta* Horn., *Polygala austriaca* Cr., *Radiola linoides* Gmel., *Comarum palustre, Isnardia palustris, Hydrocotyle vulgaris, Campanula patula, Cen-
tunculus minimus, Veronica scutellata, Mentha Pulegium,
Scutellaria galericulata, Sc. hastifolia, Utricularia minor,
Rumex maritimus, Polygonum amphibium, Salix cinerea,
Alisma lanceolatum, A. ranunculoides, Juncus supinus, J. bu-
fonius, Carex paradoxa, C. filiformis, Rhynchospora alba*
Vahl., *Alopecurus fulvus, Calamagrostis lanceolata* Roth,
Sparganium simplex, Sp. ramosum; — Mentha austriaca
Jacq., *M. ovalifolia* Op. (sec. Cariot); *Trifolium aureum* Poll.
(Estachy); *Lemna polyrrhiza* (Soc. bot., 1875); *Riccia caver-
nosa* (Boullu, 1876).

Dans le bois des Volières, entre les grands et les petits
Échets (3) : *Viola nemoralis* Jord., *Rubus rudis* W. et N.,
Epilobium obscurum Rchb., *Campanula Cervicaria, Ver-
bascum blattarioides, Peucedanum palustre, Salix ambigua*
Ehrh., *Lycopodium clavatum; — Conium maculatum*, dans
les haies humides, etc.

Les pelouses, les anciens étangs desséchés, les bois des environs de Mionnay, Tramoyes, la Saulsaie, etc., donnent : *Hypericum pulchrum, Ulex europæus, Laserpitium pruthenicum,
Bupleurum tenuissimum, Matricaria Chamomilla, Centunculus minimus, Corrigiola littoralis, Neottia autumnalis*, etc.
— Notons particulièrement le *Scabosia australis* Wullf., à la
Saulsaie.

(1) *Ranunculus Flammula, Roripa nasturtioides, Malachium aquaticum,
Lotus uliginosus, Œnanthe Phellandrium, Œ fistulosa, Peucedanum palustre, Gnaphalium uliginosum, Gn. silvaticum. Achillea ptarmica. Pulicaria vulgaris, Leontodon autumnalis, Myosotis cæspitosa, Polygonum
minus, P. hydropiper, P. lapathifolium, P. nodosum, Alisma Plantago,
Carex vulpina, C. leporina, Phalaris arundinacea, Alopecurus geniculatus, Agrimonia odorata, Rumex hydrolapathum*, et dans les terres voisines : *Gypsophila muralis, Hypericum humifusum, Linaria Peliceriana,
Veronica acinifolia, Galeopsis dubia, Ulex europæus*, etc.
(2) Voy. *Ann. Soc. bot. Lyon*, I, p. 128 ; II, p. 100; III, p. 96; IV, p. 179,
184 ; VIII, p. 333. — CARIOT, *op. cit.*,— A. MAGNIN. Étude sur la flore des marais tourbeux (*Bull. Soc. botan. de France*, t. XXI, session de Gap, p. 35.).
(3) Exploré surtout par CHABERT.

Les marais de Ste-Croix et les prairies marécageuses qui bordent la Sereine, au-dessus de Montluel, renferment : *Viola elatior, Polygala austriaca* Cr., *Drosera longifolia, Senecio aquaticus, Limosella aquatica, Tofieldia calyculata, Liparis Lœselii* Rich., *Juncus acutiflorus* Ehrh., *Schœnus nigricans, Cladium Mariscus, Anagallis tenella, Eriophorum gracile* Koch, *Carex teretiuscula* Good., *C. paradoxa* Willd., *C. paniculata* Willd., *C. Hornschuchiana* Hoppe, *Polystichum Thelipteris* Roth (1).

2° Côtière occidentale et méridionale de la Dombes (2).

Les bords de la partie méridionale du plateau bressan sont formés à l'ouest (vallée de la Saône : de Mogneneins et la vallée de la Chalaronne, à Lyon), et au midi (vallée du Rhône : de Lyon à Meximieux et à la rivière d'Ain) par une série de mamelons que séparent des dépressions, des ravins, ordinairement peu profonds et donnant passage aux ruisseaux par où s'écoulent les eaux de pluie ou des étangs.

Tous les terrains signalés dans la constitution géologique de la Bresse (3) s'y retrouvent souvent superposés en coupe verticale ; mais leur rôle dans la composition du sol est bien différent ; en effet, les couches qui ont ici le plus d'importance sont : 1° le *lehm*, qui occupe généralement le sommet de la côtière et les mamelons voisins du plateau, donnant un sol fortement calcaire en certains points (4), presque exclusivement siliceux au contraire dans les parties superficielles dont le carbonate de chaux a été entraîné par les infiltrations pluviales (5); — 2° les *alluvions glaciaires* (cailloux roulés : quartzites, dioritine, calcaires jurassiques ; graviers, sables) se présentant, soit en poudingues (sous Sathonay, Caluire, Cuire ; Serin, St-Clair, Crépieux, La Pape, le Mas-Rilliet, Beynost, etc.), soit en amas de cailloux libres, ou liés entre eux par un sable fin, soit en éboulis recouvrant les couches subordonnées, mais constituant

(1) CARIOT et observations personnelles.
(2) Voy. Ant. MAGNIN, *Rech. sur la Géographie botanique du Lyonnais*, I, p. 102 et suiv.
(3) Voy. précédemment, p. 63.
(4) Ces parties renferment de 3 à 10 % de carbonate de chaux; voy. nos *Rech. sur le Lyonnais*, p. 107, et POURIAU, *op. cit.*, p. 184 et suiv.
(5) Composition moyenne de ces terrains : silice 74 à 80 %, chaux, 0,50 à 1 %.

toujours un sol à prédominance calcaire (1). La *boue glaciaire* peu développée n'a pas ici d'importance au point de vue phytostatique ; il en est de même des *sables, marnes pliocènes* et *miocènes* (Trévoux, le Vernay, Miribel, etc.), ordinairement recouverts par les éboulis du conglomérat ; cependant la présence de ces marnes détermine l'apparition en certains points de la côtière de sources (2) et d'une végétation hygrophile spéciale.

L'élévation de ces coteaux au-dessus des plaines alluviales du Rhône et de la Saône augmentant à mesure qu'on se rapproche de Lyon (3) et leurs flancs devenant en même temps de plus en plus abruptes, il en résulte que la partie de la côtière comprise entre Trévoux, Lyon et Montluel (4) forme une sorte de falaise souvent escarpée, à parois tantôt couvertes de bois taillis ou de pelouses sèches (lehm et partie supérieure des alluvions glaciaires), tantôt ne présentant que des poudingues ou des gravières arides, ou des éboulis cultivés, ainsi que les parties inférieures ; les échancrures profondes qui en découpent les bords (Beynost, St-Maurice, Néron, Sermenaz, La Pape, le Vernay, Fontaines, Rochetaillée, Reyrieux, etc.) sont garnies de bois frais. Les autres parties de la côtière, moins élevées, à flancs doucement inclinés, sont entièrement couvertes de cultures, principalement de vignes.

Dans les bois taillis, les pelouses qui garnissent les flancs de la côtière, on trouve, en outre des *Ranunculus Chærophyllos*, *Pulsatilla rubra*, *Helleborus fœtidus*, *Aquilegia vulgaris*, *Berberis vulgaris*, *Helianthemum vulgare* Gærtn., *H. obscu-*

(1) Proportion moyenne de 1 à 10 °/₀ de carbonate de chaux ; quelquefois 17 à 20 °/₀.
(2) Voy. FOURNET (*Ann. Soc. Agric. Lyon*, 1839, p. 210), FALSAN et LOCARD (*ibid.*, 1878, p. 2), Ant. MAGNIN (*ibid.*, 1879, p. 109).
(3) On trouve, en effet, successivement sur le bord occidental : hauteurs de Mognencins et Pézieux (alt. 230ᵐ), 60 m. au-dessus de la Saône (alt. moy. : 168ᵐ); de Beauregard, Frans, Riottier, 70ᵐ; Trévoux (280ᵐ), 110ᵐ; Genay (290ᵐ), 120ᵐ; Cailloux-sur-Fontaine et Sathonay (300ᵐ), 130ᵐ; Vernay, Caluire, 90ᵐ; — puis en sens inverse, sur le bord méridional : Vassieux (264ᵐ), 94ᵐ au-dessus du Rhône (altit. : 170ᵐ); La Pape, Sermenaz, 120ᵐ; de Néron à Montluel, 120ᵐ (Margnolas, altitude maximum : 320ᵐ, soit 140ᵐ au-dessus de la plaine) ; Montluel, 104ᵐ; Bressolles, 70ᵐ; Pérouges, Meximieux, 60ᵐ; — les côtes de l'Ain se relèvent avec une différence de 80ᵐ à Loyes, 70ᵐ au-dessus de Priay, 115ᵐ à Varambon.
(4) La côtière est aussi en falaise de Trévoux à Beauregard et de Loyes à Varambon.

rum Pers., *H. procumbens* Dun., *H. pulverulentum* DC., *Po-
lygala vulgaris, Dianthus carthusianorum, Trifolium medium, Hippocrepis comosa, Anthyllis Vulneraria, Peucedanum
Oreoselinum* Mœnch., *Ligustrum vulgare, Cirsium acaule*
All., *Campanula persicifolia, Primula grandiflora* Lamk.,
Vincetoxicum officinale, Orobanche cruenta, Brunella alba
Pallas, *Teucrium Chamædrys, Convallaria Polygonatum, C.
multiflora, Ruscus aculeatus, Phalangium Liliago, Ph.
ramosum, Orchis militaris, O. Morio, O. Simia, O. ustulata,
Kœleria cristata, Aira caryophyllea,* les espèces caractéristi-
ques suivantes :

* Helianthemum salicifolium Pers.
H. guttatum Mill.
* Silene italica.
Geranium sanguineum.
* Linum gallicum.
* Ononis Columnæ.
Trifolium alpestre.
T. rubens.
T. glomeratum.
Coronilla Emerus.
* C. minima.
Cerasus Mahaleb.
Fragaria collina DC.
* Potentilla rupestris.
Rubus collinus DC.
R. tomentosus Bork.
Rosa flexuosa Rau.
Peucedanum Cervaria.
* Seseli coloratum Ehrh.
* Bupleurum aristatum Bartl.
* Trinia vulgaris DC.
Rubia peregrina.
* Galium corrudæfolium Vill.

* G. Timeroyi Jord.
Globularia vulgaris.
Aster Amellus.
Inula hirta.
* Campanula Medium.
C. Rapunculus.
* Convolvulus cantabricus.
Lithospermum purpureo-cœruleum.
* Odontites lutea.
* Veronica prostrata.
V. spicata.
Brunella grandiflora Mœnch.
* Teucrium montanum.
Daphne Laureola.
* Thesium divaricatum.
* Orchis purpurea Huds.
Ophrys muscifera Huds.
Epipactis lancifolia DC.
Carex divulsa Good.
C. nitida Host.
Carex Halleriana Asso.
Phleum Bœhmeri Wib.

et rares : *Pulsatilla propera* Jord., *Thalictrum aquilegifolium,
Dianthus silvestris* Wulf., *Hutchinsia petræa* R. Br., *Cistus
salviæfolius, Rhamnus saxatilis, Rh. Villarsii* Jord., *Cytisus
biflorus, Medicago cinerascens* Jord., *Trigonella monspeliaca,
Orobus niger, Scabiosa Gramuntia, Crupina vulgaris, Chrysocoma Linosyris, Inula montana, Stachys alpina, Buxus
sempervirens, Quercus Ilex, Lilium Martagon, Orchis pyramidalis, O. tridentata* Scop., *O. rubra* Jacq., *Ophrys anthropophora, O. aranifera* Huds., *Epipactis ensifolia* Sw., *Limo-*

dorum abortivum Sw., *Aphyllanthes monspeliensis*, *Carex humilis* Leyss., *Stipa pennata*, *Bromus asper*, *B. maximus* Desf. : ces dernières espèces, ainsi que celles marquées d'une astérique dans les deux énumérations qui précèdent ne se rencontrent que dans la partie tout à fait méridionale de la côtière.

Bois frais, lieux ombragés des vallons et des échancrures : *Aquilegia vulgaris*, *Anemone nemorosa*, *Viola Reichenbachiana* Jord., *V. Riviniana* Rchb., *Hypericum montanum*, *Oxalis acetosella*, *Orobus tuberosus*, *Cerasus Padus* Mill., *Epilobium montanum*, *E. hirsutum*, *Viburnum Opulus*, *Phyteuma spicatum*, *Fraxinus excelsior*, *Melittis melissophyllum*, *Teucrium Scorodonia*, *Galeopsis Tetrahit*, *Pulmonaria tuberosa* Schk., *Euphorbia amygdaloides*, *E. dulcis*, *Salix capræa*, *Convallaria majallis*, *Luzula vernalis*, *L. Forsteri*, *Scirpus silvaticus*, *Carex digitata*, *C. silvatica*, *Melica nutans*, *M. uniflora*, *Festuca heterophylla*, *Aspidium aculeatum*, *Scolopendrium officinale*, et particulièrement intéressantes :

Ranunculus nemorosus.	Asperula odorata.
Corydalis solida.	Primula grandiflora Lamk.
Orobus niger.	Paris quadrifolia.
Cytisus capitatus.	Tamus communis.
Adoxa moschatellina.	Scilla bifolia.
Circæa lutetiana.	Carex pallescens.

et spéciales à quelques localités :

Anemone ranunculoides.	Centaurea lugdunensis Jord.
Isopyrum thalictroides.	Veronica montana.
Actæa spicata.	Maianthemum bifolium.
Sanicula europæa.	Mercurialis perennis.
Dipsacus pilosus.	Carex ornithopoda Willd.

Dans les éboulis, les gravières : *Erucastrum Pollichii* Schimp., *E. obtusangulum* Rchb., *Diplotaxis tenuifolia* DC., *D. muralis* DC., *Dianthus prolifer*, *Alyssum calycinum*, *Linum catharticum*, *L. tenuifolium*, *Asperula cynanchica*, *Scrofularia canina*, *Linaria striata*, *Stachys recta*, *Anchusa italica* et :

Iberis pinnata.	Bupleurum aristatum.
Gypsophila saxifraga.	Centaurea paniculata.
Silene otites.	Helichrysum Stæchas.
S. conica.	Chondrilla juncea.
Ononis natrix.	Ch. latifolia Bor.
Epilobium rosmarinifolium.	Verbascum floccosum W. et Kit.
Torilis nodosa.	Plantago Cynops.

Pl. arenaria.
Aira caryophyllea.
Festuca sciuroides.

F. pseudomyuros.
Tragus racemosus.

Les cultures, champs, vignes, moissons, du lehm, des alluvions glaciaires, des éboulis sont accompagnées par :

Delphinium Consolida.
Papaver dubium.
P. Argemone.
Fumaria parviflora.
Bunias Erucago.
Iberis pinnata.
Reseda Phyteuma.
Lathyrus Nissolia.
L. angulatus.
Crassula rubens.
Scandix Pecten.
Caucalis daucoides.
Filago spathulata.
F. canescens Jord.

Barkhausia setosa.
Pterotheca nemausensis Cass.
Lactuca saligna.
Campanula rapunculoides.
Lycopsis arvensis.
Heliotropium europœum.
Anchusa italica.
Melampyrum arvense.
Stachys annua.
Odontites serotina.
Galeopsis angustifolia.
Ajuga Chamæpitys.
Chamagrostis minima.

et les espèces erratiques suivantes : *Neslia paniculata* Desv., *Camelina sativa* Cr., *C. microcarpa* Andrz., *Centaurea solstitialis, Helminthia echioides ;* plus rares, tout à fait accidentelles : *Ceratocephalus falcatus, Gladiolus segetum,* etc. ; notons encore *Lathyrus latifolius,* dans les terres, au niveau des marnes pliocènes.

Dans les haies, les bords des chemins :

Berberis vulgaris.
Fumaria capreolata.
Lepidium graminifolium.
Cucubalus bacciferus.
Cerasus Mahaleb.
Sedum Cepæa.
Cynoglossum officinale.
C. pictum.

Verbascum thapsiforme.
Calamintha Nepeta.
C. ascendens Jord.
Veronica Buxbaumii.
Humulus Lupulus.
Arum italicum.
Iris fœtidissima.
Phleum asperum Jacq.

et principalement dans les décombres, souvent adventices : *Ammi majus, Fœniculum officinale, Sylibum Marianum, Datura Stramonium, D. Tatula, Leonurus Cardiaca, Nepeta Cataria,* etc.

Indépendamment des plantes précédentes, quelques espèces plus spéciales à la région du Lyonnais granitique et de la Dombes d'étangs se rencontrent dans les endroits sablonneux de la côtière, dans les points où le lehm est devenu siliceux (par exemple, à Trévoux, Ars, Sathonay ; au-dessus de la Pape,

Néron, Beynost, Montluel, etc.), ou sur les parties sableuses de la boue glaciaire et des autres dépôts erratiques (environs de Pont-de-Vaux, Bagé, Montmerle, etc.) ; ce sont : *Hieracium umbellatum, Cerasus Padus, Cytisus capitatus,* dans les bois ; *Teesdalia nudicaulis* R. Br., *Trifolium subterraneum, Ornithopus perpusillus, Vicia lathyroides, Malva moschata, Filago minima, Andryala sinuata, Thrincia hirta, Hypochœris glabra, Arnoseris pusilla, Jasione montana, Anarrhinum bellidifolium, Veronica verna, V. acinifolia, V. præcox, Myosotis versicolor,* dans les pelouses, les champs, les lieux incultes.

Division. — Les coteaux qui limitent au midi le plateau bressan se divisent en bord occidental qui s'étend le long de la vallée de la Saône et bord méridional dominant le cours du Rhône.

Le **bord occidental**, d'abord peu accentué (environs de Pont-de-Vaux, de Thoissey, hauteurs de Garnerans, Mogneneins, Montmerle, etc.), ne s'accuse nettement que plus bas à partir de Beauregard, Jassans et Riottier ; il se continue ensuite par la cotière de Trévoux, Reyrieux, Genay, Neuville, Fontaines, Sathonay, le Vernay, Caluire, Cuire et la Croix-Rousse ; ces coteaux sont découpés par les échancrures qui donnent passage à la Chalaronne (Thoissey), aux ruisseaux du Grillet (Guéreins et Genouilleux), du Maître (Messimy), de Frans, du Formans (Ste-Euphémie, St-Didier), au vallon de Reyrieux, aux ruisseaux de Massieu, de la fontaine Camille à Neuville, des Échets, de Rochetaillée, de Fontaines, etc.

Pour la partie septentrionale, nous nous bornerons à indiquer en outre des espèces déjà signalées dans les environs de Pont-de-Vaux, Thoissey, etc., à propos du bord occidental de la Dombes d'étangs (voyez plus haut p. 73) : *Trifolium striatum, Ornithopus perpusillus, Fragaria collina, Veronica verna, Orobanche Eryngii,* sur les coteaux ; *Lathyrus Nissolia, Asperula galioides, Barkhausia setosa, Centaurea solstitialis, Veronica præcox, Gagea arvensis, Poa eragrostis, Gastridium lendigerum,* dans les moissons ; dans les vallées ombragées, les bois frais : *Adoxa Moschatellina, Dipsacus pilosus, Bromus asper, Veronica urticæfolia, Lychnis silvestris* (1).

_____

(1) Pour les explorateurs, voyez plus haut, p. 73.

Avec les hauteurs de Beauregard et Riottier commence la *cô-*
tière proprement dite de la Dombes, dont la végétation générale a été donnée plus haut (voy. p. 77) ; signalons particulièrement dans les environs de :

Trévoux, Reyrieux, Massieu, sur les coteaux : *Pulsatilla*
rubra, Geranium sanguineum, Medicago ambigua Jord., *M.*
cinerascens Jord., *Trifolium striatum, T. glomeratum, To-*
rilis nodosa, Tordylium maximum, Campanula Medium,
Lithospermum permixtum Jord., *Verbascum pulvinatum*
Thuill., *Thesium divaricatum* Jan., *Orchis purpurea* Huds.,
Phleum Bœhmeri Wib., *Ph. arenarium ; Verbascum Bastardi*
R. et Sch., à Reyrieux, etc. ; *Centranthus Calcitrapa,* sur les
coteaux de Beauregard (Gaudoger), de Saint-Bernard (Fray) ;
Colutea arborescens, au-dessus de Genay (subspontané ?) ; —
dans les moissons, les cultures des env. de Trévoux, Mizérieux,
Sainte-Euphémie, Ars, Reyrieux, Massieu, etc. : *Adonis autum-*
nalis, Sisymbrium Sophia, Papaver hybridum, Lathyrus Nis-
solia, L. angulatus, Galium tricorne With., *Valerianella*
eriocarpa Desv., *Centaurea solstitialis, Kentrophyllum lana-*
tum, Barkausia setosa, Physalis Alkekengi, Veronica præcox,
Stachys arvensis, Tulipa silvestris, Ornithogalum nutans ;
Linaria cymbalaria, murs de Trévoux. — Les vallons humides,
en particulier celui de Reyrieux : *Isopyrum thalictroides, La-*
thyrus latifolius, Epilobium lanceolatum Koch, *E. roseum*
Schreb. (Chevrolat), *Dipsacus pilosus, Maianthemum bifo-*
lium, Festuca heterophylla, etc. (1).

Sathonay, Fontaines, Rillieux, etc. — Sur les coteaux secs,
les bords des vallons, pelouses, poudingues : *Ranunculus*
Chærophyllos, Pulsatilla rubra, Helianth. salicifolium,
Peucedanum Cervaria, Convolvulus cantabricus, Veronica
prostrata, Orchis purpurea Huds., *O. Simia, Ophrys musci-*
fera Huds., *Epipactis lancifolia* All., *Carex Halleriana* Asso,
Phleum asperum, Bromus madritensis ; Stipa pennata et
Ajuga pyramidalis (sec. Cariot) ; *Barbula squarrosa, B. in-*
clinata, B. membranifolia (2) ; *Lilium Martagon,* sur Fontaines ; — dans les bois taillis : *Ranunc. nemorosus, Coro-*
nilla Emerus, Trifolium alpestre, Potentilla rupestris,

---

(1) Explorateurs : MM. Fray, Chevrolat, etc.
(2) Thévenon et Magnin.

Cornus mas, etc. ; — vallons de Sathonay, de Fontaines, bois frais à *Actæa spicata, Mœhringia trinervia, Sanicula europœa, Asperula odorata, Lamium incisum, Veronica montana, Mercurialis perennis, Paris quadrifolia, Maianthemum bifolium, Bromus asper, Festuca heterophylla,* etc. ; *Lathyrus latifolius,* au niveau des sources ; *Senecio erucifolius,* dans les prés humides de la vallée ; — cultures : *Galium tricorne* With., *Lithospermum permixtum* Jord., *Allium carinatum, Bunium Bulbocastanum, Lolium multiflorum* (erratique) ; — dans les parties siliceuses du lehm ou de la boue glaciaire, plantes de la Dombes : *Myosurus, Montia, Sarothamnus, Spergula* sp., *Filago* sp., *Vicia lathyroides, Myosotis versicolor,* etc. (1)

Le Vernay : *Corydalis solida, Viola sepincola* Jord., *Iberis affinis* Jord., *Veronica Buxbaumii, Phelipœa arenaria, Lathrœa squamaria, Stachys alpina, Lilium Martagon* (2).

Caluire : *Orchis tridentata* Scop. ; *Medicago denticulata, Vicia hybrida,* dans les moissons ; *Ambrosia artemisiœfolia* (Carret), sur les talus du fort Montessuis (3).

Le **bord méridional** ou **côtière méridionale** de la Dombes est la partie la plus intéressante de ces coteaux ; la côtière comprend en allant de Lyon à la rivière d'Ain :

1° Les coteaux de St-Clair, Vassieu, La Pape, Sermenaz, Néron, Mas-Rilliet, dominant directement les berges du Rhône et découpés par les vallons de Vassieu, La Pape, de la Cadette, de Néron, de Miribel ; la falaise se poursuit ensuite au-dessus de la plaine d'alluvions anciennes qui commence à Miribel, s'élargit en face de St-Maurice, Beynost, La Boisse et Montluel, pour se continuer avec la plaine de la Valbonne ; cette première partie de la côtière est interrompue par la large échancrure qui livre passage à la Sereine, à Montluel ; d'autres vallons pittoresques, mais moins profonds et moins larges, s'observent en outre entre Miribel et Montluel (v. de St-Maurice ; de la Conche, de la Montée-Vieille, de la Miandière, à Beynost ; de la route de Trévoux à la Boisse, etc.).

(1) Voy. *Ann. Soc. botan. Lyon,* I, p. 85, 116 ; II, p. 83 ; V, p. 172 ; et principalement, *id* , III, p. 82, et IV, p. 159 ; nos *Recherches,* I, p. 110.
(2) Voy. *Ann. Soc. bot. Lyon,* II, p. 73, 78 ; VI, p. 152 ; CARIOT, *op. cit.,* etc.
(3) Voy. *Ann. Soc. bot. Lyon,* VIII, p. 317.

C'est cette partie de la côtière, la plus riche au point de vue de la Flore, qui renferme la plupart des plantes énumérées dans les listes générales données plus haut pour les pelouses, coteaux secs, graviers, etc. (voy. p. 78), et en particulier les espèces suivantes qu'on retrouve tout le long de la falaise de La Pape à Montluel (1), dans les points où ces stations s'observent encore (et aussi plus loin, dans la Valbonne et aux environs de Meximieux) :

Gypsophila saxifraga.
Linum tenuifolium.
Helianthemum pulverulentum DC.
H. procumbens Dun.
H. guttatum Mill.
H. salicifolium Pers.
Geranium sanguineum.
Trifolium rubens.
Coronilla Emerus.
C. minima.
Hippocrepis comosa.
Cerasus Mahaleb.
Peucedanum Cervaria.
Trinia vulgaris DC.
Galium corrudæfolium Vill.

Globularia vulgaris.
Aster Amellus.
Inula hirta.
Campanula Rapunculus.
Convolvulus cantabricus.
Lithospermum purpureo-cœruleum.
Veronica prostrata.
V. spicata.
Odontites lutea Rchb.
Thesium divaricatum Jan.
Ruscus aculeatus.
Tragus racemosus.
Carex nitida Host.
Barbula membranifolia, etc.

Signalons particulièrement :

De St-Clair à La Pape, sur les coteaux : *Stipa pennata ; —* à Vassieu : *Scabiosa gramuntia, Centaurea Crupina, Quercus apennina ; Poa eragrostis, Scilla autumnalis*, etc. ; — Crépieux : *Bromus maximus ; Barbula membranifolia, Thalloidima vesiculare, Psoroma fulgens*, sur les poudingues (2).

Sur les coteaux qui s'étendent de **La Pape à Néron**, dans les pelouses, taillis, éboulis, etc., en outre des espèces citées comme fréquentes sur le coteau de Lyon à Montluel :

Pulsatilla rubra Lamk.
Hutchinsia petræa R. Br.
Silene italica Pers.
S. otites.
S. conica.
Linum gallicum.

Rhamnus saxatilis.
Trifolium alpestre.
T. montanum.
T. glomeratum.
Trigonella monspeliaca.
Ononis Columnæ All.

---

(1) Voy. A. MAGNIN, Note sur la végétation du rebord méridional du plateau de la Dombes (*Ann. de la Soc. botan. de Lyon*, IV, p. 162.)
(2) CARIOT, *op. cit.; — Ann. Soc. botan. Lyon*, V, p. 170 ; et nos observations dans *Rech.* (Lyonnais), 1, p. 113.

Ononis natrix.

Trigonella monspeliaca.

Orobus niger.

Fragaria collina Ehrh.

Potentilla rupestris.

Rubus tomentosus Borkh.

Rosa flexuosa Rau.

R. Pugeti Bor.

Sedum sexangulare.

Bupleurum aristatum.

Seseli coloratum Ehrh.

Asperula galioides M. Bieb.

Galium Timeroyi Jord.

G. decolorans (Soc. bot. Lyon, V. p. 176).

Valerianella coronata DC.

V. membranacea Lois.

Scabiosa gramuntia.

Micropus erectus.

Inula montana.

Campanula Medium.

Echinospermum Lappula.

Teucrium montanum.

Thymus Chamædrys.

Orobanche Teucrii Bertol.

O. Hederæ Vauch.

Phelipœa arenaria Borkh.

P. albiflora G. God. (!, 1882).

Buxus sempervirens.

Orchis pyramidalis.

O. purpurea Huds.

O. tridentata Scop.

Aceras anthropophora.

Ophrys aranifera Huds.

O. apifera Huds.

O. muscifera Huds.

Epipactis lancifolia DC.

E. ensifolia Sw.

Limodorum abortivum Sw.

Carex Halleriana Asso.

C. divulsa Good.

C. montana.

Aphyllanthes monspeliensis.

Nardus tenellus Rchb.

de plus : *Dianthus collivagus* Jord. (forme du *D. silvestris* Wulf.), sur les coteaux secs de La Pape et de Néron ; *Lathyrus latifolius*, dans les terres, vignes, au niveau des marnes ; *Buffonia macrosperma* Gay, *Chrysocoma Linosyris*, *Rhamnus Villarsi* Jord., *Cytisus biflorus*, *Bromus maximus* (Fourreau), en quelques points rares du coteau ; — *Centaurea lugdunensis* Jord. (forme du *C. montana*) et *Orchis rubra* Jacq., dans les bois des vallons après le pont de la Cadette ; et enfin *Cistus salviæfolius*, à Montgoîtron (extrémité du promontoire de Sermenaz), limite septentrionale extrême de cette plante du midi, dans la vallée du Rhône (1).

Dans le vallon de la Cadette (entre La Pape et Néron), sur les coteaux secs, les pelouses : *Pulsatilla rubra, Silene conica, Helianthemum procumbens, guttatum, denticulatum, Coronilla minima, Potentilla rupestris, Trinia vulgaris, Lithospermum purpureo-cœruleum, Orchis bifolia, Simia, ustulata, anthropophora, Bromus madrilensis*, etc. ; *Barbula membranifolia*, sur blocs de poudingues (Saint-Lager) ; — dans les pe-

_____

(1) Voy. *Ann. Soc. botan. Lyon*, I, p. 79, 115 ; III, p. 87 ; IV, p. 151 ; V, p. 175, 176 ; nos *Rech.*, I, p. 115.

louses du creux du vallon : *Hutchinsia petræa, Fumaria parviflora* Link, *Orchis anthropophora, Ophrys apifera, O. arachnites, Barbula squarrosa, Hypnum rugosum, Psora decipiens,* etc. ; — dans les bois frais des versants : *Mœhringia
trinervia, Orobus niger, Cornus mas, Scilla bifolia, Barbula
inclinata, Funaria calcarea,* etc. ; — dans le fond du vallon,
en remontant vers Rillieux : *Valerianella microcarpa* Lois.,
Alsine viscosa Schreb. (1).

Dans les vallons frais de Sermenaz, Néron : *Dipsacus pilosus,
Bromus asper, B. giganteus, Scolopendrium officinale,* etc.

Terres au-dessus du coteau de La Pape, Rillieux, Sermenaz,
Néron, etc. : *Neslia paniculata* Desv., *Galium tricorne* With.,
Centaurea solstitialis (errat.), *Senecio gallicus, Plerotheca
nemausensis, Myosotis stricta, Allium intermedium* DC., *A.
carinatum, Kœleria phleoides,* etc. — Lehm siliceux, au-dessus
de La Pape : *Cytisus capitatus, Vicia lathyroides, Filago minima* Fr., *Aira elegans* Gaud. ; au-dessus de Néron : *Jasione
montana, Anarrhinum bellidifolium, Myosotis versicolor,
Veronica præcox, triphyllos, acinifolia,* etc. (2).

Néron (village) : *Fumaria capreolata, Solanum miniatum*
Bernh., *Hieracium staticifolium* (Philippe, *Ann. S. B. Lyon,*
V, p. 25.)

Miribel (environs de) : *Lathyrus latifolius,* vignes au niveau
des marnes (3) ; *Ajuga pyramidalis,* bois (sec. Cariot) ; *Veronica Buxbaumii, Myosotis stricta, Kentrophyllum lanatum,*
le long des chemins ; *Lithospermum purpureo-cæruleum,*
haies entre Miribel et Saint-Maurice ; *Gladiolus segetum,* blés
vers le moulin de Saint-Maurice.

Beynost : 1° haies de la plaine alluviale à *Berberis, Veronica Buxbaumii, Iris fœtidissima* ; moissons, cultures à *Barkhausia setosa, Plerotheca nemausensis ; Centaurea solstitialis,
Helminthia echioides* erratiques ; 2° Terrasse alluviale (se continuant avec celle de Balan et la Valbonne) : *Chondrilla juncea* et *latifolia* Bor., *Lactuca saligna, Kentrophyllum la-*

---

(1) Voy. *A. S. B. Lyon,* I, p. 81, 115, 119 ; II, p. 8, 44 ; III, p. 79 ; V,
p. 170, 174 ; nos *Rech.,* I, p. 113.
(2) Voy. *Ann. cit.,* III, p. 79 ; IV, p. 152 ; V, p. 173, 174, 175 ; nos *Rech.,*
I, p. 116.
(3) En société des *Phragmites communis, Eupatorium cannabinum, Solidago glabra,* etc., qu'on s'étonne d'abord de voir sur les pentes caillou-
teuses du coteau (V. nos *Rech.* I, p. 127).

*natum, Convolvulus cantabricus, Fœniculum officinale,
Lathyrus sphœricus, Scilla autumnalis, Tragus racemosus,*
etc. ; *Cucubalus baccifer*, dans les haies ; 3° Pelouses et taillis
du coteau : *Geranium sanguineum, Convolv. cantabricus,
Odontites lutea, Galium corrudœfolium, Aster Amellus,
Inula hirta, Veronica prostrata, Thesium divaricatum*, etc. ;
Hieracium staticifolium, dans les éboulis du conglomérat à
l'entrée du vallon de la montée vieille (*A. S. B. Lyon*, IV,
p. 164 ; V, p. 25.) *Barbula membranifolia*, sur les poudingues,
etc. ; 4° Lehm siliceux du sommet du coteau : *Cytisus capitatus, Andryala sinuata, Hieracium umbellatum, Malva moschata*, etc., (1).

2° La deuxième partie de la côtière méridionale, de la Sereine à la rivière d'Ain, se compose des coteaux de Montluel,
Bressoles, Beligneux, Bourg-Saint-Christophe, Pérouges, Meximieux, peu élevés et généralement garnis de cultures ; aussi
leur végétation spontanée n'a-t-elle pas la richesse de la
partie s'étendant de La Pape à Montluel (sauf dans les environs
de Meximieux) ; on signale cependant sur les collines de :

Montluel : la plupart des espèces de la flore générale des
pelouses, taillis, se rencontrant encore au sommet des coteaux
qui bordent l'entrée de la vallée de la Sereine ; de plus : *Trifolium subterraneum, Quercus Ilex?* (Cariot), *Phleum arenarium*, etc. ;

De Montluel à Meximieux : *Pulsatilla propera* Jord., *Thalictrum aquilegifolium, Trifolium glomeratum, Veronica
verna* ; — *Glaucium luteum* Scop., *Melampyrum cristatum*,
au Bourg-Saint-Christophe ;

Meximieux : *Ranunculus Chœrophyllos, Pulsatilla rubra*
Lamk., *Linum gallicum, Trigonella monspeliaca, Seseli
coloratum, Bupleurum aristatum, Trinia, Galium corrudœfolium* Vill., *Veronica prostrata, Orchis purpureus* Huds.,
Ophris apifera Huds., sur les coteaux ; *Isopyrum thalictroides, Senecio flosculosus* Jord., *Veronica montana*, dans les
bois frais ; *Neslia paniculata, Gagea arvensis* Schult., *Camelina microcarpa* Andrz., *Pterotheca*, dans les cultures, moissons ; *Veronica Buxbaumii, Myosotis stricta, Chaiturus Mar-*

---

(1) Compléter par nos notes dans *Ann. Soc. bot. Lyon*, IV, p. 162 ; V,
p. 25 ; VI, p. 54, 132 ; IX (août 1881) ; et nos *Rech.*, I, p. 117.

rubiastrum Rchb., *Nepeta Cataria*, etc., au bord des chemins, dans les décombres, etc. ; *Allium pulchellum* Don., dans les prairies sableuses, *Orchis Coriophora*, les prés marécageux ; le *Scabiosa suaveolens* Desf., au Mont, aux Piolères ; l'*Ophioglossum vulgatum*, dans les prés marécageux derrière le château ; (voyez plus bas : Valbonne et alluvions de l'Ain). — *Rosa tomentosa* Sm. à Priay, etc. (1).

3° *Plaine alluviale de la Saône, du Rhône, de l'Ain : — Valbonne.*

Le fond des vallées de la Saône et du Rhône, au-dessus de Lyon, formé par les alluvions récentes de ces rivières, est occupé au voisinage de la côtière par des cultures, surtout développées dans la vallée du Rhône, de Miribel à la rivière d'Ain ; — plus près des bords, par des prairies marécageuses qui prennent une grande extension surtout dans la partie supérieure de la vallée de la Saône et enfin sur les bords mêmes, par des graviers, sables, îles, lônes, etc.

Dans les endroits secs, cultures, graviers, etc., on observe principalement : *Delphinium Consolida*, *Erucastrum Pollichii*, *E. obtusangulum*, *Diplotaxis tenuifolia*, *D. muralis*, *Gypsophila saxifraga*, *Herniaria hirsuta*, *Portulaca oleracea*, *Sedum anopetalum*, *Filago spathulata*, *F. arvensis*, *F. gallica*, *Ajuga chamæpitys*, *Stellera passerina*, *Euphorbia falcata*, *Phleum asperum*, etc.

Dans les endroits humides, saulaies, prairies, bords des eaux, etc. :

Thalictrum laserpitiifolium Willd.	Lysimachia vulgaris.
Th. flavum.	Mentha rotundifolia.
Spergula nodosa.	M. aquatica.
Genista tinctoria.	M. silvestris.
Lotus uliginosus Bechk.	Salix incana Schkr.
Potentilla Anserina.	S. rubra, S. purpurea, etc.
Lythrum Salicaria.	Alopecurus pratensis.
Œnanthe fistulosa.	A. geniculatus.
Œ. peucedanifolia.	Agrostis alba.
Solidago glabra Desf.	Equisetum telmateja Ehrh.
Aster Novi-Belgii DC.	E. palustre.
Inula Brittanica.	E. limosum.
Xanthium Strumarium.	

(1) Les environs de Meximieux ont été explorés avec soin par les professeurs du collège, et en particulier MM. Pasquier et Chevrolat.

Dans l'eau des lônes, mares, etc. : *Nymphea alba, Nuphar luteum, Hottonia palustris, Villarsia nymphoides, Scirpus Pollichii, Phalaris arundinacea, Phragmites communis, Potamogeton densus, perfoliatus, crispus,* etc.

Les vallées de la Saône, du Rhône et de l'Ain présentent du reste des différences assez notables dans leur flore, résumées dans les alinéas suivants.

I. **Vallée de la Saône.** Les bords de la Saône se présentent sous des aspects bien différents :

1º De l'embouchure de la Seille à Thoissey, s'étendent les immenses prairies, souvent inondées, de Pont-de-Vaux, Asnières, Vésines, Saint-Laurent-lès-Mâcon ; 2º de la Chalaronne à Beauregard, les prairies se rétrécissent et laissent la place à des cultures ; 3º de Beauregard à Lyon, tantôt la côtière arrive jusqu'au bord de la Saône (Riottier, Trévoux, Rochetaillée, le Vernay, Caluire), tantôt le coteau s'en écarte plus ou moins, et les alluvions de la Saône sont couvertes de champs cultivés ou de prairies (Jassans, entre Saint-Bernard et Trévoux, sous Reyrieux, Neuville, etc.).

Dans la plus grande partie de la vallée de la Saône on trouve fréquemment, soit dans les sables, graviers, soit dans les eaux :

Tanacetum vulgare.	Tragus racemosus Desf.
Solidago glabra.	Carex Schreberi Schkr.
Aristolochia clematitis.	Euphorbia Esula.
Œnothera biennis.	Vallisneria spiralis.
Erysimum cheiranthoides.	Elodea canadensis Mich.
Verbascum australe Schrad.	Butomus umbellatus.
Sedum Fabaria Koch.	Potamogeton pectinatus.
Carex nutans.	Naias major Roth.
Crypsis alopecuroides.	N. minor All.
Eragrostis pilosa P. Beauv.	Narcissus poeticus (rare).
Hordeum secalinum.	

Indiquons spécialement les localités suivantes :

Environs de Thoissey, Pont-de-Vaux, etc. : *Viola elatior* Fr., *Erysimum cheiranthoides, Althæa officinalis, Peucedanum palustre, Scutellaria hastifolia, Teucrium Scordium, Euphorbia palustris, Fritillaria Meleagris, Scirpus compressus,* dans les prairies de Pont-de-Vaux, Asnières, Vésines, Saint-Laurent, Thoissey ; — *Braya supina* Koch, *Spergula pentandra, Solanum ochroleucum* Bast., *Scilla*

autumnalis, Crypsis, Eragrostis, dans les sables, décombres ;
Aster salignus Willd., subspontané sur les bords de la Saône,
à Pont-de-Vaux (du Marché) ;

Environs de Trévoux, Reyrieux, etc. : *Thalictrum majus*
Jacq., *Arabis sagitata* Rchb., *Viola elatior* Fr., *Tussilago
Petasites, Senecio paludosus, Rumex maritimus, Euphorbia
Esula, Salix fragilis, Cyperus longus, Scirpus maritimus,
Sc. Michelianus, Sc. holoschœnus, Carex nutans,* sur les bords
de la Saône, dans ses îles sous Trévoux (île Beyne, petite Saône,
etc.), les prairies marécageuses sous Reyrieux ; *Butomus umbel-
latus, Potamogeton pectinatus, Limosella aquatica, Lindernia
pyxidaria* (très-rare), dans l'eau, sur les bords ; *Sisymbrium
Sophia, Verbascum blattarioides* Lamk., *Tragus racemosus*
Desf., *Eragrostis pilosa, Crypsis, Agrostis interrupta,* dans
les sables, les graviers (1).

Fontaines : *Butomus umbellatus, Potamogeton pectinatus,*
etc. ; — *Carex depauperata* Good., entre Fontaines et la plaine
de Roye.

II. Vallée du Rhône. Au-dessus de Lyon, le Rhône suit
d'abord la base de la côtière jusqu'à Miribel, puis s'en écarte en
abandonnant la plaine fertile qui s'étend de Saint-Maurice-de-
Beynost à Balan, puis la plaine et les collines arides de la
Valbonne et de Saint-Maurice-de-Gourdan ; en outre, le fleuve
présente dans cette partie de son cours un grand nombre de
branches ou *lônes* (2), souvent à moitié desséchées et séparant
de nombreuses îles incultes, n'offrant que des graviers, des
saulaies ou des pâturages.

1. *Bords et îles du Rhône.* Leur végétation est très-riche ;
on y remarque :

Dans les graviers, sables, saulaies, pâturages :

Rapistrum rugosum All.	Spergula nodosa.
Gypsophila Saxifraga.	Linum marginatum.

---

(1) De plus notons dans les décombres de Montmerle, Trévoux, Reyrieux :
Ecbalium elaterium Rich., *Sylibum Marianum* Gærtn., *Leonurus Cardiaca,*
etc. ; *Amarantus deflexus,* à Trévoux, St-Bernard ; *Chenopodium intermedium* M. et K., *Blitum rubrum* Rchb., à Frans, etc. — Pour Thoissey,
Trévoux et leurs environs, herborisations de M. Fray, Chevrolat, dans CARIOT
op. cit. ; pour la vallée de la Saône, notes manuscrites de M. Fray et recherches personnelles.

(2) Voy. FOURNET, sur les lônes et leur formation (*Ann. Soc. d'agricult.
de Lyon,* 1866, t. X, p. 94).

Helianthemum obscurum Pers.
Ononis natrix.
Melilotus macrorhiza Pers.
Tetragonolobus siliquosus.
Epilobium rosmarinifolium Hæng.
Œnothera biennis.
Helichrysum Stœchas DC.
Solidago glabra Desf.
Xanthium spinosum.
Myricaria germanica.
Chlora perfoliata.
Verbascum phlomoides.
Onosma arenarium W. et K.
Orobanche cruenta.
Plantago cynops.
P. Timballi Jord.

Hippophae rhamnoides.
Euphorbia Gerardiana Jacq.
Salix incana, purpurea, triandra, viminalis, etc.
Asparagus officinalis.
Allium acutangulum Schrad.
Digitaria filiformis Kœl.
Tragus racemosus Desf.
Calamagrostis lanceolata Roth.
C. littorea DC.
C. epigeios Roth.
Kœleria valesiaca Gaud.
Agropyrum campestre G. et G.
Hordeum secalinum Schreb.
Equisetum hyemale.
E. ramosum Schleich.

Dans les prairies marécageuses, mares, lônes, etc. : *Nymphea, Nuphar, Nasturtium silvestre, Tussilago Petasites, Hydrocharis, Alisma Plantago, A. lanceolatum, Potamogeton* divers, en particulier *P. pectinatus*, les *Typha Schuttelworthii* Koch et S., *latifolia, angustifolia, lugdunensis* Chab., *minima* Hoppe, *gracilis* Jord., *Juncus obtusiflorus* Ehrh., *J. glaucus*, etc.; *Cyperus fuscus, C. flavescens; Carex prolixa* Fr., *C. Touranginiana* Bor., *C. flava, C. Œderi* Ehrh., *Chara syncarpa*, etc.

Notons encore les espèces suivantes descendues des montagnes du Bugey ou de la Savoie :

Hutchinsia petræa R. Br.
Gypsophila repens.
Helianthemum canum Dun.
Astragalus Cicer.
Lathyrus palustris.
Inula Vaillantii Vill.
Hieracium staticifolium.

Linaria alpina.
Teucrium montanum.
Sideritis hyssopifolia.
Allium Schœnoprasum.
Juncus alpinus Vill.
Calamagrostis argentea DC.

les unes devenues spontanées (*Hutchinsia, Teucrium montanum, Hieracium staticifolium*, etc.) en certaines localités, les autres tout à fait accidentelles.

Les localités suivantes sont particulièrement riches :

Sous La Pape : en outre des *Myricaria, Onosma arenarium*, etc., déjà cités dans les îles et les graviers des bords du Rhône, signalons dans les mêmes stations: *Spiræa Filipendula, Plantago minima* DC., *Scirpus compressus, Glyceria airoides;* et, descendues des montagnes : *Helianth. canum, Gypsophila repens, Plantago serpentina* Vill., *Scirpus cœspitosus*, etc.

Sous le vallon de la Cadette : *Orchis fragrans, Carex pulicaris, C. ornithopoda* dans les endroits marécageux ; — *Hutchinsia, Alsine Jacquini* Koch, *Helianth. canum*, sur le gravier (descendues des montagnes) (1).

Miribel : — Dans les graviers : *Gypsophila muralis, Ononis natrix, Onosma, Helichrysum, Spiranthes autumnalis, Equisetum ramosum* et particulièrement : *Centaurea aspera, C. Pouzini* DC. ; — dans les parties marécageuses : les *Typha, Sagittaria, Sparganium, Cyperus, Scirpus Pollichii, Sc. Tabernæmontani*, et plus rares : *Epipactis palustris, Cyperus Monti* (2).

De Miribel à Thil, etc. : *Myricaria, Hippophae, Tetragonolobus, Linum marginatum, Ononis natrix, Epilobium rosmarinifolium*, etc.; — *Brachypodium distachyon*, dans les Brotteaux, sous St-Maurice ;

Thil : — en outre des espèces précédentes : *Thalictrum majus, Senecio paludosus, Gentiana Pneumonanthe*, dans les prairies humides ; *Cyperus Monti, Mentha cærulea*... dans les fossés ; *Teucrium montanum*, très-commun dans les îles ; *Typha gracilis*, etc. (3).

Niévroz : *Scabiosa australis* Wulff.

Balan : *Tetragonolobus, Hippuris, Globularia vulgaris, Helianthemum Fumana*, etc. ; et spécialement *Helianth. canum* Dun (très-commun), *Hieracium staticifolium*, descendus par le Rhône, *Ranunculus gramineus, Rhamnus saxatilis, Orchis fragrans* Poll., *Polygala exilis* DC., espèces intéressantes, se retrouvant plus haut, sur les bords de l'Ain. (Voyez plus loin) (4).

2. *Plaine de St-Maurice à Balan.* La plaine de St-Maurice, Beynost, Thil, la Boisse et Niévroz, constituée par des alluvions anciennes et récentes mélangées avec du lehm (5), à sol fertile, est entièrement recouverte de cultures diverses, sauf sur les bords de la Sereine qui sont garnis de prairies ; leur végétation

---

(1) Voy. *Ann. Soc. bot. Lyon*, IV, p. 151.
(2) Abbé Philippe et observations personnelles.
(3) Observations personnelles ; voy. *Ann. Soc. bot. Lyon*, VIII, p. 81, 83, 311, 312 ; IX (août 1881).
(4) Voy. aussi *Ann. Soc. bot. Lyon*, II, p. 87.
(5) Aussi renferme-t-il de 4 à 8 °/₀ de carbonate de chaux. Voy. Pouriau, *op. cit.*, p. 203.

n'offre, comme particularités intéressantes, que la présence des *Berberis vulgaris, Iris fœlidissima, Cucubalus baccifer*, dans les haies ; — des *Heliotropium, Reseda Phyteuma, Filago spathulata, Odontites serotina, Barkhausia setosa, Plerotheca*, et accidentellement des *Centaurea solstitialis, Helminthia echioides*, dans les cultures ; — des *Fœniculum officinale, Datura Stramonium, Hyoscyamus niger*, etc., dans les décombres, etc. (1).

3. *Terrasse alluviale de St-Maurice à la Valbonne.* — Elevée de quelques mètres seulement au-dessus de la plaine alluviale précédente, cette terrasse s'étend, en plusieurs tronçons : 1° de St-Maurice-de-Beynost au ham. du Péchu (commune de Beynost) ; 2° de la Boisse au Moulin Cassal et au ruisseau du Cotey ; 3° de ce ruisseau par Balan et le Contant, elle rejoint les collines de St-Maurice-de-Gourdans.

Les alluvions anciennes, souvent solidifiées en poudingues, qui la constituent, supportent dans les parties incultes une végétation presque semblable à celle de la *Cotière ;* en effet, en outre des espèces que nous avons déjà indiquées pour la partie comprise entre St-Maurice et Beynost (voy. plus haut, p. 86) on observe sur les balmes de la Boisse et de Balan : *Gypsophila saxifraga, Silene conica, S. otites, Linum tenuifolium, L. gallicum, Helianthemum pulverulentum* DC., *H. salicifolium* Pers., *Coronilla minima, Torilis nodosa* Gærtn., *Convolvulus cantabricus, Thesium divaricatum* Jan., *Carex nitida* Host., *Tragus racemosus*, etc.; notons encore : *Alsine hybrida* Jord., *Jasione montana, Trifolium glomeratum, Carex Schreberi, C. montana* (2).

4. Les *Collines de St-Maurice-de-Gourdans* et de St-Jean-de-Niost, constituées par les dépôts erratiques appartenant à ces immenses moraines arquées autour des montagnes oolithiques de Lagnieu, de La Balme et de Crémieu, ont une végétation qui se rapproche encore davantage de celle de la Côtière ; dans les taillis, les pâturages qui tapissent le sommet ou le flanc de ces collines, en particulier entre St-Maurice et St-Jean, au-dessus du château de Marcel, on observe, en effet : *Pulsatilla rubra*,

---

(1) Observations personnelles.
(2 Observations personnelles; voy. de plus, *Ann. Soc. bot. Lyon*, II, p. 87 ; nos *Rech.*, I, p. 120.

Geranium sanguineum, *Potentilla rupestris*, *Phalangium Liliago*, *Orchis Morio* et le rare *Orchis rubra* Jacq. (Fiard, 1873) (1). (Voyez plus loin la localité des Peupliers et la balme de Charnoz).

5. La plaine de la *Valbonne* s'étend entre les coteaux de Montluel à Meximieux au nord, les balmes de Balan et les collines de St-Maurice-de-Gourdans au sud, la rivière d'Ain à l'est ; le sol, formé par le mélange des alluvions glaciaires avec les alluvions du Rhône et de l'Ain postérieures au retrait des glaciers, est caillouteux, rougeâtre, stérile, souvent à prédominance siliceuse, comme l'indiquent les *Trifolium arvense*, *Thrincia hirta*, *Jasione montana* qu'on y observe.

Les lieux incultes renferment cependant quelques-unes des espèces que nous avons déjà mentionnées dans les parties voisines, comme : *Cerastium arvense*, *Geranium sanguineum*, *Centaurea paniculata*, *Galium corrudœfolium*, *Kentrophyllum lanatum*, *Barkhausia setosa*, *Convolvulus cantabricus*, *Veronica prostrata*, *Phleum arenarium*, *Nardus tenellus*, etc.

Dans les cultures, moissons, etc. : *Ranunculus Chœrophyllos*, *Neslia paniculata*, *Galega officinalis* (sec. Bossi), *Vicia peregrina*, *Crucianella angustifolia*, *Caucalis daucoides*, *Valerianella coronata* DC. (Du Marché), *Stachys germanica*, *Linaria simplex* DC., *Gagea arvensis* Schult., etc. (2).

6. Les bords de la *rivière d'Ain*, depuis son confluent, Port-Galland, Charnoz, les pâturages de Giron, le pont de Chazey, Loyes, Mollon, jusqu'à Priay et Varambon, ont une végétation qui se rapproche beaucoup de celle des bords du Rhône : quelques espèces spéciales à la vallée du Rhône remontent en effet plus ou moins la vallée de l'Ain, (plusieurs jusqu'à Thoirette), comme : *Gypsophila saxifraga*, *Erucastrum Pollichii*, les *Diplotaxis*, *Ononis natrix*, *Coronilla minima*, *Plantago cynops*, etc.; d'autres descendent aussi des montagnes du Bugey sur ses bords (*Teucrium montanum*, *Alsine Bauhinorum*, *Allium Schœnoprasum*, *Poa alpina*, etc.).

Voici les espèces caractéristiques qu'on rencontre le plus fréquemment soit dans les pâturages humides, soit dans les gra-

(1) Cf. *Ann. Soc. bot. Lyon*, III, p. 73; IV, p. 176 ; nos *Rech.*, p. 121.
(2) Voy. *Ann. Soc. bot. Lyon*, I, p. 122; II, p. 87, III, p. 73 ; nos *Rech.*, I, p. 121.

viers ou sur les *balmes* arides qui courent plus ou moins loin des bords de la rivière :

Ranunculus parviflorus.
Thalictrum laserpitifolium Willd.
Erucastrum Pollichii Schimp.
Coronilla minima.
Spiræa Filipendula.
Œnothera biennis.
Hippuris vulgaris.
Scabiosa suaveolens Desf. (rare).
Helichrysum Stœchas DC.
Tussilago Petasites.
Micropus erectus.

Solidago glabra Desf.
Chlora perfoliata.
Onosma arenarium W. et K.
Teucrium montanum.
Thesium divaricatum Jan.
Salix incana Schrk.
Asparagus officinalis.
Aira præcox.
Poa alpina.
Etc.

On observe particulièrement dans les pâturages de Giron (sous Charnoz, lieu dit : *les Peupliers*, dans la Flore de M. Cariot) : *Ranunculus gramineus, R. parviflorus*, var. *subapetalus* Auger, *Arabis sagittata* Rchb., *Hutchinsia petræa* R. Br., *Helianthemum canum* Dun., *Polygala exilis* DC., *Rhamnus saxatilis, Genista pilosa, Cytisus argenteus, Trigonella monspeliaca, Ononis Columnæ, Bupleurum aristatum, Trinia vulgaris, Inula montana, Artemisia virgata* Jord., *Xeranthemum inapertum, Micropus erectus, Scorzonera hirsuta, Leontodon crispus, Herminium clandestinum* G.G., *Orchis fragrans* Poll., *Neottia autumnalis* DC., *Ophrys muscifera* Huds., *Carex nitida* Hort., *C. humilis* Leyss.

De plus : *Alsine Bauhinorum* Gay, sous Ambronay ; — *Allium Schœnoprasum, Agrostis interrupta*, sous Mollon ; — *Helianthemum pilosum* Pers., *Neottia æstivalis*, vers le pont de Chazey ; — *Artemisia virgata* Jord., *Bupleurum aristatum, Kœleria phleoides* Pers., sur la balme de Charnoz au Moulin Giron ; — *Helianthemum apenninum* Gaud., à Port-Galland ; — *Ranunculus subapetalus* Auger, au confluent de l'Ain, etc. (1).

V. — Bas-Dauphiné.

Les plaines et les coteaux de la partie du Dauphiné située au voisinage de Lyon, dans l'angle formé par le Rhône à l'est de cette ville, bien que se continuant insensiblement avec les autres

(1) Voy., pour les explorateurs, la note de la p. 88, concernant les environs de Meximieux.

parties voisines de cette province, présentent cependant, grâce à la nature particulière de leur sol et de leur flore, de grandes analogies avec les autres coteaux du Rhône et de la Saône. Nous limitons cette partie du Bas-Dauphiné dont la végétation doit être rattachée à la Flore du Lyonnais, à la surface comprise entre le Rhône à l'ouest et au nord, la vallée de la Bourbre et les monts de Crémieu (1) à l'est, la vallée de l'Ozon et les collines de Chandieu, Heyrieu et Saint-Quentin au sud (2).

Cette surface, qui n'offre comme accidents topographiques que quelques collines de peu d'élévation (30 à 50 mètres) au-dessus de la plaine, est entièrement recouverte par des terrains de transport, des alluvions soit récentes (bords du Rhône), soit anciennes (dépôts glaciaires, boue, lehm, etc.), et dont la nature ainsi que la composition chimique sont excessivement variables; aussi la flore a-t-elle un caractère mixte, à prédominance calcicole plus marquée dans certains points, plus nettement silicicole dans d'autres. Les terrains molassiques sur lesquels reposent ces terrains de transport apparaissent sur le flanc des coteaux du Rhône, de Saint-Fons à Sérézin; mais ils ne sont à découvert, sur des surfaces de quelque étendue, qu'en dehors de nos limites, dans le massif de collines s'étendant d'Heyrieu à Saint-Jean-de-Bournay et au-delà sur le plateau de Chambaran et dans les Terres froides; ils donnent à la flore de ces dernières régions un caractère hygrophile particulier; dans la région qui est étudiée ici, l'ensemble de la végétation est au contraire éminemment xérophile, sauf dans les parties marécageuses des alluvions récentes du Rhône et de la vallée de la Bourbre.

On peut du reste diviser la partie du Bas-Dauphiné appartenant à la Flore lyonnaise en trois zones distinctes :

1° Une plaine basse, riveraine du Rhône, s'étendant de la Guillotière (près Lyon) à Jonage ;

2° Un plateau supérieur élevé seulement de quelques mètres au-dessus de la plaine précédente et sur lequel se détachent les

(1) Les monts de Crémieu, par la nature du sol et la végétation, se rattachent au Bugey et par conséquent à la végétation du Jura méridional.
(2) Ces collines commencent la région molassique, qui comprend une grande partie du Bas-Dauphiné et dont la végétation, par son caractère hygrophile et silicicole, a quelque analogie avec celles de la Dombes d'étangs et du Lyonnais granitique.

coteaux de Bron, Décines, Puzignan et les autres *Balmes viennoises* (1);

3° Ces deux étages sont séparés par une terrasse alluviale,
simple rebord septentrional du plateau supérieur, de 10 à 15 mètres seulement d'élévation et reliant entre eux les extrémités des
coteaux de Feyzin, de Bron, de Décines et de Jonage : c'est la
balme viennoise proprement dite (2).

1° Plateau supérieur. — Balmes viennoises.

La plaine supérieure comprend la plus grande partie de la
région étudiée dans ce paragraphe; elle s'étend, en effet, d'une
part, des coteaux de Feyzin sur le bord du Rhône, aux collines
d'Anthon, de Charvieu, le long de la vallée de la Bourbre, et
d'autre part, de la Balme viennoise proprement dite au nord,
aux collines de Chandieu vers le sud; sur cette plaine s'élèvent
les coteaux de Saint-Fons à Solaize, de Bron à Grenay, de
Décines à Genas, de Pusignan et de Jonage.

Plaine proprement dite. — Le chaînon qui s'étend de Bron
à Grenay et celui dirigé de Décines à Genas divisent cette surface en trois vallées secondaires, arides, dépourvues de tout
cours d'eau, à cause de la perméabilité du sol constitué exclusivement par des alluvions meubles à travers lesquelles les eaux
s'infiltrent jusqu'aux mollasses compactes sous-jacentes. Ces
trois vallées sont : 1° celle qui est comprise entre Venissieux,
Myons et Heyrieu; 2° la vallée qui s'étend de Villeurbanne,
sous Bron, Chassieux et Genas; 3° celle de Meyzieu qui rejoint
la précédente, au sud, en face de Saint-Bonnet-de-Mure.

Le sol de ces vallées formé d'alluvions anciennes, dépôts erratiques, glaciaires, plus ou moins mélangés avec le sous-sol (3),
est presque partout couvert de cultures; aussi la végétation

---

(1) Quelques géographes donnent le nom de *Balmes viennoises* à tous les
coteaux qui s'étendent de la Bourbre au Rhône, jusqu'à Vienne et la vallée
de la Véga; d'autres restreignent au contraire cette appellation à la terrasse
alluviale qui s'étend de Saint-Fons à Jonage par Villeurbanne, Cusset, Pier-
refite et le Mollard de Décines.

(2) Voy. BÉNARD, Étude sur une dérivation des eaux du Rhône (*Annales
de la Société d'agriculture de Lyon*, 1853, t. V, p. 382); GROS, Dessèchement
des marais situés au nord de Lyon (*ibid.*, 1865, t. IX, p. 179).

(3) C'est le *sol de transport ancien siliceux, argilo-sableux, à sous sol
caillouteux* de M. Scipion Gras (Voy. Carte agronomique de l'Isère, 2° feuille,
terrains agricoles, 1863).

spontanée est-elle complètement nulle ou dépourvue d'intérêt ;
cependant dans les parties où le lehm (ordinairement calcaire)
entre dans une certaine proportion, comme dans les environs
de Venissieux, de Villeurbanne, de Décines, etc., on observe les
plantes suivantes, communes dans les moissons, les bords des
champs, des coteaux du Rhône :

Nigella arvensis.	Ajuga Chamæpitys.
Iberis pinnata.	Teucrium Botrys.
Alyssum calycinum.	Galeopsis angustifolia.
Filago spathulata.	Linaria spuria.
Barkhausia setosa.	Odontites serotina.
Pterotheca nemausensis.	Heliotropium europæum.
Calamintha Acinos.	

et quelques plantes adventices, comme *Tordylium maximum,
Ammi majus*, les Valérianelles, *Papaver hybridum, Centaurea solstitialis*, etc.

Dans les parties où dominent au contraire les cailloux et les
graviers siliceux (comme à Bron, de Saint-Bonnet-de-Mure à
Mions et Heyrieux, la plus grande partie du reste des vallées),
et dont le sol est souvent coloré en rouge par l'oxyde de fer, les
cultures sont remplies de :

Spergularia rubra.	Filago arvensis.
Gypsophila muralis.	Linaria elatine.
Polycnemum arvense.	Rumex acetosella.
Scleranthus annuus.	Setaria viridis.
Filago gallica.	Etc.
F. lutescens Jord.	

et les lieux incultes, les bords des chemins, de *Sarothamnus
vulgaris, Pteris aquilina, Dianthus prolifer, Teucrium scorodonia*, etc.

Balmes viennoises. — Les coteaux qui s'élèvent au-dessus de
la plaine précédente, — coteaux de Saint-Fons et Feyzin, Bron
et Saint-Alban, Décines, Meyzieu et Genas, Pusignan, Jonage,
etc., — sont, à cause des lieux incultes, gravières, pelouses,
taillis qui garnissent leurs pentes ou leurs sommets non cultivés, des localités plus intéressantes pour le botaniste.

Ces coteaux sont constitués principalement par du terrain
erratique, boue glaciaire ou lehm : à Bron, à Saint-Priest, à
Meyzieu, les collines sont formées par du terrain erratique à
gneiss, granites, quartzites, grès ou brèches du trias, calcaires
blonds, calcaires noirs, etc., et à nombreux cailloux striés (boue

glaciaire); à Feyzin, à Venissieux, Décines, Genas, la boue glaciaire est recouverte par le lehm souvent plus ou moins mélangé à la molasse du sous-sol (1).

Suivant la nature des roches qui prédominent dans la composition de ces terrains de transport, roches feldspathiques ou siliceuses, cailloux calcaires ou lehm, l'état physique du sol et sa constitution chimique varient considérablement; la végétation varie moins : elle présente, en effet, partout un caractère xérophile uniforme et les variations locales du sol n'ont pas d'autres résultats que de permettre la croissance dans une même localité donnée d'espèces à appétences chimiques différentes.

On trouve dans les graviers, sables, pelouses, taillis, qui sont les stations les plus fréquentes des Balmes viennoises :

1° Les plantes suivantes communes dans tous les graviers : *Alyssum calycinum, Dianthus prolifer, Potentilla verna, Asperula Cynanchica, Carlina vulgaris, Eryngium campestre, Artemisia campestris, Teucrium Chamædrys, Echium vulgare, Euphorbia Cyparissias, Phleum asperum,* etc.

2° Dans les taillis de Chênes, Charmes, Coudriers, etc. : *Stellaria Holostea, Cerasus Mahaleb, Saxifraga granulata, Centaurea amara, Solidago virga-aurea, Primula officinalis, P. grandiflora* Lamk., *Pulmonaria angustifolia, Teucrium Scorodonia, Calamintha nepeta, Euphorbia silvatica, Carex silvatica, Festuca ovina, F. duriuscula, Pteris aquilina,* etc.; *Sarothamnus vulgaris,* principalement sur les bords.

3° Les espèces suivantes, moins répandues, mais caractéristiques par leur large dispersion ou leur habitat dans beaucoup de points des pelouses, des lieux incultes, ou les moissons des coteaux :

Ranunculus Chærophyllos.	Helianthemum salicifolium Pers.
Sinapis incana.	Silene Otites.

---

(1) Voy. FALSAN et CHANTRE, Monographie du terrain erratique (*Annales de la Soc. d'agricult. de Lyon*, t. X, 1877, p. 128, 129, 130, 140, 141, etc.). — Dans la carte agronomique de l'Isère de M. Sc. Gras, citée plus haut, ces coteaux sont tous compris dans les terrains de transport anciens *calcarifères*, à sol marno-sableux et à sous-sol marno-caillouteux ; si cette dénomination est généralement exacte, il importe cependant de faire remarquer qu'en beaucoup de points, de surface restreinte il est vrai, le sol exclusivement formé par des débris de roches feldspathiques ou siliceuses, ne contient pas ou presque pas de carbonate de chaux : observation importante pour la géographie botanique, sur laquelle nous reviendrons du reste dans un autre chapitre avec des analyses à l'appui.

Silene gallica.
Alsine viscosa Schreb.
Cerastium arvense.
Linum gallicum.
Ononis Columnæ
Coronilla minima.
Rosa agrestis Savi.
R. lugdunensis Desegl.
R. Lemanii Bor.
R. delphinensis Chabert.
Sedum sexangulare.
Torilis nodosa Gærtn.
Bupleurum affine Sadler.
B. Jacquinianum Jord.
Asperula galioides.
Galium divaricatum Lamk.

G. ruricolum Jord.
Valerianella auricula.
Scabiosa suaveolens Desf.
Lactuca saligna.
Podospermum laciniatum.
Verbascum pulvinatum Thuill.
V. nigrum.
Euphrasia divergens Jord.
Euphorbia Gerardiana.
Scilla autumnalis.
Carex Schreberi Schrk.
C. nitida Host.
Phleum arenarium.
Ph. serotinum Jord.
Psilurus nardoides.
Etc.

et quelques espèces plus rares, comme :

Pulsatilla rubra Lamk.
P. propera Jord.
Dianthus silvestris Wullf.
Silene italica.
Alsine laxa Jord.
Rhamnus saxatilis.
Cytisus capitatus.
Medicago ambigua.
M. Timeroyi Jord.
Trigonella monspeliaca.
Trifolium medium.
T. glomeratum.
T. lævigatum Desf.
Lathyrus angulatus.
Fragaria collina Ehrh.
Potentilla decipiens Jord.
Herniaria incana.
Bupleurum aristatum.
Trinia vulgaris.

Galium dumetorum Jord.
G. implexum Jord.
Carlina Chamæleon.
Kentrophyllum lanatum.
Helichrysum Stœchas.
Micropus erectus.
Inula montana.
Convolvulus cantabricus.
Veronica prostrata.
V. præcox.
Teucrium montanum.
Thesium divaricatum Jan.
Quercus lanuginosa Thuill.
Phleum præcox Jord.
Aira elegans Gaud.
Bromus maximus.
Nardurus tenellus.
Etc.

Ce sont les plantes habitant de préférence les pelouses et les taillis qui sont surtout moins répandues dans les balmes viennoises que dans les autres coteaux du Rhône, à cause de la disparition de la plupart de ces stations, à la suite des défrichements ; aussi les *Pulsatilla rubra, Ranunculus Chœrophyllos, Helianth. salicifolium, Medicago ambigua, Trifolium medium, Trinia vulgaris, Veronica prostrata, Thesium divaricatum,* les *Orchis* et *Ophrys* surtout (*O. Simia, variegatus, ustulatus, Ophrys apifera, O. Arachnites,* etc.) ne se rencontrent-ils que dans quelques localités de Feyzin, Bron, Décines, de Janeyriat à Villette et Anthon, etc.

Les plantes des bois frais sont encore plus rares ; cependant dans quelques échancrures ou dépressions des coteaux de Feyzin, de Saint-Alban, sur le bord de la Balme-viennoise exposé au nord entre le mollard de Décines et le moulin de Platacul, dans le bois des Franchises vers Anthon, etc., on trouve : *Fragaria elatior, Senecio flosculosus, Campanula persicifolia, Lithospermum purpureo-cœruleum, Maianthemum bifolium, Carex pilulifera,* etc., et d'autres espèces des stations ombragées ; leur rareté dans cette région contraste vivement avec leur abondance dans la région molassique, dans les vallons frais d'Heyrieu, Saint-Quentin, Bourgoin, etc., pour ne citer que les plus rapprochés.

4° Nos Balmes-viennoises possèdent par contre un certain nombre d'espèces qui ne se retrouvent pas ailleurs (ou exceptionnellement) dans le Lyonnais ; telles sont :

Thalictrum glaucescens Willd.	Trifolium Bocconi Savi.
Cerastium arvense.	T. lævigatum.
Rhamnus Villarsii Jord.	Bupleurum affine Sadler.
Cytisus biflorus L'Herit.	Linaria supina.
Trigonella prostrata.	Andropogon Gryllus.

Notons encore comme particularités intéressantes : 1° la présence des plantes adventices suivantes : *Ceratocephalus falcatus, Coronilla scorpioides,* dans les moissons ; *Lepidium Draba, Erysimum orientale, Berteroa incana, Tordylium maximum, Sison amomum, Scolymus hispanicus, Leonurus Cardiaca, Salsola Kali,* etc., dans les haies, les décombres ; 2° la présence au pied des balmes, sur le bord du Rhône de quelques espèces descendues des montagnes du Jura, comme *Lepidium petrœum, Teucrium montanum, Helianthemum canum, Sideritis hyssopifolia,* etc.

Localités principales :

I. Coteaux de *Sain-Fonds* et *Feyzin.* — Dirigé du nord au sud, parallèlement au Rhône, ce coteau commence au-dessous de Sain-Fonds et Venissieux et se continue par Feyzin (232 mètres), Soleize (245 mètres), jusqu'à Sérézin et la vallée de l'Ozon (1).

_____

(1) Le coteau de Feyzin se continue plus au sud par ceux de Ternay, Chasse, Seyssuel, Estressin et Vienne, dont nous parlerons dans un appendice.

Son bord occidental qui forme une falaise abrupte sur la plaine alluviale du Rhône, laisse apparaître d'épaisses assises de molasse marine, avec lits argilocalcaires intercalés ; au-dessus se trouvent les alluvions, la boue glaciaire et le lehm qui constituent toute la partie supérieure du coteau, dont la surface est ordinairement couverte de cultures.

Sur les pentes incultes, les pelouses, les éboulis de la molasse et du terrain erratique, on trouve, principalement de Sain-Fonds à Feyzin, en outre de *Diplotaxis tenuifolia, Gypsophila saxifraga, Dianthus prolifer, Centaurea paniculata, Chondrilla juncea, Plantago cynops, Euphorbia Gerardiana*, etc., les espèces plus caractéristiques suivantes :

Silene conica.	Bupleurum aristatum.
Ononis Columnæ.	Helichrysum Stœchas.
Trigonella monspeliaca.	Inula montana.
Fragaria collina.	Convolvulus cantabricus.
Epilobium rosmarinifolium.	Psoroma fulgens, etc.

Notons particulièrement : *Hutchinsia petræa*, descendu par le Rhône, mais parfaitement spontané (Magnin) ; *Dianthus Guyetani* Jord., forme du *D. silvestris* Wulf., croissant dans les éboulis, les sables molassiques, la molasse compacte et surtout les rognons argileux ; — dans les champs, *Lathyrus inconspicuus* à Sain-Fonds, *Galium ruricolum* Jord. à Feyzin ; *Sinapis incana* ; et enfin *Psoralea bituminosa*, plante méridionale qui remonte dans les graviers, près du chemin de fer, sous Feyzin.

Tout le coteau présente du reste la même végétation et l'on retrouve jusqu'à Sérézin : *Helianthemum salicifolium, Geranium sanguineum, Galium divaricatum, Bupleurum aristatum*, etc.

Quant aux lieux ombragés, rares dans ce coteau, on y a signalé : *Physalis Alkekengi*, dans les terrains cultivés ; *Carex maxima* Scop , dans les endroits humides, sous Solaize ; *Scolopendrium officinale*, à Sérézin,

Les alluvions du Rhône, peu développées au pied de la falaise, possèdent de plus : *Salsola Kali, Corispermum hyssopifolium*, espèces méridionales kaliphiles, dans les décombres, les graviers ; — *Sisymbrium Sophia*, dans les champs ; — sur les bords du fleuve : *Hippophae rhamnoides ; Thalictrum expansum* Jord.; *Astragalus Cicer* et *Calamagrostis montana*, descendus des montagnes du Jura ; — dans les lônes : *Cerato-phyllum demersum, Villarsia nymphoides*, etc. (1).

II. Coteau de *Saint-Alban, Bron*, etc. — Il s'étend de l'ouest à l'est, depuis Montchat derrière la Guillotière, sur les territoires de Saint-Alban, Bron (210 mètres), Saint-Priest (250 mètres), Saint-Bonnet et Saint-Laurent-de-Mure (280 mètres) jusqu'à Grenay et Saint-Quentin, où il rejoint les collines de la région molassique.

A son extrémité occidentale se trouvent les localités de Saint-Alban, Bron et Montchat qui sont les points les mieux explorés du chaînon ; la flore est du reste celle des autres coteaux :

Ranunculus Chærophyllos.
Silene Otites.
S. gallica.
Rapistrum rugosum.
Linum gallicum.
Medicago Timeroyi Jord.

Centaurea solstitialis.
Lactuca saligna.
Podospermum laciniatum.
Veronica præcox.
Euphorbia Gerardiana, etc.

En outre, on indique spécialement à :

Saint-Alban : *Thalictrum majus* Jacq., *Silene italica, Al-sine laxa, A. viscosa, Cerastium arvense, Helianthemum sali-cifolium, Medicago ambigua, M. cinerascens, Trifolium medium, T. glomeratum, Fragaria elatior, Rubus agrestis, Sedum sexangulare, Galium divaricatum, G. ruricolum, Kentrophyllum lanatum, Helichrysum Stœchas, Campanula persicifolia, Convolvulus cantabricus, Verbascum nigrum, Veronica prostrata, Thesium divaricatum, Maianthemum bifolium, Scilla autumnalis, Ophrys apifera, Carex Schre-beri, C. pilulifera, Phleum præcox, Nardurus tenellus.*

Bron : *Trigonella prostrata* DC. (Tillet), *Trifolium ele-gans, Linaria Pelliceriana ;* — les terres cultivées, sur la boue glaciaire riche en roches siliceuses, renferment très-fréquemment *Rumex acetosella*, les Scléranthes, Filagos, etc., associés du reste avec des espèces à préférence calcaire, comme *Euphorbia falcata.*

Montchat : *Potentilla decipiens, Hypochæris Balbisii* Jord., *Verbascum mixtum* Ram., *Armeria plantaginea, Plantago arenaria, Euphorbia falcata, Psilurus nardoides, Syntrichia*

(1) *Ann. Soc. botan. de Lyon*, I, p. 90 ; II, p. 1 ; III, p. 13 ; — CARIOT, *op. cit.*; et surtout observat. personnelles.

ruralis ; Alkanna tinctoria (Cardonna) ; *Trigonella monspe-liaca* (Saint-Lager) ; *Cynosurus echinatus* (Viviand-Morel) (1).

III. Coteau de *Décines*. — Ce coteau s'étend depuis le promontoire du Mollard, au nord (183 mètres), sur les territoires de Décines, Chassieu, Meyzieu et Genas (250 mètres).

Le Mollard de Décines en est la partie la plus riche ; en outre des plantes suivantes dont la plupart se rencontrent dans les graviers des Balmes-viennoises, *Sinapis incana, Silene Olites, S. gallica, S. italica, S. agrestina* Jord. (Boullu), *Cerastium arvense, Alsine viscosa, Linum gallicum, Geranium sanguineum, Trigonella monspeliaca* (Boullu), *Ornithopus perpusillus* (Viviand-Morel), *Galium divaricatum, G. ruricolum, Valerianella auricula, Helichrysum Stœchas, Linaria Pelliceriana, Euphrasia divergens, Euphorbia falcata, Phleum serotinum, Psilurus nardoides,* et dans les cultures ou au bord des chemins, des *Erophila majuscula* Jord.. *Taraxacum lævigatum* Jord., *Tordylium maximum, Nepeta cataria, Stachys germanica,* on trouve dans les pelouses ou les taillis les espèces plus rares énumérées ci-dessous :

Pulsatilla rubra Lamk.	Bupleurum Jacquinianum Jord.
P. propera Jord.	Trinia vulgaris.
Thalictrum glaucescens Willd.	Ptychotis Timbali Jord.
Th. collinum Wallr.	Galium dumetorum Jord.
Th. montanum Wallr.	G. implexum Jord.
Sagina pentandra.	Scabiosa suaveolens Desf.
Rhamnus saxatilis.	Carlina acaulis.
Cytisus capitatus.	Filago montana.
C. biflorus.	Hypochœris Balbisii Jord.
Medicago ambigua Jord.	Verbascum pulvinatum.
Trifolium Bocconi Savi.	Myosotis stricta.
T. lævigatum Desf.	Alkanna tinctoria.
Onobrychis supina.	Teucrium montanum.
Lathyrus angulatus.	Quercus lanuginosa Thuill.
Potentilla opaca.	Orchis militaris.
Rosa lugdunensis Déségl.	Aira elegans.
R. Lemanii Bor.	

La composition si variable du sol explique la présence des *Ornithopus perpusillus, Sagina pentandra,* etc., au milieu d'espèces calcicoles ; le *Ptychotis Timbali* Jord. est une plante

_____

(1) *Ann. Soc. botan. Lyon,* I, p. 118 ; IV, p. 174 ; VII, p. 312 ; — CARIOT, et nos observations.

introduite d'abord à Cusset (voyez plus bas) et qui s'est naturalisée en ces deux localités.

On indique encore au-dessus de Meyzieu : *Sinapis incana, Bupleurum Jacquinianum, Carlina chamæleon* et le *Berteroa incana* erratique (Sargnon) ; dans les lieux humides, près de Genas : *Barbarea stricta, Cirsium palustre* (1).

IV. Coteaux de *Pusignan, Janeyriat, Charvieux*. — Le chaînon de Pusignan se rattache aux coteaux qui s'étendent le long de la vallée de la Bourbre depuis Anthon jusqu'à Satolas, c'est-à-dire aux collines du bois des Franchises d'Anthon et de Janeyriat (240 mètres), celles de Chavanoz (230^m), Charvieux et Malatrais (286^m), de Chavagnieu, Colombier (271^m) et Satolas (295^m) ; ces collines sont elles-mêmes la continuation de celles de Saint-Maurice-de-Gourdan et Saint-Jean-de-Niost, situées de l'autre côté du Rhône, dans la Valbonne.

Leur flore est celle des autres coteaux ; on indique spécialement :

De Meyrieu à Pont-Chéri : *Verbascum phlomoides, V. australe* Schrad.; — à Pusignan : *Bupleurum affine, Verbascum mixtum* Ram., *Linaria supina ;*

De Janeyriat à Villette, dans le bois des Franchises : *Helianthemum pulverulentum, Linaria supina, Orchis ustulatus, Ophrys arachnites, O. apifera, O. myodes, O. aranifera ;* — de Villette à Charvieux : *Orchis fuscus* Jacq., *O. Simia, O. variegatus* All., *O. simiopurpureus* Wedd., *Ophrys Anthropophora ;* — *Inula hirta* et *I. squarrosa* au bois de Montrond, *Viola scotophylla* Jord., à Mollard-Giroud ;

Environs de Charvieux: *Spergula pentandra, Rhamnus saxatilis, Rh. Villarsii* Jord., *Lathyrus sphæricus* Retz., *Orlaya grandiflora, Linaria simplex, L. arvensis, L. Pelliceriana, Veronica triphyllos, Euphorbia Gerardiana, Nardurus tenellus, Psilurus nardoides,* etc. (2).

Dans les environs de Pusignan, Janeyriat, Charvieux, etc., le sol présente de nombreux points où l'absence d'écoulement des eaux donne naissance à des prés humides, des marais, dont la végétation sera étudiée dans un paragraphe spécial.

(1) Voy. *Ann. Soc. botan. Lyon*, II, p. 13, 78 ; III, p. 79 ; IV, p. 2, 175 ; V, p. 36, 178 ; VI, p. 173 ; VIII, p. 332 ; IX, (mai 1881).
(2) Voy. BOULLU, Herborisation de Janeyriat à Crémieu (*Ann. Soc. botan. de Lyon*, VIII, p. 249).

V. Les balmes qui bordent le Rhône de Jonage au confluent de la Bourbre, par Jons, Villette et Anthon, ont encore plus d'analogie avec celles de Balan, de la Valbonne et des bords de l'Ain ; on y récolte, soit sur les balmes mêmes, soit dans les paturages qui s'étenlent à leurs pieds :

Helianthemum salicifolium, H. canum, Cytisus capitatus, Onobrychis supina, Rosa cuspidata, R. stylosa, Bupleurum aristatum, Torilis nodosa, Asperula galioides, Micropus erectus, Sideritis hyssopifolia, etc.

Notons particulièrement : *Polygala exilis* DC., *Thesium humifusum* DC., sous Jonage ; *Daphne cneorum,* entre Anthon et Villette.

VI. *Balme-viennoise* proprement dite. — La terrasse alluviale qui termine'au nord le plateau supérieur s'étend de Sain-Fonds à Jonages en réunissant les extrémités septentrionales des coteaux de Feyzin, Saint-Alban, Décines et Jonage ; la similitude de la végétation des graviers dont cette terrasse est formée, avec celle des autres coteaux, ressort avec évidence des énumérations qui suivent :

Balmes de Villeurbanne : *Sinapis incana, Silene otites, Alsine laxa, A. viscosa, Cerastium arvense, Trigonella monspeliaca, Galium ruricolum, Carlina chamæleon, Centaurea solstitialis, Kentrophyllum lanatum, Lactuca saligna, Podospermum laciniatum, Verbascum nigrum, Onosma tinctoria, Euphrasia divergens, Veronica præcox, Stachys germanica, Phleum arenarium,* etc.; de plus : *Herniaria incana, Bromus maximus, Andropogon Gryllus* (Cariot).

Balmes de Cusset à Décines : *Silene otites, S. conica, Cerastium arvense, Helianthemum* cités, *Trifolium montanum, Coronilla minima, Rosa delphinensis, R. lugdunensis, R. Lemanii, Torilis nodosa, Centaurea paniculata, Micropus erectus, Teucrium montanum, Thesium divaricatum, Scilla autumnalis, Carex Schreberi, Phleum arenarium ;* — et particulièrement dans la gravière de Cusset : *Ptychotis Timbali* Jord., *Echinops banaticus, Biscutella intricata* Jord., *Xanthium strumarium, X. macrocarpum* DC., *X. spinosum, Lepidium Draba,* etc. ; sur le revers, exposé au midi, derrière Cusset : *Chondrilla latifolia* Bor., *Convulvulus cantabricus ;* — au monticule de Pierre-Fite : *Andropogon Gryllus ;* — au Mollard de Décines (voy. plus haut, p. 104).

De Décines à Jonage, dans les parties boisées: *Hesperis matronalis*, *Senecio flosculosus*, *Lithospermum purpureo-cœruleum*; — sous Meyzieu: *Phelipœa arenaria*, *Ophrys apifera*, etc. (1).

2° *Plaine basse. — Alluvions du Rhône.*

Comprise entre le pied de la Balme-viennoise et le bord du Rhône, la plaine basse s'étend de la Guillotière à Jonages, sur les territoires de Lyon, Villeurbanne, les Charpennes, Vaux, Décines, Meyzieu et Jonages (en partie).

Elle est constituée par des alluvions modernes, de composition différente suivant leur voisinage ou leur éloignement du fleuve : sur les bords même du Rhône, ce sont des délaissés formés de cailloux, graviers, sables très-perméables (sol de transport moderne à *sous-sol caillouteux* de M. Sc. Gras), recouverts souvent par une couche argilo-sableuse, fertile, mais exposée à la sécheresse, malgré la nappe d'eau souterraine (Rhône souterrain de FOURNET) située à une petite profondeur; cette partie est ou garnie de cultures (sol limoneux) ou à l'état inculte, de *vorgines*, saulaies, lônes, etc. (sol caillouteux); — plus près de la Balme-viennoise, le sous-sol est rendu imperméable par une couche limoneuse (sol de transport moderne à *sous-sol limoneux* et sol limoneux); quand le sol, formé de sable fin, d'argile et de carbonate de chaux, permet l'écoulement des eaux, il est, à cause de sa grande fertilité, presque partout cultivé; mais dans beaucoup de points, situés en contre-bas des autres parties de la plaine, ou en arrière de chemins, de retenues établies pour des moulins et faisant barrage, les eaux ne peuvent s'écouler, par suite de l'imperméabilité du sous-sol; le sol est alors occupé par de vastes prairies marécageuses, dont les mares, les fossés, les ruisseaux sont en outre alimentées par les nombreuses sources qui sourdent au pied de la Balme-viennoise (2).

1° *Zone marécageuse.* — Située au voisinage de la Balme-viennoise, cette zone comprend, en outre des terrains cultivés, les principaux marais qui suivent :

(1) Voy. principalement pour les balmes de Cusset à Décines: *Ann. Soc. botan. Lyon*, II, p. 11, 78, 110 ; VIII, p. 347 ; et observations personnelles.
(2) Voy. les travaux de BÉNARD, GROS, cités plus haut.

Marais de Meyzieu, s'étendant du pied du coteau de Jonages au moulin de Platacul ;

M. de la Sourdière, s'étendant du pied des balmes de Meyzieu et du Mollard de Décines, au moulin de Cheyssin ;

M. de l'Epie, situés entre les marais de la Sourdière et le village de Vaux ;

Marais des Balmes, ou de la Rize, s'étendant au pied de la Balme-viennoise, depuis les marais de la Sourdière jusqu'au hameau de Cusset ; — vers Villeurbanne, ces marais sont remplacés par des prés humides.

Tous ces marais, toutes ces prairies marécageuses, ont une végétation identique ; les plus riches sont ceux de la Sourdière (ordinairement appelés *Marais de Décines*) ; on y trouve d'abord :

Ranunculus Flammula.	Veronica scutellata.
— *var.* reptans.	Utricularia vulgaris.
R. Lingua.	Rumex palustris.
Parnassia palustris.	Euphorbia palustris.
Spergula nodosa.	Hydrocharis Morsus-Ranæ.
Isnardia palustris.	Sagittaria sagittifolia.
Hippuris vulgaris.	Scirpus uniglumis.
Œnanthe Lachenalii.	Carex distans, C. vesicaria.
Hydrocotyle vulgaris.	— stricta Good., C. panicea
Senecio paludosus.	— glauca, C. hirta.
Hottonia palustris.	Marsilia quadrifolia.
Gentiana Pneumonanthe.	Chara fœtida.
G. flava.	

qui existent aussi dans les marais de Meyzieu, Vaux, Villeurbanne, et en outre, les espèces plus spéciales à la localité de Décines : *Polygala austriaca, Drosera longifolia, Lathyrus palustris, Peucedanum palustre, Helosciadium repens, Cirsium bulbosum, Samolus Valerandi, Menyanthes trifoliata, Myosotis lingulata, Utricularia minor, Stachys palustris, Orchis Coriophora, O. palustris, O. odoratissimus, O. incarnatus, Neottia æstivalis, Liparis Lœselii, Alisma natans, A. ranunculoides, Triglochin palustre, Schœnus nigricans, Cladium Mariscus, Scirpus multicaulis, Sc. holoschœnus, Eriophorum gracile, Carex dioica, C. Davalliana, C. Kochiana, C. paniculata, C. fulva, C. Hornschuchiana, C. Pseudocyperus, C. nutans, C. filiformis, Potamogeton lucens, P. compressus, P. Berchtoldii, Naias minor, Lemna trisulca,*

Ophioglossum vulgatum, Polystichum Thelipteris, Chara hispida, Ch. aspera, Ch. glomerata, etc. (1).

Dans les marais de Meyzieu, on trouve de même : *Ranunculus Flammula, Thalictrum flavum, Nymphæa alba, Nuphar luteum, Dianthus superbus, Linum catharticum, L. marginatum, Tetragonolobus siliquosus, Cirsium bulbosum, Lysimachia vulgaris, Samolus Valerandi, Epipactis palustris, Triglochin palustre, Schœnus nigricans, Carex flava, C. Œderi, C. panicea,* etc. (2).

Dans les marais de Vaux : *Ranunculus reptans, R. Lingua, Spergula nodosa, Viola elatior, Isnardia, Hippuris, Hydrocotyle, Hottonia, Samolus Valerandi, Gentiana Pneumonanthe, G. flava, Gratiola, Pedicularis palustris, Veronica scutellata, Utricularia vulgaris, U. minor, Teucrium Scordium, Polygonum amphibium, Euphorbia palustris, Hydrocharis, Alisma ranunculoides, Scirpus uniglumis, Sc. multicaulis, Sc. pauciflorus, Sc. compressus, Sc. holoschœnus, Carex pseudocyperus, Alopecurus fulvus, Potamogeton lucens, P. Berchtoldii, Zanichella pedicellata, Marsilia, Chara hispida, Ch. glomerata,* etc. (3).

Sur les bords de la Rize, sous Cusset, et dans les environs de Villeurbanne, etc. :

Ranunculus Lingua, Roripa nasturtioides, Hippuris vulgaris, Myriophyllum verticillatum, Ceratophyllum submersum, Œnanthe Lachenalii, Œ. Phellandrium, Epilobium molle, Lythrum Salicaria, Sium latifolium, Galium palustre, Senecio flosculosus, Gentiana flava, Erythrea ramosissima, Veronica scutellata, Utricularia vulgaris, Stachys palustris, S. ambigua, Scutellaria galericulata, Teucrium Scordium, Rumex palustris, Polygonum amphibium, P. Hydropiper, P. Persicaria, P. mite, P. dubium, P. minus, Euphorbia palustris, Epipactis palustris, Hydrocharis, Sagittaria, Sparganium, Scirpus uniglumis, Alopecurus fulvus, Leersia orizoides, Ophioglossum vulgatum, Marsilia quadrifolia (4).

---

(1) Voy. Cariot et *Ann. de la Soc. bot. de Lyon*, II, p. 13, 78 ; III, p. 79 ; IV, p. 4 ; VIII, p. 322.
(2) *Ann. Soc. bot. de Lyon*, id., et 1882 (sous presse) ; observations personnelles.
(3) Observateurs lyonnais dans Cariot, *op. cit.*
(4) Voy. *Ann. Soc. bot. Lyon*, II, p. 11, 110 ; III, p. 1 ; VI, p. 5 ; VIII, p. 348.

2° *Bords, îles et lônes du Rhône.* — Au voisinage du Rhône, le sol de la plaine basse est constitué par des amas de cailloux, de graviers et de sables, très-perméables, alternativement recouverts par les crues du fleuve et desséchés au moins à la surface ; ces alluvions récentes forment aussi les îles ou presqu'îles si nombreuses en face de Vaux, de Décines et de Meyzieu, séparées par des bras ou *lônes* dont la profondeur et la configuration varient chaque année (1).

Les endroits les plus secs, caillouteux, tout à fait arides, ne sont recouverts que par des plantes au feuillage étroit, rigide ou épineux, telles que : *Centaurea Calcitrapa, Ononis spinosa, Eryngium campestre, Linum tenuifolium, L. marginatum, Gypsophila saxifraga, Artemisia campestris, Plantago Cynops, Euphorbia Cyparissias, E. Gerardiana;* les Bugranes, la Chaussetrape y forment quelquefois de vastes sociétés qui laissent à peine quelques maigres Graminées végéter dans leurs intervalles (2).

Dans les parties plus fraîches, dans les Saulaies, Brotteaux ou Vorgines formés par les buissons de *Salix purpurea* var. *Helix, S. incana* Schkr., *S. triandra* Ser., et *S. viminalis* (plus rarement par les *S. rubra* Hffm., *Daphnoides* Vill. et *oleœfolia* Vill.) que dominent les troncs plus élevés des *S. alba, Populus nigra, Alnus glutinosa* Gærtn., et *incana* DC., croissent de préférence :

Les Diplotaxis.	Genista tinctoria (avec l'Orobanche
Les Erucastrum.	cruenta).
Rapistrum rugosum.	Senecio Jacobea.
Melilotus altissima Thuill.	Pastinaca vulgaris.
M. leucantha Koch.	Solanum Dulcamara.
Artemisia vulgaris.	Humulus Lupulus.
Calamagrostis epigeios Roth.	Euphorbia platyphylla.
C. littorea DC.	E. Esula.
Agropyrum campestre.	Etc.

et à mesure que le sol devient plus humide : *Tetragonolobus siliquosus, Trifolium fragiferum, Potentilla Anserina, Lythrum Salicaria, Lysimachia vulgaris, Eupatorium canna-*

(1) Sur les lônes, leur origine, etc., voy. FOURNET dans *Ann. Soc. Agric. Lyon,* 1863, t. X, p. 94.

(2) Le tableau est frappant, surtout dans le voisinage du Grand-Camp ; comparez, malgré la différence du climat, la végétation de la région des steppes (dans GRISEBACH, *La végétation du globe,* I, p. 415, etc.), où les mêmes causes (diminution de l'évaporation, etc.) produisent les mêmes effets.

binum, Calamagrostis lanceolata Roth, *Arundo Phragmites, Typha,* etc., ainsi que les autres plantes aquatiques énumérées déjà à propos de la végétation de la rive droite. (*Ann., t. IX,* p. 239.)

Parmi les plantes intéressantes qu'on trouve répandues dans toute cette zone, nous signalerons les *Hippophae rhamnoides, Myricaria germanica, Ononis natrix, Centaurea panicu- lata, Linum marginatum, Gypsophila saxifraga, Plantago Cynops,* particulières à la vallée du Rhône ; — les *Inula bri- tanica, I. salicina, Plantago serpentina,* de nombreuses for- mes de *Thalictrum* (*Th. majus, Th. montanum* Wallr., *Th. expansum* Jord., avec les *Th. laserpitiifolium* et *flavum* plus communs), des Menthes, principalement des groupes *M. arven- sis, M. aquatica,* le *M. cærulea* Op., les *Typha lugdunensis* Chab., *T. minima* Hoppe, *T. gracilis* Jord.; les *Œnothera biennis,* et *Solidago glabra,* deux espèces originaires d'Amé- rique, devenues tout-à-fait spontanées, la dernière ayant en- vahi depuis quelques années de vastes surfaces dans les îles et sur les bords du Rhône, où elle étouffe toute autre végétation. Notons encore les *Ranunculus gramineus, Onosma arena- rium* W. et Kit., *Orchis fragrans* Poll., *Gentiana Pneumo- nanthe,* plantes des lieux sablonneux, humides ou arides des bords du Rhône et de l'Ain, qu'on trouve en face de Vaux, sous Décines, sous Meyzieu ; ainsi que le *Dianthus silvestris* et le rare *Polygala exilis* DC., croissant aussi dans les grèves, entre Meyzieu et Jonages.

Plusieurs de ces espèces se propagent le long du fleuve par des graines ou des plantes entraînées avec les eaux au moment des crues. C'est aussi à cette cause qu'on doit la présence dans ces alluvions de plusieurs plantes descendues des montagnes du Bugey ; les unes n'y apparaissent qu'accidentellement, comme *Artemisia Absinthium, Veronica urticæfolia, Linaria alpina ;* d'autres s'y sont fixées et s'y rencontrent presque chaque année : telles sont les *Hutchinsia petræa, Inula Vail- lantii* Vill., *Sideritis hysopifolia, Calamagrostis argentea* DC., de Vaux à Jonages ; les *Gypsophila repens, Alsine Jac- quini* Koch., *Helianthemum canum* Dun., dans les environs de Jons, Jonages et Meyzieu ; le *Teucrium montanum* devenu très-commun sur les bords du Rhône et dans les îles en face de Décines et de Meyzieu ; les *Carex alba* et *montana,* à Anthon et le *Selaginella helvetica* Spreng., qui aurait été trouvé dans les pâturages, sous Meyzieu, vers le moulin Platacul (1).

3° Les *champs, cultures, moissons* de la plaine basse (Vaux, Charpennes, Villeurbanne) sont caractérisés par la présence de plantes préférant les terrains calcaires ou les alluvions et de nombreuses espèces adventices. On rencontre, en effet, fréquemment dans les moissons, les espèces spontanées suivantes : *Delphinium Consolida, Iberis pinnata, Ajuga chamœpitys, Euphorbia falcata, Passerina annua*, ainsi que les *Linaria spuria, L. Elatine, Filago spathulata, Odontites serotina* Lamk., *O. divergens* Jord., *Nigella arvensis*, plus communes et moins caractéristiques, et les *Heliotropium europœum, Teucrium Botrys, Galeopsis angustifolia, Alyssum calycinum, Calamintha Acinos*, etc., plantes indifférentes des cultures et des terrains secs. Citons particulièrement les *Adonis autumnalis, A. œstivalis, A. flammea*, dans les moissons de Vaux et des Charpennes ; le *Gladiolus segetum* dans les moissons, derrière le Grand-Camp ; le *Gagea arvensis* dans les terres ; le *Stachys arvensis* dans les prés de la Vache, etc.

Sur les bords des chemins, dans les décombres, on observe : *Tordylium maximum, Lepidium ruderale, L. Draba, Papaver hybridum, Valerianella auricula, Pterotheca nemausensis, Barkhausia setosa, Centaurea solstitialis, Lamium hybridum, Veronica Buxbaumii, Ornithogalum nutans, Eragrostis megastachya, Tragus racemosus*, etc.

On trouve encore, comme plantes intéressantes, le *Ranunculus gramineus* dans quelques endroits sableux, les prés humides de Vaux et de Villeurbanne ; le *Plantago Lagopus* dans les sables à Vaux, au Grand-Camp ; le *Setaria ambigua*, aux Charpennes ; le *Grimmia crinita* et l'*Asplenium Halleri*, sur les murs à la Cité-Lafayette, etc.

De nombreuses espèces adventices apparaissent de temps à autre dans les moissons ou les décombres ; nous rappellerons parmi les plus remarquables : *Ammi majus, Valerianella membranacea, Coronilla scorpioides, Ceratocephalus falcatus, Sinapis alba; Plantago Coronopus, Erysimum orientale, Salsola Kali, Corispermum hyssopifolium*, etc.

_____

(1) Observations de Estachy, Chabert, Boullu, Cuzin, Mathieu, Allard, Sargnon, Saint-Lager, Magnin, V.-Morel, etc., dans CARIOT, *op. cit.*, et *Ann. Soc. bot. Lyon*, I, p. 88, 89 ; II, p. 69 ; III, p. 75, etc.

Signalons enfin dans le Grand-Camp, sur sa digue ou dans les environs : *Fumaria Vaillantii, Hutchinsia petræa, Calepina Corvini, Melilotus parviflora, Valerianella dentata, Podospermum laciniatum, Bupleurum rotundifolium, Echinospermum Lappula, Lithospermum incrassatum*, etc. (1)

Nous nous bornons à mentionner seulement l'abondante colonie de plantes adventices, originaires du midi de la France, de l'Italie et de l'Algérie, qui avait apparu, après 1870, dans les environs du Grand-Camp, du parc de la Tête-d'Or, des forts des Charpennes et de Villeurbanne et de la gare de la Mouche ; la plupart de ses représentants ont, du reste, disparu déjà de ces diverses stations (2).

3° *Appendice. — Marais du plateau supérieur, de la vallée de la Bourbre. Région molassique. — Ile calcaire de Crémieux. — Environs de Vienne.*

Pour compléter la description de la plaine lyonnaise du Bas-Dauphiné, nous donnerons brièvement les caractères de la végétation des contrées qui l'avoisinent, telles que la vallée de la Bourbre, les parties les plus rapprochées de la région molassique et des *terres froides*, et enfin les coteaux granitiques des environs de Vienne.

I. On a déjà eu l'occasion de mentionner, à propos du plateau supérieur (3), l'existence de quelques rares stations fraîches ou aquatiques, dans les points où l'écoulement des eaux était empêché par la nature imperméable du sous-sol et le défaut de pente ; c'est ainsi que dans les environs de Génas on trouve les *Barbarea stricta* Andrz., *Cirsium palustre, Sparganium minimum, Polystichum Theliptteris*, et à Pusignan, les *Ranunculus Lingua, Comarum palustre*, etc.

Mais ce sont surtout les environs de Janeyriat et de Charvieux, situés un peu plus loin en se dirigeant vers la Bourbre, qui renferment la végétation paludéenne la plus riche ; on observe, en effet, dans l'étang de Montanet, dans les marais dits du Grand-Lac et à la Léchère, près Janeyriat : *Ranunculus*

---

(1) Obs. de Estachy, Cusin, Magnin, V.-Morel, etc., *Ann. Soc. bot. Lyon*, I, 87, 93 ; II, 78 ; V, 193 ; VI, 52 ; VII, 282.
(2) Voy. les notes de MM. Cusin, Saint-Lager, Viviand-Morel, dans *Ann. Soc. bot. Lyon*, I, 52, 64, 95, 111, 121 ; II, 11 ; III, 82, 86, 109 ; IV, 44, 169, etc., et *Bull. Soc. bot. France*, 1876, t. XXIII, session de Lyon, p. XLII.
(3) Voy. p. 105..

Lingua, Dianthus superbus, Peucedanum palustre, OEnanthe Phellandrium, Mintha paludosa Schr., *Littorella, Rumex palustris, R. maritimus, Polygonum amphibium, Marsilia, Chara glomerata, Riccia natans,* etc.; — dans les marais ou lac de Charvieux : *Viola stagnina, Dianthus superbus, Senecio aquaticus, S. erraticus, Comarum, Isnardia, Epilobium palustre, Selinum carvifolia, OEnanthe fistulosa, OE. Lachenalii, Hydrocotyle, Bidens hispidus* Jord., *Anagallis tenella, Utricularia vulgaris, Rumex maritimus, Euphorbia palustris, Cyperus longus, Cladium Mariscus, Scirpus supinus, Sc. mucronatus, Carex filiformis, Potamogeton compressus, P. acutifolius* Link, *Alisma arcuatum* Michal., *A. parnassifolium, Sparganium simplex, Sp. minimum, Naias major, N. minor, Marsilia,* etc. (1).

II. La vallée de la Bourbre, dans sa partie supérieure, c'est-à-dire depuis son confluent dans le Rhône, sous Chavanoz, jusqu'à la Verpillière, sépare la plaine lyonnaise et les balmes viennoises, de l'*île* calcaire de Crémieux ; plus loin, elle quitte la direction N.-S., pour se diriger à l'est et au sud entre les collines tertiaires et quaternaires de la région des Terres-froides. Les bords de la rivière, les parties voisines de la vallée, quelquefois sur de larges étendues, sillonnées par des fossés et des canaux, sont garnis de prés marécageux renfermant une riche végétation hygrophile caractérisée par la présence des *Anemone ranunculoides, Stellaria glauca, Sagina erecta, Bidens hispidus* Jord., *Senecio Doria, Anagallis tenella, Butomus umbellatus,* etc.

On remarque particulièrement dans cette partie inférieure, la seule qui doive nous occuper dans ce travail, les stations suivantes le plus souvent explorées :

Bords de la Bourbre et du canal, prairies sous Pont-Chéri (*ou* Pont-de-Chérui) : *Viola elatior* Fr., *Epilobium palustre, OEnanthe Lachenalii* Gm., *Hydrocotyle, Senecio aquaticus, S. Doria, Bidens hispidus, Gentiana pneumonanthe, Euphorbia palustris, Neottia œstivalis, Juncus acutiflorus, Cyperus longus, Scirpus mucronatus, Carex Hornschuchiana* Hoppe, *C. fulva* Thuill., *C. OEderi* Ehrh., *C. flava,* etc. (2).

---

(1) Boullu, *l. c., Ann.,* t. VIII, p. 249.
(2) Voy. Boullu, *l. c.* dans *Ann.,* t. VIII, p. 254.

Marais de Frontonas : *Ranunc. Lingua, Drosera longifolia, Senecio paludosus, S. Doria, Anagallis tenella, Pedicularis palustris, Epipactis palustris, Juncus Tenageia, Hypnum scorpioides,* etc.; — sous la Verpillière et Saint-Quentin : *Bidens hispidus, Senecio Doria, Sonchus palustris, Anagallis tenella, Butomus umbellatus,* etc. (1).

Cette végétation s'observe dans le reste de la vallée de la Bourbre, toujours avec le même caractère ; on indique, en effet, à Vaux-Millieu : *Senecio Doria, Anagallis tenella, Neottia æstivalis;* — sous Bourgoin et Jallieu : *Drosera intermedia, Tetragonolobus siliquosus, Cirsium oleraceum, C. palustre, C. bulbosum, Senecio Doria, Orchis* et *Epipactis palustris, Carex nutans, Schœnus nigricans, Lemna gibba, Amblystegium irriguum,* etc. (2).

III. Toute la région, du reste, située au sud de la zone calcaire de Crémieux et Morestel, entre Bourgoin, Saint-Genix-d'Aoste, Voiron et la Côte-Saint-André, sur les territoires de Saint-Chef, Montceau, les Avennières, Saint-André-du-Gaz, Saint-Geoire, Virieu, la Tour-du-Pin, etc., renferme de nombreuses stations aquatiques ou marécageuses dues aux couches imperméables ou très-hygroscopiques des terrains tertiaires et quaternaires qui la constituent (sables et argiles de la molasse, terrain erratique) ; aussi, cette région des *Terres-Froides* contraste-t-elle vivement, soit avec la surface aride de la plaine lyonnaise par sa fraîcheur, ses prairies et ses bois, soit avec les montagnes calcaires qui l'entourent par son sol ordinairement siliceux et la végétation spéciale à ce terrain.

En effet, indépendamment des espèces qu'on rencontre dans la plupart des marais, comme *Ranunculus Flammula, Myriophyllum, Ceratophyllum, Hippuris, Œnanthe Phellandrium, Œ. fistulosa, Peucedanum palustre, Hydrocotyle, Pedicularis palustris, Teucrium Scordium, Scutellaria minor, Hydrocharis, Sagittaria, Juncus acutiflorus, J. supinus, Cladium Mariscus, Scirpus supinus, Sc. setaceus, Polystichum Thelipteris,* on y trouve, surtout sur les sables molassiques, toute cette série de plantes spéciales aux régions siliceuses de la Bresse et du Lyonnais granitique : *Radiola*

---

(1) Voy. *Ann.,* t. I, p. 122.
(2) Voy. *Ann.,* t. I, p. 82 ; t. IX, p. 361.

linoides, *Sagina erecta*, *Stellaria glauca*, *St. uliginosa*, *Montia*, *Corrigiola*, *Ilbecebrum*, *Bunium verticillatum*, *Pedicularis silvatica*, etc., dans les sables humides, et *Hypericum pulchrum*, *Genista anglica*, *Sarothamnus*, *Ulex europæus*, *Gypsophila muralis*, *Linaria arvensis*, *Melampyrum arvense*, etc., dans les terres, les bois, les lieux incultes (1).

On peut noter aussi, comme caractéristique, l'abondance du *Parnassia palustris* dans les prairies, des *Dipsacus pilosus*, *Luzula nivea* DC., *Salvia glutinosa* (2), et autres espèces montagnardes, dans les bois, les vallons frais à de très-basses altitudes. Mentionnons encore les localités suivantes :

Lac de Paladru et marais sur ses bords : *Ranunculus divaricatus*, *Gratiola*, *Scutellaria minor*, *Teucrium scordium*, *Cladium Mariscus*, *Polystichum Thelipteris*, *Salvinia natans;* lac de Montceau (entre Bourgoin et Saint-Chef) : *Elatine Alsinastrum*, *E. hexandra*, *Lindernia Pyxidaria*, *Scirpus michelianus*, *Sc. supinus;* et, près de là, sur les bords de l'étang de Montcarra, le *Scabiosa succisa* var. *subacaulis* Bernardin (3).

Dans les environs de la Tour-du-Pin : *Laserpitium pruthenicum*, *Bunium verticillatum*, *Digitalis purpurea*, *Lavandula vera;* — de Bourgoin : *Anemone ranunculoides*, *Isopyrum thalictroides*, *Erysimum cheiranthoides*, *Radiola*, *Digitalis purpurea*, *Veronica verna*, *Leucoium vernum*, *Luzula nivea*, etc., (4) et, de plus, une florule de plantes calcicoles, qui se rattache à celle de la région calcaire voisine de Saint-Alban ; citons aussi les *Corydalis cava*, *Drosera longifolia*, etc., dans les environs de Saint-Quentin.

IV. Les territoires de la Grive-Saint-Alban, de la Verpillière et de Saint-Quentin forment un *îlot calcaire* (Lias et jurassique inférieur), qui se rattache au massif de Crémieux par l'îlot de l'Ile-d'Abeau : c'est à la végétation tout à fait particulière de ces terrains qu'il faut rapporter la flore de Maubec, près Bourgoin, et des autres collines voisines, où l'on observe : *Dentaria pinnata*, *Polygala comosa*, *P. alpestris*,

---

(1) Voy. A. GRAS, Statistique de l'Isère ; THURMANN, *Phytost.*, t. I, p. 214 ; CARIOT, *op. cit.*, passim.
(2) Observat. personnelles et *Ann. Soc. botan. de Lyon*, t. IX, p. 362.
(3) Voy. *Ann. Soc. bot. Lyon*, t. VIII, p. 236.
(4) Voy. *Ann.*, t. I, p. 82 ; t. II, p. 106.

Helianthemum grandiflorum, Trifolium rubens, T. montanum, T. ochroleucum, Astragalus glycyphyllos, Peucedanum Cervaria, Pyrethrum corymbosum, Campanula persicifolia, Chlora perfoliata, Odontites rubra, Lithospermum purpureocœruleum, Lilium martagon, Ornithogalum sulfureum, Listera ovata, Ophrys aranifera, Carex montana, etc. (1).

Mais c'est dans le massif calcaire s'étendant de Crémieux à la Balme et Morestel, et constitué par des roches appartenant aux divers étages des terrains jurassiques, que la végétation revêt surtout les caractères particuliers à la Flore du Jura, dont ce massif n'est, après tout, qu'une dépendance. Comme il convient d'en renvoyer l'étude à un travail spécial sur la Flore de la chaîne calcaire jurassique, nous nous bornerons à rappeler sommairement que les basses montagnes de Crémieux (mont d'Annoisin, dent d'Hyères, 444^m, 428^m, etc.) renferment :

1° Les plantes caractéristiques de la zone inférieure du Jura, telles que : *Arabis alpina, Draba aizoides, Sisymbrium austriacum, Biscutella lævigata, Helianthemum canum, Polygala calcarea, Saponaria ocymoides, Alsine Jacquini, Rhamnus alpina, Cytisus Laburnum, Cotoneaster vulgaris, Amelanchier, Saxifraga rotundifolia, Atamantha cretensis, Seseli coloratum, Lonicera alpigena, Galium myrianthum* Jord., *Centranthus Calcitrapa, Inula montana, Hieracium amplexicaule, H. Jacquini, Pirola rotundifolia, P. secunda, Gentiana Cruciata, G. ciliata, Rumex scutatus, Erythronium Dens-Canis, Carex alba, C. montana, Melica glauca*, etc., propres au Jura et au Bugey ; — *Arabis auriculata, A. muralis, Acer monspessulanum, Geranium lucidum, Centaurea Crupina, Chrysocoma Lynosyris, Inula squarrosa, Stipa pennata, Adiantum Capillus-Veneris*, etc., plus particulières aux vallées chaudes du Bugey méridional ; — et les *Pulsatilla rubra, Polygala comosa, Dianthus silvestris, Cerastium arvense, Trifolium medium, Tr. alpestre, Tr. rubens, Orobus niger, Coronilla Emerus, C. minima, Fragaria collina, Potentilla rupestris, Torilis nodosa, Peucedanum Cervaria, Bupleurum aristatum, Trinia vulgaris, Cornus mas, Globularia vulgaris, Centaurea lugdunensis* Jord., *Micropus erectus, Aster Amellus, Campanula Medium, Brunella, Eu-*

_____

(1) Voy. *Ann.*, t. VII, p. 298; t. IX, p. 361.

9

*phrasia lutea, Daphne Laureola, Thesium humifusum,
Buxus, Epipactis* et *Orchis, Carex humilis,* etc., qui se rencontrent aussi sur les coteaux du Rhône et dans le Mont-d'Or lyonnais.

2° Dans les expositions chaudes de Vernas, Hyères, etc., des colonies de plantes thermophiles, les unes se montrant aussi dans le Mont-d'Or et sur les coteaux du Rhône, comme *Helianthemum salicifolium, Linum gallicum, Rhamnus saxatilis, Ononis Columnæ, Medicago cinerascens* Jord., *M. ambigua* Jord., *M. Timeroyi* Jord., *Trigonella monspeliaca, Rosa Pouzini, R. lugdunensis, Tordylium maximum, Sedum anopetalum, Galium corrudæfolium, Convolvulus cantabricus,* etc., — d'autres plus rares, limitées plus exclusivement aux environs de Crémieux, pour cette région : *Draba muralis, Rhamnus Villarsii* Jord , *Cytisus sessiliflorus, C. biflorus, C. argenteus, Trifolium lævigatum, Dorycnium suffruticosum, Psoralea bituminosa, Onobrychis supina, Salvia officinalis,* etc.

Parmi les autres plantes rares de la flore de Crémieu, on peut citer : *Corydalis claviculata* DC., *Geranium minutiflorum* et *modestum* Jord., *Peucedanum alsaticum;* les *Asphodelus collinus* Jord., et *Knautia Timeroyi* Jord., au mont d'Annoysin; l'*Ophioglossum lusitanicum,* dans le vallon de Saint-Jullin (Sauze), etc. (1).

Cette région renferme aussi comme particularités intéressantes : 1° l'îlot granitique de Chamagneux, sur lequel croissent quelques plantes silicicoles, comme le *Sedum maximum;* 2° des stations marécageuses, soit dans les vallées de la Bourbre et du Rhône (marais de Tignieu, de Saint-Romain-de-Jaillonnas, de Leyrieu, d'Hyères, etc.), soit dans l'intérieur du massif (nombreux étangs et marais de Ry, Gillieu, Moras, Charette, etc.); leur végétation est celle déjà indiquée pour les stations analogues du Bas-Dauphiné, comme le montrent les *Anagallis tenella, Mentha purpurea* Host., *Cladium Mariscus, Carex fulva, C. paradoxa,* etc., qu'on trouve dans les premiers; *Illecebrum verticillatum, Helosciadium inundatum, Lindernia pyxidaria, Elodes palustris, Scutellaria minor, Carex fulva,* à Charette, etc.

_____

(1) Voy. les notes de MM. MATHIEU et REVERCHON, dans *Ann.,* t. II, p. 103; BOULLU, *ibid.,* t. VIII, p. 255.

V. La flore des collines molassiques et quaternaires qui s'étendent au sud de la plaine supérieure, depuis Heyrieux jusqu'à Saint-Symphorien-d'Ozon, ne paraît présenter aucune particularité intéressante. Dans la partie la plus septentrionale, c'est-à-dire sur les collines de Chandieu, Toussieu, Mions, etc., la végétation ne diffère pas de celle des Balmes-Viennoises; dans les autres parties plus boisées, dans les vallées de l'Ozon, de la Véga, etc., elle se rapproche au contraire de celle des Terres-Froides; sa connaissance exacte exige du reste quelques explorations nouvelles (1).

Il n'en est pas de même des environs de Vienne, dont la flore riche en plantes méridionales a été l'objet de nombreuses explorations. Les coteaux qui longent la rive droite du Rhône sont formés, à partir de Saint-Symphorien-d'Ozon, jusqu'à Vienne, et au-delà, jusqu'aux Roches de Condrieu, par des roches siliceuses, micaschites, granites, etc., que recouvrent les dépôts caillouteux du terrain erratique alpin; la partie de ces coteaux qui s'étend de Chasse à Estressin et particulièrement ceux de Seyssuel, bien exposés au midi (357 mètres), supportent, malgré la nature souvent siliceuse du sol, mais grâce à l'exposition et au climat de la vallée du Rhône, une florule méridionale dont plusieurs représentants ne remontent pas plus haut vers le nord.

On observe en effet dans ces stations privilégiées : 1° d'abord les espèces suivantes habitant les coteaux chauds du Lyonnais granitique, du Mont-d'Or et de la côtière de la Dombes : *Pulsatilla rubra, Papaver hybridum, P. dubium, Silene italica, Linum gallicum, Genista pilosa, Medicago ambigua, Herniaria glabra, Sedum dasyphyllum, Tordylium maximum, Crucianella angustifolia, Senecio gallicus, Convolvulus cantabricus, Thesium divaricatum, Aphyllanthes, Carex Schreberi*, etc. ; 2° des espèces thermophiles qui ne se retrouvent plus que dans les expositions chaudes de Crémieu, des vallées du Bugey, etc. : *Draba muralis, Saponaria ocymoides, Sedum altisimum, Bupleurum junceum, Artemisia suavis* Jord., etc. ; on peut y ajouter les *Cornus mas, Inula montana, I. Helenium*, les *Amelanchier vulgaris, Ribes alpinum*, fréquents sur les basses-montagnes du Dauphiné, etc.

(1) Voy. *Ann.*, t. VI, p. 54.

Mais ce qui caractérise surtout la flore des environs de Vienne, c'est la présence dans ces mêmes stations d'espèces plus méridionales encore remontant jusque-là dans la vallée du Rhône par les coteaux de Condrieu, Chavanay, Malleval, etc. ; les plus remarquables de ces espèces sont : *Trifolium angustifolium, Geranium purpureum* Vill., *Bonjeana hirsuta* Rchb., *B. recta, Orlaya grandiflora, Crucianella latifolia, Rubia tinctorum, Anthemis tinctoria, Picridium vulgare, Campanula Erinus, Teucrium Polium*; notons spécialement les *Cistus salviœfolius, Pistacia Terebinthus, Jasminum fruticans, Salvia officinalis, Celtis australis, Quercus Ilex*, bien que le Ciste remonte jusqu'à Néron (voy. plus haut, p. 85) et le Térébinthe, jusque dans les stations chaudes du Bugey et de la Savoie.

Parmi les autres plantes intéressantes, nous mentionnerons le *Galium viridulum* Jord., sur tous les coteaux, les *Tulipa silvestris* et *T. præcox* Ten. dans les cultures, le *Lathræa Squamaria*, et le *Gagea saxatilis* Koch (var. *Fourreana* Car.), sur le coteau d'Estressin, au-dessus de Leveau ; et dans la fraîche vallée de ce nom : *Corydalis solida, Arabis Turrita, Althœa cannabina, Hypericum Androsœmum, Umbilicus pendulinus, Helosciadium inundatum, Hieracium pratense, Limosella aquatica, Leucoium vernum, Carex maxima*, etc. (1).

Enfin sur les bords du Rhône, principalement à Chasse : *Sisymbrium supinum, Centaurea aspera, C. Pouzini, Solanum villosum, Onosma arenarium, Kochia arenaria, Salsola Kali* et les *Lepidium petræum, Alyssum montanum, Sisymbrium austriacum, Draba aizoides* descendus du Bugey par le Rhône, le *Sedum hirsutum* amené du Pilat par le Gier, à Chasse, en face de Givors.

CH. II. — COMPARAISON DES FLORES. — DIVISION DE LA RÉGION LYONNAISE EN RÉGIONS BOTANIQUES.

Le chapitre précédent a été consacré entièrement à décrire la végétation des différentes régions naturelles ou géographiques qui avoisinent Lyon et constituent par leur réunion la région

---

(1) Voy. FOURREAU, Catalogue des plantes qui croissent le long du cours du Rhône, dans *Ann. Soc. linnéenne de Lyon*, 1868. — *Ann. Soc. bot. Lyon*, t. II, p. 72, 106 ; t. III, p. 61, 96 et observations personnelles.

lyonnaise proprement dite ; bien qu'on y ait eu pour but principal de donner le tableau fidèle de la flore des diverses stations, en tenant compte seulement des modifications introduites par les accidents topographiques, montagnes, coteaux, vallées, etc., cependant, grâce aux conditions diverses de milieux, de sols, d'expositions, d'altitudes, on a pu observer déjà, dans chacune de ces régions, de nombreux contrastes que nous résumerons et réunirons, pour plus de clarté, dans le tableau suivant :

§ Ier. — Contrastes en grand.

I. Première région géographique : région occidentale (Lyonnais, Beaujolais, Mont-d'Or).

1° Dans le **Lyonnais** proprement dit, cette portion de la région occidentale située entre le Rhône, le Gier, le Forez, la Turdine, l'Azergue et le ruisseau des Planches, le lecteur a pu constater des différences frappantes entre la végétation des coteaux du Rhône et celle des bas-plateaux et des montagnes.

A. Les alluvions du Rhône et les *coteaux* de Fourvière, Saint-Genis-Laval, Irigny, Millery, etc., sont, en effet, caractérisés par la présence des *Berberis, Erucastrum, Diplotaxis, Helianthemum pulverulentum, H. obscurum, H. salicifolium, Silene Otites, S. italica, S. conica, Geranium sanguineum, Trifolium medium, T. alpestre, T. rubens, Coronilla Emerus, Cerasus Mahaleb, Fragaria collina, Peucedanum Cervaria, Asperula galioides, Bupleurum rotundifolium, Centaurea paniculata, Aster Amellus, Crepis setosa, Cynoglossum, Calamintha Nepeta, Teucrium montanum, Physalis, Plantago cynops, Orchis* divers, etc.

B. Les bas plateaux de Mornant, Chaponost, Vaugneray, etc., et les montagnes de Saint-André-la-Côte, Iscron, Saint-Bonnet-le-Froid, Saint-Laurent-de-Chamousset, etc., manquent absolument des espèces que nous venons d'énumérer ; les plantes suivantes rares ou accidentelles dans les coteaux du Rhône, forment, au contraire, ici le fond de la végétation : *Teesdalia nudicaulis, Gypsophila muralis, Sagina, Spergula arvensis, Sp. pentandra, Hypericum pulchrum, H. humifusum, Ulex, Sarothamnus, Lotus diffusus, Vicia lathyroides, Ornithopus, Peplis, Montia, Corrigiola, Scleranthus, Umbilicus, Arnoseris, Jasione, Myosotis versicolor, Anarrhinum, Ga-*

leopsis dubia, *Plantago carinata*, *Aira canescens*, *Asplenium septentrionale*, et plus spécialement dans les montagnes : *Ranunc. hederaceus*, *Spergula Morisonii*, *Polygala depressa*, *Centaurea nigra*, *Jasione perennis*, *Myosotis Balbisiana*, *Digitalis purpurea*, etc.

2° De même dans la région du **Beaujolais**, on distingue :

A. Les coteaux et les bords de la Saône où croissent : *Berberis*, *Erucastrum*, *Silene conica*, *Cerasus Mahaleb*, *Fragaria collina*, *Bupleurum rotundifolium*, *Crepis setosa*, *Cynoglosum*, *Brunella grandiflora*, *Teucrium montanum*, *Physalis*, etc.

B. Les coteaux et les montagnes du Beaujolais où l'on observe communément : *Teesdalia*, *Spergula*, *Scleranthus*, *Corrigiola*, *Hypericum pulchrum* et *humifusum*, *Ornithopus*, *Sarothamnus*, *Centaurea nigra*, *Arnoseris*, *Jasione*, *Galeopsis dubia*, *Digitalis purpurea*, *Anarrhinum*, *Myosotis versicolor*, *Aira*, *Asplenium septentrionale*, etc.

C. Une zone particulière, celle des collines de la Chassagne, de Theizé, d'Oncin, caractérisée par les *Thalictrum*, *Helianthemum*, *Trifolium alpestre*, *Cerasus Mahaleb*, *Peucedanum Cervaria*, *Bupleurum rotundifolium*, *Cornus mas*, *Campanula Medium*, *Gentiana Cruciata*, *Brunella grandiflora*, *Euphrasia lutea*, *Lithospermum purpureo-cœruleum*, *Physalis*, les *Orchis*, etc., la plupart de ces espèces manquant aux autres parties du Beaujolais.

3° Le massif du **Mont-d'Or** laisse aussi distinguer sur sa surface :

A. Sur les bords et coteaux de la Saône : *Thalictrum*, *Berberis*, *Erucastrum*, *Diplotaxis*, *Fragaria collina*, *Cerasus Mahaleb*, *Crassula rubens*, *Bupleurum rotundifolium*, *Euphrasia lutea*, *Physalis*, etc.

B. Les plateaux de Limonest, Dardilly, etc., à Sagines, Spergules, Ajoncs, Genêt-à-balai, *Hypericum pulchrum* et *humifusum*, *Montia*, *Aira*, *Danthonia decumbens*, etc.

C. Les coteaux et les sommets du mont Cindre, du mont Toux, de Couzon, où croissent : *Berberis*, *Helianthemum*, *Polygala comosa*, *Trifolium alpestre*, *rubens*, *Coronilla Emerus*, *C. minima*, *Ononis Columnæ*, *Trinia vulgaris*, *Peucedanum Cervaria*, *Seseli coloratum*, *Cornus mas*, *Car-*

lina Chamœleon, *Campanula Medium*, *Gentiana ciliata*, *G. Cruciata*, *Convolvulus cantabricus*, *Veronica prostrata*, *Brunella grandiflora*, *Buxus*, *Lilium Martagon*, *Thesium*, *Orchis* et *Ophrys* nombreux.

II. Dans la deuxième région (nord-orientale) ou **Plateau bressan**, on distingue pareillement :

A. Les vallées et les coteaux du Rhône et de la Saône où nous retrouvons : *Berberis*, les *Erucastrum*, *Diplotaxis*, *Helianthemum pulverulentum*, *obscurum*, *salicifolium*, *Dianthus Scheuchzeri*, les *Silene italica*, *otites*, *Geranium sanguineum*, les *Trifolium medium*, *alpestre*, *rubens*, *Cerasus Mahaleb*, *Ononis Columnœ*, *Coronilla Emerus*, *C. minima*, *Fragaria collina*, *Peucedanum Cervaria*, *Galium corrudafolium*, *Asperula galioides*, *Aster Amellus*, *Convolvulus cantabricus*, *Veronica prostrata*, *Brunella*, *Buxus*, *Thesium*, *Physalis*, *Orchis* et *Ophrys*, etc.

B. L'intérieur du plateau, ou région à étangs, manquant complètement des espèces précédentes, remplacées par : *Myosurus minimus*, *Gypsophila muralis*, *Sagina*, *Spergula*, *Hypericum pulchrum* et *humifusum*, *Ornithopus*, *Sarothamnus*, *Ulex*, *Corrigiola*, *Montia*, *Peplis*, *Aira*, etc., et toute une série de plantes des marais, telles que : *Elatine*, *Trapa*, *Myriophyllum*, *Œnanthe*, *Hydrocotyle*, *Polygonum*, *Alisma*, *Scirpus*, etc.

III. La troisième région (sud-orientale) ou **Bas-Dauphiné** présente à son tour des contrastes semblables :

A. Beaucoup de points des collines dites les *Balmes-Viennoises*, ainsi que les alluvions du Rhône possèdent cette végétation caractérisée par : *Helianthemum salicifolium*, *Dianthus Scheuchzeri*, *Silene Otites*, *S. conica*, *S. italica*, *Geranium sanguineum*, *Ononis Columnœ*, *Coronilla minima*, *Fragaria collina*, *Trinia vulgaris*, *Asperula galioides*, *Carlina Chamœleon*, *Convolvulus cantabricus*, *Veronica prostrata*, *Thesium*, *Orchis*, etc.

B. Dans les *Terres-Froides*, ce sont au contraire : *Gypsophila muralis*, *Sagina*, *Radiola*, *Hypericum pulchrum*, *Ulex*, *Illecebrum*, etc.

C. Enfin, le massif de Crémieu, de Saint-Alban, possède

une végétation bien différente que nous rappelons seulement
ici pour mémoire.

§ 2. — Analogies : — Régions botaniques.

Si l'on compare, dans l'ensemble des régions géographiques,
les différentes énumérations sommaires que nous venons de
donner, on sera certainement frappé des analogies qui existent
entre plusieurs d'entre elles : les coteaux du Rhône et de la
Saône, par exemple, qu'ils appartiennent à la région du Lyonnais, du plateau bressan ou du Bas-Dauphiné, ont une végétation presque identique (comparez les énumérations précédées
de la lettre *A* dans chacune des régions géographiques) ; il en
est de même des plateaux et des montagnes du Lyonnais et du
Beaujolais, des ondulations de la Dombes d'étangs et des
Terres-Froides (= lettre *B*) ; — et enfin des collines de la Chassagne, de Theizé, d'Oncin et du Mont-d'Or lyonnais (= lettre *C*).
Ces analogies, qui se révèlent encore mieux par des excursions
comparatives, où les espèces caractéristiques frappent le regard
par leur diffusion et le nombre des individus, nous autorisent
à établir dans les environs de Lyon les quatre régions botaniques suivantes :

I. La région des coteaux du Rhône, de la Saône et des Balmes-Viennoises ;
II. La région du Mont-d'Or et des collines de la Chassagne, Theizé et Oncin ;
III. Les bas-plateaux et les monts du Lyonnais et du Beaujolais ;
IV. La Dombes d'étangs et la Bresse.

On remarquera aussi que la comparaison de ces régions
deux à deux, révèle encore certaines analogies d'ensemble,
entre les coteaux du Rhône et le Mont-d'Or, entre les bas-
plateaux du Lyonnais et la Dombes. Mais d'autres particularités de végétation, ainsi que leurs caractères topographiques
et géologiques, séparent assez ces régions pour qu'on ne puisse
les réunir en deux seules grandes régions naturelles. La même
observation s'applique aux analogies de végétation qu'on a pu
remarquer entre les Terres-Froides et la Dombes, entre les coteaux
du Rhône, le Mont-d'Or, le massif de Crémieu et le Bugey.

I. *Région des coteaux du Rhône et de la Saône.*

Cette première région comprend :

1° Les bords du plateau bressan, c'est-à-dire la portion de la

Dombes située en dehors d'une ligne passant par Pont-de-Veyle, Illiat, Saint-Étienne-sur-Chalaronne, Chaneins, Cha-leins, Ars, Civrieux, les Échets, Tramoyes, Jailleux, Pizay, Rigneux-le-Franc, etc. ; on y distingue :

a. La côtière occidentale (ou de la Saône), s'étendant principalement de Mognoneins à Lyon et dont les stations les plus intéressantes sont les envi-rons de Trévoux, Reyrieux, Sathonay ;

b. La côtière méridionale, de Lyon à Loyes (La Pape, Néron, Beynost, Meximieux);

c. La plaine et les terrasses alluviales de Miribel à la Valbonne et à la rivière d'Ain.

2° Toute la partie du Bas-Dauphiné comprise entre Lyon, le Rhône et la Bourbre, c'est-à-dire les terrasses alluviales et les Balmes-Viennoises de Jonages, Décines, Bron, Feyzin ; elles se divisent aussi en deux parties :

a. Les Balmes septentrionales, d'Anthon à Villeurbanne (Jonages, Dé-cines, Cusset).

b. Les Balmes occidentales, de Saint-Alban à Vienne (Sain-Fons, Fey-zin, Sérézin).

3° Les coteaux du Beaujolais et du Lyonnais, qui longent la Saône et le Rhône, de Romanèche à Givors, et qui se divisent en :

a. Coteaux de la Saône, principalement de Villefranche à Lyon ;

b. Coteaux du Rhône (Sainte-Foy, Oullins, Saint-Genis-Laval, Irigny, Charly, Grigny), limités du côté des bas-plateaux lyonnais par une ligne passant à la Demi-Lune, Francheville, au-dessus de Beaunant, sous Chapo-nost, Vourles, Goifficu et le confluent du Mornantet.

Cette région est caractérisée au point de vue de la constitu-tion géologique et de la nature du sol par la prédominance des terrains de transport, terrains erratiques (glaciaire, allu-vions anciennes) sur les coteaux, alluvions récentes dans le fond des vallées du Rhône et de la Saône. Les terrains gla-ciaires (alluvions, boue, lehm) constituent presque à eux seuls les côtières de la Dombes et les Balmes viennoises ; les sables et argiles tertiaires (molasse, etc.) qu'ils recouvrent, apparais-sent cependant dans quelques points, à Trévoux, au Vernay, à Miribel, à Feyzin, etc. Dans les coteaux du Lyonnais (et ceux des environs de Vienne), les terrains de transport recouvrent plus ou moins les roches granitiques qui forment la charpente de la région ; mais celles-ci apparaissent dans les échancrures ou au pourtour et à la base des coteaux. Enfin, sur la rive droite de la Saône, les terrains de transport recouvrent, soit les roches granitiques, soit les roches calcaires de la base du Mont-d'Or, de la Chassagne et du Beaujolais.

Le sol des terrains de transport est ordinairement meuble (sables, graviers, cailloux), quelquefois aggloméré en masse compacte (poudingues de Serin, Saint-Clair, Néron, Vaise, Sainte-Foy, Beaunant, etc.). Il correspond aux terrains *psammiques* et *pélopsammiques* de Thurmann, surtout dans les points où la boue glaciaire et le lehm prédominent, et leur flore a un caractère tout à fait *xérophile*.

Quelques parties font cependant exception : ce sont d'abord les coteaux de Feyzin, où la molasse apparaît sur une grande épaisseur avec ses sables et ses rognons argilo-calcaires intercalés, mais sa flore ne diffère cependant pas de celle des autres parties de cette région, comme on peut le voir en se reportant à la description que nous en avons donnée plus haut ; — en second lieu, l'horizon des sources, apparaissant vers le milieu de la côtière, de Trévoux à Fontaines et de Miribel à la Boisse, au niveau des argiles mio-pliocènes, et caractérisé par la présence de quelques plantes hygrophiles.

La végétation hygrophile est, du reste, représentée dans les échancrures des coteaux, les parties basses des vallées, occupées par des bois frais ou des prés marécageux ; on l'observe surtout dans la vallée de la Sereine, les vallons de Saint-Maurice, Néron, Sathonay, Reyrieux, celui de Gorge-de-Loup à Vaise, de la source de la Mouche sous Saint-Genis-Leval, dans la vallée de la Bourbre, les marais de Vaux, Décines, les lônes du Rhône, la *Prairie* de la vallée de la Saône, etc.; elle fera, du reste, l'objet d'un paragraphe particulier.

Quant à la composition chimique du sol, elle est, dans cette région, extrêmement variable ; cependant on a déjà pu voir que le carbonate de chaux, qui manque rarement, y est dans certains points en proportion considérable ; aussi la végétation renferme-t-elle, comme nous le démontrerons dans le chapitre suivant, de nombreuses espèces calcicoles.

Plantes caractéristiques des coteaux.

(N.-B. — Les chiffres et les lettres qui les suivent correspondent aux différentes parties de cette région énumérées à la page précédente ; la lettre R indique que la plante est rare, disséminée, qu'elle n'existe que dans quelques localités des régions signalées, où cependant elle peut être plus ou moins abondante ; les lettres RR signifient que la plante est rare, même dans les points indiqués.)

Anemone rubra *Lamk.* — 1 a, b. — 2 a, b. — 3 b.

A. propera *Jord.* — 1 b. — 2 a. R.

Ranunculus Chærophyllos — 1 a, b, c. — 2 a. — 3 b.

{ R. cyclophyllus *Jord.* — 3 b. R.

{ R. lugdunensis *Jord.* — 3 b.

Thalictrum aquilegifolium — 1 b. R.

Th. collinum *Wallr.* — 2 a, b. — 3 a. R.

Th. montanum *Wallr.* — 2 a, b. — 3 a. R.

Helleborus fœtidus — 1, 2, 3.

Berberis vulgaris — 1, 2, 3.

Papaver dubium — 1, 2, 3.

Fumaria capreolata — 1 b. — 2. — 3 b.

F. parviflora *Lamk.* — 1 b. — 2 b. — 3 a, b.

Erucastrum Pollichii *Schimp.* — 1, 2, 3.

E. obtusangulum *Rchb.* — 1 a. — 2. — 3 b.

Sinapis incana — 1 b. — 2 a, b. — 3 b. R.

Diplotaxis tenuifolia *DC.* — 1, 2, 3.

D. muralis *DC.* — 1, 2, 3.

Sisymbrium Sophia — 1 a. — 2 b. — 3 a

Alyssum calycinum — 1, 2, 3.

Thlaspi perfoliatum — 1, 2, 3.

Lepidium petræum — 1 b. — 2 a, b. — 3 b. R.

L. graminifolium — 1, 2, 3.

Cistus salviæfolius — 1 b. R.

Helianthemum obscurum *Pers.* — 1 a, b. — 2 a, b. — 3 b.

H. salicifolium *Pers.* — 1 a, b. — 2 a, b. — 3 a, b.

H. guttatum *Mill.* — 1 b. — 3 b.

H. procumbens *Dun.* — 1, 2, 3.

H. pulverulentum *DC.* — 1, 2, 3.

Reseda Phyteuma. — 1, 2, 3.

Gypsophila Saxifraga — 1, 2, 3.

Dianthus silvestris *Wullf.* — 1 b. — 2 b. R.

Cucubalus bacciferus — 1 a, b. — 3 a, b.

Silene Otites — 1 b. — 2 a, b. — 3 a, b.

S. italica *Pers.* — 1 b. — 2 a, b. — 3 b.

S. conica — 1 b — 2 a, b — 3 a, b.

Alsine laxa *Jord.*, viscosa *Schreb.*, hybrida *Jord.* — 1 b. — 2 a, b. — 3 b.

Cerastium arvense — 2 a.

Linum gallicum — 1 b. — 2 a, b — 3.
L. tenuifolium — 1, 2, 3.
Geranium sanguineum — 1 a, b. — 2 a, b. — 3 a, b.
Rhamnus saxatilis — 1 b. — 2 a. R.
Cytisus capitatus *Jacq.* — 1 a, b. — 2 a. — 3 b.
     —   biflorus *L'Hérit.* — 1 b. — 2 a. RR.
Ononis natrix *Lamk.* — 1 b. — 2 a.
O. Columnæ *All.* — 1 b, c. — 2 a, b. — 3 a, b.
Anthyllis Vulneraria — 1, 2, 3.
Medicago ambigua *Jord.* — 1. — 2 a, b. — 3 a, b.
M. cinerascens *Jord.* — 1 a. — 2 a. — 3 b. R.
M. Timeroyi *Jord.* — 2 a. — 3 a. R.
Trigonella monspeliaca — 1 b, c. — 2 a, b. — 3 a, b.
Trifolium rubens — 1 b. — 3 a.
T. alpestre. — 1 a, b. — 2. — 3 a, b.
T. medium — 1 a, b. — 2 a — 3 a, b.
Coronilla Emerus — 1 a, b. — 2. — 3.
C. minima — 1 a, b. — 2 a. — 3 a, b. R.
Hippocrepis comosa — 1, 2, 3.
Lathyrus hirsutus — 1 a, b. — 2 a. — 3 a, b.
L. latifolius — 1 a, b. — 3 a, b. R.
Orobus niger — 1, 3.
Cerasus Mahaleb *Mill.* — 1, 2, 3.
Fragaria collina *Ehrh.* — 1 a, b. — 2 a, b. — 3 a, b.
Potentilla rupestris — 1 a, b. — 3 b. R.
P. opaca — 2 a. — 3 a, b.
Rubus tomentosus *Borh.* — 1 a, b. — 2 b. — 3 a, b.
Rosa lugdunensis *Déségl.* — 1 a. — 2 a. — 3 a, b. R.
Epilobium rosmarinifolium *Hœng.* — 1 b. — 2 a. — 3 a.
Polycarpum tetraphyllum — 2. — 3 a, b.
Crassula rubens — 1, 2, 3.
Sedum Cepæa — 1, 2, 3.
S. sexangulare — 1 b. — 2. — 3.
Caucalis daucoides — 1 a, b. — 2 a. — 3 b.
Torilis nodosa *Gærtn.* — 1 a, b, c. — 2 a. — 3 a.
Orlaya grandiflora *Hoffm.* — 2 b. — 3 b. R.
Peucedanum Cervaria — 1 a, b. — 3 a.
Tordylium maximum — 1 a, b. — 2 a. — 3 a, b.
Seseli coloratum *Ehrh.* — 1 b. R.
Fœniculum officinale — 1, 2, 3.
Bupleurum rotundifolium. — 1 a, b. — 2 a. — 3 a. R.
B. Jacquinianum *Jord.* — 2. R.
B. aristatum *Bartl.* — 1 b. — 2 a, b.
B. falcatum — 1, 2, 3.

Trinia vulgaris *DC.* — 1 a, b. — 2 a. R.
Scandix Pecten — 1, 2, 3.
Bunium Bulbocastanum — 1 a.
Eryngium campestre — 1, 2, 3.
Cornus mas — 1 a, b. — 3 a. R.
Asperula galioides *M. Bieb.* — 1 a, b. — 2 a, b — 3 b.
A. arvensis — 3 a, b. — 1 ?
Crucianella angustifolia — 1 b. — 3 a, b.
Rubia peregrina — 1 b. — 3 a, b.
Galium corrudæfolium *Vill.* — 1 b, c. — 2 a. — 3 a.
{ G. Timeroyi *Jord.* — 1 b. — 3 a.
{ G. implexum *Jord.* — 2 a.
{ G. divaricatum *Lamk.* — 2 a, b. — 3 a.
{ G. ruricolum *Jord.* — 2 a, b. — 3 b.
G. tricorne *With.* — 1 a, b. — 2 a. — 3 a, b.
Scabiosa Gramuntia — 1 b. — 2 a.
Sc. suaveolens *Desf.* — 1 b. — 2 a.
Globularia vulgaris — 1 a, b. — 3 a, b.
Carduus acaulis — 1, 2, 3.
Carlina Chamæleon — 1 b. — 2 a, — 3 a.
Centaurea Crupina. — 1 b. — 3 b. RR.
C. lugdunensis *Jord.* — 1 b. R.
C. paniculata. — 1 b. — 2 a, b — 3 a, b.
C. Calcitrapa. — 1, 2, 3.
Kentrophyllum lanatum *Duby.* — 1 a, b, c. — 2 a, b. — 3 a, b.
Helichrysum Stæchas *DC.* — 1 b, c. — 2 a, b. — 3 a, b.
Filago spathulata — 1 b. — 2 a.
Chrysocoma Linosyris — 1 b. RR.
Artemisia campestris — 1, 2, 3.
A. camphorata *Vill.* — 1 b, c. R.
Micropus erectus. — 1 b. — 2 a. — 3 a.
Aster Amellus — 1 b. — 2 ? — 3 a, b.
Inula montana — 1 b, c. — 2 b. — 3 a. R.
I. hirta. — 1 a, b. — 3 ?
I. salicina — 1, 2, 3 ?
Calendula arvensis — 1, 2, 3.
Lactuca saligna — 1 a, b. — 2. — 3.
Chondrilla juncea. — 1, 2, 3.
Pterotheca nemausensis *Cass.* — 1, 2, 3.
Barkhausia setosa — 1, 2, 3.
Hieracium staticifolium. — 1 b, c. R.
Podospermum laciniatum. — 1, 2, 3. ?
Campanula Medium. — 1 a, b. — 3 a. R.
C. persicifolia. — 1 a, b. — 2 b. — 3 a, b.

Campanula rapunculus. — 1 a, b. — 2 — 3.
C. rapunculoides. — 1, 2, 3.
Primula vulgaris *Lamk.* — 1, 2, 3.
Vinca major. — 1, 2, 3.
Vincetoxicum officinale. — 1, 2, 3.
Convolvulus cantabricus — 1 b, c. — 2 a, b. — 3 a. R.
Verbascum pulvinatum *Thuill.* — 1 a, b. — 2 a, b. — 3 a, b.
V. Lychnitis — 1, 2, 3.
V. nigrum — 1, 2, 3 ?
V. mixtum *Ram.*, Bastardi *R. et Sch.*, blattarioides *Lamk.*
    — 1, 2, 3.
Physalis Alkekengi — 1 a, b. — 2 a, b. — 3 a.
Anchusa italica *Retz* — 1, 2, 3.
Cynoglossum officinale, C. pictum *Ait.* — 1, 2, 3.
Echinospermum Lappula *Lehm.* — 1 b. — 2 a, b. — 3 a, b.
Lithospermum officinale — 1, 2, 3,
L. purpureo-cæruleum — 1 b. — 2 a, b. — 3 a, b.
Alkanna tinctoria *DC.* — 2 a. R.
Onosma arenarium *W. et Kit.* — 1 b, c. — 2 a, b. — 3 b.
Scrofularia canina — 1, 2, 3.
Linaria simplex *DC.* -- 1, 2, 3, ?
Odontites serotina *Rchb.* — 1, 2, 3.
O. lutea *Rchb.* — 1 b. — 3 a, b. R.
Melampyrum cristatum — 1 b. — 3 a. R.
M. arvense — 1, 2, 3.
Veronica prostrata — 1 a, b, c. — 2 b. — 3 ?
V. spicata — 1 b. — 2. — 3 ?
Calamintha officinalis — 1, 2, 3.
C. Nepeta — 1, 2, 3.
Galeopsis angustifolia — 1, 2, 3.
Stachys annua — 1, 2, 3.
Brunella grandiflora *Mœnch.* — 1 b. — 3 a.
Ajuga chamæpitys — 1, 2, 3.
Teucrium Chamædrys — 1, 2, 3.
T. montanum — 1 b, c. — 2 a. — 3 a.
Armeria sabulosa *Jord.* — 2 a, b. — 3 b.
Plantago arenaria *W. et Kit.* — 2 a.
Pl. cynops — 1, 2, 3,
Rumex scutatus — 3 a, b. R.
Daphne Laureola — 1 b.
Thesium divaricatum *Jan.* — 1 a, b, c. — 2 a, b. — 3 a, b.
Buxus sempervirens. — 1 b. — 3 a.
Euphorbia Gerardiana *Jacq.* — 1, 2, 3.
Quercus pubescens *Willd.* — 1 b. — 2 a, b.
Ruscus aculeatus. — 1, 2, 3.

Arum italicum *Mill.* — 1, 2, 3.
Tulipa silvestris — 1 a. — 3 a.
Phalangium Liliago — 1, 2, 3.
Scilla bifolia — 1, 2, 3.
S. autumnalis — 1 a, b. — 2 a, b. — 3 ?
Gagea arvensis — 1, 2, 3.
Ornithogalum sulfureum *Ræm et Sch.* — 1, 2, 3 ?
Allium sphærocephalum — 1, 2, 3.
A. intermedium *DC.* — 1 b. — 3 b.
A. carinatum — 1 a, b. — 2 a — 3 b.
Iris fœtidissima — 1 b. — 3 a.
Orchis hircina — 1, 2, 3 ?
O. bifolia — 1, 2, 3.
O. pyramidalis — 1 b. — 3 a.
O. purpurea *Huds.* — 1 a, b. — 2 ? — 3 a, b.
O. militaris — 1 a, b. — 2 a, b. — 3 a.
O. Simia *Lamk.* — 1, 2, 3.
O. tridentata — 1 b. — 2 a — 3 b.
O. mascula — 1 a, b. — 3 a, b.
O. rubra *Jacq.* — 1 b. c. R.
Ophrys anthropophora — 1 b. — 3 a.
O. aranifera *Huds.* — 1, 2, 3.
O. apifera *Huds.* — 1 a, b. — 2 a. — 3 a. b.
O. muscifera *Huds.* — 1 a, b. — 3 a.
Epipactis ovata *All.* — 1, 2, 3 ?
E. lancifolia *DC.* — 1 a, b. — 3 a, b.
E. ensifolia *Sw.* — 1 b. — 3 a.
E. latifolia *All.* — 3 a, b.
Carex Schreberi *Schrk.* — 1 a. — 2 a. — 3 b.
C. nitida *Host.* — 1, 2, 3.
C. montana — 1 b. — 2 a.
C. humilis *Leyss.* — 1 b. — 3 a, b. R.
C. digitata — 1, 2, 3.
C. ornithopoda *Willd.* — 1 b. — 2 a. — 3 a, b.
C. gynobasis *Vill.* — 1 b. — 3 a.
Andropogon Gryllus — 2 a. R.
Phleum arenarium — 1 b. — 2 a. — 3 b.
Melica glauca *F. Sch.* — 3 a, b.
Kœleria phleoides *Pers.* — 1 b. — 2 a. — 3 b.
Festuca rigida *Kunth.* — 1 a, b. — 3 a, b.
Bromus maximus *Desf.* — 1 b. — 2 a. R.
B. madritensis — 1 a, b. — 3 a, b.
B. asper — 1 a, b. — 3 a, b. R.
Psilurus nardoides *Trin.* — 2 a. — 3 b.

Plantes caractéristiques des plaines alluviales de la Saône, du Rhône et de l'Ain.

(Cultures, moissons [= m], graviers des bords du Rhône [= Rh.], de la Saône, etc.).

Adonis autumnalis. — 1 a, c. — 2 a.
A. æstivalis — m. — 1 b, c. — 2 a.
A. flammea *Jacq.* — m. — 1 b, c. 2 a.
Ranunculus gramineus. — 1 c. — 2 a.
Thalictrum majus *Jacq.* — 1 b.
Th. expansum *Jord.* — Rh.
Th. medium *Jacq.* — Rh.
Th. laserpitiifolium. — Rh.
Th. galioides. — Rh.
Th. flavum. — Rh.
Nigella arvensis. — m.
Delphinium Consolida. — m.
Papaver hybridum. — m.
Fumaria Vaillantii. — m. — 2 a.
Erysimum cheiranthoides.
Braya supina *Koch.* — S. Rh. inf.
Iberis pinnata. — m.
Neslia paniculata. — m. — 1, 2.
Rapistrum rugosum. — Rh.
Bunias Erucago. — m. — 1, 2, 3.
Diplotaxis, Erucastrum.
Reseda Phyteuma.
R. lutea, R. luteola.
Linum marginatum. *Poir.* — Rh.
Ononis campestris *K. et Ziz.*
O. natrix *Lamk.* — Rh.
Melilotus officinalis *Willd.* — Rh.
M. arvensis *Wallr.* — m.
M. alba *Thuill.*
Tetragonolobus siliquosus *Roth.*
Epilobium rosmarinifolium *Hœng.* — Rh.
Myricaria germanica. — Rh.
Sedum anopetalum *DC.*
Caucalis daucoides. — m.
Scandix Pecten. — m.
Valerianella carinata *Lois.*
V. membranacea *Lois.*

V. eriocarpa *Desv.*
Centaurea solstitialis.
C. aspera *DC.* — Rh.
Filago spathulata *Presl.*
Solidago glabra *Desf.* — Rh.
Inula salicina.
Xanthium strumarium.
X. spinosum.
Chlora perfoliata.
Hyoscyamus niger.
Physalis Alkekengi.
Solanum ochroleucum *Bast.* — S.
S. miniatum *Bernh.*
S. villosum *Lamk.*
Odontites serotina *Rchb.* — m.
Melampyrum arvense
Veronica Buxbaumii *Ten.*
Stachys germanica.
S. annua.
Plantago arenaria.
P. Cynops.
Passerina annua. — m.
Hippophae rhamnoides. — Rh.
Aristolochia Clematitis.
Euphorbia Gerardiana *Jacq.*
E. falcata. — m.
E. Esula
Salix (pl. espèces).
Asparagus officinalis.
Ornithogalum nutans.
Allium acutangulum *Schrad.*
Orchis fragrans — Rh.
O. conopea. — Rh.
Tragus racemosus *Desf.*
Crypsis alopecuroides. — S.
Kœleria phleoides.
Etc.

Une remarque intéressante est l'absence totale dans les alluvions, principalement dans celles de la Saône, des Orchidées et des Fougères, observation faite déjà par Michalet (1) et M. Lacroix (2); les alluvions du Rhône possèdent cependant quelques *Orchis*.

Les espèces énumérées dans les deux listes qui précèdent ne sont pas toutes également caractéristiques : les unes, et c'est le plus grand nombre de la première énumération, ne se trouvent dans la région lyonnaise que sur les coteaux du Rhône et de la Saône et manquent complètement aux collines et aux plateaux du Lyonnais, du Beaujolais et de la Dombes; d'autres, fréquentes dans la région des coteaux du Rhône, peuvent aussi se rencontrer, mais moins abondamment, dans les stations analogues des autres régions secondaires ; ce sont :

Anemone rubra, Ranunculus Chærophyllos, R. monspeliacus, Helleborus, Berberis, Lepidium graminifolium, Helianthemum guttatum, Alsine viscosa, Geranium sanguineum, Anthyllis Vulneraria, Medicago cinerascens, Cytisus capitatus, Trigonella monspeliaca, Hippocrepis comosa, Lathyrus hirsutus, Cerasus Mahaleb, Potentilla rupestris, Rubus tomentosus, Crassula rubens, Sedum Cepæa, S. sexangulare, Orlaya, Caucalis daucoides, Torilis nodosa, Tordylium maximum, Bupleurum Jacquinianum, B. falcatum, Scandix Pecten, Crucianella angustifolia, Lactuca saligna, Chondrilla juncea, Andryala sinuata, Campanula persicifolia, C. Rapunculus, Primula vulgaris, Verbascum blattarioides, Anchusa italica, Cynoglossum officinale, Echinospermum Lappula, Lithospermum officinale, Scrofularia canina, Odontites serotina, Veronica prostrata, Galeopsis angustifolia, Teucrium Chamædris, Armeria, Plantago arenaria, Chenopodium opulifolium, Rumex scutatus, Buxus, Quercus pubescens, Phalangium Liliago, Scilla bifolia, Allium sphærocephalum, Epipactis ovata, Carex Schreberi, Melica glauca, etc.

On peut encore ajouter aux plantes constituant la Flore de cette région les espèces suivantes, plus fréquentes dans les régions voisines, et, par conséquent, nullement caractéristiques pour celle des coteaux du Rhône, où elles ne se trouvent que dans les points ordinairement sablonneux :

Papaver Argemone.
Teesdalia nudicaulis *R. Br.* — 1 a, b. — 2 a. — 3 b.
Silene gallica. — 2 a. — 3 a.

---

(1) MICHALET. *Botanique du Jura*, p. 40.
(2) LACROIX. *Essai sur la végétation des environs de Mâcon*, 1875, p. 11.

Spergula pentandra. — 1, 2, 3.
Linum gallicum. — 1, 2, 3.
Malva moschata. — 1 b. — 2 ? — 3 a, b.
Sarothamnus vulgaris. — 1, 2, 3.
Trifolium subterraneum. — 1. — 3. — R.
T. elegans *Savi* — 2. — 3. — R.
Vicia lathyroides. — 1, 2, 3.
Lathyrus angulatus. — 1, 2, 3.
Potentilla collina (P. decipiens *Jord.*) — 2 a. — 3 a, b.
Epilobium lanceolatum *Seb. et Maur.* — 1 a.
Herniaria incana. — 2 a. — 3 b.
Bupleurum Jacquinianum *Jord.* — 2 a.
Filago montana. — 1, 2, 3.
Hieracium umbellatum. — 1, 2, 3.
Andryala sinuata. — 1 b. — 2 ? — 3 b.
Thrincia hirta. — 1 b, c. — 2.
Jasione montana. — 1 b, c.
Erica vulgaris. — 1, 2, 3.
Linaria Pelliceriana *Mill.* — 1 a. — 2 a. — 3 b.
Anarrhinum bellidifolium *Desf.* — 1 b.
Veronica acinifolia. — 1, 2, 3.
V. triphyllos. — 1, 2, 3.
Polycnemum arvense. — 2 b.
Aira agregata *Jord.* — 2 a. — 3 a.
A. elegans *Gaud.* — 1 b. — 2 a.
Festuca heterophylla *Lamk.* — 1, 3.
Nardurus tenellus *Rechb.* — 1 b, c. — 2 a. — 3 b.
Etc.

Enfin, les bois plus ou moins couverts, qu'on trouve principalement dans les vallons de la cotière méridionale, renferment une série de plantes également peu caractéristiques, car elles se rencontrent dans toutes les stations analogues des diverses régions ; ce sont :

Ranunculus nemorosus.
Anemone nemorosa.
Aquilegia vulgaris.
Actœa spicata. R.
Viola hirta.
V. odorata.
V. silvestris.
Arenaria trinervia.
Hypericum montanum.
H. hirsutum.

Geranium pyrenaicum.
Oxalis acetosella.
Rhamnus Frangula.
Orobus tuberosus.
Epilobium hirsutum.
E. montanum.
Circœa lutetiana.
Sanicula europæa.
Asperula odorata.
Dipsacus pilosus. R.

Phyteuma spicatum.
Pulmonaria vulgaris.
Veronica montana. R.
Lamium album.
Galeobdolon luteum.
Galeopsis Tetrahit.
Melittis Melissophyllum.
Stachys silvatica.
Euphorbia dulcis.
E. amygdaloides.
Mercurialis perennis. R.
Convallaria multiflora.
C. majalis.
Maianthemum bifolium. R.R.
Paris quadrifolia.

Tamus communis.
Carex muricata.
C. silvatica.
C. digitata.
Melica nutans.
M. uniflora.
Festuca heterophylla.
F. gigantea. R.
Brachypodium pinnatum.
Aspidium aculeatum.
Polystichum Filix-mas.
P. spinulosum. R.
Athyrium Filix-fœmina.
Scolopendrium officinale.

La Flore des coteaux ne se présente pas partout avec la même richesse; on observe, en parcourant les diverses localités de cette région, des phénomènes particuliers de dispersion qu'il peut être intéressant d'examiner succinctement :

1° Les parties les plus riches, du moins en espèces dites *rares*, sont les coteaux qui s'étendent de Fontaines et de Sathonay au Vernay, près Lyon (1 a), et ceux situés entre la Pape et Montluel (1 b). Ils forment une falaise élevée, souvent abrupte, renfermant de nombreuses stations que les cultures n'ont pas encore détruites : pelouses, taillis bien exposés au midi (même dans la partie occidentale, grâce aux vallons transversaux) et possédant une Flore d'une richesse exceptionnelle. C'est, en effet, sur les coteaux seuls de la Pape et de Neyron que le botaniste peut récolter, dans les environs immédiats de Lyon, les *Cistus salviæfolius*, *Cytisus biflorus*, *Crupina*, *Chrysocoma*, *Rhamnus saxatilis*, *Orchis ruber*, *Stipa pennata*, *Bromus maximus*, etc., et quelques autres espèces qu'on retrouve aussi, mais seulement soit à Sain-Fonds ou à Oullins, comme les *Dianthus silvestris*, *Bromus asper*, soit au Mont-d'Or, comme l'*Aphyllanthes;* le voisinage du Mont-d'Or paraît, du reste, être la cause de la présence sur quelques points des coteaux du Rhône et de la Saône de plantes plus particulières à ce massif montagneux ; c'est ainsi qu'on trouve en face du Mont-d'Or, au Vernay et au-dessus de Fontaines, le *Lilium Martagon* et le *Stachys alpina*. Nous verrons plus loin les autres analogies de végétation que les coteaux du Rhône présentent avec le Mont-d'Or lyonnais ;

2° Les Balmes viennoises (2 a, b) se distinguent des coteaux qui précèdent par leur relief moins accusé, les cultures qui occupent presque partout le sol, la rareté des pelouses et des taillis, et, comme conséquence, l'absence ou la rareté de beaucoup de plantes fréquentes dans ces stations de la côtière méridionale de la Dombes, particulièrement des *Orchis ;* les espèces des sables et des graviers y sont seules bien représentées. On doit cependant faire exception pour les bois qui s'étendent de Janeyriat à Anthon, où l'on retrouve les Orchidées et autres plantes intéressantes des coteaux du Rhône, les buttes de Décines possédant quelques espèces spéciales, et les balmes de Sain-Fonds et Feyzin où croissent *Dianthus silvestris, Convolvulus cantabricus,* etc. Cette absence d'une certaine catégorie d'espèces est du reste compensée par la présence de plantes manquant aux autres parties du Lyonnais, ou rares, comme : *Cerastium arvense, Pulsatilla propera* Jord., *Rhamnus Villarsii, Trifolium Bocconi, Linaria supina, Andropogon Gryllus,* etc.;

3° Les coteaux du Lyonnais proprement dit (3 b), malgré leurs nombreux accidents topographiques, n'ont pas la richesse des coteaux de la Dombes ; la cause en est aussi à la fréquence des cultures, à la rareté des pelouses et des taillis, sauf dans les points où affleurent les roches sous-jacentes, gneiss et granites, mais où la végétation est alors tout à fait distincte de celle habituelle à la région des coteaux. Ces caractères particuliers expliquent la rareté des *Coronilla Emerus, Ononis Columnæ, Aster Amellus,* etc., si caractéristiques par leur abondance dans la côtière méridionale de la Dombes, et qu'on ne trouve ici que dans quelques stations, à Oullins, Laval, Yvour. Une autre cause d'appauvrissement provient de la direction N. S. de ces coteaux, qui rend rares les expositions méridionales, ne se présentant que dans les vallées ou échancrures transversales. Cependant la Flore thermophile y est assez bien représentée par les *Ranunculus cyclophyllus, R. lugdunensis, Chrysocoma, Tulipa, Bromus asper, Gastridium lendigerum, Adiantum,* dans les environs de Sainte-Foy et d'Oullins, et même les *Celtis australis, Quercus Ilex,* à Grigny ; rappelons, de plus, que ces coteaux possédaient autrefois le *Cistus salviæfolius,* au-dessus de Charly, de même que les Balmes viennoises l'avaient aussi, en face, à Saint-Priest.

La végétation des plaines alluviales présente à son tour d'assez notables différences, suivant qu'on l'étudie dans les vallées de la Saône, du Rhône inférieur (au-dessous de Lyon), du
Rhône supérieur (au-dessus de Lyon), et dans celle de l'Ain.

Dans la vallée de la Saône, soit du côté de la Dombes (1 a),
soit du côté du Beaujolais (3 a), on trouve parmi les plantes les
plus caractéristiques : *Aristolochia Clematitis*, *Erysimum
cheiranthoides*, *Crypsis alopecuroides*, *Althœa officinalis*,
Braya supina, *Tulipa silvestris*, et ces espèces descendues
soit du Doubs ou du Jura, par la Saône, soit des montagnes
du Beaujolais par l'Ardière et l'Azergue, comme *Fritillaria
Meleagris*, *Lychnis silvestris*, *Geranium nodosum*, etc.

Les alluvions de la vallée du Rhône ont aussi, dans leur partie
inférieure, au-dessous de Lyon, les *Aristolochia Clematitis*,
Braya supina de la vallée de la Saône ; mais elles possèdent de
plus les plantes suivantes, tout à fait caractéristiques des bords
de ce fleuve : *Hippophae*, *Myricaria*, *Linum marginatum*,
Plantago Cynops, *Ononis natrix*, et surtout les espèces des-
cendues des montagnes du Bugey, telles que : *Hutchinsia*,
Helianthemum canum, *Chlorocrepis*, *Sideritis hyssopifolia*,
Teucrium montanum, *Calamagrostis argentea*, etc. Ces der-
nières se trouvent particulièrement sur les bords du Rhône, de
Jonages à Anthon, et sur les bords de la Valbonne et de la
rivière d'Ain avec *Polygala exilis*, *Scabiosa suaveolens*, les
Helianthemum pilosum, *H. apenninum*, *Orchis fragrans*,
Phleum arenarium, etc. On les retrouve aussi dans la plaine du
Bas Bugey, c'est-à-dire les alluvions de l'Ain, de l'Albarine et
du Rhône s'étendant au pied des monts du Bugey, depuis
Pont-d'Ain jusqu'à Loyettes (Ambronay, Château - Gaillard,
Ambérieux, etc.) ; ces territoires possèdent de plus les espèces
rares suivantes : *Alyssum montanum*, *Alsine Bauhinorum*
Gay, *Seseli glaucescens* Jord., *Linaria supina*, *Allium fal-
lax*, etc., et plus rare encore, *Daphne cneorum*.

Enfin, si l'on compare la végétation que nous venons de décrire avec celle des alluvions du Doubs, de la Loire et des
stations identiques situées à peu près sous le même climat, on
constatera les plus grandes analogies. Sur les bords du Doubs
et de la Loue, nous voyons, en effet (d'après Michalet, *l. c*,
p. 39), les nombreux Saules, les *Thalictrum*, les *Epilobium
rosmarinifolium*, *Œnothera biennis*, *Euphorbia Gerardiana*

et *Esula, Sedum anopetalum, Erucastrum Pollichii* qui habitent les bords de nos deux fleuves, et principalement les *Inula britannica, Braya supina, Crypsis alopecuroides*, plus partiliers à la Saône et au Rhône inférieur. De même les moissons des alluvions du Doubs contiennent, comme celles du Rhône : *Delphinium Consolida, Fumaria Vaillantii, Filago spathulata, Adonis flammea* et *æstivalis, Euphorbia falcata, Centaurea Calcitrapa*, etc.

Voici, au surplus, l'énumération des principales espèces communes à la fois aux alluvions du Doubs (D.) et à celles de la Saône (S.), du Rhône (Rh.) et de l'Ain (A.) ; nous les avons choisies parmi les plus caractéristiques de la région :

Adonis autumnalis. D. S. Rh. A.
A. æstivalis. — id.
A flammea. — id.
Thalictrum angustifolium. — id.
Th. galioides. — id.
Thalictrum flavum. — id.
Th. lucidum. Rh. A.
Delphinium Consolida. D. S. Rh. A.
Fumaria Vaillantii. D. S ? Rh.
F. officinalis D. S. Rh. A.
Braya supina. D. S. Rh. inf.
Erysimum cheiranthoides. D. S.
Erucastrum Pollichii. D. S. Rh. A.
Althæa officinalis. D. S.
Ononis campestris. D. S. Rh. A.
Melilotus alba. — id.
M. officinalis. — id.
M. macrorhiza. — id.
Lathyrus aphaca. — id.
L. hirsutus. — id.
Herniaria glabra. — D. S ? Rh. A.
Sedum anopetalum D. S ? Rh. A.
S. reflexum. D. S. Rh. A.
Ammi majus (errat.).
Orlaya grandiflora. D. Rh. A.
Caucalis daucoides. D. Rh.
Scandix Pecten. D. S. Rh. A.
Asperula arvensis. D. Rh. A.
Valerianella Morisonii. D. Rh. (err.)

Centaurea Calcitrapa. D. S. Rh. A.
Filago spathulata D. Rh. A.
Tanacetum vulgare. D. S.
Inula Britannica. D. S. Rh.
Chondrilla juncea. D. S. Rh. A.
Barkhausia fœtida. — id.
Thrincia hirta. — id.
Lactuca saligna. — id.
Xanthium Strumarium. D. S. Rh.
X. spinosum. — id.
Verbascum phlomoides. — id.
V. blattarioides. — id.
Heliotropium europæum. D. S. Rh. A.
Physalis Alkekengi. — id.
Hyoscyamus niger. — id.
Teucrium Scordium. — id.
Menthæ sp. — id.
Polycnemum majus. — id.
Passerina annua. — id.
Euphorbia Gerardiana. — id.
E. falcata. — id.
E. platyphylla. — id.
E. Esula. — id.
Salix pl. esp. princ'. S. incana. — id.
Fritillaria Meleagris. D. S.
Ornithogalum sulfureum. D. S. Rh. A.
Crypsis alopecuroides. D. S.
Cynodon dactylon. D. S. Rh. A.

Sans compter les plantes aquatiques telles que *Ranunculus trichophyllus* Chaix, *R. divaricatus* Schrank, *Nymphœa, Myriophyllum verticillatum, M. spicatum, Hippuris, Senecio*

*paludosus, Gratiola, Polygonum dubium, Alopecurus genicu-
latus, Equisetum hyemale,* etc., dont nous reparlerons dans un
paragraphe particulier.

On voit, de plus, en poursuivant ce travail de comparaison,
que les espèces suivantes, fréquentes dans les alluvions du Rhône
et de l'Ain, manquent au contraire à celles du Doubs :

Ranunculus gramineus.
Nigellæ sp.
Erucastrum obtusangulum.
Diplotaxis tenuifolia.
D. muralis.
Hutchinsia petræa.
Iberis pinnata.
Bunias Erucago
Rapistrum rugosum.
Gypsophila saxifraga.
Ononis natrix.
Tetragonolobus siliquosus.
Myricaria germanica.
Torilis nodosa.
Centaurea paniculata.
Kentrophyllum lanatum.

Xeranthemum inapertum.
Helichrysum Stœchas.
Artemisia campestris.
Pterotheca nemausensis.
Barkhausia setosa.
Podospermum laciniatum.
Chlora perfoliata.
Anchusa italica.
Cynoglossum pictum.
Scrofularia canina.
Calamintha nepeta.
Plantago Cynops.
Hippophae rhamnoides.
Equisetum ramosum.
E. variegatum.

Ces plantes sont ou des espèces descendues des montagnes de
la Savoie et du Bugey, ou des espèces méridionales remontant
la vallée du Rhône, la plupart jusqu'à Genève.

De même la vallée du Rhône manque de quelques espèces de
l'Europe centrale qu'on trouve dans les alluvions du Doubs,
comme *Corydalis cava* Schweig. et Kœrt., *Silene noctiflora,
Salix hippophœfolia* Thuill., etc.

La comparaison avec la flore des alluvions de la Loire, dans
la plaine du Forez principalement, permet aussi de constater
une certaine analogie de végétation, qui se traduit par la présence, dans les stations identiques des deux vallées, des plantes
suivantes :

Adonis autumnalis.
A. æstivalis.
A. flammea.
Delphinium Consolida.
Diplotaxis muralis.
Neslia paniculata.
Melilotus alba.
M. altissima.
Œnothera biennis.

Orlaya grandiflora.
Turgenia latifolia.
Caucalis daucoides.
Scandix pecten.
Torilis nodosa.
Bupleurum rotundifolium.
Ammi majus.
Galium viridulum.
Herniaria glabra.

Asperula arvensis.

Valerianella Morisonii.

Inula Britannica.

Kentrophyllum lanatum.

Centaurea Calcitrapa.

Podospermum laciniatum.

Chondrilla juncea.

Xanthium strumarium.

Anchusa italica.

Scrofularia canina.

Galeopsis angustifolia.

Ajuga chamæpitys.

Plantago arenaria.

Polycnemum majus.

Passerina annua.

Aristolochia Clematitis.

Euphrasia falcata.

Gagea arvensis.

Phleum asperum.

Agropyrum caninum.

Cependant les espèces suivantes de la vallée du Rhône ne pénètrent pas (ou très-rarement) dans la plaine du Forez :

Fumaria capreolata.

Braya supina.

Erucastrum obtusangulum.

E. Pollichii.

Diplotaxis tenuifolia (R. R.).

Iberis pinnata.

Bunias Erucago.

Rapistrum rugosum (R. R.).

Reseda Phyteuma.

Gypsophila Saxifraga.

Linum marginatum.

L. tenuifolium (R. R.).

Althæa officinalis (R. R.).

Ononis campestris.

O. natrix.

Tetragonolobus siliquosus.

Sedum anopetalum.

Filago spathulata.

Xanthium spinosum.

Chlora perfoliata.

Calamintha Nepeta.

Plantago Cynops.

Euphorbia Gerardiana.

Myricaria germanica.

Hippophae rhamnoides.

Salix incana.

Fritillaria Meleagris.

Tulipa silvestris (R. R.).

Crypsis alopecuroides.

Sans parler des plantes des montagnes du Bugey descendues sur les bords du Rhône, comme *Hutchinsia petræa*, *Chlorocrepis*, etc., qui ne peuvent se retrouver sur les bords de la Loire.

2° *Région du Mont-d'Or, de la Chassagne et d'Oncin.*

La plus grande partie du massif du Mont-d'Or lyonnais, les collines de la Chassagne, d'Alix, de Theizé, le massif d'Oncin, constituent une région botanique que l'ensemble de sa végétation sépare nettement des parties voisines du Lyonnais et du Beaujolais.

Cette région, enclavée entre le Beaujolais et le Lyonnais proprement dit, est limitée : au nord, par une ligne qui s'étend de Villefranche à Blacé, puis s'infléchit vers Montmelas et Rivolet jusqu'au Saule-d'Oingt (col situé entre Chatoux et Oingt) ; à l'ouest, par une ligne N.-S qui se dirige du Saule-

d'Oingt à Bully, en passant sous Oingt et le Bois-d'Oingt ;
au midi, cette limite suit la Turdine et la Brevenne jusqu'à son
confluent sous Lozanne, passe entre Civrieux et Dommartin,
près de Dardilly et suit le ruisseau des Planches jusqu'à Vaise ;
enfin, à l'est, cette région est limitée par la partie des coteaux
de la rive droite de la Saône qui s'étend de Villefranche à
Lyon.

Elle comprend donc :

1° Le massif du Mont-d'Or, dont les principaux points sont les pelouses
qui s'étendent du Mont-Verdun à la Garenne et à la Croix-des Rampeaux,
le Mont-Toux et le sommet des carrières de Couzon, le Mont Cindre, etc. ;

2° Les collines qui s'étendent de Villefranche à Chazey-d'Azergues et Saint-
Jean-des-Vignes (Limas, Pommiers, Alix, etc.) ;

3° Les basses montagnes de Montmelas à Châtillon-d'Azergues (Cogny,
Theizé, etc.) ;

4° Le plateau d'Oncin et de Bully.

Les différentes parties de ce territoire offrent des orientations
et des expositions variables, indiquées du reste dans la description géographique du Mont-d'Or et du Beaujolais que nous
avons donnée dans le premier chapitre de cet ouvrage. Nous
rappellerons seulement que quelques points de ces basses montagnes atteignent des altitudes assez élevées : 651 mètres au
Signal de Theizé, 625 mètres au Mont-Verdun, 612 mètres au
Mont-Toux, 467 mètres au Mont-Cindre, etc.

Les terrains qui prédominent dans cette région sont les
roches de sédiments appartenant aux terrains du trias, du lias et
du jurassique inférieur (grès bigarrés, marnes et calcaires du
lias, calcaires du bajocien et du bathonien) ; ils donnent des
sols le plus souvent fragmentaires ou compactes, rarement sablonneux (au niveau des grès) ; puis viennent les terrains de
transport, alluvions anciennes soit des glaciers de la Brevenne
et de l'Azergues dans la partie occidentale (massif d'Oncin,
Alix, etc.), soit du glacier du Rhône, dans la partie orientale
(coteaux de la Saône et base du Mont-d'Or, où l'on trouve encore
un lehm local particulier) ; enfin les roches primitives et métamorphiques du Lyonnais et du Beaujolais (gneiss, granites,
granites porphyroïdes, carbonifèrien), qui n'apparaissent que
sur les confins de la région et dans les vallons qui rayonnent à
la base du Mont-d'Or.

Ce sont les localités dont le sol est constitué par les terrains de
sédiments (marnes et calcaires du lias et du jurassique infé-

rieur), les terrains glaciaires alpins, ainsi que le lehm du Mont-d'Or, qui possèdent seuls la végétation caractéristique de cette région, énumérée plus bas. Nous aurions voulu pouvoir dresser pour elle un tableau comparatif de la dispersion des espèces caractéristiques dans chacune des parties qui la constituent, analogue à celui que nous avons établi pour la région des coteaux ; mais les renseignements que l'on possède sur la flore des collines de la Chassagne, de Theizé et d'Oncin, n'ont pas été recueillis avec assez de précision. Nous nous bornerons donc à donner l'énumération des espèces caractéristiques de la végétation du Mont-d'Or lyonnais, en indiquant seulement, pour les plus intéressantes d'entre elles, si elles ont été observées dans les autres parties de cette région (Mont-d'Or, 1 ; la Chassagne, Alix, Theizé, etc, 2 ; Oncin, Bully, 3). Nous ne saurions trop insister sur l'imperfection de ce travail et pour qu'il soit complété par les observateurs locaux.

Enumération des espèces caractéristiques de la deuxième région, principalement du Mont-d'Or lyonnais.

Thalictrum majus *Jacq.* — 1, 2. — R.
Th. montanum *Wallr.* — 1, 2. — R.
Th. collinum *Wallr.* — 1, 2. — R.
Th. glaucescens *Willd.* — 2. — R.
Hepatica triloba *Chaix.* — 2. R. R.
Berberis vulgaris. — 1, 2, 3,
Papaver dubium. — 1.
P. hybridum. — 1, 2.
Fumaria Vaillantii *Lois.* — 1.
F. parviflora *Lamk.* — 1.
Corydalis lutea. — 1. — R. R.
Arabis sagittata *Rchb.* — 1, 2.
Erysimum orientale *R. Br.* — 1. — R. R.
Farsetia clypeata *R. Br.* — 1, 2. — R. R.
Thlaspi perfoliatum. — 1, 2, 3.
Iberis pinnata. — 1.
Bifora testiculata *Spreng.* — 1. — R. R.
Myagrum perfoliatum. — 1.
Neslia paniculata *Desf.* — 1.
Helianthemum obscurum *Pers.* — 1, 2, 3.
H. salicifolium *Pers.* — 1, 2.
H. pulverulentum *DC.* — 1, 2, 3. ?
H. guttatum *Mill.* — 1, 2. ?

Reseda Phyteuma.
Polygala oxyptera *Rchb.* — 2.
P. comosa *Schk.* — 1.
Cucubalus baccifer. — 1, 2.
Silene italica *Pers.* — 1.
Buffonia macrosperma *Gay.* — 1. 2. — R.
B. perenis *Pour.* — 2. R.
Linum tenuifolium.
Althæa hirsuta. — 1.
Acer monspessulanum. — 1.
A. platanoides. — 1. — R.
A. opulifolium *Vill.* — 1. — R.
A. Pseudoplatanus. — 1.
Geranium sanguineum. — 1, 2, 3.
Spartium junceum. — 1, 2. — R.
Genista horrida *DC.* — RR.
G. tinctoria *var.* lasiocarpa *Car.* — 1, 2.
Cytisus Laburnum. — 1.
Ononis Columnæ *All.* — 1.
Anthyllis Vulneraria. 1, 2, 3.
Medicago ambigua *Jord.* — 1.
M. denticulata. — 1.
M. Timeroyi *Jord.* — 1, 2.
Trigonella monspeliaca. — 1, 2.
Melilotus arvensis *Wallr.* — 1, 2.
M. Petitpierreana *Willd.*
Trifolium medium. — 1, 2.
T. alpestre. — 1, 2.
T. rubens. — 1.
T. montanum. — 1, 2, 3. ??
Coronilla Emerus. — 1, 2, 3.
C. minima. — 1.
Onobrychis supina *DC.* — 1 — R.
Vicia tenuifolia *Roth.* — 1.
Lathyrus latifolius. — 1, 2.
Orobus niger. — 1, 2.
Orobus vernus. — 1. ?
Cerasus Mahaleb *Mill.* — 1, 2, 3.
Fragaria elatior *Ehrh.* — 1, 2.
F. collina *Ehrh.* — 1, 2.
Rubus rusticanus *Merc.*; — R. rhamnifolius *W. N.*;
    R. nemorosus *Hayn.*
Rosa fastigiata *Bast.* — 1, 2.
R. systyla *Bast.* — 1, 2

144

Rosa leucochroa *Desv.* — 1, 2.
R. ramosissima *Rau.* — 1. — R.
R. Carioti *Chab.* — 1. — R.
R. Pouzini *Tratt.* — 1.
R. Timeroyi *Chab.* — 1. — R
R. collina *Déségl.* — 1, 2.
R. flexuosa *Rau.* — 1, 2.
R. cheriensis *Déségl.* — 1, 2.
R. lugdunensis *Déségl.* — 1, 2.
R. Vaillantiana *Redouté.* — 1. — R.
R. comosa *Rip.* — 1.
R. nemorum *Rip.* — 1. — R.
Sorbus Aria *Crantz.* — 1, 2, 3.
S. torminalis *Crantz.* — 1, 2.
Amelanchier vulgaris *Mœnch.* — 1.
Epilobium spicatum *Lamk.* — 1.
E. rosmarinifolium *Hœng.* — 1.
Polycarpum tetraphyllum.
Sedum lugdunense *(Jord.).* — 1.
S. sexangulare. — 1, 2.
S. anopetalum *DC.*
S. dasyphyllum. — 1.
Caucalis daucoides. — 1, 2.
C. leptophylla. — 2.
Torilis nodosa *Gærtn.* — 1.
Orlaya grandiflora *Hoffm.*
O. platycarpa *Koch.* — 1. — R.
Peucedanum Cervaria. — 1, 2.
Seseli coloratum *Ehrh.* — 1.
Bupleurum rotundifolium. — 1, 2.
Bupleurum aristatum *Bartl.* — 1.
Trinia vulgaris *DC.* — 1.
Bunium Bulbocastanum. — 1. — 2. ?
Bifora testiculata *M. Bieb.* — 1. — R. R.
Lonicera etrusca *Santi.* — 1.
Cornus mas. — 1, 2.
Asperula arvensis. — 1.
Rubia peregrina. — 1.
Galium corrudæfolium *Vill.* — 1, 2.
G. Timeroyi *Jord.* — 1.
G. divaricatum *Lamk.* — 1.
G. ruricolum *Jord.* — 1, 2.
G. tricorne *With.* — 1, 2.
Valerianella membranacea. — 1.

Scabiosa patens *Jord*. — 1.
Globularia vulgaris. — 1, 2, 3. ?
Cirsium acaule *All*. — 1, 2, 3.
Carlina chamæleon *Vill*. — 1. ?
Leuzea conifera *DC*. — 1. —R.
Centaurea lugdunensis *Jord*. — 1.
Kentrophyllum lanatum *Duby*. — 1, 2, 3.
Xeranthemum inapertum *Willd*. — 1 ? — 2.
Helichrysum Stœchas *DC*. — 1.
Gnaphalium dioicum. — 1, 2.
Micropus erectus. — 1, 2.
Erigeron serotinus *Weihe*. — 1.
Aster Amellus. — 1.
Senecio flosculosus *Jord*. — 1. ?
S. gallicus *Vill*. — 1.
Inula montana. — 1.
I. hirta. — 1, 2. ?
I. salicina. — 1, 2. ?
Chrysanthemum corymbosum. — 1.
Pterotheca nemausensis *Cass*. — 1.
Crepis nicæensis *Balb*. — 1. — R.
Barkhausia setosa *DC*. — 1.
Podospermum laciniatum *DC*. — 1.
Leontodon hastilis. — 1, 2.
L. crispus *Vill*. — 1. R.
Hypochœris maculata. — 1.
Campanula Medium. — 1, 2.
C. persicifolia. — 1, 2.
C. linifolia. — 2. —R.
Pirola minor. — 1, 2.
Monotropa hypopitys. — 1, 2, 3, !
Chlora perfoliata. — 1.
Gentiana Cruciata. — 1, 2.
G. ciliata. — 1.
Convolvulus cantabricus. — 1. ?
Physalis Alkekengi. — 1, 2, 3. !
Anchusa italica.
Cynoglossum pictum *Ait*.
Lithospermum purpureo-cæruleum. — 1, 2, 3. !
Digitalis grandiflora *Lamk*. — 2.
D. lutea. — 1, 2.
Euphrasia lutea. — 1, 2.
Melampyrum cristatum. — 1, 2, 3. !
M. arvense. — 1, 2, 3.

Veronica prostrata. — 1.

V. spicata. — 1.

Orobanche cruenta *Bertol.* — 1, 2.

O. epithymum *DC.* — 1.

O. Teucrii *Hffm.* —1, 2, 3. ?

O. Picridis *Vauch.* — 1. — R.

O. Cervariæ *Suard.* — 1. — R.

G. unicolor *Bor.* — 1. — R.

Calamintha officinalis *Mœnch.*

Stachys annua. — 1, 2, 3. ?

Brunella grandiflora *Mœnch.* — 1, 2.

Ajuga Chamæpitys *Schreb.*

Teucrium montanum. — 2. — R.

T. Polium. — 2. — R.

Lavandula vera *DC.* — 1. — R. R.

Rumex scutatus. — 1, 2.

Daphne Laureola. — 1.

Thesium divaricatum *Jan.* — 1.

Buxus sempervirens. — 1, 2, 3.

Maianthemum bifolium *DC.* — 1, 2.

Ruscus aculeatus.

Narcissus Pseudonarcissus. — 1. 2.

N. incomparabilis *Mill.* — 1. — R. R.

Lilium Martagon. — 1, 2.

Ornithogalum sulfureum. — 1, 2.

Gagea arvensis. — 1, 2, 3.

Iris fœtidissima. — 1.

Orchis hircinus *Crantz.* — 1, 2.

O. pyramidalis. — 1, 3.

O. purpureus *Huds.* — 1, 3.

O. militaris. — 1.

O. Simia. — 1, 2, 3.

Ophrys anthropophora. — 1, 2, 3.

O. aranifera. — 1.

O. fucifera *Rchb.* — 1.

O. apifera *Huds.* — 1.

O. muscifera *Huds.* — 1.

Epipactis nidus-avis *All.* — 1.

E. lancifolia *DC.* — 1.

E. ensifolia *Sw.* — 1.

E. rubra *All.* — 1, 2, 3.

E. latifolia *All.* — 1, 2.

E. microphylla *Sw.* — 1. — R.

Limodorum abortivum *Sw.* — 1.

Aphyllanthes monspeliensis. — 1.
Carex nitida *Host.* — 1, 2, 3.
C. tomentosa. — 1.
C. montana. — 1.
C. gynobasis *Vill.* — 1.
C. humilis *Leyss.* — 1, 2.
C. ornithopoda *Willd.* — 1.
Avena lucida *Bert.* — 1. R. R.
Melica glauca *Schult.* — 1, 3.
Festuca rigida *Kunth.*
Bromus madritensis. — 1.
B. asper. — 1.
Polypodium calcareum *Sw.* — 1. — R.

Un grand nombre des espèces qui précèdent sont ou tout à fait spéciales à cette région ou communes avec la région des coteaux seule; la plupart ne se rencontrent jamais dans les autres parties du Lyonnais, du Beaujolais ou dans la Dombes ; il faut excepter cependant l'*Acer monspessulanum*, qui a été retrouvé dans quelques rares stations bien exposées des vallées du Lyonnais, et les *Acer platanoides, A. pseudo-platanus*, les *Sorbus Aria, S. torminalis, Amelanchier, Epilobium spicatum, Pirola minor*, etc., qui sont des espèces montagnardes, les premières accidentelles, les autres plus ou moins répandues dans les monts du Lyonnais et du Beaujolais.

Du reste, pour compléter la végétation du Mont-d'Or, on doit ajouter à l'énumération qui précède les espèces suivantes fréquentes dans cette région, mais que leur présence dans d'autres parties du Lyonnais rend aussi moins caractéristiques ; telles sont :

Helleborus fœtidus.	Hippocrepis comosa.
Alyssum calycinum.	Vicia Cracca.
Thlaspi arvense.	V. sepium.
Lepidium graminifolium.	Rosa Lehmanii *Bor.*
Helianthemum vulgare *Gœrtn.*	R. cinerascens *Dum.*
H. procumbens *Dun.*	R. Pugeti *Bor.*
Reseda lutea.	R. sepium *Thuill.*
R. luteola.	R. tomentella *Lem.*
Polygala vulgaris.	R. squarrosa *Rau.*
Saponaria vaccaria.	R. sphærica *Gren.*
Genista pilosa.	R. virgultorum *Rip.*
G. tinctoria.	R. dumalis *Bechst.*
Medicago maculata.	R. cuspidatoides *Crép.*
M. cinerascens *Jord.*	Potentilla collina.

P. opaca.

P. micrantha.

Epilobium lanceolatum.

Tordylium maximum.

Peucedanum oreoselinum.

Crucianella angustifolia.

Serratula tinctoria.

Gnaphalium silvaticum.

Artemisia campestris.

Inula conyza.

Tragopogon major.

Vincetoxicum officinale.

Calamintha Nepeta.

Clinopodium vulgare.

Galeopsis angustifolia.

Stachis recta.

Brunella alba.

Teucrium chamædrys.

Echinospermum Lappula.

Lithospermum officinale.

L. arvense.

Allium vineale.

Scilla autumnalis.

Gagea arvensis.

Orchis ustulatus.

O. bifolius.

O. Morio.

O. masculus.

O. conopeus.

Epipactis ovata.

Carex divulsa.

C. glauca.

Phleum præcox.

Bromus erectus.

Br. squarrosus.

Ceterach officinarum.

Et dans les bois frais, les espèces indiquées plus haut dans ces stations de la région des coteaux, mais avec ces différences que les *Actæa spicata, Dipsacus pilosus, Veronica montana, Maianthemum*, rares dans les vallons des coteaux du Rhône, sont ici bien plus fréquents, et que certaines de ces mêmes stations, principalement les vallées qui rayonnent à la base du Mont-d'Or, renferment de plus : *Isopyrum thalictroides*, *Lychnis silvestris, Geranium nodosum, Epilobium spicatum, Adoxa moschatellina, Prenanthes purpurea, Lysimachia nemorum* et autres espèces des vallées et des monts du Lyonnais.

Plantes spéciales à la deuxième région. — Ainsi que nous l'avons déjà indiqué plus haut, un grand nombre d'espèces figurent à la fois dans les énumérations des plantes caractéristiques des deux premières régions (coteaux du Rhône et Mont-d'Or) ; leur comparaison montre que les espèces tout à fait propres au Mont-d'Or sont :

1° Des plantes *méridionales* ou thermophiles, appartenant à trois catégories distinctes : des espèces ne remontant pas, ou rarement, plus haut que le Mont-d'Or, dans la vallée du Rhône, comme : *Genista horrida, Leuzea conifera, Rosa Pouzini, Spartium junceum* (se trouvant aussi dans quelques stations chaudes du Beaujolais) et l'*Aphyllanthes* (aussi dans quelques points de la cotière méridionale de la Dombes) ; — des plantes se retrouvant dans les vallées chaudes du Bugey méridional, telles que : *Acer monspessulanum, A. opulifolium, Lonicera etrusca, Lavandula vera ;* — les espèces suivantes plutôt erratiques qu'appartenant à la flore naturelle : *Corydalis lutea, Erysimum orientale, Farsetia clypeata, Buffonia macrosperma* et *perennis, Orlaya platycarpa, Bifora testiculata,* etc. ;

2° Des plantes *montagnardes*, les unes caractéristiques de la végétation des monts du Jura, comme les *Polygala comosa, Cytisus Laburnum, Gentiana Cruciata, G. ciliata, Chlora perfoliata, Polypodium calcareum,* les autres communes à toutes les régions montagneuses et croissant indifféremment dans les monts du Lyonnais et dans ceux du Bugey, telles que les *Sorbus Aria, Acer pseudoplatanus, A. platanoides, Gnaphalium dioicum* et *Pirola minor.*

On doit remarquer que la plupart de ces plantes sont limitées aux sommités du Mont-d'Or ; quelques-unes seulement se retrouvent dans d'autres localités de la région, au Signal de Theizé, par exemple, ou dans les environs de Cogny, de Chazay, etc.

Comparaison de la végétation du Mont-d'Or avec celle des coteaux du Rhône, des monts de Crémieux et du Bugey. — Quant aux espèces communes à la région du Mont-d'Or et à celle des coteaux du Rhône, il est superflu d'en donner le tableau complet ; nous nous contenterons de signaler seulement les espèces suivantes d'autant plus caractéristiques qu'elles ne se rencontrent jamais dans les autres régions :

Thalictrum majus.	Aster Amellus.
Th. collinum.	Inula montana.
Th. montanum.	Leontodon crispus.
Helianthemum salicifolium.	Campanula Medium.
H. pulverulentum.	Euphrasia lutea.
Trifolium alpestre.	Veronica prostrata.
Tr. rubens.	Orobanche cruenta.
Coronilla minima.	Brunella grandiflora.
Lathyrus latifolius.	Daphne Laureola.
Rosa lugdunensis.	Thesium divaricatum.
Peucedanum Cervaria.	Iris fœtidissima.
Seseli coloratum.	Orchis hircinus.
Trinia vulgaris.	O. purpureus.
Rubia peregrina.	O. pyramidalis.
Galium corrudæfolium.	Ophrys anthropophora.
Carlina chamæleon.	O. aranifera.
Centaurea lugdunensis.	O. apifera.

11

Ophrys muscifera.

Epipactis lancifolia.

E. rubra.

Carex humilis.

Carex montana.

C. gynobasis.

C. ornithopoda.

Bromus madritensis.

Quelques espèces seulement des coteaux du Rhône ne se rencontrent pas au Mont-d'Or ; nous citerons les *Cistus salviæfolius, Orchis ruber, Andropogon Gryllus,* plantes méridionales qu'on ne trouve pas ailleurs dans notre région ; les *Dianthus silvestris, Artemisia camphorata, Rhamnus saxatilis, Cytisus biflorus, Centaurea Crupina, Chrysocoma Lynosyris,* autres espèces thermophiles se retrouvant dans les monts de Crémieux ou du Bugey méridional, — et des plantes entraînées par les eaux du Rhône au pied des coteaux sur lesquels elles se sont plus ou moins définitivement installées, comme *Hutchinsia petræa, Chlorocrepis staticifolia,* etc.

Une autre analogie remarquable est celle qu'on observe entre la végétation des coteaux du Rhône, du Mont–d'Or, de l'île calcaire de Crémieu et des basses montagnes du Jura méridional. La liste qui suit contient les plus intéressantes des espèces communes soit à ces quatre régions, soit à trois ou deux seulement d'entre elles, mais l'une étant la région des coteaux du Rhône (= 1) ou du Mont-d'Or (= 2), l'autre la région de Crémieux (= 3), ou le Bugey (= 4.)

Hepatica triloba. — 2, 4. RR.

Thalictrum aquilegifolium. — 1, 4. R.

Anemone rubra. — 1, 3, 4.

Hutchinsia petræa. — 1, 3, 4.

Thlaspi perfoliatum. — 1, 2, 3, 4.

Helianthemum salicifolium. — 1, 2, 3

Polygala comosa. — 2, 3, 4.

Dianthus silvestris. — 1, 3, 4.

Silène italica. — 1, 2, 4.

Cerastium arvense. — 1, 3, 4.

Althæa hirsuta. — 1, 2, 3, 4.

Acer monspessulanum. — 2, 3, 4.

A. opulifolium. — 2, 4.

A. platanoides. — 2, 4. R.

A. pseudoplatanus. — 2, 4. R.

Geranium sanguineum. — 1, 2, 3, 4.

Rhamnus saxatilis. — 1, 3, 4.

Cytisus Laburnum. — 2, 3, 4.

C. capitatus. — 1, 3, 4.

C. biflorus. — 1, 3. R.

Ononis Columnæ. — 1, 2, 3.

Medicago cinerascens. — 1, 2, 3.

M. Timeroyi. — 1, 2, 3.

Trigonella monspeliaca. — 1, 2, 3, 4.

Trifolium medium. — 1, 2, 3, 4.

T. alpestre. — 1, 2, 3, 4.

T. rubens. — 1, 2, 3, 4.

Coronilla Emerus. — 1, 2, 3, 4.

C. minima. — 1, 2, 3, 4. ?

Onobrychis supina. — 1, 2, 3.

Hippocrepis comosa. — 1, 2, 3, 4.

Lathyrus hirsutus. — 1, 2, 3, 4.

L. latifolius. — 1, 2, 3.

Orobus niger. — 1, 2, 3, 4.

Cerasus Mahaleb. — 1, 2, 3. 4.

Fragaria collina. — 1, 2, 3, 4.

Potentilla rupestris. — 1, 2, 3, 4.

Rosa Pouzini. — 2, 3. R.

R. lugdunensis. — 1, 2, 3.

Amelanchier vulgaris. — 2, 3, 4.

Sorbus Aria. — 2, 4.
S. torminalis. — 2, 4.
Epilobium spicatum. — 2, 4.
E. rosmarinifolium. — 1, 2, 3, 4.
Polycarpum tetraphyllum. — 1, 2, 3.
Crassula rubens. — 1, 2, 3, 4.
Sedum sexangulare. — 1, 2, 3, 4.
S. dasyphyllum. — 2, 3, 4.
Caucalis daucoides. — 1, 2, 3, 4.
Torilis nodosa. — 1, 2, 3.
Peucedanum Cervaria. — 1, 2, 3, 4.
P. Oreoselinum. — 1, 2, 3, 4.
Tordylium maximum. — 1, 2, 3, 4.
Seseli coloratum. — 1, 2, 3, 4.
Bupleurum rotundifolium. — 1, 2, 4.
B. aristatum. — 1, 2, 4.
Trinia vulgaris. — 1, 2, 3, 4.
Lonicera etrusca. — 2, 4.
Cornus mas. — 1, 2, 3, 4.
Asperula galioides. — 1, 3.
A. arvensis. — 1, 2, 4.
Rubia peregrina. — 1, 2, 3.
Galium corrudæfolium. — 1, 2, 3, 4.
G. Timeroyi. — 1, 2, 3.
G. Vaillantii. — 2, 4. R.
G. tricorne. — 1, 2, 3, 4.
Carlina chamæleon. — 1, 2, 3, 4.
Centaurea montana et lugdunensis. — 1, 2, 3, 4. R.
Kentrophyllum lanatum. — 1, 2, 3, 4.
Helichrysum Stœchas. — 1, 2, 3.
Filago spathulata. — 1, 2, 3.
Chrysocoma Linosyris. — 2, 3, 4.
Micropus erectus. — 1, 2, 3, 4.
Aster Amellus. — 1, 2, 3, 4.
Senecio flosculosus. — 1, 2, 3, 4.
Inula montana. — 1, 2, 3, 4.
Chrysanthemum corymbosum. — 2, 3, 4.
Leontodon crispus. — 1, 2, 3.
Hypochæris maculata. — 1, 2, 3, 4.
Campanula Medium. — 1, 2, 3, 4.
C. persicifolia. — 1, 2, 3, 4.
Gentiana Cruciata. — 2, 3, 4.
G. ciliata. — 2, 3, 4.
Convolvulus cantabricus. — 1, 2, 3.

Verbascum nigrum. — 1, 2, 3, 4.
Physalis Alkekengi. — 1, 2, 3, 4.
Anchusa italica. — 1, 2, 3, 4.
Lithospermum purpureo-cæruleum. — 1, 2, 3, 4.
Digitalis parviflora. — 2, 3, 4.
Euphrasia lutea. — 1, 2, 3, 4.
Melampyrum cristatum. — 1, 2, 3, 4. R.
M. arvense. — 1, 2, 3, 4.
Veronica prostrata. — 1, 2, 3.
V. spicata. — 1, 2, 3, 4.
Stachys annua. — 1, 2, 3, 4.
Brunella grandiflora. — 1, 2, 3, 4.
Ajuga chamæpitys. — 1, 2, 3, 4.
Teucrium chamædrys. — 1, 2, 3, 4.
T. montanum. — 1, 2 (R), 3, 4.
Rumex scutatus. — 2, 3, 4.
Daphne Laureola. — 2, 3, 4.
Thesium divaricatum. — 1, 2, 3, 4.
Buxus sempervirens. — 1, 2, 3, 4.
Lilium Martagon. — 1 (R), 2, 3, 4.
Ornithogalum sulfureum. — 1, 2, 3, 4.
Orchis pyramidalis. — 1, 2, 3, 4.
O. fuscus. — 1, 2, 3, 4.
O. militaris. — 1, 2, 4.
O. masculus. — 1, 2, 3, 4.
O. hircinus. — 1, 2, 3, 4.
Ophrys anthropophora. — 1, 2, 4.
O. fucifera. — 1, 2, 4.
O. apifera. — 1, 2, 4.
O. muscifera. — 1, 2, 4.
Epipactis lancifolia. — 1, 2, 3, 4.
E. ensifolia. — 1, 2, 3, 4.
E. rubra. — 2, 3, 4.
E. latifolia. — 1, 2, 4.
Limodorum abortivum. — 1, 2, 4.
Carex Schreberi. — 1, 2, 4.
C. nitida. — 1, 2, 3, 4.
C. montana. — 2, 3, 4.
C. humilis, — 1, 2, 4.
C. ornithopoda. — 1, 2, 4.
C. gynobasis. — 1, 2, 4.
Melica uniflora. — 1, 2, 3, 4.
Polypodium calcareum. — 2, 4.

Nous verrons dans le chapitre suivant que les causes de cette analogie de végétation doivent être cherchées dans la nature identique des terrains dominant dans ces diverses régions.

Il est cependant singulier que le Mont-d'Or qui possède en commun avec le Bugey, des espèces caractéristiques telles que : *Polygala comosa*, *Antennaria dioica*, *Gentiana Cruciata*, *G. ciliata*, *Daphne Laureola*, etc., manque d'un certain nombre de plantes fréquentes dans les basses-montagnes jurassiques, à des altitudes et des expositions semblables. Nous signalerons particulièrement les *Dentaria pinnata*, *Arabis Turrita*, *A. auriculata*, *Saponaria ocimoides*, *Dianthus silvestris*, *Rhamnus alpina*, *Cotoneaster vulgaris*, *C. tomentosa*, *Potentilla caulescens*, *Galium myrianthum*, *Seseli montanum*, *Lactuca perennis*, *Gentiana germanica*, *Sideritis hyssopifolia*, *Teucrium montanum*, *Sesleria cærulea*, *Asplenium Halleri*, etc., puis les plantes thermophiles du Bugey méridional, *Arabis muralis*, *Æthionema saxatile*, *Clypeola Jonthlaspi*, *Pistacia Terebinthus*, *Rhus Cotinus*, *Inula squarrosa*, etc., et même des espèces subalpines ou de la zone des Sapins comme *Arabis alpina*, *Draba aizoides*, *Kernera auriculata*, *Anthyllis montana*, *Saxifraga Aizoon*, *Laserpitium Siler*, *Hieracium amplexicaule*, *H. Jacquini*, etc., qui descendent fréquemment au-dessous de cette zone, à des altitudes bien plus basses que celles du Mont-d'Or et qui arrivent près de nous jusqu'à Crémieu. Cette absence paraît de prime abord d'autant plus anormale que plusieurs de ces plantes se trouvent non loin du Mont-d'Or, le *Dentaria* à Bourgoin et même dans les monts du Lyonnais (Mont Arjoux), — le *Teucrium montanum*, dans le Beaujolais calcaire, — l'*Asplenium Halleri*, dans les vallées du Lyonnais, — les *Saponaria ocimoides*, *Pistacia Terebinthus*, sur les coteaux de Vienne, etc.

On trouve la raison de l'absence de ces espèces au Mont-d'Or, d'abord pour les plantes montagnardes, dans le manque de forêts (1), station obligée de quelques espèces, dans la rareté des stations fraîches, ombragées, chez lesquelles les plantes montagnardes peuvent trouver une compensation à l'altitude

---

(1) L'absence des forêts de Sapins sur les sommets du Mont-d'Or est due à leur faible altitude (maxima = 612 et 625 mètres), au manque de sol frais et humide, les sources se trouvant à un niveau relativement bas et aux cultures qui ont peu à peu remplacé la plus grande partie des stations boisées.

,ce qui explique la présence du *Polypodium calcareum*, dans le vallon de Saint-Romain, et celle de l'*Asplenium Halleri*, dans les vallées du Garon, de l'Iseron), enfin dans l'isolement du Mont-d'Or et son éloignement des chaînes jurassiques ; on sait, que, sous l'influence du voisinage, les plantes montagnardes s'avancent au pourtour des massifs montagneux et descendent ainsi parfois à de très-faibles altitudes ; — quant à l'absence des plantes thermophiles, elle est due à des conditions particulières de climat et d'expositions : les vallées du Bugey méridional ont en effet des expositions privilégiées, à climatologie spéciale, dans lesquelles ces plantes peuvent prospérer malgré le voisinage des montagnes ; nous en reparlerons dans le paragraphe consacré à la climatologie.

L'influence du voisinage, que nous venons d'indiquer plus haut, ne peut cependant pas l'emporter sur les autres causes qui interviennent dans la dispersion des végétaux et principalement sur celle de la nature du sol ; c'est ce qui explique l'absence, dans le Mont-d'Or, des espèces suivantes : *Polygala depressa*, *Silene Armeria*, *Dianthus deltoides*, *Spergula Morisonii*, *Rubus glandulosus* Bell., *Scleranthus perennis*, *Peucedanum gallicum*, *Bunium verticillatum*, *Senecio silvaticus*, les Jasiones, la Digitale pourprée, etc., qui croissent abondamment non loin de là, à des altitudes semblables, dans les monts du Lyonnais et du Beaujolais, mais dans une région bien distincte par la nature du sol, ainsi que nous allons le voir dans le paragraphe suivant.

3ᵉ *région : Beaujolais et Lyonnais granitique.*

Toute la partie du département du Rhône située à l'ouest des deux régions précédentes (région des coteaux du Rhône et de la Saône, région du Mont-d'Or et du Beaujolais calcaire) compose cette troisième région ; ses limites sont tout à fait artificielles au nord, où le Beaujolais se continue avec les collines du Mâconnais et du Charollais ; il en est de même à l'ouest, le versant occidental du massif montagneux appartenant au bassin de la Loire et à la région du Forez ; — au midi seulement, les limites de cette région sont assez bien marquées par le Gier, qui la sépare du massif du Pilat. Nous nous bornerons donc à dire que cette région comprend tous les territoires que nous avons décrits dans le chapitre Iᵉʳ, sous les noms de :

Lyonnais
a.

1º Monts du Lyonnais (p. 15), = a, II, III.
　　Massif occidental (de Tarare à la Brevenne) ;
　　Massif oriental (de la Brevenne à Saint-André-la-Côte).
2º Bas-plateaux du Lyonnais (p. 22), = a, I, pl. ;
　　(Plateaux de Lentilly, Charbonnières, Grézieux, Brindas,
　　Chaponost, Taluyers, Mornant).
3º Vallées du Lyonnais (p. 25), = a, I, val.

Beaujolais
b.

4º Monts du Beaujolais (p. 35), = b, II, III ;
　　Haut-Beaujolais (au nord de l'Ardière) ;
　　Beaujolais méridional.
5º Coteaux et vallées du Beaujolais (p. 49), = b, I ;
　　(Moins les coteaux de la Saône et les coteaux calcaires).

Dans toute cette étendue, le sol est formé par des roches *siliceuses*, ordinairement dépourvues de carbonate de chaux : ce sont, en effet, des roches primitives ou cristallophylliennes, gneiss, granites, dans les bas-plateaux et la partie orientale des monts du Lyonnais, — micaschistes, granites à grands éléments, porphyres, dans leur partie occidentale et septentrionale, — granites porphyroïdes, porphyres, grès et schistes du carbonifèrien dans le bassin de Sainte-Foy-l'Argentière, le cirque de l'Arbresle (cornes vertes) et la plus grande partie du Beaujolais.

Aussi les sols qui dominent dans cette troisième région appartiennent aux terrains *psammiques*, sauf sur le bord oriental, au voisinage des régions du Mont-d'Or et des coteaux ; de même les plantes caractéristiques sont-elles toutes des espèces psammophiles ou *silicicoles* ; une autre conséquence de la composition minéralogique des terrains des monts du Lyonnais, c'est la fréquence des plantes hygrophiles, rares dans les deux premières régions.

Dans l'énumération suivante, la lettre (a) indique que la plante croît dans le Lyonnais, et la lettre (b) qu'elle a été observée dans le Beaujolais ; mais les indications qui concernent cette dernière partie sont souvent douteuses ; nous adressons donc de nouveau un pressant appel aux botanistes locaux pour qu'ils complètent la distribution géographique des espèces, que nous n'avons fait qu'ébaucher, pour beaucoup d'entre elles, dans le présent travail.

Les zones de végétation, que nous étudierons plus en détail, dans le paragraphe consacré à l'influence de l'altitude, ont été indiquées par les signes :

I, pour la zone inférieure des vallées et des bas-plateaux, jusqu'à l'altitude de 450 mètres.

II, pour la région des Pins, de 450 à 900-1,000 mètres.

III, pour celle des Sapins, 1,000 et au-dessus.

Énumération des espèces caractéristiques de la végétation des Monts et des Bas-Plateaux lyonnais et beaujolais.

Anemone rubra Lamk. — I pl., a.

A. ranunculoides. — I val.

Myosurus minimus. — I pl.

Ranunculus hederaceus. — III, II, a, b ; descend à I.

R. Lingua. — II, a ; RR.

R. aconitifolius. — III, II, a, b ; R.

R. auricomus. — I val.

R. Chærophyllos. — I pl., a.

R. philonotis. — 1 pl., a, b.

R. parviflorus. — 1 pl., a.

Isopyrum thalictroides. — I val., a.

Aconitum lycoctonum. — III, b ; R.

A. Napellus. — III, b ; R.

Papaver Argemone. — I pl.

Corydalis solida. — I, II, a.

C. fabacea. — II, b ; RR.

Meconopsis cambrica. — II, b ; RR.

Sinapis Cheiranthus *Koch.* — I, II, a, b.

Hesperis matronalis. — I, a ; val. R.

Cardamine impatiens. — I, II, val.

C. amara. — III, II, a ; R.

C. silvatica *Link.* — II, b.

Dentaria pinnata *Lamk.* — II, a ; R. — II, III, b.

D. digitata. — II, b ; R.

Roripa pyrenaica *Spach.* — I pl.

Teesdalea nudicaulis *R. Br.* — I, II, a, b.

Thlaspi silvestre. — I, vol., a ; II, b ; R.

Th. virens *Jord.* — III, II, b ; R.

Senebiera Coronopus. — I pl., a.

Bunias Erucago. — I, II, a, b.

Parnassia palustris. — I, II, a, b.

Drosera rotundifolia. — II, a, b.

Polygala depressa *Wend.* — III, II, a, b ; desc. à I, R.

P. oxyptera *Rchb.* — II, b.

Silene Armeria. — I, a ; R.

Viscaria purpurea. — I, a.

Gypsophila muralis. — I pl., a, b.

Dianthus deltoides. — II, a ; I pl., a.

Lychnis silvestris *Hoppe*. — a, II, I val. ; b, III, II.
Sagina procumbens. — I, II, pl.
S. apetala, S. patula, S. erecta. — I, II.
Mæhringia trinervia. — I val., II, a, b.
Stellaria uliginosa *Mur*. — I, II, a, b.
S. nemorum. — II, a, b.
Spergula arvensis. — I, II, a, b.
Sp. pentandra. — I, a, b.
Sp. Morisoni *Bor*. — II, III, a, b ; desc. à I.
Spergularia segetalis, S. rubra. — I, II.
Malva moschata. — I pl., a, b.
M. Alcea. — I val., a.
Geranium pyrenaicum. — I, II, a, b.
G. nodosum. — I, II val., a, b.
Hypericum humifusum. — I, II, a, b.
H. pulchrum. — I. II, a, b.
H. hirsutum, H. montanum. — I, II.
Acer monspessulanum. — I val., a. R. R.
Impatiens Noli-Tangere. — I, II val., a, R ; III, II, b.
Oxalis Acetosella. — I, II, a, b.
Ulex europæus. — I pl., a.
U. nanus. — I pl., a ; R.
Sarothamnus vulgaris. — I, II, a, b.
Genista anglica. — I, II, a.
Trifolium ochroleucum. — I pl., a.
T. arvense, agrestinum *Jord*. — I, II, a, b.
T. striatum ; T. scabrum ; T. glomeratum. — I, a.
T. subterranneum ; T. elegans. — I, a.
T. Lagopus. — I, a, R.
T. spadiceum. — III, II, a, b.
T. aureum *Poll*. — II, b.
Lotus tenuissimus. — I pl.
L. uliginosus *Bchk*. — I, II, a, b.
L. diffusus *Sm*. — I pl., a.
Vicia lathyroides. — I pl.
V. lutea. — I pl.
Orobus tuberosus. — I, II, val., a, b.
O. niger. — II, b.
Ornithopus perpusillus. — I pl., a, b.
Hippocrepis comosa. — I pl.
Cerasus Padus. — I val.
Geum rivale. — III, b.
Comarum palustre. — II, a, b.
Potentilla micrantha. — I val., a.

Potentilla Tormentilla. — I, II, III, a, b.

P. argentea. — I pl.

Rubus glandulosus *Bell.* — II, a, b ; desc. à I.

R. thyrsoideus. — I, II, a, b.

R. idæus. — II, III, a, b.

Rosa hybrida *Schleich.* — I pl., a, b.

R. geminata *Rau* ; R. silvatica *Tausch.* — id. —

R. decipiens *Bor.* ; R. austriaca *Crantz.* — I pl., a.

R. pumila ; R. gallica. — I pl., a, b.

Agrimonia odorata. — I, a, b.

Alchemilla vulgaris. — II, desc. à I, a, b.

Sorbus Aria. — III, II, a, b ; desc. à I, a, b.

S. Aucuparia. — III, a, (R) ; b.

S. torminalis *Crantz.* — II, I, a, b.

Epilobium obscurum ; E. collinum. — II, desc. à I, a.

E. lanceolatum *Seb. et M.* — I, II, a, b.

E. spicatum *Lamk.* — III, II, a, b ; desc. à I.

Circæa intermedia *Ehrh.* — III, II, a (R.), b.

C. alpina. — III, II, b.

Lythrum hyssopifolium. — I pl., a.

Peplis portula. — I pl., a.

Illecebrum verticillatum. — I pl., a, b ; R.

Montia minor *Gmel.* — I pl., a, b.

M. rivularis *Gmel.* — I, II, val., a, b.

Herniaria glabra. — I pl., a.

Corrigiola littoralis. — I, II, a, b.

Scleranthus perennis. — I, II, a, b.

Sedum elegans *Lej.* — I, II, a, b.

S. aureum *Wirtg.* — II, b ; R.

S. villosum. — II, III, a, b.

S. hirsutum *All.* — II, a ; R.

Umbilicus pendulinus. — I, II val., a ; b, (R.).

Ribes alpinum. — II, a, b.

R. petræum *Wulf.* — II, b.

Chrysosplenium alternifolium. — II, a, b ; desc. à I.

Ch. oppositifolium. — II, III, a.

Peucedanum parisiense *DC.* — I, II, a, b.

Seseli Libanotis. — II, b ; R.

Bupleurum affine *Sadl.* — I pl., a ; R.

B. Jacquinianum *Jord.* — I val., a.

B. junceum. — I val., a ; R.

B. tenuissimum. — I pl., a.

Bunium verticillatum, — II, I.

Chærophyllum aureum. — I val., a ; II, a.

Ch. hirsutum, — II, a.
Conopodium denudatum *Koch*. — II, III, a, b.
Adoxa Moschatellina. — I, II val., a, b.
Lonicera nigra. — III, II, a (R.), b.
Sambucus racemosa. — II, III, a, b.
Galium saxatile. — II, III, a, b.
G. dumetorum. — I pl., a.
G. silvestre *Poll*. —I, II, b.
G. divaricatum *Lamk*. — I, II, a.
G. commutatum *Jord*. — I, II, a.
G. silvaticum. — II, a.
G. tricorne *With*. — I, II, a.
Asperula odorata. — I, II, a, b.
Crucianella angustifolia. — I pl., a, b.
Senecio viscosus. — I, II, a, b.
S. silvaticus. — I, II, III, a, b.
S. adonidifolius *Lois*. — II, a (R.) ; II, III, b ; desc. R. à I·
S. Fuchsii *Gmel*. — II, III, a (R), b.
Doronicum Pardalianches. — II, a, R.
D. austriacum. — II, b. R.
Arnica montana. — III, b.
Chrysanthemum Parthenium. — I, II, a, b.
Matricaria Chamomilla. —I, a.
Anthemis Cotula. — I pl.
Gnaphalium luteo-album. — I pl.
Gn. dioicum. — II, b.
Gn. silvaticum. — II, III, a, b ; desc. à I.
Filago montana. — I, II, a, b.
F. arvensis. — I, a, b.
Cirsium Eriophorum. — II, I, a, b.
Centaurea amara. — I pl., a.
C. nemoralis *Jord*. — I pl., a, b.
C. obscura *Jord*. non *Bor*. (C. nigra). — II, III, a, b.
Centaurea intermedia *Car*. — I val., a ; RR.
Serratula tinctoria. — I, II, a, b.
Arnoseris pusilla *Gærtn*. — I, II, a, b.
Hypochœris glabra. —I, II, a, b.
Scorzonera humilis. — I, II, a, b.
Sonchus Plumieri. — II, b.
Lactuca muralis. — I val., a.
Prenanthes purpurea. — II, III, desc. à I, a, b.
Crepis paludosa *Mœnch*. —II, a, b ; desc. à I val.
Thrincia hirta *Roth*. — I, II, a, b.
Hieracium umbellatum. — I.

Andryala sinuata. — I pl., a, b.
Jasione montana. — I, II, a, b.
J. perennis. — II, a, b.
J. Carioni *Bor*. — I, II, a, b.
Wahlenbergia¹ hederacea. — II, b ; R.
Campanula Cervicaria. —'II, a ; R.
C. patula. — I, a, b.
Vaccinium Myrtillus. — II, III, a, b.
V. Vitis-idæa. — III, a ; R.
Erica vulgaris. — I, II, a, b.
E. decipiens *St-Am*. — II, a ; RR.
Pirola minor. — II, III, a.
P. rotundifolia. — II, a (R.), b.
P. chlorantha *Sw*. — II, b ; R.
Primula grandiflora. — I, a.
P. elatior. — I, b.
Anagallis tenella. — II, a, b ; R.
Lysimachia nemorum. — II, III, desc. à I, a, b.
Centunculus minimus. — I pl., a.
Gentiana Pneumonanthe. — II, a.
G. campestris. — II, a ; R.
G. lutea. — II, III, a ; R.
Menyanthes trifoliata. — I, II, a, b.
Symphytum tuberosum. — I, II val., a.
Lithospermum permixtum. — I pl., a.
Pulmonaria affinis *Jord*. — I, II val., a ; b, R.
Myosotis versicolor *Pers*. — I pl., a, b.
M. Balbisiana *Jord*. — II, a, b ; desc. à I.
M. silvatica *Sm*. — II, desc. à I val., a, b.
Echinospermum Lappula. — I, a, b.
Heliotropium europæum. — I, II, a, b. ?
Atropa Belladonna. — II, b ; R.
Verbascum montanum. — II, a ; R.
V. crassifolium *DC*. — II, a ; R.
Anarrhinum bellidifolium. — I, II, a, b.
Linaria arvensis *Desf*. — I, II, a, b.
L. striata. — I, II, a, b.
L. Peliceriana. — I, a.
L. minor. — I, II.
Veronica montana. — I, II val., a, b.
V. verna. — I, II. a ;
V. acinifolia. — I.
Digitalis purpurea. — II, III. a, b ; desc. à I val., a (R) ; b.
D. grandiflora *All*. — II, a, b.

Digitalis lutea. — II, b.
Euphrasia nemorosa, E. ericetorum *Jord.*, etc. — I, II, a,
Pedicularis silvatica. — I, II.
Melampyrum pratense. — I, II, a, b.
Galeopsis dubia *Leers*. — I, II, a, b.
Stachys arvensis. — I, a.
St. alpina. — III, a (R.); II, b.
Calamintha grandiflora. — II, b.
Teucrium Scorodonia. — I, II, a, b.
Plantago carinata. — I pl., a.
Arenaria sabulosa *Jord*. — I pl., a.
Polycnemum minus. — I pl., a.
Mercurialis perennis. — II, a; R.
Polygonum Bistorta. — II, desc. à I val.
Rumex Acetosella. — I, II.
Castanea vulgaris. — I.
Betula pubescens *Ehrh*. — II, a ; R.
Quercus sessiliflora. — I, II, a, b.
Fagus silvatica. — II, I, a, b.
Salix pentandra. — II, a; R.
Pinus silvestris. — II, III, a, b.
Abies pectinata. — III, b.
Scilla bifolia. — I val., a.
Leucoium vernum. — II, b ; R.
Lilium Martagon. — II, b.
Paris quadrifolia. — I val., a, b.
Maianthemum bifolium. — I val., II, a.
Narcissus poeticus. — II, a.
N. Pseudo-narcissus. — II, a.
Spiranthes autumnalis. — I, II, a.
Epipactis Nidus-Avis. — II, III, a.
Orchis Morio. — I, II, a, b.
O. ustulatus. — I, II, a, b.
O. masculus. — I, II, a, b.
O. Coriophora. — I, II, a, b.
O. viridis. — I, II, a, b.
O. sambucinus. — II, b.
Juncus supinus *Mœnch*. — II, III, a.
J. capitatus. — I val., a.
J. squarrosus. — III, a, b ; R.
J. tenageia. — I, a.
J. bufonius. — I, a, b.
Luzula silvatica *Gaud*. — II, a. b.
L. nivea *DC*. — II, III, a, b; R.

Scirpus supinus ; S. setaceus. — I, II, a, b.
Carex pulicaris. — I, II, a, b.
C. Schreberi : C. remota.
C. pallescens ; C. teretiuscula. — I, II, a.
C. polyrrhiza ; C. pilulifera. — I val., a.
C. canescens. — II, a ; RR.
C. Buxbaumii *Wahl.* — II, a ; RR.
C. strigosa *Huds.* — I, II, val., a, b ; R.
Eriophorum intermedium *Bast.* — II, a.
Mibora minima *Desv.* — I, a, b.
Agrostis canina, A. alba. — I, a, b.
Aira caryophyllea, A. agregata *Trin.* — I, a, b.
A. patulipes *Jord.*, A. elegans *Gaud.* — I, a.
A. præcox. — I, II, a, b.
Deschampsia cæspitosa. — I, II, a, b.
D. flexuosa. — II, a, b.
Corynephorus canescens. — I, II, a, b.
Avena tenuis. — I, a.
Holcus mollis. — I, II, a, b.
Melica glauca *Schult.* — I val., a.
Danthonia decumbens. — I, II, a, b.
Festuca Pseudomyuros, F. sciuroides.
F. heterophylla *Lamk.* — I, II, a, b.
Bromus giganteus. — II, a.
Nardus stricta. — I, II, a, b.
Ophioglossum vulgatum. — I, II, a, b.
Botrychium Lunaria. — III, II, a (R.), b.
Ceterach officinarum. — I, II, a, b.
Polypodium Dryopteris, — II, III, a, b.
P. Phegopteris. — III, b.
Aspidium aculeatum. — I, II, a, b.
Polystichum spinulosum. — II, I val., a, b.
P. dilatatum. — II, a, b.
Cystopteris fragilis. — III, II, I val., a, b
Asplenium Halleri. — II, I., val., a.
Asplenium septentrionale. — III, II, I, a, b.
A. germanicum (A. Breynii). — II, I ; R.
Blechnum Spicant. — III, II, a, b.
Pteris aquilina. — I, II, a, b.
Equisetum silvaticum. — III, II, a, desc. R^t à I.

L'analyse de cette énumération montre que les plantes qui
dominent dans la région du Lyonnais et du Beaujolais sont les

espèces des rochers et des sables granitiques, la plupart manquant aux deux régions des coteaux du Rhône et de la Saône, du Mont-d'Or et du Beaujolais calcaire ; voici celles de ces espèces tout à fait spéciales à la région granitique du Lyonnais et du Beaujolais, ou qui ne se rencontrent ailleurs que dans la Dombes, le Forez et les Terres froides, ou bien accidentellement dans quelques points sablonneux des coteaux du Rhône et du Mont-d'Or.

Plantes caractéristiques du Lyonnais et Beaujolais granitiques :

Myosurus minimus.
Ranunculus hederaceus.
R. philonotis.
Brassica Cheiranthus.
Roripa pyrenaica.
Teesdalea nudicaulis.
Thlaspi silvestre.
Th. virens.
Polygala depressa.
Silene Armeria.
Viscaria purpurea.
Gypsophila muralis.
Dianthus deltoides.
Sagina procumbens.
S. apetala, S. patula.
Spergula pentandra.
S. Morisonii.
Spergularia segetalis.
S. rubra.
Malva moschata.
Hypericum pulchrum.
H. humifusum.
Ulex europæus.
U. nanus.
Sarothamnus vulgaris.
Genista anglica.
Trifolium subterraneum.
T. elegans.
T. Lagopus.
Lotus tenuis.
Lotus diffusus.
Vicia lathyroides.
Orobus tuberosus.
Ornithopus perpusillus.
Potentilla argentea.

Rubus glandulosus.
Rosæ gallicanæ plur. sp.
Agrimonia odorata.
Epilobium collinum.
E. lanceolatum.
Lythrum hyssopifolium.
Peplis Portula.
Illecebrum verticillatum
Montia minor.
M. rivularis.
Corrigiola littoralis.
Scleranthus perennis.
Sedum elegans.
Umbilicus pendulinus.
Peucedanum parisiense.
Bunium verticillatum.
Galium dumetorum.
Senecio silvaticus.
S. adonidifolius.
Matricaria Chamomilla.
Gnaphalium luteo-album.
Filago montana.
F. arvensis.
Centaurea nemoralis.
C. obscura.
Arnoseris minima.
Hypochæris glabra.
Scorzonera humilis.
Jasione montana.
J. perennis.
J. Carioni.
Campanula patula.
Vaccinium Myrtillus.
Erica vulgaris.
Centunculus minimus.

Myosotis versicolor.
M. Balbisiana.
Anarrhinum bellidifolium.
Linaria arvensis.
Veronica verna.
Digitalis purpurea.
Pedicularis silvatica.
Galeopsis dubia.
Plantago carinata.
Polycnemum minus.
Rumex Acetosella.
Castanea vulgaris.
Orchis viridis.
Juncus tenageia.
Luzula silvatica.
Scirpus supinus.
S. setaceus.

Carex polyrrhiza.
C. pilulifera.
Mibora minima.
Agrostis canina.
Corynephorus canescens.
Aira caryophyllea.
A. agregata.
A. patulipes.
A. elegans.
A. præcox.
Deschampsia flexuosa.
Avena tenuis.
Festuca Pseudomyuros.
F. sciuroides.
Nardus stricta.
Asplenium septentrionale.
A. germanicum.

Nous laissons de côté les plantes des bois humides et des *stations marécageuses*, qui seront l'objet d'une étude particulière. Rappelons cependant la fréquence de ces stations humides, prairies, marais tourbeux, dans toute l'étendue de la région, depuis le fond des vallées et les dépressions des bas-plateaux (I), jusque sur les flancs et dans les hauts vallons de la montagne (II, III) ; l'abondance de ces stations dues à l'imperméabilité du sous-sol et la richesse de cette végétation hygrophile, caractérisée par les *Parnassia, Stellaria uliginosa, Comarum, Menyanthes, Gentiana Pneumonanthe, Pedicularis palustris, Eriophorum, Carex pulicaris, les Sphagnum*, etc., forment un contraste frappant avec leur rareté dans les régions voisines des coteaux du Rhône et du Mont-d'Or.

Mais la Flore de cette vaste région, bien qu'elle soit caractérisée, dans son ensemble, par la présence de la généralité des espèces énumérées précédemment, ne possède pas partout la même richesse ; les variations de constitution physique et de composition minéralogique du sol, les différences d'exposition et surtout d'altitudes, y introduisent des modifications sensibles qui permettent de distinguer les Flores : du Haut-Beaujolais et des environs de Tarare et du Boucivre, — de la zone montagnarde moyenne, — du bassin de Sainte-Foy-l'Argentière, de la Brevenne et du cirque de l'Arbresle, — des bas-plateaux lyonnais, — et enfin des vallées méridionales du département du Rhône, depuis le Garon jusqu'au Gier.

A. Dans le *Haut-Beaujolais*, principalement dans les environs de Saint-Rigaud, de la Roche-d'Ajoux, de Chênelette, du Tourvéon, etc., la Flore possède quelques espèces rares qui ne se trouvent pas dans les autres parties des montagnes du Lyonnais.

Une première catégorie comprend des plantes propres à la zone des Sapins dans toutes les régions montagneuses de l'est de la France (et du centre de l'Europe), comme : *Aconitum Napellus*, *A. Lycoctonum*, *Cardamine silvatica*, *Dentaria pinnata* et *digitata*, *Geum rivale*, *Sorbus Aucuparia*, *Circœa alpina* et *intermedia*, *Ribes petrœum*, *Galium silvestre*, *Senecio Fuchsii*, *Atropa Belladonna*, *Abies pectinata*, *Leucoium vernum*, etc.; on peut remarquer que la plupart d'entre elles se trouvent aussi dans les montagnes jurassiques et paraissent indifférentes à la nature du sol ; les *Dentaria*, le *Seseli Libanotis* du Crêt-David paraissent cependant plus particuliers aux régions calcaires, bien qu'on les ait rencontrés sur les eurites, les porphyres, dans plusieurs contrées ; du reste, l'existence de roches analogues, porphyres, grès porphyriques, etc., dans les montagnes du Beaujolais et du Lyonnais, et précisément dans les localités où l'on a signalé ces espèces, peut expliquer leur présence dans une région entièrement siliceuse.

Les autres espèces spéciales au Haut-Beaujolais appartiennent à la végétation silicicole des régions voisines, le Morvan et le Forez ; ce sont : *Sedum aureum*, *Senecio adonidifolius*, *Doronicum austriacum*, *Arnica montana*, *Sonchus Plumieri*, *Wahlenbergia hederacea*, *Polypodium Phegopteris*, etc.

Notons encore quelques espèces à dispersion plus irrégulière, telles que le *Pirola chlorantha*, l'*Orchis sambucinus*, le *Corydalis fabacea*, et surtout le *Meconopsis cambrica*, plante de l'Espagne, disséminée dans quelques rares stations du midi et du centre de la France.

B. C'est dans le reste de la *zone montagnarde* (II), c'est-à-dire, dans la plus grande partie des monts du Lyonnais et du Beaujolais que la Flore possède les caractères généraux de végétation résumés dans les énumérations que nous avons données plus haut. (Chap. Iᵉʳ, p. 16 et 37.)

Les espèces qui la composent appartiennent surtout à la végétation des Pins et des Sapins, les unes se trouvant dans toutes les montagnes du centre et de l'est de la France, les autres plus fréquentes dans le Forez et le Plateau central.

Voici l'énumération des principales espèces qui, ne descendant pas au-dessous des Pins, caractérisent particulièrement cette zone II :

Ranunculus aconitifolius.	Galium saxatile.
Cardamine amara.	Centaurea obscura Jord.
Stellaria nemorum.	Campanula cervicaria.
Trifolium spadiceum.	Vaccinium Myrtillus.
Rubus idæus.	Pirola minor.
Circea intermedia.	Juncus supinus.
Sedum villosum.	Luzula nivea.
Ribes alpinum.	Polypodium Dryopteris.
Conopodium denudatum.	Blechnum Spicant.
Lonicera nigra.	Equisetum silvaticum.
Sambucus racemosa.	

Ces plantes sont répandues à peu près dans toutes les chaînes ; les suivantes, localisées dans quelques stations des monts du Lyonnais seulement, et manquant aux monts du Beaujolais, sont considérées comme les raretés de la Flore :

Ranunculus Lingua, Sedum hirsutum, Doronicum Pardalianches, Vaccinium Vitis-idæa, Gentiana lutea, Erica decipiens, Carex canescens, observés sur le versant de la Loire, dans les environs de Tarare, Violay, Pannissières, etc., de même que l'*Asarum*, très rare, dans la vallée de la Coise ; *Mercurialis perennis, Carex Buxbaumii, Betula pubescens, Salix pentandra, Verbascum montanum, V. crassifolium, Gentiana campestris,* qui se trouvent soit dans la vallée de la Brevenne, soit à Saint-Bonnet-le-Froid, à Saint-André-la-Côte, etc. ; *Pulmonaria affinis,* fréquent dans les vallées de la Brevenne et de la Turdine, etc.

Ajoutons que quelques espèces, données précédemment comme caractéristiques du Haut-Beaujolais à cause de leur abondance dans cette partie du massif montagneux, ont été observées aussi, mais très rarement, dans certains points de la zone moyenne des monts du Lyonnais, comme le *Dentaria pinnata* au mont Arjoux, le *Senecio Fuchsii* à Saint-Bonnet, le *Senecio adonidifolius* entre Iseron et Duerne, etc.

Enfin, on peut encore indiquer les espèces suivantes qui, par

12

leur plus grande fréquence dans la région des Pins, peuvent servir de caractéristiques à cette zone, bien qu'elles descendent plus ou moins sur les bas-plateaux ou dans les vallées :

Ranunculus hederaceus, Cardamine impatiens, Polygala depressa, Dianthus deltoides, Lychnis silvestris, Spergula Morisonii, Geranium nodosum, Rubus glandulosus, Alchemilla vulgaris, Epilobium spicatum, Senecio adonidifolius, Gnaphalium silvaticum, Crepis paludosa, Jasione Carioni, Lysimachia nemorum, Myosotis Balbisiana, M. silvatica, Digitalis purpurea, D. grandiflora, Polygonum Bistorta, Polystichum spinulosum, Deschampsia cæspitosa.

C. Les *bas-plateaux* du Lyonnais, les coteaux des *cirques de l'Arbresle* et de *Tarare*, situés au-dessous de la zone des Pins, sont caractérisés par les espèces suivantes qui ne remontent pas ordinairement dans la zone II :

Myosurus minimus, Ranunculus philonotis, R. parviflorus, Roripa pyrenaica, Gypsophila muralis, Spergula pentandra, Malva moschata, Ulex europæus, U. nanus, Trifolium elegans, T. striatum, T. ochroleucum, Potentilla argentea, Rosæ gallicanæ Sp., Epilobium lanceolatum, Peucedanum gallicum, Bupleurum tenuissimum, Jasione Carioni, Campanula patula, Centunculus minimus, Linaria pelliceriana, Myosotis versicolor, Echinospermum Lappula, Anarrhinum bellidifolium, Galeopsis dubia, Spiranthes autumnalis, Scilla bifolia, Juncus tenageia, J. bufonius, J. capitatus, Aira tenuis, A. patulipes, A. agregata, etc.

Mais au milieu de cette végétation silicicole et hygrophile (surtout dans les vallées et les cuvettes marécageuses), on remarque des colonies de plantes thermophiles établies dans les pelouses sèches ou les rocailles, sur les gneiss des bas-plateaux, les schistes carbonifériens du cirque de l'Arbresle et de la vallée de la Brevenne, les roches porphyriques du cirque de Tarare ; leurs principaux représentants sont : *Ranunculus chœrophyllus, Trifolium scabrum, T. glomeratum, Medicago cinerascens, Sedum rubens, Crucianella angustifolia, Andryala sinuata, Chondrilla juncea, Anchusa italica*, etc., sur les bords des bas-plateaux ; — *Andryala, Chondrilla, Neottia autumnalis, Primula grandiflora, Melica Magnolii*, dans le cirque de l'Arbresle ; *Andryala, Chondrilla, Neottia, Geranium sanguineum*, dans celui de Tarare, etc. ; par ces espèces thermophiles, la flore de ces parties des bas-plateaux se rapproche de celle des coteaux du Rhône, où la plupart d'entre elles se rencontrent plus fréquemment encore.

Quelques-unes de ces espèces des stations sèches remontent

même dans la vallée de la Brevenne jusqu'à Sainte-Foy-l'Argentière, dans les environs duquel on observe : *Rapistrum rugosum, Crassula rubens, Torilis nodosa, Andryala sinuata, Spiranthes autumnalis,* etc.

Notons, de plus, parmi les particularités de cette zone, l'abondance des *Rosæ gallicanæ* dans les bois et les haies de Charbonnières, Tassin, etc. ; la présence de l'*Umbilicus* sur les gneiss des vallées du Ratier, de l'Iseron et du Garon ; le *Campanula Cervicaria* et le *Senecio adonidifolius* descendant quelquefois jusque dans les bois de Charbonnières et de Tassin ; le *Centaurea intermedia* Car., forme locale du *C. lugdunensis* Jord., développée sur les flancs des coteaux qui encaissent la vallée du Garon.

D. Une dernière particularité s'observe dans les expositions chaudes des *vallées* les plus *méridionales* du Lyonnais (Garon, Mornantet, Gier) où croissent des plantes plus exigentes encore que celles citées plus haut, au point de vue thermique, telles que : *Ranunculus cyclophyllus* Jord., *Draba muralis, Silene Armeria, Acer monspessulanum, Trifolium subterraneum, T. Lagopus, Orlaya grandiflora, Bupleurum Jacquinianum, Centaurea tenuisecta* Jord., *Plantago carinata, Aira elegans,* etc. On peut considérer ces stations comme des dépendances de la *Flore méridionale* qui remonte la vallée du Rhône et qui s'accuse encore mieux au sud du Gier, avec les *Campanula Erinus, Picridium vulgare* Desf., *Jasminum fruticans, Trifolium angustifolium, Cota tinctoria* Gay, etc.

Comparaison des Flores du Lyonnais granitique et du Forez.

L'examen des énumérations données plus haut des espèces les plus fréquentes dans les monts du Lyonnais (p. 155) (1) et de celles qu'on peut considérer comme caractéristiques de leur végétation (p. 162) (2), leur comparaison avec les énumérations semblables établies pour les deux premières régions des *Coteaux* et du *Mont-d'Or*, montrent combien la végétation de ces deux régions est différente de celle du Lyonnais et du Beaujolais. Une autre énumération, comprenant les espèces des coteaux et du Mont-d'Or, qui manquent complètement aux chaînes lyon-

(1) (2) Voy. *Ann. de la Soc. botan. de Lyon,* t. X, p. 161 ; t. X, p. 168.

naises, fournirait une preuve nouvelle des différences profondes qui les séparent : les éléments en étant contenus dans l'énumération de la page 142 (1), nous croyons qu'il est inutile d'y revenir.

Mais un autre travail de comparaison intéressant, et dont nous étudierons plus loin les conséquences au point de vue des arguments qu'il apporte à la question de l'influence du sol sur la végétation, est la comparaison de la Flore des monts du Lyonnais avec celle des chaînes du Forez et du Pilat. Il est, en effet, facile de constater que le plus grand nombre des espèces données dans l'énumération de la page 155, et principalement les caractéristiques de la page 162 (2), se retrouvent dans la plaine ou les montagnes foréziennes. Nous citerons particulièrement parmi les plus caractéristiques :

I. Les espèces se trouvant à la fois sur les bas-plateaux lyonnais et dans les terrains argilo-siliceux de la plaine du Forez :

Myosurus minimus.	Gnaphalium luteoalbum.
Ranunculus philonotis.	Filago arvensis.
R. parviflorus.	F. gallica.
Roripa pyrenaica.	Galeopsis dubia.
Gypsophila muralis.	Juncus pygmæus.
Les Sagines.	J. tenageia.
Les Spergules.	J. bufonius.
Hypericum humifusum.	Scirpus supinus.
Ulex europæus.	Sc. setaceus.
U. nanus.	Heleocharis acicularis.
Trifolium elegans.	Carex remota.
Lotus tenuis.	C. polyrrhiza.
Agrimonia odorata.	C. pilulifera.
Lythrum Hyssopifolia.	Mibora minima.
Peplis portula.	Agrostis canina.
Illecebrum verticillatum.	Danthonia decumbens.
Montia fontana.	Etc.
Peucedanum parisiense.	

II. Sur les coteaux secs, les rochers des deux régions (zone I) :

Anemone rubra.	Teesdalea nudicaulis.
Ranunculus Chærophyllos.	Malva moschata.
Sinapis Cheiranthus.	Hypericum pulchrum.

(1) Voy. *Ann. de la Soc. botan. de Lyon*, t. X, p. 148.
(2) Voy. *Ann*, t. X, p. 161 et 168.

Genista anglica.
G. germanica.
Medicago apiculata.
M. Gerardi.
Trifolium ochroleucum.
T. striatum.
T. subterranneum.
T. glomeratum.
T. elegans.
Vicia lathyroides.
Ornithopus perpusillus.
Potentilla micrantha.
P. argentea.
Rubus thyrsoideus.
Epilobium collinum.
E. lanceolatum.
Corrigiola littoralis.
Scleranthus perennis.
Umbiculus pendulinus.
Spergula pentandra.
Crucianella angustifolia.
Matricaria chamomilla.
Filago montana.
Centaurea amara.
C. nigra (nemoralis).
Arnoseris minima.
Hypochœris glabra.
Scorzonera humilis.
Andryala sinuata.
Jasione montana.

Calluna vulgaris.
Pulmonaria affinis.
Myosotis versicolor.
Festuca pseudo-myuros.
F. sciuroides.
F. heterophylla.
Nardurus poa.
Nardus stricta.
Melampyrum pratense.
Anarrhinum bellidifolium.
Linaria arvensis.
L. striata.
Pedicularis silvatica.
Plantago carinata.
Armeria plantaginea.
Spiranthes autumnalis.
Orchis coriophora.
O. viridis.
Aira canescens.
A. caryophyllea.
A. patulipes.
A. agregata.
A. præcox.
Deschampsia cæspitosa.
D. flexuosa.
Avena tenuis.
Asplenium septentrionale.
A. Breynii.
A. Halleri.

ainsi que les *Draba muralis, Silene Armeria, Acer monspes-sulanum, Melica Magnolii*, etc., dans les expositions chaudes des deux régions.

III. Dans leur zone montagneuse (II, III) :

Ranunculus hederaceus.
Cardamine silvatica.
Thlaspi virens.
Polygala depressa.
Dianthus deltoides.
Stellaria uliginosa.
St. nemorum.
Spergula Morisonii.
Rubus Bellardi.
R. idæus.
Epilobium spicatum.
Sedum maximum.

S. elegans.
Chrysosplenium (sp.)
Bunium verticillatum.
Conopodium denudatum.
Sedum villosum.
Galium saxatile.
Senecio silvaticus.
S. Fuchsii.
Gnaphalium silvaticum.
Centaurea nigra (obscura).
Crepis paludosa.
Jasione perennis.

Campanula patula.

Vaccinium Myrtillus.

Myosotis Balbisiana.

Veronica verna.

Digitalis purpurea.

Orchis sambucinus.

Juncus capitatus.

Luzula silvatica.

L. nivea.

Etc.

Quelques espèces manquent cependant à l'une ou l'autre de ces régions.

Ainsi les plantes suivantes du Lyonnais ne se trouvent pas dans le Forez : ce sont d'abord des espèces spéciales à la vallée du Rhône, comme les *Bunias Erucago, Rapistrum rugosum, Reseda phyteuma, Linaria pelliceriana, Aira elegans,* etc., ou des plantes thermophiles, comme *Ranunculus monspeliacus, Trigonella monspeliaca, Trifolium Lagopus, Potentilla rupestris,* etc., toutes localisées du reste sur les bas-plateaux et au voisinage des coteaux du Rhône.

Mais il est d'autres espèces qu'on s'étonne de ne pas trouver, dans le Forez, dans les stations identiques à celles qu'elles occupent dans les monts du Lyonnais ; telles sont : *Isopyrum thalictroides , Thlaspi sylvestre, Jasione Carioni, Symphytum tuberosum,* et même les nombreuses et belles Roses gallicanes, bien qu'elles croissent, il est vrai, dans des sols particuliers à la région lyonnaise.

Parmi ces espèces spéciales au Lyonnais, il en est, du reste, qui appartiennent plutôt à la végétation du Jura et des Alpes, *Hesperis matronalis, Chœrophyllum aureum, Galium sylvaticum, Leucanthemum corymbosum,* le *Carex Buxbaumii,* etc. ; d'autres sont des espèces du Plateau bressan ou des Terres-Froides : *Lotus diffusus, Illecebrum verticillatum* (RR. dans le Forez), *Centunculus minimus, Cicendia filiformis,* etc. Nous reviendrons plus loin sur les analogies et les différences de végétation entre le Forez et la Dombes.

Les espèces *foréziennes* qui manquent aux chaînes du Lyonnais sont bien plus nombreuses : on y trouve d'abord une première série de plantes dont l'absence dans le Lyonnais s'explique simplement par l'altitude trop faible de ces montagnes (elles dépassent à peine 1000^m au Boucivre et au Saint-Rigaud) ; citons, en plus de quelques espèces, telles que, *Aconitum Lycoctonum, A. Napellus , Galium rotundifolium , Doronicum austriacum, Arnica montana,* etc., qui se retrouvent dans le Haut-Beaujolais) :

Viola palustris.
V. sudetica.
Dianthus silvaticus.
D. monspessulanus.
Potentilla aurea.
Epilobium alpinum.
Saxifraga stellaris.
Laserpitium latifolium.
Angelica pyrenæa.

Meum athamanticum.
Valeriana montana.
V. tripteris.
Artemisia Absinthium ?
Centaurea montana.
Lactuca perennis.
Melampyrum silvaticum.
Luzula sudetica.

Les suivantes, fréquentes dans le Forez, pénètrent dans les monts du Lyonnais, mais seulement sur le versant de la Loire : *Lathyrus silvestris* et *tuberosus* (aussi à Montmelas, Tourvéon), *Sedum hirsutum* (jusqu'à l'Argentière), *Doronicum Pardalianches*, dans les environs de Pannissières, Violay; le *Gentiana lutea*, au-dessus de Tarare ? *Chærophyllum hirsutum, Carex canescens, Asarum europæum*, dans le bassin de la Coise; et, enfin, le *Gentiana campestris*, fréquent dans les montagnes du Forez et qui n'a encore été trouvé ici qu'au Signal de Saint-André-la-Côte (1883 !)

On observe, d'autre part, dans les expositions chaudes des bords de la Loire (au Pertuiset, etc.), des environs de Boën, les espèces thermophiles, *Biscutella lævigata, Erysimum orientale, Saponaria ocimoides, Alsine mucronata, Cerastium petræum, Anthemis collina, Lactuca chondrillæflora*, etc., qui ne sont cependant pas spéciales au Forez; on les retrouve, en effet, dans beaucoup de points de la vallée du Rhône, mais jamais dans les vallées des bas-plateaux lyonnais.

Pour les autres espèces tout à fait propres au Forez, on ne peut invoquer les causes précédentes (altitude, exposition); ce sont, pour la plupart, des plantes des régions centrales et *occidentales* qui ne dépassent pas le Forez, vers l'est de la France, à la latitude de Lyon; citons :

Adenocarpus parvifolius DC.
Dianthus graniticus.
Trifolium parviflorum Ehrh.
T. filiforme G. G.
Sarothamnus purgans.

Sempervivum arvernense Lec. Lam.
S. vellaveum Lam.
Saxifraga hypnoides.
Etc.

A cette dernière catégorie appartiennent aussi les plantes suivantes, fréquentes dans le Forez, qui pénètrent cependant plus ou moins dans le Lyonnais, comme le *Sedum elegans*, le *Senecio adonidifolius*, dans les montagnes et jusqu'aux bois

de Charbonnières et de Tassin, les *Ulex europæus* et *nanus*
sur les bas-plateaux et dans la Dombes ; notons aussi la présence à Montchal (versant de la Loire) de l'*Erica decipiens*
St-Am., qui, avec l'*Erica cinerea* observé dans le Forez, se
retrouvent, mais très rarement, plus à l'est, dans quelques
localités du Dauphiné et de la Savoie.

4ᵉ région. — Dombes d'étangs.

La végétation de la Dombes d'étangs, ses limites et sa composition ont été suffisamment indiquées dans l'étude que nous
avons faite précédemment des régions géographiques [Voy.
chap. Iᵉʳ, p. 64 à 76 (1)], pour qu'il soit nécessaire d'y revenir
en détail. Aussi nous bornerons-nous à résumer les principaux
traits qui la caractérisent et à les comparer avec des flores qui
ont avec celle de la Dombes une grande analogie : telles sont
les flores des *Terres-Froides* dans le Dauphiné, des *bas-plateaux* lyonnais, et de la *plaine* argilo-siliceuse du *Forez*.

Mais, auparavant, on doit rechercher quels sont les rapports
qui existent entre la végétation de la Dombes et celle du reste
de la plaine bressanne dont elle n'est que la continuation.
Les diverses parties de la Bresse situées dans le Doubs, le Jura,
la Saône-et-Loire et l'Ain (Haute-Bresse et Dombes) présentent,
en effet, une si remarquable analogie aux divers points de
vue des accidents topographiques et hydrographiques, de la
nature du sol, qu'il n'y a rien d'étonnant à ce que leur Flore
soit presque identique.

Nous prendrons pour éléments de comparaison le tableau que
Michalet a donné de la végétation de la plaine bressanne du Jura
et des parties voisines du Doubs et de la Saône-et-Loire (2) :

« Le *Carex brizoides* est une des plantes les plus caractéristiques de cette région, car il croît littéralement partout, sauf dans
les cultures. L'*Alopecurus utriculatus* n'est guère moins abondant et on voit souvent au printemps de vastes prairies entièrement couvertes de cette jolie graminée, une des plus précoces de
toutes. L'*Heleocharis ovata*, le *Trifolium elegans*, y sont aussi fort
répandus. Les *Sarothamnus scoparius*, *Hypericum pulchrum*,

(1) *Ann. de la Soc. bot. de Lyon*, t. IX, p. 211.
(2) *Hist. nat. du Jura*, Botanique, t. II, p. 33.

Epilobium obscurum, Senecio sylvaticus, Centaurea nemoralis Jord., *Filago gallica, Galeopsis dubia, Luzula albida, Aira caryophyllea, A. flexuosa, Betula alba, Ranunculus Philonotis, R. flammula,* à peine aperçus ou nuls dans la chaîne jurassique, là se montrent partout. Il en est de même des espèces suivantes dont quelques-unes sont peu abondantes, mais qui, pour la plupart, se montrent sur tout le sol bressan : *Myosurus minimus, Polygala depressa, P. oxyptera, Sagina ciliata, Spergularia segetalis, Linum gallicum, Radiola linoides, Androsæmum officinale, Trifolium filiforme* L. (*T. micranthum* Viv.), *Ornithopus perpusillus, Vicia lutea, Potentilla mixta, Agrimonia odorata, Lythrum hyssopifolia, Epilobium lanceolatum, Montia minor, Corrigiola littoralis, Illecebrum verticillatum, Sedum elegans, Dipsacus laciniatus, Inula pulicaria, Anthemis nobilis, A. cotula, Senecio adonidifolius, S. erraticus, Arnoseris pusilla, Hypochœris glabra, Centunculus minimus, Linaria pelliceriana, Scutellaria minor, Damasonium stellatum, Panicum glabrum,* etc. Toutes ces plantes, d'un cachet éminemment *hygrophile,* suivant l'expression de Thurmann, croissent dans des stations plutôt sèches qu'humides. »

Michalet continue en indiquant parmi les plantes des marais, des prés tourbeux et des étangs, les espèces caractéristiques que nous groupons ainsi :

Communes : *Epilobium palustre, E. obscurum, Trapa natans, Isnardia, Potamogeton fluitans, Scirpus mucronatus, Aira flexuosa, Polystichum oreopteris et thelipteris,* etc. ;

Assez communes : *Ranunculus hederaceus, Elatine alsinastrum, E. hexandra, Cicendia pusilla et filiformis, Lindernia pyxidaria, Rumex maritimus, Alisma arcuatum, Potamogeton acutifolius, Najas major et minor, Juncus supinus, J. tenageia, J. diffusus, Eriophorum gracile, Carex cyperoides; C. elongata, teretiuscula, paniculata, pseudocyperus, Marsilea quadrifoliata, Chara Braunii,* etc. ;

Assez rares et rares : *Stellaria glauca, Laserpitium pruthenicum, Œnanthe peucedanifolia, Rumex palustris, Euphorbia palustris, Liparis Lœselii, Potamogeton trichoides, Typha angustifolia, Cyperus longus, Scirpus supinus, Sc. Michelianus, Carex paradoxa, C. limosa, Calamagrostis lanceolata, Pilularia globulifera, Nitella tenuissima, N. glomerata, N. syncarpa,* etc.

Enfin en dehors du département du Jura, aux environs de Louhans (Saône-et-Loire) et de Seurre (Côte-d'Or) : *Genista anglica, Trifolium Michelianum et parisiense, Vicia lathyroides, Helosciadium inundatum, Scirpus fluitans, Carex nutans, C. Moniezi*

Lagr., espèces qui « donnent à notre flore, dit Michalet, une physionomie presque occidentale, qui devient tout à fait évidente quand on en rapproche les *Adenocarpus*, *Trifolium filiforme*, *Scirpus mucronatus*, *Limnanthemum*, *Cicendia pusilla*, *Alisma damasonium*, *Cyperus longus*, *Potamogeton trichodes*, *Linaria pelliceriana*, *Ornithopus perpusillus*, [*Lathyrus angulatus*, *Senecio adonidifolius*, *Scirpus triqueter*] (1), etc., que nous avons déjà mentionnés. »

En se reportant à notre énumération des plantes de la Dombes, on y trouvera la presque totalité des espèces indiquées par Michalet dans le tableau caractéristique qui précède, et notamment :

Myosurus minimus.	Hypochœris glabra.
Ranunculus Philonotis.	Scorzonera plantaginea.
Gypsophila muralis.	Hottonia palustris.
Les Sagines.	Centunculus minimus.
Stellaria uliginosa.	Galeopsis ochroleuca.
Spergula arvensis.	Sparganium ramosum.
Spergularia rubra.	Juncus tenageia.
Sp. segetalis.	J. bufonius.
Radiola linoides.	Heleocharis ovata.
Hypericum humifusum.	H. acicularis.
H. pulchrum.	Scirpus setaceus.
Sarothamnus scoparius.	Sc. supinus.
Lotus major.	Sc. mucronatus.
Ornithopus perpusillus.	Sc. maritimus.
Lythrum hyssopifolium.	Carex brizoides.
Corrigiola littoralis.	C. remota.
Illecebrum verticillatum.	C. pilulifera.
Laserpitium pruthenicum.	Alopecurus utriculatus.
Gnaphalium uliginosum.	Aira caryophyllea.
Gn. luteoalbum.	A. flexuosa.
Filago minima.	Danthonia decumbens.
F. gallica.	Glyceria fluitans.
Arnoseris pusilla.	Marsilea quadrifolia.

Toutes ces plantes, par leur large dispersion, caractérisent l'ensemble de la végétation bressanne.

Les autres espèces sont inégalement réparties à la surface de la Bresse ; les unes, par exemple, sont plus fréquentes dans la partie septentrionale que dans la Dombes, comme : *Ranuncu-*

_____

(1) Espèces occidentales indiquées par Michalet un peu plus haut, à la p. 33 et 34.

lus hederaccus, *Cardamine sylvatica*, *Lychnis silvestris*, *Trifolium elegans, Montia minor, Chrysosplenium oppositifolium, Epilobium palustre, Bidens radiata, Anthemis nobilis, Senecio silvaticus, S. aquaticus, S. erraticus, Filago arvensis, Cicendia pusilla, Veronica montana, Stachys arvensis, Rumex maritimus, Alisma arcuatum, Potamogeton acutifolius, Najas major, N. minor, Sparganium simplex, Juncus diffusus, Carex paniculata, C. cyperoides, Panicum glabrum, Ophioglossum vulgatum, Osmunda regalis, Polystichum thelipteris, P. oreopteris*, etc. Ce sont, pour la plupart, des espèces des régions froides, qui trouvent dans la partie septentrionale du plateau bressan un climat plus favorable que celui de la Dombes.

Les suivantes, plus ou moins fréquentes dans la Haute-Bresse, manquent même absolument à la Dombes : *Cardamine amara, Polygala depressa, P. oxyptera, Elatine triandra, Trifolium Michelianum, T. parisiense, T. filiforme, Potentilla supina, Galium anglicum, Senecio adonidifolius, Potamogeton trichodes, Carex elongata, C. limosa, Nitella tenuissima, N. glomerata*, etc.

Au contraire, les espèces qui suivent, communes dans la Dombes, sont très rares dans la Bresse où lui font complètement défaut (*) : * *Brassica Cheiranthus, Stellaria glauca, Elatine alsinastrum*, * *E. major, Ulex europœus*, * *Lotus diffusus* Sm., *Genista anglica* (Br. louhannaise), *Trapa natans*, * *Callitriche autumnalis*, * *Peplis Timeroyi*, * *P. Borœi*, * *Sedum villosum*, * *S. hirsutum, Hydrocotyle vulgaris, Helosciadium inundatum*, * *Peucedanum palustre, Sium latifolium, Gentiana Pneumonanthe, Linaria Pelliceriana, Rumex palustris*, * *Alisma natans*, * *A. ranunculoides*, * *A. lanceolatum*, * *A. parnassifolium, Damasonium stellatum, Orchis palustris, Hydrocharis Morsus-ranœ*, * *Zanichella pedicellata*, * *Juncus pygmœus*, * *Scirpus fluitans* (Br. louhan.), * *Sc. multicaulis*, * *Mibora minima, Pilularia globulifera*.

Plusieurs de ces espèces sont des plantes méridionales ou occidentales, confinées dans l'est de la France, soit à la partie inférieure et moyenne de la vallée du Rhône, soit aux monts du Forez et du Lyonnais, qu'elles ne dépassent pas ordinairement ; aussi ce sont les parties avoisinant les coteaux formant les bords de la Dombes au sud et à l'ouest, ainsi que les marais établis dans leurs dépressions, qui possèdent surtout ces espèces manquant à la Haute-Bresse ; notons, en effet, sur les premiers, outre les espèces indiquées plus haut : *Teesdalea nudicaulis, Bunias Erucago, Spergula pentandra, Vicia lathyroides* (jusque dans la Br. louhan.), *Lathyrus angulatus, Bupleurum tenuissimum, Andryala sinuata, Myosotis hispida, M. stricta, Veronica verna, Anarrhinum bellidifolium, Calamentha nepeta, Aira præcox*, etc., et dans les marais des Échets ou de Sainte-Croix : *Viola elatior, V. stagnina, Drosera intermedia* (Ét. Genoux), *Comarum palustre, Scabiosa australis, Campanula cervicaria, Anagallis tenella, Salix ambigua, Schœnus nigricans, Cladium Mariscus, Carex filiformis*, etc.

Comparaison de la végétation de la Dombes et de la Bresse avec celle des Terres-Froides. — Thurmann a signalé, il y a déjà longtemps, dans sa *Phytostatique* (t. I, p. 214), l'analogie de végétation qui existe entre la Bresse et les Terres-Froides. Le lecteur a pu aussi s'en faire une idée sommaire en comparant ce que nous avons dit plus haut de la végétation du Bas-Dauphiné, p. 115 (1), avec les énumérations que nous avons donnée des plantes bressannes. Mais nous croyons devoir y revenir pour préciser certains points de phytostatique.

Rappelons d'abord que l'on donne le nom de *Terres-Froides* à cette partie septentrionale du département de l'Isère, formée par des vallées et des collines tertiaires et quaternaires (argiles et sables molassiques, terrain erratique, alluvions anciennes, etc.), situées au pied et entre les chaînes calcaires de Crémieux, de Morestel et de la Chartreuse ; elles comprennent les vallées marécageuses de la Bourbre, de Morestel, des Avenières, les collines des cantons de Saint-Geoire, de Virieu, du Grand-Lemps, de la Côte-Saint-André, etc., jusqu'au *plateau de Chambaran*, qui s'y rattache du reste par la nature du sol et la flore.

Leur végétation renferme la plupart des caractéristiques de la Bresse et de la Dombes, comme :

Ranunculus hederaceus *r.*, R. Flammula, Gypsophila muralis, Lychnis silvestris, Sagina procumbens, S. apetala, S. patula *r.*, Stellaria glauca,

---

(1) Voy. *Ann. Soc. bot. Lyon*, t. X, p. 121.

St. uliginosa, Spergula arvensis, Alsine rubra, Elatine alsinastrum, Radiola linoides, Hypericum humifusum, H. pulchrum, Androsœmum, Ulex curopæus *r.*, Sarothamnus, Lotus tenuifolius, L. major, Ornithopus, Vicia lutea, Agrimonia odorata, Myriophyllum, Callitriche, Ceratophyllum, Lythrum hyssopifolium *r.*, Peplis portula, Montia minor, Corrigiola, Illecebrum, Chrysosplenium oppositifolium *r.*, Hydrocotyle, Helosciadium nudiflorum, Ænanthe fistulosa, Æ. peucedanifolia, Æ. phellandrium, Laserpitium pruthenicum, Galium palustre, Anthemis cotula, Matricaria chamomilla, Senecio silvaticus, S. aquaticus, S. erraticus, Gnaphalium, Filago, Arnoseris, Hypochœris glabra, Scorzonera plantaginea, Centunculus minimus, Menyanthes, Myosotis versicolor, Pedicularis silvatica, Melampyrum pratense, Galeopsis ochroleuca, Stachys arvensis, Scutellaria minor, Veronica montana, Rumex maritimus, Salix cinerea, Damasonium, Sagittaria, Butomus, Hydrocharis, Triglochin, Potamogeton, Najas, Sparganium, Juncus supinus, J. tenageia, J. bufonius, Eleocharis, Scirpus, Carex paniculata, C. paradoxa, C. stellulata, C. remota, C. cyperoides *r.*, C. pilulifera, C. pseudocyperus, Leersia, Alopecurus, Aira, Danthonia, Deschampsia, Glyceria, Vulpia, Ophioglossum, Osmunda, Polystichum Thelipteris et Oreopteris, Marsilia.

On doit même y ajouter les *Brassica Cheiranthus, Teesdalea, Bunias, Viola elatior, V. stagnina, Spergula pentandra, Genista anglica, Vicia lathyroides, Trapa, Helosciadium repens, Peucedanum palustre, Andryala, Anagallis tenella, Linaria pelliceriana, Anarrhinum, Veronica verna, Alisma natans, A. ranunculoides, A. lanceolatum, Orchis palustris, Schœnus, Cladium, Scirpus multicaulis, Aira canescens A. elegans, A. præcox, Mibora minima*, ne se trouvant que dans la partie la plus méridionale du plateau bressan.

Mais les Terres-Froides ne paraissent pas posséder les espèces suivantes répandues dans toute la région bressanne : *Myosorus minimus* (rr.), *Ranunculus philonotis? Callitriche platycarpa, Sedum elegans* (cep¹ à Myons), *Anthemis nobilis, Cicindia filiformis, C. pusilla, Limnanthemum, Alisma arcuatum, Carex brizoides, Panicum glabrum, Pilularia globulifera*, etc.; ni les espèces de la Haute-Bresse manquant aussi dans la Dombes, comme : *Cardamine amara, Polygala depressa, Elatine triandra, Trifolium micranthum, Potentilla supina, Senecio adonidifolius, Myosotis silvatica, Potamogeton trichodes, Carex elongata*, etc.

Cette région manque enfin des espèces rares qui n'ont encore été signalées que dans les Dombes, pour notre région lyonnaise, telles que : *Drosera intermedia, Elatine major, Lotus diffusus, Peplis Timeroyi, P. Borœi, Sedum villosum* (Lyon.), *S. hirsutum* (Lyon.), *Bupleurum tenuissimum* (Lyon.), *Sca-*

biosa australis, Campanula cervicaria, Salix ambigua, Scirpus fluitans, Juncus pygmœus.

Terminons par une dernière particularité de la flore des Terres-Froides, c'est de posséder quelques espèces spéciales, qui ne s'observent pas dans la Bresse, comme les *Salvia glutinosa, Luzula nivea, Senecio paludosus, S. Doria,* etc., dues (ainsi que les *Parnassia palustris, Lychnis silvestris,* etc.) au voisinage des montagnes, et les espèces plus rares encore de *Bidens bullata* Balbis, *Alisma parnassifolium,* etc. (même le *Salvinia natans,* d'après Villars).

Comparaison avec les bas-plateaux lyonnais et la plaine argilo-siliceuse du Forez. — Nous avons examiné précédemment les rapports qui existent entre la végétation des monts du Lyonnais et du Forez et nous avons constaté des analogies nombreuses qui s'expliquent, du reste, par la similitude des conditions topographiques et géologiques, ainsi que de la composition des terrains et aussi par l'influence du voisinage ; mais de pareilles analogies existent aussi entre les flores du Lyonnais, du Forez et de la Bresse, analogies d'autant plus intéressantes à étudier qu'elles ne paraissent pas, de prime abord, pouvoir être expliquées aussi facilement.

Ces analogies ressortent, au surplus, de la comparaison même rapide des longues énumérations dressées plus haut pour chacune des deux régions de la Dombes et du Lyonnais, complétées par le tableau comparatif de la Flore du Lyonnais et du Forez. Aussi nous bornerons-nous à indiquer simplement les faits principaux de dispersion qui se dégagent de ce travail de comparaison.

I. Bien que les *bas-plateaux* lyonnais ne possèdent pas les nombreux étangs caractéristiques de la Dombes, on y rencontre cependant un grand nombre des espèces signalées comme habitant de préférence le plateau bressan. Ce sont, il est vrai, principalement les plantes des sables siliceux ou des terrains argilo-sableux, représentés aussi dans le Lyonnais par les produits de décomposition des granites, gneiss, schistes carbonifériens, etc. Parmi ces espèces caractéristiques communes aux deux régions, nous rappellerons : *Ranunculus Philonotis, Brassica Cheiranthus, Gypsophila muralis,* les *Sagines,* les

Arenaria, Hypericum pulchrum et *humifusum, Ulex europœus, Lotus tenuifolius, L. major, Peplis Portula, Montia, Corrigiola, Illecebrum, Anthemis cotula, Gnaphalium uliginosum, Gn. luteoalbum,* les *Filago, Arnoseris pusilla, Hypochœris glabra, Galeopsis ochroleuca, Juncus tenageia, J. bufonius,* etc., etc.

Mais quelques-unes de ces plantes, et précisément des espèces fréquentes dans les Dombes, sont, au contraire, très rares dans le Lyonnais ou même y font complètement défaut ; à la première catégorie appartiennent les *Myosurus, Silene gallica, Stellaria glauca, Elatine Alsinastrum, Cytisus capitatus, Trifolium elegans, Lythrum hyssopifolium, Peplis Timeroyi, Illecebrum, Bupleurum tenuissimum, Conium maculatum, Centunculus minimus, Linaria pelliceriana, Scutellaria minor, Polygonum amphibium, Butomus, Hydrocharis, Scirpus supinus, Juncus pygmœus, Pilularia,* etc. Parmi les espèces absentes dans le Lyonnais, ou qui n'y ont pas encore été rencontrées, nous citerons : *Radiola linoides, Lotus diffusus* (cep¹. à Charbonnières), *Trapa natans, Peplis Borœi, Peucedanum palustre, Laserpitium pruthenicum, Hydrocotyle, Hottonia, Villarsia, Alisma natans, A. ranunculoides, Zanichella, Sparganium minimum, Cladium Mariscus, Heleocharis ovata, Scirpus mucronatus, Sc. maritimus, Sc. Michelianus, Sc. fluitans, Carex brizoides, C. pseudocyperus, Osmunda, Polystichum Oreopteris, P. Thelipteris, Marsilea,* etc.

Ce sont surtout les plantes des étangs qui font défaut aux bas-plateaux lyonnais ; cependant rappelons la flore aquatique qu'on retrouve dans les prés marécageux assez fréquents dans les vallées et dans les dépressions des plateaux et des montagnes, ce qui permet à ces espèces communes, du reste, aux stations marécageuses de toutes les régions, d'y croître : *Ranunculus Flammula, Stellaria uliginosa, Isnardia, Myriophyllum, Callitriche, Helosciadium, Œnanthe, Sium, Myosotis, Heleocharis acicularis, Scirpus setaceus,* etc.

En résumé, sur les 311 espèces énumérées plus bas comme constituant la végétation de la Dombes, nous en trouvons 42 absentes dans le Lyonnais, et encore 12 de ces dernières sont-elles rares et nullement caractéristiques de la flore dombiste.

II. La partie argilo-siliceuse de la plaine du Forez se rapproche davantage de la Dombes, par son allure, son origine géologique, la nature du sol et la présence de nombreux étangs, surtout dans les environs de Feurs, de Montbrison, etc.; aussi sa végétation offre-t-elle des affinités très grandes avec la flore du plateau bressan.

Citons d'abord ce qu'en dit M. Legrand dans la *Statistique botanique du Forez*, p. 11, 13 et 14 :

« . . . La plaine de Montbrison présente, comme on le voit, des conditions favorables à l'emmagasinement des eaux, de là les nombreux étangs qui surgissent à sa surface et même sur les contreforts des montagnes. . . .

. . . Les localités que l'on devra visiter avec le plus de soin sont : le grand étang de Saint-Rambert *(Scirpus mucronatus, Marsilea quadrifolia)*, les bords du Bonson, les mares entre Bouthéon et Andrézieux. . . .

. . . Les environs de Feurs méritent de nous arrêter un instant. En rayonnant dans les environs, on connaîtra bien la florule aquatique. Que l'on visite ces vastes trous, toujours pleins d'eau, restes d'un antique lit de la Loire et connus dans le pays sous le nom de *Gours*, on recueillera à celui de Cleppé : *Trapa natans* et *Ceratophyllum demersum* (fructifié) ; au gour du Cruel ou de Chambéon, les deux Nénuphars, le Trèfle d'eau, *Hydrocharis, Comarum, Carex pseudocyperus, Glyceria aquatica*, etc.

Dans les nombreux étangs qui s'étendent entre Feurs et Valeilles foisonnent les *Isnardia, Marsilea, Pilularia, Elatine alsinastrum, Alisma ranunculoides, Utricularia vulgaris* et beaucoup de *Potamogeton, Juncus, Scirpus* dont le *mucronatus.* »

La plus grande partie des terrains tertiaires de la plaine du Forez, surtout dans les couches supérieures, est constituée par des sables siliceux, comme on l'observe aussi dans beaucoup de points de la Dombes et de la Bresse. « On remarque, dit M. Legrand, une certaine similitude de végétation entre ces terrains sablonneux et les rochers granitiques des coteaux, bien que les caractères physiques des uns et des autres soient très différents ; ainsi, on trouve sur les sables de la plaine aussi bien que sur la roche granitique : *Crucianella angustifolia, Corrigiola littoralis, Spergula pentandra, Genista anglica, Lathyrus angulatus, Roripa pyrenaica, Trifolium gracile, Teesdalia nudicaulis* et quelques autres. » (1) On sait que presque toutes ces espèces s'observent aussi dans la Dombes.

_____

(1) *Stat. bot. du Forez*, p. 45 et 46.

Voici, du reste, les principales des caractéristiques communes au plateau bressan et à la plaine du Forez :

Myosurus minimus, Ranunculus hederaceus, R. Philonotis, Brassica Cheiranthus, Gypsophila muralis, les Sagines, Stellaria uliginosa, les Spergules, Alsine segetalis et rubra, Malva moschata, Hypericum humifusum, H. pulchrum, Ulex europæus, Trifolium elegans, Lotus tenuifolius, Lythrum hyssopifolium, Peplis Portula, Montia minor, Corrigiola littoralis, Anthemis cotula, A. nobilis, Gnaphalium uliginosum, Gn. luteoalbum, Filago arvensis, F. minima, Centaurea nemoralis Jord., Scorzonera plantaginea, Centunculus minimus, Galeopsis ochroleuca, Damasonium, Juncus tenagcia, J. pygmæus, Scirpus acicularis, setaceus, supinus, maritimus, Aira caryophyllea, Danthonia decumbens, Marsilea quadrifolia, etc.

Mais quelques-unes des plantes communes dans la Dombes ne s'observent pas avec la même fréquence dans le Forez ; ainsi le *Radiola linoides* n'y a été trouvé qu'autour de l'étang Remy, à Veauche, l'*Illecebrum verticillatum* dans un seul étang desséché (dans la plaine), le *Filago gallica* aussi dans une seule station ; il en est ainsi des *Villarsia nymphoides*, et même du *Myosotis palustris* indiqué comme nul dans la plaine (voy. Legrand, *loc. cit.*), etc.

Les autres espèces de la Dombes et de la Haute-Bresse (celles-ci suivies de *), qui manquent au Forez, sont d'abord des plantes des coteaux du Rhône et de la Saône, telles que *Bunias Erucago, Linum gallicum,* etc., ou bien des espèces des marais tourbeux de la partie méridionale du plateau bressan ou de la vallée de la Saône, comme *Viola elatior, V. stagnina, Drosera longifolia, Teucrium scordium, Schœnus nigricans, Cladium Mariscus, Carex filiformis,* etc. Mais l'absence, dans le Forez, des espèces suivantes répandues pour la plupart dans tout le plateau bressan est un fait remarquable de géographie botanique : *Silene gallica, Stellaria glauca, Elatine triandra*, Cytisus capitatus, Lotus diffusus, Trifolium Michelianum*, T. parisiense*, Myriophyllum verticillatum, Callitriche platycarpa, Peplis Timeroyi, P. Borœi, Hydrocotyle vulgaris, Peucedanum palustre, Laserpitium pruthenicum, Sium latifolium* et *angustifolium, Senecio aquaticus, Hottonia palustris, Cicendia filiformis, C. pusilla, Linaria peliceriana, Alisma arcuatum, A. parnassifolium, Orchis incarnatus*, O. palustris, Potamogeton fluitans, P. lucens, P. densus, Najas major, Zanichella, Eleocharis uniglumis, Scirpus Michelianus, fluitans* et *multicaulis, Carex brizoides,*

13

paniculata, elongata et *paradoxa, Alopecurus utriculatus, Osmunda, Polystichum Thelipteris* et *Oreopteris*, etc.

D'autre part, la plaine du Forez possède à son tour quelques espèces spéciales, manquant à la Dombes ; les principales sont : *Elatine macropoda, Ulex nanus, Trifolium micranthum* Viv., *Potentilla supina* (Haute-Bresse), *Peucedanum officinale, Galium anglicum, Senecio adonidifolius, Potamogeton trichodes* (Haute-Bresse), *Carex divisa*, etc.

Nous réunirons, pour la facilité des recherches, les éléments de ce travail de comparaison des végétations de la Haute-Bresse (Bres.), de la Dombes (Domb.), des Terres-Froides (Ter. fr.), des bas-plateaux lyonnais (Lyon.), et de la plaine du Forez (For.), dans le tableau suivant.

Abréviations. — Le point de doute indique que la dispersion de l'espèce dans la région est à rechercher ; le chiffre 0, que la plante n'y a pas encore été observée ; le signe (ll), que l'espèce qui habite de préférence la zone montagnarde peut descendre accidentellement dans la plaine ; les autres signes, c (commun), a. c. (assez commun), etc., n'ont pas besoin d'explication.

Tableau comparatif de la végétation des régions de :

	BRESSE	DOMB.	TER. FR.	LYON.	FOREZ
Myosurus minimus........	a. c.	a. c.	0 ?	a. r.	c.
Ranunc. hederaceus.......	a. c.	r.	r.	r.	c. (II)
R. Flammula.............	c. c.	c. c.	c. c.	c. c.	c. c.
R. Lingua	r.	?	r.	r.	r. r.
R. philonotis.............	c. c.	c. ?	0 ?	c. l	c. l
R. parviflorus............	0.	0.	?	a. r. !	r. !
Nymphæa alba...........	c.	r.	a. c.	a. r.	r.
Nuphar luteum	c. c.	c.	a. r.	a. r.	r. r.
Papaver Argemone........	c.	c.	a. r. ?	a. c.	c. c.
Cardamine amara.........	r.	0.	0.	0. (II)	0. (II)
C. sylvatica.............	a. c.	r.	(II)	rr. (II)	0. (II)
Brassica Cheiranthus......	0.	a. c.	a. r. ?	! c. c.	! c. c.
Roripa pyrensica.........	0.	0. ?	0. ?	! c. c.	! c. c.
Teesdalia nudicaulis.......	0.	r.	a. r.	c. c.	c. c.
Lepidium graminifolium...	r. r. r.	c. c.	c. ?	c. ?	c. c.
Senebiera Coronopus (errat.)	c.	c.	p. c.	p. c.	a. r.
Bunias Erucago...........	0.	p. c.	a. r.	p. c.	0.
Roripa nasturtioides......	c.	c.	a. c. ?	?	c. c.
Nasturtium sylvestre......	c. c.	c.	a. c. ?	p. r.	c. c.
Viola canina............	a. c.	a. c.	a. c.	a. c.	a. c.

	Bresse	Domb.	Ter. fr.	Lyon.	Forez
Drosera rotundifolia.......	a. c.	r. ?	! a. r.	r.	c. ?
D. longifolia............	r.	r. r.	! a. r.	0.	0.
D. intermedia	0.	r. r.	0.	0.	0.
Viola elatior	0.	0.	a. r.	0.	0.
V. stagnina	0.	0. r. r.	a.r.	0.	0.
Parnassia palustris	0.	?	p. r.	r.	r. r.
Polygala vulgaris.........	c.	c.	c.	c.	c.
P. oxyptera.............	a. r.	?	c.	c.	c.
P. depressa.............	! a. r.	0.	0.	r.	r.
Gypsophila muralis.......	a. c.	a. c.	a. c.	a. c.	c. c.
Silene gallica............	a. c.	a. c.	?	a. r.	0.
Lychnis sylvestris........	! c.	! r.	a. c. (II)	a. r.	c. c.
Sagina procumbens.......	c.	c. c.	c. ?	c.	c. c.
S. apetala...............	c.	a. c.	! a. c.	a. c.	r.
S. ciliata................	c.	a. c.	r.	a. c.	c.
Stellaria holostæa........	c. c.	c. c.	c.	c.	c. c.
St. glauca..............	r. r.	! c.	! r. r.	r.	0.
St. graminea............	a. c.	?	a. c. ?	c. ?	c. c.
St. uliginosa............	c.	c.	! a. r.	c.	c. c.
Holosteum umbellatum....	c. c.	c. c.	a. c.	c.	c. c.
Mœnchia erecta.........	p. c.	p. c.	a. r.	p. c.	c. c.
Malachium aquaticum.....	a. c.	a. c.	a. c.	a. c.	r. r.
Spergula arvensis........	c.	c. c.	c.	c. c.	c. c.
Sp. pentandra...........	0.	r. ?	r.	c. c.	c. c.
Sp. Morisonii...........	0.	0.	0.	c. (II)	c. c (II)
Alsine segetalis..........	p. c.	c.	r.	c.	c. (suplᵗ)
A. rubra................	c.	c.	a. c.	p. r.	c. c.
Elatine major Br.........	0.	p. c.	0.	0.	p. c.
E. macropoda Guss.......	0.	0.	0.	0.	r.
E. alsinastrum	r. r.	c.	! r.	r.	c. c.
E. hexandra DC.........	c.	a. r.	r.	0.	c.
E. triandra..............	c.	0.	0.	0.	0.
Linum gallicum	a. c.	p. c.	p. c.	?	0.
Radiola linoides.........	a. c.	a. c.	a. c.	0.	r. r.
Adenocarpus parviflorus...	0.	0.	0.	0.	r. r.
A. complicatus	r. r.	0.	0.	0.	0.
Malva moschata.........	c.	a. c.	a. r. ?	c.	c. c.
Hypericum humifusum....	c. c.	c. c.	a. c.	c.	c. c.
H. tetrapterum..........	c. c.	c.	c.	c.	c.
H. pulchrum............	c.	c.	! a. r.	c.	c.
Androsæmum officinale....	r. r.	p. r.	! r.	r.	r. r.
Ulex europæus..........	a. r.	c.	! r.	c.	c.
U. nanus................	0.	0.	0.	a. r.	! c. c.
Sarothammus scoparius....	c. c.	c. c.	a. r. ?	c. c.	c. c.
Genista anglica..........	0. (B. lh.)	c.	r. !	c.	c. c.

	Bresse	Domb.	Ter. fr.	Lyon.	Forez
Cytisus capitatus.........	a. c.	c.	r.	0. (cot.)	0.
Trifolium arvense.......	c. c.	c. c.	c. c.	c. c.	c. c.
T. elegans..............	c. c.	c. ?	r.	a. r.	c. c.
T. micranthum Viv.......	r. r.	0.	0.	0.	c.
T. aureum.............	a. r.	r.	a. r.	0.	r. r.
T. Michelianum.........	r. r.	0.	0.	0.	0.
T. parisiense............	r. r.	0.	0.	?	0.
Lotus tenuifolius........	a. c.	a. c.	a. c. ?	a. c.	c.
L. major.................	c.	c.	a. c. ?	a. c.	c. c.
L. diffusus Sm..........	0.	c. c.	0.	0. (r. r.)	0.
Ornithopus perpusillus....	p. c.	p. c.	! a. r.	! c.	c. c.
Vicia lathyroides........	0.	r. (cot.)	r. (cot.)	c.	c.
V. lutea...............	a. c.	?	a. r.	a. c.	c. c.
V. segetalis.............	a. c.	?	a. c. ?	a. c.	c.
Lathyrus Nissolia........	a. r.	a. r.	r.	r.	a. r.
L. angulatus............	r. r.	p. c.	r. (cot.)	p. c.	c.
Comarum palustre........	r.	r.	r.	r.	r.
Potentilla procumbens....	a. c.	a. c.	a. c. ?	r.	0. ?
P. supina...............	c.	0.	0.	0.	a. c.
Agrimonia odorata........	a. c.	r.	r.	r.	a. r.
Epilobium lanceolatum....	r. r.	a. r.	r.	a. c.	c. c.
E. collinum.............	0. (r. r.)	0.	r. r.	r.	c. c.
E. palustre.............	c.	r.	r.	(II)	(II)
Isnardia palustris........	c.	c.	r. !	a. r.	c.
Trapa natans............	0. ?	c.	c.	c.	r.
Myriophyllum verticillatum	c.	c.	a. c.	c.	0.
M. spicatum............	p. c.	p. r.	a. c.	a. c.	c.
M. alternifolium..........	0.	0.	0.	r. r.	0.
Hippuris vulgaris.........	0.	r. r. ?	a. r. ?	r.	0.
Callitriche stagnalis.......	c. c.	c.	c.	c.	c. c.
C. verna...............	c.	c.	c.	c.	a. c.
C. hamulata.............	a. r.	0. ?	a. r.	r.	a. r.
C. platycarpa............	c.	c.	0.	c.	0.
C. autumnalis...........	0.	0.	0.	r. r.	r. r.
Ceratophyllum demersum..	c. c.	p. r.	p. r.	p. r.	c.
C. submersum............	0.	r. r.	r. r.	r. r.	r.
Lythrum hyssopifolium ...	c.	c.	r.	a. r.	r.
Peplis Portula...........	a. r.	c.	a. r.	c.	c. c.
P. Timeroyi Jord........	0.	r. r. !	0.	r. r.	0.
P. Boræi...............	0.	r. r. !	0.	0.	0.
Corrigiola littoralis.......	a. c.	c. c.	a. c.	c. c.	c. c.
Scleranthus annuus.......	c. c.	c. c.	a. c.	c. c.	c. c.
S. perennis	0.	c. ?	c. ?	c. c.	c. c.
Illecebrum verticillatum...	p. c.	! p. r.	! a. r.	a. r.	r. r.
Sedum elegans...........	a. c.	a. r.	0. ?	a. r.	c. c.
S. villosum	0.	r.	0.	r. (II)	r. (II)

	BRESSE	DOMB.	TER. FR.	LYON.	FOREZ
Sedum hirsutum..........	0.	r.	0.	0. (II)	0. (II)
Chrysosplenium oppositif..	r. r.	0.	r.	r. r.	r.
Hydrocotyle vulgaris......	r. r.	a. c.	a. c.	0.	0.
Helosciadium nodiflorum..	a. c.	c.	c. c.	a. c.	a. c.
H. inundatum............	0 (B. lh.)	a. c.	r.	p. c.	r. r.
H. repens...............	0.	0.	r.	a. r.	0.
Œnanthe fistulosa........	p. c.	p. c.	a. r.	p. c.	a. r.
Œ. peucedanifolia........	r.	a. c.	a. c.	a. c.	c. c.
Œ. Phellandrium.........	c. c.	c. c.	a. r.	a. c.	c. c.
Œ. pimpinelloides........	0.	0.	?	r.	0.
Œ. Lachenalii............	0.	0.	a. c.	0.	0.
Peucedanum officinale	0.	0.	0.	0.	! c.
P. gallicum (parisiense)...	0.	0. ?	0.	! c.	! c.
P. palustre..............	0.	! a. r.	! a. r.	0.	0.
Laserpitium pruthenicum..	r.	a. r.	r.	0.	0.
Bupleurum tenuissimum...	0.	a. c.	0.	p. c.	c.
Sium latifolium..........	0.	a. c.	a. r. ?	c.	0.
S. angustifolium.........	c.	c.	c.	c.	0.
Conium maculatum.......	c.	a. c.	a. c.	r. ?	c. c.
[Adoxa moschatellina.....	c.	p. c.	a. c.	a. c.	a. c.]
Galium uliginosum.......	c.	a. c.	a. r.	a. c.	c. c.
G. anglicum	r. r.	0.	a. r.	0.	a. r.
G. palustre	c.	a. c.	a. c.	a. c.	a. r.
G. silvaticum	c.	! p. c.	! p. c.	(II)	?
Scabiosa succisa.........	c. c.	c. c.	a. c.	c.	c. c.
S. australis	0.	r. r.	0.	0.	0.
Inula pulicaria..........	c.	c	c.	c.	c.
I. dysenterica...........	c.	c.	c.	c.	c. c.
I. graveolens...........	0.	0.	a. r.	c.	0.
Bidens tripartita.........	c. c.	c.	c. c.	c. ?	c. c.
B. radiata...............	a. c.	0. ?	0. ?	?	c. c.
B. cernua...............	c.	p. r.	a. r.	?	c.
B. bullata *Balb*..........	0.	0.	! a. c.	0.	0.
Anthemis cotula..........	a. c.	c.	c. c.	c.	c. c.
A. nobilis...............	c.	a. r.	0.	a. c.	c.
Matricaria Chamomilla....	c.	a. c.	c. c.	a. c.	c. c.
Achillea ptarmica........	c. c.	c. c.	a. r.	c.	c. c.
Senecio silvaticus........	c.	! a. r.	! a. r.	a. r. (II)	c. (II)
S. adonidifolius	r. r.	0.	0.	r. r.	c.
S. nemorosus *Jord*.......	c.	c.	?	c.	?
S. aquaticus *Huds*.......	c.	p. c.	p. c.	p. c.	0.
S. erraticus	c.	! r.	! r.	r.	c. c.
S. paludosus	r. r.	0. !	! p. c.	0.	0.
S. Doria................	0.	0.	! a. c.	0.	0.

	BRESSE	DOMB.	TER. FR.	LYON.	FOREZ
Gnaphalium uliginosum...	c.	a. c.	a. c.	a. c.	c. c.
Gn. luteoalbum..........	c.	a. c.	a. c.	a. c.	c.
Gn. silvaticum..........	a. c.	a. c.	a. c. (II)	c. c.	c.
Filago lutescens *Jord*.....	a. r.	a. c.	a. c.	a. c.	c, c.
F. canescens *Jord*.......	?	a. c.	a. c.	a. c.	r.
F. arvensis	r.	a. c.	a. c.	a. c.	c. c.
F. minima..............	c.	p. c.	a. c.	a. c.	c. c.
F. gallica..............	c. c.	c.	a. r.	c.	r. r.
Centaurea nemoralis *Jord* .	c. c.	c.	r.	c.	c.
Arnoseris pusilla........	c.	c.	! a. r.	c. c.	c. c.
Thrincia birta..........	c.	c.	a. c.	c.	c. c.
Hypochæris glabra.......	a. c.	c.	a. r.	c. c.	c.
Hieracium boreale *Fr*.....	c. c.	c.	a. c.	c.	c. c.
H. umbellatum..........	c.	c.	! a. r.	c.	c. c.
Andryala sinuata	0.	(Cot.)	a. r.	c.	c. c.
Scorzonera plantaginea....	c. c.	! c.	! r.	c. c.	c. c.
Jasione montana..........	a. c.	c.	a. c.	c.	c.
Campanula Rapunculus...	c.	a. c.	a. c.	a. c.	r. r.
C. cervicaria	0.	r. r.	0.	r.	r. r.
Utricularia vulgaris.......	c.	c.	a. r.	a. c.	a. c.
Hottonia palustris.......	a. c.	! a. r.	! a. r.	0.	0.
Lysimachia vulgaris.......	c.	c.	c.	c.	c. c.
L. nemorum	a. c.	a. c.	a. c.	a. c.	c.
Centunculus minimus.....	a. c.	a. c.	a. r.	p. c.	r.
Anagallis tenella..........	0.	a. r.	a. c.	r.	r. r.
Erythræa centaurium.....	c. c.	c. c.	c.	a. c.	c. c.
E. pulchella.............	a. c.	p. r.	p. r.	r.	a. r.
Cicendia filiformis........	a. c.	p. r.	0.	a. r.	0.
C. pusilla..............	a. c.	r. r.	0.	0.	0.
Menyanthes trifoliata.....	c.	p. c.	a. r.	p. c.	r.
Villarsia nymphoides......	p. c.	a. c.	0.	0.	r. r.
Gentiana pneumonanthe...	r. r.	a. r.	a. r.	(II)	r.
Myosotis palustris........	c. c.	c. c.	c. c.	c. c.	r. r.
M. cæspitosa.............	c.	p. c.	r.	p. c.	c. c.
M. intermedia............	c. c.	a. c.	c.	a. c.	c. c.
M. versicolor............	c.	(Cot)	! a. c.	a. c.	c. c.
M. silvatica.............	(II)	0.	0.	a. c.	c.
M. hispida..............	0.	(Cot.)	(Cot.)	a. c.	c. c.
M. stricta..............	0.	! a. r.	a. c.	p. c.	c. c.
Echinospermum Lappula..	0.	(Cot.)	c.	a. c.	c.
Scrophularia nodosa......	c.	c.	c.	c.	c. c.
Sc. aquatica.............	a. c.	c.	c.	a. c.	r. r.
Antirrhinum Orontium....	c.	c.	a. c.	c.	c.
Linaria Elatine..........	c.	c.	a. c.	c.	c.

	Bresse	Domb.	Ter. fr.	Lyon.	Forez
Linaria pelliceriana.......	r. r.	! c.	! a. r.	! a. r.	0.
L. striata...............	a. r.	c. ?	c.	c.	c. c.
L. minor................	c. c.	c.	c.	c.	c. c.
Gratiola officinalis........	p. c.	p. c.	p. c.	p. c.	c. c.
Anarrhinum bellidifolium.	0.	?(Cot.)! ! a. r.		c. c.	c. c.
Lindernia pyxidaria.......	a. c.	a. c.	r.	r. r.	r.
Limosella aquatica........	a. c.	a. r.	r.	r. r.	c.
Veronica Anagallis........	a. c.	a. c.	a. c.	a. c.	c. c.
V. scutellata.............	a. c.	c.	a. r.	p. c.	c.
V. montana..............	c. c.	a. r.	r.	a. r.	r.
V. acinifolia.............	a. c.	c.	r.	a. c.	r. r.
V. verna.................	0.	(Cot.)	r.	c. c.	c. c.
V. triphyllos.............	a. c.	c.	a. r.	c.	c. c.
V. agrestis...............	a. c.	a. c.	r.	a. c.	a. r.
Pedicularis silvatica.......	c.	c. ?	! p. c.	c.	c. c.
P. palustris..............	c.	! a. r.	! a. r.	a. r.	r.
Melampyrum pratense.....	c.	c.?	! a. r.	c.	c. c.
Mentha aquatica..........	c. c.	c. c.	c.	c.	c. c.
M. Pulegium.............	c.	c. c.	a. r.	c.	c. c.
Lycopus europæus........	c. c.	c.	c.	c.	c. c.
Galeopsis ochroleuca......	c. c.	c. c.	! a. r.	c. c.	c. c.
Stachys germanica........	r.	a. r.	a. c.	r. ?	a. c.
St. silvatica.............	c. c.	c.	c.	c.	
St. arvensis.............	c.	! a r.	! r.	a. r.	r. r.
Scutellaria galericulata....	a. c.	a. c.	a. c.	a. c.	c. c.
Sc. minor................	c.	c.	! c.	r.	r. r.
Teucrium Scordium.......	a. c.	a. c.	! a. c.	p. c.	0.
Calamintha Nepeta........	0.	c. (cot.).	a. r.	c.	0.
Littorella lacustris........	p. c.	a. r.	a. r.	r.	r.
Polycnemum arvense......	a. c.	a. c.	a. c.	c.	c.
Rumex maritimus........	a. c.	c.	r.	r.	c.
R. palustris..............	r. r.	p. c.	p. c.	r.	0.
R. conglomeratus........	c.	c.	c.	c.	c. c.
R. nemorosus	a. c.	a. c.	c.	c.	r.
R. Acetosella.............	c. c.	c. c.	c. c.	c. c.	c. c.
Polygonum amphibium....	c.	c.	a. c.	p. c.	c. c.
Quercus pedunculata......	c. c.	c. c.	c. c.	c. c.	c. c.
Carpinus Betulus.........	c. c.	c. c.	c. c.	c. c.	c. c.
Salix cinerea.............	c. c.	a. c.	c. c.	a. c.	c.
S. ambigua..............	?	r. r.	0.	0.	0.
S. capræa...............	c.	c.	c.	c.	c. c.
S. aurita................	c. c.	c. ?	a. r. !	r.	c. c.
Populus tremula..........	c. c.	c. c.	c. c.	c. c.	c. c.
Betula alba..............	c. c.	c. c.	c. c.	c. c.	c. c.
Alnus glutinosa...........	c. c.	c. c.	c. c.	c. c.	c. c.

	Bresse	Domb.	Ter. fr.	Lyon.	Forez
Alisma Plantago.........	c. c.	c. c.	c. c.	c. c.	c. c.
A. arcuatum.............	c. c.	r.	O.	O.	O.
A. lanceolatum..........	O.	a. c.	a. c.	a. c.	c. c.
A. natans...............	O.	! p. c.	! r.	O.	a. c.
A. ranunculoides........	O.	! a. r.	! a. r.	O.	a. c.
A. parnassifolium.......	O.	r. r.	! r.	O.	O.
Damasonium stellatum....	r. r.	c.	r. r.	?	c. c.
Sagittaria sagittæfolia.....	c. c.	c.	a. c.	p. c.	c. c.
Butomus umbellatus......	a. c.	a. r.	a. r.	r.	r. r.
Orchis Morio............	c. c.	c. c.	a. c.	c. c.	c. c.
O. laxiflorus	c.	c.	a. r.	c.	a. c.
O. incarnatus...........	p. c.	?	a. r.	a. r.	O.
O. maculatus	c. c.	c.	a. c.	c.	c. c.
O. conopeus	a. r.	a. c.	c.	a. c.	c. c.
O. viridis...............	O.	?	a. r. (II).	c.	c.
O. palustris.............	O.	r. !	r. !	r.	O.
Spiranthes autumnalis.....	a. c.	a. r.	a. r.	a. r.	a. r.
Hydrocharis Morsus-Ranæ.	r. r.	a. r. !	r.	r. r.	r. r.
Triglochin palustre.......	a. r.	p. c. !	a. c.	r. r.	r. r.
Potamogeton natans......	c. c.	c.	a. r.	a. r.	c. c.
P. fluitans..............	a. c.	c.	r.	c.	O.
P. lucens...............	a. c.	c. ?	a. r.	O.	O.
P. acutifolius	a. c.	r. ?	r. !	r. !	c. !
P pusillus...............	c.	c.	c.	c.	r.
P. trichodes.............	r.	O.	O.	r.	c.
P. densus...............	a. c.	a. c.	a. c.	a. c.	O.
Najas major.............	a. c.	a. r.	a. r.	r.	O.
N. minor...............	a. c.	r.	r.	r.	r. r.
Zanichella pedicellata.....	O.	r.	O.	O.	O.
Sparganium ramosum.....	c. c.	c. c.	c. c.	c. c.	c. c.
S. simplex..............	c.	a. r.	a. r.	r.	c. c.
S. minimum	r. r.	r.	r.	O.	O.
Juncus diffusus..........	c.	?	r.	?	O. ?.
J. supinus..............	c.	a. c. !	a. c. !	c. (II).	! r. (II)
J. lamprocarpus..........	c. c.	c. c.	c. c.	c.	c. c.
J. tenagoia.............	c.	p. c. !	p. c. !	p. c.	c. !.
J. bufonius	c. c.	c. c.	c. c.	c. c.	c. c.
J. pygmæus.............	O.	a. c. !	O.	r.	! c. c.
Luzula silvatica..........	c.	c.	c. (II).	c.	c. (II).
Schænus nigricans........	r. r.	r.	r.	r. r.	O.
Cladium Mariscus........	r. r.	r.	p. c.	O.	O.
Eleocharis palustris.......	c. c.	c. c.	c. c.	c. c.	c. c.
E. uniglumis............	c.	a. r.	a. r.	a. r.	O.

	BRESSE	DOMB.	TER. FR.	LYON.	FOREZ
Eleocharis ovata..........	c. c.	c. c.	p. c.	0.	r.
E. acicularis.............	c. c.	c. c.	p. c.	c.	c. c.
Scirpus setaceus..........	c.	c.	c.	c.	c.
S. supinus...............	c.	c.	r.	r.	! c. c.
S. mucronatus............	c.	c.	r.	0.	! r.
S. maritimus.............	c.	c.	a. c.	0.	c.
S. Michelianus...........	r.	r.	r. r.	0.	0.
S. fluitans..............	0.	r.	0.	0.	0.
S. multicaulis...........	0.	r.	p. c.	0.	0.
Carex pulicaris	p. r.	r. ?	a. r. !	a. r.	(II).
C. disticha..............	c.	c.	c.	c.	c.
C. brizoides.............	c. c.	c.	0.	0.	o.
C. vulpina..............	c. c.	c.	c.	c.	c.
C. muricata.............	c. c.	c.	c.	c.	c.
C. paniculata............	c. c.	r.	r.	r.	0.
C. paradoxa	r.	r.	r.	r.	0.
C. elongata.............	c.	0. ?	0.	0.	0.
C. stellulata	c.	a. c.	a. c.	a. c.	a. c.
C. remota	c.	a. c.	a. c.	a. c.	a. c.
C. cyperoides...........	c.	r. r.	r. r.	0.	! r. r.
C. stricta...............	c.	c.	c.	c.	c.
C. pilulifera	c.	a. r.	! a. r.	! a. r.	a. r.
C. polyrrhiza	c.	?	p. c.	p. c.	0.
C. distans	a. c.	a. c.	a. c.	a. c.	0.
C. Pseudocyperus	c. c.	p. c.	p. c.	0.	r. r.
C. divisa...............	0.	0.	0.	r. r.	! c. c.
C. pallescens	c.	c.	c. ?	c.	c.
C. filiformis	0.	! r.	! r.	0.	0.
Leersia orizoides........	c.	c.	a. c.	a. r.	a. c.
Alopecurus geniculatus....	a. c.	a. c.	a. c.	a. c.	c. c.
A. fulvus...............	p. c.	! r.	! r.	! r.	! c.
A. utriculatus...........	c. c.	! r.	r.	! r.	0.
Panicum glabrum.........	c.	0.	0.	0.	r.
P. Crus-galli............	c. c.	c. c.	c. c.	o. c.	c. c.
Anthoxanthum villosum...	0.	a. c.	0.	a. c.	a. c.
Mibora minima...........	0.	c. c.	a. r.	c. c.	c. c.
Agrostis canina, vulgaris..	c. c.	c. c.	c. c.	c. c.	a. c.
Aira cæspitosa	c. c.	a. c.	c.	a. c.	r. (II).
A. flexuosa	c. c.	c.	c.	c.	c. (II).
A. caryophyllea..........	c.	! c. c.	! a. c.	c. c.	c. c.
A. multiculmis..........	r.	r. ?	r.	p. r.	c.
A. agregata.............	r.	0. ?	?	p. r.	p. r.
A. canescens.............	0.	?	r.	c. c.	c. c.
A. patulipes	0.	0. ?	0.	p. r.	p. r.
A. elegans	0.	0.	r. r.	r.	o.
A. præcox..............	0.	r.	r. r.	r.	c. c.

	Bresse	Domb.	Ter. fr.	Lyon.	Forez
Holcus mollis............	r.	c. c.	a. c.	c. c.	c.
[Glyceria spectabilis......	a. c.	a. c.	a. r.	r.	r.]
Gl. aquatica.............	c.	c.	a. r.	c.	r.
Gl. fluitans	c. c.	c.	c. c.	c.	c. c.
Molinia cærulea.........	c. c.	c. c.	a. c.	c. c.	c.
Danthonia decumbens.....	c.	a. r.	a. r.	c. ?	c. c.
Vulpia pseudomyuros.....	a. c.	c.	a. c.	c.	c.
V. sciuroides............	a. c.	a. c.	a. r.	a. c.	c.
Festuca ovina...........	c. c.	?	r.	a. r.	a. c.
F. heterophylla..........	c.	c.	a. c.	c.	c. c.
Nardus stricta...........	a. c.	a. c. ?	? (II).	a. c.	c. c.
Ophioglossum vulgatum...	r. r.	0. ?	a. r.	c.	r.
Osmunda regalis.........	r. r.	! r.	! r.	0.	0.
Polystichum Thelipteris...	c. c.	! p. r.	! p. r.	0.	0.
P. Oreopteris	c.	a. r.	! a. r.	0.	0. (III).
Pteris aquilina...........	c. c.	c. c.	c. c.	c. c.	c. c.
Marsilea quadrifolia	c.	p. r.	! p. r.	0.	c.
Pilularia globulifera.....	r. r.	a. r.	0.	r. r.	a. r.
[Salvinia natans.........	0.	0.	r. r. ?	0.	0.]

CHAP. III. INFLUENCE DES MILIEUX SUR LA DISTRIBUTION DES VÉGÉTAUX DANS LA RÉGION LYONNAISE.

La plante est en rapport avec le sol par ses racines, avec l'atmosphère par sa tige, ses feuilles et les autres organes aériens ; son développement est, par conséquent, sous la dépendance de ces deux milieux et par extension on doit admettre, avec la plupart des phytostaticiens, que les différentes conditions de climat et de terrains sont les principales causes de la *station* et de la *dispersion* des espèces. Mais le climat agit par ses divers éléments, température, lumière, eau pluviale ou atmosphérique, et le sol par sa nature terrestre ou aquatique, sa composition chimique ou son état physique ; d'autre part, l'influence des autres êtres vivants, des autres végétaux, agit aussi sur cette dispersion en vertu de la loi de la lutte pour l'existence, et enfin aux *causes actuelles* qui précèdent, il faut ajouter les *causes historiques*, telles que la distribution antérieure de la végétation dans la région pendant les diverses époques géologiques, ses modifications dans le cours de l'époque actuelle, l'introduction accidentelle d'éléments étrangers, etc. — Ce sont autant de conditions à examiner pour trouver l'explication des caractères spéciaux de la végétation d'une contrée.

§ 1er. — **Climat du Lyonnais** (1).

I. **Température.** — Bien que la température dont les plantes profitent réellement soit indiquée moins par les observations de température atmosphérique, les températures moyennes annuelles ou estivales par exemple, que par l'accroissement de la température du sol ou de la plante dû à l'insolation (2), le manque d'observations faites à ce point de vue nous force à ne tenir compte que des premières de ces données météorologiques dans l'étude du climat de la région lyonnaise.

D'après les documents recueillis à l'Observatoire de Lyon, pendant les 25 dernières années (1854 à 1878), analysés et discutés par M. Ch. André (3), voici quelles sont les caractéristiques de ce climat :

Lyon, (latitude 45° 46′ N.), altitude au confluent de la Mulatière, 190 mètres ; — à l'Observatoire de la Faculté, 194 mètres.

Année normale : Température moyenne = 12° 46 ;
    maximum   = 22° 72 ;
    minimum   = 2° 50.

---

(1) Pour les sources anciennes (Crestin, Lacroix, P. Béraud, Alléon-Dulac, La Tourrette, G. de Soulavie, etc.) voy. COTTE, Traité de météorologie ; — FOURNET dans *Ann. Soc. d'agric. de Lyon*, 1866, 3e sér., t. X, p. 1-23. De plus VILLERMOZ, VERNINAC (*Ann. Soc. d'agr. de Lyon*, 1806, 1807, etc.); — DUPUITS de MACONNEX (*ibid.*, 1838, t. I, p. 493 ; 1839, t. II, p. 453) ; — FOURNET (*ibid.*, 1839, t. II, p. 461 ; 1846, p. 551 ; 1853, t. V, p. 98, 113, 118 ; 1854, t. VI, p. VIII ; 1861, t. V, p. 585 ; 1865, t. IX, p. 474 ; 1866, t. X, p. 1, 60, 210 ; 1867 ; t. XI, p. 285, etc.) ; — Mœdler (*ibid..* 1847) ; — LORTET (*ibid.*, 1843) ; — POURIEAU (*ibid.*, 1852, 1856, t. VIII ; 1862) ; — SAUVANEAU (*ibid.*, 1852, etc.) ; — TISSERANT (*ibid.*, 1852, t. IV, p. 277, 280) ; — JOANNON (*ibid..*, 1871, t. IV, p. 256) ; — ANDRÉ (*ibid.*, 1879, 1880 ; — *Lyon scient..* 1880, p. 91) ; — Tableaux de la *Commission météorologique* ; — La bibliographie du paragraphe : Température des sources (v. plus loin) ; — Ch. Martins, Thurmann, Scipion-Gras, Fr. Ogérien, Gruner, Legrand, etc., et renseignements personnels.

(2) Voy. GRISEBACH, *Végétation du Globe,* traduit par de Tchihatcheff, t. I, p. 37. Dans la baie du Rensselaer, par exemple, où la température moyenne de l'été n'est que de 0° 5, le développement de certaines espèces peut cependant s'y faire complètement, parce que, dans l'intervalle de 4 mois 1/2, le thermomètre à boule noircie, de 0° qu'il marque vers le milieu de mai, arrive à 8° 7 le 15 juin, à 12° 5 le 26, à 20° 9 le 5 juillet, pour retomber à 18° 5 le 11 août et à 0° le 4 septembre. C'est cette accumulation de calorique qui permet de comprendre comment les végétaux des régions arctiques ou des sommités alpines peuvent accomplir toutes les phases de leur développement dans le court espace de temps qui leur est accordé par la rigueur du climat.

(3) Recherches sur le climat du Lyonnais, Lyon, 1880 (Extr. des *Ann. de la Soc. d'agricult.* de Lyon, 5e série, t. III, 1880, p. 97).

Températures extrêmes moyennes :

Temp. moy. $\begin{cases} \text{du mois le plus froid (décembre)} = 2°70 ; \\ \text{du mois le plus chaud (juillet)} = 22°63. \end{cases}$

L'écart entre les températures moyennes du mois le plus chaud et du mois le plus froid est donc de 19° 93.

Temp. moy. $\begin{cases} \text{de l'hiver} = 3°31 ; \\ \text{de l'été} = 21°46. \end{cases}$

Différence entre les moyennes des deux saisons = 18° 15 ; cet écart, qui peut aller à + 20°, est toujours dû à l'augmentation de la température de l'été.

Températures extrêmes absolues :

Min. $\begin{cases} \text{Hivers les plus froids (1853-54 ; 1870-71) : temp. moy.} = 1° ; \\ \text{Mois le plus froid (Déc. 1871-72) : temp. moy.} = -4°55 ; \\ \text{Température la plus basse (21 déc. 1859) :} -20°2. \end{cases}$

Max. $\begin{cases} \text{Étés les plus chauds (1858-59 ; 1864-65) : temp. moy.} = 23°20 ; \\ \text{Mois le plus chaud (juillet 1858-59) : temp. moy.} = 25°85 ; \\ \text{Température la plus élevée (24 juil. 1870)} = 38°6. \end{cases}$

Écarts entre les $\begin{cases} \text{étés les plus chauds et les hivers les plus froids} = 22°1 ; \\ \text{mois les plus chauds et les plus froids} = 30°40 ; \\ \text{températures les plus basses et les plus élevées} = 58°2. \end{cases}$

II. **Lumière**, etc. — Une donnée intéressante est fournie par les variations d'intensité de la radiation lumineuse, qu'on peut mesurer approximativement en relevant le nombre des jours clairs, des jours sombres ou couverts de l'année ; malheureusement les observations que nous avons pu recueillir ne sont pas assez précises pour que nous puissions en donner un résumé de quelque utilité pour ce travail.

Il en est de même des variations de l'*ozone*, de l'*électricité*, etc., dont l'influence sur la végétation est du reste peu connue.

III. **Pluie.** — La distribution et le régime des pluies sont des éléments importants du climat et ont une influence sur l'aire de dispersion de certaines espèces. Ainsi, on a reconnu que la limite d'extension méridionale de l'*Alchemilla vulgaris* était déterminée par une quantité de pluie annuelle minimum de 40 centimètres. Or, d'après M. André (op. cit.), à Lyon, pendant la période 1854-1878, il a plu en moyenne 155 jours par an ; il est tombé 700 millim. d'eau en moyenne par année, soit 4^{mm} 54 d'eau tombée par jour pluvieux ; — si le *nombre* des jours pluvieux varie sensiblement peu d'une année à l'autre, la *quantité* d'eau tombée est au contraire plus considérable en été et en automne, en juin et en octobre principalement ; dans ce dernier mois, la quantité d'eau tombée est un peu plus du double de ce qu'elle est en décembre.

Lyon appartient donc à la zone à *pluies d'automne* de M. de Gasparin.

Ces données udométriques devraient être complétées par un résumé des observations faites sur l'état hygrométrique de l'air, l'évaporation, etc. ; mais nous manquons, sur ces sujets, de renseignements aussi précis que ceux fournis par M. André sur la température et les précipitations pluviales.

A propos des variations de la Flore, nous étudierons l'influence des forêts sur le régime pluvial d'une région et en particulier l'influence des déboisements sur la climatologie du Lyonnais.

IV. **Vents.** — Enfin, un dernier élément utile est la marche des vents dans la région. Les observations des météorologistes lyonnais, depuis celles faites à la fin du siècle dernier par Lacroix, Béraud, Cotte, etc., jusqu'aux travaux de Fournet, sur les vents dominants en France, ont montré que dans la vallée N.-S. du Rhône moyen et de la Saône, les vents du N. sont prédominants ; puis viennent ceux du S., du S.-O., du S.-E., etc., ces derniers ne jouant qu'un rôle secondaire.

Les chiffres récents que nous venons de donner diffèrent souvent de ceux admis antérieurement ; comme ces derniers ont servi et servent encore dans la comparaison des divers climats entre eux, nous les reproduisons à titre de renseignements.

CH. MARTINS, (*Patria, Météorologie*) donnait à Lyon une température moyenne de 11° 8, d'après les observations de Bravais (1838, 1839), la température moyenne de l'hiver étant de 2° 3 et celle de l'été, de 21° 11 : moyennes bien trop faibles pour l'année et pour l'hiver.

Suivant ce naturaliste encore et d'après les observations faites de 1765 à 1780, la hauteur moyenne annuelle des pluies aurait été de 776 millim. 6, quantité supérieure à celle obtenue pour la période 1854-78 (700 millim.).

La direction moyenne des vents aurait été, pendant la même

période (1765-80), de 334, pour le vent du nord ; 179, pour celui du sud ; 168, pour le N.-O. ; 98, pour l'O. ; 77, E. ; 51, S.-E., etc.

Dans THURMANN (*Phytostatique*, p. 38, 39), on trouve comme température moyenne de Lyon, d'après Pouilley, 13° 20, et d'après les recherches de Clerc et de Fournet, 12° 50 ; ce dernier chiffre se rapproche sensiblement de celui de 12° 46, obtenu par M. André.

M. TISSERANT (*Ann. Soc. agric. Lyon*. 1852) donnait à Lyon une température moyenne de 12° ; une moyenne d'hiver de 2° ; d'été, de 21° ; une quantité moyenne annuelle de pluie de 775 millim.. etc.

Climatologie comparée.

Climat rhodanien. — L'écart considérable que nous avons signalé entre les températures moyennes de l'hiver et de l'été, ainsi que les autres données météorologiques, caractérisent le *climat du Sud-Est* ou *climat rhodanien* de Ch. Martins (1).

C'est un climat excessif ou continental tempéré, qui comprend toute la vallée de la Saône et du Rhône, depuis Dijon et Besançon au nord, jusqu'à Viviers, au sud ; en voici, du reste, les éléments comparés avec ceux des climats voisins :

1° Différence entre les températures de l'été et de l'hiver plus forte que dans les autres climats, plus élevée même que dans le climat vosgien ; cette différence est, en effet, en moyenne de 18° 6 et atteint 20° dans certaines années, tandis qu'elle ne dépasse pas 18° dans le climat vosgien et 16° dans les climats méditerranéen et girondin ;

---

(1) *Patria*, col. 257. Ch. Martins y établit ainsi sa division de la France en cinq climats :

	Températ. moy. ann.	Différence hyber.-estiv.	Moy. ann. des pluies.	Jours pluv.	Saison pluv.	Moy. des vents.
1º Climat méditerranéen...	14° 80	16° 2	0m 74	110	Pr. aut.	N.-O.
2º Cl. girondin (Bordeaux).	12° 70	16°	0m 82	150	Aut.	O.
3º Cl. rhodanien (Lyon)...	11°	21° 30	0m 78	110	Aut.	N.
4º Cl. séquanien (Paris)....	10° 90	13° 60	0m 51	154	Aut. été	O.
5º Cl. vosgien (Nancy)....	9° 60	18°	0m 80	120	Été.	S.-O.
On y a ajouté depuis :						
6º Cl. breton (Brest).......	11° 7	—	0m 72	208	—	O.
7º Cl. limousin (Limoges)..	11°	—	0m 93	—	Aut.	—

Et cette division est encore admise aujourd'hui. Voy. E. RECLUS, *France*, 1877, p. 24.

2° Hivers plus doux que dans le climat vosgien : rhodanien = 2° 5 ; vosgien = 0° 6 ;

3° Étés plus chauds : rhodanien = 21° 3 ; vosgien = 18° 6 ;

Ces deux caractères expliquent la présence d'un certain nombre d'espèces méridionales remontant, plus ou moins au-dessus de Lyon, dans la vallée du Rhône et de la Saône ;

4° Température moyenne annuelle de 11° ; elle est de 9° 6 dans le climat vosgien et s'élève à 14° 8 dans le climat méditerranéen ;

5° Quantité annuelle de pluies considérable, de près de 1 mètre en moyenne pour toute la partie du bassin de Rhône comprise dans le climat rhodanien, abondante surtout à l'automne ;

6° Prédominance des vents du nord et du sud.

Rappelons que cette étude comparative repose sur des données déjà anciennes, qui doivent, par conséquent, être rectifiées d'après les observations plus récentes ; elles ont, du moins, le mérite d'être comparables.

Modifications locales du climat rhodanien. — Les diverses parties de la région lyonnaise, appartenant au climat rhodanien, présentent des différences notables dues soit à l'altitude, soit à l'exposition, au voisinage des chaînes de montagne, ou bien à la nature du sol qui peut être cultivé, couvert de forêts ou d'étangs, etc. Nous examinerons la plupart de ces modifications et leur influence sur la végétation dans un paragraphe particulier ; mais nous devons signaler de suite les différences que le climat de Lyon et ses environs présente avec les contrées basses voisines : la Dombes, la Bresse, le Forez, etc.

Les particularités climatologiques de la Dombes nous sont connues par les recherches de M. Pourieau faites à la Saulsaie (1), et celles de M. Jarrin, à Bourg ; bien que ces stations ne soient pas placées au sein même de la région à étangs, les observations qu'on y a recueillies donnent une idée assez approchée des modifications qu'y subit le climat rhodanien.

---

(1) Observat. météorologiques faites à la Saulsaie (*Ann. de la Soc. d'agric. de Lyon*, 1852, t. IV, p. 173, 179, etc. ; 1859, t. III, p. 81, 305 ; 1862, t. VI, p. 1, etc.).

Ainsi, à la Saulsaie, station située à peine à 20 kilomètres à l'est de Lyon, à peu près sous la même latitude, à 234 mètres au-dessus du niveau de la mer, c'est-à-dire à une altitude supérieure seulement de 100 mètres à celle de l'Observatoire de Lyon, M. Pourieau a constaté, pour la période de 9 ans (1850-1858), les particularités suivantes :

1° Abaissement de la température moyenne annuelle, qui n'est plus que de 10° 26, au lieu de 12° 46 ;

2° Augmentation de la quantité annuelle de la pluie, qui s'élève à 850 millimètres, au lieu de 700 qui tombent à Lyon.

A Bourg, les observations de M. Jarrin, qui avait d'abord attribué à cette ville une température moyenne annuelle de 11° 10 (Thurmann, *Phyt.*, p. 38), ont montré que, pour la période de 1841-1864, cette moyenne est encore plus basse ; elle n'est, en effet, que de 10° 82 (1). — La moyenne annuelle de l'eau tombée pendant la même époque y est considérable ; elle s'élève à 1004 millimètres.

Cette augmentation de la quantité annuelle de pluie s'accentue, du reste, à mesure qu'on se rapproche des massifs montagneux ; on voit, en allant de la Saône aux monts du Bugey :

Trévoux recevoir   824 millim. de pluie.
Montluel   —   920   —   —
Bourg   —   987   —   —
Ambérieux   —   1082   —   —
Hauteville   —   1582   —   —

par année moyenne, de 1879 à 1882 (*Géogr. de l'Ain*, p. 199).

Les observations du F. Ogérien (2), pour la Bresse septentrionale, s'accordent avec les précédentes ; la température annuelle moyenne y serait de 11° 65 ; les pluies annuelles s'y élèveraient à 938 millimètres ; les vents du nord et du sud y sont prédominants, mais y laissent la place à ceux de l'est et de l'ouest, à mesure qu'on se rapproche de la montagne ; enfin, si on y ajoute que le nombre des jours à *brouillards* y est double de celui observé dans les contrées voisines, on aura bien la caractéristique générale de la plaine bressanne, caractéristique

---

(1) Voy. *Géographie de l'Ain*, publiée par la *Soc. de géographie* de Bourg, 1883, p. 203.
(2) *Histoire naturelle du Jura*, t. 1, p. 88 et suiv.

qui s'accentue encore dans la partie méridionale de cette région, dans la Dombes d'étangs, où, comme on l'a vu, malgré la latitude, la température moyenne descend au-dessous de celle de la Haute-Bresse.

L'examen du climat des *Terres-Froides* du Dauphiné, qui offrent tant de rapport avec la plaine bressane, par la nature du sol, l'abondance des eaux, la situation au pied du massif montagneux, donnerait lieu à des observations analogues.

Il y a du reste longtemps qu'on a cherché à expliquer par des particularités de climat, les différences de culture (et nous pourrions ajouter les différences dans la flore), qu'on observe entre le plateau bressan, les Terres-Froides et les plaines du Rhône. Fournet, dans une note publiée au sujet de l'influence de la radiation solaire sur les végétaux et des recherches pyrhéliométriques de M. de Gasparin, attribuait déjà ce contraste à une différence dans l'intensité de la radiation solaire, due à l'état hygrométrique de l'air et à la fréquence des brouillards dans la Dombes et les Terres-Froides (1).

A propos de l'influence de l'exposition et de l'altitude, nous verrons les particularités climatologiques du Bugey et des monts du Lyonnais.

Enfin, d'après MM. Grüner et Legrand (2), la vallée de la Loire est, à latitude égale, plus froide que la vallée du Rhône ; la plaine du Forez, située sous la latitude de Lyon, possède, en effet, une température moyenne d'environ 11°,3 et le plateau de Saint-Étienne seulement 10°,3 ; les hivers surtout y sont plus froids qu'à Lyon ; d'autre part, la plaine du Forez est relativement sèche, car la quantité d'eau qui y tombe annuellement est environ moitié de celle qui tombe à Saint-Étienne et à Lyon.

Influence du climat sur la végétation. — Régions botaniques.

Si les divers éléments du climat agissent tous plus ou moins sur la dispersion des plantes, ce sont les radiations calorifiques et lumineuses, le régime et la distribution des pluies qui ont la plus grande influence. « Chaque plante est, en effet, liée, dit

(1) *Ann. de la Soc. d'agric. de Lyon*, 1853, t. V, p. 98.
(2) Grüner. *Descript. géolog. du dép. de la Loire*, 1857, p. 64 à 66, 71 à 73 ; — Legrand, *Stat. bot. du Forez*, p. 29.

M. Grisebach (*op. cit.*, t. I, p. 101), à une certaine mesure thermique ; sa limite (altitudinale et latitudinale) se trouve là où
cette mesure n'est pas atteinte, ou bien où elle est dépassée. »
La plupart des botanistes-géographes se sont servis principalement des données climatologiques, associées aussi aux caractères fournis par le tapis végétal, pour établir, dans une contrée,
des *régions botaniques*. Quelques-uns seulement ont accordé
la prééminence aux variations de composition du sol. Du reste,
comme le dit encore Grisebach (*op. cit.*, préf., p. xi), les *influences du sol* sur la vie des plantes déterminent leur répartition topographique (dans une région), et c'est à la *température*
et à l'humidité atmosphérique que se rattache la physionomie
de pays entiers, ainsi que le développement de régions déterminées dans les montagnes.

A.-P. DE CANDOLLE (1) a tracé dans sa *Carte botanique de
la France* les cinq régions suivantes : 1° *R. des plantes maritimes*, comprenant tout le littoral atlantique et méditerranéen,
ainsi que quelques points dans l'intérieur des terres ; 2° *R. des
plantes montagnardes* des Vosges, du Jura, des Alpes, des
monts d'Auvergne, des Cévennes et des Pyrénées ; 3° *R. des
plantes méditerranéennes*, s'avançant dans la vallée du Rhône
jusqu'au-dessus de Montélimart ; 4° *R. des plaines*, vaste espace
comprenant la moitié de la France, « tous les pays de plaines
situés au nord de chaînes de montagnes..., peuplée de plantes
presque semblables dans toute son étendue, et dont la plupart
se retrouvent dans les autres régions ; mais elle manque des
plantes qui sont particulières à chacune d'entre elles. » Notre
région lyonnaise y est comprise dans son entier, Lyonnais et
Beaujolais, Dombes, Dauphiné septentrional, Forez, etc., sauf
les environs de Bourg, le Haut-Bugey et le Jura, coloriés de la
teinte caractérisant la région deuxième ; 5° *R. de transition*, à
flore intermédiaire entre celle des plaines du nord et des provinces méridionales ; dans notre contrée, cette zone s'étend
depuis la limite de la région méditerranéenne jusque près de
Vienne.

Cette dernière limite est arbitraire ; elle ne pourrait être justifiée que parce qu'elle coïncide avec la limite d'extension septentrionale de quelques espèces, telles que le *Pistacia terebin-*

_____

(1) *Flore française*, 1815, t. II, p. v. Explication de la carte botanique de
la France.

thus ; mais plusieurs de ces plantes se retrouvent plus au nord, dans le bassin de Belley, par exemple. Quant à la limite de la région des montagnes vers Bourg et le Haut-Bugey, elle est tout à fait inexacte. Du reste, cette division de de Candolle ne pouvait être qu'une ébauche, forcément imparfaite.

Ch. MARTINS (1) admet aussi cinq régions: *R. septentrionale, R. méridionale, R. méditerranéenne, R. subalpine, R. alpine.*

La *Région septentrionale* s'étend de la frontière belge à la Loire et au Cher, et comprend les végétations des climats vosgiens et séquaniens, du centre de la France et de l'Auvergne.

La *Région méridionale* s'étend de la Loire et du Cher aux Pyrérénées ; elle comprend : la *flore méridionale* proprement dite dont la limite septentrionale s'arrête à une ligne oblique dirigée de l'embouchure de la Charente au confluent du Rhône et de l'Isère, — une *flore de transition*, caractérisée par la présence, dans le bassin du Rhône et de la Saône, de plantes *subalpines* dont plusieurs ne se retrouvent pas dans l'ouest.

Notre région lyonnaise correspond à cette flore de transition intermédiaire entre la flore méridionale et la flore subalpine ; ces dernières catégories de végétaux sont, en effet, les deux principaux facteurs qui entrent dans la composition de notre tapis végétal. Notons cependant que près du tiers des 750 espèces données par M. Ch. Martins comme caractéristiques de la Flore méridionale (*Patria*, col. 435) se retrouvent dans les environs de Lyon, pour des causes que nous étudierons dans un paragraphe ultérieur ; mais nous devons en conclure de suite que cette expression de *flore* ou de *plantes méridionales* est très élastique et qu'on pourrait l'étendre, comme l'ont fait plusieurs botanistes, et notamment Fourreau, Christ (2), etc., à la plus grande partie du bassin du Rhône (3).

V. RAULIN, dans un mémoire publié sous le titre d'*Essai d'une*

(1) *Patria*, col. 428.
(2) FOURREAU. Catalogue des plantes croissant le long du cours du Rhône. — CHRIST. *La Flore de la Suisse*, etc., édition française, 1883.
(3) Ch. DESMOULINS admet aussi les six grandes Flores suivantes : 1° *Fl.* des pays de plaines et de bas-plateaux du Nord ou *Flore septentrionale*, comprenant la Neustrie et la Bretagne ; — 2° *Flore de l'Aquitaine* ou de la plaine du sud·ouest ; — 3° *Fl. du Plateau central* ; — 4° *Flore orientale*, comprenant l'Ardenne, les Lorraine et Bourgogne, les Vosges, l'Alsace, la Bresse et le Jura ; — 5° *Fl. des montagnes* (Alpes et Pyrénées) ; — 6° *Fl. méditerranéenne*, comprenant le Languedoc et la Provence.

division de la France en régions naturelles et botaniques (1), propose d'abord les divisions ou régions naturelles suivantes, dans lesquelles il tient compte surtout de la nature du sol, facteur dont nous étudierons plus tard l'importance :

A. Régions montagneuses granitiques et schisteuses : 1º Alpes ; 2º Pyrénées ; 3º Vosges ;

B. Région montagneuse calcaire : 4º Jura ;

C. Régions à plateaux granitiques et schisteux : 5º Plateau central; 6º Bretagne ; 7º Ardennes ;

D. Régions à plateaux calcaires : 8º Lorraine et Bourgogne ; 9º Provence ; 10º Languedoc ; 11º Causses ;

E. Régions de plaines : 12º Neustrie ; 18º Aquitaine ; 14º Limagne ; 15º Bresse ; 16º Alsace.

Les différentes parties de notre région lyonnaise s'y trouvent ainsi réparties :

Les monts ou bas-plateaux du Lyonnais (ainsi que les monts du Forez et le Pilat) dans la cinquième région ou Plateau central ;

La Bresse, la Dombes et le Bas-Dauphiné, dans la quinzième (Bresse) ;

Les collines de Crémieux, le Bugey, etc., dans la quatrième (Jura).

Mais Raulin réduit ensuite ces seize régions naturelles aux dix régions botaniques qui suivent :

1º Parisienne ; 2º ligérienne ; 3º bretonne ; 4º orientale (Ardennes, Lorraine, Bourgogne, Vosges, Alsace) ; 5º jurassienne (Bresse, Jura); 6º centrale (Plateau central, Limagne, Causses) ; 7º aquitaine ; 8º méditerranéenne (Languedoc, Provence); 9º pyrénéenne ; 10º alpique.

On remarquera de suite que par la réunion du Jura et de la Bresse, des Causses et du Plateau central, etc., dont la végétation est si contrastante, ces régions botaniques ne sont plus des régions naturelles.

GRISEBACH (2), dans le tableau général qu'il donne de la végétation du globe, s'attache principalement à la physionomie des grandes régions ; aussi tient-il compte surtout de la composition du tapis végétal et des influences climatologiques ; la

---

(1) *Bulletin de la Société linnéenne de Bordeaux*, t. XVII.
(2) GRISEBACH. *Végétation du globe*, trad. par M. de Tchihatcheff, 1877, tome 1ᵉʳ.

France est, pour lui, comprise presque en totalité dans le *Domaine forestier du continent oriental*, c'est-à-dire dans cette portion de l'immense ceinture de forêts qui occupe les régions tempérées de l'hémisphère nord (1) ; le littoral seul de la Provence, et les parties voisines, appartiennent au *Domaine méditerranéen*, qui remonte dans la vallée du Rhône, jusque près de Montélimar (vers le 44°25' de latitude nord). Grisebach divise ce domaine forestier en trois climats : climats du Hêtre, du Chêne et de la Pesse.

Le *Climat du Hêtre* (2) comprend la plus grande partie de l'Europe ; sa limite orientale passe, en effet, par Kœnigsberg, la Pologne, la Podolie, la Crimée ; il se divise, à son tour, en trois zones de végétation : occidentale, centrale et hongroise.

C'est à la *zone occidentale* du climat du Hêtre, ou Flore gallo-britannique, caractérisée par une différence de température entre l'été et l'hiver de 12°,5 à 17°,5, et par la présence du Châtaignier, des arbustes toujours verts comme les *Ilex*, *Buxus*, etc., qu'appartiennent, outre l'Irlande, l'Angleterre, le Danemark et la région littorale de l'Allemagne, la plus grande partie de la France et de notre région lyonnaise ; le reste de notre contrée se rattache à la *zone centrale* qui comprend le Dauphiné, la Suisse et la plus grande partie de l'Allemagne, et qui est caractérisée par la fréquence du Sapin argenté (*Abies Picea*) et par une différence hyberno-estivale de 17°,5 à 22°,5.

Notre région lyonnaise est donc située, ainsi que la partie moyenne du bassin du Rhône, sur les limites des deux premières zones occidentale et centrale du Climat du Hêtre, et à peu de distance du Domaine méditerranéen ; en effet, aux plantes communes aux régions centrales de la France et de l'Europe qui constituent le fond de la végétation du Lyonnais, aux plantes qui accompagnent le Châtaignier et les arbustes toujours verts qui caractérisent la Flore gallo-britannique et qui manquent aux plaines de l'Europe centrale, tels que le Houx, le Buis, etc., on voit s'ajouter des espèces nettement occidentales

---

(1) Le domaine forestier du continent oriental correspond à peu près à la deuxième région de Schouw, ou région des Ombellifères et des Crucifères, région du nord de l'Europe et de l'Asie, région de Linné.

(2) Parmi tous les arbres forestiers dont dépend la physionomie d'un pays, le Hêtre est l'expression la plus parfaite de l'influence du climat maritime de l'Europe, climat dû à l'action modératrice de l'Atlantique, qui se fait sentir jusqu'à l'Oural. (Voyez DOVE, GRISEBACH, *op. cit.*, p. 118, 119.)

comme les deux *Ulex*, les *Meconopsis cambrica*, *Alsine sege-talis*, *Drosera intermedia*, *Astrocarpus*, etc. ou les quelques *Erica* (*vagans*, *cinerea*) qui y arrivent accidentellement. De plus, si, par ses plaines, ses coteaux et ses basses montagnes, la partie moyenne du bassin du Rhône appartient à la zone occidentale ou du Châtaignier, par quelques points des monts du Beaujolais et du Lyonnais et surtout par les forêts du Bugey et du Dauphiné, elle commence la zone du Sapin argenté, dont la rapproche encore une différence hyberno-estivale de 18°,6.

Quant aux rapports de la Flore lyonnaise avec la végétation du Domaine méditerranéen, ils ressortent évidemment de l'abondance des Cistinées et de la présence des *Genista horrida*, *Cytisus sessiliflorus, C. biflorus, Psoralea bituminosa, Pistacia terebinthus, Spartium junceum, Teucrium polium, Corispermum hyssopifolium, Celtis australis, Osyris alba, Quercus Ilex, Orchis papilionaceus*, etc., dans les coteaux bien exposés des environs de Lyon.

Examinons, plus en détail, ces différents rapports ; recherchons, en d'autres termes, la nature et l'origine des éléments constitutifs de la végétation du Lyonnais.

Éléments constitutifs de la végétation de la région lyonnaise.

Parmi les végétaux qui composent la Flore lyonnaise, les plus intéressants sont ceux qui arrivent dans notre région grâce à ses rapports avec les Flores occidentale, centrale, méridionale et méditerranéenne qui l'entourent ; d'autre part, il est utile de vérifier si nous retrouvons dans notre Flore les caractères que les botanistes-géographes assignent aux *formes* de végétation et aux *formations* végétales propres au climat de notre contrée, et si nous possédons quelques espèces qu'on puisse considérer comme endémiques dans notre région ou dans les régions immédiatement voisines.

I. *Formes de végétation.* — L'organisation de la plante, sa forme, sont déterminées par les conditions climatériques de la contrée ; aussi voit-on parmi les formes arborescentes à *Feuilles aciculaires toujours vertes*, adaptées à des périodes de végétation relativement courtes, le Pin (*Pinus silvestris*) et le Sapin (*Abies excelsa*), seuls représentés plus ou moins largement dans notre région ; encore le Pin est-il seul à constituer de véritables forêts dans les montagnes du Lyonnais, où il trouve le sol meuble, profond, perméable qu'exige sa racine pivotante ; ailleurs, il forme plutôt des bouquets disséminés sur les bas-plateaux ou dans quelques parties siliceuses du Mont-d'Or. Le Sapin, qui préfère les sols plus compacts et des altitudes plus élevées, ne se rencontre en bois de quelque étendue qu'au Boucivre, dans les massifs de Tarare et du Saint-Rigaud, puis au Pilat et dans les montagnes du Bugey et du Dauphiné. L'If et le Mélèze ne se montrent qu'accidentellement dans nos montagnes lyonnaises.

Ce sont les arbres à *feuillage flexible et périodique*, approprié à une période de végétation d'une durée suffisante et à un régime abondant de pluies (1), qui constituent les essences habituelles de nos bois. Les quatre formes types du Hêtre, du Tilleul, du Frêne et du Saule y sont représentées : — à la première forme se rapportent, le Hêtre (*Fagus silvatica*), constituant de belles futaies dans toutes nos montagnes, le Châtaignier, le Charme, les Chênes à fruits sessiles et à fruits pédonculés, le Chêne pubescent (plus rare), les Ormes (*U. campestris* et *montana*), les Sorbiers (*S. Aria* et *torminalis*), de nombreux *Prunus* (*Pr. avium, P. Padus, P. Mahaleb*) et *Pyrus*, etc. — La forme du Tilleul est représentée par les *Tilia platyphylla, intermedia, microphylla*, les *Acer campestre, platanoides, pseudoplatanus*, les *Populus nigra, alba* et *tremula, Corylus avellana, Betula alba, Alnus glutinosa*, etc. — La forme Frêne par : *Fraxinus excelsior, Sambucus nigra, S. Ebulus* et de plus *S. racemosa*, ainsi que *Sorbus aucuparia* dans la montagne.

De ces végétaux, les uns, comme les Charme, Chêne-rouvre, Sureau, *Tilia grandiflora, Sorbus aria, S. torminalis* ne quittent pas le climat du Hêtre ; d'autres sont limités à la zone du Châtaignier (*Acer monspessulanum*) ou à celle de la Pesse (*Acer opulifolium, Sorbus domestica, S. hybrida*, etc.).

Les arbustes ou arbrisseaux caractéristiques, formant généralement les sous-bois et les haies, appartiennent presque tous à la forme *Rhamnus* ou aux formes voisines épineuses : Nerpruns, *Cratægus, Prunus* (*P. spinosa, fruticans*, etc.), *Rubus, Rosa*, etc. Quelques arbustes grimpants suivent le climat du

---

(1) Les feuilles sont d'autant plus développées que le climat est plus humide et l'évaporation plus grande.

Hêtre, comme le Houblon, qui est fréquent dans nos environs, ou sont limités à la zone du Châtaignier, comme le Lierre et la Vigne, sur laquelle nous reviendrons plus loin.

La forme *Saule* est liée à un habitat particulier, les endroits humides, les bords des fleuves ; à de nombreuses espèces, dont quelques-unes ont une aire très vaste (*Salix alba, fragilis, viminalis*, etc.) et d'autres sont limitées à des climats particuliers (*S. amygdalina*, pour le climat du Hêtre), viennent s'ajouter, sur les bords du Rhône, l'*Hippophae rhamnoides* et un représentant de la forme Tamaris, le *Myricaria germanica*.

Les formes *herbacées*, dont les plus répandues appartiennent aux Graminées (gazon des prairies, eau courante), aux Cypéracées, (Graminées acides, des eaux stagnantes), aux Fougères, etc., en dehors de ces associations des prairies, des marais ou des tourbières sur lesquelles nous reviendrons plus bas, et des associations formées fréquemment par les *Arundo phragmites*, les Scirpes, les *Typha*, sur le bord de nos cours d'eau, ne présentent ici rien de particulier.

II. *Formations végétales*. — Certaines associations de végétaux sont intéressantes à étudier sous le point de vue de la physionomie qu'elles donnent à une contrée ; les caractères extérieurs de l'organisation des plantes qui les constituent sont, du reste, en rapport, comme nous l'avons dit plus haut, avec les conditions climatologiques de la région ; aussi, et c'est là une conséquence de la relation que nous avons indiquée entre le climat et la végétation, ces associations ou *formations végétales* ne se présentent-elles avec des contrastes bien marqués que lorsqu'on les envisage dans des régions étendues. Cependant dans une contrée restreinte on peut reconnaître de ces associations locales donnant une physionomie particulière à certaines stations.

Comme exemples pris dans la région lyonnaise, nous citons, en premier lieu, les *surfaces boisées* dont la physionomie diffère entièrement suivant les régions secondaires qu'elles recouvrent et les essences qui les composent. Comme nous avons déjà donné, en plusieurs endroits, l'énumération de ces espèces (Voy., p. 14, 23, 24, 27, 32, 38 ; 55, 56 ; 69 ; 77 ; 99) (1),

____

(1) Voy. *Annales de la Soc. bot. de Lyon*, t. VIII, p. 270, 279, 280, 283, 294 ; — t. IX, p. 203, 204 ; 217 ; 225 ; 247.

nous nous bornerons à rappeler l'aspect si contrastant sous lequel se montrent les bois de Bouleaux de la Dombes, les bois de Chênes des bas-plateaux lyonnais, les forêts de Pins et de Hêtres des monts du Lyonnais et du Beaujolais, et enfin les taillis à essences si variées, mais à feuillage toujours remarquable par son ampleur, des vallons frais et humides des bas-plateaux lyonnais ou des échancrures des coteaux de la Saône et du Rhône.

Les bruyères et les landes de la zone granitique, ainsi que les graviers, les sables, les alluvions et les éboulis des bords et des coteaux de la Saône, du Rhône et du Bas-Dauphiné, ont aussi une physionomie caractéristique : ces dernières stations, en particulier, les steppes des alluvions et des coteaux, dont la végétation n'est constituée que par des espèces au feuillage atrophié ou épineux (*Ononis repens, spinosa, natrix, Gypsophila saxifraga, Linum, Eryngium, Centaurea calcitrapa, Artemisia campestris, Andropogon*, etc.) rappellent tout à fait, en petit, la végétation des régions désertiques (Voy. plus haut, p. 110) (1).

III. *Énumération des espèces.* — Si l'on passe maintenant à l'examen individuel des différents éléments qui composent la végétation du Lyonnais, on voit qu'ils peuvent se grouper sous les diverses catégories suivantes : 1° espèces triviales ou communes à la France et à la plus grande partie de l'Europe ; 2° espèces de l'Europe septentrionale et des massifs alpins et jurassiques ; 3° plantes méridionales ou de la Flore austro-occidentale de l'Europe ; 4° espèces du domaine méditerranéen ; 5° espèces endémiques ou disjointes (2).

1° Plantes triviales ou communes.

Cette première série comprend les espèces répandues dans toute la France et la plus grande partie de l'Europe, espèces ordinairement indifférentes aux variations locales de climat, d'altitude, et pour un certain nombre, de terrains.

---

(1) *Ann. Soc. bot.* t. X, p. 116.
(2) D'après les Flores locales (Cariot, Boreau, Michalet, Legrand, etc.) et surtout Ch. Martins *(op. cit.,)* Lecoq *(Études sur la Géogr. botan. de l'Europe,* t. IV à IX), St-Lager *(Catal. de la Fl. du Bassin du Rhône),* Nymann *(Sylloge Floræ Europæ),* Christ *(op. cit.)* etc.

A. *Plantes triviales :* — Ranunculus repens, R. bulbosus, R. acris, R. arvensis, Ficaria ranunculoides, Anemone nemorosa, Clematis Vitalba, Nigella arvensis ; — Papaver Rhœas, Chelidonium majus, Fumaria officinalis ; — Arabis Thaliana, A. hirsuta, Cardamine pratensis, C. hirsuta, Sisymbrium Alliaria, S. officinale, Sinapis arvensis, Raphanus Raphanistrum, Alyssum calycinum, Erophila vulgaris, Thlaspi arvense, Capsella Bursa-pastoris ; — Helianthemum vulgatum ; Viola hirta, V. odorata, V. sylvestris, V. canina, V. tricolor ; Reseda lutea ; Polygala vulgaris ; — Dianthus prolifer, D. Carthusianorum, Saponaria officinalis, Silene nutans, Silene inflata, Lychnis Flos-cuculi, L. Githago, L. dioica, Sagina procumbens, Spergula arvensis, Alsine tenuifolia, Arenaria serpyllifolia, Stellaria media, Cerastium glomeratum, C. brachypetalum, C. semidecandrum, C. glutinosum, C. triviale ; — Malva rotundifolia, M. silvestris, Hypericum perforatum ; Acer campestre ; Geranium robertianum, G. rotundifolium, G. pusillum, G. molle, G. columbinum, G. dissectum, Erodium cicutarium ;

Ononis repens, Medicago sativa, M. falcata, M. lupulina, Melilotus arvensis, Trifolium pratense, T. arvense, T. repens, T. minus, Lotus corniculatus, Vicia sepium, Lathyrus Aphaca, L. pratensis ; — Prunus spinosa, Geum urbanum, Fragaria vesca, Potentilla verna, P. reptans, P. Fragaria, Rubus cæsius, R. discolor, Rosa arvensis, R. canina, Agrimonia Eupatoria, Alchemilla arvensis, Poterium Sanguisorba, Cratægus oxyacantha ; — Bryonia dioica ; Scleranthus annuus ; Sedum acre, S. album, Saxifraga tridactylites ; — Daucus Carota, Pimpinella saxifraga, Anthriscus silvestris, Chærophyllum temulum ; Sambucus nigra ; Asperula cynanchica, Galium cruciatum, G. verum, Valerianella olitoria, V. carinata ; — Scabiosa succisa ;

Cirsium lanceolatum, C. arvense, Carlina vulgaris, Tussilago Farfara, Artemisia vulgaris, Erigeron acris, Senecio vulgaris, S. Jacobæa, Inula dysenterica, Bellis perennis, Anthemis arvensis, Achillea Millefolium, Sonchus arvensis, S. oleraceus, S. asper, Taraxacum Dens-Leonis, Crepis virens, Barkhausia fœtida, B. taraxacifolia, Hieracium Pilosella, H. murorum, Picris hieracioides, Cichorium Intybus, Lampsana communis ; — Campanula rotundifolia ; Primula officinalis ; Convolvulus sepium, C. arvensis ; Solanum nigrum, Myosotis hispida, Linaria vulgaris, Veronica Chamædrys, V. serpyllifolia, V. arvensis, V. hederæfolia ; — Origanum vulgare, Thymus Serpyllum, Clinopodium vulgare, Glechoma hederacea, Lamium amplexicaule, L. purpureum, Marrubium vulgare, Ajuga reptans ; Verbena officinalis ; — Plantago major, Pl. media, Pl. lanceolata, Chenopodium

album, Rumex Acetosella, Polygonum Convolvulus, P. dumetorum, P. aviculare ; — Euphorbia Helioscopia, E. Peplus, E. Cyparissias, Mercurialis annua, Urtica dioica ;

Allium vineale, Muscari comosum ; — Orchis Morio ; Luzula campestris, Juncus bufonius ; Carex præcox, C. glauca ; — Digitaria
sanguinalis, Anthoxanthum odoratum, Agrostis vulgaris, Poa
annua, Dactylis glomerata, Festuca tenuifolia, Bromus sterilis,
B. tectorum, B. arvensis, Hordeum murinum, Lolium perenne,
Asplenium Trichomanes, A. Ruta-muraria.

B. *Plantes aquatiques* ou des lieux humides ; on sait que
l'eau est une des plus puissantes causes de dispersion des végétaux et que, d'autre part, les plantes aquatiques sont plus indé-
pendantes que les autres des variations de climat ou d'altitude
et de la nature du sol, quelques rares espèces, telles que le *Ran.
hederaceus*, exceptées (1) ; aussi n'est-il pas étonnant que la
plupart de ces espèces, sans être triviales, puissent se rapporter
à la première catégorie que nous avons établie des plantes à
peu près uniformément répandues en France et en Europe.
Telles sont :

Ranunculus aquatilis, R. fluitans, R. Flammula, R. Lingua,
R. sceleratus, R. philonotis, Caltha palustris ; — Nymphæa alba,
Nuphar luteum ; — Nasturtium officinale, Roripa amphibia ; —
Viola stagnina, V. elatior ; — Stellaria uliginosa, Spergula no-
dosa ; Cerastium aquaticum ; Elatine hexandra, E. major, E. macropoda, E. triandra ; Drosera rotundifolia, D. longifolia, Parnas-
sia palustris ; — Lotus uliginosus, Lathyrus palustris ; — Spiræa
Ulmaria, Potentilla Anserina ; Epilobium hirsutum, E. parviflorum,
E. palustre, E. roseum, E. tetragonum, E. obscurum, Isnardia
palustris, Trapa natans ; Myriophyllum spicatum, M. verticillatum, M. alterniflorum, Hippuris vulgaris, Callitriche vernalis,
C. stagnalis, C. platycarpa, C. autumnalis, Ceratophyllum
demersum, C. submersum ; — Lythrum Salicaria, Peplis Portula ;
— Peucedanum palustre, Œnanthe fistulosa, Œ. peucedanifolia,
Œ. Lachenalii, Œ. Phellandrium, Helosciadium nodiflorum,
H. repens, Sium angustifolium, Hydrocotyle vulgaris ; — Galium
palustre, G. uliginosum ;

Cirsium palustre, Bidens tripartita, B. cernua, Senecio aquaticus, S. Doria, Inula pulicaria, Sonchus palustris, Crepis paludosa ; — Hotonnia vulgaris, Lysimachia vulgaris, Samolus Vale-

(1) Les espèces cosmopolites, dans le sens vrai du mot, sont presque
exclusivement des plantes aquatiques. (A. de Candolle).

randi, Menyanthes ; — Gentiana Pneumonanthe ; Myosotis cæspitosa, Gratiola officinalis, Limosella aquatica, Pedicularis palustris, Veronica Beccabunga, V. anagallis, V. scutellata ; — Utricularia minor, U. vulgaris ; — Lycopus europæus, Mentha aquatica, M. Pulegium, Stachys palustris, St. ambiguus, Scutellaria galericulata, Sc. minor, Teucrium Scordium ; — Littorella lacustris ; Rumex Hydrolapathum, R. crispus, R. nemorosus, R. conglomeratus, R. obtusifolius, R. palustris, R. maritimus ; Polygonum amphibium, Polygonum lapathifolium, P. nodosum, P. Persicaria, P. Hydropiper, P. minus, P. mite, Euphorbia palustris; Alnus glutinosa, Populus Tremula, P. nigra, Salix alba, S. vitellina, S. fragilis, S. amygdalina, S. purpurea, S. rubra, S. viminalis ;

Iris Pseudo-acorus ; Orchis palustris, O. latifolius, O. palustris, Epipactis palustris, Liparis Lœselii ; — Hydrocharis Morsus-ranæ, Vallisneria, Helodea, Butomus umbellatus, Sagittaria sagittæfolia ; Alisma Plantago, A. lanceolatum, Triglochin palustre ; — Juncus conglomeratus, J. effusus, J. glaucus, J. lamprocarpus, J. acutiflorus, J. obtusiflorus, J. supinus, J. tenageia, J. compressus ; — Typha, Sparganium ; — Cyperus flavescens, C. fuscus, Schœnus nigricans, Cladium Mariscus, Scirpus palustris, Sc. uniglumis, Sc. ovatus, Sc. acicularis, Sc. maritimus, Sc. silvaticus, Sc. Michelianus, Sc. lacustris et Tabernæmontani, Carex Davalliana, C. pulicaris, C. vulpina, C. paniculata, C. leporina, C. stellulata, C. elongata, C. remota, C. disticha, C. vulgaris, C. cæspitosa, C. acuta, C. flava, C. lepidocarpa, C. Œderi, C. panicea, C. maxima, C. Pseudo-cyperus, C. ampullacea, C. vesicaria, C. riparia, C. paludosa, C. nutans, C. hirta ; — Panicum Crus-Galli, Phalaris arundinacea, Alopecurus geniculatus, A. fulvus, Leersia orizoides, Phragmites communis, Glyceria spectabilis, Gl. fluitans, Festuca cærulea ; — Potamogeton natans, P. densus, P. fluitans, P. heterophyllus, P. lucens, P. perfoliatus, P. crispus, P. acutifolius, P. pusillus, P. pectinatus ; Zanichella palustris, Naias major et minor ; Lemna (sp.); Equisetum palustre, E. limosum, E. hyemale, E. ramosum, E. variegatum.

C. *Plantes terrestres* répandues dans la plus grande partie de l'Europe, mais à dispersion régulière. — La majeure partie des autres espèces qui, avec les précédentes, forment le fond de la végétation de l'Europe centrale et occidentale, sont réparties plus inégalement que les plantes véritablement triviales ou aquatiques; leur dispersion est déterminée, pour les unes, par des conditions locales de climat, d'exposition, de stations, pour d'autres, par la nature du sol (plantes calcicoles, silicicoles, rudérales, etc.); nous reviendrons plus tard sur ce dernier point, à propos de l'étude de l'influence du sol sur la distribution des plantes, nous bornant à donner, pour le moment, sans commentaire, une simple énumération de ces espèces :

Helleborus fœtidus, Aquilegia vulgaris, Delphinium Consolida; — Berberis vulgaris; Papaver Argemone; Cheiranthus Cheiri, Nasturtium silvestre, Barbarea vulgaris, B. arcuata, stricta, B. præcox, Turritis glabra, Arabis sagittata, Sisymbrium Sophia, Sinapis Cheiranthus, S. alba, S. nigra, Diplotaxis tenuifolia, Alyssum montanum, Roripa nasturtioides, R. pyrenaica, Camelina sativa et microcarpa, Thlaspi perfoliatum, Teesdalia nudicaulis, Hutchinsia petræa, Lepidium rudorale, L. campestre, Senebiera Coronopus, Neslia paniculata; — Helianthemum obscurum, Viola collina; Polygala comosa, P. depressa; — Dianthus Armeria, D. deltoides, Saponaria vaccaria, Cucubalus bacciferus, Sagina apetala, Mœnchia erecta, Spergula pentandra, Alsine rubra, A. laxa, viscosa et hybrida, Arenaria trinervia, Holosteum umbellatum, Stellaria holostea, St. glauca, Cerastium arvense, Linum tenuifolium, L. catharticum, Radiola linoides; — Malva alcea, Althæa hirsuta; Hypericum humifusum, H. tetrapterum, H. hirsutum; Vitis vinifera; Geranium sanguineum, Oxalis corniculata, O. stricta; Evonymus europæus, Rhamnus cathartica, Rh. Frangula;

Genista sagittalis, G. tinctoria, Ononis campestris, Anthyllis vulneraria, Medicago minima, M. maculata, Melilotus macrorhiza, M. leucantha, Trifolium medium, T. rubens, T. ochroleucum, T. Molineri, T. striatum, T. scabrum, T. fragiferum, T. procumbens, T. Schreberi; Tetragonolobus siliquosus, Lotus tenuifolius, Astragalus glycyphyllos, Coronilla varia, Ornithopus perpusillus, Hippocrepis comosa, Onobrychis sativa, Vicia cracca, V. tenuifolia, V. tetrasperma, V. sativa, V. angustifolia, V. lathyroides, V. lutea, Lathyrus Nissolia, L. hirsutus, L. tuberosus, Orobus tuberosus; — Prunus fruticans, Cerasus avium, C. Mahaleb, Spiræa Filipendula, Fragaria collina, F. elatior, Potentilla Tormentilla, P. procumbens, P. micrantha, Rubus tomentosus, R. thyrsoideus, Agrimonia odorata, Mespilus germanica, Malus, Pyrus; — Epilobium montanum, E. collinum, Œnothera biennis; Corrigiola littoralis, Herniaria glabra, Illecebrum verticillatum, Scleranthus perennis; Sedum micranthum, Sempervivum tectorum; Ribes rubrum, Saxifraga granulata; — Torilis Anthriscus, T. segetum, Selinum carvifolia, Pastinaca sativa, Silaus pratensis, Seseli montanum, S. coloratum, Œthusa cynapium, Bupleurum rotundifolium, Petroselinum segetum, Cicuta virosa, Pimpinella magna, Bunium verticillatum, Sium latifolium, Scandix Pecten, Anthriscus vulgaris, Myrrhis odorata, Conium maculatum, Sanicula europæa ; — Sambucus Ebulus, Viburnum Lantana, V. Opulus, Lonicera xylosteum ; Hedera Helix ; Eryngium campestre ; Cornus sanguinea ; Viscum album ; Sherardia arvensis, Asperula galioides, A. arvensis, Galium Mollugo, G. erectum, G. silvestre, G. saxatile ; Dipsacus silvestris, D. pilosus, Scabiosa arvensis, Sc. Columbaria ; Globularia vulgaris ;

Cirsium eriophorum, C. acaule, C. bulbosum, Centaurea Scabiosa, Carduus nutans, Onopordon acanthium, Serratula tinctoria, Lappa major, L. minor, Gnaphalium dioicum, Gn. luteoalbum, Gn. uliginosum, Filago spathulata, F. germanica, F. montana, F. arvensis, F. gallica, Eupatorium cannabinum, Petasites vulgaris, Artemisia Absinthium, A. campestris, Erigeron canadensis, E. serotinus, Senecio viscosus, S. silvaticus, S. crucæfolius, S. nemorosus, S. erraticus, Inula Conyza, I. Brittanica, I. salicina, I. Helenium, Chrysanthemum corymbosum, C. parthenium, Matricaria inodora, M. Chamomilla, Anthemis Cotula, Achillea ptarmica, Calendula arvensis, Lactuca saligna, L. muralis, L. scariola, Chondrilla juncea, Hieracium umbellatum, Tragopogon major, T. pratensis, T. orientalis, Scorzonera plantaginea, Leontodon proteiformis, Thrincia hirta, Hypochœris radicata, H. glabra, Arnoscris pusilla ; — Jasione montana, J. perennis, J. Carioni, Phyteuma spicatum, Campanula glomerata, C. patula, C. rapunculus, C. rapunculoides, C. persicifolia, C. Trachelium ; Fraxinus excelsior, Ilex aquifolium, Ligustrum vulgare ; Lysimachia nummularia, Centunculus minimus, Anagallis phœnicea et cœrulea ; Vinca minor, Cynanchum Vincetoxicum ; — Erythræa centaurium, E. ramosissima, Cuscuta europæa ; — Hyoscyamus niger, Verbascum Thapsus, V. thapsiforme, V. phlomoides, V. Lychnitis, V. pulverulentum, V. floccosum, Solanum Dulcamara, S. miniatum, S. villosum ; — Lycopsis arvensis, Borrago officinalis, Cynoglossum officinale, Echinospermum Lappula, Myosotis intermedia, M. versicolor, M. stricta, Lithospermum officinale, L. arvense, Pulmonaria angustifolia, Echium vulgare ; — Antirrhinum orontium, A. majus, Linaria Elatine, L. spuria, L. minor, Lindernia pyxidaria, Euphrasia officinalis, E. nemorosa, E. verna, E. serotina, Melampyrum cristatum, M. arvense, Rhinanthus glabra, R. hirsuta, R. minor, Pedicularis silvatica, Veronica Teucrium, V. prostrata, V. officinalis, V. spicata, V. verna, V. triphyllos, V. agrestis, Orobanche (sp.), Lathræa ; — Salvia pratensis, Mentha rotundifolia, M. silvestris, Calamintha acinos, C. officinalis, Nepeta Cataria, Lamium incisum, L. maculatum,

Galeobdolon luteum, Galeopsis Tetrahit, G. angustifolia, Stachys germanicus, St. silvaticus, St. arvensis, St. annuus, St. rectus, Betonica officinalis, Ballota nigra, Melittis Melissophyllum, Brunella vulgaris, B. grandiflora, Ajuga chamæpitys, A. reptans, A. genevensis, Teucrium Botrys, T. Chamædrys, T. scorodonia; — Polycnemum majus, P. minus, Chenopodium glaucum, Ch. hybridum, Ch. murale, Ch. ficifolium, Ch. opulifolium, Ch. polyspermum, Ch. Vulvaria, Ch. Bonus-Henricus; Atriplex hastata; Rumex acetosa; Passerina annua; Euphorbia platyphylla, E. dulcis, E. verrucosa, E. Lathyris, E. amygdaloides, Mercurialis perennis, Urtica urens, Parietaria officinalis; Humulus Lupulus; — Ulmus campestris; Coryllus Avellana, Quercus Robur, Q. pubescens, Fagus silvatica, Castanea vulgaris, Carpinus Betulus, Populus alba; Juniperus communis;

Asparagus officinalis, Convallaria multiflora, C. majalis; — Arum maculatum; Phalangium Liliago, Ph. ramosum, Gagea arvensis, Ornithogalum umbellatum, O. sulfureum, Allium sphærocephalum, A. complanatum, A. ursinum, Muscari racemosum, M. botryoides, Colchicum autumnale; — Orchis ustulatus, O. bifolius, O. chloranthus, O. fuscus, O. masculus, O. laxiflorus, O. conopeus, O. maculatus, Ophrys anthropophora, O. aranifera, O. fucifera, O. apifera, O. muscifera, Epipactis nidus-avis, E. ovata, E. pallens, E. ensifolia, E. rubra, E. latifolia, Spiranthes æstivalis, S. autumnalis, Limodorum abortivum; — Luzula Forsteri, L. multiflora; — Carex muricata, C. divulsa, C. distans. C. nitida, C. silvatica, C. strigosa, C. polyrrhiza, C. tomentosa, C. montana, C. pilulifera, C. gynobasis, C. humilis, C. digitata, C. ornithopoda; — Andropogon ischæmum, Digitaria ciliaris, Panicum verticillatum, P. glaucum, P. viride, Alopecurus pratensis, A. agrestis, Phleum asperum, Ph. Bœhmeri, P. pratense, P. nodosum, Mibora minima, Cynodon dactylon, Agrostis alba, A. Spica-venti, A. interrupta, A. canina, Stipa pennata, Kœleria cristata, Aira canescens, A. flexuosa, A. caryophyllea, Holcus lanatus, H. mollis, Arrhenaterum elatius, Avena strigosa, A. fatua, A. sterilis, A. pubescens, A. flavescens, A. tenuis, A. decumbens, Melica uniflora, Poa bulbosa, P. nemoralis, P. trivialis, P. pratensis, P. compressa, Briza media, Cynosurus cristatus, Festuca Pseudomyuros, F. duriuscula, F. rubra, F. pratensis, Brachypodium sylvaticum, B. pinnatum, Bromus asper, B. erectus, B. secalinus, B. arvensis, B. commutatus, Nardurus Lachenalii, Agropyrum caninum, A. repens, A. campestre, Hordeum secalinum, Lolium italicum, L. temulentum, L. arvense, Nardus stricta; — Equisetum arvense, E. telmateja; — Polypodium vulgare, Ceterach officinarum, Aspidium aculeatum, Polystichum Thelypteris, Cystopteris fragilis, Athyrium

Filix-fœmina, Asplenium septentrionale, A. Breynii, A. Adiantum-nigrum, Pteris aquilina.

Bien que la plupart des plantes des énumérations qui précèdent habitent depuis l'Espagne jusque dans les Russies moyenne et septentrionale, on en trouve cependant, dans le nombre, qui manifestent une préférence pour une partie déterminée de cette vaste surface.

Les unes sont plus fréquentes dans les régions *australes* de l'Europe et doivent être considérées comme des espèces d'origine plutôt méridionale que septentrionale, telles sont :

Helleborus fœtidus, Aquilegia vulgaris, Cheiranthus Cheiri, Althæa hirsuta, Oxalis corniculata, Trifolium scabrum, Cerasus Mahaleb, Isnardia palustris, Trapa natans, Myriophyllum alterniflorum, Seseli montanum, S. coloratum, Sambucus Ebulus, Hedera Helix, Eryngium campestre, Sherardia arvensis, Asperula galioides, A. arvensis, Dipsacus silvestris, D. pilosus, Lappa major, Inula Helenium, Calendula arvensis, Lactuca saligna, Chondrilla juncea, Tragopogon major, Vinca minor, Verbascum thapsiforme, V. phlomoides, V. pulverulentum, V. floccosum, Ilex Aquifolium, Campanula persicifolia, Antirrhinum majus, Solanum Dulcamara, S. miniatum, S. villosum, Rhinanthus hirsuta, Stachys arvensis, Melittis, Brunella grandiflora, Ajuga Chamæpitys, Teucrium Bothrys, T. scorodonia, Lindernia, Polycnemum, Chenopodium ficifolium, Ch. Vulvaria, Passerina annua, Euphorbia Lathyris, E. amygdaloides, Parietaria diffusa, Ulmus campestris, Carpinus Betulus, Quercus pubescens, Castanea, Populus alba, Salix purpurea, S. rubra, Ornithogalum sulfureum, Phalangium Liliago, Ph. ramosum, Gagea arvensis, Ornithogalum umbellatum, O. sulfureum, Allium sphærocephalum, Muscari racemosum, Orchis ustulatus, O. fuscus, O. coriophorus, O. laxiflorus, Ophrys, Iris germanica, Limodorum, Luzula Forsteri, Schœnus nigricans, Scirpus maritimus, Sc. Michelianus, Carex Davalliana, C. pulicaris, C. maxima, C. nitida, C. polyrrhiza, C. gynobasis, C. humilis, Andropogon Ischæmum, Digitaria ciliaris, Panicum verticillatum, P. glaucum, Mibora minima, Cynodon dactylon, Agrostis interrupta, Stipa pennata, Aira canescens, Avena tenuis, Melica uniflora, Poa eragrostis, P. pilosa, Festuca Pseudo-myuros, Bromus commutatus, Agropyrum campestre, Ceterach officinarum, Aspidium aculeatum.

Ajoutons que parmi celles de ces espèces qui habitent les champs, les moissons, plusieurs, telles que les *Sinapis alba, nigra, Camelina sativa, C. microcarpa, Neslia*, etc. ne sont qu'erratiques dans le Lyonnais, à l'instar de beaucoup de plantes méridionales que nous énumérerons plus bas.

Les autres de ces plantes à dispersion étendue sont plutôt septentrionales, comme *Turritis glabra, Sisymbrium Sophia, Stellaria holostea, Potentilla tormentilla, Epilobium palustre, E. roseum, Cicuta virosa, Pimpinella magna, Sanicula europœa, Petasites vulgaris, Carex acuta, Hippuris, Œnanthe peucedanifolia, Sium latifolium*, etc., ainsi que la plupart des plantes aquatiques.

On peut rapprocher de ces préférentes septentrionales les espèces suivantes, fréquentes en Allemagne, mais se retrouvant aussi, pour la plupart, dans le plateau central de la France :

Polygala depressa, Dianthus deltoides, Cucubalus baccifer, Sarothamnus, Vicia lathyroides, Agrimonia odorata, Corrigiola littoralis, Illecebrum, Montia, Thrincia hirta, Pulmonaria angustifolia, Veronica verna, Mentha Pulegium, Butomus, Colchicum autumnale, Ophrys muscifera, Typha, etc.

Les énumérations que nous venons de donner des espèces triviales ou communes dans la plus grande partie de l'Europe ne correspondent pas exactement à la liste dresssée par Ch. Martins, des *plantes communes au nord et au midi de la France* (*Patria*, col., 419 à 428). Si nos énumérations renferment un grand nombre de ces 1,250 *espèces*, nous avons cru devoir en sortir beaucoup d'autres, comme les *Hepatica, Thalictrum, Myosurus, Papaver hybridum, Glaucium, Fumaria parviflora, Cardamine amara, silvatica* et *impatiens, Draba muralis, Erysimum, Silene otites, S. conica, Stellaria nemorum, Hypericum pulchrum, Ulex, Genista anglica, germanica* et *pilosa, Ononis natrix, Trifolium parisiense, T. filiforme, Orobus vernus, O. niger, Rosa gallica, Amelanchier, Myricaria, Montia, Tillœa, Sedum rubens, S. sexangulare, S. reflexum, Chrysosplenium, Orlaya, Caucalis, Torilis nodosa, Tordylium, Bupleurum tenuissimum, B. falcatum, Ægopodium, Seseli Libanotis, Sanicula, Senecio paludosus, Linosyris, Doronicum Pardalianches, Xanthium, Campanula cervicaria, Convolvulus soldanella, Atropa Belladona, Hippophae, Asarum*, etc., plantes d'origines diverses et qui ne se retrouvent pas, du reste, avec la même fréquence, dans toutes les parties de la France, comme Martins l'avait reconnu lui-même (col. 421). Cette confusion provient surtout de ce que Ch. Martins n'a pas séparé les espèces du Midi ou de l'Ouest qui remontent dans le nord de la France, grâce au climat spécial du littoral océanique, mais qui manquent au centre et à l'est. C'est pourquoi on voit dans sa liste des espèces communes à la généralité de la France, non seulement les plantes maritimes spéciales aux bords de la Méditerranée et de l'Océan, conservées à dessein (Voy. col., p. 418), mais encore des plantes septentrionales comme *Ranunculus nemorosus, auricomus, Anemone ranunculoides, Cardamine impatiens, Sanicula*, etc., ou tout à fait montagnardes, telles que *Cardamine amara, Chrysosplenium, Botrychium, Blechnum*, etc., ainsi que des plantes manifestement orientales comme les *Hepatica, Asarum*, etc.

Nous allons examiner, du reste, dans les paragraphes suivants les diverses origines des espèces de notre Flore.

2° Espèces septentrionales, subalpines et orientales.

Parmi les plantes à dispersion limitée qui viennent s'ajouter au fonds commun des espèces triviales ou ubiquistes, il faut distinguer en premier lieu celles qui paraissent avoir pour patrie primitive les contrées situées à l'est de notre région, c'est-à-dire le centre et le nord-est de l'Europe, l'Allemagne, la Suisse, les Alpes et le Jura ; quelques-unes y sont exactement confinées, ne dépassant pas ou à peine notre région lyonnaise vers l'Ouest ; d'autres atteignent les parties occidentales et méridionales de la France, mais en y devenant remarquablement moins fréquentes ou tout à fait montagnardes.

A. Nous énumérerons d'abord les espèces de la région basse, plaines, coteaux et vallées du Lyonnais, plus fréquentes dans les plaines de l'Europe centrale, les montagnes des Vosges et du Jura que dans le sud-ouest de la France :

Ranunculus nemorosus, R. auricomus, Pulsatilla vulgaris, Anemone ranunculoides, Hepatica, les Thalictrum, Actæa spicata, Nigella arvensis, Corydalis solida, C. fabacea, C. cava, Cardamine impatiens, Hesperis matronalis, Sisymbrium supinum, Viola stricta, V. pumila, Polygala austriaca, Lychnis viscaria, Stellaria graminea, Elatine alsinastrum, Elatine triandra, Hypericum montanum, Silene Otites, Tilia parviflora, Geranium silvaticum, G. pyrenaicum, Oxalis acetosella, Impatiens Noli-tangere, Trifolium rubens, T. montanum, Genista pilosa, Vicia tenuifolia, V. varia, Lathyrus silvestris, Orobus niger, Prunus Padus, Comarum, Potentilla argentea, Rosa tomentosa, Agrimonia odorata, Alchemilla vulgaris, Sanguisorba officinalis, Sorbus Aria, S. torminalis, Circæa lutetiana, Sedum maximum, S. sexangulare, S. reflexum, S. elegans, Laserpitium pruthenicum, Angelica silvestris, Heracleum Sphondylium, Ægopodium Podagraria, Carum Carvi, Pimpinella magna, Chærophyllum aureum, Sanicula europæa, Adoxa, Lonicera Periclymenum, Asperula odorata, Valeriana officinalis, V. dioica, Dipsacus laciniatus.

Centaurea Jacea, C. nigra, Carduus crispus, Tanacetum vulgare, Solidago Virga-aurea, Senecio paludosus, Chrysanthemum Leucanthemum, Crepis biennis, C. paludosa, Hieracium Auricula, H. silvaticum, H. sabaudum, Leontodon autumnalis, Hypochœris maculata, Phyteuma nigrum, Monotropa, Primula elatior, Lysimachia nemorum, Menyanthes, Gentiana Pneumonanthe, Verbascum nigrum, Symphytum officinale, Myosotis palustris, M. silvatica, Digitalis grandiflora, D. lutea, Scrofularia nodosa, Melampyrum pratense, Veronica montana, Lamium album, Galeopsis intermedia, Stachys alpina, Leonurus, Chaiturus, Rumex pratensis, Asarum europæum, Euphorbia stricta, E. esula, Betula alba, Alnus incana, Salix repens, S. capræa, S. aurita, S. cinerea.

Convallaria Polygonatum, Maianthemum bifolium, Paris quadrifolia, Leucoium vernum, Fritillaria Meleagris, Lilium Martagon, Gagea saxatilis, Allium carinatum, A. Schœnoprasum, A. Scorodoprasum, A. acutangulum, Orchis viridis, O. odoratissimus, O. incarnatus, O. conopeus, Herminium, Alisma parnassifolium, Luzula vernalis, L. maxima, Juncus supinus, Scirpus pauciflorus, cæpitosus, compressus, setaceus, supinus, mucronatus, Schœnus nigricans, Cladium Mariscus, Eriophorum latifolium, E. angustifolium, E. gracile, Carex dioica, C. teretiuscula, C. paradoxa, C. brizoides, C. cyperoides, C. Buxbaumii, C. pallescens, C. filiformis, Alopecurus utriculatus, Milium effusum, Aira cæspitosa, Avena pratensis, Melica nutans, Festuca ovina, F. heterophylla, F. arundinacea, Bromus giganteus, Potamogeton plantagineus, P. compressus, Ophioglossum vulgatum, Osmunda, Polypodium Phegopteris, P. Dryopteris, Polystichum Thelypteris, P. spinulosum, P. dilatatum, P. Filix-mas, Scolopendrium officinale.

On pourrait y joindre quelques autres espèces qui habitent à la fois les plaines de l'Allemagne et le plateau central de la France, mais manquent au Jura et à la plus grande partie de la Suisse, comme les *Ranunculus hederaceus, Vicia lathyroides,*

Agrimonia odorata, *Montia minor* et *rivularis*, *Sedum elegans*, *Juncus squarrosus*, etc. ; bien que la présence de ces espèces dans les Vosges montre que leur aire de dispersion se continue sans interruption de l'Allemagne, au centre de la France et au Lyonnais, en contournant le Jura, leur abondance dans les montagnes du Forez et des Cévennes rattache plus directement les stations de notre région lyonnaise à la végétation du plateau central.

La précédente énumération rentre en grande partie dans celle que Ch. Martins a donnée des plantes communes au nord et au sud de la France et que nous avons discutée plus haut (p. 213). Du reste, cet auteur, à propos de la végétation de la *Région septentrionale* de la France (qui comprend les régions climatoriales du nord-ouest et du nord-est), indique aussi que la grande majorité des végétaux qu'on y observe se retrouve dans toute la France, et, par conséquent, fait partie de la première catégorie d'espèces qu'il a en donnée. Ch. Martins reconnaît « néanmoins qu'il est un certain nombre de plantes qui sont propres à cette région et qu'on chercherait vainement dans les provinces méridionales : ce sont, en général, des plantes boréales qui remontent jusque dans le nord de l'Europe ».

Sur les vingt-huit espèces que Ch. Martins donne comme « *Plantes du nord, communes au nord-est et au nord-ouest de la France* » (col. 427), nous en trouvons onze qui appartiennent à notre Flore lyonnaise ; ce sont : *Ranunculus hederaceus, Sisymbrium supinum, Lychnis viscaria, Cerastium brachypetalum, Comarum palustre, Peucedanum carvifolium, OEnanthe peucedanifolia, Centaurea nigra, Rumex nemorosus, Paris quadrifolia, Scirpus supinus.*

Les *Plantes alsaciennes* ou particulières au climat vosgien, qui arrivent dans notre contrée, sont moins nombreuses (col. 430) ; sur vingt-huit espèces, nous trouvons cependant encore à citer les *Thalictrum galioides, Astragalus cicer, Laserpitium pruthenicum, Carex strigosa.*

Il en est de même des vingt-huit espèces *propres au nord-ouest* (col. 431) : les *Stellaria glauca, Potentilla supina* se montrent, en effet, dans les endroits humides de notre plaine bressanne.

Ces plantes ne sont pas, du reste, exactement limitées aux régions du nord-ouest ou du nord-est ; on les trouve non-seulement dans la région lyonnaise, mais encore dans d'autres points de la France, le *Potentilla supina*, dans le centre, jusque dans le Gard, le *Laserpitium* dans la Suisse, la Savoie, le Dauphiné, etc.

B. *Plantes subalpines*. — Un grand nombre des espèces des monts du Beaujolais, du Lyonnais et du Bugey se retrouvent abondamment dans les massifs jurassiques ou alpins ; leur dispersion n'est généralement pas limitée à notre région : on les rencontre, pour la plupart, sur les montagnes du Forez, des Cévennes, du plateau central et même dans les Pyrénées ; mais leur abondance, dans le Jura et les Alpes, et, plus loin, à l'est et au nord de l'Europe, doit les faire rattacher à la végétation septentrionale et orientale, ce sont :

Ranunculus aconitifolius, Trollius europæus, Aconitum Napellus, A. Lycoctonum, Cardamine amara, C. silvatica, Dentaria pinnata, Thlaspi alpestre (sylvestre, virens), Th. montanum, Viola palustris, Lychnis silvestris, Stellaria nemorum, Acer platanoides, A. Pseudo-platanus, Trifolium spadiceum, T. aureum, Geum rivale, Rubus idæus, R. glandulosus, Sorbus Aucuparia, Epilobium spicatum, Circæa alpina, C. intermedia, Sedum villosum, Ribes Uva-crispa, R. alpinum, R. petræum, Chrysosplenium alternifolium, C. oppositifolium, Peucedanum Carvifolia, Seseli Libanotis, Chærophyllum hirsutum, Ch. Cicutaria, Sambucus racemosa, Lonicera nigra, Galium silvaticum, G. saxatile, Scabiosa dipsacifolia, Gnaphalium silvaticum, Senecio Fuchsii, Arnica montana, Campanula rhomboidalis, C. linifolia, C. cervicaria, Vaccinium myrtillus, V. Vitis-idæa, Pyrola rotundifolia, P. chlorantha, P. minor, Gentiana campestris, Atropa Belladonna, Polygonum Bistorta, Ulmus montana, U. effusa, Betula pubescens, Salix pentandra, S. daphnoides, Larix, Abies pectinata, A. excelsa, Pinus silvestris, Narcissus poeticus, N. Pseudo-narcissus, Tofieldia, Orchis sambucinus, Luzula nivea, Carex canescens, Festuca silvatica, Equisetum silvaticum, Botrychium, Blechnum, Lycopodium clavatum.

Ajoutons encore les quelques espèces suivantes, plus fréquentes cependant dans les parties méridionales des régions montagneuses ; ce sont, en outre des *Peucedanum carvifolia*, *Hepatica triloba*, *Lilium martagon* déjà cités, les *Galium rotundifolium*, *Doronicum Pardalianches*, *Sonchus Plumieri*, *Lactuca perennis*, *Prenanthes purpurea*, des zones moyennes ; les *Geranium nodosum*, *Epilobium rosmarinifolium*, *Inula montana*, *I. Vaillantii*, *Salix incana*, *Hippophae rham-*

*noides, Myricaria germanica, Asarum europeum, Erythro-
nium Dens-Canis, Scilla bifolia, Aspidium aculeatum,* des
basses-montagnes et des vallées.

C. Plusieurs de ces espèces montagnardes sont plus particulières à la chaîne du Jura et ne s'avancent guère plus loin
que le Bugey, à l'ouest, dans la région lyonnaise (quelques-
unes se retrouvant cependant au Pilat) ; citons :

Arabis stricta, Lunaria rediviva, Kernera saxatilis, Thlaspi
virgatum, Th. Gaudinianum, Th. montanum, Gypsophila repens,
Mœhringia, Vicia dumetorum, Orobus vernus, Spiræa Aruncus,
Cotoneaster vulgaris, C. tomentosa, Laserpitium latifolium, Heracleum alpinum, Galium boreale, Valeriana tripteris, V. montana,
Cirsium oleraceum, Senecio flosculosus, Gentiana lutea, G. germanica, Cynoglossum montanum, Scrofularia Hoppii, Melampyrum nemorosum, Daphne Mezereum, Thesium pratense, Gladiolus
palustris, Orchis globosus, Carex brevicollis, C. pilosa, C. digitata ;
Calamagrostis montana, C. argentea, Elymus europæus, Cystopteris montana, Asplenium viride.

Cependant, on voit arriver jusqu'à Crémieux *Arabis alpina,
A. Turrita, Draba aizoides, Dianthus superbus, Saxifraga
rotundifolia, S. Aizoon, Sesleria cœrulea,* etc., et acciden-
tellement à Lyon, par le Rhône : *Sisymbrium austriacum,
Astragalus Cicer, Calamagrostis littorea, C. lanceolata,
Lycopodium helveticum,* etc.

Les espèces suivantes atteignent même les coteaux du Rhône
et le Mont-d'Or lyonnais, pour des raisons que nous étudierons
plus loin ; ce sont : *Dianthus Scheuchzeri, Alsine Jacquini,
Hutchinsia petræa, Genista germanica, Cytisus Laburnum,
C. capitatus, Trifolium alpestre, Acer monspessulanum,
Coronilla Emerus, Lathyrus latifolius, Amelanchier vulgaris, Carlina chamæleon, Ononis Columnæ, Seseli montanum, S. coloratum, Hieracium staticifolium, Gentiana cruciata, G. ciliata, Ajuga pyramidalis, Teucrium montanum,
Orchis pyramidalis, O. variegatus, Carex alba, C. ornithopoda, Polypodium calcareum.*

Il est vrai que ces espèces des coteaux secs ont presque toutes
un caractère austral, de même que les *Iberis pinnata, Onobrychis supina, Peucedanum Cervaria, P. Oreoselinum, Bupleurum falcatum, Bunium Bulbocastanum, Cornus mas, Scabiosa
australis, Sc. suaveolens, Scrofularia aquatica, Calamintha*

grandiflora, Euphrasia lutea, Ornilhogalum nutans, Allium pulchellum, Carex nitida, C. montana, C. gynobasis, C. humilis, etc., plus ou moins fréquents sur les coteaux ou dans les vallées des environs de Lyon.

D. Les plus remarquables représentants de cette *Flore méridionale du Jura* n'arrivent pas jusque dans le Lyonnais proprement dit ; ainsi, on voit, confinés dans le Bugey, *Erysimum ochroleucum, Alyssum montanum, Biscutella cichorifolia, Æthionema saxatile, Helianthemum canum, Polygala Chamœbuxus, Clypeola Jonthlaspi, Rhamnus alpina, Cytisus alpinus, Acer opulifolium, Spiræa Aruncus, Potentilla petiolulata, Laserpitium gallicum, L. Siler, Ptychotis heterophylla, Centranthus angustifolius, Asperula taurina, Inula squarrosa, Linaria alpina, Daphne cneorum, Allium fallax, Kœleria valesiaca,* et, s'avançant jusqu'à Crémieux : *Arabis auriculata, A. muralis, Iberis umbellata, Astragalus aristatus, Athamanta cretensis, Galium myrianthum, Sideritis hyssopifolia,* etc.

Si l'on se reporte aux listes dressées par M. Ch. Martins (*Patria*, loc. cit.), on voit que la plupart des plantes des énumérations précédentes appartiennent, en effet, à ses régions *septentrionales* (col. 428) et *subalpines* (col. 452). Nous avons déjà indiqué plus haut quelques-unes des plantes qu'il considère comme septentrionales ; nous relevons, parmi les subalpines, les suivantes que nous retrouvons dans la région lyonnaise, mais à des titres divers :

Les *Ranunc. aconitifolius, Isopyrum, Thalictrum aquilegifolium, Aconitum lycoctonum* et *Napellus, Dentaria pinnata, Thlaspi alpestre, Parnassia palustris, Acer platanoides, A. Pseudoplatanus, Geranium nodosum, Trifolium spadiceum, Sorbus Aucuparia, Ribes alpinum, Chœrophyllum hirsutum, Lonicera nigra, Galium rotundifolium, Senecio sarracenicus (S. Fuchsii), Gnaphalium dioicum, Doronicum austriacum, Campanula linifolia, Vaccinium Myrtillus, V. Vitis-idœa, Pyrola minor, Gentiana lutea, campestris* et *ciliata,* les Digitales, *Polygonum Bistorta, Salix pentandra, Pinus, Abies, Leucoium vernum, Luzula nivea, Polypodium Phegopteris,* etc., de nos montagnes beaujolaises et lyonnaises, sont bien des espèces nettement subalpines, quoique quelques-unes aient déjà un caractère austral marqué (Ex. : *Geranium nodosum,*

Isopyrum, etc.) ; mais les *Bisculella lœvigata, Erysimum, Gypsophila repens, Dianthus silvestris, Saponaria ocimoides, Geran. sylvaticum, G. pyrenaicum, Rhamnus saxatilis, Cytisus Laburnum, Trifolium alpestre, Potentilla rupestris, Galium erectum, Aster Amellus, Inula hirta, I. montana, Lamium maculatum, Stachys alpina, Buxus, Orchis hircinus, Epipactis, Limodorum, Lilium Martagon, Phalangium Liliago, Carex alba, Asplenium Halleri*, etc., bien que pouvant s'élever plus ou moins haut dans la montagne, se comportent, par leur prédilection pour les vallées et les expositions chaudes ou leur abondance sur nos coteaux, plutôt comme des espèces méridionales.

Nous trouvons la confirmation de cette manière de voir dans CHRIST (*op. cit.*, p. 60), qui considère les espèces suivantes comme ayant pour patrie *toute la région méditerranéenne située au pied des Alpes : Calamintha grandiflora*, pénétrant dans le Valais ; *Asplenium Halleri* et *Cytisus alpinus*, se retrouvant dans le Valais et le Jura ; *Adenophora suaveolens, Cytisus capitatus, Symphytum tuberosum*, plantes fuyant le climat maritime de l'ouest, les deux premières indigènes de l'est, la dernière du sud. Plus loin, Christ est encore plus affirmatif (p. 79) ; à propos des *Geranium nodosum, Cytisus Laburnum* et autres espèces des expositions chaudes des cluses du Bugey, cet auteur s'exprime ainsi : « Personne ne niera que ces espèces n'aient un caractère méditerranéen » ; mais c'est donner à l'expression de plante méditerranéenne un sens par trop compréhensif.

A propos des espèces endémiques, nous verrons aussi que les *Trifolium parviflorum* (Forez), *Thalictrum angustifolium* et *Th. galioides, Isopyrum thalictroides, Bupleurum longifolium* (Bugey), *Scabiosa suaveolens, Allium fallax* (Bugey), ainsi que les *Helianthemum Fumana, Globularia vulgaris, Helianthemum œlandicum, Stipa pennata, Rosa gallica*, sont regardées par Grisebach (*op. cit.*, p. 206, 316, 334) comme des plantes dont le centre de dispersion doit être placé à l'est de notre région, mais qui peuvent reparaître dans le sud de l'Europe (1).

---

(1) Grisebach cite, en effet, cette dernière série d'espèces comme des exemples de plantes limitées par la ligne de végétation nord-ouest de la zone centrale (zone du Sapin argenté) :

Quant au *Meconopsis cambrica*, qui figure aussi dans la liste des plantes subalpines de Ch. Martins, c'est une espèce asturienne sur laquelle nous revenons plus loin.

3° Plantes de l'Ouest, sud-occidentales, méridionales et du Plateau central.

La Flore de la région lyonnaise est remarquablement riche en espèces dont la patrie doit être cherchée dans les régions méridionales de l'Europe. Parmi les espèces triviales, communes dans toute l'Europe, parmi les espèces propres aux zones subalpines, nous en avons déjà relevé qui habitent de préférence l'Europe australe, soit dans les parties basses de l'Europe centrale (Allemagne, Hongrie, Russie australe), soit dans les chaînes méridionnales du Jura ou des Alpes. Mais les plus intéressantes sont les plantes de l'ouest de la France ou du Plateau central qui parviennent jusque dans notre région lyonnaise où elles trouvent parfois leur extrême limite orientale, et celles qui, remontant la vallée du Rhône, atteignent les parties supérieures du bassin (Doubs, Valais, etc.) ou s'arrêtent dans les environs de Lyon.

A. Une première série comprend les *plantes méridionales* suivantes, à dispersion étendue et remontant plus ou moins haut dans l'ouest, le centre de la France et le bassin du Rhône ; ce sont, outre les *Helleborus fœtidus, Sinapis Cheiranthus, Roripa pyrenaica, Gypsophila muralis, Geranium sanguineum, Cornus mas, Buxus, Orchis Simia, Carex humilis*, etc., déjà cités comme espèces australes :

Papaver hybridum, Iberis pinnata, Silene conica, Caucalis daucoides, Orlaya grandiflora, Bupleurum tenuissimum, B. affine,

---

« *Fumana procumbens,* ⎱ de l'île Gottland jusqu'à la vallée du Nahé (en
Globularia vulgaris, ⎰ France dépassant la ligne) ;
Helianth. œlandicum, de l'île d'Œland jusqu'à Lyon (sporadiquement à
      Paris) ;
Thalict. angustifolium, de l'île d'Œland jusqu'en Thuringe ;
Stipa pennata, de la Suède méridionale (59°) jusqu'à la France orientale
      (sporadiquement dans la France occidentale) ;
Stipa capillata, de la Poméranie jusqu'au Languedoc ;
Rosa gallica, de la Franconie jusqu'à Lyon (sporadiquement dans la France
      occidentale). »
Nous voyons aussi le *Cytisus capitatus* cité parmi les « quelques arbustes de l'Allemagne orientale qui rattachent cette dernière aux flores de la Russie et de la Hongrie », et dont la ligne de végétation passerait (pour cette espèce) par « Posen, Silésie, Bohême (sporadique à Saalfed) ; limite orientale : l'Ukraine. »

B. Jacquinianum, B. junceum, Galium parisiense, Xanthium strumarium, Aster Amellus, Primula grandiflora, Anchusa italica, Echinospermum Lappula, Linaria cymbalaria, Linaria striata, Calamintha Nepeta, Euphorbia Gerardiana, Scilla autumnalis, Endymion nutans, Asphodelus albus, Carex Schreberi, Phleum arenarium, Aira canescens, Gaudinia fragilis; — et de plus : Lepidium graminifolium, L. latifolium, Prunus insititia, Cerasus Mahaleb, Herniaria hirsuta, Sedum Telephium, S. dasyphyllum, Fœniculum, Centaurea serotina, Carduus tenuiflorus, C. pycnocephalus, Centaurea calcitrapa, C. Cyanus, Erica vulgaris, Ilex, Chlora perfoliata, Verbascum Blattaria, Lithospermum purpureocæruleum, Heliotropium europæum, Specularia, Physalis Alkekengi, Amarantus retroflexus, A. patulus, A. silvestris, A. Blitum, A. deflexus, Daphne Laureola, Ruscus aculeatus, Tamus, Rumex pulcher, Parietaria diffusa, Tulipa silvestris, Allium paniculatum, A. intermedium, Orchis hircinus, Scirpus Michelianus, Sc. maritimus, Sc. carinatus, Carex Davalliana, C. pulicaris, C. Hornschuchiana, C. Pseudocyperus, Digitaria filiformis, Festuca bromoides, F. sciuroides, F. ciliata, F. rigida, Lolium multiflorum, Potamogeton monogynus, Zanichella ; — Ajoutons-y encore les plantes accompagnant les moissons, ou simplement erratiques, comme les Adonis, Glaucium luteum, Iberis amara, Myagrum perfoliatum, Calepina Corvini, Medicago ambigua, M. denticulata, M. apiculata, M. cinerascens, M. Timeroyi, Trifolium resupinatum, Vicia gracilis, Turgenia latifolia, Sison Amomum, Ammi majus, Valerianella (sp.), Helminthia, Centaurea myacantha, Scolymus hispanicus, Xanthium macrocarpum, X. spinosum, Chenopodium rubrum, Euphorbia exigua, Urtica pilulifera, Ægilops ovata, Æ. triuncialis, etc.

B. D'autres sont limitées aux parties *sud-occidentales* de la France, c'est-à-dire aux régions de l'ouest, du midi, du sud du Plateau central et de la vallée du Rhône ; ce sont les espèces suivantes qui remontent, du reste, plus ou moins haut :

1. *Au nord de Lyon, dans la Saône-et-Loire et la Côte-d'Or :* — Myosurus, Fumaria Vaillantii, Erysimum Cheiranthoides, E. orientale, Sinapis incana, Diplotaxis muralis, Helianthemum procumbens, H. pulverulentum, Silene gallica, Linum gallicum, Ononis Columnæ, Trifolium subterraneum, T. elegans, Coronilla minima, Lathyrus angulatus, Umbilicus pendulinus, Torilis nodosa, Tordylium maximum, Bupleurum aristatum, Rubia peregrina, Kentrophyllum lanatum, Linosyris vulgaris, Micropus erectus, Inula graveolens, Anthemis nobilis, Podospermum laciniatum,

Linaria supina, L. Pelliceriana, Thesium humifusum, Arum italicum, Iris fœtidissima, Cyperus longus, Scirpus Pollichii, Crypsis
alopecuroides, Gastridium lendigerum, Nardus tenellus ; — et des
espèces faisant, pour ainsi dire, un saut par dessus le Lyonnais,
telles que : Diplotaxis viminea, Draba muralis, Astrocarpus sesamoides ;

2° *Jusque dans le Doubs* : — Fumaria Vaillantii, F. parviflora,
Erysimum Cheiranthoides, Diplotaxis tenuifolia, Lepidium Draba
(err.), Helianthemum procumbens, H. pulverulentum, Silene gallica, Linum gallicum, Trifolium elegans, Anchusa italica, Iris
fœtidissima ;

3° *Dans la Savoie, le bassin du Léman ou le Valais :* — Lepidium Draba (err.), Biscutella levigata, Bunias Erucago, Helianthemum salicifolium, H. procumbens, Silene Armeria, Ononis Columnæ, Trigonella monspeliaca, Coronilla minima, Lathyrus sphæricus, Sedum Cepæa, Galium anglicum, G. Vaillantii, Kentrophyllum lanatum, Linosyris vulgaris, Micropus, Thesium
humifusum, Tragus racemosus, Bromus maximus, B. madritensis,
Nardurus tenellus, Adiantum Capillus-Veneris.

On trouve sur les coteaux des *environs de Lyon* non seulement toutes les espèces précédentes (sauf les rares exceptions
indiquées au n° 1), mais de plus une série de plantes *sud-occidentales* qui ne dépassent pas le Mont-d'Or ou les coteaux du
Rhône dans le nord du bassin ; ce sont :

Ranunculus Chærophyllos.	Chrysanthemum segetum.
R. parviflorus.	Andryala sinuata.
Cistus salvifolius.	Cynoglossum pictum.
Helianthemum guttatum.	Arenaria sabulosa.
Trifolium Bocconi.	Plantago carinata.
T. glomeratum.	P. Coronopus.
T. lævigatum.	P. arenaria.
Lotus diffusus.	Salsola Kali.
Lythrum hyssopifolium.	Cyperus Monti.
Momordica Elaterium.	Scirpus Holoschœnus
Crucianella angustifolia.	Sc. Rothii.
Galium Timeroyi.	Carex divisa.
G. tricorne.	Kœleria phleoides.
G. divaricatum.	Aira media.
Centaurea aspera.	Brachypodium distachyum.

On peut y ajouter, bien que ne se trouvant pas dans les environs mêmes de Lyon, mais y arrivant dans son voisinage ou
sous sa latitude, à Vienne et à Crémieux principalement :
Corydalis claviculata, Sisymbrium asperum, Astrocarpus se-

samoides, Rhamnus alaternus, Trifolium angustifolium, Saxifraga hypnoides (Forez), *Echium italicum, Campanula Erinus, Echinaria capitata, Ophioglossum lusitanicum.*

Certaines de ces espèces ont une singulière distribution géographique ; communes dans l'ouest, le midi de la France et la partie méridionale du bassin du Rhône jusqu'à Lyon, elles manquent au contraire dans les parties intermédiaires, la limite septentrionale de leur aire de dispersion décrivant un arc de cercle dont la concavité embrasse le centre de la France ; il en est ainsi des *Linum marginatum, Melilotus parviflora, Trifolium Michelianum, Polycarpum tetraphyllum, Tillæa muscosa, Helichrysum Stœchas, Celtis, Quercus Ilex, Cyperus Monti,* etc.

C. Parmi les espèces nettement *occidentales*, qui arrivent cependant dans la région lyonnaise, nous citerons :

Ranunculus radians.	Damasonium stellatum
Meconopsis cambrica.	Alisma natans.
Drosera intermedia.	A. ranunculoides.
Alsine segetalis.	A. repens.
Elatine macropoda.	Juncus capitatus.
Elodes palustris.	J. pygmæus.
Ulex europæus.	J. hybridus.
U. nanus.	Cyperus Monti.
Trifolium Michelianum.	C. longus.
Helosciadium inundatum.	Scirpus multicaulis.
Erica cinerea.	Sc. fluitans.
E. vagans.	Marsilia quadrifolia
Cicendia filiformis.	Pilularia globulifera.
C. pusilla.	Etc.
Scutellaria hastifolia.	

Les espèces les plus caractéristiques de cette végétation occidentale appartiennent à des *formes* spéciales de *végétation*, en rapport avec les caractères du climat atlantique. Les unes sont de ces arbustes toujours verts, au feuillage épais, coriace, quelquefois épineux, que nous avons déjà vu chez quelques plantes du climat du Châtaignier, les *Ilex aquifolium, Buxus, Ruscus aculeatus,* mieux représentés encore par le *Quercus Ilex,* qui, il est vrai, atteint à peine Lyon ; d'autres sont de ces Génistées épineuses, caractéristiques de la végétation de l'Ouest, comme les *Ulex europæus* et *nanus,* qui arrivent ainsi dans le Lyonnais à leur extrême limite orientale ; nous trouvons encore la forme Bruyère, représentée par la Callune vulgaire (Bruyère de la plaine Baltique) et par les *Erica cinerea* et *vagans*, de la flore atlantique. Nous reviendrons, du reste, sur la distribution géographique des *Meconopsis, Ulex nanus, Erica cinerea* et *vagans*, à propos des espèces endémiques de la Flore (1).

D. Nous donnons enfin, à la suite des espèces occidentales, l'énumération des plantes caractéristiques, par leur fréquence, de la végétation du *Plateau central* et du *centre de la France*, qui se retrouvent aussi dans notre région lyonnaise. Ainsi que nous avons déjà eu l'occasion de le dire, à l'exception de quelques espèces plus spéciales au Plateau central, comme *Buffonia macrosperma, Sedum hirsutum, Sarothamnus purgans*, ou au centre de la France, comme *Peucedanum parisiense*, ces plantes appartiennent, pour la plupart, au centre de l'Allemagne;

---

(1) Les arbustes toujours verts (appartenant à notre flore lyonnaise) ont une extension dans la zone occidentale ainsi résumée par Grisebach (*op. cit.*, p. 315) :
« 1. Forme atlantique de Bruyère, à limite franchement marquée dans l'intérieur du continent :
    Erica vagans, jusqu'en Cornouailles (51°) ;
2. Forme atlantique de Bruyère avec ligne de végétation nord et sud-est, à stations sporadiques dans l'intérieur du continent :
    Erica cinerea, jusqu'aux Faeroer et à la Norwège (62°);
3. Arbustes atlantiques épineux :
    Ulex europœus, jusqu'à l'Ecosse (59°, ligne de végétation nord-est, jusqu'au Danemark), périssant par la gelée dans la Suède (58°) ; limite sud-est en Allemagne, avec courbe méridionale jusqu'à l'Italie ;
    U. nanus, jusqu'à l'Ecosse (57°, limite franchement est) ;
4. Formes d'Oléandre et de Myrte du sud de l'Europe, limite septentrionale de ce côté des Alpes, avec une branche atlantique d'extension :
    Ilex aquifolium, jusqu'à la Norwège (62° ; Ecosse, jusqu'à 59° ; station orientale extrême du domaine littoral à Rügen, 54° ; courbe méridionale du lac de Constance jusqu'à Vienne, 48°) ;
    Buxus sempervirens, jusqu'à la région rhénane (51° ; vallée de la Moselle, sporadiquement dans la Thuringe ; d'ici la ligne de végétation septentrionale du domaine littoral va probablement jusqu'à l'Angleterre, la courbe méridionale s'étendant du Jura jusqu'à l'Autriche, 48°) ;
5. Formes de Laurier et d'Oléandre du sud de l'Europe, limite septentrionale, de l'autre côté des Alpes, dans le domaine méditerranéen, et avec une branche atlantique d'extension :
    Quercus Ilex, jusqu'à la Loire (47°, Angers) ;
6. Formes de Myrte de l'Europe méridionale, limite septentrionale de l'autre côté des Alpes, avec une ligne de végétation nord-est dans la branche atlantique d'extension (comme chez le *Castanea*) ;
    Ruscus aculeatus, jusqu'en Ecosse (56° ; d'ici la limite septentrionale va jusqu'à la Suisse méridionale, 46°) ;
    Osyris alba, jusqu'en Charente (46°; limite nord-nord-est, allant d'ici jusqu'à l'Isère, 45°). »
On verra plus loin les réserves que nous faisons à propos des *Erica cinerea* et *vagans*.

mais nous croyons devoir rattacher leur présence dans notre
région, au voisinage du Forez, des Cévennes et du Morvan, qui
représentent les étapes successives de leur immigration depuis
le plateau et les plaines du centre de la France, — les chaînes
du Jura et des Alpes, dans lesquelles ces plantes manquent
complètement, formant au contraire une barrière infranchissa-
ble à leur propagation de l'est à l'ouest de l'Europe (1).

Ranunculus hederaceus.	Epilobium lanceolatum.
R. Lenormandi.	Peplis Boræi.
R. Steveni.	Corrigiola littoralis.
Gypsophila muralis.	Illecebrum verticillatum.
Buffonia macrosperma.	Montia fontana.
Spergula Morisonii.	Sedum hirsutum (Forez).
Dianthus deltoides.	Sempervivum arvernense (Forez).
Polygala depressa.	Peucedanum parisiense.
Malva moschata.	Conopodium denudatum
Althæa officinalis.	Angelica pyrenæa (Pilat).
Hypericum humifusum.	Cirsium anglicum.
H. pulchrum.	Senecio adonidifolius.
H androsæmum.	Doronicum austriacum.
Tilia grandifolia.	Anthemis collina.
Geranium lucidum.	Arnoseris minima.
Sarothamnus vulgaris.	Sonchus Plumieri.
Saroth. purgans. (Forez).	Jasione perennis.
Genista anglica.	Wahlenbergia hederacea.
G. pilosa.	Villarsia nymphoides.
Trifolium hybridum.	Symphytum tuberosum.
T. filiforme.	Pulmonaria affinis.
T. parisiense.	Digitalis purpurea.
Ornithopus perpusillus.	Anarrhinum bellidifolium
Vicia lathyroides.	Galeopsis ochroleuca.
Spiræa Filipendula.	Juncus squarrosus.
Potentilla supina.	Etc.

Les *Buffonia macrosperma, Sarothamnus purgans, Sedum
hirsutum, Conopodium denudatum, Angelica pyrenæa, Senecio adonidifolius, Sonchus Plumieri, Anarrhinum,* sont tout
à fait caractéristiques du Plateau central ; ils trouvent, ainsi
que la plupart des plantes de l'énumération précédente, dans
nos montagnes lyonnaises et beaujolaises, la limite orientale de
leur aire de dispersion, au moins en France.

_____

(1) Cette propagation a pu cependant se faire, comme nous l'avons indiqué plus haut, par la Forêt-Noire et les Vosges, pour plusieurs de ces
espèces, à cause de l'analogie de la composition chimique du sol de ces
différentes régions.

Ajoutons que plusieurs de ces espèces sont certainement d'origine septentrionale, comme les *Ranunculus hederaceus, Montia, Juncus squarrosus*, etc.; d'autres sont au contraire tout à fait méridionales (*Senecio adonidifolius, Genista purgans*, etc.).

Nous nous rencontrons, du reste, souvent avec CHRIST dans cette manière d'envisager l'origine des espèces de notre Flore ; nous voyons, en effet, qu'il indique comme plantes du *sud-ouest* atteignant à peine la Suisse occidentale (*op. cit.*, p. 519), les *Adonis flammea, Iberis amara, Rapistrum rugosum, Silene gallica, Lathyrus hirsutus, Crassula rubens, Carum Bulbocastanum, Galium parisiense, Valerianella carinata, V. eriocarpa, Filago gallica, Veronica acinifolia, Odontites serotina, Stachys arvensis, Euphorbia falcata ;* puis l'*Alisma ranunculoides*, « plante de l'ouest, arrivant à Neuchâtel » (p. 139), l'*Alsine segetalis*, plante de l'ouest, ne dépassant pas le Jura septentrional à l'est, pénétrant cependant dans le Valais, avec les *Glaucium corniculatum, Cynosurus echinatus* (p. 168, 494, 519); les *Iberis pinnata, Apera interrupta, Lolium multiflorum* qui arrivent jusque dans le canton de Vaud (p. 519) ; enfin, comme exemples de plantes ne dépassant pas le Jura à l'est, Christ cite encore (p. 496): *Genista pilosa, Alsine segetalis, Sisymbrium supinum, Peucedanum alsaticum, Seseli montanum, Campanula Elatine, Ranunculus hederaceus.*

A propos des plantes de l'Allemagne et du centre de la France qui se trouvent dans le rayon de notre Flore, nous voyons que Christ y rapporte (p. 83) les *Agrimonia odorata, Dipsacus laciniatus, Vicia lathyroides, Silene otites, Veronica acinifolia, Gagea stenopetala, Allium scorodoprasum, Chaiturus Marrubiastrum, Pulmonaria angustifolia, Thrincia hirta, Centaurea nigra, Asperula galioides, Rosa gallica, Potentilla alba, Lamium incisum*, la plupart fréquentes dans nos environs et qui sont au contraire des raretés pour la Flore suisse ; de même (p. 62) pour les *Dianthus deltoides, Cucubalus baccifer, Sarothamnus scoparius, Montia, Thrincia, Anchusa, Veronica verna, Mentha Pulegium, Osmunda, Orchis variegatus, Illecebrum*, qui manquent presque complètement en Suisse et n'ont pu parvenir dans le Lyonnais que par les Vosges ou le centre de la France.

Ajoutons encore que Christ considère comme plantes originaires du Plateau central ou des régions voisines s'étendant aux Pyrénées (p. 486), les *Jasione perennis*, *Sonchus Plumieri*, *Angelica pyrenæa* de nos montagnes foréziennes et beaujolaises (1) ; au contraire, commes espèces allemandes (p. 519), les *Papaver hybridum*, *Turgenia latifolia*, *Anthemis tinctoria*, *Myagrum perfoliatum*, manifestement méridionales ici, de même que les *Ceratocephalus*, *Gypsophila saxifraga*, *Inula hirta*, *Chrysanthemum segetum*, *Salsola*, *Corispermum*, *Silene conica*, données comme plantes caractéristiques de la végétation des plaines de l'Allemagne, de la Bavière et de celle des steppes ayant pénétré des régions inférieures de la Pannonie jusqu'au cœur de l'Allemagne, mais sans atteindre le Plateau suisse (p. 212) ; enfin, parmi les espèces intéressantes de l'Allemagne manquant à la Suisse et que nous trouvons dans le plateau central et dans notre région lyonnaise, nous lisons (p. 210 à 212) : *Teesdalia nudicaulis*, *Ornithopus perpusillus*, *Hypochœris glabra*, *Arnoseris pusilla*, *Corynephorus canescens*, *Digitalis purpurea*, *Peucedanum officinale*, *Euphorbia Esula*, *Linaria arvensis*, *Scabiosa suaveolens*, *Corrigiola*, *Illecebrum*, etc., déjà plusieurs fois citées, mais en rappelant encore, pour la plupart d'entre elles, l'influence que la nature chimique du sol a exercée sur leur distribution géographique.

Terminons par la comparaison de nos énumérations de plantes méridionales ou plutôt sud-occidentales avec celle donnée, par Ch. Martins (col. 435), sous le titre de *Plantes méridionales* (climats girondin, rhodanien, méditerranéen) ; sur 740 espèces que cette liste renferme, nous relevons les 230 suivantes, existant dans notre Flore, la plupart dans nos environs immédiats, quelques-unes dans le Bugey méridional (B.) ou la Côte-d'Or (C.), d'autres seulement à Vienne (V.) ou erratiques (er.), etc. :

---

(1) Les *Jasione perennis* et *Mulgedium Plumieri* arrivent dans la Forêt-Noire, l'*Angelica* s'arrête aux Vosges ; « elles révèlent, dit Christ (*op. cit.*, p. 487), la direction principale des grands courants atmosphériques qui, *soufflant du centre de la France* et des contrées qui se rattachent aux Pyrénées, ont doté les Vosges d'un plus grand nombre d'espèces caractéristiques qu'ils n'en ont amenées dans le Jura qui est une chaîne bien plus étendue ». Sans nier l'influence des courants atmosphériques, nous croyons que Christ ne tient pas assez compte ici de l'influence de la composition chimique du sol qui est, avec le climat, la cause principale des contrastes que la flore des Vosges présente avec celle du Jura ; du reste, le *Sonchus Plumieri* atteint, comme on le sait, les Alpes de la Savoie et du Valais.

Thalictrum angustifolium, Ranunculus Chærophyllos, R. gramineus, R. parviflorus, Corydalis claviculata (B.), Fumaria media, F. capreolata, F. Vaillantii; Barbarea præcox, Arabis auriculata (B), A. muralis (B), Vesicaria utriculata (C), Farsetia clypeata, Teesdalia Lepidium, Iberis pinnata, I. linifolia (er.), Biscutella cichoriifolia (B), Hesperis matronalis, Sisymbrium austriacum (V. B.), S. asperum (C.), S. supinum, Æthionema saxatile (B), Myagrum perfoliatum, Brassica Cheiranthus, Sinapis alba (er.), Diplotaxis viminea (C.), Calepina Corvini, Rapistrum rugosum, Bunias Erucago; Cistus salvifolius, Helianthemum salicifolium, H. procumbens, H. canum, H. obscurum; Gypsophila saxifraga, Dianthus deltoides, Silene gallica, S. italica, S. Armeria, Buffonia (er.), Linum gallicum, L. angustifolium (marginatum), Androsæmum officinale, Tribulus terrestris, Ruta graveolens (cr.), Rhamnus Alaternus (V.); — Spartium junceum, Genista horrida, G. purgans (Forez), Cytisus sessiliflorus, C. supinus (C.), C. capitatus, C. argenteus, Ononis Columnæ, Medicago orbicularis, M. denticulata, M. apiculata, M. Gerardi, Trigonella monspeliaca, Trifolium angustifolium, T. subterraneum, T. Bocconi, T. resupinatum (er.), T. glomeratum, T. elegans, T. hybridum, T. Michelianum, Lotus angustissimus, L. hirsutus et rectus (V.), Coronilla Emerus, Onobrychis supina, Lathyrus latifolius, L. sphæricus; Agrimonia odorata, Rosa stylosa, Lythrum Hyssopifolia, Umbilicus pendulinus, Sedum dasyphyllum, S. anopetalum, S. altissimum, S. hirsutum; Peucedanum Cervaria, Bupleurum aristatum, B. junceum, Conopodium denudatum, Ptychotis heterophylla (B.), Lonicera etrusca, Rubia peregrina, R. tinctorum (V.), Galium divaricatum, G. glaucum, Crucianella angustifolia. C. latifolia (V.), Scabiosa suaveolens, Senecio adonidifolius, S. Doria, Inula squarrosa (B. C.), I. Vaillantii, Cupularia graveolens, Helichrysum Stœchas, Micropus erectus, Carpesium cernuum (B.), Artemisia Abrotanum (forma), Anthemis tinctoria (V.), Buphtalmum salicifolium (B.), Catananche cærulea (V.), Cirsium Eriophorum, Centaurea Crupina, C. amara, C. nigra, C. maculosa (formâ), C. paniculata, C. pullata (V.), C. aspera, C. myacantha (er.), C. solstitialis, Xeranthemum inapertum, Leontodon crispus, Scorzonera hirsuta, Podospermum laciniatum, Lactuca viminea (V. C.), Andryala sinuata; Jasione perennis, Campanula hederacea, C. patula, Erica vagans, Jasminum fruticans (V.), Vinca major, Cicendia pusilla, Convolvulus cantabricus, Symphytum tuberosum, Anchusa, Alkanna tinctoria, Onosma echioides, Myosotis lutea, Cynoglossum pictum, Solanum ochroleucum, S. miniatum, Verbascum thapsiforme, V. lychnitis, V. crassifolium, Anarrhinum bellidifolium, Antirrhinum majus (er.), Linaria Pelliceriana, L. arvensis, L. sim-

16

plex, L. striata; Scrofularia vernalis, Orobanche Hederæ,
O. Eryngii, O. cærulea, Euphrasia lutea, Veronica filiformis,
Salvia officinalis (V.), Teucrium montanum, T. Polium, Hyssopus
officinalis, Galeopsis Tetrahit, Lavandula vera, Thymus lanugi-
nosus, Anagallis tenella, Plantago serpentina, Pl. Cynops, Pl. Lagopus, Chenopodium Botrys, Ch. opulifolium, Rumex palustris,
R. scutatus, Passerina, Osyris alba (B.), Celtis australis (V.), Salix
incana, Quercus pubescens, Q. apennina, Q. Ilex (V.) ; Vallisneria
spiralis, Alisma natans, A. parnassifolium, Orchis odoratissimus,
O. sambucinus, O. laxiflorus, O. coriophorus, Tulipa Clusiana (er.),
Erythronium (B.), Muscari botryoides, Ornithogalum nutans,
Allium Scorodoprasum, A. carinatum, Arum italicum, Typha mi-
nima, Juncus pygmæus, Cyperus Monti, Scirpus multicaulis, Sc.
fluitans, Sc. Holoschœnus, Sc. Michelianus, Carex teretiuscula,
C. brizoides, C. divisa, C. gynobasis, C. brevicollis (B.), C. humilis, C. depauperata, C. nitida, C. pilosa (B.) ; Andropogon Gryllus,
Digitaria filiformis, Milium lendigerum (er.), Stipa pennata (C. B.),
Panicum glaucum, Alopecurus utriculatus, Crypsis alopecuroides,
Aira præcox, A. media, Avena fragilis, A. sterilis, Bromus madritensis, B. squarrosus, Festuca ciliata, Kœleria phleoides, K. setacea, Poa eragrostis, P. pilosa, Cynosurus echinatus, Echinaria
capitata (V.), Nardus aristata, Triticum Poa, T. Nardurus, Adiantum Capillus-Veneris, Salvinia (??).

C'est donc près du tiers de cette Flore méridionale que nous
retrouvons dans notre région; mais l'examen critique de la
liste de Ch. Martins donnerait lieu à un certain nombre de
modifications, suppressions ou additions, qu'il serait trop long
de justifier ici ; nous nous bornerons à faire observer que les
*Hesperis, Myagrum, Gypsophila saxifraga, Dianthus del-
toides, Cytisus capitatus, Agrimonia odorata*, etc., appartiennent à la Flore de l'Europe australe, pénétrant jusque dans le
centre de l'Allemagne, et qu'à ce compte-là Ch. Martins aurait
pu faire figurer avec autant de raisons, les *Silene conica,
S. otites*, etc., qui se comportent de même, ce qui augmenterait
considérablement le nombre des espèces communes à nos deux
énumérations; il en est de même des plantes du Jura méridional,
telles que *Coronilla Emerus, Sedum dasyphyllum, Teucrium
montanum, Rumex scutatus*, qui pourraient aussi bien être
accompagnées des *Helleborus, Saponaria ocymoides, Cytisus
Laburnum, Ruscus*, etc., et d'autres espèces énumérées dans
les listes de ses plantes subalpines ou communes à toute la
France ; d'autre part, on trouve dans la liste de Martins des

plantes plutôt septentrionales ou du Plateau central, comme *Conopodium denudatum*, *Jasione perennis*, *Alopecurus utriculatus*, etc, qui pourraient être placées parmi les espèces subalpines au même titre que le *Meconopsis cambrica* ou les nombreuses espèces du Jura méridional que Martins y a fait figurer, malgré la diversité de leur origine et de leurs stations les plus fréquentes.

4° Plantes méridionales et méditerranéennes

Bien que la végétation du domaine méditerranéen, caractérisée par l'Olivier et les arbres à feuillage toujours vert, trouve sa limite septentrionale dans la vallée du Rhône, entre Montélimar et Orange (vers 44° 25' de latitude N.), on sait que quelques rares espèces s'aventurent plus au Nord, à Vienne, à Lyon et dans les cirques aux chaudes expositions de Grenoble, de Belley et du Bourget. D'autre part, un certain nombre d'espèces croissant dans toute la région méridionale de la France et non plus seulement dans la région de l'Olivier, remontent aussi la vallée du Rhône, à l'instar de plusieurs des espèces sud-occidentales citées dans le paragraphe précédent ; mais, tandis que ces dernières ont pu, pour la plupart, arriver dans notre région, par la zone méridionale du Plateau central et même par le centre de la France où elles s'avancent aussi plus ou moins haut (1), les espèces que nous énumérons dans cette quatrième catégorie, manquant dans les contrées voisines, n'ont pu parvenir dans les parties moyennes et quelquefois septentrionales du bassin du Rhône, qu'en en remontant le cours depuis la Provence ou les bords de la Méditerranée.

A. Énumérons d'abord les espèces largement méridionales qui paraissent limitées aux bords du Rhône dans notre région ou atteignent les parties supérieures du bassin, surtout en suivant les collines calcaires de la Côte-d'Or et de la Saône-et-Loire à l'Ouest, et les chaînes du Jura à l'Est :

Erucastrum obtusangulum, E. Pollichii (?), Reseda Phyteuma,

---

(1) Ch. Martins cite déjà (col. 432) les *Momordica*, *Cytisus capitatus*, *Xanthium*, *Xeranthemum inapertum*, *Vinca major*, *Quercus Ilex*, *Adiantum Capillus-veneris*, commes espèces méridionales atteignant le centre de la France, et les *Rubia peregrina*, *Centaurea solstitialis*, *Barkhausia setosa*, *Erica vagans*, *Lavandula*, *Poa pilosa* arrivant encore plus haut, vers Paris, et qui toutes sont lyonnaises.

R. luteola, Saponaria ocimoides, Silene italica, Ononis natrix, Crassula rubens, Trinia vulgaris, Valeriana tuberosa, Inula squarrosa, Lactuca viminea, L. chondrillæflora, Crepis tectorum, Barkhausia setosa, Convolvulus cantabricus, Verbascum Chaixii, Scrofularia canina, Linaria arvensis, L. simplex, Veronica acinifolia, V. præcox, V. polita, V. Buxbaumii, Hyssopus officinalis, Plantago serpentina, Thesium divaricatum, Aristolochia clematitis, Euphorbia falcata, Aira elegans, A. præcox, Melica ciliata, Poa megastachya, Bromus squarrosus, Asplenium Halleri.

B. Dans les environs immédiats de Lyon, on trouve la plupart des espèces précédentes (à l'exception des *Valeriana, Saponaria, Inula, Lactuca)* et spécialement :

Ranunculus gramineus.
R. cyclophyllus.
R. lugdunensis.
Fumaria pallidiflora.
Farsetia clypeata.
Helianthemum pilosum.
Gypsophila saxifraga.
Rapistrum rugosum.
Polygala exilis.
Buffonia perennis.
Tribulus terrestris.
Rhamnus saxatilis.
R. Villarsii.
Spartium junceum.
Genista horrida.
Cytisus biflorus.
C. argenteus.
Trifolium Lagopus.
Psoralea bituminosa.
Vicia peregrina.
Potentilla opaca.
Herniaria incana.
Caucalis leptophylla.
Sedum anopetalum.
Lonicera etrusca.
Galium corrudæfolium.
G. implexum.
Scabiosa suaveolens.
Leuzea conifera.
Crupina vulgaris.
Centaurea paniculata.
C. tenuisecta (Mornantet).
C. collina (Bugey).

Centaurea solstitialis.
Xeranthemum inapertum.
Artemisia camphorata (Valb.).
Senecio gallicus.
Inula hirta.
Barkhausia setosa.
Pterotheca nemausensis.
Crepis nicaensis.
Scorzonera hirsuta.
Leontodon crispus.
Campanula Medium.
Convolvulus cantabricus.
Verbascum sinuatum.
Alkanna tinctoria.
Onosma arenarium.
Teucrium Polium.
Lavandula vera.
Plantago Lagopus.
Pl. serpentina.
Pl. Cynops.
Corispermum hyssopifolium.
Rumex scutatus.
Thesium divaricatum.
Aristolochia Clematitis.
Gladiolus segetum.
Orchis fragrans.
O. papilionaceus.
Aphyllanthes monspeliensis.
Andropogon Gryllus.
Digitaria ciliaris.
Bromus madritensis.
Psilurus nardoides.

Les espèces suivantes : *Ran. cyclophyllus* et *lugdunensis, Polygala exilis, Genista horrida, Spartium, Trifolium Lagopus, Cytisus biflorus* et *argenteus, Galium corrudæfolium, Lonicera etrusca, Xeranthemum, Leuzea, Orchis papilionaceus, Aphyllanthes, Andropogon Gryllus, Bromus madritensis,* etc., qui ne dépassent pas Lyon, sont tout à fait caractéristiques de cette Flore méridionale.

Notons cependant que quelques-unes de ces plantes suivent les bords du Rhône jusqu'à Genève (*Fumaria capreolata, Rapistrum rugosum, Gypsophila saxifraga, Ononis natrix, Plantago Cynops,* etc.), et que d'autres forment même, jusque dans le Valais, des colonies de plantes australes : *Ran. gramineus, Trigonella monspeliaca, Sedum anopetalum, Lonicera etrusca, Galium corrudæfolium, Crupina, Cent. paniculata, Xeranthemum, Lactuca chondrillæfolia, Leontodon crispus, Onosma arenarium,* etc., auxquelles viennent se joindre les *Rhus Cotinus, Sedum altissimum, Osyris alba,* des colonies analogues du Bugey et de la Savoie.

D'autres espèces arrivent encore dans notre région, mais avec les graines du midi ou accidentellement dans les moissons, les décombres, telles sont :

Ceratocephalus falcatus, Nigella damascena, Berteroa incana, Ruta graveolens, Paliurus (subsp.), Coronilla scorpioides, Vicia monanthos, V. hybrida, Lathyrus inconspicuus, L. Cicera, Orlaya platycarpa, Bifora testiculata, Valerianella auricula, Centaurea myacantha et Pouzini, Amarantus albus, Tulipa præcox, T. Clusiana, etc.

Enfin mentionnons les espèces suivantes qui atteignent Vienne et les coteaux d'Estressin et de Seyssuel à Chasse, sans les dépasser au Nord : *Silene conoidea, Pistacia Terebinthus* (aussi dans le Bugey), *Lotus hirsutus, L. rectus, Lathyrus annuus, Crucianella latifolia, Rubia tinctorum, Pycnomon Acarna, Centaurea pullata, Echinops Ritro, Artemisia suavis, Anthemis tinctoria, Picridium vulgare, Catananche cœrulea, Jasminum fruticans, Verbascum Boerrhavii, Salvia officinalis, Kochia arenaria, Celtis australis, Iris chamœiris.*

C. *Espèces méditerranéennes.* — Possédons-nous dans notre flore lyonnaise des espèces véritablement méditerranéennes ? Si nous nous reportons à la liste qu'en donne Ch. Martins (*op. cit.*, col. 444), nous voyons que sur les 800 espèces qu'elle renferme (1), 35 seulement se rencontrent dans notre région ; ce sont :

Thalictrum nigricans.
Ranunculus monspeliacus (R. cyclophyllus et lugdunensis).
Ceratocephalus falcatus.
Glaucium corniculatum.
Clypeola Jonthlaspi.
Berteroa incana.
Polygala exilis.
Buffonia perennis.
Acer monspessulanum.
A. opulifolium.
Pistacia Terebinthus.
Rhus Cotinus.
Paliurus aculeatus.
Trifolium Lagopus.
Ononis natrix.
Potentilla opaca.
Bifora testiculata.
Crucianella latifolia.

Galium tenuifolium (G. corrudæfolium ?).
Valerianella auricula.
Leuzea conifera.
Centaurea Pouzini.
Barkhausia setosa.
Pterotheca nemausensis.
Picridium vulgare.
Xanthium macrocarpum.
Campanula Medium.
Verbascum australe.
V. Chaixii.
Corispermum hyssopifolium.
Amarantus albus.
Tulipa Celsiana.
Orchis papilionaceus.
Aphyllanthes monspeliense.
Digitaria ciliaris.

Observons que les *Ceratocephalus, Glaucium, Berteroa, Paliurus, Bifora, Amarantus albus* ne sont ici qu'erratiques ou subspontanés ; — que les *Acer opulifolium, Pistacia Terebinthus, Rhus Cotinus, Clypeola Jonthlaspi, Tulipa Celsiana* se rencontrent seulement dans le Bugey méridional et les *Crucianella latifolia, Verbascum Chaixii, Picridium vulgare* sur les coteaux de Vienne.

On pourrait cependant ajouter à cette liste le *Psoralea bituminosa* de Feyzin, compris par Martins dans sa liste des plantes méridionales, mais qu'il indique plus loin comme espèce méditerranéenne (col. 444).

Le *Genista horrida*, de Couzon, bien que considéré comme simplement méridional par Martins est une espèce rare, ne se retrouvant en France que dans quelques rares stations des Pyrénées Orientales et des Hautes-Pyrénées, et qui appartient à ce groupe de Génistées caractéristiques de la Flore espagnole (Grisebach, 414, 415) ; elle pourrait être considérée comme méditerranéenne, au moins au même titre que le *Leuzea conifera*, —

(1) Grisebach la réduit à 600 pour la France méridionale, faisant observer que 150 environ sont des plantes de la Corse et 40 des plantes cultivées.

qu'on observe abondamment dans tout le Midi et qui remonte dans l'Aveyron, l'Isère et la Savoie, — ou le *Tulipa Celsiana* des Hautes-Alpes, de l'Isère et de la Savoie, arrivant au sommet du Colombier-du-Bugey. Cependant, nous reconnaissons que, comme Genistée *épineuse,* elle a plutôt les caractères d'une forme atlantique ou occidentale.

L'*Orchis papilionaceus* est aussi remarquable par le saut qu'il fait du Var et des Alpes-maritimes aux coteaux de la La Pape et de la rivière d'Ain ; nous y reviendrons à propos des espèces disjointes de la Flore.

Les autres espèces échelonnent leurs stations, sans interruption, depuis la Provence jusqu'à Lyon.

Quelques autres plantes de la liste méditerranéenne demandent aussi des explications :

Les *Acer opulifolium, Clypeola Jonthlaspi, Verbascum Chaixii,* appartiennent plutôt à la végétation méridionale du Jura et des Alpes ; les deux premiers remontent même dans la Savoie ou la Suisse, ainsi que les *Acer monspessulanum, OEthionema,* etc., et autres représentants de la Flore calcaire méridionale du Jura.

L'*Ononis natrix,* si abondant sur les bords du Rhône, de Lyon à Genève et dans les vallées du Jura méridional, quoique moins commun dans le Languedoc, le Roussillon et les parties basses de la Provence et des Alpes maritimes (Saint-Lager, *Cat.,* p. 131), est bien une plante méditerranéenne : elle existe, en effet, en Espagne, en Corse, en Italie, en Grèce, en Asie mineure, etc. (Lecoq, *op. cit.,* t. V, p. 472). Christ la cite aussi parmi les plantes méditerranéennes qui remontent jusqu'à Genève (*op. cit.,* p. 79) (1).

Mais il est d'autres espèces que leur extension dans l'Ouest de la France a fait placer par Ch. Martins et par nous dans le groupe des méridionales, et qui, revêtant tout-à-fait les caractères de la végétation méditerranéenne, méritent d'être rappelées à propos des espèces de ce domaine arrivant jusqu'à Lyon ; les principales sont :

Cistus salvifolius : — Bien qu'elle remonte dans l'Ouest jus-

---

(1) D'autres plantes, comme l'*Erucastrum Pollichii,* présentent aussi cette particularité d'être plus fréquentes, sur les coteaux des bords du Rhône et de ses affluents, dans la partie moyenne du bassin que dans la région méridionale.

qu'à Noirmoutiers et dans l'intérieur jusqu'à Figeac, cette
espèce est certainement, comme ses congénères dont l'abondance caractérise la flore espagnole, une plante d'origine méditerranéenne. Les coteaux de Néron sont l'extrême limite de son
expansion vers le Nord ; c'est du reste l'espèce de ce genre qui
manifeste la facilité la plus grande à remonter dans l'intérieur.
Christ la signale, en effet, comme se rapprochant des Alpes,
à Locarno, dans la région insubrienne (*op. cit.*, p. 45) ; elle
y arrive aussi, comme dans la région lyonnaise, en société
d'autres espèces méridionales ou méditerranéennes parmi lesquelles nous trouvons cités : *Andropogon Gryllus, Celtis australis,* etc.

Quercus ilex : — Ce Chêne se comporte comme l'espèce précédente ; s'il remonte aussi dans l'Ouest de la France, « il existe,
dit Grisebach, dans le domaine méditerranéen tout entier » (*op.
cit.*, p. 400) ; son feuillage coriace, persistant, est du reste caractéristique de la végétation méditerranéenne. Il est vrai qu'il
atteint à peine Lyon ; ce n'est qu'avec doute qu'on l'a signalé
sur les coteaux de Montluel et de Grigny ; mais il habite certainement tous les coteaux du Rhône à partir de Vienne ; les
défrichements ont pu aussi le faire disparaître de ses stations
plus septentrionales, comme cela est arrivé, pour le Ciste, à
Charly et à St-Priest (1).

Spartium junceum : — « Parmi les Genistées aphylles d'é-
pourvues d'épines, deux espèces seulement sont répandues dans
toute l'étendue ou du moins dans la majeure partie du domaine
méditerranéen, dont même elles dépassent les limites dans certaines directions, en pénétrant, l'une (*Spartium junceum*), dans
la vallée du Rhône, où elle remonte jusqu'à Lyon, ainsi que,
à ce qu'il paraît, dans l'Arménie... » (Grisebach, *op. cit.*, p. 414).
Ajoutons que le *Spartium* remonte plus haut que le Mont-
Cindre et Couzon, puisqu'on le signale à Fleurie et à Romanèche près Mâcon.

Notons, à propos de ces espèces, que Grisebach rattache aussi
le *Sarothamnus purgans* à la Flore méditerranéenne : « parmi

---

(1) M. Barrandon signale aussi, parmi ses plantes caractéristiques du bassin méditerranéen, dans l'Hérault, les *Quercus Ilex, Celtis australis, Pistacia Terebinthus, Lavandula stœchas, Aphyllanthes, Leuzea conifera,* etc.
(Voy. *Ann. Soc. d'Agric. et d'Hist. nat.* de l'Hérault, 1877, t. IX, p. 183).

ces nombreuses Génistées espagnoles, dit-il (p. 415), il est une espèce qui franchit les limites de la Flore méditerranéenne, pour pénétrer en France ; c'est le *Sarothamnus purgans,* qui s'étend jusqu'à la Loire » ; cette plante arrive, dans les montagnes du Forez, jusqu'aux limites extrêmes de la Flore lyonnaise (Pélussin, etc.)

Bien que les *Rhamnus alaternus* (Vienne), *Osyris alba* (Bugey) et même les *Buxus, Ruscus aculeatus,* etc. habitent aussi également le domaine occidental du climat maritime (climat du Hêtre), ils se rattachent, par leur caractère d'organisation extérieure, aux *formes de végétation* du domaine méditerranéen. Il en est de même du Houx (*Ilex aquifolium*) qui s'avance jusqu'à la Baltique « mais n'acquiert que dans le Midi, les proportions d'un arbre » (Grisebach, p. 400). Nous l'avons plusieurs fois rencontré avec ce dernier développement et couronné de ses belles feuilles lauriformes, inermes, caractéristiques, dans les montagnes du Lyonnais, jusque dans les environs d'Aveize, par exemple, à une altitude de plus de 800 mètres (1) ; notons que d'après Grisebach (p. 399), au Mont Athos, par conséquent sous une latitude et un climat bien différents des nôtres, ces Houx arborescents s'élèvent jusqu'à l'altitude de 974 mètres.

Le *Tamus communis,* quoique répandu dans les haies, les bois frais de toute la France et de l'Europe occidentale jusqu'au Rhin, appartient aussi, par la nature grimpante de sa tige, l'aspect de son feuillage et ses affinités génériques (fam. des Dioscoréacées), aux formes de végétation du domaine méditerranéen, en connexion avec les formes tropicales (Voy. Grisebach, p. 442) (2) ; c'est aussi une plante méditerranéenne pour Christ (3).

---

(1) Voy. *Ann. de la Soc. botan. de Lyon,* t. V, 1877, p. 204.

(2) « Une autre connexion avec les formes tropicales se manifeste par le fait que dans les forêts et les buissons, la végétation des plantes grimpantes acquiert en quelque sorte une plus grande importance.... Quelques-unes ont le feuillage compacte et luisant (*Smilax*)... d'autres, chez lesquelles il est délicat et presque transparent (*Tamus*), il se soustrait volontiers à une lumière trop intense... »

(3) Voy. p. 52, 149 et particulièrement 183 : « A partir de l'Est, la Suisse est la seule contrée située au nord des Alpes qui possède ce végétal, véritable liane des tropiques aux feuilles luisantes et aux baies d'un beau rouge, de la grosseur d'une petite cerise. Ce n'est qu'à l'ouest de la Suisse que son territoire s'étend vers le Nord où il s'avance jusqu'en Angleterre et en Belgique. De là, il remonte la vallée du Rhin jusqu'en Alsace et au Grand-Duché. Au sud des Alpes, le Taminier est en Europe, avec le *Dioscorea* des Pyré-

On peut rapporter, du reste, à l'influence du climat méditerranéen, l'extension d'un grand nombre de plantes méridionales dans l'Europe australe. C'est ainsi que Christ considère comme espèces méditerranéennes la plupart des plantes méridionales qui remontent soit dans la *zone insubrienne* (*op. cit.*, p. 50), soit dans la Suisse occidentale par la vallée du Rhône (*id.*, p. 79).

Dans la première région, nous voyons en effet, citées : 1° comme *plantes méditerranéennes* trouvant dans la zone insubrienne leur limite supérieure et n'arrivant ni dans la Suisse cisalpine, ni dans le Valais, les espèces suivantes : *Cistus salvifolius, Silene italica, Umbilicus pendulinus, Androsæmum officinale, Celtis australis, Vallisneria spiralis, Orchis papilionaceus, Cyperus Monti*, toutes plantes du Lyonnais ; 2° comme espèces du Tessin arrivant jusqu'à Genève et dans le Valais, quelques-unes même jusqu'à Neuchâtel : *Corydalis lutea, Bunias Erucago, Helianth. salicifolium, Ruta graveolens, Rhus Cotinus, Ononis Columnæ, O. natrix, Lathyrus sphæricus, Vinca major, Hyssopus, Orchis laxiflorus, Ruscus aculeatus, Carex nitida, Andropogon Gryllus, Kœleria valesiaca, Molinia serotina, Festuca rigida, Adiantum, Asplenium Halleri*, etc.

Quant aux plantes qui remontent du domaine méditerranéen, par la vallée du Rhône, jusqu'au voisinage de la Suisse (Grenoble, Belley, Fort de l'Ecluse), Christ cite, du reste d'après Thurmann, mais en les regardant comme *espèces dont on ne peut nier le caractère méditeranéen* (*l. cit.*, p. 80), les plantes suivantes : *Rhus Cotinus, Rhamnus Alaternus, Convolvulus cantabricus, Leuzea conifera, Cytisus argenteus, Bupleurum junceum, Senecio Doria, Crupina vulgaris, Kœleria phleoides, Geranium nodosum, Laserpitium gallicum, Lonicera caprifolium (L. etrusca), Osyris alba, Pistacia lentiscus (P. terebinthus!), Acer opulifolium* et *monspessulanum, Cytisus Laburnum, Ruscus aculeatus, Ononis natrix, Coronilla minima, Sedum anopetalum* et *altissimum*.

Admettre comme espèces méditerranéennes des plantes telles que *Geranium nodosum, Acer opulifolium, Cytisus La-*

---

nées, le seul représentant de sa famille qui appartient aux tropiques. Son territoire va de la Crimée au sud de l'Espagne. Il en ressort clairement que le Taminier est d'origine méditerranéenne et que dans le cours des temps, grâce au climat de l'Océan, il s'est avancé par l'Ouest, vers le Nord, etc... »

burnum, Coronilla minima, etc., c'est, ainsi que nous l'avons déjà dit plus haut, donner à cette expression un sens par trop compréhensif.

5° Espèces endémiques et disjointes.

Peu de plantes dans les énumérations qui précèdent peuvent être regardées comme endémiques, c'est-à-dire comme localisées dans les contrées où elles ont apparu. D'abord, il est inutile de chercher à montrer que la région lyonnaise, qui n'est pas une région naturelle et dont l'étendue est trop restreinte, n'a pu être un centre de création, comme le Plateau central, les Alpes ou les Pyrénées ; elle ne peut donc avoir des espèces particulières à sa flore (1). Mais, s'il n'y a pas de Plantes endémiques lyonnaises, les régions voisines, dont après tout la région lyonnaise n'est qu'une dépendance (voyez précédemment p. 12) (2), en possèdent qui arrivent sur le territoire de notre flore et dont il est intéressant d'étudier, avec quelques détails, la dispersion.

Si nous consultons, à ce point de vue, l'ouvrage de Grisebach, nous voyons qu'il reconnaît comme espèces endémiques dans le climat du Hêtre :

1° 30 espèces spéciales à sa zone occidentale (zone du Châtaignier et du Houx), dont 29 propres à la Flore atlantique et une au centre de la France; ce sont : *Genista obtusiramea, Sinapis setigera, Angelica lævis, Rumex suffruticosus,* pour les Asturies ; *Silene Thorei, Ptychotis Thorei, Libanotis bayonnensis, Laserpitium daucoides, Linaria thymifolia, Hieracium eriophorum, Armeria expansa, Statice Duriæi, Allium ericetorum,* pour la Gascogne ; *Galium arenarium, Astragalus bayonnensis, Kœleria albescens, Airopsis agrostidea, Potentilla splendens, Omphalodes littoralis, Eryngium viviparum, Linaria arenaria,* arrivant jusque dans le nord de la France ; les cinq *Erica* atlantiques, *cinerea, ciliaris, mediterranea, polifolia* et *vagans,* quelques-uns pouvant s'étendre, ainsi que l'*Ulex nanus* et le *Meconopsis cambrica,* assez loin dans l'intérieur du continent ou vers le nord en suivant le littoral ; — *Peucedanum parisiense,* pour le centre de la France ;

(1) Nous prenons évidemment ici le terme d'espèce dans son sens le plus large, laissant de côté les *formes locales* qui peuvent être propres à la région, mais peuvent aussi se *répéter* dans d'autres contrées.
(2) *Ann. de la Soc. botan. de Lyon,* t. VIII, p. 268.

2° 16 espèces limitées aux deux zones du Sapin argenté et du *Quercus cerris* (Dauphiné, Suisse, Allemagne, Hongrie) : *Coronilla montana, Astragalus exscapus, Trifolium parviflorum, Gypsophila fastigiata, Aldrovanda vesiculosa, Erysimum crepidifolium, Thalictrum angustifolium, Th. galioides, Isopyrum thalictroides, Bupleurum longifolium, Lactuca quercina, Cirsium canum, Inula germanica, Scabiosa suaveolens, Allium fallax, Scilla amœna* ;

3° 2 seulement limitées à la zone du Sapin argenté : *Erysimum virgatum, Gagea saxatilis.*

Flore atlantique. Ainsi que nous l'avons déjà montré, la Flore atlantique n'envoie qu'un petit nombre de représentants dans notre région, et encore ces espèces n'y arrivent-elles ordinairement qu'en contournant le centre de la France et en remontant la vallée du Rhône. Cependant sur les 29 espèces endémiques signalées par Grisebach, 4 atteignent notre flore lyonnaise ou très près de ses limites ; ce sont :

Ulex nanus, dont l'aire de dispersion s'étend du Portugal à l'Ecosse, sa limite orientale passant dans notre région, par la Haute-Saône, Alix, Ecully et Chavanay ;

Meconopsis cambrica, s'étendant des Asturies à l'Ecosse et dont la limite orientale est encore plus reculée à l'ouest, puisqu'elle passe par la Nièvre, le Saint Rigaud dans le Beaujolais, et les bois de Valbenoîte, dans la Loire ; Grisebach, citant cette plante comme un exemple remarquable de l'extension d'une plante atlantique jusque dans l'intérieur de la France, commet une légère inexactitude en disant qu'elle s'avance jusqu'à Lyon (p. 332) ;

Deux de ces Ericées atlantiques, qui peuvent remonter, malgré le froid hybernal, jusque dans la Norvège et l'Irlande, mais n'arrivent pas, d'après Grisebach (p. 293), dans la Provence et la vallée du Rhône. Il s'agit ici des *Erica cinerea* et *vagans* qu'on a signalées déjà, en divers points de la région lyonnaise, à Roybons (Isère), à la forêt de St-Serverin près La Balme (Isère), et dans la Loire, pour l'*E. cinerea* ; — à Roybons et dans le Rhône, à Montchal (mais sur versant de la Loire) (1), pour l'*E. vagans* (*E. decipiens* Saint-Am.)

---

(1) *Ann. Soc. botan. Lyon*, t. V. 1877, p. 48, 64 ; la Bruyère de Chambaran (Roybon) et de Montchal doit être rapportée à la forme *decipiens* Saint-Amand, qui est surtout occidentale. Voy. *ibid.*, t. V, p. 76.

Grisebach reconnaît bien l'existence de ces deux espèces dans le Lyonnais, mais il attribue leur présence à une émigration accidentelle, « Dans la vallée du Rhône, dit-il, aucune de ces espèces (les cinq *Erica* cités plus haut) ne croît, et si pour *E. cinerea* et *E. vagans* on signale, en dehors de cette vallée, une station isolée (Roybons dans le département de l'Isère), cela prouve seulement que ces végétaux sont susceptibles d'émigrer dans l'intérieur, en supposant qu'ils trouvent dans une localité exceptionnelle les conditions indispensables à leur existence ; et c'est précisément ce qui indique que de telles conditions n'ont pas lieu dans la vallée du Rhône (*op. cit.* p. 333) (1) ». Tel n'est pas notre sentiment ; d'abord l'habitat de ces espèces n'est pas réduit, comme on l'a vu, à une seule et unique station ; et, d'autre part, à mesure que les explorations deviennent plus nombreuses, des localités nouvelles sont signalées ; c'est ainsi que M. Boullu a découvert récemment une nouvelle station de l'*Erica decipiens*, aux Blaches, commune d'Eyzin-Pinet, non loin de Vienne (Isère) (2) ; aussi, croyons-nous, avec Christ et Reuter, que ce sont là des *postes avancés*, mais naturels, de l'aire de dispersion de ces espèces (3).

Pl. endémiques du centre de la France. Des trois espèces que Grisebach avait d'abord rapportées à un centre de création placé dans l'intérieur de la France, une, le *Silaus virescens*, n'a pas été maintenue (4) ; une autre (*Peplis Boræi*), que nous retrouvons dans la Dombes et le Lyonnais, est maintenant omise

---

(1) Voy. encore la note 50 de la p. 314 : « Les stations (de l'*E. cinerea*), situées plus dans l'intérieur du pays, sont éminemment sporadiques, et même dans le domaine méditerranéen, cette Bruyère ne se trouve presque que le long du golfe de Provence. »

(2) *Ann. Soc. botan. Lyon*, t. IX, 1881, p. 368.

(3) « Parmi ces espèces, il faut mentionner tout spécialement l'*Erica vagans* qui appartient aux types des Asturies et qui prouve avec quelle facilité le climat de Genève accorde droit de cité, même à des espèces assez lointaines. D'après Reuter, cet arbuste s'est fixé depuis très longtemps dans une prairie au bord du bois de Jussy et paraît s'y être entièrement acclimaté. Il y forme un large buisson de plusieurs pieds de diamètre. Cette espèce se retrouvant dans une station isolée du département de l'Isère, on est tenté de supposer que l'on a affaire ici, non pas à une plante échappée des cultures, mais au dernier avant-poste d'un territoire des plus irréguliers. » Christ, *op. cit.*, p. 84.

(4) Le *Silaus virescens* Boiss., forme du *Silaus pratensis* localisée d'abord entre Dijon et Beaune, puis retrouvée plus tard dans les Pyrénées orientales et dans l'Italie inférieure, serait la même espèce que le *S. carvifolius* de la Transylvanie, de l'Anatolie et du Caucase. (Grisebach, *l. c.*, p. 333.)

avec « d'autres petites organisations qui peuvent échapper aisément à l'attention » (1) ; il ne reste plus que le *Peucedanum parisiense* D C. dont la distribution géographique est du reste fort
intéressante. « Cette Ombellifère, dit Grisebach (p. 294), habite
toute la France centrale (46°-49° L. N.), depuis Lyon jusqu'à
Paris, et notamment le système hydrographique de la Loire. »
Nous l'avons, en effet, mentionnée plus haut (p. 24) (2), dans
les bois de Tassin et de Charbonnières, où La Tourrette l'avait
signalée, dès le siècle dernier, sous le nom de *Peucedanum
gallicum*; elle est, du reste, assez fréquente, par place, dans
toute la région siliceuse du Lyonnais et du Beaujolais, se retrouve de là dans le Forez, le Puy-de-Dôme, la Creuse, l'Allier,
etc., jusque dans les environs de Paris (3).

Comment cette espèce est-elle restée confinée dans la France
centrale d'où sa dissémination aurait cependant pu facilement
se faire dans les contrées voisines ? Grisebach essaye de l'expliquer par les considérations suivantes : « Lorsque nous considérons que presque le quart (8 espèces) du nombre peu considérable
de végétaux endémiques que possède la région basse appartient
à la même famille des Ombellifères, il semblerait que c'est là un
signe que nous n'avons pas affaire à une plante à son déclin,
mais bien à une plante persistant à habiter le lieu de sa patrie.
Or nous savons positivement que la semence des Ombellifères
perd promptement ses propriétés germinatives, et que plusieurs
d'entre elles constituent des plantes rares limitées à des stations
peu nombreuses et lointaines. Ainsi la flore atlantique de la
France compte quatre Ombellifères qui lui sont propres, dont
l'une (*Libanotis bayonnensis*) n'a encore été observée que dans
une seule localité, près de Biarritz, sur un rocher raviné par les
flots de la mer. De tels phénomènes rappellent le Silphium de
l'antiquité, Ombellifère qui était propre à la Cyrénaïque, et qui,

---

(1) Les autres espèces omises sont : *Bromus arduennensis* de la Belgique,
Avena Ludoviciana du domaine de la Garonne, *Erysimum murale* du
nord de la France, espèces annuelles, peut être répandues avec les végétaux
cultivés ; l'*Arenaria controversa* de la Garonne ; et le *Pyrus salvifolia* qui
est peut-être une variété climatérique de l'Auvergne ? (Grisebach, p. 333.)
(2) *Ann. Soc. botan. Lyon*, t. VIII, 1880, p. 280.
(3) Voy. pour l'histoire de cette espèce dans le Lyonnais : LA TOURRETTE,
Chloris lugdunensis, 1785, p. 7 ; — GILIBERT, *Hist. des pl. d'Europe*,
1806, t. 1, p. 300 ; — BALBIS, Fl. lyonn., 1827, t. 1, p. 338 ; — CARIOT, *Et.
des fleurs*, édit. successives et la 6ᵉ, 1879, p. 315 ; — SAINT-LAGER, *Catal.*,
p. 304, etc.

à en juger par la figure qu'en donnent les monnaies anciennes, se sera évanouie dans le cours du temps, ce qui peut arriver bien plus aisément aux végétaux endémiques qu'à d'autres (1). Dans la région basse, des centres isolés de végétation peuvent donc se conserver également par le fait que leurs produits manquent de force nécessaire pour se faire place, en présence d'autres organisations qui l'emportent sur eux par leur faculté de propagation.» Ces vues, assurément très-ingénieuses, ne suffisent pas pour expliquer pourquoi le *Peucedanum gallicum* qui arrive jusqu'à Tassin et à Charbonnières, après avoir franchi les chaînes du Morvan, du Beaujolais ou du Lyonnais, ne dépasse pas la Saône et le Rhône et ne se retrouve pas, à quelques lieues de là, dans les Dombes ou les Terres-froides, où ont pénétré cependant plusieurs autres espèces de l'Ouest et du Centre de la France : des conditions de sol, de stations, de particularités locales de climat interviennent probablement dans ces anomalies que plusieurs végétaux du centre de la France ou du Plateau central présentent au point de vue de leur distribution géographique vers l'Est de la France.

Bien que les deux espèces conservées par Grisebach, comme endémiques dans les Cévennes *(Arenaria ligericina* et *Koniga macrocarpa)*, n'arrivent pas dans le Lyonnais, nous trouvons, parmi les plantes du Plateau central, quelques espèces qui, paraissant propres à cette partie de la France, ont cependant rayonné de là dans les régions voisines et en particulier dans notre région lyonnaise, quelles ne dépassent pas ou fort peu à l'Est.

Ainsi Lecoq a donné, dans ses *Etudes sur la Géographie botanique du Plateau central*, une série de 22 espèces « qu'on peut considérer, dit-il, jusqu'à présent, comme propres au plateau central »; Lecoq ne regarde du reste nullement le Plateau central comme un centre de création, mais plutôt comme le point de jonction des aires de plusieurs centres (*op. cit.*, t. IX, p. 454, 455.) Parmi ces espèces nous relevons d'abord les deux endémiques admises par Grisebach (*Arenaria ligericina, Alyssum macrocarpum*), puis six espèces qui arrivent dans le Lyonnais : *Anemone montana, Buffonia macrosperma, Senecio ar-*

---

(1) Voyez sur cette question du *Silphium*, qui est loin d'être résolue, les recherches de Laval, Déniau, Daveau, Hérincq, etc., résumées par nous dans un article du *Lyon-Médical*, en 1876.

temisiæfolius, S. Cacaliaster, Centaurea maculosa, Aira media;
mais à l'exception des deux *Senecio*, ces espèces nous paraissent
des plantes méridionales à aire de dispersion assez étendue.

En effet, l'*Anemone montana*, quoique fréquente dans le
Lyonnais, le Forez, le Vivarais et les Cévennes, sous sa forme
rubra et dans le Centre sous la forme *vulgaris*, atteint la Côte-
d'Or, le Valais, etc.

Il en est de même du *Buffonia macrosperma*, qui arrive jusque dans le Var, le Dauphiné et le Valais, — du *Centaurea maculosa*, atteignant sous différentes formes, les vallées du Gier et
du Mornantet (f. *tenuisecta* Jord.), le Valais (f. *Mureti, Valesiaca*, etc.), — enfin de l'*Aira media*, plante de la région de
l'Olivier, remontant à Crémieux et Dijon (St-Lager, *Cat.*, p. 801).
Toutes sont du reste considérées comme originaires de la partie
méridionale de l'Europe, par Christ (Voy. *Op. cit.* p. 61, 114,
158, etc.)

Quant au *Senecio adonidifolius*, tout à fait caractéristique du
Plateau central, il trouve sa limite la plus orientale dans le
Jura (à Mont-sous-Vaudrey), dans le Morvan, le Haut-Beaujolais,
Tassin et Charbonnière près Lyon (1), le Pilat, etc. — Le *Senecio
Cacaliaster* arrive dans le Forez et, peut-être, à nos limites,
dans le Morvan et le Haut-Beaujolais ? C'est du reste une plante
du Tyrol (Voy. Christ, *op. cit.*, p. 431.)

Plantes endémiques de la zone du Sapin argenté. Les deux
espèces admises par Grisebach sont : l'*Erysimum virgatum*
Roth, qui croit dans les montagnes du Dauphiné, et le *Gagea
saxatilis* Koch, plante rare de notre flore, sur laquelle il est
nécessaire de donner quelques renseignements.

Grisebach qui avait d'abord regardé le *Gagea saxatilis* comme
la seule plante endémique de l'Allemagne et encore en faisant
des réserves, — « une plante aussi exiguë, disait-il avec raison,
et s'évanouissant avec les premiers jours du printemps pourrait
bien être retrouvée ailleurs (p. 334) », — avait été obligé de reconnaître plus tard qu'elle se trouvait aussi dans diverses localités de la France (2). En effet des *Gagea* pris, il est vrai, tantôt

---

(1) Peut-être accidentel, mais plus sûrement, un peu en arrière, à Iseron
et Duerne. (Voy. *Ann. Soc. botan. Lyon*, t VIII, p. 276.)

(2) « Depuis la publication de mon ouvrage, j'ai reçu encore le *Gagea
saxatilis* de plusieurs localités de la France, où elle paraît être confondue
avec le *G. bohemica*, espèce orientale, en sorte que le seul exemple d'une
plante endémique de la basse Allemagne que j'avais cru pouvoir adopter,
doit être également effacé. » *Op. cit.*, p. 296. (Note.)

pour le *G. saxatilis*, tantôt pour le *G. bohemica*, ou pour des types spécifiques nouveaux, ont été observés dans les environs d'Angers, de Paris, de Vienne, dans le Gard, le Plateau central, etc. On peut lire dans les *Annales de la Société de botanique de Lyon* (t. III, p. 61 ; t. V, p. 43), des notes résumant les discussions soulevées à ce sujet, et dans lesquelles on compare les diverses formes appartenant au groupe *G. saxatilis* trouvées en France et dont quelques-unes se rapportent certainement au type de l'Allemagne ; or, il en est ainsi de la seule forme observée, jusqu'à ce jour, dans le rayon de notre Flore, le *G. Fourrœana* Car., qui croit sur les coteaux de Levau, près Vienne, où Fourreau l'a récolté le premier (1).

Parmi les 16 espèces endémiques que Grisebach signale comme limitées aux deux zones du Sapin argenté et du *Quercus Cerris*, nous trouvons : *Thalictrum angustifolium*, *Th. galioides*, *Isopyrum thalictroides*, *Scabiosa suaveolens*, plantes tout-à-fait lyonnaises, *Bupleurum longifolium* et *Allium fallax* des montagnes du Bugey, *Trifolium parviflorum*, de la plaine du Forez, et enfin l'*Inula germanica*, espèce très voisine de l'*I. squarrosa* du Bugey et de la Côte d'Or.

Les *Thalictrum angustifolium* L. et *galioides* Pers., descendent de la Suisse, du Jura et du Bugey sur les bords de la rivière d'Ain et du Rhône, souvent jusqu'à Lyon et au-dessous ; on ne les trouve pas, en effet, en dehors de ces limites, vers l'Ouest de la France ;

Le *Scabiosa suaveolens* Desf., paraît être limité aux coteaux secs du pourtour de la zone centrale (Revermont, Bugey, Dauphiné, coteaux de la rivière d'Ain et Balmes viennoises); il est aussi donné par Christ comme plante caractéristique de l'Allemagne, se retrouvant à peine en Suisse, (*op. cit.*, p. 167, 212); il est cependant indiqué dans les Pyrénées orientales.

Il en est de même du *Trifolium parviflorum* Ehrh., qui a été trouvé, en dehors des deux zones du Sapin et du *Q. cerris*,

---

(1) Voy. pour l'histoire de cette espèce : FOURREAU. Catal. des pl. qui croissent le long du cours du Rhône (*Ann. Soc. linnéenne de Lyon*, 1868) ; — CARIOT. Etude des fl., 5ᵉ édit., 1872 ; 6ᵉ édit., 1879, p. 714 ; — *Ann. de la Soc. botan. de Lyon*, t. II, 1874, p. 72 ; t. III, 1875, p. 61 (Obs. de MM. Saint-Lager et Magnin) ; t. IV, 1876, p. 149 ; t. V, 1877, p. 43 (Obs. de MM. Legrand, Saint-Lager, Boullu et Magnin.)

17

dans la plaine du Forez, où il est assez abondant, et dans les Pyrénées orientales (1).

Quant à l'*Isopyrum thalictroides* dont Grisebach paraît limiter l'aire de dispersion à nos régions (1talie, plus à l'est de la ligne de végétation nord-ouest, Kœnigsberg, Silésie, Genève, *l. cit.*, p. 334), on l'observe en effet assez fréquemment dans les vallées du Jura méridional et du Dauphiné septentrional (2) ; mais il est très abondant dans toutes les vallées des Bas-plateaux granitiques du Lyonnais et s'il ne pénètre qu'accidentellement dans le Forez, à Saint-Galmier, (Legrand, *addit.*, p. 283) et sur les pentes du Pilat (Cariot, p. 23), on le voit reparaître loin de la zone centrale, en différents points des Pyrénées, du Centre et de l'Ouest de la France (Voyez Boreau, *Fl. du Centre*, p. 23 ; Saint-Lager, *Catal.*, p. 26, etc.)

Relevons encore à propos des espèces considérées comme endémiques, l'opinion de Christ qui regarde comme telles, l'*Inula spiræifolia* et l'*Heracleum alpinum* de nos montagnes du Bugey, l'*Inula Vaillantii* du Dauphiné, etc.

L'*Inula spiræifolia* L. est donné par Christ comme une des 28 espèces endémiques de la zone insubrienne (*op. cit.*, p. 53-57), en indiquant cependant comme distribution géographique « le Piémont, Gandria, la Carinthie. » Or ce nom d'*I. spiræifolia*, est considéré habituellement comme synonyme de l'*I. squarrosa*, espèce croissant dans les expositions chaudes du bassin de Belley, des vallées du Bugey méridional et du Dauphiné, et qu'on retrouve dans la région méridionale de la France et même sur les coteaux de la Saône-et-Loire et de la Côte-d'Or. Ces plantes diffèrent peu de l'*I. germanica* L., que Grisebach regarde comme espèce endémique limitée aux zones du Sapin argenté et du *Q. cerris* (3).

---

(1) Voy. LEGRAND, *Statist. botan. du Forez*, p. 103 ; CARIOT, 6ᵉ édit., p. 167 ; SAINT-LAGER, *Catal.*, p. 152.

(2) Christ le regarde aussi comme une plante de l'Europe centrale, mais très disséminée de Kœnigsberg à Rome (*op. cit.*, p. 84, 482.)

(3) La plus grande confusion paraît régner au sujet de ces diverses espèces d'Aunées. D'abord, pour la plupart des auteurs que nous avons consultés, l'*Inula germanica* de Linné et des Floristes allemands n'est pas l'*I. germanica* de Villars, de De Candolle, etc. ; cette dernière espèce ne serait qu'une variété de l'*I. squarrosa* L. ; d'autre part les *I. squarrosa* et *spiræifolia* L. ont été confondus ou réunis par Lamarck, Duby, Gaudin, en une seule espèce, l'*I. spiræifolia* Lamk. ; mais l'*I. spiræifolia* Lin. (non Lamk.) serait une forme distincte propre aux régions comprises entre le Piémont et la Perse. Pour ajouter à la confusion, notons qu'on a signalé, pour cet *I. spiræifolia* Lin., un

A propos de l'*Inula Vaillantii* Vill., qui descend des montagnes de la Savoie et du Dauphiné, dans nos îles du Rhône, Christ s'exprime ainsi : « Cette espèce appartient au Sud-est de la France, au bassin de l'Isère et du Rhône (dans l'Ardèche); c'est chez nous (plateau suisse) qu'elle atteint sa limite orientale absolue : elle relie ainsi bien distinctement notre plateau aux régions du Sud-ouest. » Ajoutons qu'elle s'avance jusque dans les Pyrénées orientales.

Bien que l'*Heracleum alpinum* n'arrive pas jusqu'à Lyon, et qu'il reste localisé dans les montagnes qui séparent Hauteville et Ruffieu (Bugey), sa distribution géographique est trop intéressante pour que nous la passions sous silence. Citons d'abord ce qu'en dit Christ :

« Le Jura est digne de toute l'attention du naturaliste, non seulement parcequ'il donne asile à la Flore calcaire méridionale, mais aussi parcequ'il semble être la patrie primitive de quelques espèces endémiques qui ne se trouvent que dans cette chaîne. A cet égard, il est supérieur à toutes les chaînes allemandes, même à celles si étendues de la Silésie. Cette vertu créatrice, qui dote les Alpes méridionales de toute une flore endémique qui leur appartient en propre, se révèle encore dans le Jura, quoique dans une proportion bien plus restreinte.

La plante jurassique la plus importante à cet égard, c'est l'*Heracleum alpinum* L., espèce parfaitement distincte de ses congénères.

Il est remarquable que, dans le midi de l'Europe, l'endémisme

hybride qui le rapproche de l'*I. squarrosa* L. et que quelques auteurs lui ont aussi donné le nom de *I. salicina* (Pallas, Persoon), qui appartient à une espèce bien distincte, l'*I. salicina* L., de notre flore; enfin, on a décrit un hybride entre les *Inula salicina* L. et *germanica* L., l'*I. media* Bieb. Toutes ces espèces paraissent donc se relier insensiblement les unes aux autres et on pourrait y voir des formes locales, climatériques, prises, à cause de leur habitat confiné dans des régions déterminées, pour des espèces endémiques.

Voici leur énumération résumée d'après De Candolle (Prodr.), Steudel, etc. : *Inula salicina* Lin.; non Pall. nec Pers. — (Eur.);

I. media Bieb. — (Polon. austr.) : media inter *I. salicinam* et *I. germanicam*;

I. germanica Linn.; non Vill. nec al. flor. Gall. — (Saxonia, Thuringia, Bessarabia, Tauria, etc.);

I. squarrosa Linn.; *I. spiræifolia* Lamk. — (Gallia, Helvetia et Germ. australis, Italia, etc.);

β. *latifolia* = *I. germanica* Vill. non L.

I. spiræifolia Linn., non Lamk.; *I. bubonium* Murr., Jacq.; *I. salicina* Pall. Pers., non Linn. — (Pedemont., Carniola austr., Austria litt., Podolia, Tauria, Cauc., Pers.);

β. *hybrida* Baumg.; inter *spiræifoliam* et *squarrosam*?

se trahisse surtout dans la famille des Ombellifères. Ainsi pour le centre de la France, Grisebach indique comme plante endémique le *Peucedanum parisiense*.

Or, l'*Heracleum* est pour le Jura ce que le *Peucedanum* est pour la France. On l'indique, il est vrai, dans plusieurs flores comme se trouvant dans certaines parties des Alpes. Il est mentionné, par exemple, dans la flore du Simplon, de Favre, 1877, comme croissant au pied du versant méridional de ce passage; mais cette indication mérite d'être confirmée. En effet, d'après toutes les données qu'il m'a été possible de réunir, personne n'a jamais rencontré l'*Heracleum alpinum* ailleurs qu'en Jura.

Ce qui est surprenant, c'est que le centre de sa distribution n'est pas dans la partie méridionale et plus riche de la chaîne, mais dans la partie septentrionale. Du Weissenstein à la Schafmat il est plus répandu que vers le sud et ne dépasse pas le Chasseron. »

Constatons, de suite, une inexactitude dans la distribution de cette espèce telle que la donne Christ : elle consiste précisément dans la présence de l'*H. alpinum* dans la partie méridionale du Jura, bien au-dessous du Chasseron, puisqu'on la trouve dans la partie des montagnes bugeyziennes citée plus haut, où elle est fort abondante. D'autre part, l'*H. alpinum* est indiqué en d'autres points de la France, par exemple dans les Pyrénées; mais Christ paraît considérer ces formes locales comme des espèces distinctes de l'*H. alpinum*.

Comme autre exemple d'endémisme, le même auteur cite les formes spéciales que les *Thlaspi alpestre* et *montanum* revêtent dans le Jura ; à ce point de vue, nous pourrions citer, non seulement la forme *Gaudinianum* Jord. qui arrive dans le Bugey, mais encore le *Th. virens* Jord. du Pilat, de Pierre-sur-Haute et des pics de Saint-Bonnet-sur-Montmelas et de la Sévelette dans le Lyonnais, le *Th. silvestre* Jord. de nos montagnes lyonnaises et beaujolaises et un grand nombre d'autres formes distinguées dans les genres polymorphes *Thalictrum*, *Iberis*, *Rubus*, *Galium*, *Rosa*, *Hieracium*, etc. Mais on ne peut songer, comme nous l'avons déjà dit plus haut, à résumer en ce moment l'histoire de ces formes locales ou climatériques, dont la distribution géographique n'est pas suffisamment connue.

Genres monotypes.— Parmi les 37 genres monotypes admis par Grisebach (p. 335) dans le Domaine continental, 7 se retrouvent dans notre Flore lyonnaise; ce sont :

Chlorocrepis, genre alpin arrivant aux Carpathes et au Jura ; le *Ch. staticifolia* Grisb., qui descend accidentellement des montagnes du Bugey sur les bords du Rhône, s'est du reste complètement naturalisé en différents points de la cotière méridionale de la Dombes. — (Un autre genre alpin, l'*Erinus*, arrive jusque dans le Bugey) ;

Arnoseris et *Littorella*, genres de la région basse (centrale) de l'Europe ; l'*Arnoseris pusilla* est répandue dans toutes les contrées siliceuses ; le *Littorella lacustris*, limité au climat du Hêtre, s'observe surtout dans la plaine bressanne, les Terres froides, etc. ;

Cucubalus, Myagrum, Tussilago, genres de la basse région pénétrant dans le midi de l'Europe ; le *Cucubalus baccifer*, dont la dispersion n'a pas été assez étudiée dans le bassin du Rhône, s'observe sur les coteaux des environs de Lyon, et reremonte la vallée de ce fleuve, jusqu'à Genève, qu'il ne paraît pas dépasser (voy. Christ, p. 211) ; le *Myagrum perfoliatum*, plante de la Souabe et de la région méridionale de la France, ne paraît qu'accidentellement dans les parties moyennes du bassin du Rhône ; le *Tussilago Farfara* est répandu partout ;

Enfin l'*Atropa Belladona*, monotype des montagnes de l'Europe occidentale, assez commun dans la chaîne du Jura, plus rare dans les montagnes du Lyonnais, où on ne le signale qu'à Saint-Cyr-de-Chatoux.

Parmi les monotypes du Domaine méditerranéen, signalons le *Spartium* dont nous avons parlé plus haut, à propos des caractéristiques de cette flore.

Espèces disjointes. Plusieurs des espèces citées comme exemples de plantes endémiques dans les contrées voisines, pénétrant dans la région lyonnaise, se comportent comme des espèces à stations très éloignées ou *disjointes*. Il en est de même des *Erica vagans, E. cinerea, Meconopsis cambrica*, etc., dont nous avons résumé plus haut les particularités de dispersion.

On peut considérer comme telles, dans notre région, les *Genista horrida, Orchis papilionaceus*, qui franchissent, sans stations intermédiaires, le premier, toute la surface qui s'étend des Pyrénées au Mont-d'Or lyonnais, le second, l'espace compris entre le Var, les Alpes-Maritimes, Toulouse et les coteaux de

Néron ou de la Valbonne ; — le *Carex Buxbaumii*, dont les stations les plus rapprochées de l'Argentière dans les monts du Lyonnais, se trouvent en Alsace, dans le canton de Vaud, ou près de Gap, etc.

Mais les véritables *espèces disjointes* sont, d'après la définition de De Candolle (1), les espèces « dont les individus se trouvent divisés entre deux ou plusieurs pays séparés et qui cependant ne peuvent être envisagés comme ayant été transportés de l'un à l'autre, à cause de quelque circonstance tenant ou à la nature des graines, ou à la manière de vivre des plantes, ou à l'éloignement considérable des pays d'habitation » ; ces plantes sont nombreuses ; nous nous bornerons à en citer quelques-unes.

Grisebach donne les *Carex brevicollis*, *C. depauperata* et *C. pyrenaica* comme exemples de plantes françaises reparaissant dans le Banat (*op. cit.*, p. 338) ; le *C. brevicollis* est, en effet, une plante du Banat hongrois, de la Transylvanie et de la Serbie, qu'on n'a connu pendant longtemps en France que dans les environs de Belley, à la montagne de Parves, mais qu'on a retrouvé depuis, non loin delà, à Tenay (2), et enfin dans les Corbières et l'Aveyron (3).. — Le *C. depauperata* existe en France dans plusieurs localités de l'Est (Fontaines près Lyon, par exemple), du Centre et de l'Ouest. Grisebach explique la présence de ces espèces à la fois dans la Hongrie et dans la France, sans se manifester en Allemagne, par l'analogie que le climat des deux premières contrées présente comme longue durée de la période de végétation.

Citons encore le *Scabiosa australis* Wulf., forme de Succise propre à l'Autriche, qu'on a trouvée dans deux stations des environs de Montluel (4).

(1) *Géogr. botan.*, p. 993.
(2) Voy. *Ann. Soc. bot. de Lyon*, t. II, 1874, p. 48.
(3) Voy. *Bull. Soc. botan. de France*, 1880, p. 129, 252 ; *Ann. Soc. botan. Lyon*, t. IX, 1881, p. 257, 286.
(4) CARIOT, *op. cit.*, p. 375 ; SAINT LAGER, *Cat.*, p. 365 et Note sur les Succises dans *Ann. de la Soc. botan. de Lyon*, t. VII, p. 336. — Voyez, sur ce sujet, l'étude que M. Alph. de Candolle a fait de la distribution géographique d'un certain nombre d'espèces de notre flore : *Scutellaria minor* (Europe occidentale ; Lac Baïkal}, *Circœa lutetiana*, p. 1022 ; — *Potentilla Anserina*, p. 567, 1048 ; *Centunculus minimus* (Europe tempérée ; Brésil), p. 1050 ; *Lithospermum incrassatum* (Région méditerranéenne ; cap de Bonne-Espérance), p. 1050 ; *Glyceria fluitans*. *Aira flexuosa*, p. 1051 ; *Triticum repens*, p. 1052 ; *Arabis alpina*, p. 1016 ; *Ranunculus aquatilis*. *Nasturtium officinale*, *Arabis Thaliana*, *Cardamine hirsuta*, *Anthyllis vul-*

Modifications du climat et de la végétation sous l'influence de l'exposition et de l'altitude.

Influence de l'exposition. — « Tout le monde sait, dit Lecoq (*op. cit.*, t. I, p. 20), qu'il existe une très grande différence de chaleur entre les terrains plats et les sols inclinés. Il est positif que, dans notre hémisphère, l'inclinaison vers le nord et vers l'orient est une cause réelle et énergique de refroidissement, tandis que les plans inclinés au sud et à l'ouest reçoivent plus de chaleur que ceux qui sont unis. »

Il faut d'abord distinguer, à ce propos, l'*exposition générale* d'une contrée, et les *expositions particulières* de ses diverses parties.

Or, premier fait intéressant, signalé, du reste, depuis long-temps par les météorologistes et les botanistes (1), la vallée du Rhône, grâce à son orientation générale et à sa pente dirigée du nord au sud, est la plus chaude des vallées de la France, et son climat est, à latitude égale, plus chaud que celui des con-trées voisines. Nous verrons l'importance de cette remarque à propos de l'extension de la flore méridionale dans le bassin rhodanien.

Les expositions particulières accentuent encore ou annihilent, suivant leur nature, cette particularité du climat rhodanien. On connaît les expériences directes qui prouvent « l'énorme différence de climat à laquelle se trouve soumise la végétation dans deux expositions différentes d'une même localité (2). » Bien que nous ne possédions pas d'observations thermométri-ques recueillies dans des expositions variées de la région lyon-naise, les modifications locales du climat dues à l'exposition nous sont révélées par les changements que la végétation y subit sous son influence.

Dans les vallées et les bas-plateaux du Lyonnais granitique,

---

neraria, *Potentilla reptans, Epilobium hirsutum, Anthriscus silvestris, Scabiosa columbaria*, qui se retrouvent en Abyssinie, bien qu'elles manquent dans plusieurs contrées intermédiaires, p. 1013 ; les plantes aquatiques telles que *Ran. aquatilis, Nymphœa, Nuphar, Isnardia, Trapa, Myriophyllum, Utricularia, Villarsia, Vallisneria, Najas*, existant dans beaucoup de con-trées plus ou moins éloignées, sans qu'on puisse trouver de causes actuelles à leur propagation, p. 998-1005 ; — *Quercus pedunculata, Q. sessiliflora, Q. pubescens*, Noisetier, Châtaignier, Hêtre, p. 995.

(1) THURMANN, *Phytost.*, p. 80 ; LEGRAND, *Stat.*, p. 29, etc.
(2) Voy. THURMANN, *op., cit.*, p. 82 ; A. DE CANDOLLE, *Géogr. botan.*, p. 19 et aussi p. 387, 401, 447.

les parties de ces vallées et des bords des plateaux, dirigées de l'ouest à l'est (Ratier, Charbonnières, Iseron, Garon jusqu'à Brignais, Mornantet, Gier), ont une végétation bien différente suivant le versant qu'on observe : les versants septentrionaux, tournés vers le midi, sont ordinairement formés de rochers ou de pelouses arides, à flore éminemment xérophile (*Ranunculus chærophyllos, Silene Armeria, Crucianella angustifolia, Andryala sinuata, Plantago carinata, Scleranthus, Asplenium septentrionale*, etc.); voyez les énumérations des pages 27 et suivantes (1). Le versant sud, regardant le nord, est, au contraire, formé de rochers humides ou couverts de bois frais à Frênes, Bourdaines, *Epilobium, Sanicula, Circæa*, etc., et nombreuses Fougères. Les vallées longitudinales (Garon inférieur, Beaunant, Francheville, etc.) ne présentent ce contraste que dans les échancrures qui découpent leurs bords.

Les *monts du Lyonnais* et du Beaujolais sont parcourus par des vallées à directions diverses. Le contraste des deux versants nord et sud s'observe cependant dans une grande partie de la vallée de la Turdine, de Bully aux coteaux secs du cirque de Tarare (à *Geranium sanguineum, Spiranthes autumnalis*, etc.), les versants exposés au nord, de Saint-Forgeux à Saint-Romain-de-Popey, étant, au contraire, remarquablement frais et ombragés. Bien que la vallée de la Brévenne soit dirigée presque du nord au sud, comme sa pente s'abaisse assez brusquement du sud au nord, l'exposition n'y fait sentir son influence que dans sa partie basse, sur les versants exposés au midi des vallons qui y débouchent latéralement, particulièrement sur les coteaux d'Eveux, de Savigny, de Sourcieux, etc., (*Andryala, Primula grandiflora*, Vigne, etc.), et aussi plus haut dans le bassin largement ouvert de Sainte-Foy-l'Argentière (*Rapistrum, Lathyrus angulatus, Torilis nodosa, Spiranthes*, etc. ; voyez p. 21) (2).

En remontant vers le Beaujolais, nous trouvons d'abord les coteaux secs bien exposés du cirque de l'Arbresle et de la Basse-Azergue (Bois-d'Oingt, Châtillon, Belmont, Chazay, etc.,) à flore xérophile ou méridionale (*Andryala, Spiranthes, Orchis, Melica glauca*, etc.), et faisant face aux vallons boisés (*Sani-*

---

(1) *Ann. Soc. botan. Lyon*, t. VIII, p. 283.
(2) *Ibid.*, p. 277.

cula, Paris, Veronica montana, etc.) qui descendent du versant septentrional du Mont-d'Or lyonnais. Mais la vallée de la Haute-Azergue, à cause de sa direction exactement nord-sud, a ses deux flancs entièrement semblables au point de vue de la végétation. Dans la vallée de l'Ardière, dont la direction est O-E, nous retrouvons l'influence de l'exposition qui se fait sentir particulièrement sur les coteaux septentrionaux de Lantignié, Reignié, Durrette, et, plus au nord, à Villié, Chiroubles, etc., (*Spartium, Genista pilosa, Bupleurum tenuissimum, Crucianella, Andryala,* etc. ; voyez p. 44, 45, 46) (1), ainsi que, en général, sur tous les coteaux qui se dirigent transversalement vers la Saône, de Saint-Lager à Cogny et Gleyzé (*Buffonia, Xeranthemum, Micropus,* etc. ; voyez p. 48) (2).

Les vallées transversales de Curis et de Saint-Romain, dans le *Mont-d'Or* lyonnais, présentent ces contrastes avec une remarquable netteté ; il suffit, pour s'en convaincre, de comparer les pelouses arides des carrières de Couzon (à *Helianthemum, Geranium sanguineum, Coronilla minima, Leuzea, Lavandula, Convolvulus cantabricus, Orchis,* etc.) aux bois situés en face, sur le versant septentrional du mont Cindre, derrière Saint-Romain (voyez p. 55, 56, 57) (3).

Dans les *coteaux du Rhône* et de la Saône, nous rappellerons les différences qu'on observe entre la végétation des parties bien exposées au soleil du bord méridional du plateau bressan (de Lyon à Meximieux), des versants nord des vallons de Reyrieux, Sathonay, Oullins, Seyssuel, et celle des parties ombragées de ces mêmes vallons ; les premières nous offrent, comme les carrières de Couzon, une des plus riches flores de la contrée (*Ran. chœrophyllus, R. monspeliacus, Helianthemum* et *Orchis* nombreux, *Silene italica, Geranium sanguineum, Trigonella, Andryala, Coronilla Emerus* et *minima, Convolv. cantabricus,* etc. ; voyez p. 32, 79) (4) ; les autres sont garnies de bois frais, à *Ran. nemorosus, Mœhringia trinervia, Adoxa, Circœa, Sanicula, Paris, Tamus,* etc.

Mais l'exposition fait sentir son influence d'une façon plus remarquable encore dans les contrées montagneuses voisines,

---

(1) *Ann. Soc. bot. Lyon.,* t. VIII, p. 300, 301, 302.
(2) *Ibid.,* t. VIII, p. 304.
(3) *Ibid.,* t. IX, p. 203, 204.
(4) *Ibid.,* t. VIII, p. 288 ; t. IX, p. 227.

le Jura méridional et le Forez où, grâce à elle, des espèces tout à fait thermophiles peuvent s'installer dans la zone même de la montagne, au voisinage des espèces subalpines. Dans le Jura méridional particulièrement, cette influence de l'exposition se manifeste principalement dans deux catégories de stations, dans les pentes, à exposition méridionale, des cirques largement ouverts de Belley, du Bourget, de Grenoble, etc., à nombreuses espèces thermophiles, telles que *Acer monspessulanum*, *Pistacia*, *Osyris*, *Lonicera etrusca*, etc. ; et surtout dans les vallées transversales étroites de l'Albarine (à Saint-Rambert, Tenay) et du Rhône, (à La Balme, Vertrieu, Saint-Sorlin, Serrières, etc.), dont les parois perpendiculaires, fortement échauffées par les rayons directs du soleil et par la réverbération des roches voisines, abritent les *Æthionema*, *Clypeola*, *Helianthemum velutinum*, *Pistacia*, etc.

L'étude même de la végétation de cette région sortant du cadre que nous nous sommes fixé, nous ne pouvons songer à présenter le tableau des divers contrastes qu'on observe dans les vallées du Jura, du Bugey et du Dauphiné, entre leurs versants sud et nord, entre les cotés de l'*envers* et de l'*endroit ;* nous renvoyons pour plus de détails aux observations de de Saussure, Sauvaneau, Fournet, Thurmann (1), pour la climatologie spéciale des vallées rhodaniennes et aux descriptions que Thurmann, Saint-Lager, Christ, etc., et nous-même (2) avons donné ailleurs de ces contrastes de végétation pour le Jura, le Valais et le Bugey ; nous proposant, du reste, d'y revenir, lors de l'étude spéciale de la Flore méridionale du Lyonnais.

Dans le Forez enfin, M. Legrand a fait des observations analogues : « Il est facile de remarquer, dit-il, combien est grande l'influence de l'exposition en observant la végétation d'une vallée. Ainsi, en amont de Montbrison, la vallée du Vizézi se trouve étroitement resserrée entre des rochers. Sur la rive gauche, celle exposée au midi, croissent des *Phalangium Liliago*, *Thesium divaricatum*, *Trifolium glomeratum*, *Melica Magnolii* qu'on chercherait en vain sur la rive opposée.

---

(1) SAUVANEAU, FOURNET dans *Ann. Soc. Agricult. de Lyon*, passim, principalement : 1840, 1852, etc. ; THURMANN, *op. cit.*
(2) THURMANN, *op. cit.*, p. 189 et suiv.; — CHRIST, *op. cit.*, p. 108, 114, etc.; — MAGNIN, *Stat. botan. de l'Ain*, p. 35 et suiv.; — Voy. aussi l'art. de M. SAINT-LAGER dans *Ann. Soc. bot. de Lyon*, t. III, p. 140.

C'est à l'exposition qu'est dû ordinairement l'abaissement de quelques espèces, par exemple du Sapin dans certaines gorges froides, et peut-être du *Luzula nivea*, dans la chaîne du Beaujolais (1). » On a pu voir que les espèces citées par M. Legrand se comportent de même dans notre région lyonnaise.

II. *Influence de l'altitude : zones de végétation.* — Bien que la surface de la région lyonnaise ne présente que des reliefs d'une hauteur peu considérable, on peut cependant y reconnaître assez nettement des *régions d'altitude*, caractérisées par des différences de climat, par la présence ou l'absence de certaines espèces de la flore, et par les modifications qu'y éprouvent les cultures.

Prenons d'abord quelques éléments de comparaison dans les contrées voisines.

Par l'étude du Jura et par la comparaison avec les régions environnantes, Thurmann (*op. cit.*, p. 76) était arrivé à reconnaître, outre les plaines sous-jurassiques des vallées de la Saône et du Rhône, les sept régions d'altitude suivantes :

1° *Région basse*, inférieure à 400 mètres, caractérisée par la culture de la Vigne, du Maïs, des céréales, des arbres fruitiers, du Noyer ; la présence du Chêne et du Hêtre en forêts, l'absence des Sapins. A cette région et aux vallées de la Saône et du Rhône (plaine sous-jurassienne), paraissent correspondre les deux climats *austral* et *chaud*, qu'il décrit auparavant (*ibid.*, p. 52), le premier, propre au Jura méridional et à la vallée du Rhône, ayant pour caractère, une température moyenne de 11° à 12°, la culture de la Vigne en treillis, du Châtaignier, des Mûriers, les *Pistacia Terebinthus, Rhus Cotinus, Osyris,* — le second, climat chaud, possédant une moyenne de 10° à 11°, les vignobles, le Maïs, les *Cytisus Laburnum, Acer opulifolium,* etc.;

2° *Région moyenne*, de 400 à 700 mètres, dans laquelle la Vigne n'est plus cultivée que contre les coteaux bien exposés, ainsi que le Maïs, les arbres fruitiers, le Noyer ; toutes les céréales fréquentes ; le Chêne et le Hêtre surtout très communs ; c'est le *climat moyen*, à température moyenne de 9° à 10°, avec *Buxus, Coronilla Emerus,* etc., dans le bas, et le Sapin commençant à apparaître, mais disséminé, dans les parties supérieures ;

---

(1) *Stat. botan. du Forez*, p. 31.

3° *Région montagneuse*, de 700 à 1,300 mètres, absence de la Vigne, du Maïs, du Noyer ; céréales représentées seulement par l'Orge et l'Avoine ; Sapins formant forêt. Cette région peut se subdiviser en deux sous-régions, l'inférieure, de 700 à 1,000 mètres, représente le *climat froid*, à température moyenne de 8° à 9° ; avec la supérieure (1,000 à 1,300 mètres), commence le *climat boréal* (température moyenne inférieure à 8 degrés, cultures nulles), qui caractérisent les régions suivantes encore plus élevées ;

4° *Région alpestre* (1,300-1,800 mètres) ; 5° *Rég. alpine* ; 6° *Rég. subnivale*; 7° *Rég. nivale* ; ces trois dernières manquent au Jura et à toutes nos montagnes lyonnaises, beaujolaises et foréziennes.

On trouvera chez le même auteur (*op. cit.*, p. 78) la comparaison synonimique de ces régions, avec celles admises par Kirschleger, Spenner, Heer, Grenier, Wahlenberg, Ch. Martins, etc.

Thurmann admet encore un décroissement de la température suivant la verticale de 1° pour 150 à 250 mètres, (en rappelant que Ch. Martins avait adopté le chiffre de 1° pour 195 à 235 mètres), et un retard de 5,50 jours dans les cultures, pour 100 mètres d'ascension.

Le Frère Ogérien, dans son ouvrage plus récent sur le Jura (1), a peu modifié les divisions établies par Thurmann, ainsi qu'il est facile de le voir par le tableau suivant :

RÉGIONS	ALTITUDES	TEMPÉRA-TURE moyenne	FEUILLAISON complète	FLORAISON du froment	CULTURES ET VÉGÉTATION	COMPARAISON avec Thurmann
1re Région *Bresse*	....	11° 65	15-30 avril	15 mai -10 juin	Vigne, Céréales, Maïs; Arbres fruitiers rares. Charme, Hêtre, Chêne, Tremble, Orme, Bouleau	Plaine sous-jurassienne
2e Région *Vignoble*	à 400m	11° 03	15-30 avril	20 mai -15 juin	Vigne, Maïs, Céréales; Arbres fruitiers; Noyers; Chêne, Hêtre; pas de Sapin ni d'Epicéa.	1re Région basse
3e Région 1er *Plateau*	de 400m à 700m	10° 16	5-15 mai	10-25 juin	Vigne, Pêcher, Abricotier rares, prod. incert.; Maïs, Noyer, Céréales, Chêne. Hêtre ; Sapins disséminés; pas d'Epicéa.	2e Région moyenne
4e Région 2e *Plateau*	de 700m à 1,300m	8° 72	10-25 mai	15 juin -5 juillet	Absence du Maïs, du Noyer ; Froment, Chêne rares; Orge, Avoine abondent ; Hêtres , Sapins. Tourbières. Epicéa commence.	3e Région montagneuse
5e Région 3e *Plateau*	1,300-1,700 mètres	7° 47	20-30 mai	16 juin -10 juillet	Chêne disparaît à 900 mètres. Epicéa.	4e Région alpestre

(1) *Hist. naturelle du Jura*, t. I, p. 88 à 93.

Cet auteur admet encore que la température moyenne s'abaisse de 1° pour 144 à 171 mètres de différence d'altitude, et que les époques des récoltes retardent de 5 jours pour 100 mètres d'élévation.

Dans le Dauphiné, nous trouvons les données suivantes :

A. Gras (*Stat. botan. de l'Isère*) y a distingué : 1° *la région des cultures et des taillis,* correspondant aux deux régions, basse et moyenne, de Thurmann ; 2° la *région des futaies et des résineux,* qui est celle de la montagne ou du deuxième plateau du Jura ; 3° la *région des pelouses,* correspondant à la région alpestre ou du troisième plateau ; 4° la *région de la stérilité,* comprenant les régions alpine, subnivale et nivale.

Scipion Gras, dans sa *Carte agronomique de l'Isère* (1863), a établi dans les régions inférieures (zones des cultures et des taillis), les régions agricoles altitudinales qui suivent :

1° *Vallées basses :* altitude de 132 à 260 mètres ; terres fertiles et cultures très variées : Chanvre, Maïs, Colza, plantes fourragères ; Vignes hautes au milieu des autres cultures ; — moisson du Froment du 1er au 8 juillet ; — température moyenne de 13° à 12°.

2° Région : *bas-plateaux, vallées inférieures, coteaux :* — Altit. de 260 à 500 mètres ; Vignes cultivées presque partout ; — Mûrier, Noyer, Pêcher, Abricotier, Châtaignier. — Moisson du Froment du 8 au 15 juillet ; — températ. moy. de 12° à 10° 50.

3° Région: *Vallées, plateaux et versants de hauteur moyenne :* — Alt. de 500 à 1,100 m. ; Froment et autres céréales formant en général la principale récolte ; Vignes très rares ; — Poirier, Prunier, Pommier, Cerisier. — Bois taillis (Chêne, Charme, Coudrier, Frêne, Hêtre, Peuplier). — Moisson du Froment du 15 juillet au 1er août ; — temp. moy. de 10° 50 à 7°.

Pour le Forez, M. Legrand (*Stat. bot.*, p. 35) admet seulement trois zones de végétation qui sont :

1° *Zone inférieure ou des Vignes,* de la plaine à l'altitude supérieure de 600 mètres, — zone de la Vigne, des arbres fruitiers, particulièrement du Cerisier, de l'Abricotier ;

2° *Zone moyenne ou montagneuse, région des Pins,* comprise entre 600 et 1,000, caractérisée par le Pin, les *Anemone montana, Aquilegia vulgaris, Cerasus Mahaleb, Asplenium Halleri, septentrionale, Dianthus deltoides,* etc. ;

3° *Zone supérieure ou subalpine, région des Sapins,* comprise entre 1,100 et 1,640 mètres, caractérisée par un grand nombre d'espèces sur lesquelles nous reviendrons plus loin.

Résumons toutes ces données, en disant qu'on peut admettre en moyenne que, pour 200 mètres d'élévation en altitude, la température moyenne annuelle s'abaisse de 1°, les cultures retardent de 10 jours et la flore naturelle subit des changements analogues à ceux produits par un recul de 2° de latitude vers le nord.

Quant au Lyonnais, nous trouvons dans la *Description physique du département du Rhône*, publiée au commencement de ce siècle (Paris, an X), par Verninac, une singulière division de sa surface en quatre zones climatologiques ; nous la résumons ici d'après l'analyse publiée dans les *Annales de la Société d'Agriculture*, de Lyon (1820, p. 38) :

« Verninac divise en quatre zones le climat du département : la première, du nord au sud, le long de la Saône et du Rhône, depuis Belleville jusqu'à Condrieu, s'étend sur les prairies de la Saône et les flancs du Mont-d'Or, où, par les ordres d'un empereur romain, furent plantées les premières Vignes qui aient mûri dans les Gaules. En suivant la même zone, au-dessous de Lyon, on parcourt les précieux vignobles de Sainte-Foy, Saint-Genis, Millery, Charly, etc., etc. ;

La 2ᵉ zone, depuis les environs de Belleville jusqu'à Mornant, passe au-dessus de la grande et fertile plaine du Beaujolais, des montagnes de Poleymieux, Montoux, des coteaux de la Chassagne, etc. ;

La 3ᵉ, depuis Beaujeu jusqu'au Mont-Pilat, marque une surface hérissée d'élévations..... ; vignobles de Juliénas, Blacey, Brouilly, etc.;

La 4ᵉ part de Montsol pour aboutir à St-Symphorien : sous elle, la Vigne refuse de mûrir, les arbres résineux croissent avec vigueur, etc. »

Les trois premières zones, malgré leur singulière délimitation, appartiennent évidemment à la région inférieure ou région de la Vigne, et la quatrième à celle de la montagne ou des Pins.

C'est du reste la division adoptée pour le Forez par M. Legrand, qui s'applique le mieux à notre contrée lyonnaise ; mais il convient d'abaisser, dans le Lyonnais, la limite de la zone des Pins, et, d'autre part, celle de la Vigne demande à être subdivisée au moins en deux sous-zones correspondant aux deux premières régions agricoles altitudinales de M. Sc. Gras pour l'Isère. Nous aurons donc, en définitive, le tableau suivant des *zones de végétation* admises par nous dans le Lyonnais :

ZONES D'ALTITUDE DE LA RÉGION LYONNAISE

I. *Zone inférieure ou de la Vigne* : altitude de 170 à 600 mètres ; subdivisée en :

a. *Sous-zone de la vallée et des coteaux du Rhône* : altitude de 170 à 300 m. ; température moyenne de 12° à 13° ; toutes les cultures, Vigne (Persagne, Corbeau, Sérine, Viognier), arbres fruitier (Abricotier, Cerisier, Noyer, etc.), céréales ; moissons du 1er au 8 juillet ; flore tout à fait méridionale ;

b. *Sous-zone des plateaux* : alt. de 300 à 600 m. ; temp. moy. de 10° à 12° ; presque toutes les cultures, Vigne (Gamay et Mornant noir), arbres fruitiers, Noyers, Châtaigniers ; céréales (y compris le Froment) ; moissons du 8 au 15 juillet ; bois de Chênes principalement ; flore commune de la région.

II. *Zone moyenne ou des Pins* : altitude de 600 à 950 mètres ; temp. moy. de 9° à 10° ? Céréales (principalement Seigle et Avoine), absence de la Vigne (sauf dans quelques coteaux bien exposés) ; bois taillis de Chênes, et principalement de Pins et de Hêtres ; flore montagnarde subalpine ;

III. *Zone inférieure ou des Sapins* : restreinte à quelques points atteignant 950 à 1,032 mètres ; temp. moy. de 8° ? ; bois de Sapins ; absence de culture.

I. La **Zone inférieure** comprend toutes les parties de la région lyonnaise situées au-dessous de 600 mètres d'altitude, c'est-à-dire, les vallées et les coteaux du Rhône et de la Saône, les bas plateaux du Lyonnais et du Beaujolais, ainsi que les parties basses des vallées de l'Azergue, de la Turdine et de la Brevenne, le massif du Mont-d'Or, le plateau de la Dombes et tout le Bas-Dauphiné.

Presque partout, la Vigne peut être cultivée (lorsque la nature du sol le permet), ainsi que les autres végétaux qui l'accompagnent habituellement, comme le Châtaignier, le Noyer, le Cerisier, l'Abricotier ; on ne rencontre d'exception que pour la région humide et froide de la Dombes d'étangs, et dans quelques points au contraire trop arides, de la plaine du Bas-Dauphiné. C'est donc avec raison qu'on a choisi ce végétal comme caractéristique de cette zône. Sa culture présente, du reste, des particularités si intéressantes, qu'à l'exemple de tous les botanistes-géographes, nous croyons devoir lui consacrer ici quelques lignes.

Examinons d'abord jusqu'à quelles limites altitudinales la Vigne peut-être cultivée dans les montagnes du Lyonnais. De l'avis de tous les viticulteurs, la limite supérieure pour la *culture en grand*, est en général fixée à 500 mètres (1) ; ce n'est qu'exceptionnellement, et dans les coteaux bien exposés, qu'elle peut atteindre 600 mètres, même 700 mètres et plus, comme nous l'avons observé dans la partie méridionale du département, à Riverie, par exemple, où elle remonte presque sous les murs du village ; dans ces stations exceptionnelles, la récolte n'est, du reste, jamais assurée (2) ; dans l'intérieur des massifs montagneux, dans les expositions froides, dès 350 et 330 mètres, la Vigne devient rare et ne donne plus que des récoltes incertaines.

En adoptant le chiffre moyen de 550 mètres, on voit que les vignobles occupent, dans le Lyonnais, une étendue altitudinale de près de 400 mètres et qu'ils peuvent être soumis à des influences climatologiques très diverses, depuis le fond de la vallée du Rhône où, dans les expositions chaudes, la température moyenne est certainement supérieure à 13°, jusqu'au voisinage de la zone montagnarde où elle doit s'abaisser à 10° ou 9°. Mais cette adaptation à de telles variations de climat ne peut se faire qu'en choisissant des variétés plus ou moins résistantes, des cépages dont le développement et la maturité soient plus ou moins hâtifs.

A ce point de vue, on peut diviser la région viticole lyonnaise en trois sous-régions caractérisées par la culture prédominante de cépages spéciaux.

Dans le nord, c'est-à-dire dans tout le Beaujolais, sur les coteaux de la rive gauche de la Saône, sur ceux situés à l'ouest

---

(1) Voy. THIOLLIÈRE, Actes de la cinquième session du Congrès des vignerons, tenue à Lyon en 1846 ; — TISSERANT, *La Vigne dans le département du Rhône*, extr. dans *Ann. Soc. d'Agric. de Lyon*, 1852, t. IV, p. 277 ; — PULLIAT, *Rapport sur les Vignes du département du Rhône*, etc., et Communications particulières.

(2) M. Legrand signale aussi dans le Forez des exemples de Vignes situées à 600 et 750 mètres ; du reste, à mesure qu'on descend dans le midi de la France, cette limite supérieure se relève de plus en plus, comme le montrent les chiffres suivants : Lorraine, 400ᵐ (Godron) ; Côte d'Or, 400ᵐ (Vergniette-Lamothe) ; Beaujolais, 500ᵐ ; Lyonnais, 550ᵐ ; Velay, 800ᵐ (A. de Candolle); Hautes-Alpes, jusqu'à 1200ᵐ, etc.

de Lyon, les bas-plateaux et les coteaux de Saint-Genis-Laval et Brignais, c'est un cépage à maturité de première époque, le *Gamay*, qui est généralement cultivé ; plus bas, il ne l'est qu'accidentellement, au sommet des coteaux ou dans les bas-fonds, partout, en un mot, où l'on doit redouter des accidents météorologiques qui compromettent la végétation des plants plus délicats ou à maturité plus tardive. C'est aussi le Gamay, qui pour les mêmes causes, forme le fond des vignobles dans les vallées de l'Azergue, de la Turdine et de la Brevenne ; on le retrouve sur les flancs du Mont-d'Or, associé à la Persagne, — sur les coteaux de Saint-Genis, mélangé à la Sérine, — puis accidentellement dans les Terres froides, dans la plaine du Bas-Dauphiné et celle de la Valbonne ; il tend du reste, précisément à cause de ses qualités, à se propager dans beaucoup de vignobles et à y remplacer les cépages locaux (1).

A cette région supérieure, se rattache la culture du *Mornen noir* ; on le rencontre surtout dans les parties élevées des coteaux qui s'étendent de Givors à Condrieu et principalement dans le canton de Mornant, à une altitude de 400 à 500 mètres, là où la Sérine et le Persagne ne peuvent pas mûrir (2).

La région moyenne comprend les coteaux du Rhône, depuis le Bugey jusqu'à Miribel, et tout le Bas-Dauphiné, de Morestel à Lyon et Vienne ; le cépage prédominant est ici la *Persagne* (Prosaigne, Mondeuse), plant de deuxième maturité, plant fondamental des vignobles de l'Ain, de la Savoie, de la vallée de l'Isère, de la vallée du Rhône, depuis Genève jusqu'à Valence, soit seul, soit mélangé à de nombreux plants locaux ; on le retrouve aussi, comme nous avons vu, au Mont-d'Or (avec le Gamay), sur les coteaux de St-Genis à Givors (avec la Sérine et

---

(1) « La vallée de la Saône, de Saint-Germain-au-Mont-d'Or jusqu'aux terrains calcaires qui avoisinent Mâcon, rive droite et rive gauche, ne possède que le Gamay, qui remonte sur les collines jusqu'à 400 et 500 mètres d'altitude, exceptionnellement jusqu'à 600 mètres, sur des coteaux très abrités. Les vignobles de la rive droite sont à peu près sans mélange d'autres cépages, sauf quelques Chasselas cultivés pour l'usage de la table. Sur la rive gauche, au contraire, le Gamay est souvent mélangé à d'autres variétés, entre autres le *Corbeau*. . . » PULLIAT *in litt.* Citons, de plus, le *Chardonnay* ou *Pineau blanc :* « C'est le cépage qui produit les bons vins de Pouilly et Fuissé dans les terrains calcaires au sud de Mâcon ; il compose presque exclusivement les lignes de hautains qui traversent, de distance en distance, les terres fertiles des bords de la Saône (dans l'Ain). » MAS, *Cépagis de l'Ain.*
(2) PULLIAT. *Rapport sur les études ampélographiques faites en 1872,* p. 13.

le Corbeau), sur les coteaux de Sain-Fonds à Vienne (avec le Gamay et le Corbeau). (1).

La culture du *Corbeau* (plant de Montmélian, Mauvais noir), cépage à maturité de deuxième époque, se fait aussi principalement dans la deuxième région : on le trouve dans le Revermont et le Bugey, associé avec les plants précédemment indiqués, sur les coteaux de la rive gauche de la Saône (avec le Gamay), sur les coteaux des deux rives du Rhône, de Lyon à Vienne (avec le Gamay, la Mondeuse ou la Sérine), dans la vallée d'Ampuis, les Terres-Froides, etc. (2).

La troisième région, ou région méridionale, commence à Givors ; elle est caractérisée par la culture de plants à maturité tardive, qui ne remontent guère plus haut dans la vallée du Rhône : c'est d'abord la *Sérine*, que nous avons vu déjà cultivée, en mélange avec d'autres variétés, sur les coteaux de Givors à Saint-Genis-Laval, presque aux portes de Lyon (3) ; mais sa grande culture commence au-dessous de la rive gauche du Gier, sur la rive droite du Rhône, en face de Vienne, et finit un peu au-dessous de Valence (4). Le second cépage spécial à ces coteaux est le *Viognier*, qui est cultivé exclusivement sur la rive droite

---

(1) « Le plant fondamental des vignobles de l'Ain en coteaux et en montagne est la *Mondeuse* ; nous avons reconnu qu'elle est identique avec celle de l'Isère et de la Savoie ; le *Savoyé* du Haut Bugey est la Mondeuse, ainsi que le *Savouet* de Seyssel et le *Savoyé* du pays de Gex. Dans le Bas-Bugey, à Ambérieu, Lagnieu, dans la vallée de Saint-Rambert, sur les coteaux du Haut-Rhône, c'est le *Meximieux* ; elle porte aussi ce même nom sur la rive droite de l'Ain, à partir de Pont-d'Ain et sur toute la Côtière. Dans le Revermont et la vallée de l'Ain, à partir de Poncin, Saint-Jean-le-Vieux, c'est le *Grand-Chétuan*... Sur les coteaux du Rhône, à partir de Meximieux, Montluel et jusqu'aux portes de Lyon, c'est le *Gros plant*, la *Persagne*, *Proceigne* ou *Prossagne*... » *Compte-rendu de l'exposition des cépages de l'Ain*, par M. MAS. On peut encore citer dans l'Ain : le *Poulsart* (ou *Mèthe*) et la *Gueusche* (ou *Foirard*, gros plant de l'Ain) qui se trouvent sur les coteaux du Revermont depuis Pont-d'Ain jusque dans le Jura, Arbois, Salins, etc., associés ou non avec la Mondeuse et le Corbeau ; le *Pelossart* des vignobles d'Ambérieu, Lagnieu, Saint-Sorlin, Montagnieu, Villebois ; la *Roussette* du Haut-Bugey (Fusette du Bas-Bugey) produisant les vins blancs de Seyssel, Manicle, Virieu, etc. Voy. Pulliat, Mas, *loc. cit.*

(2) « Parmi les plants à grande production, nous avons remarqué le *Montmélian*, du Haut et du Bas-Bugey, appelé aussi *Mauvais noir* et *Corbeau* dans l'arrondissement de Trévoux, plant de Calerin à Jujurieux... Il vient et fructifie très bien sur le plateau des Dombes. » Mas, *l. c.*

(3) Elle ne se trouve qu'exceptionnellement dans la vallée de la Saône.

(4) La Sérine était même cultivée aux environs d'Avignon, où elle produisait le fameux vin de Châteauneuf-des-Papes. De Côte-Rotie à Saint-Rambert-d'Albon, elle porte le nom de Sérine ; au-dessous de Saint-Rambert, jusqu'à Valence, rive droite et rive gauche, c'est la Sirah (Pulliat).

du Rhône, depuis Saint-Pierre-de-Bœuf jusqu'à Côte-Rotie, et mélangé à la Sérine, de Côte-Rotie à Givors.

Enfin, si nous descendons plus bas encore dans la vallée du Rhône, nous arrivons, vers Montélimart, à la zône méditerranéenne, caractérisée par les Grenache, Pic-poule, Clairette, etc., et autres cépages tout à fait spéciaux au Midi de la France (1).

Ainsi, en résumé, notre enquête sur la culture de la Vigne confirme entièrement les divisions reconnues et adoptées par nous pour la climatologie et les zones de végétation de la région lyonnaise ; si l'on se reporte, en effet, à ce que nous avons dit plus haut de la flore méridionale du Lyonnais, on verra qu'une première série de ses représentants s'arrête au Gier et aux coteaux de Chasse et d'Estressin (voyez p. 233) (2) qu'une deuxième atteint les flancs du Mont-d'Or et la côtière méridionale de la Dombes, qu'une troisième remonte enfin dans la vallée de la Saône et les parties supérieures du bassin rhodanien. C'est une concordance remarquable, qui ressort encore mieux en comparant, à la fin de cet ouvrage, les cartes spéciales sur lesquelles nous avons représenté ces intéressants phénomènes de végétation.

A. *Sous-zone des vallées et des coteaux du Rhône.* — Cette partie inférieure de la zone de la Vigne, dont la température moyenne oscille entre 12° et 13°, correspond aux climats *austral* et *chaud* de Thurmann, bien qu'il ne leur attribue qu'une moyenne de 11° à 12° pour le premier et de 10° à 11° pour le second.

Toutes les cultures les plus variées y réussissent : Céréales, arbres fruitiers (Noyer, Cerisier, Abricotier, Pêcher, etc.), et principalement la Vigne, le Chanvre, le Maïs, le Colza, les plantes fourragères, etc.

La moisson du Froment s'y fait, en moyenne, du 1er au 8 juillet, comme le montrent les chiffres suivants pris dans des localités diverses de cette zone : — Plaine du Rhône de Lyon à Ambérieu (altitude 180 mètres, 1 au 8 juillet ; — plaines de la base du Mont-d'Or, du 1er au 8 dans la plaine de Crécy (230 mètres),

---

(1) Pour plus de détails, principalement sur les vignobles de l'Isère, nous renvoyons à l'intéressant rapport de M. Pulliat, cité plus haut, particulièrement aux pages 23, 28 et 30.

(2) *Ann. Soc. bot. Lyon*, t. XI, p. 205.

du 1er au 10 dans les environs de Chasselay (250 m.) (1) ; — à Saint-Genis-Laval, moisson du Froment du 1er au 10 juillet, du Seigle du 24 juin au 1er juillet ; dans le Bas-Dauphiné, moissons du 1er au 8 juillet, etc.

Lorsque l'exposition vient ajouter son influence à celle du climat général, des cultures spéciales deviennent alors possibles et la flore naturelle s'enrichit des plantes méridionales et méditerranéennes que nous avons énumérées plus haut.

Ces expositions privilégiées possèdent un *climat* véritablement *méridional*, comme on l'observe dans les parties de la plaine du Rhône abritées par les coteaux (plaine de Condrieu, Ampuis, base de la Cotière, etc.), dans les parties des coteaux du Rhône et de la Saône tournées vers le sud (de Condrieu à Lyon, côtière de la Dombes de Lyon à Montluel, coteau de Trévoux, etc.), sur le versant méridional du Mont-d'Or et les flancs méridionaux des vallées du Gier et aussi dans quelques points des vallons du Mornantet et du Garon. On y voit surtout prospérer les cultures des Amandiers, des Abricotiers, des Mûriers, du Melon, de la Vigne en hautains, etc. ; enfin, parmi les plantes méridionales caractéristiques, nous rappelons les *Pistacia Terebinthus* et *Salvia officinalis* de Vienne, les *Celtis* et *Quercus Ilex* des coteaux de Charly et d'Yvour (2), les *Cistus salvifolius, Cytisus biflorus, C. argenteus, Orchis ruber* de Néron, le *Genista horrida*, le *Spartium*, la Leuzée de Couzon, etc. (Voyez plus haut, p. 233).

Les autres parties de cette sous-région, c'est-à-dire l'ensemble des vallées du Rhône et de la Saône, les vallées et les bords des bas-plateaux du Lyonnais et du Beaujolais jusqu'à Romanèche, les parties inférieures des vallées de l'Azergue, de la Turdine et de la Brevenne, la base du Mont-d'Or, les bords du Plateau bressan, la plaine et les coteaux du Bas-Dauphiné, appartiennent à un climat un peu moins austral, mais encore *chaud* (Thurmann), sous lequel réussissent toutes les cultures indiquées dans les caractéristiques générales de cette première division de la zone de la Vigne.

---

(1) Ce léger retard, quoique dans une altitude inférieure, s'explique par la position de Chasselay situé au nord du Mont-d'Or, tandis que la plaine de Crécy est placée directement au midi de ce massif montagneux.

(2) Le *Celtis australis* a été vu spontané, par Gilibert, sur une côte (alors) stérile, à Fontanières, entre les Étroits et Sainte-Foy-lès-Lyon (*Démonst. élém. de botan.*, 1796, 4e éd., t. III, p. 459.).

Une de ces cultures, particulièrement intéressante au point de vue climatologique, est, malgré ses vicissitudes, celle des Mûriers (*Morus alba et nigra*) ; ce n'est pas qu'ils ne puissent prospérer plus haut, dans la zone des plateaux, par exemple ; mais leur culture, ayant surtout pour but la production de la feuille, est en conséquence subordonnée aux conditions de climat les plus favorables pour que la feuillaison soit assurée au moment de l'éclosion des vers à soie ; et c'est ce qui a lieu pour le climat de la partie inférieure de la zone de la Vigne, c'est-à-dire dans les vallées et les coteaux du Rhône et de la Saône, dans la plaine du Bas-Dauphiné, dans le Bas-Bugey, le bassin de Belley, etc. ; les terrains de ces diverses localités sont aussi plus favorables aux Mûriers que ceux des plateaux du Lyonnais ou de la Dombes. Du reste, bien que les Mûriers soient des arbres originaires des contrées tempérées de l'Asie (1), et qu'ils suivent en général le climat de la Vigne (2), ils se comportent, à certains égards, comme des plantes méridionales ; Grisebach a fait l'observation suivante qui est bien caractéristique : « Sous le rapport de sa sphère climatérique, dit-il, (*op. cit.*, p. 422), le Mûrier paraît se rapprocher du Grenadier plus que de l'Amandier, puisqu'il se réveille bien plus tard de son sommeil hivernal et ne développe ses feuilles, en Provence, qu'à la seconde moitié de mars. Au commencement d'avril, en 1867, je fis cette observation que, dans la vallée du Rhône au sud de Lyon, les Mûriers étaient encore dépourvus de feuilles jusqu'à la limite de la flore méditerranéenne ; mais à peine eus-je atteint les premiers Oliviers, qu'ils apparurent revêtus d'un frais feuillage... » (3).

La flore naturelle renferme aussi toute la série des plantes thermophiles, méridionales ou sud-occidentales énumérées dans

---

(1) GRISEBACH, *op. cit.*, p. 424 ; Alph. DE CANDOLLE, *Origine des plantes cultivées*, 1883, p. 119-122.

(2) Du moins, le Mûrier noir ; ce dernier monte, du reste, un peu plus haut que la Vigne.

(3) Nous renvoyons, pour l'histoire de la culture du Mûrier dans le Lyonnais, aux mémoires et aux ouvrages de THOMÉ, Lyon, 1755, 1763, 1771, l'introducteur de cet arbre dans les environs de Lyon : « M. Thomé, dit Alléon-Dulac, entreprit, il y a environ dix ans, des plantations considérables de Mûriers à Brignais. Cette nouvelle culture prit faveur, se répandit de proche en proche, et l'on forma de tous côtés des plantations ». (Voy. ALLÉON-DULAC, *Mém. pour servir à l'hist. natur.*, etc., Lyon, 1765, t. I, p. 22) ; — les *Ann. de la Soc. d'Agric. de Lyon*, années 1817, p. 64-88 ; 1821, 1823 ; — GROGNIER, *Rech. hist. et stat. sur le Mûrier, ibid.*, 1825-1827 ; 1832, p. 22 ; SERINGE, *Description et cult. des Mûriers*, etc., et les *Comptes rendus annuels* de la Commission des soies dans les *Ann. de la Soc. d'Agric. de Lyon*.

un paragraphe précédent; rappelons parmi les plus répandues ou les plus caractéristiques : *Lepidium graminifolium, Geranium sanguineum, Erucastrum, Diplotaxis, Iberis pinnata, Bunias, Rapistrum, Cytisus Laburnum, Trifolium glomeratum, Trigonella, Ononis natrix, Crassula rubens, Sedum cepæa, Orlaya, Tordylium, Andryala sinuata, Primula grandiflora, Plantago Cynops, Ruscus aculeatus, Melica glauca*, etc.

B. Sous-zone des plateaux. — Comprise, en général, entre les altitudes de 300 et 600 mètres, cette division de la zone de la Vigne, correspond à peu près au *climat moyen* de Thurmann (température moyenne de 9 à 10°) à la 2ᵉ région des *bas-plateaux, vallées et coteaux inférieurs* de Scipion Gras (temp. moyenne de 10 à 12°).

Nous y faisons rentrer : les bas-plateaux du Lyonnais, du Beaujolais et du cirque de l'Arbresle, le Mont-d'Or, le plateau de la Dombes, et, enfin, en dehors de nos limites, les collines des Terres-Froides et les bas-plateaux du Dauphiné.

On peut assigner à cette zone secondaire, une température moyenne annuelle oscillant entre 11 et 10°, comme le montre, à défaut d'observations précises, le retard éprouvé par les récoltes, retard qui est, en moyenne, de 8 à 10 jours sur la zone précédente.

Ainsi, tandis que dans la vallée du Rhône (de Lyon à Meximieux, alt. 180 m.) la moisson du Froment se fait du 1ᵉʳ au 8 juillet, sur la côtière et le plateau de la Dombes (vers la Saulsaie, par exemple, 300 mètres), elle a lieu du 8 au 15 juillet; — mêmes différences entre Saint-Genis-Laval et Chaponost (320 m.) où les récoltes sont aussi plus tardives de 10 jours (soit du 1ᵉʳ au 10 juillet pour le Seigle, du 10 au 20 pour le Froment); — on trouve de même à Grézieu-la-Varenne (400 m.), 5–15 juillet comme époque de moisson du Seigle, 15–25 juillet pour celle du Froment et fin juillet pour l'Avoine; — dans le massif du Mont-d'Or, la moisson du Froment se fait à Saint-Germain du 5 au 15 juillet, à Saint-Didier (350-400 m.) du 8 au 15, à Limonest (400 m.), du 15 au 20. Enfin, nous trouvons pour la deuxième région du Dauphiné, la moisson du Froment indiquée aussi du 8 au 15 juillet (Sc. Gras.) (1).

_____

(1) Il y a lieu cependant de tenir compte, dans l'étude climatologique de la zone des plateaux (et aussi de la montagne) des curieux phénomènes

Dans cette partie supérieure de la zone de la Vigne, on retrouve presque toutes les cultures signalées dans les vallées et les coteaux, du moins dans le Lyonnais, le Mont-d'Or et le Dauphiné; c'est ainsi que la *Vigne* constitue de nombreux vignobles dans le Beaujolais, le Lyonnais et le Mont-d'Or, mais formés presqu'exclusivement par des plants de première époque de maturité, — Gamay noir dans le Beaujolais et la partie septentrionale du Lyonnais, Mornen dans sa partie méridionale, Corbeau sur les bords du plateau de la Dombes; au Mont-d'Or seulement, on voit encore s'y ajouter la Persagne des coteaux du Rhône; rappelons qu'à partir de 400 m., la Vigne devient plus rare dans les monts du Beaujolais et du Lyonnais, sa culture n'étant plus aussi sûre et aussi fructueuse; cependant, avant l'invasion phylloxérique, on avait une tendance à la faire monter de plus en plus haut.

Toutes les céréales sont encore cultivées, ainsi que la plupart des arbres fruitiers (Pêcher, Cerisier, Poirier, Pommier); mais, à partir de 380 à 400 m., en même temps que la Vigne devient moins abondante, le Froment commence à être remplacé par le Seigle et l'Avoine, le Poirier par le Pommier, etc. Notons la rareté du Noyer dans les monts du Lyonnais, où il vient, du reste, assez mal.

C'est aussi vers cette altitude de 380 à 400 mètres, que le *Châtaignier* devient plus fréquent; sa culture semble souvent y remplacer celle de la Vigne; mais ce n'est pas là une limite inférieure pour cet arbre dont la zone climatérique correspond, du

---

d'*interversion des températures*, signalés, il y a déjà longtemps, par Four-net (Sur l'interversion de la température dans les hivers rigoureux, *Ann. de la Soc. d'agricult. de Lyon*, 1839, t. II, p. 461), et qu'on a particulièrement étudiés ces dernières années (Voy. Allouard, *C.-R. de l'Ac. des sciences*, 1879, t. XC, p. 795, pour le Puy-de-Dôme; André, *Lyon scientifique*, 1880, p. 91.) Grâce à cette interversion, tandis que la température, pendant l'hiver 1879-1880, s'abaissait, par exemple, à Lyon, à — 12°, elle restait le même jour, au sommet du mont Verdun (625ᵐ), à + 3°; c'était donc une différence de + 16° en faveur du Verdun; une semblable interversion s'est manifestée aussi entre Lyon et Saint-Irénée (240ᵐ), avec une différence en faveur de cette dernière station, qui est allée de 0°8 à 2°8; enfin, elle existait aussi pour nos monts du Lyonnais, puisque les blanchisseurs de Vaugneray et de Grézieux montaient sécher leur lessive au col de Saint-Bonnet-le-Froid.

Ces phénomènes d'interversion de la température expliquent peut-être pourquoi, dans ces hivers rigoureux, les plantes méridionales du Mont-d'Or ou des coteaux du Rhône, telles que *Genista horrida* et *Cistus salvifolius* y ont moins souffert du froid que les individus de ces espèces ou que les autres plantes frileuses cultivées à Lyon ou dans la plaine.

reste, à celle de la Vigne ; et si on ne le cultive qu'exceptionnellement au-dessous, dans la zone des plateaux, ou plus rarement
encore sur les coteaux du Rhône ou dans le Mont-d'Or, cela
tient, dans le premier cas, à une utilisation du terrain par des
cultures plus productives, — dans le second, à la nature calcaire
du sol que le Châtaignier redoute, comme nous le montrerons
dans le chapitre suivant (1). Ce qui prouve que les limites de sa
culture sont souvent, ainsi que pour beaucoup de plantes, le
fait du caprice de l'homme, c'est qu'on l'observe plus fréquemment et plus bas sur les coteaux exposés au nord que sur ceux
tournés au midi, ce qu'on ne peut expliquer, étant donné le
caractère méridional de la plante (2), qu'en admettant qu'on le
détruit sur les coteaux exposés au midi, pour le remplacer par
des cultures plus fructueuses, telles que celles des céréales, de la
Vigne ou des prairies à pommiers. Quant à la limite supérieure
que peut atteindre le Châtaignier, nous le voyons arriver dans la
vallée de l'Iseron, à la cote de 580 et 600 mètres ; cette limite
coïncide, par conséquent, assez bien avec celle de la Vigne et
du Froment, pour que des botanistes aient pris le Châtaignier
comme plante caractéristique de cette zone.

Parmi les autres phénomènes de végétation caractérisant
cette partie de la zone inférieure, nous signalerons l'abondance et la belle venue des Chênes, du *Quercus sessiliflora*
surtout, qui forment l'essence principale des bois sur les bas-
plateaux et à la base de la montagne, jusqu'à l'altitude de
600 mètres ; au-dessus, le Chêne est remplacé, comme essence
forestière, par le Hêtre et le Pin, ou contribue seulement à
former des taillis avec le Charme, le Coudrier, etc.

Quant aux autres représentants de la Flore naturelle, qui paraissent spéciaux à cette zone et ne pouvoir s'élever dans celles
des Pins et des Sapins, nous signalerons particulièrement,
indépendamment des espèces véritablement méridionales :

Anemone rubra, Myosurus minimus, Ranunculus Chærophyllos,
R. Philonotis, Papaver Argemone, Roripa pyrenaica, Gypsophila

---

(1) Cependant le Châtaignier préfère les altitudes moyennes ; ainsi, pour
le Forez, M. Legrand assigne à la culture de cet arbre 400 mètres comme
limite inférieure, et 750 mètres comme limite supérieure (dans des expositions exceptionnellement chaudes) ; dans notre région, c'est aussi de 400 à
600 qu'il réussit le mieux (*op. cit.*, p. 33).
(2) Le Châtaignier prélude aux formes de la région toujours verte ou
méditerranéenne (Grisebach).

muralis, Spergula pentandra, Malva moschata, Ulex europæus, U. nanus, Trifolium striatum, T. ochroleucum, T. glomeratum, Lotus tenuissimus, L. diffusus, Vicia lathyroides, Ornithopus, Hippocrepis, Potentilla argentea, *divers* Rosa, Lythrum hyssopifolium, Peplis, Illecebrum, Bupleurum affine, B. tenuissimum, Crucianella, Matricaria, Chamomilla, Anthemis cotula, Filago arvensis, Andryala, Primula grandiflora, Centunculus minimus, Myosotis versicolor, Linaria Peliceriana, Veronica acinifolia, Stachys arvensis, Juncus tenageia, J. bufonius, Mibora minima, Avena tenuis, Melica glauca, etc.

C'est, du reste, à cette zone que se rapporte, en grande partie, tout ce que nous avons dit de la végétation des vallées et bas-plateaux du Beaujolais, du Lyonnais, du Mont-d'Or, de la Bresse et de la Dombes, ainsi que du Bas-Dauphiné ; il est donc inutile d'y revenir. Cependant, deux de ces régions secondaires, la Bresse et le Mont-d'Or, présentent des particularités de climat, de cultures et de végétation qui tiennent à la nature spéciale de leurs terrains, et qu'il est utile de signaler, bien que nous devions y revenir plus loin à propos de l'étude de l'*influence mixte du climat et de la nature du sol.*

Le plateau bressan paraît, en effet, avoir, à altitude égale, un climat plus froid que les régions qui l'entourent ; la cause en est due à sa surface plane, directement exposée aux vents du nord, à la présence d'étangs nombreux, à la fréquence des brouillards, etc., (Voy. plus haut, climat, température moyenne, p. 196) (1) ; d'autre part, l'absence de coteaux et d'expositions abritées, la nature imperméable et siliceuse du sol, contribuent encore à empêcher certaines cultures, celles de la Vigne, de plusieurs arbres fruitiers particulièrement et déterminent, dans la zone à étangs, ce mode spécial de culture, consistant dans l'alternance de l'eau et de l'assec, ainsi qu'une flore particulière que nous avons étudiée déjà complètement (p. 66) (2) ; nous rappellerons seulement les nombreuses espèces froides ou montagnardes qui y descendent fréquemment : *Ranunculus hederaceus, R. lanuginosus, Cardamine amara, Lychnis silvestris, Sedum hirsutum, S. villosum, Galium silvaticum, Campanula cervicaria, Juncus capitatus, Salix ambigua, Blechnum Spicant, Polystichum oreopteris, Osmunda regalis, Lycopodium clavatum, L. inundatum,* etc.

(1) *Ann. Soc. bot. de Lyon,* t. XI, p. 168.
(2) *Ann. Soc. bot. de Lyon,* t. IX, p. 214.   19

Le massif du Mont-d'Or fait un contraste frappant, aux mêmes points de vue du climat, des cultures et de la végétation, avec les régions voisines du Lyonnais, du Beaujolais et de la Dombes, contraste dû principalement aux caractères de son climat rendu plus chaud par la situation du Mont-d'Or dans l'axe même de la vallée du Rhône, son plus grand éloignement des chaînes de montagnes, ses expositions méridionales recevant directement les rayons solaires et l'action des vents du sud, et enfin la nature particulière de son sol. Bien que le Mont-d'Or dépasse 600 mètres au Verdun et au Toux, on peut le comprendre en entier dans notre première zone de végétation : les cultures, particulièrement celle de la Vigne, y atteignent presque les sommités ; l'époque des moissons s'y fait encore, sous le sommet du mont Verdun, du 15 au 25 juillet (1) ; les Pins, caractéristiques de la zone de la montagne, et qui peuvent descendre sur les bas-plateaux jusqu'à 350 mètres, ne se rencontrent au Mont-d'Or que dans quelques rares stations, sur les grès, au Narcel (560ᵐ), à la Garenne (570ᵐ), sous le mont Toux (580ᵐ) ; il est vrai que leur rareté, dans le Mont-d'Or, tient aussi à la nature généralement calcaire du sol, dont l'influence se fait sentir encore sur d'autres végétaux. Le Châtaignier, par exemple, si commun dans la partie supérieure de la zone de la Vigne dans les monts du Lyonnais, est extrêmement rare au Mont-d'Or ; on ne l'y observe qu'au-dessus de Chasselay, sur les grès, entre Poleymieux et Curis, et entre le mont Toux et le mont Cindre, sur le calcaire à bryozoaires. Au contraire, le Noyer, rare dans le Lyonnais granitique, est très fréquent dans le Mont-d'Or (2), de même que le Buis (surtout à Narcel, à la Croix des Rampeaux, etc.,) (3), et une foule d'autres plantes caractéristiques énumérées dans le paragraphe consacré à la végétation de cette région (p. 149) (4).

II. **Zone des Pins.** — La zone montagneuse, comprise en moyenne entre les altitudes de 600 à 950 mètres, n'est repré-

---

(1) Saint-Germain-au-Mont-d'Or, 5-15 juillet ; Saint-Didier (350-400ᵐ), 8-15 ; Limonest (400ᵐ), 10-20 ; Poleymieux, 10-20 ; sous Verdun, 15-25 juillet.
(2) En 1823, M. Chancey évaluait à 30,000 le nombre des Noyers cultivés au Mont-d'Or (*Ann. Soc. d'Agric. de Lyon*, 1823-1823, p. 72.).
(3) Cette expression de *Rampeaux*, *Rameaux* est, du reste, significative pour toutes les contrées de la zone du Buis.
(4) *Ann. Soc. bot. de Lyon*, t. X, p. 155.

sentée que dans les chaînes beaujolaises et lyonnaises (massif septentrional de l'Ardière ; chaîne occidentale des Mollières ; chaîne du Tourvéon aux Chatoux ; massif de Tarare et de la partie occidentale de la Brevenne ; chaîne du Mercruy à Saint-André-la-Côte) ; on peut lui assigner les caractères suivants :

Climat *froid*, à température moyenne de 8° à 10° (Thurmann : 8° à 9°), remarquable aussi par l'augmentation de la quantité annuelle des pluies, atteignant 800 millimètres à Duerne, Sainte-Foy-l'Argentière, Thurins, Tarare, 1,000 et plus à Monsol, Lamure, Saint-Nizier-d'Azergue, etc., tandis que la moyenne de Lyon oscille entre 700 et 750 (1).

L'époque des moissons est reculée souvent de plus d'*un mois ;* les cultures sont réduites au Seigle et à l'Avoine, pour les cé-réales, aux Pommes de terre, aux pâturages, etc. ; quelques rares champs de Froment cependant dans les meilleures terres (l'Orge n'est pas cultivé dans le Lyonnais) ; la Vigne n'apparaît plus qu'accidentellement dans quelques expositions chaudes, ainsi que les Châtaigniers, Cerisiers, Pêchers, Poiriers, dans les parties inférieures de cette zone.

Les bois de Pins et de Hêtre caractérisent tout-à-fait la zone montagneuse.

Le *Pin* peut descendre, ainsi que nous l'avons dit plus haut, à 450 et même 350 mètres sur les bas-plateaux, mais il ne forme de beaux bois que de 600 à 950 mètres d'altitude.

Le *Hêtre* remplace le Chêne comme essence forestière à partir de 600 mètres et règne aussi jusqu'aux sommités, soit jusqu'à 1,000 mètres, au voisinage des Sapins ; le Chêne ne forme plus que des taillis avec le Charme, le Hêtre, le Coudrier, etc.

Nous avons déjà indiqué le *Houx* comme prenant dans nos montagnes lyonnaises, vers 900 mètres, des dimensions arbo-rescentes remarquables. M. Legrand le signale, mais sans parler de sa taille ni de sa forme, dans la vallée de Chorsain (Forez) jusqu'à 1100 mètres. Le *Frêne* paraît aussi trouver dans les vallées de notre zone montagneuse sa limite supérieure de végétation.

Rappelons enfin les espèces les plus caractéristiques de la flore de la zone des Pins ; ce sont :

---

(1) Voy. *Commission de météorologie* du Bassin du Rhône, dans *Ann. Soc. d'agric. de Lyon*, jusqu'en 1878.

Ranunculus aconitifolius, Cardamine amara, C. silvatica, Dentaria pinnata, Polygala depressa, Dianthus deltoides, Stellaria nemorum, Trifolium spadiceum, T. aureum, Rubus glandulosus, Alchemilla vulgaris, Circæa intermedia, C. alpina, Epilobium spicatum, Sedum aureum, S. villosum, S. hirsutum, Chrysosplenium, Ribes petræum, R. alpinum, Sambucus racemosa, Galium saxatile, Senecio adonidifolius, Sen. Fuchsii, Gnaphalium dioicum, Gn. silvaticum, Centaurea obscura, Sonchus Plumieri, Prenanthes purpurea, Jasione perennis, Campanula Cervicaria, Vaccinium Myrtillus, Pirola minor, P. rotundifolia, P. chlorantha, Gentiana campestris, Atropa, Calamintha grandiflora, Polygonum Bistorta, Salix pentandra, Juncus supinus, J. squarrosus, Luzula nivea, Carex canescens, C. Buxbaumii, Botrychium Lunaria, Polypodium Dryopteris, P. Phegopteris, Blechnum spicant, Equisetum silvaticum.

Comme comparaison avec le Forez, nous trouvons dans la liste des plantes que M. Legrand donne comme caractérisant assez bien cette région des Pins, et « dont elles ne sortent presque jamais » (*op. cit.*, p. 37) :

« Anemone montana, Aquilegia vulgaris, Barbarea intermedia, Hypericum androsæmum, Cerasus Avium et Mahaleb, Potentilla micrantha, Epilobium collinum, Sedum hirsutum et elegans, Sempervivum arvernense, Pimpinella magna, Digitalis ambigua, Ventenata triflora, Asplenium Halleri, septentrionale, Breynii, »

Et deux espèces qui « habitent exclusivement la partie supérieure de cette zone, le *Verbascum nigrum* et le *Dianthus deltoides*, fréquents dans la chaîne du Forez, à partir de 850 et 900 mètres et pénétrant à peine dans la région des Sapins (*loc. cit.*). »

La plupart de ces espèces, qui, à l'exception des *Barbarea intermedia* et *Sempervivum arvernense*, sont toutes lyonnaises, se comportent différemment dans notre région : l'*Anemone montana* (*rubra*) et le *Ventenata triflora* ont leurs stations les plus fréquentes sur nos coteaux et nos bas-plateaux ; l'*Aquilegia vulgaris*, le *Cerasus Avium* et surtout le *C. Mahaleb* sont communs dans tous les bois de la zone inférieure, le *Potentilla micrantha*, dans toutes nos vallées du Lyonnais et du Mont-d'Or, les *Asplenium Halleri* et *septentrionale* dans toutes nos vallées granitiques ainsi que l'*A. Breynii*, ce dernier cependant plus rare ; l'*Epilobium collinum* se rencontre sur les coteaux du

Garon et de l'Iseron, et le *Verbascum nigrum* s'observe à toutes les hauteurs. Parmi les autres espèces, qui seraient cependant un peu plus caractéristiques, nous voyons l'*Hypericum andro-sœmum* descendre dans la Bresse et les Terres-Froides, le *Pimpinella magna* descendre au Verdun, dans la Dombes et les marais des environs de Lyon, le *Digitalis ambigua* à Soucieu, à Cogny, etc. ; enfin, les *Dianthus deltoides* et *Sedum elegans*, peuvent aussi descendre sur nos bas-plateaux, à Charbonnières, par exemple ; avec ces deux dernières espèces, on ne trouve donc, parmi les plantes citées par M. Legrand, que le *Sedum hirsu-tum* qui soit véritablement caractéristique de la zone des Pins dans notre contrée, et encore ce dernier descend-il accidentelle-ment, il est vrai, sur les bords des rivières, dans la zone infé-rieure.

III. **Zone des Sapins.** — Deux points seulement des monta-gnes du Lyonnais et du Beaujolais appartiennent réellement à cette zone, ce sont : 1° le mont Boucivre (1004^m) et les monta-gnes avoisinantes, au-dessus de Tarare ; 2° le massif du Saint-Rigaud (1012^m), du mont Moné (1000^m) et de la Roche–d'Ajoux (973^m).

On peut lui assigner, par conséquent, des limites altitudinales comprises entre 950 et 1012 mètres, une température moyenne inférieure à 8°. Les cultures y font complètement défaut ; aux bois de Pins et de Hêtres s'ajoutent, dans quelques stations, de belles forêts de Sapins (*Abies pectinata* principalement).

Cette dernière essence ne se montre, en effet, que rarement dans nos montagnes, du moins à l'état de véritable forêt ; citons les pentes du Boucivre, les montagnes environnantes, vers Pan-nissières, au-dessus de Tarare, de Joux, etc., où le Sapin des-cend à 600 mètres ; quelques points dans la vallée de l'Azergue ; les flancs septentrionaux du Saint-Rigaul, etc. ; il y atteint, comme on vient de le voir, des limites altitudinales inférieures assez basses ; M. Legrand avait déjà signalé cette particula-rité (1).

_____

(1) « Le Sapin, qui, dans la chaîne de Pierre-sur-Haute, ne descend guère au dessous de 1100 mètres, non-seulement couvre le mont Boucivre (1000^m) et toutes les crêtes environnantes et constitue un bois assez vaste, près de Pannissières (altitude environ 800 mètres) ; mais on le retrouve formant un bouquet isolé et certainement spontané près de Salt-en-Donzy, à une altitude

Malgré le peu d'étendue occupée par cette zone dans nos montagnes, on y observe cependant quelques espèces tout-à-fait caractéristiques, telles que :

1° Dans le massif de Boucivre et des environs de Tarare : *Sorbus Aucuparia, Vaccinium Vitis-idæa, Gentiana lutea, Abies, Gyrophora cylindrica* ;

2° Dans le massif du Haut-Beaujolais : *Aconitum Lycocto-num, A. Napellus, Geum rivale, Sorbus Aucuparia, Arnica montana, Abies pectinata* et *excelsa, Polypodium Phegopteris*, etc.

Le *Sorbus Aucuparia* est dans le Lyonnais, comme dans le Forez, spécial à cette zone ; on ne le rencontre, en effet, qu'au Boucivre et dans le Haut-Beaujolais, à Saint Rigaud, à la Roche-d'Ajoux et au Tourvéon, et jamais spontané au-dessous de 850 à 900 mètres (*l. cit.*, p. 34) (1).

Un grand nombre d'autres espèces, considérées par beaucoup d'auteurs comme caractéristiques de la zone des Sapins, se trouvent aussi dans notre zone supérieure (et même dans les parties les plus élevées de notre zone des Pins), et pourraient être citées ici à ce titre, si nous ne les avions pas indiquées déjà comme propres à la zone moyenne ; ces espèces caractérisent, du reste, d'autant mieux la zone des Pins que, pour le Lyonnais, on ne peut dire qu'elles sont descendues de la région des Sapins, celle-ci existant à peine, comme on vient de le voir.

C'est ainsi que M. Legrand indique parmi ses 91 espèces « qui n'apparaissent pas *au-dessous* de 1,100 mètres » (*loc. cit.* p. 36) les suivantes se trouvant toutes dans nos montagnes : *Aconitum Lycoctonum, A. Napellus, Geum rivale, Arnica montana, Vaccinium Vitis-idæa, Gentiana lutea*, déjà cités comme caractéristiques de la zone des Sapins et *Ranunculus*

---

qui doit être de 400 à 500 mètres. Enfin, cet arbre m'a encore paru spontané, quoique rare, dans la gorge de Saint-Médard (vallée de la Coise) où il croît, à peu près à cette même altitude, avec le Hêtre, l'Orme des montagnes et l'Erable Faux-Platane. D'ailleurs, à ces altitudes exceptionnellement basses, ces arbres ne sont pas accompagnés des plantes herbacées des montagnes qui les suivent d'habitude. ». (*Op. cit.*, p. 19.) Nous montrerons cependant plus loin, contrairement à l'assertion de M. Legrand, que plusieurs espèces de la zone supérieure du Forez descendent plus bas dans les monts du Lyonnais et du Beaujolais.

(1) C'est aussi ce que nous avons observé dans le Bugey (Voy. *Ann. Soc. bot. Lyon*, t. IX, 1881, p. 261) et la Savoie ; mais cette limite s'abaisse en remontant vers le nord (Voy. DE CANDOLLE, *Géogr. bot.*, I, 235 et 278.).

nemorosus, Thlaspi virens, Circœa alpina, Ribes petrœum, Chœrophyllum aureum, Lonicera nigra, Galium rotundifolium, G. saxatile, Doronicum austriacum, Antennaria dioica, Sonchus Plumieri, Campanula linifolia, Pirola minor, Myosotis palustris, Calamintha grandiflora, Salix pentandra, Betula pubescens, Carex teretiuscula, Festuca silvatica, Equisetum silvaticum, E. hyemale, toutes observées au-dessous de 1,000 mètres ; quelques-unes, comme *Ch. aureum,* descendent même dans les vallées de Tassin, de Francheville ; on pourrait y ajouter encore le *Lycopodium inundatum,* trouvé à Chazey, sur les bords de l'Azergue, où il a dû être entraîné d'une station inconnue du Beaujolais.

Nous trouvons enfin dans nos deux zones des Pins et des Sapins presque toutes les espèces indiquées par M. Legrand comme « plus ou moins abondantes dans la région des Sapins, descendant souvent au-dessous, à 900 et même 800 mètres, quelquefois même plus bas le long des ruisseaux, mais que leur fréquence dans cette zone ne permet pas de séparer des précédents » ; ce sont :

Cardamine amara, Viola palustris, Drosera rotundifolia, Stellaria nemorum, Geranium silvaticum, Acer Pseudoplatanus, Trifolium spadiceum, Cerasus Padus, Sorbus aucuparia, Rubus idæus, Alchemilla vulgaris, Epilobium spicatum, Chœrophyllum Cicutaria, Myrrhis odorata, Sambucus racemosa, Prenanthes purpurea, Crepis paludosa, Vaccinium Myrtilus, Gentiana campestris, Polygonum Bistorta, Lilium Martagon, Maianthemum bifolium, Carex pulicaris, Avena pratensis, Botrychium Lunaria, Polystichum spinulosum, Polypodium Phegopteris, P. Dryopteris.

Les seules espèces suivantes *(Viola sudetica, Hypericum quadrangulum, Meum athamanticum, Valeriana tripteris, Pinguicula vulgaris, Thesium alpinum, Festuca nigrescens),* n'ont pas encore été observées dans nos montagnes. Mais si, dans le Lyonnais, les *Geranium silvaticum, Crepis paludosa, Polygonum Bistorta, Carex pulicaris,* etc. descendent, comme dans le Forez, assez bas, le long des ruisseaux, jusque dans les zones inférieures, les *Cerasus Padus, Epilobium spicatum, Prenanthes, Lilium Martagon, Maianthemum,* etc. se rencontrent aussi dans un si grand nombre de localités de nos régions basses, qu'il ne nous est pas possible de les considérer comme des plantes caratéristiques de la zone des Sapins.

M. Legrand avait, du reste, déjà constaté que certains végétaux qui, dans le Forez, croissent d'ordinaire dans des régions plus élevées, se trouvent à une faible altitude dans la chaîne du Beaujolais (*op. cit.* p. 19) ; mais il ne cite comme exemples que le Sapin et le *Luzula nivea* (1).

A quelle cause peut-on rapporter cette différence, dans la distribution géographique suivant la verticale, observée pour les mêmes espèces dans deux chaînes voisines, le Forez et les monts du Lyonnais et du Beaujolais ? Il faut évidemment la chercher dans des conditions différentes de climat se manifestant à altitude égale ; or, les deux chaînes sont situées sous la même latitude ; elles ont la même direction générale nord-sud, une grande analogie dans la composition minéralogique de leur sol ; d'autre part, l'élévation considérable d'un grand nombre de points de la chaîne du Forez (1354, 1434, 1543, 1640, 1425, 1399 mètres etc.), sa situation, au milieu d'autres régions montagneuses, devrait, au contraire, favoriser la propagation des espèces de la zone des Sapins dans les régions inférieures de cette chaîne. Mais si nous nous adressons à un autre facteur important du climat, le régime des pluies, nous voyons que la région du Forez diffère complètement, à ce point de vue, de la région lyonnaise ; nous rappelons d'abord que la plaine du Forez est déjà plus sèche que la vallée du Rhône, ainsi que nous l'avons indiqué plus haut, p. 197 (2) ; mais cette différence s'accentue encore dans la région montagneuse.

Tandis que le Forez, plaine et montagne, appartient à la zone udométrique caractérisée par une moyenne annuelle de 600 à 800 millimètres de pluie, cette quantité s'élève de 800 à 1,000, à mesure qu'on s'avance des bas-plateaux lyonnais vers la montagne et atteint même 1,000 à 1,200 millimètres dans l'intérieur des chaînes lyonnaises (3). Cette différence de près du double

---

(1) « Une remarque à consigner, c'est l'abaissement auquel parviennent (dans les montagnes du Beaujolais) certaines espèces montagnardes, comparativement aux autres montagnes voisines. Ainsi, le *Luzula nivea* ne sort pas, dans la chaîne de Pierre-sur-Haute, de la région des Sapins, sauf sur un seul point dans les ravins de Chambles. sur les bords de la Loire ; mais cette station est évidemment liée avec celles de la rive droite dont nous nous occupons ici et où abonde cette espèce. En effet, elle habite tous les bois de la rive droite de la Loire depuis Aurec jusqu'à Panissières... » Pour la deuxième espèce citée par M. Legrand, le Sapin, voyez les pages précédentes.

(2) *Ann. Soc. bot. de Lyon*, t. X, p. 169.

(3) On aura une idée suffisamment exacte de cette différence, en jetant un

dans l'intensité d'un phénomème climatologique important comme celui de l'humidité atmosphérique, est tout-à-fait caractéristique et doit certainement avoir une influence sur la végétation, en rendant les terrains plus frais et par conséquent plus favorables à l'acclimatement des plantes subalpines et alpines dans les zones inférieures ; c'est là un phénomène de même nature que la possibilité pour certaines espèces des régions élevées de descendre dans les régions basses, mais à la condition d'y trouver des stations fraîches, l'humidité du sol contrebalançant, comme on sait, l'influence du climat.

Ainsi, c'est donc grâce à l'humidité suffisante du climat des chaînes lyonnaises et beaujolaises, que le Sapin et les autres espèces énumérées plus haut peuvent descendre plus bas dans nos vallées que dans celles du Forez ; comme confirmation de cette manière de voir, nous voyons, du reste, De Candolle attribuer aussi à une trop grande sécheresse du climat, l'absence des *A. pectinata* et *excelsa* dans le sud–ouest de la France et dans d'autres parties de l'Europe (1).

Quant au *Luzula nivea*, il ne s'arrête pas à Panissière, mais arrive jusqu'à Saint-Bonnet-le-Froid et Saint-Bonnet-sur-Montmelas, c'est-à-dire jusqu'au bord oriental des chaînes du Lyonnais et du Beaujolais ; on le trouve, du reste, abondamment, dans le Jura méridional et le Dauphiné, non-seulement dans la partie montagneuse, mais encore dans la région basse située au pied des montagnes, dans les Terres-Froides, par exemple, où il suit à peu près exactement les limites de la zone qui reçoit au moins 1,000 millimètres de pluie par an ; c'est encore là un exemple remarquable de l'influence de ce facteur climatérique sur la distribution géographique des végétaux.

C'est enfin probablement la même cause, abondance des pluies, jointe à l'influence de l'exposition, qui permet au Sapin et à plusieurs des plantes caractéristiques de cette zone de descendre à 700 et 600 mètres dans le Jura méridional (2).

---

coup d'œil sur une carte udométrique de France, celle contenue dans la *Géographie de la France* d'Elisée Reclus, par exemple (p. 22). On trouvera les chiffres exacts dans les Tableaux de la *Commission de météorologie* (*Ann. de la Soc. d'Agric. de Lyon*).

(1) *Géographie botanique*, 1855, t. I, p. 191, 193.

(2) Nous avons vu plus haut le Jura recevoir 1,400 millimètres de pluie, à Hauteville ; toute la chaîne méridionale est, du reste, comprise, sauf les hauts sommets de 1200 à 1700 mètres, dans la zone recevant 150 à 200 centimètres de pluie par année moyenne.

Mais nous ne pouvons songer à étudier ici comparativement les zones d'altitude dans les monts du Lyonnais et dans la chaîne du Jura, dont la végétation diffère à trop de points de vue ; nous renvoyons à l'ouvrage de Thurmann (*Phytostatique*, p. 169) et à notre *Statistique botanique du département de l'Ain* (p. 23), ainsi qu'au paragraphe suivant consacré à l'examen de *l'influence de la composition minéralogique du sol* sur la végétation et dans lequel nous relèverons les faits de contraste les plus importants observés entre les différentes parties de la région lyonnaise et les régions voisines.

§ 2. — Influence du sol.

Le facteur qui a le plus d'influence, après le climat, sur la répartition des végétaux, est le sol ; son action est plus locale que celle du climat, aussi se manifeste-t-elle ordinairement d'une manière frappante, soit en donnant à l'ensemble de la végétation d'une région une physionomie qui contraste plus ou moins avec celle des contrées voisines, soit en produisant au sein même de ces régions des stations restreintes, dont la flore se distingue encore plus nettement au milieu de la végétation environnante.

Mais le sol agit-il par ses *propriétés physiques*, — consistance, état de désagrégation, perméabilité, hygroscopicité, coloration, capacité pour le calorique, etc., — ou bien par sa *composition chimique*, par les éléments minéraux, silice, alumine, chaux, magnésie, potasse, etc., qui le constituent ? C'est là une question qui divise encore les phytostaticiens et dont l'examen même sommaire nous entraînerait trop loin ; nous préférons renvoyer aux ouvrages généraux de Thurmann (1), Contejean (2), Saint-Lager (3), à nos publications antérieures (4) et surtout au récent travail de M. Vallot (5), où l'on trouvera un

---

(1) Essai de phytostatique appliqué à la chaîne du Jura et aux contrées voisines. 2 vol. Berne, 1847.

(2) De l'influence du terrain sur la végétation, dans *Ann. des Sc. natur.*, 5ᵉ série, t. XV et 6ᵉ série, t. II ; — Géographie botanique, Paris, 1881.

(3) De l'influence chimique du sol sur les plantes, dans *Ann. Soc. botan. de Lyon*, t. V, 1877 ; — Géographie botanique de la Bresse, etc., t. VI, 1878 ; — et diverses notes dans le même recueil.

(4) Recherches sur la Géographie botanique du Lyonnais, Paris, 1879 ; — et diverses notes dans les *Ann. de la Soc. botan. de Lyon*.

(5) Recherches physico-chimiques sur la terre végétale et ses rapports avec la distribution géographique des plantes, Paris, 1883.

historique à peu près complet et l'analyse de tous les travaux qui ont paru jusqu'à ces dernières années sur ce sujet.

Pour le Lyonnais, nous avons fait voir, depuis longtemps, avec le docteur Saint-Lager (1), que l'étude de la végétation de ses différentes régions naturelles fournissait de nombreuses preuves en faveur de la prépondérance de l'influence chimique ; nous ne nous dissimulons pas cependant que quelques faits de dispersion sont susceptibles d'une autre interprétation, que la flore des gneiss ou des schistes carbonifériens, que les stations préférées de quelques plantes méridionales, par exemple, présentent des particularités qui semblent plutôt en faveur de l'influence physique ; nous reviendrons, du reste, sur ces cas douteux ; mais un résultat qu'on ne peut contester, résultat indiqué déjà en plusieurs endroits de ce travail, c'est que l'établissement de divisions naturelles dans la région lyonnaise est tout à fait sous la dépendance de la constitution chimique du sol : c'est à la démonstration complète de ce fait important que nous consacrons les pages qui suivent.

I. Nature et classification des terrains de la région lyonnaise.

Les roches les plus diverses s'observent dans les environs de Lyon ; mais celles qui ont une influence sur la végétation, c'està-dire les roches superficielles, donnant par leur désagrégation une terre végétale de quelque importance, peuvent, malgré cette diversité, être réunies en groupes peu nombreux.

Si l'on jette, en effet, un coup d'œil sur notre carte n° 4 qui représente la répartition des grandes masses minéralogiques dans notre région, on voit d'abord que la vallée de la Saône et celle du Rhône au-dessous de Lyon forment, à peu de chose près, la limite entre les roches en place des monts du Beaujolais, du Lyonnais et du Mont-d'Or, et les terrains de transport qui constituent les plateaux bressans et dauphinois.

Aux premières, c'est-à-dire aux roches en place propres à l'Ouest du Lyonnais, se rattachent des terrains soit primordiaux ou de transition comme les gneiss, les granites, les porphyres, les schistes carbonifériens, soit secondaires comme les étages

---

(1) Ann. Soc. botan. de Lyon, t. I à X, 1872-1883, passim.

du trias, du liàs et du jurassique inférieur ; les uns donnant des sols surtout siliceux, les autres des sols surtout calcaires.

I. Les *gneiss* (et les *granites* anciens) s'observent presque exclusivement dans les parties les plus rapprochées de Lyon, d'abord au pourtour des coteaux qui bordent la rive droite du Rhône et de la base du Mont-d'Or à Grigny, dont ils constituent l'ossature, mais où ils sont plus ou moins masqués par les terrains de transport, puis, sur tous les bas-plateaux lyonnais depuis l'Azergue inférieure jusqu'au Mornantet (et au Pilat) ; leur limite occidentale est une ligne N.N.E.-S.S.O passant en amont de Sainte-Foy-l'Argentière, de Courzieu, de Sourcieu et Fleurieu (1). On les retrouve enfin sur la rive gauche de la Saône et du Rhône, en petits affleurements à Rochetaillée, l'Ile-Barbe, la Croix-Rousse, sur les bords du Rhône, de Saint-Symphorien-d'Ozon à Vienne et au-dessous ; notons encore le petit îlot de Chamagneux sur la rive droite de la Bourbre. Les gneiss manquent dans les bas-plateaux beaujolais.

Les gneiss du Lyonnais présentent deux modifications importantes au point de vue de leur dureté et de leur mode de désagrégation ; tantôt ce sont des roches tendres, très micacées, passant au véritable micaschiste (2) et se décomposant facilement en *gore* et en argile ; tantôt ils constituent des roches très dures, à peu près également formées de mica et de feldspath et résistant énergiquement aux causes de destruction, aux agents atmosphériques par exemple. Entre ces deux types extrêmes, on observe de nombreux intermédiaires : signalons particulièrement le gneiss dont la désagrégation produit des fragments plus ou moins volumineux, durs, anguleux, noyés dans la terre ou le sable provenant de la décomposition des feuillets plus tendres ; lorsque les gneiss de cette nature se trouvent au voisinage du lehm ou des alluvions qui recouvrent les coteaux et qu'ils sont plus ou moins mélangés avec eux, ils donnent un sol fragmentaire qui offre quelque analogie, physiquement, avec les éboulis des calcaires marneux oxfordiens.

Les gneiss sont des roches exclusivement siliceuses (mica noir ou nacré et feldspath orthose) ; cependant l'analyse y révèle

_____

(1) Voy. FOURNET, *Géologie lyonnaise*, p. 91.
(2) Et quelquefois passant à la *minette*.

souvent des traces, quelquefois même des proportions notables de chaux, laquelle peut se transformer en carbonate de chaux sous l'influence de l'acide carbonique de l'air ; cette base existe du reste naturellement dans quelques micas (1) et dans certains feldspaths, tels que l'*oligochlase* qui se trouve au Pigeonnier de Francheville, à Rochecardon, à l'Ile-Barbe (Fournet, Sauvaneau) (2) ; il y a aussi de la chaux dans plusieurs des minéraux que les gneiss renferment accidentellement, dans les *grenats* assez fréquents à Rochecardon, à Saint-Symphorien-d'Ozon, etc., dans les sphènes, les pyroxènes, la *Dumortiérite* des gneiss d'Irigny, dans les minéraux récemment découverts ou étudiés par M. Gonnard : la *gédrite* de Beaunant et l'*apatite* ou phosphate de chaux des carrières d'Irigny, assez abondant pour qu'on ait pu songer à l'employer comme amendement (3); citons encore la *vaugnérite*, les *diorites* à hornblende, albite ou oligochlase de Mornant, Taluyers, Sainte-Catherine, Riverie, Saint-André-la-Côte, Charbonnières, le Mercruy, etc., les *dioritines* du Moulin-Jambon, des gneiss de Rochecardon. Cette énumération de substances et de localités prouve que la possibilité de la présence de la chaux doit être prise en considération dans l'étude de la végétation des gneiss.

Voici, au surplus, quelques analyses dues à Sauvaneau (4) :

	n° 1	n° 2	n° 3	n° 4	n° 5
Résidu après lavage.............	73.»	70.»	45.»	66.»	44.»
Matières insolubles dans les acides.	95.»	97.2	97.2	95.8	95.2
Oxyde de fer dissous............	3.8	2.2	1.6	2.8	2.4
Alumine dissoute...............	0.6	0.6	1.»	0.4	0.8
Carbonate de chaux.............	0.6	» »	0.2	1.»	1.6

Les n°ˢ 1 et 2 sont des gneiss décomposés de Chaponost ; — 3, id. d'É-

---

(1) Principalement dans les *minettes*, dont les filons sont fréquents dans les gneiss de la base du Mont-d'Or et qui peuvent contenir 4.63 °/₀ de chaux (Meunier).

(2) FOURNET, DRIAN, *loc. cit.*

(3) M. GONNARD a signalé à plusieurs reprises (*Bull. de la Soc. minéralogique ; Mém. de l'Acad. de Lyon*, et *C.-R. de l'Acad. des sciences*, 1883, 2ᵉ sem., p. 1155) la fréquence de la diffusion de l'*apatite* dans les roches cristallines du département du Rhône ; la carrière *du Diable* à Irigny, renferme particulièrement une variété de *vaugnérite* à phosphate de chaux, hornblende, sphène, etc. Voy. pour la *gédrite, Soc. linn. de Lyon*, 1882, t. XXIX, p. 137.

(4) Analyses de terres végétales, dans *Ann. Soc. d'Agric. de Lyon*, t. VIII, 1845, p. 419.

cully ; — 4, id. de Dardilly ; — 5, gneiss mélangé peut-être avec un peu de lehm (1).

2. Aux *granites* se rapportent :

Les granites anciens et leurs diverses modifications, granites porphyroïdes, granulites, leptinites, pegmatites ; comme les gneiss et les micaschistes du paragraphe précédent, ils occupent principalement la région orientale du Lyonnais granitique (coteaux et bas-plateaux) et sont limités par la ligne N.N.E.-S.S.O. s'étendant de Sainte-Foy au Pont-du-Buvet. Ils forment dans les bas-plateaux du Lyonnais et les coteaux du Rhône des filons orientés S.O.-N.E déterminant les rides qui s'étendent du Mercruy au Mont-d'Or, d'Iseron à la Croix-Rousse, de Riverie à Irigny, etc. ;

Les granites récents, syénitiques (*syénite* de Fournet, porphyre granitoïde et granite porphyroïde d'Ebray, etc.) ; ces roches sont intercalées entre le massif oriental de gneiss et de granites anciens et les porphyres quartzifères de Tarare et du Beaujolais ; elles constituent donc presque toute la région comprise entre Saint-Foy-l'Argentière, Haute-Rivoire, Saint-Laurent-de-Chamousset, Saint-Forjeux, Bully, etc., et forment dans le Beaujolais une bande située à l'ouest de la ligne d'affleurements calcaires passant par Montmelas, Blacé, Brouilly, etc.

Toutes ces roches composées de quartz, feldspath (ordinairement orthose) et mica, se décomposent facilement en *gore* et argile et donnent des sols exclusivement silicéo-argileux ; on

---

(1) Comme autres exemples de roches gneissiques renfermant des minéraux produisant du calcaire, je cite le gneiss gris du Bayerischwald, sur lequel prospèrent le trèfle et le froment, et qui renferme de la hornblende et autres « minéraux produisant du calcaire par décomposition » (Braungard, 1879, cité par M. Contejean, *Géogr. bot.*, p. 43) ; — les analyses données par M. Léonard, dans sa thèse (Montpellier, 1877, p. 29), etc. ; — celles citées dans le travail de M. Pourieau (1858, p. 82) et qui accusent :

    Gneiss :   Silice, 71.92 ; Alumine, 15.20 ; Chaux, 0.25
    Micaschiste : —   73.07 ;   —   13.08 ;   —   0.17

Ces lignes étaient écrites, lorsque le mémoire de M. le Dr Perroud, intitulé : *Quelques herborisations dans l'Ardèche*, etc. (*Ann. de la Soc. bot. de Lyon*, 1883, t. XI, p. 95) nous est parvenu ; on y peut lire (p. 112, 113, etc.) que notre ami et confrère insiste aussi sur la présence de la chaux dans les roches dites siliceuses, en relevant de nombreuses analyses confirmatives puisées dans les ouvrages des géologues Credner et Meunier. Ces analyses, qui accusent des proportions de chaux allant de 2.51 à 3.26 °/₀ pour les gneiss, de 1.84 à 4.65 pour les granites, 7.50 à 7.99 pour les diorites, etc., ne concernent malheureusement pas les roches de notre région ; elles ne sont donc pas aussi confirmatives que celles que nous rapportons ici. (*Note ajoutée pendant l'impression.*)

peut cependant y trouver des quantités appréciables de chaux dues, soit à l'amphibole hornblende qui s'ajoute aux éléments habituels dans les granites syénitiques (1), soit aux divers minéraux associés que nous avons déjà mentionnés à propos des gneiss et des granites anciens, grenats (2), sphène, diorite, dioritine, pinite, etc. Ajoutons que les gneiss et les granites sont souvent traversés par des *serpentines*, disposées quelquefois en assez larges filons comme à Savigny, au pied du mont Arjoux, sous le Mercruy, à Fleurieux, à Montmelas, dans les environs de Riverie, de Saint-André-la-Côte, et que les *carbonates calcaires* et magnésiens y sont quelquefois, d'après les observations de Fournet (3), assez abondants, ainsi que dans les porphyres granitoïdes, pour que ces roches produisent avec les acides une effervescence manifeste. Les granites récents (syénitiques) présentent un mode particulier de désagrégation qui consiste à laisser au milieu du gore ou du kaolin des rognons lisses plus ou moins volumineux.

Voici quelques analyses de ces roches (4) :

	n° 1	n° 2	n° 3	n° 4
Silice........	72.80	53.20	62.50	73.50
Alumine.....	15.30	16. »	15.50	14.50
Chaux.......	0.70	6.30	3. »	0.80

N°s : 1, granites ; — 2, diorites ; — 3, syénites et porphyres syénitiques ; — 4, curite et porphyres.

3. Les *porphyres* s'observent surtout dans les montagnes qui s'étendent entre la Loire et l'Azergue, de Tarare aux Écharmeaux, et dans les chaînes situées entre l'Azergue et la vallée

---

(1) Les syénites contiennent de 0.38 à 5.88 °/₀ de chaux (Meunier).
(2) Les grenats, contenant de 1, 3 jusqu'à 6 °/₀ de chaux, sont fréquents surtout dans les leptinites qu'on rencontre de Soucieu à Riverie, vers Riverie principalement, à Brignais, à Franchoville, etc.
(3) Voy. *Géol. lyon.*, p. 426. « En 1841, je faisais ressortir la présence des carbonates calcaires, magnésiens, ferreux, multiples, dans les serpentines et mieux encore dans certains porphyres granitoïdes, en indiquant, comme moyen de les mettre en évidence, l'effervescence qu'ils produisent avec les acides..... M. Delesse a généralisé le fait, en démontrant que ces carbonates existent dans le feldspath de l'euphotide, le porphyre..... M. Durocher reconnut aussi la présence de la *chaux carbonatée dans un grand* nombre de roches de toute espèce. Elle existe même au milieu d'échantillons de feldspath presque transparent..... » On en trouve même dans les lentilles quartzeuses (*id.* p. 427).
(4) *C.-R. Acad. des sc.*, t. XLIV, p. 609.

de la Saône, de la Roche-Guillon au Tourvéon. Grâce à leur
pâte feldspathique compacte, à leur dureté souvent très grande,
ils ne se décomposent que très lentement, et la roche traversée
par de nombreuses fissures se divise en fragments analogues
aux éclats des roches calcaires. Bien que les minéraux qui constituent les porphyres, feldspaths divers et quartz, donnent des
sols essentiellement silicéo-argileux, on peut y trouver accidentellement des traces de chaux, dues à la composition spéciale de certains feldspaths ou à des minéraux associés, tels que
l'épidote (porphyre du mont Pélerat), le pyroxène, surtout la
pinite (silicate d'alumine, de magnésie et de chaux), etc. (1).

C'est aux porphyres qu'on peut rapporter les *grès porphyriques* noirs très feldspathiques, passant aux mélaphyres et aux
prasophyres (Fournet) qui forment le vaste plateau s'étendant
des Echarmeaux, à Chenelette, à la Roche d'Ajoux jusqu'au-delà
des Ardillats, ainsi que la partie supérieure du massif d'Avenas
et de Vauxrenard, dont la base est syénitique.

4. Les *terrains de transition* comprennent :

Les schistes rouges du bassin de l'Arbresle, ou *cornes rouges*,
considérées comme des schistes argileux saturés de pâte porphy-
rique ou des syénites modifiées (Fournet), ou comme des cornes
vertes rubéfiées (Grüner) ;

Les schistes chloriteux amphiboliques des vallées de la Turdine, de la Brevenne et de l'Azergue, connus sous le nom de
cornes vertes ;

Les schistes noirs du carbonifèrien inférieur formant une
bande étroite entre les affleurements calcaires et le porphyre
granitoïde de Blacé, Saint-Lager, Fleurie, etc. ; — une large
bande en dehors de ces porphyres et du massif calcaire d'Oingt,
dans la vallée de l'Azergue, par Sainte-Paule, Saint-Cyr-de-
Chatoux, Marchampt ;

Les grès antraxifères et les poudingues du carbonifèrien
moyen, développés à l'ouest des schistes noirs ; les calcaires
saccharoïdes de Ternand et du mont Jones, etc.

Ces divers terrains ont des modes de désagrégation et une
composition variables. Cependant, en général, on peut dire que
celles de ces roches qui occupent le plus de surface, c'est-à-dire

_____

(1) Percentage de la chaux dans l'épidote : 22.15 à 30 ; — le pyroxène :
24,94, etc. (Meunier).

les schistes, se comportent comme nos gneiss. Leur décomposition donne naissance à des sols tantôt argileux et compacts avec fragments anguleux enclavés ou non, tantôt de consistance moyenne, tantôt très légers, sablonneux, suivant les proportions de feldspath, de mica et même de quartz dont ils ont été imprégnés. Leur composition chimique est aussi essentiellement silicéo-alumineuse, bien qu'on puisse y trouver des proportions plus ou moins grandes de carbonate de chaux, provenant soit de la décomposition des amphiboles, des diorites, des grenats, épidote (Brouilly, Chessy, Montagny), pyroxène diopside (Duerne), que ces schistes renferment souvent, soit du calcaire qui forme le fond même de la roche (calcaire carboniférien, etc.)

Comme exemple, voici la composition, d'après Sauvaneau (*op. cit.*, n° 12) d'un sol provenant de la décomposition des schistes chloriteux de Losanne :

Résidu après lavage .... 40.»	Alumine dissoute........... 0.6
Matières insolubles dans acides 93.4	Carbonate de chaux.......... 0.8
Oxyde de fer dissous......... 4.8	Carbonate de magnésie....... 0.9

Comparez l'analyse donnée dans l'ouvrage de M. Pourieau (1), p. 82 ; schistes chloriteux : silice 65.71 ; alumine 8.95 ; chaux 0.65.

Si nous réunissons dans un même paragraphe les différents schistes, les cornes vertes et rouges et les couches carbonifériennes, c'est qu'elles se comportent de même dans notre région ; complètement métamorphisés, imprégnés de mica et de feldspath, les schistes du carboniférien inférieur sont des roches tout à fait siliceuses ; il en est, à plus forte raison, ainsi des poudingues et des grès du carboniférien moyen, formés de fragments de quartz, de feldspath, de porphyre, de granites, etc. et autres roches de même nature. Quant au calcaire carbonifère subcristallin (calcaire saccharoïde) de Ternand et du mont Jones, il est aussi pénétré complètement de grains de quartz, de lamelles micacées, d'un silicate ferrugineux verdâtre et même de véritables nodules de quartz.

5. Les terrains *secondaires*, trias et jurassique inférieur du Mont-d'Or, du Beaujolais calcaire et du plateau d'Oncin donnent

_____

(1) Etudes géologiq., chimiques et agronomiq., dans *Ann. Soc. d'agric.* de Lyon, 1858, t. II, p. 184.

20

en général, contrairement aux précédents, des sols où abonde le carbonate de chaux. Cependant, le sol est presque entièrement siliceux dans les étages les plus inférieurs et dans quelques couches exceptionnelles.

Dans le *trias*, par exemple, terrain caractérisé suivant l'expression de Fournet « par les dépôts les plus complexes et les plus disparates », nous trouvons d'abord :

Les *grès bigarrés* formés de sables quartzeux réunis par un ciment ordinairement siliceux, rarement calcaire ; ils sont homogènes, durs, se décomposent lentement en *gore* en donnant un sol siliceux, ne faisant presque pas d'effervescence ; cette assise, la plus importante du trias, par son développement superficiel, forme au pourtour de la région calcaire une zone spéciale qui doit être rattachée, à cause de la composition du sol et de la flore, aux régions siliceuses.

Les autres assises du trias, calcaire dolomitique du muschelkalk, grès à ciment calcaire et marnes irisées du saliférien, peu développées ou recouvertes par les éboulis des étages supérieurs, n'ont presque pas d'influence sur la végétation ; leur composition mixte, mais où abonde le carbonate de chaux, les rattache, du reste, aux terrains suivants, comme le prouvent ces analyses : (Drian, *op. cit.,* p. 60 et 65) :

	n° 1	n° 2
Carbonate de chaux..............	540	520
Carbonate de magnésie...........	250	20
Argile ferrugineuse..............	207	»
Argile et quartz.................	»	420

N°ˢ: 1, calcaire triasique du Mont-d'Or ; — 2, id. de Châtillon d'Azergues.

Dans le *jurassique inférieur*, les assises donnent, pour la plupart, un sol pierreux ou marneux, compact, essentiellement calcaire ; il en est ainsi des roches de l'Infrà-lias, des calcaires et des marnes du Sinémurien, du Liasien et du Toarcien ; notons cependant que la silice peut entrer accidentellement en assez forte proportion dans la composition de certains bancs, comme les grès de l'Infrà-lias, du Lias, etc.

Mais c'est dans le *bajocien* que ces sols accidentellement siliceux sont les plus fréquents : ainsi, les assises du *calcaire à entroques* renferment des *charveyrons*, sorte de rognons nullement effervescents, très siliceux, qui, exposés à l'air, deviennent de véritables silex épuisés, par suite de l'entraînement du carbonate de chaux ; la zone supérieure du calcaire à entroques, ou *calcaire à bryozoaires*, contient aussi de nombreux fossiles et rognons silicifiés qui donnent au sol superficiel une composition anormale; il en est de même du *ciret* ou couche à *Ammonites Parkinsoni*, calcaire bleuâtre, siliceux, donnant une terre végétale souvent très pauvre en carbonate de chaux.

Les analyses suivantes, dues à Sauvaneau, montrent combien est variable la composition des sols provenant de ces roches mixtes telles que le ciret :

	n° 1	n° 2	n° 3
Résidu après lavage..............	21.»	7.»	» »
Matières insolubles dans acides....	97.2	93.8	50.6
Oxyde de fer.....................	1.8	4.4	0.2
Alumine.........................	0.6	1.4	0.8
Carbonate de chaux..............	0.4	0.4	48.4

Le n° 1 est une terre de consistance forte, provenant de la décomposition du ciret à Poleymieux ; — les n°ˢ 2 et 3 représentent la terre et le ciret du sommet du mont Cindre.

Ces variations constituent des faits importants au point de vue phytostatique; on les retrouve, du reste, dans toutes les régions calcaires et ils n'avaient pas échappé aux observateurs : Sauvaneau avait déjà reconnu *que ce n'est pas toujours sur les plateaux calcaires que le carbonate de chaux se montre en plus grande quantité dans les terres* (*op. cit.*, 1845).

Thurmann lui-même les signale, mais en ne leur accordant qu'une faible importance, en les regardant comme des faits exceptionnels qu'on peut négliger (*op. cit.*, 1849, p. 96, 97.)

MM. Pourieau (*l. c.*, p. 100), Scipion-Gras (*Traité élém. de géol. agron.*, p. 451) parlent aussi de ces sols siliceux recouvrant des sous-sols calcaires ; M. Vallot enfin (*op. cit.*, p. 172 et suiv.) relève et discute un grand nombre d'exemples de sols semblables observés par lui ou décrits dans les auteurs, notamment dans Contejean, Saint-Lager et nos publications. Nous y reviendrons plus loin à propos de leur végétation spéciale.

Le dernier étage jurassique de la région lyonnaise, le *bathonien* ou Grande oolithe, qui manque au Mont-d'Or, mais existe dans le Beaujolais calcaire (de Chazay à Villefranche, etc.), est entièrement calcaire.

A l'ouest de Lyon, de la Saône et du Rhône, dominent les terrains tertiaires et quaternaires, soit autochtones comme les molasses, soit indépendants ou de transport comme les alluvions anciennes ou récentes, les dépôts glaciaires, etc. ; le sol superficiel y est presque exclusivement formé par des terrains de transport dont la composition est extrêmement variable.

6. Les plus anciens de ces terrains sont les *molasses* ou sables molassiques qui ne font, du reste, qu'affleurer à la base des coteaux de la Saône et du Rhône, principalement de Trévoux à Lyon, de Sain-Fonds à Sérézin et dans quelques autres localités restreintes ; recouvertes presque entièrement par les alluvions anciennes, elles n'ont que peu d'influence sur la végétation ; on les retrouve plus développées dans le Bas-Dauphiné, dans les Terres-Froides, mais en dehors de la circonscription que nous étudions dans cet ouvrage. Parmi les stations où l'influence des molasses sur la végétation se manifeste avec évidence, nous citerons :

La falaise de Sain-Fonds à Sérézin, formée, à la base, de sables molassiques, fins, purs ou un peu argileux, avec intercalation de lits agglutinés par un ciment calcaire ou de masses concrétionnées et de rognons argileux. La composition de ces molasses est, du reste, tout à fait calcaire, comme le montrent nos analyses :

	nº 1	nº 2	nº 3	nº 4
Carbonate de chaux.....	33.92	46.42	25.»	14.9
Silice................	56.80	48.32	62.»	32.»
(Argile)................................				23.»

Nᵒˢ : 1, molasse de Sain-Fonds ; — 2, masses concrétionnées ; — 3, terre à *Psoroma* au voisinage des alluvions anciennes ; — 4, rognons argilo-calcaires.

Les molasses des Terres-Froides constituent le sol que M. Scipion-Gras range dans sa catégorie des sols végétaux autochtones fragmentaires à sous-sol calcarifère de macigno ou de marne sableuse; mais ce terrain se comporte différemment du précédent, parce que « bien qu'imperméable en grand, il absorbe l'humidité et en retient d'autant plus que sa texture est plus lâche et son grain plus fin » : aussi la végétation de ces terrains est-elle bien différente de celle des coteaux du Rhône.

7. Au-dessus des molasses, les *alluvions anciennes* forment la plus grande partie de l'épaisseur des plateaux bressans et dauphinois ainsi que des coteaux du Rhône et de la Saône ; elles viennent mourir sur le bord oriental des bas-plateaux beaujolais et lyonnais. Ces alluvions sont composées de cailloux roulés arrachés aux Alpes et au Jura, quartzites, roches amphiboliques, calcaires divers, etc., en masses d'épaisseur et de consistance variables, intercalées ou non avec des lits de sables, de graviers ou plus rarement d'argile.

A l'extrémité de la vaste nappe qu'elles ont formée sur les bas-plateaux lyonnais vers le Tourrillon, à la Collonge (commune de Brignais), vers le château de Goiffieu, etc., dominent surtout les quartzites, dont les galets recouvrent les gneiss et les granites ; le sol provenant de ces galets ou de leur mélange avec les roches sous-jacentes est exclusivement siliceux. Il en est de même de la modification de ces alluvions en béton ferrugineux, comme on l'observe entre Charbonnières et Méginant.

Plus près de Lyon, déjà sur le bord même des bas-plateaux de Saint-Genis-les-Ollières, de Francheville, de Beaunant, etc., mais surtout dans les coteaux du Rhône, depuis le Mont-d'Or jusqu'à Grigny, les alluvions sont recouvertes par l'erratique glaciaire et le lehm ; elles n'apparaissent donc plus que sur le flanc des vallons où elles forment des éboulis meubles ou des escarpements dus à leur solidification en poudingues par un ciment calcaire (1) ; cette même disposition s'observe sur les coteaux de la Saône et du Rhône, qui forment le bord des plateaux bressans et dauphinois, avec cette différence que les alluvions reposent ici, le plus souvent, non sur les gneiss, mais sur les molasses ou les dépôts mio-pliocènes.

Le sol y est formé rarement par les alluvions seules, mais ordinairement par leur mélange avec les dépôts glaciaires et le lehm ; cependant, les éboulis de ces alluvions, leurs poudingues, les carrières de graviers et de sables creusées dans leurs masses présentent des phénomènes de végétation d'un intérêt tel pour

---

(1) Les plus beaux exemples de poudingues se voient : de Neuville à Lyon (Sathonay, Cuire, Serin, etc), de Lyon à Montluel (Saint-Clair, Vassieux, Crépieux, La Pape, Néron, Miribel, Beynost, etc.), à Jonages, à Sain-Fonds, aux Etroits, à Irigny, à Millery, de Vaise à la Demi Lune, d'Oullins à Beaunant, etc.

la phytostatique, qu'il est nécessaire d'entrer dans quelques
détails sur leur composition chimique.

Les galets qui constituent les alluvions anciennes sont, comme
on le sait, de nature très diverse; les plus fréquents sont des
quartzites et des calcaires, principalement des calcaires noirs
compacts ; puis on y trouve des granites, des dioritines, des
phyllades, des grès, des calcaires blancs jurassiques et beaucoup d'autres roches des Alpes, du Jura et de la Savoie. Or, les
quartzites sont des roches très dures qui ne se décomposent que
fort lentement ; les calcaires et les feldspaths des roches amphiboliques et granitiques sont, au contraire, rapidement attaqués
par les agents atmosphériques : aussi le sol qui provient de ces
alluvions est-il très riche en carbonate de chaux et en potasse.

Voici, comme exemple, la teneur en chaux et en silice d'une
terre provenant du conglomérat de Beynost :

> Silice................ 23.4
> Oxyde de calcium..... 36.»

Le ciment qui solidifie ces galets en poudingues, même lorsqu'il est formé en grande partie par du sable, est toujours
chargé de calcaire ; on le voit par l'analyse suivante due à Pourieau (*op. cit.*, p. 188) d'un sable formant la pâte d'un conglomérat dans une carrière de Néron (1).

> Résidu insoluble,.... 69.70
> Alumine et fer....... 1.80
> Carbonate de chaux.. 28.10

La richesse en calcaire des lits de sable intercalés dans ces
alluvions est, du reste, très remarquable, et la présence d'une
flore calcicole dans ces terrains très meubles, très perméables,
un fait important de phytostatique ; voici donc des analyses
justificatives (Pourieau, *op. cit.*, p. 188) :

	n° 1	n° 2	n° 3	n° 4	n° 5
Résidu insoluble.......	90.80	86.20	82.45	81. »	77.70
Alumine et fer.........	2.20	1.90	0.90	2.05	0.50
Carbonate de chaux....	6.10	10.70	15.20	17. »	20.40

---

(1) Les eaux qui en sortent sont aussi chargées de calcaire, quelquefois
en telle abondance qu'elles deviennent incrustantes, comme à Serin, aux
Etroits, à la Galée près Millery, etc.

Les n⁰ˢ 1 et 2 sont des sables provenant des carrières de la Boisse ; — le 3, id. de Néron ; — 4, id. de Sainte-Croix ; — 5, id. de Montluel, vers la fabrique Aynard.

Cependant, quand les galets quartzeux ou granitiques l'emportent par leur nombre ou quand le sol est resté longtemps exposé à l'influence des actions atmosphériques, principalement à la lixiviation pluviale, grâce à la grande perméabilité du sol et du sous-sol, le carbonate de chaux est facilement entraîné dans les couches profondes et le sol superficiel dépouillé entièrement de cette base. C'est un phénomène de même nature qui a donné naissance à ces sols siliceux des régions calcaires et que nous verrons se reproduire à propos des dépôts glaciaires et du lehm.

8. Les *dépôts glaciaires* présentent les mêmes variations dans leurs compositions physiques et chimiques et dans les sols auxquels ils donnent naissance ; ils sont constitués, en général, par des terres argileuses, argilo-sableuses ou purement sableuses, empâtant des cailloux anguleux, quartz, granites, diorites, dioritines, amphibolites, serpentines, grès anthraxifères, etc., et des cailloux calcaires (noirs des Alpes, blancs du Jura) anguleux et souvent striés (1).

Dans quelques localités des coteaux du Rhône (Irigny, Millery, Beynost, etc.) la boue glaciaire est formée de cailloux anguleux empâtés dans une gangue très calcaire.

Ailleurs, les cailloux sont noyés dans un sable entièrement siliceux (Bron, Saint-Alban et autres localités du Bas-Dauphiné, etc). Rien n'est plus variable que cette composition, même dans des stations très rapprochées : ainsi, des analyses que nous avons fait faire de la boue glaciaire sur le territoire de Bron nous ont donné à quelques mètres de distance :

	n° 1	n° 2
Silice............	69.20	22.03
Chaux............	1.83	36.5

C'est au terrain glaciaire que la plupart des géologues

---

(1) Voy. FOURNET, *Revue du Lyonnais*, 1843 ; DRIAN, *Pétral.*, p. 109 ; SCIPION-GRAS et FOURNET, *Géol. lyon.*, p. 46 ; FALSAN et CHANTRE, Catal. des blocs erratiques, etc.

(MM. Benoit, Falsan, etc.) reportent les terres à étangs de la Dombes ; il y faut distinguer, avec M. Pourieau :

a. Le *sol des étangs* même, noirâtre à l'état humide, gris cendré à l'état sec, formé d'éléments extrêmement ténus (ils abandonnent 97 °/₀ au lavage) ;

b. Les terrains *blancs goutteux*, blancs ou brun-jaunâtres, formés de silice, d'argile et de peroxyde de fer, à un grand degré de ténuité (90 °/₀ au lavage) et de sables et de graviers.

Ce sont des terres fortes, quoique renfermant 70 °/₀ de silice libre, mais réduite à un grand degré de ténuité, compactes, se fendillant par la dessiccation, imperméables, et contenant moins de 0,50 à 0,60 °/₀ de carbonate de chaux.

c. Au-dessous, sous-sol ferrugineux, jaunâtre, formé de sables ferrugineux à petites concrétions ou *têtes de clous* contenues dans une matière ténue argilo-siliceuse en proportion considérable (97 à 98 °/₀), imperméables ; nous en parlons parce qu'il peut affleurer et constituer dans certains points le sol végétal.

d. Il en est de même pour les alluvions anciennes, ayant souvent le caractère de quartzites enrobés dans un ciment non effervescent (couche ferrugineuse à quartzites), comme à Méginant.

Analyses des terres de la Bresse, d'après Sauvaneau (nᵒˢ 102, 103, 105, 109) :

	n° 1	n° 2	n° 3	n° 4
Résidu après lavage	65.»	73.»	4.»	1.»
Matières insolubles dans acides	98.»	98.»	94.7	95.8
Oxyde de fer	1.5	1.8	4.2	3.2
Alumine	0.4	0.2	0.9	1.»
Carbonate de chaux	0.1	» »	0.1	» »

Nᵒˢ : 1, terrain blanc près de Bourg ; — 2, id. de Condeyssiat ; — 3, id. de Polliat ; — 4, terre *égrillon* de Polliat.

Analyses des terres de la Dombes d'étangs, d'après Pourieau (nᵒˢ 6, 20, 2, 33, 45) :

	n° 1	n° 2	n° 3	n° 4	n° 5
Matières ténues	100. »	97. »	98. »	88. »	97. »
Silice	75.80	79.20	67.86	84.90	85.20
Alumine	11.26	11.52	18.72	8.26	6.90
Fer	10.96	7.82	11.86	5.25	6.70
Carbonate de chaux	0.60	0.40	0.48	0.38	0.30

N°ˢ : 1, terre d'étang de la Saulsaie ; — 2, id. de l'étang Villars ; — 3, terrain blanc de la Saulsaie ; — 4, id. de Mionnay ; — 5, id. du Ferrier.

La terre à étangs de la Dombes est représentée dans le Bas-Dauphiné par le sol silicéo-argileux qu'on observe sur les plateaux situés au sud de Bourgoin et à l'est de Saint-Jean-de-Bournais et qui commencent la région des Terres-Froides ; c'est le terrain agricole appelé par Scipion-Gras : *sol argileux à sous-sol argileux*, appartenant aux sols de transport anciens siliceux, caractérisé aussi par « une forte proportion d'argile, de sable siliceux très fin ayant à peu près les mêmes qualités physiques que l'argile, l'absence de l'élément calcaire et l'imperméabilité du sous-sol. »

Dans les monts du Lyonnais, on observe, principalement dans les vallées de la Brevenne et de l'Azergue, un terrain de transport local (diluvium erratique, glaciaire), constitué exclusivement par des roches de la région, porphyres, cornes vertes, amphibolites, syénites, mélaphyres, schistes métamorphiques, etc. (1) ; le sol qui en provient est une terre argilo-sableuse contenant des fragments anguleux des roches précédentes et complètement dépourvue de carbonate de chaux, comme le montre l'analyse suivante (Sauvaneau, n° 9) d'une terre située sur le plateau, au-dessus de Chazay-d'Azergues :

Résidu après lavage...............	64.»
Matières insolubles dans acides....	97.6
Oxyde de fer dissous..............	1.8
Alumine dissoute.................	0.6
Carbonate de chaux...............	» »

Ce terrain erratique, formant souvent des placages dans les régions calcaires, sur le plateau d'Oncin (à Nuelles, Saint-Germain, etc,), dans les environs de Liergues, d'Alix, etc., est une particularité importante à noter.

9. Le *lehm* est une terre jaunâtre, douce, friable, perméable (à moins qu'il ne soit très compacte), formée de sable siliceux, d'argile, d'oxyde de fer hydraté et de carbonate de chaux, ce dernier en proportion moyenne de 25 °/₀. Il recouvre ordinairement les plateaux de la base du Mont-d'Or, les coteaux de la

---

(1) DRIAN, *Pétral.*, p. 113 ; FOURNET, *Géol. lyonn.*, p. 292 ; FALSAN et CHANTRE, Monog. des terrains erratiques.

Saône et du Rhône, mais s'observe aussi en dépôts remaniés ou entraînés sur le flanc des coteaux ou dans le fond des vallées.

Analyses du lehm d'après Sauvaneau (nᵒˢ 1, 15, 25...) :

	n° 1	n° 2	n° 3	n° 4
Résidu après lavage............	» »	34.»	28.»	35.»
Matières insolubles dans les acides.	95.»	82.»	81.4	74.1
Oxyde de fer dissous............	2.»	4.2	2.2	2.5
Alumine dissoute..............	0.4	1.»	1.2	0.9
Carbonate de chaux............	2.6	12.8	15.2	22.5

Nᵒˢ : 1, lehm de Francheville ; — 2, terre à Écully, lehm sur gneiss ; — 3, terre à Saint-Didier-au-Mont-d'Or, lehm sur conglomérat et gneiss ; — 4, lehm de Saint-Rambert-l'Ile-Barbe.

Analyses du lehm d'après Pourieau :

	n° 1	n° 2	n° 3	n° 4	n° 5
Silice...............	74.24	80.12	72.14	82.10	64.10
Alumine............	10.38	7.36	8.66	1.90	1.70
Fer	7.82	5.24	9. »		
Carbonate de chaux....	5.76	5.70	8.10	14.70	33.50

Nᵒˢ: 1, 2 et 3, lehm des environs de Sathonay ; — 4, lehm à gros grains de Trévoux ; — 5, lehm à grains fins de Saint-Clair.

Analyses personnelles du lehm de Beynost :

	n° 1	n° 2
Silice...............	74.»	61. »
Carbonate de chaux....	20.7	33.37

Le lehm est donc une terre essentiellement calcaire, surtout lorsqu'il est pur, c'est-à-dire non mélangé avec les autres terrains de transport, et lorsqu'il n'a pas été épuisé. Le carbonate de chaux est quelquefois condensé en concrétions argilo-calcaires ou *Kupfsteins* (1), fréquents dans le lehm de la cotière de Lyon à Montluel, dans les environs de Fontaine, Neuville, Saint-Didier-au-Mont-d'Or, Écully, Francheville, Limonest, etc. Voici, comme exemple, la composition d'un lehm durci provenant de Limonest (Sauvaneau, n° 54) :

---

(1) Voy. Fournet (*Ann. Soc. d'agric. de Lyon*, 1844, t. VII, p. 380) ; Sauvaneau (id. 1845, t. VIII, *l. cit.*) ; Drian, *Pétr.*, p. 65.

```
Matières insolubles dans les acides.......  36.6
Oxyde de fer dissous...................   1.5
Alumine dissoute.....................   0.9
Carbonate de chaux...................  61.»
```

Mais, d'autre part, le lehm peut devenir presque entièrement argilo-siliceux, dans certaines circonstances, par exemple, lorsqu'il repose en couches minces sur les alluvions glaciaires ou lorsqu'il est placé à la partie supérieure de dépôts perméables, de telle sorte que le carbonate de chaux soit facilement entraîné dans les couches profondes sous l'influence des infiltrations pluviales. Ce *lehm épuisé* sur lequel Sauvaneau, Drian, Jourdan, Fournet avaient déjà appelé l'attention, peut ne renfermer que de 0,50 à 1 °/₀ au plus de carbonate de chaux (1).

Ainsi que nous l'avons dit plus haut, ces terrains de transport, alluvions anciennes, terrain glaciaire, lehm, sont fréquemment mélangés entre eux, et les sols ainsi constitués présentent de ce fait les plus grandes variations; nous nous bornons à donner ci-dessous, en tableaux, les analyses d'un certain nombre de ces sols mixtes.

Analyses des terres d'origine complexe, d'après celles de Sauvaneau (n°ˢ 18, 26, 35, 33, 24, 34 et 37):

	n° 1	n° 2	n° 3	n° 4	n° 5	n° 6	n° 7	n° 8
Résidu après lavage...	50.»	58.»	21.»	42.»	29.»	» »	34.»	32.»
Matières insolubles dans les acides.	96.2	96.4	96.2	95.2	94.2	91.4	89.8	85.4
Oxyde de fer dissous..	2.8	2.»	2.8	3.2	2.6	2.4	2.4	2.3
Alumine dissoute.....	0.8	0.4	0.8	1.1	0.2	0.8	0.6	0.8
Carbonate de chaux...	0.2	1.2	0.2	0.5	3.»	5.4	7.2	11.5

N°ˢ : 1, mélange de diluvium, sables tertiaires et gneiss décomposé, à Dardilly; — 2, lehm, sables tertiaires et gneiss décomposé, à Francheville; — 3, diluvium et sable tertiaire de Sainte-Foy; — 4, sable tertiaire et diluvium, à Bron; — 5, diluvium, sable tertiaire et conglomérat de Sainte-Foy; — 6, lehm déplacé, sable tertiaire et diluvium (?) à Francheville; — 7, lehm déplacé, diluvium, sables tertiaires, à Sainte-Foy; — 8, lehm déplacé et diluvium, à Saint-Rambert.

(1) SAUVANEAU (*Ann. Soc. d'agric. de Lyon*, 1845, *l. cit.*), comprend certainement, selon nous, ce *lehm épuisé* dans son *diluvium rouge*; ce dernier sol paraît renfermer non-seulement cette modification du lehm, mais les terrains sidérolithiques, les terrains erratiques du Bugey et même les modifications locales des sols dus à la décomposition des roches calcaires et devenus accidentellement siliceux. — Voy. sur le *lehm épuisé*: DRIAN, *Pétr.*, p. 240; JOURDAN et FOURNET in *Géol. lyon.*, p. 76, 81 : — MAGNIN, *Rech. sur Géogr. bot.*, p. 107.

Analyses des sols mixtes, d'après celles de Pourieau (n°s 37, 15, 8, 30, 38, 40, 41) :

	n° 1	n° 2	n° 3	n° 4	n° 5	n° 6	n° 7
Silice	70.35	84.32	74.84	83.86	85.30	77.08	76.46
Alumine...........	14.29	6.60	10.68	6.66	6.04	6.90	7.68
Fer	11.99	7.54	11.28	5.78	4.86	9.04	7.82
Carbonate de chaux..	1. »	1.06	1.18	2.40	3.18	4.96	6.42

N^{os} : 1, diluvium ténu de la Boisse ; — 2, diluvium caillouteux de Jailleux ; — 3, diluvium et alluvions modernes de Sainte-Croix ; — 4, diluvium à gros éléments de Trévoux ; — 5, id. du Grand-Peuplier ; — 6, id. de Miribel ; — 7, id. de La Pape.

Dans le Bas-Dauphiné, la plaine supérieure et les balmes viennoises sont aussi constituées par les alluvions anciennes (diluvium des terrasses et des plateaux), le terrain glaciaire et le lehm, soit purs, soit remaniés et plus ou moins mélangés ; aussi, à l'exception des poudingues calcaires de Jonage, de la molasse calcaire de la falaise de Feyzin, du sol argileux ou molassique des Terres-Froides, la composition du sol y est-elle ordinairement très variable, même à de faibles distances. On peut cependant, à l'exemple de M. Scipion-Gras, rapporter ces terrains aux deux espèces suivantes :

a. Sol argilo-sableux à sous-sol caillouteux (sol de transport ancien *siliceux*), perméable, formé de gravier et sable mêlés à 10 ou 15 % d'argile, coloré en rouge par l'oxyde de fer et dépourvu de carbonate de chaux ; c'est le sol le plus fréquent dans la plaine supérieure, dans les parties planes qui séparent les divers chaînons des balmes viennoises ; on le retrouve aussi au sommet des plateaux, au voisinage de Vienne. Il correspond aux alluvions anciennes et glaciaires siliceuses ou épuisées.

b. Sol marno-sableux à sous-sol caillouteux (sol de transport ancien, *calcarifère*), perméable, renfermant une certaine quantité de carbonate de chaux ; il constitue les balmes viennoises de Sain-Fonds, Bron, Décines et Janeyriat et correspond aux alluvions anciennes et au glaciaire calcaires ainsi qu'au lehm.

Mais cette répartition est sujette à de nombreuses exceptions : on peut rencontrer du carbonate de chaux dans certaines terres de la plaine, de même que le sol des balmes viennoises peut être accidentellement siliceux ; comme exemples de ces variations du sol dans une localité considérée comme appartenant à la zone des sols de transport anciens *calcarifères,* par Scipion-Gras (*Carte agronomique.,* d), nous citerons les analyses suivantes de terres provenant de la même localité, à Bron :

(D'après Sauvaneau :)	Résidu après lavage............ 42.﹐
	Matières insolubles dans acides. 95.2
	Oxyde de fer................. 3.2
	Alumine.................... 1.1
	Carbonate de chaux.......... 0.5

	n° 1	n° 2
(Personnelles :) Silice.............	69.20	22.03
Oxyde de calcium...	1.83	36.5

10. *Alluvions récentes* de la Saône, du Rhône, de l'Azergue, de l'Ain, etc. D'après Sauvaneau (*l. cit.,* p. 433), les alluvions du Rhône, de l'Azergue et des petites rivières de l'ouest (du Lyonnais) sont siliceuses ; celles de la Saône offrent des mélanges de chaux ; enfin, les alluvions de la rivière d'Ain, de l'Albarine, etc., renferment des proportions considérables de carbonate de chaux. Nous compléterons ces indications générales en faisant remarquer que les alluvions du Rhône renferment beaucoup de cailloux calcaires et que leur sol peut contenir aussi du carbonate de chaux.

En résumé, les roches de la région lyonnaise et les sols qui en proviennent, envisagés dans leurs grandes masses, peuvent être classés de la façon suivante :

1° *D'après le mode de désagrégation mécanique de la roche* (en employant la terminologie de Thurmann), en :

I. — *Roches eugéogènes :*

Perpéliques : Lehm pur ; boue glaciaire argileuse (terrains blancs, à étangs) de la Dombes ;
Argile provenant de la décomposition des granites, des gneiss, etc.

Hémipéliques : Marnes et calcaires marneux du lias ;

Perpsammiques : Gore provenant de la décomposition des granites anciens et porphyroïdes ; — des grès bigarrés et conchyliens ;

Hémipsammiques : Molasses, sables tertiaires ; boue glaciaire sableuse ;
Calcaire saccharoïde de Ternand ;

Pélopsammiques : Boue glaciaire et certains lehms ;

Sols provenant des porphyres quartzifères, granites porphyroïdes, certains gneiss, cornes vertes, schistes carbonifériens ;

Limons, alluvions du Rhône et de la Saône.

II. — *Roches dysgéogènes :*

Oligopéliques : Calcaires de Couzon, de la Chassagne, etc. (Bathonien et Bajocien) ;

Porphyres de Tarare, cornes rouges, serpentines ;

Oligopsammiques : Quelques gneiss et granites compacts, résistants ;

Chirats des sommets des monts du Lyonnais et du Beaujolais.

2° *D'après leur composition chimique :*

I. — *Roches siliceuses* ou silicéo-alumineuses (et sols siliceux) :

R. siliceuses : Gore granitique ; Quartzites ;

Grès bigarrés, grès du lias ;

R. silicéo-alumineuses : Gneiss, granites, syénites, porphyres ;

Schistes chloriteux (cornes vertes) ;

Schistes carbonifériens, métamorphiques;

Terrains blancs, à étangs de la Dombes ;

Sols argileux des Terres-froides ;

Alluvions de l'Azergue.

II. — *Roches et sols calcaires* (et mixtes) :

R. calcaires : Bathonien de Lucenay ; Bajocien ;

Calcaire du lias, etc. ;

R. silicéo-calcaires : Lias silicifié ; ciret ;

Calcaire du trias ;

R. de transport, mélangées, à prédominance

calcaire : Lehm. — Molasse de Sain-Fonds ;

Boue glaciaire à ciment calcaire ;

Poudingues du conglomérat.

siliceuse : Boue glaciaire sableuse ou argileuse ;

Lehm et alluvions anciennes épuisés ;

Or, si l'on compare la répartition de ces roches et de ces sols avec les régions botaniques établies précédemment, on constate :

La prédominance de l'élément siliceux, la rareté ou l'absence du calcaire dans les régions botaniques : 1° du Lyonnais et du Beaujolais ; 2° de la Dombes et de la Bresse ; 3° des Terres-Froides.

La prédominance (ou du moins la présence en quantité notable) de l'élément calcaire dans les régions : 1° du Mont-d'Or ;

2° du Beaujolais calcaire et d'Oncin ; 3° des coteaux et des vallées du Rhône, de la Saône et de l'Ain.

C'est à ce même groupement que nous étions déjà arrivés par la comparaison seule de la végétation de ces régions (1) ; il y a donc là une concordance remarquable qui justifie notre division de la région lyonnaise en :

A. Régions siliceuses à Flore calcifuge,

B. Régions calcaires et mixtes à Flore calcicole,

dont nous étudions les caractères dans les paragraphes qui suivent.

a) Régions siliceuses.

Ces régions comprennent toutes les localités dont le sol est formé, dans la plus grande partie de leur étendue, par des roches dépourvues de calcaire ou qui en contiennent moins de 1 à 2 °/₀ ; ce sont, comme on vient de le voir :

1° Le Lyonnais proprement dit et le Beaujolais granitique, c'est-à-dire les chaînes montagneuses qui s'élèvent à l'ouest de Lyon et les bas-plateaux qui s'étendent à leurs pieds, jusqu'à une ligne passant par Lancié, Régnié, Saint-Lager, Blacé, Cogny, Oingt, Bully, l'Arbresle, Lozanne, Dardilly, Tassin, Brignais et Givors ; de Blacé à l'Arbresle, cette ligne représente le contact des couches jurassiques ; de Lancié à Blacé et de Dardilly à Givors, elle coïncide à peu près avec la limite occidentale des terrains de transport alpins et jurassiques ;

2° Le plateau bressan et surtout sa partie méridionale ou Dombes d'étangs, limitée à l'ouest, au sud et à l'est, par une ligne rencontrant Iliat, Chaneins, Villeneuve, Mizérieux, Civrieux, les Échets, Margnolas, Sainte-Croix, Rigneux-le-Franc, Chatillon-la-Palud, Certines ;

3° Les Terres-Froides du Dauphiné dont les limites sont moins précises ; de Saint-Jean-de-Bournay, Saint-Chef et Morestel, qui représentent les points principaux du périmètre circonscrivant la surface à laquelle on peut donner ce nom de Terres-Froides, la région siliceuse envoie de nombreux prolongements dans les vallées qui séparent les Balmes-Viennoises, et dans la vallée de la Bourbre.

---

(1) Voy. plus haut, p. 124, et *Ann. de la Soc. bot. de Lyon*, t. X, p. 130.

Les terrains qui dominent dans ces contrées sont : les granites, les gneiss, les porphyres, les schistes chloriteux (cornes
vertes), schistes carbonifères, les grès bigarrés, les alluvions anciennes (glaciaire local), les alluvions récentes de l'Azergue et
de l'Ardière, pour le Beaujolais et le Lyonnais ; — les sables
molassiques, les dépôts argilo-sableux mio-pliocènes, les alluvions anciennes, le terrain glaciaire, le lehm, pour la Dombes
et le Bas-Dauphiné.

Enfin, la végétation de la zone siliceuse est caractérisée par la
présence d'espèces qui lui sont tout à fait spéciales et par l'absence d'autres qui ne s'observent au contraire que dans la zone
calcaire. Nous avons déjà donné plus haut(1), p. 162, 174, 182,
des énumérations des plantes caractéristiques des régions siliceuses du Lyonnais, du Beaujolais, de la Dombes, et des Terres-Froides comparées entre elles et avec celles de la Bresse et
du Forez ; elles permettent d'apprécier les rapports qui réunissent ces diverses régions ; mais il nous faut aller plus loin et
vérifier si les espèces reconnues caractéristiques pour la région
lyonnaise le sont aussi ailleurs, dans d'autres parties de la
France, par exemple, si, en un mot, elles sont véritablement
silicicoles et se maintiennent telles, sous des climats différents
et dans un nombre suffisant de régions botaniques distinctes.

Nous avons condensé nos observations personnelles et les
documents recueillis dans les Flores, dans deux énumérations,
l'une des plantes silicicoles, l'autre renfermant les plantes calcicoles ; chaque espèce, faisant partie de la flore et reconnue
comme caractéristique (exclusive ou préférente) par les phytostaticiens, y figure avec la désignation du substratum sur lequel
elle a été observée dans notre contrée, et même, lorsque cela
est utile, dans d'autres contrées voisines ou plus ou moins éloignées, mais analogues par la composition de leur sol. Bien que
nous ayons compulsé un grand nombre de Flores et d'ouvrages
spéciaux consacrés à l'étude de cette question des rapports du
sol avec la végétation, nous ne renverrons cependant qu'à ceux
qui en présentent un résumé pour ainsi dire classique ; tels sont
avec les abréviations adoptées :

Lec. = Lecoq. *Études sur la géographie botanique de l'Europe*, etc.,
t. II, 1854.

(1) *Ann. Soc. bot. de Lyon*, t. X, p. 168; t. XI, p. 146 et 154.

Ctj. I. = Contejean. *De l'influence du terrain sur la végétation.* (A. S. N.,
    (5e sér.), t. XX, 1874 ; (6e série) t. II, 1875.)
Ctj. II. = Contejean. *Géographie botanique,* Paris, 1881.
St.-L. Cat. = Saint-Lager. *Catalogue des plantes vasculaires de la Flore
    du bassin du Rhône,* 1883. (Paru dans les *Ann. Soc. bot. de Lyon,*
    de 1873-1883.)
Vall. = Vallot. *Recherches physico-chimiques sur la terre végétale....*
    1883 (1).

Quand il sera nécessaire, dans des cas contestés, de justifier
notre opinion par des observations tirées d'autres auteurs, nous
renverrons directement à leurs publications ; nous avons, du
reste, choisi ces preuves exclusivement dans les mémoires où la
nature du sol est expressément mentionnée ; c'est ce qui nous
a souvent fait préférer les renseignements fournis par les comptes rendus d'herborisations aux indications trop vagues des
Flores ; nous renvoyons particulièrement aux comptes-rendus
parus dans :

S. b. L. = Annales de la Société botanique de Lyon ;
S. b. Fr. = Bulletin de la Société botanique de France ;
S. s. N. = Bulletin de la Société des sciences de Nancy ;
S. s. A. = Bulletin de la Société d'études scientifiques d'Angers ;
S. h. H. = Annales de la Société d'horticulture et d'histoire naturelle de
    l'Hérault ;
S. b. Belg. = Bulletin de la Société botanique de Belgique, etc., etc.

Enfin, les autres abréviations signifient :

S = Plante silicicole ou calcifuge ; nous adoptons, avec M. Vallot, les trois
    notations suivantes, correspondant aux catégories établies par
    M. Contejean :
SSS = 10 Ctj. : Calcifuges exclusives ou presque exclusives, ne se rencon-
    trant jamais qu'accidentellement, et sans s'y propager et ne pouvant
    être cultivées, pour la plupart, sur les terrains qui renferment assez
    de calcaire pour produire à froid une effervescence avec les acides ;
SS = 9 Ctj. : Calcifuges moins exclusives, pouvant se propager sur le ter-
    rain où la présence du calcaire est décelée par les acides, mais alors
    plus rares et moins vigoureuses que sur les sols privés de calcaire ;
S = 8 Ctj. : Calcifuges presque indifférentes, cependant plus nombreuses
    sur les sols privés de calcaire.
C = Plante calcicole ; nous aurons de même que pour les précédentes :
C = 6 Ctj. : Calcicoles presque indifférentes, cependant plus nombreu-
    ses sur le sol calcaire ;

---

(1) Nous citerons encore l'ouvrage de Correvon (*Les plantes des Alpes,*
Genève, 1885), dont les indications paraissent avoir été confirmées par la
culture et méritaient, par conséquent, d'être rappelées.

CC = 5 Ctj. : Calcicoles plus exclusives, pouvant se propager sur les terrains où la présence du calcaire n'est pas décelée par les acides, mais alors plus rares et souvent moins vigoureuses que sur le calcaire;

CCC = 4 Ctj. : Calcicoles exclusives ou presque exclusives, ne se rencontrant jamais qu'accidentellement, et sans s'y propager, sur les terrains assez pauvres en calcaire pour ne produire à froid aucune effervescence avec les acides;

Indif. = Indifférente (= 7 Ctj.)

O = Plante dont l'appétence n'est pas indiquée par l'auteur cité.

1, 2, 3 = Les diverses parties des coteaux du Rhône (1. côtière occidentale et méridionale de la Dombes; 2, Balmes viennoises; 3, Coteaux du Beaujolais et du Lyonnais.

II. *Enumération des plantes caractéristiques des régions siliceuses.*

(Flore silicicole ou calcifuge.)

Ranunculus hederaceus L. — Lec. **S.**; Ctj. I, II **SSS**; St-L. *Cat.*, 13, **S**; etc. — Mares des granites et des gneiss des monts du Lyonnais et du Beaujolais; sables siliceux des alluvions anciennes de la Bresse; mêmes stations dans la plaine du Forez (Legrand); — terrains granitiques dans toute la France (Voy. *S. b. L.*, V, 224; *S. b. Fr.*, XXIV, 369, etc.)

R. cyclophyllus Jord. — St-L., *S. b. L.*, V, 172; *Cat.* 22. — Pelouses sèches des gneiss, granites et alluvions anciennes des coteaux du Rhône, de Francheville à Givors.

R. philonotis Ehrh. — Ctj. II, **SS**; St-L., *Cat.* 23, **S**; — Fossés, lieux humides des gneiss, granites, alluvions anciennes du Lyonnais, des coteaux du Rhône et de la Dombes; voyez encore *S. b. L.*, VI, 24, 40, 49; *S. b. Fr.*, XXII, 27; XXIV, 224, 369, etc.

R. sceleratus L. — Ctj. II, **SS**. — Fossés du Lyonnais; substratum ? indifférent ?

R. auricomus L. — Lec. **S**; Ctj. II, indif. xérophile. — Vallées du Lyonnais granitique, où elle est plutôt hygrophile! mais stations dans régions calcaires, dans le Jura, etc.

R. chærophyllos L. — Lec. **Calc.**; Ctj. II, indif. xéroph. — Pelouses sèches des bas-plateaux granitiques du Lyonnais, des alluvions anciennes et du lehm des coteaux du Rhône, de la Valbonne; cf. terrains siliceux du Forez; *S. b. Fr.*, XXIV, 369, etc.; mais stations (calcaires?) dans le Revermont, le Dauphiné, etc.

Les *R. nodiflorus* L. (Ctj. II, **SSS**), *R. tripartitus* DC. (Ctj. II, **SS**) ne sont pas de la Flore lyonnaise, de même que les *R. pygmœus* (Corr., 143), *R. parnassifolius* L. (Corr., 144) ; ce dernier est plutôt calcicole, voy. St-L., *Cat.*, 17 ; — le *R. glacialis* L., (**S** Corr. 144 ; St-L., *Cat.* 15), silicicole dans les Carpathes et le Dauphiné, devient indifférent dans les Alpes autrichiennes (Bonnier, *S. b. Fr.* XXVI, 338.)

Les *R. platanifolius* L., *R. acris multifidus*, *R. nemorosus* L., donnés comme **S** par Lec., sont indifférents ; cf. Ctj. II, 128 ; St-L. *Cat.*, etc.

Le *Callianthemum rutœfolium* A. M., des Alpes, est absolument calcifuge **SSS**. (Bonnier, *l. c.*)

Myosurus minimus L.—Lec. O; Ctj. I, **S**; II, O; St-L. *S. b. L.*, VI, 40, 49, 160... — Gneiss, alluvions de l'Azergue, ter. carbonifère, du Beaujolais et du Lyonnais, rare ; alluvions anciennes, t. glaciaire et lehm (épuisé?) des coteaux du Beaujolais, de la cotière et du plateau de la Dombes (commun); sables tertiaires du Forez.

Anemone rubra Lamk. — Gneiss, alluv. anciennes des coteaux du Rhône, 1, 2, 3; mais stations (calcaires?) dans le Bugey, le Dauphiné ; cependant cf. terrains siliceux du Forez, du Vivarais, des Cévennes et St-L. *S. b. L.*, VI, 40.

Les *A. vernalis* L. (**S**, Corr. 142 ; St-L., *Cat.* 5), *A. alpina* var. *sulfurea* (Corr. 97, 143), *Thalictrum alpinum* L. (Corr. 142), ne sont pas de la Flore, de même que l'*A. alpina* L. (**S** Lec.; **C** Corr. 142 ; indif. !)

Les *A. ranunculoides, Isopyrum thalictroides*, fréquents dans les vallées du Lyonnais granitique, les *Aquilegia vulgaris, Actœa spicata*, de nos coteaux, *Aconitum Lycoctonum, A. Napellus, Trollius europœus*, tous **S** pour Lec., sont indifférents (cf. Ctj. II, etc.).

Papaver Argemone L. — Ctj. indif.; **S**, St-L. *Cat.*, 32 c. — Gneiss, cornes vertes, alluvions anciennes du Lyonnais et des coteaux du Rhône.

Le *Papaver dubium* (**S** Lec.) est indifférent, plutôt calcicole (voy. St-L., *Cat.* et Enum. suivante) ; le *Corydalis solida* (**S** Lec.) est indifférent ; le *C. claviculata* DC (Ctj. II, **SSS**), n'est indiqué que dans une seule station, dans la région calcaire, à Crémieux.

Sinapis Cheiranthus Koch. — Lec. **S**; Ctj. I, II, **S**; St-L. *Cal.* 34. — Gneiss, granites, schistes métamorphiques, alluvions anciennes du Lyonnais, du Beaujolais, de la Dombes, des coteaux du Rhône; cf. terrains siliceux du Forez ; *S. b. L.* V, 224; *S. b. Fr.* XXIV, 369, etc.

Barbarea præcox R. Br. — Lec. **S**.; Ctj. II. **SS** — Gneiss, granites, alluvions anciennes des bas-plateaux lyonnais et des coteaux du Rhône; stations (siliceuses?) dans régions calcaires.

Roripa pyrenaica Spach. — CTJ. **SSS**; ST-L. *Cat.* 53. — Granites, gneiss du Lyonnais et du Forez.

Teesdalea nudicaulis R. Br. — LEC. **S**; CTJ. I, II, **SSS**; ST-L. *Cat.* 57; VALL. 292. — Granites du Lyonnais et du Forez; plus rarement, sables siliceux des alluvions anciennes et glaciaires des coteaux du Rhône. Cf. pour les stations dans sols mixtes *S. b. Fr.* XXIII, 402, où il est aussi, comme sur les coteaux du Rhône, en société des *Globularia vulgaris, Teucrium montanum, Linosyris, Thesium,* etc.

T. Lepidium D. C. — LEC. O; CTJ. I, II, **SSS**: ST-L. *Cat.* 57. — Mêmes terrains ; pour les alluvions anciennes, voy. *S. b. L.* 1884, p. 49.

Thlaspi virens Jord. — ST-L. *Cat.* 59. — Granites, gneiss du Pilat ; porphyres du Beaujolais ; voy. A. Magnin, *S. b. L.* IX, 321.

Thl. silvestre Jord. — ST-L. *Cat.* 59; *S. b. L.*, V, 224. — Sables granitiques des vallées du Beaujolais et du Lyonnais ; indiqué aussi dans régions calcaires (Bugey), mais forme différente ? ou terrains siliceux ? CTJ. comprend probablement les deux formes silicicoles *virens* et *silvestre* avec la calcicole *Gaudinianum,* dans l'ancien groupe *T. alpestre* L., noté par lui 8 ou **S,** c'est-à-dire calcifuge presque indifférente ; cf. VALL. 252 ; CORR. 149.

Les *Raphanus raphanistrum,* c. dans toutes les moissons, *Erysimum cheiranthoides* des alluvions anciennes et récentes des vallées de la Saône et du Rhône, *Sisymbrium Irio* et *Sophia,* rares dans les mêmes stations ou les décombres, *Nasturtium sylvestre* et *amphibium* des lieux humides, *Cardamine hirsuta* répandu partout, *Berteroa incana* erratique, *Rapistrum rugosum* des alluvions anciennes et récentes dans les vallées et les coteaux du Rhône, tous **S** pour CTJ., sont ici plutôt indifférents que véritablement calcifuges.

Les **SS** *Sisymbrium pinnatifidum* DC. (LEC. ; ST-L., *S. b. L.,* IX, 393 ; *Cat.* 42 ; indiff. pour CTJ. II), *Sinapis montana* DC. (ST-L. *Cat.* 34), *Cardamine alpina* Willd. (ST-L., *Cat.* 47 ; CORR. 47), *C. resedifolia* L. (ST L., *S. b. L.,* IX, 393; *Cat.* 47), *Alyssum Wulfenianum* (CORR. 97), *Draba fladnizensis* Wulf. (ST L., *Cat.* 51), *D. tomentosa* Wahl. (ST-L., *Cat.* 51), *D. Zahlbruckneri* Hort. (ST-L., *S. b. L.,* IX, 393 ; CORR. 97), *D. frigida* Sauter (CORR. 97), *Hutchinsia brevicaulis* Hoppe (CORR. 97, 149), *Lepidium heterophyllum* Benth. (CTJ. II, SSS), n'appartiennent pas à la Flore.

Les suivantes, **S** pour LEC., sont : *Barbarea intermedia, Biscutella,* indifférentes ; *Arabis alpina, Dentaria digitata* et *pinnata,* manifestement calcicoles. Pour le *Biscutella lævigata,* voy. aussi BONNIER, *S. b. Fr.* XXVI, 338.

Cistus salviæfolius L. — **SSS** pour Ctj. I, 1875, p. 231, 279 ; II,
p. 48, 138 ; — St-L., **S**, *S. b. L.*, V, 224 ; VI, 40 ; *Cat.* 63.
— Alluvions anciennes et glaciaires de Néron ; gneiss de
Vienne, Chasse, etc. Comme exemples de stations sur gneiss
et granites, voy. outre les renvois précédents, *S. b. L.* IX,
331 ; XI, 107 ; — schistes siliceux : *S. b. Fr.* IX, 580 ;
Planchon, *Végét. de Montp.*, 1879, p. 8 ; — terrains dolomitiques, *id.* p. 11 ; — pour les stations calcaires : *S. b. L.*,
XI, 190 ; alluvions anciennes de Néron ?; plusieurs stations
certaines dans Vall. 293 ; le *C. salvifolius* peut donc croître dans les sols calcaires et paraît être, en conséquence,
indifférent à la nature chimique et physique du sol (cf. Vallot, *l. c.*)

Helianthemum guttatum Mill. — Lec. **S**; Ctj. II, **SSS** ;
Vall., 294. — Gneiss, alluvions anciennes et glaciaires
des coteaux du Rhône ; voy. encore Planchon in *S. b. Fr.*,
IX, 580 ; Giraudias in *S. s. A.*, 1881 ; *S. b. L.*, V, 224 ; *S.
b. Fr.*, XXIV, 369 ; XXXVIII, p. lxxx.

Les **S** *Cistus crispus* L. (*S. b. Fr.*, IX, 623 ; St-L., *Cat.*, 62), *C. laurifo-
lius* L. (*S. b. L.*, V, 224 ; Planchon, 1879, *l. c.*, p. 7), *C. Ledon,*
Lamk., *C. monspeliensis* L., *C. ladaniferus* L. (St-L., *Cat.*, 62, 63),
Helianthemum tuberaria Mill. (Ctj. **SSS** ; St-L. *Cat.* 66), *H. um-
bellatum* Mill. (Ctj. **SS** ; Vall. **S**, 294), n'appartiennent pas à notre
Flore.

Viola palustris L. — Ctj. II. **SSS**. — Marais des monts granitiques du Pilat, du Lyonnais (rare); marais tourbeux des
montagnes calcaires du Bugey, etc.
V. pratensis M. et K. (*pumila* Vill.) — Ctj. II, **SSS**. — Rare ;
dans quelques marais des alluvions tertiaires ou récentes.
V. canina L. — Lec. **S**; St-L. *S. b. L.* II, 124 ; *Cat.*, 70 ; voy. *Soc.
b. Fr.* XXII, p. xxxvii. — Rare ; granites du Pilat et du
Beaujolais; alluvions anciennes du Dauphiné.
V. tricolor L. — Ctj. **S**. — Quelques races au moins sont silicicoles, et principalement :
V. segetalis Jord. — Lec. **S**. — Champs des gneiss et des alluvions
anciennes, *S. b. L.*, VI, 24. Voyez aussi *V. vivariensis* Jord.
in *S. b. Fr.* XXII, p. xxxvii.
V. sudetica Willd. — Lec. **S.**; St-L., *S. b. L.*, II, 124 ; VI, 24 ;
Cat. 70. — Granites du Pilat.

Les *V. sylvestris* Rchb., et *Riviniana* Rchb., **S** pour Lec., sont indifférentes (cf. Ctj., II); le *V. cenisia* L. (**S** Corr. 150) n'est pas de la
Flore.

Les *Astrocarpus sesamoides* Gay (**S**, Lec.; St-L., *Cat.* 75), *A. Clusii* Gay (Ctj., **SSS**), n'arrivent pas dans notre région.

Drosera sp. — Ctj. **SSS**; St-L. *S. b. L.*, V, 226, etc. — Marais tourbeux des régions granitiques et calcaires.

Polygala vulgaris L. — Lec. **S**; Ctj. **S**. — Paraît répandu dans tous les terrains ; est cependant presque exclusif dans beaucoup de contrées (Cf. Gillot in *S. b. Fr.* XXVII, p. xxxvi; et XXIV, 369); la forme *oxyptera* Rchb. des granites, schistes métamorphiques, alluvions anciennes du Lyonnais, du Forez, serait plus nettement silicicole (St-L. *Cat.* 76.)

P. depressa Wender. — Lec. **S**; Ctj. I, 1875, p. 231, 289 ; II, **SSS**; St-L. *Cat.* 77. — Granites, gneiss, schistes carbonifères des monts du Beaujolais, du Lyonnais et du Forez; quelques rares localités dans la région calcaire du Jura, probablement sur sols siliceux !

Gypsophila muralis L. — Lec. **S**; Ctj. II, **SS**; — Granites, gneiss, alluvions anciennes du Beaujolais et du Lyonnais ; sables molassiques, alluvions anciennes et glaciaires du Dauphiné et de la Dombes; voy. *S. b. L.*, VI, 49 ; St-L., *Cat.* 85.

Dianthus Armeria L. — Lec. **S**; Ctj. II, **SS**; St-L. *Cat.*, 86. — Terrains siliceux du Lyonnais; alluvions anciennes, ter. glaciaire et lehm (épuisé ?) des coteaux du Rhône ! et de la Dombes (?) : nombreuses stations dans régions calcaires du Bugey, du Jura, du Dauphiné, etc.

D. deltoides L. — Lec. **S**; Ctj. II, O; — Granites, (et alluvions anciennes) des monts et des bas-plateaux lyonnais; granites et basaltes du Forez ; stations (siliceuses ?) dans région calcaire du Dauphiné : voy. St-L., *Cat.* 87.

D. superbus L. — Lec. **S**; Ctj. II, **SS**; — Prés marécageux sur t. tertiaire et alluvions anciennes du Bas-Dauphiné ; — dans région calcaire du Bugey ; voy. *S. b. L.*, VIII, 250.

D. prolifer L. — Paraît indifférent, bien qu'il soit peut-être un peu plus commun sur les granites et les gneiss du Lyonnais, les alluvions anciennes siliceuses des coteaux du Rhône, ce qui explique Ctj. II, **S**; voy. aussi *S. b. L.*, IX, 197; *S. b. Fr.*, XXIV, 369, etc.; mais cette espèce peut se développer certainement dans des sols très riches en chaux, dans les régions calcaires, — sur gypse CCC (95 pour °|₀ de sulfate de chaux), voy. *S. b. L.*, IV, 45, — sur dolomie CCC, voy. Vallot, 296.

Le *D. carthusianorum* L. (**S** Lec.) est indifférent : voy. Ctj. II ; les *D. gra-*

niticus Jord. (St-L., *S. b. L.* V, 224 ; *Cat.* 86), *D. glacialis* Hænk.
(Corr. 97, 152), *Velezia rigida* L. (Ctj. II, **SSS**), ne sont pas de la
Flore lyonnaise.

Silene armeria L. — Lec. **S**; Ctj. II, **SS**; St-L. *S. b. l. L.* V, 224;
IX, 393; *Cat.* 40. — Granites dans les vallées méridionales
du Lyonnais.

S. gallica L. — **S**, Ctj. II; *S. b. Fr.*, IX, 580; XXII, 30; XXIV,
369. — Alluvions anciennes, terrain glaciaire des coteaux
du Rhône et de la Dombes ; alluvions récentes (siliceuses)
de l'Azergue et de l'Ardière.

S. conica L.— Lec. **S** ; Ctj. II, **S**; *S. b. Fr.* XXIV, 369.—Sables des alluvions
anciennes et des terrains glaciaires des coteaux du Rhône ; indifférente ? — Dolomie CCC, d'où « indifférente pour la nature chimique
du sol, » suivant M. Vallot (p. 296).

S. nutans L. (Lec. **S**) et *S. pratensis* G. God. (*Lychnis dioica* Ctj., **S**) sont
indifférentes; *Silene valesia* (St-L., *S. b. L.*, V, 145 ; IX,393 ; *Cat.* 80)
et *Lychnis alpina* Fries (St-L., *Cat.* 84 ; Corr. 153), n'appartiennent
pas au Lyonnais.

Viscaria purpura Wimm. — Lec. **S**; Ctj. II, **SSS**; St-L.
Cat. 83, **S**. — Granites et alluv. anc. des bas-plateaux, à
Charbonnières.

Sagina procumbens L. — Lec. **S**; St-L. *Cat.* 15, **S**; indif.
pour Ctj. II. — Lieux humides de tous les terrains siliceux; — l'espèce secondaire, *S. muscosa* Jord., du Pilat, est
SSS. (cf. St-L. *Cat.* 15).

S. apetala L. (et la f. *S. patula* Jord.) — Ctj. **SS**; St-L. *S. b. L.*
VI, 49. — Mêmes stations, plus rare ; cf. *S. b. Fr.*, XXII,
p. 27 et xxxvii.

S. subulata Wimm. — Lec. **S**; Ctj. II, **SSS**. — Granites du
Pilat ; alluv. anc. du Bas-Dauphiné, rare.

Spergula arvensis L. — Lec. **S**; Ctj. I, II, **SS**; St-L. *S. b. L.*
VI, 49; *Cat.* 98. — Gneiss, granites, ter. de transition, alluv. anc. etc. et autres terr. siliceux dans toute la région.

Sp. pentandra L. — Lec. **S**; Ctj. I, II, **SSS**; St-L. *S. b. L.*,
VI, 61; *Cat.* 98. — Gneiss, granites, schistes métamorph. du
Lyonnais et du Beaujolais; grès bigarrés du Mont-d'Or; alluv. anc., et glac. des coteaux de la Saône et du Rhône, 1, 2,
3. Voy. *S. b. L.*, VIII, 250.

Sp. Morisonii Bor. — **S**, St-L., *S. b. L.*, V, 244; *Cat.* 98; Vall.
296; *S. b. Fr.*, XXVIII, p. lxxx. — Gore et rochers granitiques et gneissiques des monts du Beaujolais et du Lyonnais.

Spergularia rubra Pers. — Lec. **S**; Ctj. I, II, **SS**; St-L. *S. b. L.*, IV, 162; VI, 40; *Cat.* 99. — Granites du Lyonnais; sables molassiques et glaciaires du Dauphiné et de la Bresse ; — a été observé cependant sur des terrains très riches en chaux mais gypseux (95 p. % de sulfate de chaux), les plâtras Coignet, à la Villette près Lyon ; voy. *S. b. L.*, IV, 39, 45, 72.

Sp. segetalis Fenzl. — **S**, St-L. *Cat.* 98; Vall., 297. — Gneiss, granites, schistes chloriteux et carbonifères du Lyonnais et du Beaujolais ; alluvions anciennes, glaciaires et récentes (siliceuses) des coteaux du Rhône, de la Dombes et du Bas-Dauphiné.

Les *Alsine verna* L., *A. tenuifolia* Cr. (et ses formes *laxa* Jord., *viscosa* Schreb., *hybrida* Jord.), *Mœhringia trinervia* Clair., **S** pour Lec., sont indifférentes ; cf. Ctj. II ; — les *A. Cherleri* Fenzl. (**S**, St-L., *S. b. L.* IX, 393), *A. striata* Gren. (**S** St-L., *Cat.* 92), ne sont pas de la Flore.

Stellaria uliginosa Murr. — Ctj. II, **SS**; St-L. *Cat.* 96. — Gneiss et granites du Lyonnais et du Beaujolais; terrains glaciaires et molassiques de la Bresse et des Terres-Froides.

St. glauca With. — Alluvions anciennes et glaciaires de la Dombes et de quelques localités du Lyonnais et du Bas-Dauphiné. Voy. St-L. *Cat.* 96.

Les *St. nemorum* (**S** Lec., Ctj. II), *St. holostea* L. (**S** Ctj. II), *St. graminea* (**S** Lec. ; indif. Ctj.), *Malachium aquaticum* (**S** Ctj. II) sont indifférentes.

Cerastium glaucum Gr. (*Sagina erecta* L.) — Lec. **S**; Ctj. I, II, **SSS**; St-L. *Cat.* 97. — Granites et gneiss du Lyonnais ; molasses, alluvions anciennes et glaciaires des coteaux du Rhône, de la Dombes et du Bas-Dauphiné.

Les *C. brachypetalum* Desp., *C. glutinosum* Fr., *C. arvense* L., *C. semidecandrum* L., tous **S** pour Lec., sont indiff. (cf. Ctj. II); cependant *C. semidecandrum* paraît préférer les sols siliceux (voy. St-L., *S. b. L.* VI, 40).

Elatine hexandra DC., *E. alsinastrum* L., des étangs de la Dombes et de la Bresse = **SSS** pour Ctj. II.

Radiola linoides Gm. — Lec. **S**; Ctj. I, II, **SSS**; St-L. *Cat.* 102. — Sables des molasses, des alluvions anciennes et glaciaires de la Dombes et des Terres-Froides.

Linum gallicum L. — Lec. **S**; Ctj. II, **S**; St-L. *Cat.* 100. — Alluvions anciennes des coteaux du Rhône, 1, 2; gneiss de Vienne; quelques stations (siliceuses !) dans régions calcaires (Bugey, Dauphiné).

Les *L. angustifolium* (**S**, Lᴇᴄ. et Cᴛᴊ.), *L. catharticum* L. (**S** Lᴇᴄ.) sont indifférents.

Malva moschata L. — Lᴇᴄ. **S**; Cᴛᴊ. II, **S**; Sᴛ-L. *Cat.* 103. — Granites, gneiss, cornes vertes, schistes carbonifères du Lyonnais et du Beaujolais; molasses, alluvions anciennes, boue glaciaire et lehm siliceux des coteaux du Rhône, de la Dombes et du Bas-Dauphiné; nombreuses stations (siliceuses : terrains de transport, oxfordien, etc.) dans régions calcaires du Jura, du Bugey, etc.

Hypericum humifusum L. — Lᴇᴄ. **S**; Cᴛᴊ. I, II, **SS**; Sᴛ-L. *Cat.* 108. — Gneiss, granites du Lyonnais et du Forez; boue glaciaire de la Dombes; sables molassiques et erratique alpin du bassin de Belley, dans région calcaire du Bugey. Voy. encore *S. b. L.*, V, 224; IX, 393; *S. b. Fr.*, XXII, 30, et xxxvii; XXIV, 369; XXVII, p. xxxvi; — pour les stations sur diluvium, cf. *B. s. h. n. Moselle*, 1870, 12ᵉ cah., p. 44. — Quelle est la nature exacte des terrains « tout à fait calcaires » sur lesquels M. Olivier indique cette plante silicicole dans son C. R. de l'excursion d'Arbonne (*S. b. Fr.*, t. XXVIII, p. lxxxi, session de Fontainebleau)?

H. pulchrum L. — Lᴇᴄ. **S**; Cᴛᴊ. I, II, **SS**; Sᴛ-L. *S. b. L.*, V, 224; *Cat.* 109. — Granites, gneiss, schistes carbonifères, alluvions glaciaires de l'Azergue, dans le Lyonnais et le Beaujolais; terrains glaciaires du plateau de la Dombes; molasses et alluvions anciennes des Terres-Froides; plusieurs stations, sur l'erratique alpin, dans la région calcaire du Bugey, etc.

L'*H. tetrapterum* Fr. (**S** Lᴇᴄ. et Cᴛᴊ. II) est plutôt indifférent; à plus forte raison, les *H. perforatum* et *quadrangulum*, **S** pour Lᴇᴄ. ; — L'*H. hirsutum*, **S** Lᴇᴄ., est **C** presque indiff. Cᴛᴊ. II ; — pour l'*H. montanum*, indiff. Cᴛᴊ., voy. Vᴀʟʟ. 298.

L'*H. elodes* (Cᴛᴊ. **SSS** ; Sᴛ-L., *Cat.* 110) n'arrive dans notre région que dans les marais de Charrette, près Crémieux.

Geranium nodosum L. — O, Lᴇᴄ., Cᴛᴊ. — Montagnes granitiques du Lyonnais, du Beaujolais et du Forez; alluvions siliceuses de l'Azergue, du Gier, etc.; — nombreuses stations (?) dans régions calcaires : base (gneiss?) du Mont-d'Or lyonnais (*S. b. L.*, I, 91); cf. Sᴛ-L. *Cat.* p. 105, et d'après M. Chastaingt, stations siliceuses dans l'Aveyron, « où il évite les formations calcaires » (*S. b. Fr.*, XXV, 100-104) etc.

G. palustre (**SSS** Cᴛᴊ.), *G. phœum* (**S** Cᴛᴊ.) *Erodium romanum* (**S** Cᴛᴊ.), ne sont pas de la Flore; — *G. sylvaticum* et *G. sanguineum*, **S** pour Lᴇᴄ., sont indiff. (cf. Cᴛᴊ. II).

Oxalis corniculata, **SS** Cᴛᴊ., est erratique ; *O. acetosella*, **S** Lᴇᴄ., est indiff. (Cᴛᴊ.), de même qu'*O. stricta* (**S** Lᴇᴄ.).

Acer Pseudoplatanus (**S** Lᴇᴄ.), *Ilex Aquifolium* (**S** Cᴛᴊ.), *Rhamnus Frangula* (**S** Cᴛᴊ.), bien que se plaisant dans les terrains siliceux, sont indifférents.

Ulex europæus Sm. — Lᴇᴄ. **S** ; Cᴛᴊ. I, II, **SSS** ; Sᴛ-L. *Cat.* 120, etc. — Granites, gneiss, alluvions anciennes de l'Azergue et des coteaux du Rhône, dans le Lyonnais ; terrains glaciaires et alluvions anciennes dans la Dombes et le Bas-Dauphiné.

U. nanus Sm. — Lᴇᴄ. **S** ; Cᴛᴊ. I, II, **SSS** ; Sᴛ-L. *Cat.* 121. — Alluvions anciennes des bas-plateaux lyonnais.

     L'*U. provincialis* Lois. (Cᴛᴊ. **SSS**) et l'*U. parviflorus* Pourr. (Sᴛ-L. *Cat.* **S**) n'arrivent pas dans notre région.

Sarothamnus scoparius Wimm. — Lᴇᴄ. **S** ; Cᴛᴊ I, II, **SSS** ; Sᴛ-L. *Cat.* 122 ; Vᴀʟʟ. 303, **S**. — Tous les terrains siliceux du Lyonnais, du Beaujolais, du Mont-d'Or, des coteaux du Rhône, de la Dombes et du Bas-Dauphiné : gneiss, granites, porphyres, schistes chloriteux et carbonifères, grès du trias, sables molassiques, alluvions anciennes, terrain glaciaire, lehm épuisé, etc. ; — se rencontre aussi sur le ciret, les sables sidérolithiques, l'erratique alpin et les couches devenues accidentellement siliceuses par entraînement du carbonate de chaux, dans les régions calcaires du Beaujolais, du Mont-d'Or, du Bugey et du Dauphiné.

    Pour la présence du Sarothamne sur l'erratique local de la vallée de l'Azergue, recouvrant les collines jurassiques d'Oncin, d'Alix, etc., voyez précédemmment, p. 49 (S. b. L., VIII, 305) ; — sur le ciret et les autres terrains siliceux du massif jurassique du Mont-d'Or, voyez précédemment p. 61 (S. b. L., t. IX, 209, et III, 83) ; — sur le glaciaire alpin (diluvium) des montagnes calcaires du Jura, du Bugey et du Dauphiné : environs de Saint-Amour, Ceyzériat, etc. (Thurmann, *op. cit.*, 261 ; Ctj. et St-Lager, *Géogr. bot.*, 21, 22, 23 ; Michalet, *Bot.*, 126), bassin de Belley, environs de Gex, etc., voyez Magnin, *Stat. de l'Ain*, p. 34, 35 (1), et en général, St-Lager, *S. b. L.*, III, 83-85 ; IV, 53, 134.

---

(1) Les stations à plantes calcifuges des environs de St-Amour, sur lesquelles on a tant discuté, ordinairement sans les visiter, sont bien constituées par un *terrain de transport* jaune, siliceux, qui passe à un limon jaune rempli de nombreux éclats de silex vers les Châtaigneraies de Balanod ; nous les parcourons presque chaque année depuis 1865 et nous reviendrons plus loin sur les observations qu'il nous a été donné d'y faire.

Quoique « fidèle au sol siliceux », le Genet-à-balai se rencontre souvent dans des sols mixtes contenant un peu de
calcaire, par exemple, dans les alluvions anciennes et glaciaires des coteaux du Rhône; comparez : sols calcaréo-siliceux du Gard (Martin in *B. s. b. Fr.*, XXII, p. xxxvii) ;
sables siliceux de Fontainebleau, à 1 % de carbonate de
chaux (Vallot, in *op. cit.* 248), etc. Il peut même supporter
la présence d'une quantité considérable de chaux ; l'analyse
d'échantillons de terre recueillie au voisinage immédiat de
racines de Sarothamne, nous a donné quelquefois :

	n° 1	n° 2	n° 3
Silice.................................	74..	69.20	22.03
Oxyde de calcium....................	11.6	1.83	36.5.

N° 1. Lehm de Beynost (Ain); — n°s 2 et 3. Boue glaciaire de Bron (Isère).

Cf. les expériences de MM. Fliche et Grandeau (*Ann.
phys. et ch.*, XVIII, 1879) montrant que le Sarothamne, de
même que les *Ulex*, qui se sont développés dans les terres siliceuses, en retirent cependant 25 % de leur poids de calcaire.

S. purgans G. Godr. — Lec. **S**; Ctj. I, II, **SSS**; St-L. *Cat.* 122.
— Granites du Pilat. — Cf. cependant sols calcaréo-siliceux
du Gard (*S. b. Fr.*, XXII, p. xxxvii).

Pour les *Spartium junceum* et *Genista Scorpius*, **S** Ctj., voy. Flore calcicole.

Genista anglica L. — Lec. **S**; Ctj. I, II, **SSS**; St-L. *Cat.* 124.
— Terrains granitiques du Lyonnais et du Forez; alluvions
anciennes et glaciaires de la Dombes ; cf. *S. b. Fr.*, XXII,
p. xxxvii.

G. **germanica** L. — Lec. **S** ; Ctj. II, **SSS**; St-L. *S. b. L.*, VI, 40 ;
Cat. 125. — Alluvions anciennes et glaciaires des coteaux
du Rhône; erratique alpin dans région calcaire du Bugey, etc.

Le *G. pilosa* L. (**S**: Lec. ; Ctj. II; Planch. in *S. b. Fr.* IX, 580; Vall. 266)
est indifférent : cf. sa fréquence dans régions calcaires du Mont-
d'Or, du Jura, Bugey, etc. ; voy. St-L., *Cat.* 123 ; Vall. 276 (dolomie **CCC**), 300 « assez indifférent à nature chimique du sol ».

G. tinctoria L. (**S** Lec.) est aussi indiff. (Ctj.) ; — les *G. candicans* L. et
linifolia L. (**SSS** Ctj., St-L. *Cat.*) sont plus méridionaux ;— *G. Scorpius*, **S** Ctj., est calcicole; voy. Lec. ; St-L. *S. b. L.*, V, 223 ;
Vall. 300 ; Clos in *S. b. Fr.* XXVII, 217.

Lupinus hirsutus L. (**SSS** Ctj., St-L., *Cat.* 129), *L. reticulatus* Desv. (Ctj.,
SS, p. 137 ; **SSS**, p. 139), *Adenocarpus complicatus* Gay (Ctj. SSS)
n'arrivent pas dans le Lyonnais.

Melilotus alba Desv. (Ctj. **S**)?— indifférent.

Trifolium arvense Jord. — **S**. LEC., CTJ., ST-L. *Cat.*, VALL. 302.
— Terrains sableux-siliceux (roches granitiques, alluvions,
lehm, etc.) dans toute la région, même dans les contrées
calcaires du Jura, Bugey, sur erratique alpin, terres calcaires épuisées, etc. — Cf. VALL., 266.

T. elegans Savi. — **S** CTJ., ST-L. *Cat.* 151. — Granite et alluvions anciennes des bas-plateaux lyonnais et des coteaux
du Rhône et de la Bresse.

T. Lagopus Pourr. — Granites des coteaux méridionaux du
Lyonnais, rare ; cf. ST.-L. *Cat.* 147.

T. subterraneum L. — LEC. **S**; CTJ. **SS**; ST-L. *Cat.* 148. —
Granites et gneiss du Lyonnais et du Forez ; alluvions
anciennes et glaciaires des coteaux du Rhône et de la
Dombes.

T. striatum L. — **S** LEC. CTJ. — Terrains granitiques, alluvions anciennes du Lyonnais et des coteaux du Rhône ; cependant stations sur basaltes du Forez et dans régions calcaires ; paraît indifférent.

Les *T. ochroleucum, incarnatum, montanum, glomeratum,* **S** pour LEC.
sont indifférents ;— le *T. saxatile* (**S**, ST-L., *S. b. L.,* IX, 393 ; *Cat.*
148) est alpin.

Quant aux *T.* de la section *Chronosenium,* la confusion qui règne dans leur
synonymie rend leur distribution et leur appétence douteuses ; cependant le *T. spadiceum* des monts granitiques du Lyonnais et du
Forez est **SSS** pour LEC., CTJ., ST-L., *S. b. L.,* V, 224 ; — les *T.
aureum* L. (**S** LEC., MAGNIN, *S. bot. de l'Ain,* 53), *agrarium* L.
(**S**, LEC., CTJ., VALL. 277, 302), *procumbens* L. (**S** CTJ.), *filiforme* L.
(ST-L., *Cat.* 152) paraissent aussi préférer les sols siliceux. — Le
T. badium, est silicicole dans le Dauphiné, calcicole dans les Car-
pathes septentrionales, indiff. dans les Alpes autrichiennes, d'après
M. Bonnier (1), p. 10.

Lotus tenuis Kit. — **SS** CTJ., ST-L. *Cat.* 156. — Lieux humides
argilo-siliceux du Lyonnais et du Forez.

L. uliginosus Schk. — **S** CTJ. — Lieux humides des gneiss, granites, alluvions anciennes du Lyonnais ; alluvions anciennes
et ter. glaciaire de la Dombes, du bassin de Belley (dans
région calcaire) Cf. *S. b. Fr.,* XXII, 30 ; XXIV, 369 ; XXVI,
p. LXXI.

L. angustissimus L. f. **diffusus** Sm. — **S** LEC. — Terrain
glaciaire de la Dombes d'étangs, rare ; alluvions anciennes
à Charbonnières. Cf. *S. b. Fr.* XXVI, p. LXXI.

---

(1) Aux auteurs cités, p. 301, il faut ajouter, surtout à propos des *Plantes alpines,* le mémoire de M. BONNIER, *Quelques observ. sur la Flore
alpine de l'Europe,* paru dans les *Ann. des sc. natur.,* 6ᵉ sér., t. X, 1880,
p. 5 et seq.

Ornithopus perpusillus L. — Lec. **S**; Ctj. I, II, **SSS**; St-L.
Cat. 182. — Sables granitiques du Beaujolais, du Lyonnais
et du Forez; s'observe aussi dans les terrains siliceux de la
Dombes et plus rarement sur les alluvions anciennes et glaciaires des coteaux du Rhône (Voy. S. b. L., V, 178, etc.)
et les sables molassiques du Dauphiné.

Les *O. compressus* L., *O. ebracteatus* Brott. (**SSS** Ctj.), plantes du midi de
la France, n'arrivent pas ici.

Vicia lathyroides L. — Lec. **S**; Ctj. II, **SS**. — Gneiss et
granite du Lyonnais et du Forez; se retrouve plus rarement
dans les parties siliceuses des alluvions anciennes et glaciaires des coteaux du Rhône (S. b. L., IV, 162; VI, 40, etc.)
V. lutea L. — **S** Lec., St-L. Cat. 169. — Granite et gneiss du
Lyonnais et du Forez; alluvions anciennes et glaciaires
dans Bas-Dauphiné et dans quelques stations des régions
calcaires du Dauphiné, du Jura, etc. M. Contejean le classe
parmi les calcicoles presque indifférentes « 6 », cependant
en l'indiquant comme un peu psammique (G. bot., 127).
V. Orobus DC. — **S** Lec.; St-L. S. b. L., V, 224. — Granites
du Pilat; cf. Plateau central, Cévennes, etc., et *V. cassu-
bica* L. (Ctj. **S**).

Les *V. angustifolia* L. (**S** Lec.; indiff. Ctj.), *V. monanthos* Desf. (**S** Lec.;
Planch. S. b. Fr. IX), *Ervum hirsutum* L. (**S** St-L. S. b. L. II,
134), *E. Ervilia* L. (Planch. l. c.) sont indifférents.
Le *Lathyrus sylvestris* L. (**S** Lec.) est indiff. cf. Ctj. II; St-L. Cat. 175;
— le *L. Clymenum* (**S** Ctj.) est plus méridional; le *L. angulatus*
(**S** Lec.) quoique indiff. (Ctj. II) paraît préférer, dans notre région,
les sols siliceux : terres granitiques du Lyonnais, du Forez; alluvions anciennes, terrain glaciaire et lehm des coteaux du Rhône et
de la Dombes.

Orobus tuberosus L. — Lec. **S**; Ctj. **SSS**; St-L. Cat. 178.
— Granites, gneiss, etc. du Lyonnais et du Forez; alluvions
anciennes, terrain glaciaire des coteaux du Rhône; sols
siliceux dans régions calcaires.

L'*O. niger*, **S** Lec., est plutôt calcicole : voy. plus loin.

Cerasus padus DC. — **S** : Lec., Ctj., St-L. Cat. 189. — Tous les
sols siliceux et mixtes : gneiss, granites, alluvions anciennes,
glaciaires, etc. Voyez S. b. L. VI, 159, 160.
Rubus Bellardi W. et N. — **S** Lec. (pr. p.), St-L. Cat. 205. —
Granites et gneiss des monts du Lyonnais, du Beaujolais et
du Forez.

R. thyrsoideus Wimm. — **S** St-L. *Cat.* 206. — Granites, gneiss du Lyonnais ; alluvions anciennes, glaciaire, etc. des coteaux du Rhône ; stations (siliceuses ?) dans régions calcaires du Bugey, etc.

R. discolor W. et N. — **S** Lec., St-L. *Cat.* 206. — Très commun surtout sur les sols siliceux.

Les *R. saxatilis* L., *R. idœus* L. **S** Lec., sont indifférents ; — le *R. vestitus* W. et N. (**S** St-L.) est à peine de la région.

Potentilla argentea L. — Lec. **S** ; Ctj. I, II, **SSS** ; St-L. *Cat.* 201. — Terrains siliceux, gneiss, granites, etc. du Lyonnais, du Forez, du Dauphiné, etc. ; voyez *S. b. Fr.* XXVII, 217.

P. Tormentilla L. — O Ctj. — Tous les terrains siliceux de la région : gneiss, granites, porphyres, schistes, etc. ; terrain glaciaire de la Dombes ; dans les régions calcaires du Jura, Bugey, Dauphiné, etc., commun sur les sols tourbeux, l'erratique alpin, les terres calcaires épuisées, l'oxfordien siliceux, etc. Voyez St-L. *S. b. L.* III, 135 ; VI, 47 ; *Cat.* 200 ; — Magnin, *Stat. bot. de l'Ain*, 41, etc ; — *S. b. Fr.*, XXII, 30 ; XXIV, 244, 369, etc.

Les *P. Fragariastrum* L. et *P. rupestris* L., **S** pour Lec., sont indiff. ; ce dernier se rencontre, en effet, non seulement sur les granites, les terrains de transport du Lyonnais, mais encore sur les calcaires du Bugey, etc.

Les *P. nivea* L. (**S** Corr. 159, St-L. *Cat.* 196), *P. frigida* (**S** : Corr. 159 ; St-L. *Cat.* 196 ; *S. b. L.* IX, 393) ne sont pas de la Flore.

Le *Geum reptans* L., des Alpes, serait absolument calcifuge, **SSS**, dans le Dauphiné, les Carpathes et les Alpes autrichiennes (Bonnier *l. c.*, 338 et *Ann. sc. nat.* 1880, t. X, p. 14).

Le *Sibbaldia procumbens* L. (**S** St-L. *Cat.* 193) arrive près de notre région, au Colombier, sur un calcaire siliceux ? Cf. Bonn. *l. c.* p. 11 : **S** dans Dauphiné, indiff. dans les Alpes autrichiennes.

Comarum palustre L. — Ctj. **SS** — Granites, gneiss des monts du Lyonnais ; marais tourbeux sur les alluvions anciennes ou glaciaires dans le plateau bressan, le Bas-Dauphiné, — sur l'erratique alpin dans les montagnes calcaires du Bugey, etc. Voyez St-L. *Cat.* 203.

Rosa gallica L., *R. austriaca* Cr. et les formes voisines de Gallicanes : *R. geminata* Rau, *R. incarnata* Mill., *R. silvatica* Rau, *R. decipiens* Br. etc. — Terrains siliceux des basplateaux Beaujolais et Lyonnais : granites, gneiss, schistes carbonifères et alluvions anciennes.

Les *R. alpina* L., *R. rubrifolia* Vill., *R. arvensis* Scop., *R. tomentosa*, **S** pour Lᴇᴄ., sont indiff.; cf. Cᴛᴊ. II.

Agrimonia odorata L. — Lᴇᴄ. **S** ; Cᴛᴊ. I, II, **SS**; Sᴛ-L. *Cat.* 242. — Terrains siliceux (alluvions anciennes ? gneiss ?) des bas-plateaux lyonnais ; terrains tertiaires et quaternaires (sables molassiques, alluvions glaciaires, etc.) de la Dombes, du Bugey, du Dauphiné, du Forez.

Sanguisorba officinalis L. — Cᴛᴊ., II, **SS**. — Lieux humides de tous les terrains ?

L'*Alchemilla alpina* L. (**S** Lᴇᴄ. : calcic. Cᴏʀʀ. 160) est indifférent ; cf. Cᴛᴊ. II ; cependant nombreuses localités siliceuses dans Sᴛ-L. *Cat.* 244, Vᴀʟʟ. 244, etc.;— les *A. hybrida* Hoffm. (*A. subsericea* GG., **S** Lᴇᴄ., Cᴏʀʀ. 160), *A. arvensis* Scop. (**S** Lᴇᴄ,: indiff. Cᴛᴊ), sont aussi indiff.— Cᴏʀʀ. donne encore comme **S**, les *A. procumbens* M. Bieb. et *fissa* Schum. des Alpes suisses.

Les *Cratægus Oxyacantha* L., *Mespillus germanica* L., *Sorbus Aucuparia* L., *S. Aria* Cr., *S. hybrida* L., *S. torminalis* Cr., *S. Chamœmespilus* Cr., **S** pour Lᴇᴄ., sont tous indiff. ; cf. Cᴛᴊ. II, etc. — Le *Cotoneaster pyracantha* appartient à la zone siliceuse des Maures (Dᴇ Sᴀᴘᴏʀᴛᴀ cité dans *S. b. Fr.*, XXVII, r. b., 234).

Epilobium collinum Gmel. — **O**, Lᴇᴄ., Cᴛᴊ. ; **SS** Sᴛ-L. *Cat.* 254. — Granites et gneiss du Lyonnais, du Beaujolais et du Forez ; voyez *S. b. L.* IX, 393, etc. Il peut cependant croî-tre sur des sols riches en chaux, tels que les platras Coignet près Lyon (95 % de sulfate de chaux ; *S. b. L.*, IV, 39, 45) ; cf. stations dans Dauphiné calcaire.

E. lanceolatum Seb. et Maur. — Granites, gneiss, alluvions an-ciennes, lehm des bas-plateaux du Lyonnais; sables molassi-ques et glaciaires des coteaux du Rhône, du bassin de Belley, du Bas-Dauphiné; cf. granites et basaltes du Forez (Lᴇɢʀᴀɴᴅ), Vosges, Centre de la France, et Sᴛ-L. *Cat.* 254.

E. obscurum Schreb. — Prés tourbeux sur alluvions anc. des bas-plateaux lyonnais, sur glaciaire de la Dombes, etc ; cf. Gɪʟʟᴏᴛ in *Plat. d'Antully*, 1879; *E. virgatum* Fr. **SS** Cᴛᴊ.

E. palustre L. — **SS** Cᴛᴊ. — Marais tourbeux dans régions grani-tiques du Lyonnais et du Forez ; — sur molasse et terrain de transport siliceux de la Bresse, du bassin de Belley, du Bas-Dauphiné.

L'*E. roseum* Schreb. (Cᴛᴊ. **S**) est rare dans notre région: terr. siliceux du Beaujolais, des coteaux du Rhône, etc.; — les *E. alpinum* L. (**S** Sᴛ-L. *S. b. L.* IX, 393; *Cat.* 252), *E. Fleischeri* Hochst. (**S** Sᴛ-L. *ibid.*; Cᴏʀʀ. 97) ne sont pas de la Flore; l'*E. spicatum* Lam., **S** Lᴇᴄ., est indifférent.

L'*Œnothera biennis* L., **S** CTJ., paraît indiff. sur nos alluvions récentes de la Saône et du Rhône.

Isnardia palustris L. — CTJ. **S**. — Mares et étangs des régions siliceuses du Lyonnais, de la Dombes, du bassin de Belley et du Bas-Dauphiné.

Le *Circœa intermedia* Ehrh. (**S** CTJ.), *C. alpina* L. (**S** ST-L. *Cat.* 256 ; indiff. CTJ.) arrivent au Pilat et dans le Bugey.

Myriophyllum alterniflorum DC. — CTJ. **SSS**. — Mares du Lyonnais granitique, rare. — Le *M. spicatum* L., plus commun dans les eaux stagnantes de la Dombes, du Lyonnais, etc., est **S** pour CTJ.

Trapa natans L. — **SSS** CTJ., ST-L. *Cat.* 257. — Eaux stagnantes de la Dombes.

Peplis portula L. — CTJ. **SSS**. — Sables granitiques du Lyonnais et du Forez ; terrain glaciaire de la Dombes.

Lythrum hyssopifolium L. — CTJ. **SS**. — Granites du Lyonnais ; alluvions anciennes et glaciaires des plateaux Lyonnais et de la Dombes.

Le *L. bibracteatum* Salzm., CTJ. **SS**, est de la région méridionale.

Montia minor Gmel. — CTJ. I, II, **SSS** ; ST-L. *Cat.* 261. — Terrains granitiques et terrains de transport siliceux dans le Lyonnais et le Forez ; terrain glaciaire de la Dombes ; molasse du Bas-Dauphiné ; voyez *S. b. L.*, V, 113, 224 ; VI, 49.

Montia rivularis Gmel. — CTJ. I, II, **SSS** ; ST-L. *Cat.* 261. — Ruisseaux des terr. granitiques dans les montagnes du Beaujolais, du Lyonnais et du Forez.

Corrigiola littoralis L. — LEC. **S** ; CTJ. I, II, **SSS** ; ST-L. *Cat.* 266. — Granites, gneiss, cornes vertes, schistes carbonifères, etc. dans le Lyonnais et le Beaujolais ; alluvions anciennes et glaciaires de la Dombes d'étangs et du Bas-Dauphiné ; voyez *S. b. L.*, V, 224 ; VI, 24.

Illecebrum verticillatum L. — LEC. **S** ; CTJ. I, II, **SSS** ; ST-L. *Cat.* 265. — Terrains siliceux du Beaujolais, rare ; sables des alluvions anciennes et glaciaires de la Dombes (assez com.), du Bas-Dauphiné et des Terres-Froides ; voyez *S. b. L.*, VI, 46.

Scleranthus perennis L. — CTJ. I, II, **SSS** ; ST-L. *Cat.* 268. — Tous les terrains siliceux, — gneiss, granites, porphyres, schistes, terrain de transport, etc., — de la région.

Le *Scl. annuus* L. (**S**. LEC.) est indiff. : cf. PLANCH. *S. b. Fr.* IX ; CTJ. II.

L'*Herniaria glabra*, (**S** Lᴇᴄ., indiff. Cᴛᴊ.) est très fréquent dans les gra‑
nites et les gneiss du Lyonnais et du Forez, mais se retrouve dans
régions calcaires. — L'*H. hirsuta* L. (**SS** Cᴛᴊ.; **S** Lᴇᴄ.; voy. Vᴀʟʟ.
244) nous paraît aussi indiff.; il peut, du reste, croître dans terrains
gypseux : voy. platras Coignet, dans *S. b. L.* IV, 45.

Le *Polycarpum tetraphyllum* (**S** Lᴇᴄ., Cᴛᴊ. ll) est indifférent.

Les *Paronychia polygonifolia* DC. (**S** Sᴛ‑L. *Cat.* 263; Vᴀʟʟ. 244), *P. cy‑
mosa* Lᴀᴍ. (Sᴛ‑L. *Cat.* 263) ne sont pas de la Flore, ainsi que les
SSS (Cᴛᴊ), *Tillœa muscosa* L. et *Bulliardia Vaillantii* DC.

Sedum maximum Suter. — Sᴛ‑L. *Cat.* 268, **S.** — Rochers
granitiques de Beaujolais, Lyonnais et Forez ; îlot graniti‑
que de Chamagnieu, et Vienne dans l'Isère ; voyez *S. b. L.*
V, 224. Cependant alluvions (calcaires ?) de l'Ain et le
Cantal, où d'après M. de Valon « il descend par les roches
jurassiques » (*S. b. Fr.*, t. XXVI, p. xix).

S. elegans Lej. — Cᴛᴊ. **S** ; Sᴛ‑L. *Cat.* 278. — Rochers graniti‑
ques de Beaujolais, Lyonnais et Forez; quelques stations
(toutes ? siliceuses) dans Jura calcaire.

S. villosum L. — Cᴛᴊ. II, **SSS** ; Sᴛ‑L. *Cat.* 274. — Montagnes
granitiques de Beaujolais, Lyonnais et Forez; alluvions
anciennes de la Bresse et molasse des Terres‑Froides (rare).
Voyez *S. b. L.*, V, 224; VI, 47.

S. hirsutum L. — O, Cᴛᴊ., Lᴇᴄ.; **S** Sᴛ‑L. *Cat.* 275. — Monta‑
gnes granitiques du Lyonnais et du Forez ; voyez de plus
S. b. L., II, 124 ; V, 224; Gɪʀᴀᴜᴅɪᴀs in *S. s. A.* t. XI ; Vᴀʟʟ.
244, etc.

Les *S. annuum* L. (**SSS** Cᴛᴊ.; Sᴛ‑L., *Cat.* 273; *S. b. L.* IX, 393), *S. pen‑
tandrum* Bor. (Cᴛᴊ. **SSS**), *S. anglicum* Huds. (**S** Sᴛ‑L. *Cat.* 276;
Vᴀʟʟ. 244 ; *S. b. Fr.* XXV, 100‑104), *S. alpestre* Vill. (*S. repens*
Schleich., **S** Sᴛ‑L. *Cat.* 276; *S. b. L.* IX, 393), ne sont pas de la
Flore.

Le *S. Rhodiola* DC., **S** pour Cᴛᴊ. et Cᴏʀʀ., 161, est indifférent, de même
que les *S. Telephium* L., *S. Cepœa* L., *S. rubens* L., et *S. dasyphyl‑
lum* L., **S** pour Lᴇᴄ.; une forme méridionale de ce dernier, le *S.
brevifolium* DC., est cependant franchement silicicole (cf. Sᴛ‑L. *Cat.*
276); pour l'appétence du *S. dasyphyllum*, voy. encore *Flore cal‑
cicole*.

Les *Sempervivum montanum* L. (**S** Cᴛᴊ.; *S. b. Fr.* XXVIII, 322), *S. arach‑
noideum* L. (**S** Cᴛᴊ.; *S. bot. Fr.*, XXV, 100‑104 ; Vᴀʟʟ. 244), *S.
Wulfenii* Hoppe (Cᴏʀʀ. 161), ne sont pas de la Flore lyonnaise.

Umbilicus pendulinus DC. — Lᴇᴄ. **S**; Cᴛᴊ. I, II, **S**; Sᴛ‑L. *Cat.*
281. — Gneiss et granites des vallées du Lyonnais; *S. b. L.*,
V, 224 ; Mᴀɢɴɪɴ, *id.* 1883, p. 189; grès bigarrés de St‑Ger‑
main près l'Arbresle ! Observé aussi fréquemment sur des

roches calcaires dans la Provence (environs de Montpellier ;
Mt. Lubéron, voyez *S. b. L.*, VII, 259, etc.) ; mais presque
exclusivement sur des roches siliceuses dans tout le reste
de la France : Rhône, Loire, Ardèche et Vivarais (ST-L.
Cat. ; *S. b. L.* IX, 174), Drôme, tout le Plateau central, —
Puy-de-Dôme, Cantal, Haute-Loire, Creuse, Corrèze, Lo-
zère, Lot, Tarn (ST-L. *Cat.*), — les Pyrénées (ST-L. et
S. b. L., IX, 138, 150), l'Ouest (*S. b. Fr.* XXII, 27), la Ven-
dée (*S. b. Fr.*, XXIV, 369), la Normandie (*S. b. L.*, 1884,
p. 11); voyez encore dans l'Aveyron : « seulement sur terrains de cristallisation » (Chastaingt dans *S. b. Fr.*, XXV,
100-104) et stations siliceuses avec analyses, dans VALL.,
p. 226 et 304, etc.

Saxifraga granulata L. — **S :** LEC., CTJ. II ; cf. ST-L. *Cat.* 286.
— Terrains granitiques, gneissiques et de transport dans le
Beaujolais et le Lyonnais ; alluvions anciennes, glaciaire
et lehm des vallées et des coteaux du Rhône et de la Saône
et dans le Bas-Dauphiné. Peut-être indiff. ? — Voyez *S. b.
L.*, VII, 247.

Les *S. stellaris* L. (**SSS** CTJ. I, II; ST-L. *Cat.* 283), *S. aspera* L. (**SSS**
CTJ ; ST-L. *Cat.* 285; *S. b. L.* IV, 33 ; IX, 393), *S. bryoides* L. (ST-L.
Cat. 286; *S. b. L.* IV, 33 ; IX, 393), *S. cuneifolia* L. (**SSS** CTJ. II;
ST-L. *Cat.* 284), *S. Clusii* Gouan (ST-L. *Cat.* 284), *S. Hirculus* L.
(**SSS** CTJ. II; ST-L. *Cat.* 285), *S. ajugœfolia* L. (ST-L. *Cat.* 288),
S. exarata Vill. (ST-L. *Cat.* 289 ; *S. b. L.* IX, 393), *S. hypnoides* L.
(ST-L. *Cat.* 291), *S. biflora* All. (**SSS** CTJ. II ; ST-L. *Cat.* 294),
S. retusa Gouan (**SSS** CTJ., ST-L. *Cat.* 295), *S. Cotyledon* L.
(ST-L. *Cat.* 292 ; *S. b. L.*, IX, 393, sub *pyramidali* ; **calcic.** à tort !
pour CTJ. II, 127), tous **S**, sont des hautes montagnes ou étrangers
à la région lyonnaise.

Chrysosplenium alternifolium L. — **S** CTJ. II ; ST-L. *Cat.* 295.
— Ruisseaux des montagnes granitiques du Lyonnais, du
Beaujolais et du Forez ; aussi dans zone des sapins des
régions calcaires, d'où presque indifférent.

Angelica pyrenæa Spreng. — LEC. **S**; CTJ. II, **SSS**; ST-L.
Cat. 303. — Granites du Pilat ; voyez *S. b. L.* V, 224.

Selinum carvifolia L. — CTJ. I, II, **SSS** ; ST-L. *Cat.* 304. — Marais tourbeux dans le Bas-Dauphiné et les chaînes calcaires
du Jura.

Peucedanum parisiense DC. — CTJ., II, **S** ; ST-L. *Cat.* 304.
— Granites et alluvions anciennes siliceuses des bas-plateaux
du Beaujolais et du Lyonnais ; habitats siliceux dans le Forez
et le centre de la France.

P. oreoselinum Mœnch. — Lec. **S** ; Ctj. II, **S**; St-L. *Cat.* 305. — Commun sur les roches siliceuses de toute la région, mais ? indifférent.

P. palustre Mœnch. — Ctj. **SS**. — Prés tourbeux des terrains molassiques et de transport de la Dombes, du Bas-Dauphiné, du bassin de Belley.

Meum athamanticum Jacq. — Lec. **S** ; Ctj. I, II, **SSS** ; St-L. *Cat.* 309. — Granite du Pilat, du Forez ; voyez *S. b. L.*, V, 224 ; **C** à tort dans Corr. 169.

Les *M. mutellina* Gærtn. (**S** St-L. *Cat.* 310), *Laserpitium Panax* Gouan (**S** St-L. *Cat.* 302), *Gaya simplex* Gaud. (**S** St-L. *Cat.* 309), *Bupleurum stellatum* L. (**S** St-L. *Cat.* 318 ; *S. b. L.* IX, 393), ne sont pas de la Flore ; les *Meum* et *Gaya* sont, du reste, indiff. dans les Alpes autrichiennes et les Carpathes, d'après Bonn., *A. S. N.* 1880, X, p. 11.

Les *Seseli coloratum* Ehrh., *Carum Carvi* L., *Pimpinella magna* L., *Sanicula europæa* L., **S** pour Lec., indiff. Ctj., sont en effet indifférents dans notre région.

Les *Œnanthe Lachenalii* Gmel (**SS** Ctj.), *Œ. pimpinelloides* L. (**SS** Ctj.), *Œ. peucedanifolia* Poll. (**S** Lec., Ctj.), *Œ. fistulosa* L. (**S** Ctj.), *Helosciadium inundatum* Koch (**SSS** Ctj.), *Hydrocotyle vulgaris* L. (**SSS** Ctj.), *Sium latifolium* L., (**S** Ctj.), se trouvent aussi plus ou moins abondamment dans les marais ou les sols tourbeux de la région ; les *Œnanthe crocata* L., et *Cicuta virosa* L., **SSS** Ctj. sont absents ou très rares.

Carum verticillatum Koch. — Ctj. **SSS** ; St-L. *Cat.* 322. — Terrains granitiques des monts du Beaujolais, du Lyonnais et du Forez ; *S. b. L.*, V, 224.

Sison amomum L. — Ctj. **S**. — Terrains de transport des coteaux de la Saône, de la Bresse et de la Dombes.

Conopodium denudatum Koch. — Lec. **S** ; Ctj. I, II, **SSS** ; St-L. *Cat.* 328. — Montagnes granitiques du Beaujolais, du Lyonnais et du Forez.

L'*Astrantia minor* L., — **S** pour St-L. *Cat.* 33, Corr. 168, — est de la zone alpestre.

Adoxa moschatellina L. — **S** St-L. *Cat.* 336 ; indif. Ctj. — Alluvions siliceuses des vallées granitiques du Lyonnais et du Beaujolais, des vallons tertiaires et quaternaires de la Dombes ; mêmes stations siliceuses (?) dans les vallées de la région calcaire du Bugey, dans le bassin molassique et glaciaire de Belley, etc.

Lonicera periclymenum L., — indiff. Ctj., **S** pour St-L. *Cat.* 338, — paraît habiter de préférence les haies et les bois des terrains siliceux dans toute la région.

Sambucus racemosa L., **S** Lec., indiff. Ctj., est bien indifférent à la nature chimique du sol.

Galium saxatile L. — Lec. **S** ; Ctj. I, II, **SSS** ; St-L. *Cat.* 347. — Montagnes granitiques du Beaujolais, du Lyonnais et du Forez ; *S. b. L.*, V, 224.

G. uliginosum L. — Ctj. **SS**. — Marais de la Dombes et du Bas-Dauphiné.

G. dumetorum Jord. — Terrains siliceux (granites, alluvions anciennes) du Lyonnais et du Forez ; alluvions anciennes du Bas-Dauphiné. — Le *G. viridulum* Jord., autre forme démembrée du *G. mollugo* L., préfère aussi les sols siliceux ; voyez Cariot, 6ᵉ édit., p. 355, 356.

Le *G. boreale* L. (**SS** Lec., Ctj.), habite les prés tourbeux du Bugey ; — le *G. vernum* Scop. (**SS** Ct.) est une espèce alpine.

Les *G. divaricatum* Lam. (**S** Lec.), *G. rotundifolium* L. (**S** Lec., St-L. *S. b. L.* II, 124 ; indiff. Ctj. II, St-L. *Cat.* 340), sont indifférents.

Les *Asperula odorata* et *cynanchica*, **S** pour Lec., sont indiff. pour Ctj. ; cette dernière espèce s'observe, en effet, aussi fréquemment dans les sables, les graviers, les éboulis calcaires que dans les sols siliceux : cf. Vall. 306.

Le *Crucianella angustifolia*, **S** pour Lec., est **C** pour Ctj. ; indifférent ? — Granites et gneiss des bas-plateaux lyonnais (cf. granites de l'Ardèche, *S. b. L.*, IX, 198); alluvions anciennes et glaciaires des coteaux du Rhône, 1, 2, 3.

Valeriana tripteris L. — Ctj. **SSS**. — Granites du Pilat ; — nombreuses stations (siliceuses ou tourbeuses?) dans régions calcaires du Jura, du Bugey : d'où « plus fréquent sur les sols siliceux, mais non exclusif, » St-L. *Cat.* 355.

Le *V. dioica* L., **S** Ctj., est commun dans tous les lieux humides; — les *V. celtica* L. (**S** : St-L. *S. b. L.* IX, 393 ; Corr. 170), *V. saliunca* All. (**S** Corr. 170), ne sont pas de la Flore.

Succisa pratensis Mœnch. — **S** Lec., Ctj. —Commun dans les lieux humides, surtout dans les régions siliceuses : Lyonnais, Dombes, etc.

Doronicum austriacum Jacq. — Ctj. **SSS** ; St-L. *Cat.* 376. — Montagnes granitiques du Beaujolais et du Forez; *S. b. L.*, V, 224. — Corr. le donne comme **C.**, p. 174 ?

Arnica montana L. — Lec. **S** ; Ctj. I, II, **SSS** ; St-L. *Cat.* 378. — Montagnes granitiques du Beaujolais et du Forez; *S. b. L.* IV, 134; quelques stations dans les montagnes calcaires du Jura et du Bugey, mais sur l'erratique alpin ou les sols tourbeux, etc.; voyez St-L. *Cat.* 378, 379 ; *S. b. L.*, V, 179, 224; VI, 47; IX, 393; — *S. b. Fr.*, XXIII, r. b., p. 7; — cf. Corr. 175.

Senecio viscosus L. — **S** Lec., Ctj. — Paraît en effet plus fréquent dans les rochers granitiques du Lyonnais; mais assez commun dans montagnes du Bugey sur le calcaire! ; voyez *S. b. L.*, I, 48; VI, 24 ; IX, 197.

S. silvaticus L. — Lec. **S**; Ctj. II, **SS** ; St-L. *Cat.* 379. — Sols granitiques du Beaujolais et du Lyonnais ; alluvions anciennes et glaciaires de la Dombes et du Bas-Dauphiné ; voyez *S. h. Moselle*, 1870, p. 44 ; *S. b. Belgique*, XVI, 181.

S. adonidifolius Lois. — Lec. **S**; Ctj. I, II, **SSS** ; St-L. *Cat.* 381.— Montagnes granitiques du Beaujolais et du Lyonnais (rare), du Forez (commun) ; voyez *S. b. L.*, V, 12, 224 ; *S. b. Fr.*, XXVII, 225.

S. aquaticus Huds. — **S** Ctj. — Lieux humides des terrains de transport dans les Dombes, les coteaux du Rhône et le Bas-Dauphiné ; cf. St-L. *Cat.* 381.

Le *Solidago virga-aurea* L. (**S** Lec., Ctj.) est plutôt indifférent; on le trouve, en effet, dans le Mont-d'Or, les coteaux du Rhône, le Bugey, etc. : cf. Vall., 261 (sur dolomie C), 307.

L'*Erigeron uniflorus* L. (**S** St-L., *Cat.* 372 ; Corr. 172), n'est pas de la Flore.

Le *S. paludosus* L. (**S** Ctj.) habite les marais des alluvions récentes dans les vallées de la Saône, de la Bourbre, etc.

Les *S. incanus* L. (**S** St-L., *S. b. L.* IX, 393), *S. Cacaliaster* Lam. (St-L., *S. b. L.*, V, 224), *Leucanthemum alpinum* Lam. (**S** St-L. *Cat.* 392), ne sont pas de la Flore.

L'*Artemisia campestris* L., d'abord **S** pour Ctj. I, est devenue « maritime presque indifférente » (*Géog. bot.*, p. 124); elle est indifférente dans notre région.

Le *Tanacetum vulgare* L. **S** Ctj., paraît indiff.: alluv. récentes de la Saône et du Rhône ; voy. *S. b. L.*, VI, 24.

Matricaria Chamomilla L. — Granites, gneiss du Lyonnais et du Forez ; alluvions anciennes et glaciaires du Lyonnais et de la Dombes ; cf. St-L. *Cat.* 393 ; — quelques stations dans région calcaire du Revermont (Thurmann).

Anthemis nobilis L.— **S** Ctj., St-L. *Cat.* 394 : — « Régions granitiques du Lyonnais et du Forez ; terrains argilo-siliceux de la Dombes. »

A. collina Jord. — **S** St-L. *Cat.* 394. — Gneiss et granites de la partie méridionale des Cot. du Rhône au-dessous du Gier et de Vienne.

L'*A. arvensis* L., **S** Ctj., est plutôt indifférent; —l'*A. mixta* L., **S** Ctj., est plus méridional.

Les *Achillea moschata* L. (**S** St-L. *S. b. L.* IV, 34 ; IX, 393; X, 25; *Cat.*

401; Corr. 97, 174), *A. nana* L. (St-L., *S. b. L.* IX, 393; Corr., 174) et *A. clavennæ* L. (Corr. 174), sont des espèces alpines.
L'*A. Ptarmica* L., S Lec., est indiff. : cf. Ctj. II.

Inula graveolens Desf. — S Lec., indif. Ctj. II — Gneiss, schistes carbonifères, alluvions anciennes siliceuses des bas-plateaux lyonnais ; — alluvions anciennes et glaciaires de la Dombes; voyez *S. b. L.* V, 39; *S. b. Fr.*, XXII, 27, etc.

I. Pulicaria L , S Ctj., lieux humides surtout des terrains siliceux, dans le Lyonnais, la Dombes, le bassin de Belley, etc.
I. salicina L., S Lec., est indiff. Ctj., calcicole pour St-L.; voy. *Flore calcicole.*
L'*Helichrysum arenarium* DC., SSS Ctj., est méridional.

Gnaphalium luteoalbum L. — Ctj. SS. — Terrains granitiques du Lyonnais et du Forez; alluvions anciennes et glaciaires du Lyonnais, de la Dombes, des Cot. du Rhône, etc.; *S. b. L.* IV, 45.

Le *Gn. uliginosum* L. (S Ctj.; *S. b. L.* VI, 24), *Gn. silvaticum* L. (S Lec., indiff. Ctj.), *Gn. dioicum* (S Lec., Ctj. II), sont plutôt indifférents; ce dernier vient, en effet, sur les pelouses des mont. calcaires du Mont-d'Or, du Bugey, etc.
Les *Gn. carpathicum* (S St-L. *S. b. L.* IX, 393; *Cat.* 410), *Gn. norwegicum* Gunn. (S St-L. *ibid.*), sont des Alpes, de même que le *Leontopodium alpinum* qui, presque S dans le Dauphiné, est C dans les Carpathes et indiff. dans les Alpes autrichiennes, d'après Bonnier (*S. b. Fr.* XXVI, 338 et *A. S. N.*, 1880, X, p. 11); il en est de même du *G. carpathicum*, d'après cet auteur, *l. c.*

Filago arvensis L. — Lec. S; Ctj. SSS; St-L. *Cat.* 411. — Terrains siliceux de toute la région : granites, gneiss, schistes, alluvions anciennes et glaciaires, etc.

F. minima Fries. — Lec. S; Ctj. SSS; St-L. *id.* — Mêmes habitats.

F. germanica L. — Lec. O; Ctj. SS; St-L. *id.* — Mêmes stations ; des deux formes démembrées de ce type, le *F. lutescens* Jord. serait plus manifestement silicicole, le *F. canescens* Jord., au contraire, presque indifférent.

F. gallica L. — Lec. S ; Ctj. SS; St-L. *id.*; Vall. 257, 307. — Même habitat; cf. *S. b. L.*, VI, 49 ; *S. b. Fr.* XXVIII, p. LXXX.

L'*Evax pygmœa* Pers., Ctj. S, est méridional.
Cirsium eriophorum Scop. — Lec. S ; indiff. Ctj. — Très fréquent dans mont. granitiques du Lyonnais et du Forez; mais commun aussi dans régions calcaires du Bugey, du Jura, etc.

C. palustre Scop. (Ctj. **S**), *C. bulbosum* DC. (Ctj. **S**) : prés humides de
toute la région.

Le *C. anglicum* Lob. (**SSS** Ctj. II, St-L. *Cat.* 417), n'arrive pas ici.

Le *Carduus personnata* Jacq. (**S** Lec.) est indiff.; cf. Ctj.

Les *Rhaponticum scariosum* Lam. (**SS** St-L., *S. b. L.* IX, 393 ; *Cat.* 422),
Saussurea discolor DC. (**S** St-L., *Cat.* 434, **C** Corr. 176), *S. alpina* DC.
(**S** Corr. 176) sont des espèces alpines.

Centaurea nigra L. (*obscura* Jord.) — Lec. **S** ; Ctj., I, II, **SS** ;
St-L. *Cat.* 423. — Montagnes granitiques de Beaujolais,
Lyonnais et Forez.

C. nemoralis Jord. — **S** St-L. *Cat.* 423. — Terrains granitiques
et de transport siliceux des bas-plateaux lyonnais, de la
Dombes, etc.

Le *Serratula tinctoria* L (**S** Lec. ; indiff. Ctj.), bien que se retrouvant dans
les massifs calcaires du Mont-d'Or (sur le Ciret) et du Bugey, paraît
plus fréquent dans terr. granitiques du Lyonnais ? cf. *S. b. Fr.*
XXII, 27.

Les *Tolpis barbata* Willd. (**S** Planch. *S. b. Fr.* IX; Ctj. II ; St-L. *Cat.* 439),
Rhagadiolus stellatus DC. (**S** Ctj., **C** Lec.), sont des espèces méridionales.

Arnoseris pusilla Gærtn. — Lec. **S** ; Ctj. I, II, **SSS** ; St-L.
Cat. 440. — Granites, gneiss, porphyres, schistes des pla-
teaux et des montagnes du Lyonnais, du Beaujolais et du
Forez ; sables de la molasse, des alluvions anciennes et gla-
ciaires de la Dombes et des Terres-Froides ; voyez *S. b. L.*
V, 226; *S. h. Moselle*, 1870, p. 73, etc.

Hypochœris glabra L. — Lec. **S** ; Ctj. I, II, **SSS** ; —
terrains siliceux de toute la région.

Les *H. radicata* L. et *maculata* (**S** Lec.), sont indiff.

Thrincia hirta Roth. — Ctj. **SS**. — Terrains siliceux, granites,
gneiss, schistes, porphyres, du Lyonnais; alluvions anciennes
et glaciaires des Cot. du Rhône, de la Valbonne, etc. ; voyez
S. b. L., IV, 45. — *S. b. Fr.* XXII, 27.

Leontodon pyrenaicus Gouan — Ctj. **SSS**; St-L. *Cat.* 442.
— Granites du Pilat.

Scorzonera humilis L. — **S** : Planch. *l. c.*; Ctj. II ; St-L. *Cat.*
446. — Granites, gneiss, etc. du Lyonnais, du Beaujolais et
du Forez ; alluvions anciennes et glaciaires de la Dombes ;
— s'observe aussi dans les régions calcaires du Jura, du
Bugey, sur les sols siliceux, l'oxfordien à chailles, les
prairies tourbeuses ou l'erratique alpin, etc. ; voy. Magnin,
St. bot. Ain, 53.

Sonchus Plumieri L. — Lec. **S** ; Ctj. II, **SSS** ; St-L. *Cat.* 455
— Grès porphyriques, granites du Beaujolais et du Pilat ;
S. b. L., V, 224.

Crepis paludosa Mœnch. — Ctj. II, **S** ; St-L. *Cat.* 462. — Marais
sur granites, gneiss, porphyres du Lyonnais, Beaujolais,
Forez ; — sur erratique alpin dans montagnes calcaires du
Bugey, etc.

Hieracium lævicaule Jord. — St-L. *Cat.* 482. — Montagnes granitiques du Beaujolais.

H. tridentatum Fr. — St-L. *Cat.* 488. — Terrains siliceux de la
Dombes.

H. boreale Fr. — Ctj. **S.** — Plusieurs formes au moins silicicoles
dans le Lyonnais : voyez St-L. *Cat.* 489 et 490.

H. umbellatum L. — **S** Lec., Ctj. — Terrains siliceux de toute
la région : gneiss, granites, alluvions anciennes et glaciaires
du Beaujolais, du Lyonnais, des Cot. du Rhône, etc. ; —
erratique alpin, terres épuisées dans région calcaire du
Bugey.

L'*H. pilosella* L., (f. *pilosissimum* **S** Lec.), est indiff., bien que très commun surtout sur les terrains siliceux : cf. Ctj.

Les *H. piliferum* Hoppe, *glanduliferum* Hoppe, *alpinum* L., **S** pour St-L.
Cat. 471, 475, sont alpins ; ce dernier, **S** dans le Dauphiné et les
Alpes autrichiennes, est indiff. dans les Carpathes (Bonn. *l. c.* p. 11).

Andryala sinuata L. — Lec. **S** ; Ctj. II, **SS**. — Granites,
gneiss, cornes vertes des bas-plateaux et des vallées du
Lyonnais ; alluvions anciennes et glaciaires, lehm épuisé des
Cot. du Rhône dans le Lyonnais et sur le bord méridional du
plateau de la Dombes ; voy. *S. b. Fr.*, IX (Planchon **S**) ;
XXIV, 244-256 ; XXVII, 217 et seq. (Clos **SS**) ; — *S. b. L.*
IX, 197 ; 1883, p. 151.

Le *Scolymus hispanicus* L., **S** Ctj. **C** Lec., est adventice ; — les *Xanthium*
strumarium L. (**C** Lec.), *X. spinosum* L. (**C** Lec.), et *X. macrocar-*
pum DC., tous **S** pour Ctj., sont aussi adventices, principalement
sur les alluvions récentes de la Saône et du Rhône.

Le *Lobelia urens* L. **SSS** Ctj., est de l'ouest et du centre de la France.

Jasione perennis Lam. — Lec. **S** ; Ctj. I, II, **SSS** ; St-L.
Cat. 496. — Montagnes granitiques du Beaujolais, du Lyonnais (rare) et du Forez ; *S. b. L.*, V, 224 ; VI, 24.

J. Carioni Bor. — Plus commun sur les terrains granitiques des
monts et des bas-plateaux beaujolais et lyonnais.

J. montana L. — Lec. **S** ; Ctj. I, II, **SS** ; St-L. *Cat.* 495, **SS**. —
Terrains siliceux de toute la région : roches granitiques du

Lyonnais et du Beaujolais ; terrains de transport des coteaux du Rhône et du Bas-Dauphiné ; nombreuses stations dans le massif calcaire du Bugey, sur l'erratique ? les terres calcaires épuisées ? etc.

Cette espèce est silicicole exclusive ou presque exclusive pour la plupart des phytostaticiens : Lec., Planch. (S. b. Fr. IX), Ctj., St-L. (Cat. et S. b. L., II, 124); voyez encore pour les localités siliceuses, S. b. L., IV, 61 ; VI, 40; S. b. Fr., XXII, 27; XXIV, 369 ; Vall., 266.

Mais elle serait indifférente à la nature chimique et physique du sol pour M. Vallot (p. 310); on expliquerait ainsi : 1° sa présence sur les terrains de transport, mixtes, souvent calcaires des coteaux du Rhône (voyez S. b. L., V, 175 ; St-L. Cat. 496); 2° sa présence daus les régions calcaires, mais peut-être sur un substratum particulier. Quoi qu'il en soit, elle peut vivre dans un sol riche en chaux, sur des dolomies CCC, comme M. Vallot l'a constaté, op. cit., p. 261.

Le *Phyteuma spicatum* L., **S** pour Lec. et Ctj., est indiff. ; sa var. *nigrum* Sm., **SS** Ctj., manifestement silicicole, n'arrive pas dans le Lyonnais ; voy. St-L., Cat. 499.

Le *P. hemisphœricum* L., — **S** Ctj., St.-L. (S. b. L. IX, 393; X, 25 ; Cat. 497), Corr. 97, — n'est pas de la Flore.

Campanula hederacea L. — Ctj. II, **SSS**; St-L. Cat. 509. — Montagnes granitiques du Haut-Beaujolais ; S. b. L., V, 224.

C. cervicaria L. — St-L. Cat. 502, **S**. — Montagnes granitiques du Beaujolais, du Lyonnais et du Pilat ; alluvions anciennes et glaciaires des bas-plateaux lyonnais et de la Dombes (rare.)

C. linifolia L. — St-L. Cat. 505 : « plus commun sur les terrains siliceux.» — Granites du Beaujolais et du Pilat ; S. b. L., II, 124. Cependant quelques localités dans massifs calcaires du Jura (Michalet), de la Grande-Chartreuse, etc.

C. patula L. — Ctj. **S**. — « Région granitique du Beaujolais et du Lyonnais » : St-L. Cat. 508.

Les *C. rotundifolia* L., *C. rhomboidalis*, *C. Trachelium* et *C. persicifolia*, **S** pour Lec., sont indiff.; le *C. glomerata*, **S** Lec., est plutôt **C** : voy. Ctj. II, St-L., etc., et *Flore calc.*

Vaccinium Myrtillus L. — Lec. **S** ; Ctj. I, II, **SS**; St-L. Cat. 509. — Commun dans les montagnes granitiques du Beaujolais, Lyonnais et Forez ; assez commun aussi dans les régions calcaires (Jura, Bugey), sur l'humus (pauvre en chaux) des forèts, les dépôts glaciaires (diluvium, erratique

alpin), les couches siliceuses du jurassique ou du crétacé,
etc.; voyez Planch. *S. b. Fr.* IX ; Vall. 244, etc.

Pour stations dans régions calcaires, voyez St-L. *Cat.*
509; Guignier in *S. b. Fr.*, XXVI, 299 (Grande-Chartreuse);
Magnin, *Stat. bot. de l'Ain*, 52 ; *S. b. L.* etc. (Bugey) et
plus loin, diluvium de St-Amour! du mont du Chat! etc.

V. uliginosum L. — Ctj. I, II. **SSS** ; St-L. *Cat.* 509. — Marais
tourbeux des montagnes du Bugey.

V. Vitis-idæa L. — Ctj., II, **S** ; St-L. *Cat.* 510. — Granites du
Boucivre (monts du Lyonnais) et du Pilat ; stations siliceuses
ou tourbeuses dans montagnes calcaires.

V. Oxycoccos L. — Ctj. II, **SSS**. — Marais tourbeux des
montagnes du Bugey.

L'*Arbutus Uva-ursi* L., **S** Ctj., paraît indiff. (voy stat. calc. du Jura et St-L.
Cat. 512); — l'*A. Unedo* L., **S** St-L. *Cat.* 511, est du Midi ; — les
Andromeda polifolia L., **SSS** Ctj., et *calyculata* L. **SSS** Ctj.,
Ledum palustre L., **SSS** Ctj., *Loiseleuria decumbens* Desv. (**S**
St-L. *S. b. L.* IX, 393, *Cat.* 515), ne sont pas de la Flore.

Les *Rhododendrum*, dont une espèce au moins, le *Rh. ferrugineum* L.,
arrive dans le Jura, au Reculet, présentent d'intéressants phénomènes
de dispersion ; — le *Rh. ferrugineum* est donné comme **S** par la
plupart des phytostaticiens, au contraire du *Rh. hirsutum* L. qui
serait calcicole (voy. Ctj. **S**; St-L. *Cat.* 516 ; Corr. 97, 100 ; *S. b. Fr.*
XXVII, 217 et seq., etc.) ; or, on trouve le *Rh. ferrugineum* dans la
chaîne calcaire du Reculet; serait-ce sur des couches siliceuses ? ou
bien, s'il croît « dans les endroits les plus calcaires », peut-être la
terre qui sépare les racines est-elle de composition différente, d'après
Correvon *op. cit.*, p. 101 ? M. Bonnier, qui a trouvé le *Rh. ferrugineum* indifférent dans les chaînes occidentales des Alpes (Dauphiné et Savoie), pense que s'il est limité aux sols siliceux dans les
chaînes orientales, c'est qu'il y est en concurrence avec le *Rh. hirsutum*, qui préfère les sols calcaires (*S. b. Fr.* XXVI, 338 et *A. S. N.*,
1880, X, p. 15) ; les analyses du sol ont prouvé, du reste, à
M. Bonnier que le *Rh. ferrugineum* peut certainement vivre dans
un sol très riche en carbonate de chaux : ce qui explique sa présence au Reculet, quelle que soit la nature du terrain sur lequel il
croit.

Calluna vulgaris Salisb. — Lec. **S** ; Ctj. I, II, **SSS** ; St.-L.
Cat. 513. — Terrains siliceux de toute la région ; — couches
siliceuses dans régions calcaires.

Pour les stations dans régions granitiques ; voy. *S. b. L.*,
V, 224; St-L. in *S. b. L.* IV, 53 ; Vall., 231, 311 ; dans
l'Ouest : *S. b. Fr.*, XXII, 27 ; XXIV, 369 ; Ctj. *A. S. N.*,
1875, p. 231, etc.

Pour les stations dans régions calcaires ; voyez : *S. b. L.* III, 83, 127 ; IV, 61 ; — grès bigarrés et ciret dans le Mont-d'Or lyonnais ! ; couche à rognons siliceux de la partie supérieure du bajocien dans région calcaire des environs de Solutré, — id. dans la grande oolithe de Lesnes (DUCROS) ; — boue glaciaire et lehm épuisé des coteaux du Rhône ! ; — erratique alpin, sol tourbeux désséchés, dépôts sidérolithiques, etc. dans chaînes calcaires du Bugey ; cf. dans le massif de la Grande-Chartreuse, GUIGNIER, *S. b. Fr.* XXVI, 137 (boue glaciaire, etc.), 299 et seq. (c. calcaires épuisées).

La Bruyère peut tolérer la présence d'une petite quantité de chaux : cf. ciret du Mont-d'Or ; sols mixtes des coteaux du Rhône, glaciaire et lehm ; — terrains silicéo-calcaires (à moins de 1,5 % de chaux) de Fontainebleau ; voyez FLICHE (*S. sc. Nancy*, 1876.), VALL. (*S. b. Fr.*, XXVIII, p. LXIII et seq.) et particulièrement sable siliceux SC (carbonate de chaux 1.12) du mail Henri IV dans VALL. 165, 249 et 311 (an erreur pour *E. cinerea ?*) ; diluvium des plateaux à flore mixte, dans HUMBERT, *S. h. n. Moselle*, 1870, 12° cah., p. 44, etc. ; stations calcaires et siliceuses dans les Carpathes, d'après BONN., *A. S. N.*, X, 12, etc.

Les *Erica* sont des plantes kaliphiles pour M. St-Lager : voyez *S. b. L.* IV, 53 ; leurs cendres renferment 40 à 50 % de silice.

Erica decipiens St-Am. (*E. vagans* G. G.). — CTJ. II, **SSS** ; ST-L. *Cat.* 513. — Granite des monts du Lyonnais (très rare) ; terrains de transport siliceux du Bas-Dauphiné (rare) ; voyez *S. b. Fr.* XXV, 137.

E. cinerea L. — LEC. **S** ; CTJ. I, II, **SSS** ; ST-L. 514 ; — terrains de transport siliceux dans Bas-Dauphiné (rare) ; voyez *S. b. L.* V, 224 ; *S. b. Fr.* XXII, 27 ; XXVIII, p. LXXIX, etc. ; VALL. 231, 311 ; — se trouve aussi dans terrains mixtes ; voyez VALL. 248, 249.

Les *E. arborea* L. (**SSS** CTJ. II ; ST-L. *Cat.* 514), *E. ciliaris* L. (**SSS** CTJ.), *E. tetralix* L. (**SSS** CTJ.), n'atteignent pas le Lyonnais ; — l'*E. scoparia* L. (**SSS** CTJ. I, II), a été trouvé sur les sols calcaires, voy. *S. b. Fr.*, 26 avril 1878, t. XXV, p. 137. Cependant voy. *S. b. L.* V, 224, etc.

Les *Piroles* paraissent toutes indiff. ; cependant le *P. minor* L., des monts du Lyonnais et du Bugey, est plus commun sur les terrains siliceux (ST-L. *Cat.* 517) ; quant au *P. umbellata* L., **SSS** CTJ., il ne se trouve pas dans notre région.

Le *Pinguicula vulgaris* L., des marais du Haut-Bugey, l'*Utricularia vulgaris* L. des eaux stagnantes de la Dombes, du Bas-Dauphiné, du bassin de Belley, sont **SS** ¦pour Cᴛᴊ. II ; l'*U. minor* L., plus rare dans les mêmes localités, serait aussi **S** pour Sᴛ-L. *Cat.* 522.

Les *Primula viscosa* Vill. (**S** Sᴛ-L. *Cat.* 525 ; Cᴏʀʀ. 188 ; *S. b. Fr.* XXVIII, 322, etc.), *P. longiflora* All. et *P. villosa* Jacq., **S** Cᴏʀʀ. 97, 188, 189, ne sont pas de la Flore.— Il en est de même des *Androsace glacialis* Hoppe (**S**, Sᴛ-L. *Cat.* 527 ; Cᴏʀʀ. 97, 187), *A. carnea* L. (**S**, Sᴛ-L. 529, Cᴏʀʀ. 97, 187), *A. obtusifolia* All. (**S** Sᴛ-L. 530); cette dernière espèce est reconnue comme absolument calcifuge dans les trois contrées du Dauphiné, des Carpathes et des Alpes autrichiennes (Bonnier, *S. b. Fr.* XXVI, 338 et *A. S. N.*, X, 14).

Lysimachia nemorum L. — Cᴛᴊ. II, **S**. — Très fréquent dans la région granitique du Lyonnais, du Beaujolais et du Forez, se retrouve dans les chaînes calcaires du Jura et du Bugey, sur l'humus (pauvre en chaux) des forêts, l'erratique du bassin de Belley, etc.

Le *L. thyrsiflora* L., Cᴛᴊ. **SSS**., n'est pas de la Flore.

Centunculus minimus L. — Cᴛᴊ. II, **SS** ; Sᴛ-L. *Cat.* 534. — Terrains granitiques et alluvions anciennes des bas-plateaux lyonnais ; commun sur le terrain glaciaire à étang de la Dombes.

Anagallis tenella L. — Cᴛᴊ. II, **SS** ; Sᴛ-L. *Cat.* 535. — Montagnes granitiques du Beaujolais et du Lyonnais, rare ; marais des alluvions anciennes et glaciaires de la Dombes (rare) et du Bas-Dauphiné.

Samolus Valerandi L. — Cᴛᴊ. II **SS**. — Paraît moins caractéristique : marais des alluvions récentes des bords du Rhône, Bas-Dauphiné, bassin de Belley, etc.

L'*Erythræa pulchella* Fr., Cᴛᴊ. II, **S**, est au moins aussi préférente : alluv. anc. et réc. des vall. et cot. de la Saône et du Rhône, de la Dombes (rare) et du Bas-Dauphiné, etc.

Cicendia filiformis Rchb. — Lᴇᴄ. **S** ; Cᴛᴊ. II, **SSS** ; Sᴛ-L. *Cat.* 541. — Alluvions anciennes et glaciaires des bas-plateaux beaujolais et lyonnais, de la Dombes.

C. pusilla Grisb. — Lᴇᴄ. **S** ; Cᴛᴊ. II, **SSS** ; Sᴛ-L. *Cat.* 541. — Terrains siliceux de la Haute-Bresse.

Gentiana Pneumonanthe L. — Cᴛᴊ. II, **SS**. — Marais des montagnes granitiques du Lyonnais et du Forez ; — des alluvions anciennes et récentes du Rhône, de la Saône, dans la Dombes, le Bas-Dauphiné, etc. ; voyez *S. b. Belgiq.*, 1878, XVI, 181.

Le *G. punctata* L., **S** des Alpes et des Pyrénées (Sᴛ-L. *S. b. L.* IX, 393 ; *Cat.* 544), est indifférent pour M. Pittier (*S. b. Belg.* 1880, t. XIX, p. 1-14); il en est de même du *G. purpurea* L.

Le *G. acaulis* L. (**S** Corr. 133) cf. var. *alpina* Vill. (**S** St-L. *Cat.* 547), *G. excisa* Presl. (Corr. 97), sont aussi alpins.

Le *Menianthes trifoliata* L., **S** Ctj., dans les marais,— sur les terr. granitiq. du Lyonnais, — sur les alluv. anc. et récentes de la Dombes, du Bas-Dauphiné, du bas. de Belley ; sur l'erratique (?) dans la zone des sapins, du Bugey. — Le *Swertia perennis*, Ctj. **S**, atteint les marais du Jura et du Haut-Bugey.

Symphytum tuberosum L. — Vallées du Lyonnais granitique.

Anchusa officinalis L., Ctj. **S**, n'arrive pas à Lyon.

Le *Lithospermum officinale* L., **S** Lec., est plutôt **C** : cf. Ctj. **CC**. — L'*Asperugo procumbens* L., **S** Ctj., ne se rencontre ici que dans quelques localités des régions calcaires (Bugey, Savoie).

Myosotis versicolor Pers. — Ctj. **SS**. — Sables des terrains granitiques du Beaujolais, du Lyonnais, du Forez (granites, gneiss, schistes métamorphiques, etc.), — des grès bigarrés du Mont-d'Or, — des alluvions anciennes et glaciaires des plateaux du Lyonnais, des coteaux du Rhône (cotière méridionale de la Dombes), du Bas-Dauphiné.

M. Balbisiana Jord.— Sables des granites, gneiss, etc. des monts du Lyonnais et du Forez ; grès bigarrés du Mont-d'Or.

Le *Solanum nigrum* L., **S** Ctj., l'*Atropa belladonna* (**S** Lec., indiff. Ctj.) et le *Verbascum Blattaria* L., **S** Ctj., sont indifférents.

Anarrhinum bellidifolium Desf. — Lec. **S** ; Ctj. II, **SSS** ; St-L. *Cat.* 578. — Granites et gneiss du Lyonnais, du Beaujolais et du Forez ; alluvions anciennes et glaciaires des Cot. du Rhône, de la cotière méridionale de la Dombes et du Bas-Dauphiné ; voyez S. *b. L.*, IV, 61 ; V, 175, 177, 224 ; VI, 40 ; VIII, 254 ; S. *b. Fr.*, XXV, 100-104, etc.

Le *Scrophularia canina* L., — **S** Ctj., **C** Lec., indiff. Vall. 312 (plusieurs stations CCC),— renferme plusieurs formes probablement d'appétence différente, ce qui explique les contradictions des phytostaticiens; l'une d'entre elles, le *S. juratensis* Schl. (*S. Hoppii* Koch), est certainement calcicole : voy. St-L. *Cat.* 576. — Le *S. alpestris* Gay, **S** St-L. *id.* 575, n'est pas de notre Flore.

L'*Antirrhinum Orontium* L., **SS** Ctj. II, paraît indifférent.

Linaria Elatine Desf. — Indif. Ctj. II ; **S** St-L. *Cat.* 579. — « Terrains argileux et siliceux ».

L. pelliceriana Mill. — Ctj. **SS**. —Alluvions anciennes et glaciaires des coteaux du Rhône et de la Saône dans le Lyonnais et le plateau de la Dombes et le Bas-Dauphiné ; voyez S. *b. L.* VIII, 250 ; St-L. *Cat.* 580.

Le *L. striata* DC., Ctj. **S**, quoique fréquent dans la région granitique du Lyonnais (gneiss, granite, schistes carbonifères), paraît indifférent;

V<small>ALLOT</small> l'indique aussi sur stations calcaires et dolomitiques, et conclut qu'il est indifférent à la nature physique et chimique du sol (*l. c.* p. 241, 313). — Il en est ainsi du *Linaria minor* Desf., **S** L<small>EC</small>., indiff. C<small>TJ</small>.

Lindernia pyxidaria All. — C<small>TJ</small>. **SSS.** — Marais sur alluvions anciennes et récentes de la Dombes et du Bas-Danphiné.

Le *Gratiola officinalis* L., C<small>TJ</small>. **S**, marais de toute la région (sol tourbeux).

Limosella aquatica L. — C<small>TJ</small>. **SSS.** — Marais des alluvions anciennes et récentes de la Dombes, des bords du Rhône, etc.

Digitalis purpurea L. — L<small>EC</small>. **S** ; C<small>TJ</small>. I, II, **SS**; S<small>T</small>-L. *Cat.* 594. — Tous les terrains granitiques, gneiss, granites, porphyres, schistes carbonifères, etc. des monts du Beaujolais, du Lyonnais et du Forez ; voyez *S. b. L.*, IV, 134 ; V, 122, 224 ; VI, 24 ; X, 218 ; — la Digitale pourprée est une *kaliphile* pour M. Saint-Lager ; voyez *S. b. L.*, IV, 53 ; ses cendres sont en effet très riches en potasse (40 à 45 %) et donnent 12 à 15 % de silice.

Le *D. grandiflora* All., **S** L<small>EC</small>., est indiff. C<small>TJ</small>., S<small>T</small>-L., etc.

Veronica verna L. — C<small>TJ</small>. **SS** ; S<small>T</small>-L. *Cat.* 592. — Granites, gneiss, etc. du Lyonnais et du Forez ; — plus rarement dans les alluvions anciennes et glaciaires de la cotière de la Dombes et du Bas-Dauphiné ; voyez *S. b. L.*, VII, 309 ; V<small>ALL</small>. 244.

V. **acinifolia** L. — C<small>TJ</small>. **SSS.** — Terrains granitiques du Lyonnais ; alluvions anciennes et glaciaires des coteaux du Rhône, de la Dombes et de la Bresse ; indiqué aussi dans le Bugey, probablement sur l'erratique ou dans le bassin molassique de Belley ; voyez aussi S<small>T</small>-L. *Cat.* 592.

V. montana L. — **S** L<small>EC</small>., S<small>T</small>-L. *Cat.* 587; indif. C<small>TJ</small>. II. — Vallées du Beaujolais et du Lyonnais granitique ; vallons des coteaux du Rhône et de la Saône sur les alluvions anciennes et glaciaires. Observé aussi dans les massifs calcaires, — sur grès bigarrés du Mont-d'Or, — sur substratum siliceux ? dans le Bugey, le Dauphiné, etc.

Le *V. triphyllos* L., **S** C<small>TJ</small>., paraît préférer les sols siliceux du Lyonnais granitique, de la Bresse et du Bas-Dauphiné (alluv. anc. et glaciaires) : voy. *S. b. L.* VI, 49.

Le *V. præcox* L., indiff. C<small>TJ</small>., s'observe aussi plus fréquemment sur les gneiss, les alluv. anc. et glaciaires des bas-plateaux lyonnais et des Cot. du Rhône.

Le **V**. *officinalis* L., donné comme **S** par P<small>LANCH</small>. (*S. b. Fr.* IX), S<small>T</small>-L. *S. b. L.* II, 124), est plutôt indifférent : cf. C<small>TJ</small>. II ; — de même, le

V. serpyllifolia L., quoique **S** Cᴛᴊ. — *V. fruticulosa* L., **S** Cᴏʀʀ. 97 (loc. silic. *S. b. Fr.* XXVII, 217 seq.; Vᴀʟʟ. 244, etc.), est plutôt calcicole ; la forme voisine, *V. saxatilis* Jacq., préfère, au contraire, les terrains siliceux : voy. Sᴛ-L. *Cat.* 589 ; elle est cependant **C** dans plusieurs parties des Alpes et des Carpathes (Bᴏɴɴ. *l. c.* X, 12).

Pedicularis silvatica L. — Cᴛᴊ. **SS.** — Plus fréquent dans les bas-plateaux et les monts granitiques du Lyonnais. Cf. Pʟᴀɴᴄʜ. *S. b. Fr.* IX.

Le *P. palustris* L., Cᴛᴊ. **SS**, plus rare, se trouve dans les marais tourbeux du Beaujolais et du Lyonnais granitique, les terrains de transport de la Dombes, du bassin de Belley, des Terres-Froides.
Les *P. Sceptrum-carolinum* L., *P. rostrata* L. (**S** Sᴛ-L. *Cat.* 605), Cᴛᴊ. **SS**, ne sont pas de la Flore.
Le *Melampyrum cristatum* L., **S** Cᴛᴊ., est indifférent.

Orobanche repens Thuill. — Parasite sur les Sarothamnes : cf. *S. b. Fr.* XXII, p. xxxvii.

Le *Lavandula Stœchas* L., — **S** Lᴇᴄ., Cᴛᴊ. II, Pʟᴀɴᴄʜ., Sᴛ-L. *Cat.* 613, — est plus méridional.
Le *Mentha Pulegium* L., **S** Cᴛᴊ., est répandu dans toute la région ; — le *Thymus Serpillum* L., **S** Lᴇᴄ., est indiff. ; cf. Cᴛᴊ. II, Vᴀʟʟ. 315 ; — le *Calamintha grandiflora* Mœnch., **S** Lᴇᴄ., est indiff., le *C. officinalis* Mœnch., **S** Lᴇᴄ., plutôt **C** : voy. Cᴛᴊ. II.

Galeopsis ochroleuca Lamk. — Lᴇᴄ. **S** ; Cᴛᴊ. I, II, **SSS** ; Sᴛ-L. *Cat.* 626. — Terrains granitiques du Lyonnais, du Beaujolais et du Forez ; alluvions anciennes et glaciaires de la Dombes ; voyez *S. b. L.* IV, 61 ; V, 224 ; VI, 49.

G. intermedia Vill. — Sables des terrains granitiques du Lyonnais (rare); des molasses du Dauphiné ; voy. Cariot, 621. Cf. *G. Ladanum* L., **S** Lᴇᴄ. mais plutôt **C** Cᴛᴊ. II, au moins sa forme *angustifolia* Ehrh.

Stachys arvensis L. — Cᴛᴊ. **SS.** — Terrains siliceux des bas-plateaux lyonnais, de la Dombes et des Terres-Froides.
Scutellaria minor L. — Cᴛᴊ. **SSS** ; Sᴛ-L. *Cat.* 633. — Marais des terrains granitiques du Beaujolais, des terrains de transport de la Dombes, du bassin de Belley, des Terres-Froides.

Le *Teucrium Scorodonia* L., bien que très fréquent dans les sols siliceux, est indiff.: cf. Cᴛᴊ.

Plantago carinata Schrad. — **S** Sᴛ-L. *Cat.* 639 ; O Lᴇᴄ., Cᴛᴊ. — Granites et gneiss des bas-plateaux du Lyonnais, des Cot. du Rhône, au-delà de Vienne, etc.

Le *Pl. arenaria* W.-Kit., **S** Cᴛᴊ., des all. anc. et glac. des cot. du Rhône,

1, 2, paraît indifférent, de même que le *Pl. serpentina* Vill. des alluv. réc. du Rhône (voy. loc. silic. PLANCH. *S. b. Fr.* IX ; *S. b. L.* IX,
33] ; l. calc. *S. b. L.* X, 91, etc.).

Littorella lacustris L. — CTJ. II, **SSS**. — Marais sur granites,
dans bas-plateaux lyonnais (rare), — sur terrain de transport
siliceux, dans la Bresse, la Dombes et le Bas-Dauphiné.

L'*Armeria plantaginea* Willd., quoique fréquent dans les régions siliceu-
ses, est indiff. (voy. VALL. 266, 270, 317).
Les *Amarantus sylvestris* L., *Chenopodium polyspermum, Ch. hybridum* L.,
Ch. urbicum L., tous **S** pour CTJ., sont rudérales dans toute la ré-
gion.
L'*Oxyria digyna* Campd., **S** des Alpes (ST-L. *Cat.* 653).

Rumex acetosella L. — LEC. **S** ; CTJ. **SSS** I, 231 ; **SS**, II,
138; ST-L. *Cat.* 655. — Tous les terrains siliceux de la région ;
fréquent dans les massifs calcaires (Jura, Bugey, Mont-d'Or,
etc.) sur erratique alpin, terres calcaires épuisées, etc. ;
voyez *S. b. L.*, IV, 53. Peut, du reste, tolérer la présence
d'une quantité notable de chaux, au moins dans les sols gypseux (cf. plâtras Coignet, à 95 °/₀ de sulfate de chaux, *S. b.
L.* IV, 45), bien qu'il disparaisse des champs à la suite du
chaulage à haute dose (voy. ST-L. *S. b. L.*, IV, 61 ; *Cat.*
655.)

R. palustris Sm., **S** CTJ. et la f. *R. maritimus* L., **SS** CTJ. II, dans les marais du Lyonnais granitique, des alluv. anc. et récentes de la Dom-
bes, du Bas-Dauphiné, des bords du Rhône et de la Saône.
R. Hydrolapathum Huds., **SS** CTJ. II, fossés de toute la région. — Le
R. scutatus L., **S** LEC., est plutôt **C** : cependant nombreuses stations
siliceuses. Voy. *Fl. calcicole.*
Le *Polygonum minus* Huds., est donné comme **SS** par CTJ. et ST-L. *Cat.*
656; il est, en effet, fréquent en Bresse, dans la Dombes d'étangs, etc.
— Les *P. Fagopyrum* et *tataricum* sont aussi **SS**, CTJ. II. — Le
P. viviparum L., **S** LEC. (cf. Dombes, etc.), est indiff. CTJ. II.
Les *Daphne Mezereum* L. et *Laureola* L., **S** pour LEC., sont plutôt **C** :
voy. Fl. calcicole.
L'*Asarum europæum* L., **S** LEC., est indifférent.
L'*Empetrum nigrum* L., **SSS** CTJ. II, n'arrive que dans les tourbières du
Jura ; il est du reste indifférent dans les Alpes autrichiennes et les
Carpathes septentrionales (BONN. *l. c.*, X, 12).
Les *Euphorbia angulata* Jacq., **SS** CTJ. II, *E. hyberna* L., **S** CTJ., ne sont
pas de la Flore; l'*E. stricta* L., **S** CTJ., est indifférent.

Castanea vulgaris L. — LEC. **S** ; CTJ. I, II, **SSS** ; ST-L., *Cat.*
673. — Tous les sols siliceux de la région : gneiss, granites,
cornes vertes et autres schistes modifiés, etc. du Lyonnais ;

plus rare sur les parties siliceuses des alluvions anciennes et glaciaires des coteaux du Rhône ; manque dans régions siliceuses de la Dombes, à cause de la compacité et de l'imperméabilité du sol (St-L. *S. b. L.*, VI, 48, 49) (1).

Il y a longtemps que l'appétence du Châtaignier pour les sols siliceux avait été remarquée ; déjà Giraud-Soulavie la signalait en 1780, dans son *Hist. natur. de la France méridionale* (2ᵉ partie, ch. VIII, p. 149) : « le Châtaignier s'arrête où le sol sablonneux devient calcaire. » (2). — Puis Dunal, Lecoq, Chatin, etc. faisaient des observations analogues que l'on trouvera résumées dans l'article que M. Vallot a consacré au Châtaignier dans ses *Rech.*, p. 197 et seq. Rappelons surtout que d'après Lecoq (*Géog. bot.*, I, 398), cet arbre s'observe dans la partie septentrionale du Plateau central, sur les grès tertiaires, les coteaux granitiques qui bordent la Limagne, les pouzzolanes et les laves, jamais sur les calcaires ; dans la partie méridionale, les Châtaigniers couvrent tous les terrains de grès siliceux et de micaschistes : « On les voit fuir les causses et les plateaux calcaires avec tant de régularité que l'on *peut tracer géologiquement les limites des calcaires et des micaschistes* par la seule inspection des grandes plantations de Châtaigniers. » Voyez encore *S. b. L.*, III, 86, les schistes ardoisiers de Maine-et-Loire (Ménière, *S. b. Fr.* I, 361), granites du Lot (Puel, *id.*, 360), grès bigarrés, schistes siluriens et permiens, granites, gneiss de l'Hérault (Vall., 198), gneiss de l'Ardèche (Perroud in *S. b. L.*, IX, 173), etc.

Le Châtaignier a cependant été observé souvent dans les régions calcaires, mais l'analyse du sol a toujours montré que, pour des causes diverses, la proportion de carbonate de chaux y était inférieure à 3 ou 4 % ; voyez Chatin, *S. b. Fr.* XVII, 195 ; Vall. 209, 214, 220. Voici les exemples les plus intéressants que nous avons constatés nous-mêmes ou relevés dans les auteurs.

---

(1) Cependant, le Châtaignier peut croître dans des terrains argileux ; voyez Ctj., *G. bot.* 50 ; Vall. 200 ; il serait donc indifférent, malgré Thurmann, à la nature physique du sol : cf. Chatin, Vall. 210-213.

(2) Cette remarque faite par nous la première fois en 1879 (*Rech. sur la Géogr. botan. du Lyonnais*, p. 138) a été reproduite par M. Vallot, p. 4 et 197. Du reste, si l'on voulait remonter plus haut encore, on pourrait lire dans Dalechamps, par exemple (*Hist. gén. des plantes*, traduction de J. Desmoulins, Lyon, MDCLIII, ch. IX) : « Il haït le terroir gras et où il y a de la marne, ce que Damogeon a remarqué. Il s'aime bien en lieux secs et sablonneux. » La marne de Dalechamps est évidemment la terre calcaire.

Dans le Mont-d'Or lyonnais, on rencontre des Châtaigniers, seulement :

1° Sur les grès bigarrés, au-dessus de Chasselay et au-dessous de la redoute du Narcel (versant nord-ouest);

2° Dans les *murgers* formés par les charveyrons de la couche à bryozoaires du *calcaire à entroques*, sur le versant est de la Roche de Saint-Fortunat, près du chemin allant au Mont-Toux (Voyez MAGNIN, *Rech.* 146, 147).

Dans la région calcaire des environs de Mâcon, sur la couche à rognons siliceux de la grande-oolithe, entre Fuissé et Lesnes (DUCROS, renseignements oraux).

Dans les coteaux du Rhône, principalement dans la cotière méridionale de la Dombes, sur les parties siliceuses du lehm et des alluvions anciennes ou glaciaires, en société des *Sarothamnus, Calluna, Hieracium umbellatum, Jasione*, etc.

Dans le Jura méridional, de nombreuses châtaigneraies se voient sur :

1° L'erratique alpin : dans le Revermont, depuis Balanod, près de Saint-Amour (Jura) jusqu'à Jujurieux et Lagnieux!; — dans le bassin de Belley, à la montagne de Parves, aux environs de Contrevoz, etc. (MAGNIN, *Stat. de l'Ain*, 41 ; *S. b. L.*,1883, p. 80, 97) ; — dans le pays de Gex, etc. M. Saint-Lager signale aussi les stations des environs de Saint-Amour et du pays de Gex (*S. b. L.* VI, 48), mais en les rapportant aux dépôts *sidérolithiques*, indication reproduite dans CTJ., *Géog. bot.* p. 21, et VALL. *Rech.*, p. 201 ; or, nous avons vérifié que, le plus souvent (Balanod, Lagnieu, environs de Belley, Thoiry), c'est bien le diluvium ou l'erratique alpin qui sert de support au Châtaignier. La présence de cet arbre est, du reste, tellement caractéristique dans le Bugey, que, d'après M. Falsan, elle révèle immédiatement et à distance l'existence des dépôts glaciaires (communication orale).

Comme exemples de stations sur le diluvium ou les terrains de transport pris dans d'autres régions calcaires, je rappelle : diluvium quartzeux de Tarn-et-Garonne (Dunal, 1848) ; — moraines glaciaires des environs d'Evian (Dunal, *l. c.* cité dans VALL. 200, 201) ; — molasse sur craie du Périgord (Desmoulins, *id.*); — diluvium siliceux sur les calcaires néocomiens et crétacés du Dauphiné, à 2 % de chaux (CHATIN, *S. b. Fr.*, I, 360) ; diluvium ou molasse des environs de Tullins, etc. à 1,5-1,8% de chaux (*id.* XVII, 194) ;— erratique au pied de la Grande-Chartreuse (GUIGNIER, *S. b. Fr.*, XXVI, 137); j'en ai aussi observé sur l'erratique entre

Voirons et Saint-Laurent-du-Pont et, plus au sud, le long de la chaîne du Raz, etc. ;

2° Sur la terre provenant de la décomposition des roches jurassiques (oolithe inférieure principalement) mais pauvre en carbonate de chaux, en différents points du Revermont, à Nanc, près Saint-Amour, par exemple. On peut rapprocher de cette dernière observation, les exemples cités par Dunal, discutés par Contejean, Saint-Lager, Vallot, de Châtaigniers croissant dans les fentes d'un calcaire compact, à Saint-Guilhem-le-Désert (Hérault), mais dans une terre argilo-siliceuse ne contenant que 3,4 % de calcaire (VALL., 202-209). Citons encore les Chataigniers qui croissent dans le bois *calcaire* de Païolive (Ardèche), ce que M. Perroud explique par la présence d'un peu d'argile (S. *b. L.*, XI, 101).

On trouvera d'autres exemples de substratum siliceux (tous ?) dans le mémoire de Mgr de Haynald, résumé par M. Vallot, p. 214-221.

En somme, le Châtaignier peut tolérer une faible proportion de calcaire qui ne doit pas cependant dépasser 3,5 %. M. Chatin dit en effet (S. *b. Fr.* XVII, 194) : « La limite extrême de la bonne végétation du Châtaignier est de 3 % de chaux... ; partout où les détritus calcaires introduisent dans le sol 3,5 à 4 % de calcaire », le Châtaignier se refuse à croître ou ne pousse qu'avec peine et sa culture n'est plus rémunératrice ; les analyses de M. Vallot sont confirmatives (p. 198, 209). Ajoutons que d'après les recherches de MM. Fliche et Grandeau (*Ann. chim.*, 1874, t. II) les Châtaigniers présentent des différences intéressantes dans la composition chimique du bois et des feuilles, suivant qu'ils ont poussé vigoureusement dans un sol exclusivement siliceux ou qu'ils ont misérablement végété dans un sol calcaire ; dans le premier cas, on trouve 73,26 % de chaux dans les cendres du bois et 45,37 dans les feuilles ; dans le second, 87,30 et 74,55 ; soit une quantité de chaux de 14,04 % pour le bois et de 29,18 pour les feuilles, que les Châtaigniers malvenus dans un sol calcaire possèdent de plus que les bienvenus dans un sol siliceux ; une différence inverse a lieu pour la richesse en silice et en potasse. Cf. analyses publiées dans *Dict.* de VIOLETTE (1860) donnant pour la composition moyenne du Châtaignier 8,50 de silice et 51,30 de chaux.

Les *Quercus suber* L. (**S** CTJ. II ; ST-L. *Cat.* 674), *Q. Tozza* Bosc., **S** CTJ., ne sont pas de la Flore ; — le *Q. Robur* L., **S** LEC., est indiff. (CTJ.)

Salix aurita L. — **S** CTJ., ST-L. *Cat.* 677. — « Plus fréquent sur terrains argileux et siliceux. » Région granitique du Lyonnais ; terrains de transport siliceux, alluvions anciennes, glaciaires, etc. des bas-plateaux lyonnais, de la Dombes, du bassin de Belley, des Terres-Froides.

S. *repens* L., **S** St-L. *Cat.* 679, marais tourbeux du Haut-Bugey. — Les S. *glauca* (St-L. *S. b. L.* IX, 393), S. *hastata* L. (Corr. 97) ne sont pas de la Flore.

Les *Populus alba* L., *P. canescens* Sm., **S** Ctj., sont plutôt indiff. ; cependant ce dernier est indiqué parmi les plantes de la région siliceuse des Maures, épave de la flore tertiaire, par M. de Saporta. (Discours du 16 février 1879.)

Betula alba L. — Lec. **S** ; Ctj. II **SS** ; St-L. *Cat.* 682. — Terrains siliceux : région granitique du Lyonnais ; Dombes d'étangs ; tourbières dans régions calcaires ou sol particulier, pauvre en chaux : cf. Guinier S. *b. Fr.* XXVI, 299, Boisnoir de Saint-Laurent-du-Pont, etc. ; voyez S. *b. L.*, IV, 134 ; V, 224 ; VI, 49 ; IX, 395 ; composition chimique (Violette *Dict.*) silice 5.50 ; chaux 52.20.

B. pubescens Ehrh. — Ctj. II **SS**. — Même substratum, mais plus rare et dans région montagneuse. S. *b. L.* III, 127 ; S. *b. Fr.*, XXVI, 299.

Pinus silvestris L. — Lec. ; Ctj. **SS** ; St-L. *Cat.* 683. — Terrains siliceux de toute la région ; — souvent dans régions calcaires, mais sur sols particuliers : dans le Mont-d'Or lyonnais, sur les grès bigarrés ! dans le Dauphiné, non seulement sur la boue glaciaire ou les terrains argileux, mais sur un calcaire dur, indécomposable, à la Roche du Pin, au-dessus de Saint-Laurent (Guinier S. *b. Fr.* XXVI, 137) ; M. Vallot l'explique par la possibilité de la formation d'un terrain pauvre en chaux aux dépens d'une roche calcaire (*op. cit.* p. 176 seq.), formation que nous avons déjà indiquée plus haut, à propos de la composition des roches et des sols (p. 287) (1).

Le *P. maritima* Lam., — **S** St-L. *Cat.* 684 ; 2 = marit. moins exclus. Ctj. II, 124, — ne remonte pas ici. Cf. Grandeau (*Ann. chimie*, 1873, t. 29) : Pins maritimes plantés sur plateau d'Othe, n'ayant survécu que dans les points recouverts de sables et d'argiles (à silex) ; les analyses des malvenus et des bienvenus ont donné une différence en plus de 15.94 °/₀ de chaux pour les premiers, et une différence en moins de 2.75 °/₀ d'acide silicique.

Alisma natans L. — Ctj. II, **SSS**. — Étangs de la Dombes ; ma-

(1) *Ann. Soc. bot. de Lyon*, t. XII, p. 59.

rais des alluvions récentes des bords du Rhône, dans le Bas-Dauphiné.

A. ranunculoides L. — Ctj. II. **SS**. — Mêmes stations.

A. Damasonium L. — Ctj. II **SS**. — Étangs de la Dombes.

Le *Narthecium ossifragum* Huds., **SSS**. Ctj. II, n'est pas de la Flore.

Scilla autumnalis L., **S** Ctj., se retrouve, en effet, sur les cornes vertes du bassin de l'Arbresle, dans les alluv. anc. et glaciaires (siliceuses?) des Cot. du Rhône et de la Valbonne ; mais localités calcaires! Voy. St-L. *Cat.* 679.

Le *Sc. bifolia* L., **S** Lec., est indiff.: Ctj. **CC** ; il en est de même de l'*Erythronium* (**S** Lec.) du Bugey, du *Lilium Martagon* L. (indiff. Ctj.), ainsi que des *Maianthemum bifolium, Convallaria multiflora, C. maialis, Paris quadrifolia*, **S** pour Lec., indiff. Ctj. — Le *Tamus communis* **S** Lec., est **C** Ctj. — Une forme de l'*Asphodelus albus* **SS** Ctj., se trouve à Chamagnieu, sur les granites ?

Gagea saxatilis Koch. — Granites de Vienne. Cf. St-L. *Cat.* 700.

Les *Crocus vernus* All., *Narcissus pseudo-narcissus* L., *N. poeticus* L., **S** Lec., sont indiff. cf. Ctj. L'*Iris sibirica* L., **SS** Ctj., n'est pas de la Flore.

Spiranthes æstivalis Rich. — Ctj. **SS**. — Marais du Lyonnais granitique, — des terrains de transport de la Dombes, du bassin de Belley et du Bas-Dauphiné.

Les *Orchis* sont plutôt **C** ; ceux donnés comme **S** (presque indiff.) par Ctj., *O. laxiflora* Lamk., *O. latifolia* L., *O. sambucina* L. et *O. maculata* L., sont véritablement indiff. L'*O. coriophora* L. serait plus préférent que les précédents (cf. Planch. *S. b. Fr.* IX ; nomb. stat. **S** dans le Lyonnais, etc.)

Les *Potamogeton gramineus* L., *P. acutifolius* L., *P. trichodes* Cham., **SS** pour Ctj., se trouvent dans la Haute-Bresse ; les *P. obtusifolius* M. K., *P. oblongus*, aussi **SS** Ctj., ne sont pas de la Flore.

Les *Sparganium simplex* Huds., *Zanichella palustris* L., *Naias minor* All., **S** Ctj., sont disséminés dans les mares, les fossés de la région; — le *Sparg. natans* L.. **SS** Ctj., n'est pas de la Flore lyonnaise.

Juncus tenageia L. — Ctj. I, II, **SSS** ; St-L. *Cat.* 752. — Terrains siliceux de toute la région : roches granitiques du Lyonnais; molasses, terrains de transport siliceux de la Dombes, du Bas-Dauphiné et même de la région calcaire (bassin de Belley).

J. supinus Mœnch. — Ctj. I, II, **SSS** ; St-L. *Cat.* 748. — Même habitat pour le Lyonnais montagneux, la Dombes et les Terres-Froides, mais plus rare.

J. squarrosus L. — Ctj. I, II, **SSS** ; St-L. *Cat.* 750. — Montagnes granitiques du Lyonnais et du Forez.

J. pygmæus Thuill. — Ctj. II, **SS**. — Granites du Lyonnais, rare ; plus commun sur les terrains de transport dans la Dombes ; cf. St-L. *Cat.* 748.

J. capitatus Weig. — Ctj. II, **SS**. — Sables humides des granites des plateaux lyonnais, — des terrains de transport de la Haute-Bresse (rare).

Le *J. filiformis* L., **S** St-L. *Cat.* 746, est des haut. mont. siliceuses ; — les *J. conglomeratus* L., *J. effusus* L., **S** Ctj., sont répandus dans tous les lieux humides ; — le *J. silvaticus* Reich., **S** Ctj., plus rare, dans les marais du Lyonnais, de la Dombes, du bassin de Belley, de la vallée de la Bourbre, etc. — Le *J. bufonius* L. quoique indiff. est très fréquent dans les sols siliceux.

Luzula maxima DC. — Ctj. I, II, **SS** (sub *silvatica*); St-L. *Cat.* 752. — Tous les terrains siliceux ; dans les régions calcaires, sur l'erratique et les autres couches pauvres en carbonate de chaux.

L. albida DC. — Ctj. II, **SS**; St-L. *Cat.* 753. — Quelques rares localités (siliceuses ?) dans le Bugey.

L. multiflora Lej., — Ctj. II, **SS**, — fréquent sur les roches granitiques et les terrains de transport siliceux du Lyonnais, se retrouve fréquemment dans le Bugey, et paraît presque indifférent? Il en est de même du *L. nivea* DC., **S** Ctj., des monts du Lyonnais et du Bugey. — Le *L. spadicea* DC., Ctj. **SSS**, et le *L. lutea* DC., St-L. *S. b. L.* IX, 393, sont des esp. alpines ; la première devient du reste indiff. dans les Carpathes septentrionales (Bonn. *op. cit.*, p. 13).

Les *Cyperus longus* L., *C. fuscus* L., *C. flavescens* L., les *Eriophorum* sp., tous **S** Ctj., croissent dans les marais de toute la région ; — le *Schœnus nigricans* L., **S** Ctj., est plus rare et s'observe aussi dans les marais tourbeux des régions calcaires (cf. **C** Lec., et Vall. 325). Il en est de même des *Cladium Mariscus* R. Br., **S** Ctj., et *Rhynchospora alba* Vahl., **SS** Ctj.

Scirpus setaceus L. — Ctj. II, **S**; St-L. *Cat.* 761. — Région granitique du Lyonnais et du Forez ; alluvions anciennes et glaciaires de la Dombes et des Terres-Froides.

Scirpus fluitans L. — Ctj. II, **SS**. — Très rare, sur les sables des terrains de transport dans la Haute-Bresse ; **S** dans le Centre et l'Ouest (*S. b. Fr.* XXII, 27; XXIV, 369, etc.)

Sc. multicaulis Sm. — **SS** Ctj. II, — plus rare, paraît moins caractéristique ; cependant fréquent dans régions granitiques, l'Ouest.

Le *Sc. cœspitosus* L., **SSS** Ctj. II, s'observe rarement dans les prairies tourbeuses du Haut-Bugey (sur l'erratique?), d'où il descend quelquefois dans des alluv. récentes des bords du Rhône.

Carex brizoides L. — CTJ. **SS** ; ST-L. *Cat.* 768. — Alluvions anciennes et glaciaires siliceuses de la Dombes.

C. pilulifera L. — CTJ. **SSS** ; ST-L. *Cat.* 776. — Terrains granitiques du Lyonnais; alluvions anciennes des Terres-Froides.

C. Pseudocyperus L. — CTJ. **SS** ; ST-L. *Cat.* 782. — Terrains de transport de la Dombes, du bassin de Belley et des Terres-Froides.

C. elongata L. — CTJ. **SSS** ; ST-L. *Cat.* 769. — Haute-Bresse, rare.

C. polyrrhiza Wallr. — CTJ. **SS** ; ST-L. *Cat.* 776. — Prairies humides ou des terrains siliceux, rare.

C. dioica L. — CTJ. **SSS**. — Marais du Haut-Bugey, dans cuvettes de l'erratique.

C. canescens L. — CTJ. **SSS**. — Quelques stations très rares dans montagnes granitiques du Lyonnais.

C. cyperoides L. — CTJ. **SSS**. — Région à étangs de la Dombes.

Le *C. remota* L., **SSS** CTJ., — les *C. pulicaris* L., *C. maxima* Scop., **SS** CTJ., — les *C. stellulata* Good. (**S** CTJ. I), *C. disticha* Huds., *C. vulpina* L., *C. paradoxa* Willd., *C. panicea* L., *C. Œderi* Ehrh., *C. ampullacea* Good., *C. vesicaria* L., *C. hirta* L., **S** CTJ. II, sont plus ou moins communs dans tous les lieux humides ou tourbeux de la région ; — les *C. teretiuscula* Good., *C. filiformis* L., **SSS** CTJ., *C. paniculata* L., **S** CTJ., sont plus rares dans les mêmes stations.

Les *C. pauciflora* Light., *C. chordorhiza* Ehrh., *C. heleonastes* Ehrh., *C. limosa* L., **SSS** CTJ., — *C. fœtida* Vill., *C. frigida* All., **SS** CTJ., — *C. pallescens* L., **S** CTJ., — *C. cricetorum* Poll., **S** ST-L. *Cat.* 777, ne sont pas de la Flore.

Le *C. Schreberi* Schrank, **SS** CTJ., paraît croître ici, indifféremment, dans tous les sols sablonneux des alluvions anciennes et glaciaires des coteaux du Rhône et de la Saône.

Aira caryophyllea L. — LEC. **S** ; CTJ. I, II, **SSS** ; ST-L. *Cat.* 800. — Sables siliceux de toute la région, Lyonnais, Forez, etc.; voyez *S. b. L.*, V, 224; VI, 40, 49.

A. agregata Tim. — **S** ST-L. 800. — Terrains granitiques du Beaujolais, du Lyonnais et du Forez ; terrains siliceux de la Haute-Bresse; voyez *S. b. L.* VI, 40 ; VIII, 250. Cf. *Aira multiculmis* Dum. **S** (CTJ. et *S. b. L.* V, 224).

A. patulipes Jord. — Granites, alluvions anciennes des bas-plateaux lyonnais ; grès houillers du Forez.

A. flexuosa L. — LEC. **S** ; CTJ. I, II, **SSS** ; ST-L. *Cat.* 801. — Terrains siliceux de toute la région ; cf. VALL. 327.

A. præcox L. — LEC. **S** ; CTJ. I, II, **SSS**. — Granites, gneiss,

schistes du Lyonnais, du Forez ; alluvions anciennes et glaciaires des Coteaux du Rhône, de la Saône et de l'Ain.

A. canescens L. — Lec. **S** ; Ctj. I, II, **SS** ; St-L. *Cat.* 799. —
Sables granitiques du Lyonnais et du Forez ; alluvions
anciennes et glaciaires des Coteaux du Rhône.

A. elegans Gaud. — Sables des granites dans le Lyonnais, — des
terrains de transport siliceux dans les Coteaux du Rhône, le
bassin de Belley, etc.

L'*A. cæspitosa* L. et le *Ventenata avenacea* Kœl., sont fréquents dans les
terr. siliceux du Lyonnais et du Forez.

Mibora verna P. B. — Ctj. **SS** ; St-L. *Cat.* 784. — Surtout dans
les terrains siliceux du Lyonnais, du Beaujolais et du Forez.

Les *Calamagrostis tenella* Host., **S** St-L. *Cat.* 791, — *Avena versicolor*
Vill., St-L. *S. b. L.*, IX, 393, ne sont pas de la Flore.
Les *Panicum Crus-Galli* L., *P. sanguinale* L., **S** Ctj., — *P. glabrum*
Gaud., St-L. *S. b. L.*, VI, 49, sont indifférents.

Alopecurus fulvus Sm. — **SS** Ctj., St-L. *Cat.* 786. — Marais du
Lyonnais granitique et de la Dombes.

L'*A. bulbosus* L., **S** Ctj., est méridional.
Les *Anthoxantum odoratum* L., **S** Lec., — *A. Puellii* **S** Lec., Ctj. I, —
Molinia cærulea Mœnch., **S** Lec., sont indifférents.

Danthonia decumbens DC. — Lec. **S** ; Ctj. II, **SSS** ; St-L.
Cat. 811. — Terres siliceuses de la région, surtout les gneiss,
les granites du Lyonnais et du Forez ; — dans les régions
calcaires du Mont-d'Or, sur les grès bigarrés, le ciret, etc. ;
voyez *S. b. L.* V, 179 ; VI, 40.

Agrostis canina L. — Ctj. II, **SS** ; St-L. *Cat.* 793. — Terrains
siliceux de toute la région.

L'*A. vulgaris* With., **S** Ctj., est presque entièrement indifférent : voy.
cependant *S. b. L.* IV, 61 ; Vall. 247, 326. — L'*A. rupestris* All. (**S**
St-L. *S. b. L.* IX, 130 ; X, 25 ; *Cat.* 794) n'est pas de la Flore ; cette
espèce avait été indiquée dans la région calcaire de la Savoie, mais on
a reconnu depuis qu'elle y croissait sur le gault : voy. Hollande in
Rev. savois., 1881, p. 31, et *S. b. L.* IX, 330.

Holcus mollis L. — Ctj. II, **SS** ; St.-L *Cat.* 804. — Terrains siliceux de toute la région ; voyez *S. b. L.*, IV, 61 ; VI, 49.

Poa sudetica Hænk. — Lec. **S** ; Ctj. I, II, **SS** ; St-L. *Cat.* 808.
Montagnes granitiques du Forez ; voyez *S. b. L.*, V, 224.

Le *P. laxa* Hænk., **S** St-L. *Cat.* 806, est des Alpes ; — les *Eragrostis*
megastachia Link, *E. pilosa* P. de B., **S** Ctj., viennent indiff. sur

les alluv. récentes de la Saône et du Rhône : voy. autres stat. calcaires, VALL. 326.

Vulpia sciuroides Gmel. — CTJ. **SSS**. — Terrains siliceux de la
région; voyez *S. b. L.* VI, 40.

V. pseudomyuros Soy.-Will. — LEC. **S**; CTJ. II, I, **SS**; — Même
habitat; a été observé sur les plâtras Coignet renfermant
95 % de sulfate de chaux ; voyez *S. b. L.* IV, 39.

Les *Festuca heterophylla* Lam., *F. rubra* L. (**S** CTJ.) paraissent un peu plus
fréquents sur les terrains siliceux dans le Lyonnais; cf. VALL. 247,
252, 326. — Les *F. ovina* L., *F. duriuscula* L., **S** LEC., sont indiff.;
cf. CTJ. II.
Les *Bromus tectorum* L., **S** CTJ., — *Brachypodium silvaticum* R. et Sch.
(**S** LEC. : indiff. CTJ.) sont indiff.

Nardurus Lachenalii Godr. — LEC. **S**; CTJ. I, II, **SSS**; ST-L.
Cat. 822. — Terrains siliceux du Lyonnais, du Forez ; voyez
S. b. L. IV, 61; VI, 224.

Nardus stricta L. — LEC. **S**; CTJ. I, II, **SSS**; ST-L. *Cat.* 823.
— Gneiss, granites du Beaujolais, du Lyonnais et du Forez;
alluvions anciennes siliceuses des bas-plateaux lyonnais;
— sols tourbeux (sur erratique alpin ?) dans les montagnes
calcaires du Bugey, etc.

Secale cereale L. — CTJ. **SS**. — Cultivé de préférence dans les terrains
siliceux.

Osmunda regalis L. — CTJ. I, II, **SSS**. — Lieux humides et marécageux de la Haute-Bresse et des Terres-Froides, rare.

Polypodium Dryopteris L. — LEC. **S**; CTJ. **S**; ST-L. *Cat.* 827.
— Montagnes granitiques du Beaujolais, du Lyonnais et du
Forez, *S. b. L.* VI, 47.

Le *P. Phegopteris* L. (**S** LEC. ; indiff. CTJ.) paraît préférer les sols siliceux
dans le Beaujolais et le Pilat et ne se trouve que sur des sols tourbeux dans les mont. calcaires : cf. *S. b. L.* VI, 47.
Le *P. vulgare* L., **S** CTJ., est très fréquent dans nos régions calcaires, par
conséquent tout à fait indiff : cf. VALL. 266, 270 et 328. — Le *Botrychium Lunaria* Sw., **S** LEC., est aussi indiff. Cf. CTJ. II.
Le *Polystichum Oreopteris* L. (**SS** LEC., CTJ., ST-L. *Cat.* 820) n'est pas de
la Flore ; — le *P. Thelypteris* L., **SS** CTJ., existe dans les marais
tourbeux de la Bresse et du Bas-Dauphiné ; — les *P. spinulosum*
DC., et *P. Filix-fœmina* Roth., **S** LEC., sont indiff.

Asplenium septentrionale L. — CTJ. I, II, **SSS**; ST-L. *Cat.*
834. — Granites, gneiss, porphyres, cornes vertes et schistes
modifiés du Lyonnais, du Beaujolais et du Forez; cf. VALL.,

266, 270, 334 ; Corr. 201 ; — blocs erratiques siliceux dans les régions calcaires du Bugey, de la Savoie.

A. Breynii Retz. — Lec. **S** ; Ctj. I, II, **SSS** ; St-L. *Cat.* 834. — Mêmes stations, mais plus rare.

L'*A. lanceolatum* Huds., — **SSS** Ctj. I, II, — est du midi de la France ;— l'*A. Halleri* DC., **S** Lec., est au contraire plus abondant dans les régions calcaires ; voy. *Flore calcicole* ; — l'*A. Adiantum-nigrum* L., **S** Ctj., est en effet plus fréquent dans les régions siliceuses, mais on le retrouve abondamment sur les alluvions anciennes et glaciaires, le lehm des coteaux du Rhône, du bassin de Belley, etc., en société d'espèces nettement calcicoles.

Blechnum Spicant L. — **S** Lec., Ctj., St-L. *Cat.* 835. — Chaînes granitiques du Beaujolais, du Lyonnais et du Forez.

Pteris aquilina L. — Lec. **S** ; Ctj. I. II, **SS** ; St-L. *Cat.* 835. — Tous les sols siliceux de la région, soit dans les contrées granitiques, soit dans les contrées calcaires, sur les terrains de transport ou les couches spéciales à flore silicicole. Cf. pour stations siliceuses dans l'Ouest, Ctj. *A. s. nat.*, 1875, p. 231 ; *S. b. Fr.*, XXII, 27 ; XXIV, 369, etc.

C'est une plante kaliphile pour le docteur Saint-Lager ; voyez *S. b. L.* IV, 53 ; ses cendres contiennent 40,50 % de silice.

On la trouve fréquemment dans les régions calcaires du Mont-d'Or, des Coteaux du Rhône et du Bugey, mais du moins sur les sols pauvres en carbonate de chaux : grès bigarrés, ciret, alluvions de l'Azergue, dans le massif du Mont-d'Or, — parties siliceuses des alluvions anciennes et glaciaires alpines dans les Coteaux du Rhône et le Bas-Dauphiné, — erratique alpin, oxfordien et crétacé à silex, couches calcaires superficiellement épuisées, dans le Bugey, etc. ; voyez St-L. *S. b. L.* III, 84.

Comme autres exemples de la présence du *Pteris* dans les terrains de transport à composition mixte, voyez :

Diluvium de Laubépin, près Saint-Amour (Jura) ; cf. Thurmann (*Phytost.*, 261) et nos observations personnelles ;

Diluvium des environs de Nancy (Godron, *Fl. de Lorraine*, préf. p. XI) ;

Diluvium de la Moselle (Humbert, *S. h. Moselle*, 1870, 12e cah., p. 44).

Le *Pteris* peut, du reste, tolérer la présence d'une certaine quantité de chaux : « il s'aventure quelquefois sur le sol légèment calcaire », dit M. Contejean, *A. S. N.*, 1875, p. 231.

Nous l'avons signalé, en effet, sur les sols calcaréo-sili-

ceux du Mont-d'Or, des Coteaux du Rhône, du Bugey; dans
cette dernière contrée, il recouvre habituellement les pelouses
stériles de l'erratique on de l'oxfordien siliceux; mais on
peut le trouver même, comme M. Sagot l'a fait remarquer
(*Quelques souvenirs d'herborisation*), sur des calcaires durs
et compacts dont la couche superficielle est, il est vrai,
plutôt argileuse que véritablement calcaire. Quant à ses
stations sur l'oxfordien à chailles, voyez GODRON (*Fl. de
Lorraine, l. c.*), GRENIER (*Fl. jurassique*, 1875, préf., p. 8 et
p. 948), ST-LAGER (*S. b. L.*, III, 84), MICHALET (*Hist. nat.
du Jura*, II, p. 330); notons que ces derniers auteurs ne
citent pas le diluvium ou l'erratique alpin comme un des
sols siliceux sur lesquels la Grande Fougère croit certainement dans le Jura.

M. B. MARTIN l'indique, de son côté, sur des sols mixtes,
calcaréo-siliceux, dans le Gard (*S. b. Fr.*, t. XXII, p. XXXVII).

Enfin, M. VALLOT l'a rencontré sur des calcaires magnésiens, contenant 36 % de carbonate de chaux et 21 % de
carbonate de magnésie, dans les environs de Lodève; voyez
op. cit. p. 233, 280 et principalement p. 328 et seq.

Les *Woodsia hyperborca* R. Br., (**S** ST-L. *S. b. L* IX, 393; *Cat.* 828;
   CORR. 201), — *Allosurus crispus* Bernh., **S** ST-L. *id.*, n'appartiennent
   pas à la Flore, de même que l'*Asplenium Petrarchœ* DC., de la
   région siliceuse des Maures (SAPORTA, 1879.)
Les *Equisetum palustre* L., *E. limosum* L., *E. silvaticum* L., des marais et
   des lieux humides de la région, sont **S** CTJ.

Pilularia globulifera L. — CTJ. **SSS**; — rare dans la Dombes et
   les bas-plateaux lyonnais, sur les alluvions anciennes et glaciaires.
Lycopodium inundatum L. — CTJ. **SSS**; ST-L. *Cat.* 840. — Sol
   tourbeux, du Bugey, de la Dombes et des Terres-Froides,
   rare.
L. clavatum L. — CTJ. **S**; ST-L. 842. — Alluvions anciennes et
   glaciaires de la Bresse et de la Dombes; granite du Pilat.

Les *L. complanatum* L. (CTJ. **SSS**, ST-L. *Cat.* 842), *L. alpinum* L., **S**
   ST-L. *Cat.* 841, ne sont pas de la Flore; — le *L. Selago* L., **S** ST-L.
   Cat. 839, arrive au Pilat et dans quelques points de la chaîne du Jura;
   silicicole dans le Dauphiné et les Carpathes, il est indiff. dans les
   Alpes autrichiennes (BONN., *op. cit.*, p. 13).

Cette énumération formée de plantes dont l'adhérence, pour
la plupart d'entre elles, est justifiée par les indications des substratum dans la région lyonnaise et l'opinion des principaux

phytostaticiens, donne une idée exacte de la Flore silicicole ; on peut s'en convaincre en la comparant avec les comptes rendus d'herborisations faites dans des régions granitiques situées sous d'autres latitudes ou d'autres climats, telles que :

L'Ardèche et le Vivarais : *S. b. L.*, VII, 162 ; IX, 173, 196 ; XI, 104.

Les Pyrénées : *S. b. L.*, IX, 138, 149 ; — *S. b. Fr.*, XXVII, p. xxxvi ; XXVIII, 322 et suiv.

L'Ouest de la France : *S. b. Fr.*, XXII, 27 ; XXIV, 369, etc.

On peut s'assurer ainsi que toutes les espèces imprimées en caractères ordinaires (en 9) et surtout celles dont le nom est en caractères gras sont des silicicoles tout à fait préférentes dans une grande partie de la France.

D'autre part, si l'on rapproche de cette même énumération les listes que nous avons données plus haut des espèces caractéristiques des régions secondaires de :

Lyonnais et Beaujolais granitiques (p. 155 et 162 = *S. b. L.*, X, 161, 168);

Dombes d'étangs (p. 174 = *S. b. L.* XI, 146) ;

Terres-Froides et Bas-Dauphiné (p. 181, 182 = *S. b. L.* XI, 153, 154),

leur grande analogie prouvera que la végétation de ces diverses régions contient les mêmes plantes caractéristiques, malgré les différences qu'on y observe dans la nature physique du sol, différences si frappantes entre les sables granitiques du Lyonnais et les terres compactes de la Dombes ; ces régions secondaires appartiennent donc à une même *Flore silicicole* et la prépondérance de l'influence de la composition chimique du sol s'y manifeste d'une façon évidente (1).

---

(1) On arrive à la même conclusion par l'examen des végétations *bryologiques* et *lichéniques* du Lyonnais ; nous avions d'abord l'intention de donner à la suite des Phanérogames et des Cryptogames vasculaires, des énumérations de Mousses et de Lichens silicicoles et calcicoles, établies d'après nos observations (*Fragm. lichén.* ; *S. bot. L.*, passim) et celles de MM. Debat et Saint-Lager (Flore des Muscinées ; *Ann. Soc. bot. de Lyon*, passim ; t. II, p. 31, etc.), et comparées aux données puisées dans les ouvrages de Schimper (*Synopsis muscorum...* 1860 et 1876, p. xliii-xlvii), Boulay (*Distrib. géogr. des Mousses..* in *S. b. Fr.*, XVIII, 215-222 ; *id.* Paris, 1877, p. 11-32, 50, 65, 70 ; *Muscinées*, 1884, passim), Crié (*A. S. N.*, 1874, p. 305), Renaud (*S. E. Doubs*, 1875), etc. pour les Mousses. — Nylander, Leighton, Kœrber, Arnold, Lamy, etc. pour les Lichens ; nous y renonçons pour le moment, ne voulant pas augmenter démesurément cet ouvrage et retarder plus longtemps sa publication ; ce sera le sujet d'un travail spécial que nous espérons pouvoir achever bientôt.

Modifications de la Flore silicicole d'après les variations des sols siliceux. — Quoique les espèces silicicoles se rencontrent indifféremment, pour la plupart, sur tous les sols siliceux, on peut cependant observer des modifications dans la composition du tapis végétal qui recouvre les granites, les gneiss, les porphyres, les schistes ou les terrains de transport et d'alluvions.

Alluvions siliceuses. — Nous avons déjà signalé les différences qui séparent la végétation du Lyonnais granitique de celles de la Dombes et des Terres-Froides (Voy. p. 170, 177, 178; *S. b. L.* IX, 142, 149, 150) ; ces différences tiennent surtout aux variations dans la consistance et les autres propriétés physiques du sol, la Flore du Lyonnais granitique étant caractérisée principalement par les plantes silicicoles psammophiles et celle des terrains goutteux de la Dombes par les silicicoles pélophiles, bien que certaines calcifuges se montrent remarquablement indifférentes à ces modifications du sol, témoins les *Montia minor*, *Corrigiola littoralis, Sarothamnus*, *Pteris*, etc. M. Saint-Lager a particulièrement insisté sur ces exemples pour prouver la prépondérance de l'influence chimique (Voy. *Géogr. bot. de la Bresse*, dans *Ann. Soc. bot. de Lyon*, VI, p. 46, et nos *Recherches sur la Géogr. bot.*, 1879, p. 74 et 153).

Nous avons aussi indiqué ailleurs (*Rech.*, p. 74) les particularités qui distinguent la flore de la partie granitique des bas-plateaux lyonnais, de celle des alluvions anciennes qui les recouvrent sur leur bord oriental : rappelons l'absence ou la rareté, sur ces alluvions, des *Teesdalia nudicaulis, Scleranthus perennis, Arnoseris minima, Nardurus Lachenalii* et autres espèces si fréquentes sur les sables granitiques, tandis que les Sarothamnes, *Genista anglica*, *Pteris*, viennent indifféremment sur tous les sols siliceux.

On a signalé des faits analogues dans d'autres contrées ; ainsi M. B. Martin dit que, dans les environs de Campestre (Gard) (1), sur le sol de la Broussière, qui, par suite du voisinage d'un des contreforts du mont Saint-Guéral, dont la roche est talqueuse, et grâce à la présence de cailloux roulés, « doit contenir des éléments siliceux mêlés en assez grande abondance à son fond

(1) *Bull. de la Soc. bot. de France*, t. XXII, p. xxxvii.

calcaire », on trouve les espèces suivantes : *Viola canina, Sa-pina patula, Genista anglica, Sarothamnus vulgaris, S. pur-gans, Pteris aquilina,* etc.; mais on chercherait en vain sur ce sol calcaréo-siliceux de la Broussière un seul échantillon des plantes qui sont exclusivement silicicoles dans les Cévennes, comme : *Orobanche rapum, Teesdalia nudicaulis, Scleranthus perennis, Digitalis purpurea, Plantago carinata, Arnoseris pusilla, Hypericum humifusum, Nardurus Lachenalii,* etc.

Gneiss et schistes à plantes calcicoles. — Il serait intéressant de rechercher les autres variations que la Flore silicicole doit présenter sur les diverses roches siliceuses, granitiques, porphy-riques ou schisteuses ; mais, à part quelques observations faites sur le gneiss, les schistes métamorphiques, etc., les éléments d'une pareille comparaison font à peu près complètement défaut; nous parlerons donc surtout des particularités que nous avons observées dans la flore des gneiss des Coteaux du Rhône et des cornes vertes du bassin de l'Arbresle.

Le lecteur se rappelle que les gneiss se présentent quelquefois sous la forme de roches très dures, ou qui se divisent en frag-ments plus ou moins volumineux, donnant ainsi naissance à des sols fragmentaires, ayant quelque analogie avec les sols cal-caires.

Or, sur les parois de ces gneiss, ou dans les sols qui en pro-viennent, on observe souvent, au milieu des espèces silicicoles habituelles, quelques plantes qui sont considérées comme cal-cicoles par la majorité des phytostaticiens.

Ainsi, sur les gneiss qui affleurent à la base des coteaux du Rhône sur sa rive droite, aux environs de Lyon, et sur ces mêmes roches, constituant les coteaux des deux rives de ce fleuve, à partir de Givors et de Chasse, près Vienne, on peut voir :

Helleborus fœtidus CC.	Cynanchum Vincetoxicum CCC.
Helianthemum vulgare C.	Heliotropium europæum C.
Hippocrepis comosa CCC.	Teucrium Chamædrys CC.
Genista sagittalis C.	Rumex scutatus CC.
Anthyllis vulneraria CC.	Buxus sempervirens CC.
Cerasus Mahaleb CCC.	Melica ciliata CCC.
Sedum dasyphyllum.	Ceterach officinarum CC.
Helichrysum Stœchas (C VALL.)	

Les lettres CCC, CC, C, indiquent leur degré de préférence, d'après M. Contejean (sauf exception pour les indications pla-cées entre parenthèses).

On peut y ajouter encore : *Saponaria ocymoides* CC, *Pistacia Terebinthus* (C Vall.), sur les gneiss de Vienne ; *Acer monspessulanum* CC, sur ceux du Garon, et *Asplenium Halleri* CC, sur les gneiss des vallées des bas-plateaux lyonnais.

Cette particularité n'est pas spéciale aux environs de Lyon ; sur les gneiss des environs de Saint-Vallier et de Ponsas (Drôme), nous avons constaté aussi :

Coronilla Emerus CCC.	Lithosperm. purpureo-cæruleum CC.
Saponaria ocymoides CC.	Teucrium Chamædrys CC.
Rubia peregrina C.	Mercurialis perennis C.
Sedum dasyphyllum.	Carex gynobasis CCC.
Globularia vulgaris CCC.	Ceterach officinarum CC (1).
Convolvulus cantabricus CC.	

D'autre part, on a relevé sur les gneiss du nord de l'Ardèche les espèces suivantes dont l'habitat anormal a été déjà reconnu et signalé par le docteur Perroud (*Ann. Soc. bot. Lyon*, t. XI, p. 112) :

Helleborus fœtidus CC.	Bupleurum aristatum C.
Berberis vulgaris C.	Carlina vulgaris C.
Helianthemum vulgare C.	Achillea tomentosa (C Lec.).
Saponaria ocymoides CC.	Pyrethrum corymbosum (C Lec.).
Trifolium rubens CC.	Plantago cynops (C Lec.).
Coronilla Emerus CCC.	Convolvulus cantabricus CC.
Lathyrus setifolius (C Lec.).	Teucrium Chamædrys CC.
Cerasus Mahaleb CCC.	Orchis Simia.
Aronia rotundifolia.	Asplenium Halleri CC.
Trinia vulgaris CCC.	Ceterach officinarum CC.

auxquelles nous pouvons ajouter encore : *Helichrysum Stœchas* (C Vall), *Inula montana* CCC, *Fumana procumbens* (CCC Vall.), *Sedum anopetalum* CCC, *Melica ciliata* CCC, des pages 110 et 111 du même recueil.

Les *cornes vertes* du bassin de l'Arbresle, qui présentent beaucoup d'analogie avec les gneiss par leur mode de désagrégation, leur composition renfermant aussi des quantités appréciables de chaux, la présence d'espèces à facies méridional, etc., ont aussi à côté des Sarothamnes, Scléranthes, Andryales et autres espèces silicicoles :

Helleborus fœtidus CC.	Bupleurum falcatum C.
Helianthemum vulgare CC.	Eryngium campestre C.
Genista sagittalis C.	Artemisia campestris (C Vall.).

---

(1) *Ann. Soc. bot. Lyon*, t. IX, p. 331.

Heliotropium europæum C.	Buxus sempervirens CC.
Calamintha Nepeta CC.	Andropogon ischæmum CC.
Stachys recta CC.	Melica ciliata CCC.

La plupart de ces espèces se retrouvent aussi sur les schistes carbonifères du même bassin.

Toutes ces plantes sont, à des degrés divers, des préférentes calcicoles ; quelques-unes même sont données comme *exclusives* (CCC Cᴛᴊ.) ; nous discuterons, du reste, ces questions d'adhérence, pour chacune d'elles, dans le paragraphe suivant consacré à la Flore calcicole ; mais quelles que soient les divergences qu'on puisse relever pour quelques-unes de ces espèces, la présence certaine sur des gneiss, et dans plusieurs localités éloignées, de plantes qu'on ne trouve habituellement que sur les calcaires, n'en constitue pas moins un fait très important au point de vue de la géographie botanique.

Quelle explication peut-on donner de ces stations anormales ?

Ces calcicoles tolèrent-elles les gneiss parce que ces roches contiennent souvent, comme on l'a vu plus haut (p.281), une certaine proportion de chaux ? C'est l'opinion à laquelle paraît se ranger le docteur Perroud en citant les faits de l'Ardèche. Mais cette proportion de chaux est ordinairement minime, et nous avons vu aussi que la plupart des roches siliceuses peuvent en donner des quantités semblables à l'analyse ; on ne voit donc pas pourquoi les plantes calcicoles s'observent principalement sur les gneiss des coteaux du Rhône et sont, au contraire, extrêmement rares sur les autres roches granitiques (1).

---

(1) Ajoutons que M. Perroud a antérieurement (*S. b. Lyon,* X, 37) signalé la présence de plantes calcicoles sur les gneiss et les granites du Valais : « On est frappé, dit-il, de trouver sur les granites et les gneiss de cette localité (Gondo dans le Valais), c'est-à-dire dans un milieu incontestablement siliceux, une foule d'espèces qui dans notre région ont une préférence très marquée pour les calcaires, et que Thurmann et Lecoq font figurer dans leurs listes des plantes calcicoles ; c'est non seulement le *Rumex scutatus* que nous rencontrons ici avec ces deux formes *glaucus* et *genuinus,* mais encore :

Erinos alpinus L.	Libanotis montana All.
Saponaria ocimoidea L.	Campanula pusilla Hœnk.
Thalictron aquilegifolium L.	Salvia glutinosa L.
Pimpinele saxifraga L.	Lasiagrostis argentea DC.
Laser siler L.	Hieracion Jacquinianum Vill.
Teucrion montanum L.	Silene saxifraga L.
Polypodion calcareum Sm.	Astragalos aristatus L'Hérit.
Bellidiastrum Michelianum Cass.	Arabis alpina L.
Melica ciliata L.	Saxifraga aizoonia Jacq. »
Kernera saxatilis Rchb.	

Sont-elles retenues sur certains gneiss, à cause de leurs propriétés physiques particulières, qui les rapprochent des roches calcaires ? Cette hypothèse donnerait raison à Thurmann, lequel prétend que « toutes les fois que les terrains siliceux se trouvent accidentellement massifs et résistants, ils ont la flore des calcaires ».

Les trouve-t-on sur les gneiss dans la partie méridionale des Coteaux du Rhône (et l'on sait que l'on peut considérer la vallée du Rhône, à partir de Lyon, comme appartenant à la région méridionale), simplement, — comme le veut aussi la doctrine de Thurmann, — parce que ces prétendues calcicoles ne sont que des xérophiles qui rechercheraient la sécheresse des roches calcaires dans le Nord, et s'accommoderaient de sols de plus en plus eugéogènes à mesure qu'on s'avance dans le Midi ?

Ou bien toutes ces espèces ne sont-elles, comme le pense M. Contejean pour quelques-unes seulement d'entre elles, que des *calcicoles presque indifférentes* ? (1). Si l'on adoptait cette explication, on réduirait encore le nombre des calcicoles exclusives ou presque exclusives, qui diminue de plus en plus à mesure qu'on compare des régions différentes (cf. Bonnier, *op. cit.*).

Ne voulant pas entrer ici dans le vif de la question des causes de l'adhérence des plantes au sol, nous nous bornons à signaler les faits et les hypothèses diverses qui peuvent les expliquer.

Contrastes en petit. — Nous avons limité nos régions siliceuses, de telle sorte, en en séparant toute la partie de la région granitique recouverte par des alluvions à prédominance calcaire (coteaux du Rhône), qu'il ne nous est guère possible de signaler des exemples de *contrastes en petit*, contrairement à ce qui se présentera dans les régions calcaires.

---

(1) Voy. CONTEJEAN (*Ann. Sc. nat.*, 1875, p. 251, 252). « Les calcicoles sont moins exclusives que les calcifuges ; c'est pourquoi l'on trouve *Helleborus fœtidus, Globularia vulgaris, Teucrium Chamœdrys, Hippocrepis comosa*, etc., côte à côte avec les silicicoles dans le diluvium ne contenant pas de chaux, entre Angoulême et Limoges... Les *Teucrium montanum, Globularia vulgaris, Polygala calcarea, Chrysocoma linosyris*, etc., qu'on observe sur les pâturages rocailleux calcaires (dans les Deux-Sèvres ?) passent aussi sur des lambeaux argileux ne faisant pas effervescence. » On remarquera que M. Contejean ne parle pas de roches granitiques : il signale seulement, incidemment (*Géogr. bot.*, p. 43) et d'après M. Braungart, les gneiss gris de la Bohême, contenant des minéraux (hornblende, etc.) produisant du calcaire et sur lesquels prospèrent le trèfle et le froment.

Rappelons seulement les contrastes qu'on observe sur le bord oriental des bas-plateaux granitiques, entre les gneiss et les lambeaux de poudingues et de lehm à concrétions calcaires, sur le chemin de Francheville à Chaponost, vers les aqueducs de Beaunant, etc.

On peut encore mentionner les mamelons calcaires de Dardilly et de Civrieux, qui semblent émerger au milieu des gneiss et des granites de la région ; mais comme ils sont formés en partie par les couches siliceuses des grès bigarrés et du lias, leur flore est à peine contrastante et se relie, du reste, à celle des alluvions calcaires et du Mont-d'Or lyonnais voisins.

C'est ici le lieu de signaler la présence, dans la région siliceuse des monts du Beaujolais et du Lyonnais, de quelques espèces habituellement calcicoles, telles que :

Dentaria pinnata **C**, *Mercurialis perennis* **C**, sur le versant oriental du mont Arjoux et dans les environs d'Izeron ;

Anthyllis vulneraria **CC**, *Ceterach officinarum* **CC**, *Asplenium Halleri* **CC**, dans beaucoup de points des bas-plateaux du Lyonnais ;

Dentaria pinnata **C**, *D. digitata* **C**, *Seseli Libanotis*, *Stachys alpina*, dans les montagnes du Beaujolais ;

Buxus sempervirens **CC**, dans beaucoup de localités que nous relèverons à propos de la Flore calcicole.

La présence de ces espèces dans ces stations anormales peut souvent être expliquée par quelque particularité dans la nature du sol ; c'est ainsi que sur le versant oriental du mont Arjoux, précisément du côté où se trouvent les deux calcicoles citées plus haut, existe un large filon de *serpentine* dont on connaît la richesse en carbonate de chaux et de magnésie : il en est de même pour plusieurs stations du Buis, comme nous l'avons montré ailleurs (*S. b. L.*, VIII, 142), bien que cet arbrisseau puisse croître dans le quartz pur. Mais il est indispensable d'examiner avec soins les stations de chacune de ces espèces pour trouver l'explication véritable des particularités de leur dispersion (1).

_____

(1) M. Godron, dans un mémoire concernant l'influence des cours d'eau sur la dispersion des végétaux (*Mém de l'Acad. de Stanislas*, Nancy, 1874), cite les *Seseli Libanotis*, *Aconitum lycoctonum*, etc., comme des espèces des Vosges entraînées sur les plateaux inférieurs à l'époque quaternaire ; or, ces plantes et les autres indiquées dans le Beaujolais sont très fréquentes dans le Jura et le Bugey ; n'ont-elles pas été entraînées de ces montagnes vers les monts du Beaujolais, à l'époque glaciaire ?

La végétation spéciale des roches serpentineuses nous amène à dire un mot des plantes calcicoles qui ont été observées sur les porphyres et les basaltes et qui ont servi longtemps d'arguments à l'usage des défenseurs de la doctrine de Thurmann. On sait que ces roches renferment aussi des minéraux capables de donner du carbonate de chaux en se décomposant, et que leur dureté et leur mode de désagrégation en fait quelquefois de véritables roches dysgéogènes. Il est probable que l'étude de la flore des porphyres des chaînes de Tarare et du Beaujolais donnera des résultats analogues à ceux observés dans d'autres régions, par exemple :

La Loire, où, d'après M. Legrand (*Stat. bot. du Forez*, p. 44), on voit sur le porphyre : *Dentaria pinnata, Teucrium Botrys, Digitalis lutea, Lactuca perennis, Helianthemum Fumana, Ophrys apifera ;*

Les environs de Chagny (Haute-Saône), et sur la *ligourite* de la Haute-Vienne, d'après M. Contejean (*Géogr. bot.*, 19, 24 et 44) ;

Les observations faites aux environs de Bitche par Schultz (cité dans Thurmann, I, 389) : porphyres avec *Helianthemum vulgare, Polygala calcarea, Lithospermum purpureo-cœruleum ;*

Le massif du Kaiserstuhl, étudié par MM. Parisot (*S. b. Fr.*, 1858, V, 539), Godron (Nancy, 1864) et cité par M. Contejean (*op. cit.*, 19 et 24).

Quant aux basaltes, comme ils ne sont pas représentés dans notre région, nous nous bornerons aussi à rappeler les observations suivantes prouvant leur « large tolérance qui admet les plantes du sol calcaire et celles des terrains siliceux (Lecoq, *op. cit.*, II, 49) » :

Legrand (*Stat. bot. du Forez*, p. 49 et passim) : basaltes de la Loire, à *Fragaria collina, Trifolium alpestre, T. medium, T. rubens, Ophrys apifera, Lathyrus niger, Leucanthemum corymbosum, Inula salicina, Rubia peregrina, Brunella grandiflora, Carex montana, C. humilis, Althœa hirsuta, Micropus, Podospermum, Kentrophyllum, Cynoglossum pictum, Odontites serotina, Teucrium Chamœdrys*, etc. ;

Doumet-Adanson (*Ann. Soc. hort. Hérault*, 1873 et *S.*

b. L., II, 47) : basaltes de Roquehaute, à composition calcaire (Planchon) ;

SAINT-LAGER (*S. b. L.*, VI, 25) et CONTEJEAN (*Géogr. bot.*, 40) : basaltes de l'Auvergne, à flore mixte, calcicole sur la partie décomposée de la roche (*Helianthemum Fumana*, *Coronilla minima*, *Trinia*, etc.), silicicole sur la roche intacte (*Teesdalia*, *Sarothamnus*, *Scleranthus*, *Filago*, etc.) ;

WIRTGEN (cité dans THURMANN, I, 390) : basaltes des environs de Coblentz à *Buxus*, *Aronia*, *Cerasus Mahaleb*, *Acer monspessulanum*, etc.

b.) *Régions calcaires et mixtes.*

Nous comprenons dans la zone calcaire toutes les parties de la région lyonnaise, dont les divers terrains contiennent au moins dans leur généralité et abstraction faite des variations accidentelles, plus de 2 à 3 % de carbonate de chaux ; ce sont, en conséquence, les régions secondaires :

I. Du Beaujolais calcaire, limité à l'ouest par la ligne passant par Blacé, Montmelas, Cogny, Oingt, Bully, l'Arbresle et Chazay-d'Azergue ;

II. Des couches jurassiques du Mont-d'Or lyonnais ;

III. Des coteaux du Rhône, de la Saône et du Bas-Dauphiné, comprenant tout ce qui reste en dehors des limites des régions siliceuses et des deux premières régions calcaires : 1° dans le plateau-bressan (*Cotière occidentale et méridionale* de la Dombes) ; 2° dans le Bas-Dauphiné (*Balmes-Viennoises*) ; 3° dans le Beaujolais et le Lyonnais proprement dit (Coteaux de la rive droite de la Saône et du Rhône).

IV. En dehors de nos limites, les collines et les monts du Bugey, de l'île de Crémieux, des îlots d'Abeau, de Saint-Quentin à Bourgoin.

Le sol y est formé : 1° par les couches du calcaire jurassique, dans le Beaujolais, le Mont-d'Or, le Bugey, les massifs de Crémieux et de Saint-Quentin ; 2° par les molasses et les terrains de transport (alluvions anciennes, terrain glaciaire, lehm, alluvions récentes), dans les Coteaux et les plaines alluviales de la Saône, du Rhône, de l'Ain et du Bas-Dauphiné.

Enfin, la végétation est caractérisée par l'absence ou l'extrême rareté des plantes de la série précédente et par la présence des espèces contenues dans l'énumération qui suit :

III. *Énumération des plantes caractéristiques des régions calcaires et mixtes.*

(Flore calcicole.)

Obs. — Pour les abréviations, voir les remarques des pages 300 et 301. — L'appétence des espèces calcicoles n'étant pas toujours aussi évidente que celle des silicicoles, nous corroborerons nos indications habituelles par d'autres puisées à différentes sources et particulièrement dans :

Bor. = Boreau. Flore du centre de la France. (Introduction et *passim.*)

Dur. = Duret et Lorey. Flore de la Côte-d'Or.

God. = Godron. Flore de Lorraine (Préface) ; Mémoire sur l'Espèce et Géogr. botan. de la Lorraine.

Bréb. — De Brebisson. Végétation de la Normandie.

Spen. = Spenner et Kirschleger. Flore de l'Alsace, etc.

Ung. = Unger. Ueber den Einfluss des Bodens... (Tyrol).

Mohl. = De Mohl. Flore du Wurtemberg. — Flore des Alpes.

Wats. = Watson. Géographic distribution of british plants.

Tom. = Tommasini, Einfluss des Bodens.... (Istrie).

Sch. = Schnitzlein und Frickhinger. Die Vegetation-Verhältnisse der Jura.... (Bavière).

Ces données sont résumées, pour la plupart, dans Thurmann, t. I, p. 354 à 402 et t. II, p. 300 à 316 ; voy. aussi De Candolle, *Géogr. bot.*, I, p. 436 à 442.

Thalictrum majus Jacq. — Lec. **C** ; Ctj. **CCC.** — Plusieurs formes au moins des groupes *T. majus* L., *T. minus* L., sont calcicoles ; telles sont, pour notre région :

Th. majus Jacq., *Th. montanum* Wallr. (St-L. *Cat.* 3), *Th. expansum* Jord., *Th. collinum* Wallr. (*saxatile* DC. p. p. : cf. Lec. **C** ; St-L. *Cat.* 4), *Th. glaucescens* Willd., qui se trouvent dans les rochers jurassiques du Beaujolais, du Mont-d'Or et du Bugey, dans les alluvions anciennes et récentes des Coteaux et des Vallées de la Saône et du Rhône ; pour le *T. montanum*, voyez encore stations calcaires dans la Lorraine God., la Normandie Bréb., etc.

Th. medium Jacq., *Th. angustifolium* Bauh. et leurs diverses formes, préfèrent aussi les alluvions récentes de l'Ain, du Rhône et de la Saône.

Th. aquilegifolium L. — Lec. **C** ; Ctj. **CC.** — Rochers calcaires du Bugey ; alluvions anciennes des Coteaux du Rhône (rare) ; a été observé certainement sur le granite, dans le Valais, par exemple, *S. b. L.* X, 35, 37.

L'*Atragene alpina* L., **C** dans les Alpes autrichiennes (cf. Corr. 97, 142),
 vient dans le Dauphiné, sur sols calcaires et sur sols dépourvus de
 carbonate de chaux à l'analyse (Bonnier, *A. S. N.*, t. X, 1880, p. 9).
Le *Pulsatilla vulgaris* Lobel, des mont. calc. de la Côte-d'Or, du Doubs,
 est remplacé ici par les formes *P. rubra* Lamk. et *propera* Jord.,
 indifférentes ? l'*A. Pulsatilla* est calc. non-seulement dans la Côte-
 d'Or Dur., mais encore dans la Normandie Bréb., l'Angleterre
 Wats. etc.
L'*Anemone alpina* L., **C** dans les Alpes autrichiennes (cf. Corr. 97, 98,
 142), indiff. dans le Dauphiné et les Carpathes (Ctj., Bonnier, *l. c.*),
 S pour Lec. (il faut du reste distinguer l'appétence du type et de la
 f. *sulfurea*, qui est **S**), — les *A. baldensis* L. (**C** pour St.-L. *S. b. L.*
 IX, 392; Corr. 143), *A. narcissiflora* L. (**C** pour St-L., *S. b. L.* IX,
 392; *Cat.* 9), sont des hautes montagnes, la dernière arrivant cependant au Reculet; — l'*A. Hepatica* L., quoique des mont. calc. du
 Bugey (et du Beaujolais, à Cogny?) est indiff. (Ctj.); il est cependant
 calc. dans la Lorraine God., le Tyrol Ung., etc.

Adonis autumnalis L., **A.** æstivalis L., **A.** flammea Jacq.
 — Lec. **C**; Ctj. **CC**. — Alluvions anciennes et récentes
 de l'Ain, du Rhône, de la Saône ; cf. all. du Doubs (Micha-
 let, *Jura*, p. 39), terr. calc. du Forez (Legrand, *Stat.* 65);
 S. b. L. V, 223 ; VI, 50; le Centre de la France (Bor.)
L'*A. vernalis* L., **C** Lec., n'est pas de la Flore.

Ranunculus lugdunensis Jord. — **C** St-L. *S. b. L.* V, 172;
 Cat. 23. — Alluvions anciennes des Coteaux du Rhône, 3;
 cependant sur gneiss dans le Midi (*S. b. L.* IX, 182, Drôme).
R. gramineus L. — Lec. **C**; Ctj. **CC**. — Alluvions anciennes
 et récentes des Coteaux et des Vallées du Rhône et de l'Ain,
 de la Valbonne; cf. Côte-d'Or Dur.
R. parviflorus L. — Lec. **C** ; Ctj. **C**. — Alluvions anciennes et
 récentes des Coteaux et Vallées de la Saône, du Rhône et de
 l'Ain.
R. lanuginosus L., Ctj. **CC**, — *R. montanus* Willd., Ctj. **C**, St-
 L. *Cat.* 19, — *R. Thora* L., St-L. *S. b. L.* IX, 392; *Cat.* 14 ;
 Corr. 143, — *R. alpestris* L., Ctj. **C** ; St-L. *S. b. L.* IX,
 392; *Cat.* 15, — arrivent dans le Jura et le Haut-Bugey ; ce
 dernier devient indifférent dans les Alpes autrichiennes
 (Bonnier, *A. S. N.* 1880, X, p. 10).
Le *R. Chærophyllos* L., **C** Lec., est indiff ; cf. Ctj. et ses habitats non
 seulement sur les alluvions mais encore sur les gneiss des Coteaux
 du Rhône. — Les *R. Seguieri* Vill. (**C** St-L. *Cat.* 16; Corr. 144),
 R. parnassifolius L., **C** St-L. *Cat.* 17, ne sont pas de la Flore.

Helleborus fœtidus L. — Ctj. I, II, **CC** ; St-L. *Cat.* 25 ; Vall.
 291. — Rochers calcaires du Mont-d'Or, du Beaujolais, du

Bugey, du Jura, etc.; alluvions anciennes des Coteaux du Rhône; cf. stat calc. de la Lorraine God., de l'Alsace Spen., etc. ; de plus Vall., *op. cit.*, 224, 228, 232, 281, etc.

L'Héllébore se rencontre cependant dans les sols siliceux : sur les gneiss des Coteaux du Rhône ! des Vallées des bas-plateaux lyonnais ! et *S. b. L.*, V, 114 (Garon); — de la vallée de la Brevenne ! et *S. b. L.*, VII, 246 ; — sur les schistes métamorphiques (cornes vertes, etc.) dans la vallée de l'Azergue !

De même, dans le midi de la France : gneiss du Vivarais, *S. b. L.* IX, 174 ; — de la Drôme, *id.*, XI, 112 ; — des Pyrénées, *id.* IX, 150.

Cf. pour la présence de l'Hellébore dans le diluvium ne contenant pas de chaux : Crj. II, *A. S. N.*, 1875, p. 252.

Delphinium Consolida L. — St-L. *Cat.* 29; indifférent Crj. II. — Moissons des terrains calcaires, roches jurassiques et terrains de transport des Coteaux et des Vallées du Rhône, etc. Cf. dans le Doubs, Mich., *l. c.*, p. 38; *S. b. L.* VI, 50; — mêmes stat. dans la plaine du Forez, Legrand, *l. c.* p. 48, 69 ; voyez précédemment p. 137, 139 (*S. b. L.*, t. X, p. 143, 145).

Les *D. peregrinum* L., **C** St-L. *Cat.* 29, — *Nigella hispanica* G. God., **C** Crj., sont du midi de la France.

Berberis vulgaris. — **C** Lec., Crj. — Tous les terrains calcaires de la région : Mont-d'Or, Beaujolais, Coteaux du Rhône, Bugey, etc.

Se trouve aussi, mais rarement, sur les terrains siliceux : — sur les terrains de transport à composition mixte des Coteaux du Rhône ; — sur les gneiss et les granites, voyez *S. b. L.* X, 34 (Valais); XI, 112 (Vivarrais), etc.

Le *Papaver hybridum* L., **C** Lec., indiff. Crj., préfère peut-être les champs calcaires de notre région : cf. *S. b. L.*, V, 223, (causses jurassiques); VI, 28 (Limagne). — Il en est de même du *P. dubium* L., **C** Lec., indiff. Crj., venant dans les mêmes habitats (cf. *S. b. L.*, V, 223; VI, 28), mais observé aussi dans sols siliceux : voy. *S. b. L.*, X, 46; *S. b. Fr.*, XXIV, 369, etc.

Le *Glaucium luteum* L., **C** Lec., marit. presque indiff. Crj., est plutôt ad-ventice dans notre région, sur roches calcaires, cornes vertes, etc. — Le *G. corniculatum* Curt., **C** Lec., *S. b. L.*, VI, 28, n'est pas de la Flore.

Fumaria Vaillantii Lois. — Crj. II, **CC.** — Mont-d'Or, rare. Cf. St-L. *Cat.* 33 ; *S. b. L.*, V, 223; VI, 28.

F. parviflora L. — Crj. II **CC.** — Alluvions des Coteaux du Rhône, 1, 2, 3.

Diplotaxis tenuifolia DC. — Alluvions des Cot. du Rhône, 1, 2, 3.
D. muralis DC. — Ctj. **C.** — Mêmes stations.

Les *D. viminea* DC., Ctj. **C.**, — *D. erucoides* DC., **C** Lec., ne sont pas de la Flore.

Erysimum perfoliatum Cr. (*orientale* R. Br.) — Mont-d'Or ; cf. régions calcaires de l'Hérault, de l'Aveyron, etc. et *S. b. L.* II, 46 ; IX, 193.

Arabis sagittata Rchb. — Rochers calcaires du Beaujolais, du Bugey : cf. Vall. 292 ; alluvions anciennes et récentes des Coteaux et des Vallées du Rhône, de la Saône et de l'Ain : cf. Vall. 249. — Le type *A. hirsuta* L., **C** Ctj., paraît plus indifférent.

A. Turrita L. — Ctj. **CC** ; St-L. *Cat.* 46. — Rochers calcaires du Revermont et du Bugey ; cf. *S. b. L.*, IX, 392 ; — Cot. du Rhône, à Vienne, sur gneiss ?

L'*A.* **alpina** L., — Ctj., **CCC** ; St-L., *Cat.* 45, — est des mont. calc. du Bugey ; on l'a cependant signalé sur les granites, *S. b. L.*, X, 34, 37, (Valais).

Les *A. muralis* Bertol. (**C** Lec.), *A. auriculata* Lamk., (**C** Lec. ; St-L., *Cat.* 43), *A. brassicæformis* Wallr. (**C** Lec.), *A. saxatilis* All. (**C** St-L., *Cat.* 43 ; *S. b. L.*, IX, 392), *A stricta* Huds. (**C** St·L., *Cat.* 43), sont des mont. calc. du Bugey ou du Jura.

L'*A. arenosa* Scop. (**C** Corr. 146, 147 ; Mohl, *op. cit.*) appartient aux calc. du Jura septentrional : cf. St-L., *Cat.* 45 ;—l'*A. pumila* Wullf., *S. b. L.* IX, 392, est des Alpes.

Les *Sinapis incana* L., (**C** Lec., Ctj.), *S. alba* L., *S. nigra* L. (**C** Lec.), *Cheiranthus Cheiri* **C** Ctj., sont erratiques ; — le *Sisymbrium Columnæ* Jacq., **C** Lec., est indiff. Ctj. ; — le *Matthiola varia* D C., **C** St-L., *Cat.* 37, n'est pas de la Flore.

Dentaria pinnata Lamk. — Ctj. **C** ; Lec. **S.** — Montagnes calcaires du Bugey, Jura, Dauphiné, etc. ; porphyres et autres roches granitiques particulières du Haut-Beaujolais et des monts du Lyonnais : voyez *S. b. L.* VII, 308 (mont Arjoux) ; 1883, p. 39 (Iseron) ; VII, 266 (Valfleury). Cf. porphyres du Forez (Legrand, *St. bot.*, p. 44).

D. digitata Lamk. — Ctj. **C.** — Même habitat, mais plus rare ; indiqué aussi dans le Haut-Beaujolais ?

Lunaria rediviva L. — Ctj. **C.** — Région calcaire du Bugey ; cf. Jura, Dauphiné, etc. St-L. *Cat.* 48 ; Côte-d'Or Dur., etc.

Alyssum calycinum L., **C** Ctj., bien que fréquent dans tous les sols calcaires de la région, paraît indifférent.

A. montanum L., **C** Corr. 97, arrive sur les rochers calcaires de Solutré, près Mâcon, de Crémieux et du Bugey, — dans les alluvions de l'Ain et du Rhône.

Les *Alyssum spinosum* L. et *macrocarpum* DC., **CCC** Lec., Ctj. II, St-L., *Cat.* 49, sont des plantes méridionales; cf. Vall. 240, 292; *S. b. L.*, V, 223; — l'*A. campestre* L., marit. presque indiff. Ctj., est aussi du Midi.

Draba aizoides L. — Lec. **C**; Ctj. I, II, **CCC**. — Mont. calc. du Bugey, etc.; cf. *S. b. L.*, IX, 392; Corr. 97; plante de la dolomie (Planch. *l. c.*); **C** dans les Alpes autrich. et les Carpathes surtout; vient sur le calc. et la silice dans le Dauphiné (Bonnier, *l. c.*).

D. muralis L., Ctj. **C**, est indiff.; en effet, collines calcaires du Bugey; coteaux gneissiques et granitiques des bords du Rhône, à partir et au-dessous du Mornantet et de Givors; cf. *S. b. L.*, IX, 182; St-L., *Cat.* 52.

Les *D. pyrenaica* L., *S. b. Fr.* 1881, p. 327, — *D. tomentosa* Wahl. (**C** Corr. 97; **S** St-L., *Cat.* 51; Bonnier, *l. c.*, pour le Dauphiné) ne sont pas de la Flore.

Kernera saxatilis Rchb. — Lec. **C**; Ctj. I, II, **CCC**; St-L., *Cat.*, 53. — Mont. calc. du Bugey; cf. *S. b. L.* V, 223; IX, 392; plante de la dolomie (Planch.); — signalé aussi sur les granites, *S. b. L.*, X, 35, 37 (Valais), sur roches dépourvues de carbonate de chaux à l'analyse, dans le Dauphiné (Bonnier, *l. c.*. p. 10).

Clypeola Jonthlaspi L. — Ctj. II, **CCC**. — Mont. calc. du Bugey.

Iberis pinnata L. — Moissons des terrains calcaires; alluvions anciennes et récentes des Coteaux du Rhône; cf. *S. b. L.* IX, 192; Vall. 292 (dolomie; indiff. à nature physique); — observé cependant sur gneiss, *S. b. L.* X, 46.

I. amara L. — Ctj. **CC**. — Alluvions anciennes et récentes des Coteaux et Vallée du Rhône; cf. *S. b. L.* VIII, 254.

I. umbellata L. et ses f. *collina* Jord., *Timeroyi* Jord., etc. — Rochers calcaires de Crémieux, du Bugey; voyez St-L. *Cat.* 55.

Les *I. intermedia* Guers, Ctj. **CCC**, — *I. saxatilis* L., (Ctj. **CCC**; St-L. *S. b. L.*, V, 223; VI, 28; *Cat.* 56; dolomie Planch.), — *I. linifolia* L. (**C** St-L., *Cat.* 56), sont du midi de la France.

Thlaspi perfoliatum L. — Lec. **C**; Ctj. II, **CC**; St-L. *Cat.* 58. — Champs calcaires dans toute la région; cf. *S. b. L.* VI, 28.

Le *Th. arvense* L., Ctj. **C**, est presque indiff.; — le *Th. montanum* L. (Ctj. **CCC**; St-L., *Cat.* 58), est du Bugey et de la S.-et-L. calcaire; on le retrouve aussi dans le Jura, le Doubs, la Champagne, la Lorraine, l'Alsace, etc., exclusivement sur les sols calcaires (Mich., Gren., God., Legr., p. 42.), malgré De Candolle (*Géogr. bot.*, p. 436); cependant dans les Cévennes?

Æthionema saxatile R. Br. — Lec. **C**; Ctj. **CCC**; St-L. *Cat.* 57. — Rochers calcaires du Bugey. Cf. Alpes calc. Mohl, Tom.

26

Hutchinsia petræa R. Br. — Lec. **C**; Ctj. II, **CC**; St-L. *Cat.*
60. — Alluvions anciennes et récentes de la vallée du Rhône;
rochers calcaires du Bugey; cf. *S. b. L.* VI, 28; — peut se
trouver sur les gneiss, dans le Midi, voyez *S. b. L.*, IX,
182 (Drôme).

L'*H. alpina* R. Br., **C** Corr., 97, 149, n'est pas de la Flore.
Le *Lepidium graminifolium* L., Ctj. **C**, vient indifféremment dans les
Coteaux du Rhône, de l'Arbresle, etc., sur les alluvions anciennes,
les gneiss, les terrains carbonifères, etc. — Le *L. ruderale* L., des
décombres, est donné comme maritime presque indifférente = 3,
par M. Contejean. — Le *L. campestre* L., est indifférent à la nature
physique du sol (Vall. 276, 292) et à sa composit. chimique; cf.
Ctj. II.

Neslia paniculata Desv. — Ctj. II, **C**; St-L. *Cat.* 53. — Moissons
des alluvions anciennes et récentes des Coteaux du Rhône,
1, 2, 3, des alluvions de l'Ain; cf. id. dans le Forez (Legr., 78)
et *S. b. L.* IX, 192.

Le *Myagrum perfoliatum* L., Ctj. **C**, se trouve dans les mêmes stations;
de plus, gneiss de Vienne.
Les *Calepina Corvini* Desv. (**C** Ctj.), *Isatis tinctoria* L. (**C** Lec., Ctj.).
Senebiera pinnatifida (= 3 Ctj.), sont erratiques.

Helianthemum pulverulentum DC. — Ctj. I, II, **CCC**. —
Alluvions anciennes et récentes des Coteaux et des bords du
Rhône et de l'Ain; calcaires du Bugey (avec la f. *velutinum*
Jord.); la forme *calcareum* Jord. est des montagnes calcaires
des Hautes-Alpes (voyez St-L. *Cat.* 65).
H. pilosum Pers. — Alluvions récentes du Rhône et l'Ain; cf.
stations calcaires dans Vall., 240, 261, 294.
H. apenninum Gaud. — Calcaires du Bugey et alluvions de l'Ain
(très rare).
H. salicifolium Pers. — Lec. **C**, Ctj. **CC**. — Alluvions
anciennes des Coteaux du Rhône, 1, 2, 3.
H. canum Dun. — Lec. **C** (sub *H. vineale*); Ctj. **CC**. — Alluvions récentes du Rhône et de l'Ain; calcaires du Bugey et
de Crémieux; cf. St-L. *S. b. L.* V, 223; Corr. 150; Vall.
224, 228, 261, 294, « fidèle au sol calcaire ».
H. italicum Pers. — Lec. **C**; St-L. *Cat.* 65 (*H. œlandicum* DC.
et *alpestre* DC). — Montagnes calcaires du Haut-Bugey; cf.
S. b. L. IX, 392; les Alpes méridionales Tom.
H. Fumana Dun. — Lec. **C**; Ctj. I, II, **CCC**. — Les deux
formes, *Fumana Spachii* G. G. et *F. procumbens* G. G.
sont calcicoles (cf. Lec.; Vall. 295, etc.) :
F. procumbens G. G. croît sur les alluvions anciennes et

récentes des Coteaux du Rhône, 1, 2, 3 ; — sur les calcaires du Mont-d'Or, du Bugey, etc. ; il est aussi indiqué comme « fidèle au sol calcaire et indifférent à la nature physique du sol » par VALL. 295 ; cf. pour stations calcaires : *S. b. L.*, VI, 28 ; VALL. 224, 228, 240, 259, 276 (dolomie) ; et mêmes stations dans régions siliceuses, *S. b. Belg.* 1881, p.   , (bande calcaire dans une colline schisteuse) ; on l'a cependant observé sur sol siliceux (?) *S. b. L.* XI, 110 (Ardèche), — sur les porphyres et les basaltes du Forez (LEGR., *Stat.*, 44, 51, 81.)

Le *F. Spachii* G. G. n'appartient pas à notre Flore ; voyez VALL. 276, 295.

L'*H. vulgare* Gærtn., CTJ. **C**, est plutôt indifférent ; on le rencontre fréquemment sur les gneiss des Coteaux du Rhône ; cf. même station dans l'Ardèche, *S. b. L.*, XI, 112 ; — les cornes vertes du bassin de l'Arbresle! — cf. schistes siliceux des Pyrénées, à 0,60 seulement pour °/₀ de calcaire, dans VALL., 161, 244. Il est cependant calcicole pour UNG. (Tyrol), GOD. (Lorraine), BRÉB. (Normandie), WATS. (Angleterre), etc.

Le *Cistus albidus* L., **C** ST-L., *Cat.* 62, est du midi de la France ; cf. SAPORTA, *op. cit.* 1879.

Viola alba Besser. — CTJ. **C**. — La f. *virescens* Jord. est manifestement **C** : calcaires du Mont-d'Or, du Bugey et de Crémieux ; — la f. *scotophylla* Jord. est, au contraire, indifférente : on la trouve fréquemment sur les granites et les gneiss du Lyonnais.

Les *V. mirabilis* L., **C** ST-L., *Cat.* 71, et *V. heterophylla* Bert., CORR. 150, ne sont pas de la Flore.

Les *Reseda phyteuma* L., *R. lutea* L., **C** LEC., sont indifférents (cf. CTJ.) ; cependant le *R. phyteuma* se trouve presque exclusivement, dans notre région, dans les alluv. anciennes et récentes (calcaires) des Coteaux du Rhône, de la vallée de l'Ain, etc ; — le *R. lutea*, indiff. CTJ., est de plus indifférent aussi à la nature physique du sol : cf. VALL., 249 (sols mixtes), 272 (calc.), 295.

Polygala comosa Schkuhr. — **C** LEC., CTJ., ST-L. *Cat.* 75. — Calcaires du Mont-d'Or, du Bugey, de l'île de Crémieux ; cf. basaltes de la Loire (LEGR., *Stat.*, 84.)

P. calcarea Schultz. — LEC. **C** ; CTJ. I, II, **CCC** ; ST-L. *Cat.* 76. — Calcaires du Bugey, de Crémieux (rare).

Silene saxifraga L. — O CTJ. ; ST-L. *Cat.* 81 ; *S. b. L.* V, 223. — Rochers calcaires des vallées du Haut-Rhône, dans le Bugey ; cependant sur le granite, dans le Valais, *S. b. L.* X, 37.

S. glareosa Jord. — Éboulis calcaires du Bugey; cf. GILLOT in *S. b. Fr.* XXV, 258.

S. italica Pers. — LEC. **C.** — Alluvions anciennes des Coteaux du Rhône, 1, 2, 3; calcaires du Bugey; cf. VALL. 276. — A été observé aussi sur les gneiss, dans les Coteaux du Rhône, à Vienne!, — dans le Vivarais, *S. b. L.* lX, 174 (env. d'Aubenas); XI, 105 (env. des Vans).

S. otites Sm., — 3 = maritime presque indifférente pour M. CTJ., — est peut-être calcicole dans notre région; assez commun sur les terres alluviales de la vallée du Rhône, 1, 2, 3, — de la Valbonne; cf. *S. b. L.*, VI, 28; 1883, p. 105; VALL. 240, 295; WATS. (Angleterre).

Le *S. quadrifida* L., **C** *S. b. L.* IX, 392, arrive dans quelques stations du Haut-Bugey. — Le *S. alpestris* Jacq., **C** CORR. 97, 152, n'est pas de la Flore.

Saponaria ocimoides L. — CTJ. I, II, **CC.** — Cette plante, si fréquente sur les rochers calcaires du Bugey, se rencontre cependant souvent sur les roches siliceuses, surtout dans les contrées méridionales; ainsi :

Gneiss des Coteaux du Rhône à Vienne!, — dans l'Ardèche aux environs de la Louvesc *S. b. L.*, lX, 197; aux environs d'Aubenas, *id.*, IX, 174; aux environs des Vans, *id.*, XI, 105, 112; — dans la Drôme, aux environs de Saint-Vallier! *id.*, IX, 331;

Molasses du Petit-Bugey, entre Saint-Genis d'Aoste et la Cruzille!

Granites du Valais, environs de Gondo, *S. b. L.* XI, 37;

Voyez encore terrains de cristallisation de l'Aveyron (Chastaingt in *S. b. Fr.*, XXV, 100).

Le *Saponaria vaccaria* L., **C** CTJ., est indifférent.

Le *Gypsophila saxifraga* L., bien que limité dans notre région aux terrains calcaires et aux alluvions anciennes et récentes de la vallée du Rhône, croît cependant sur les gneiss des Coteaux du Rhône! — et, dans l'Ardèche, *S. b. L.*, X, 46 (Malleval); XI, 110 (Peyraud), etc. Il est du reste calc. pour MOHL.

Dianthus silvestris Wulf. — CTJ. **C.** — Alluvions anciennes, molasses des Coteaux du Rhône, 1, 2; alluvions récentes des bords du Rhône; molasses de la Savoie; rochers calcaires du Bugey; cf. *S. b. L.* VI, 40; 1883, p. 105. — Granites du Valais, *S. b. L.* X, 34. Calc. dans les Alpes MOHL. Indif. dans les Alpes méridionales TOM.

Le *D. cæsius* Smith, CTJ. **CC**, arrive seulement dans le Haut-Jura; le *D.*

hirtus L., **C** St-L. *Cat.* 86, est du midi de la France ; — le *D. alpinus* L., **C** Corr. 97, 152, n'est pas de la Flore.

Buffonia macrosperma Gay. — Lec. **C.** — Calcaires du Mont-d'Or, — des environs de Mâcon ; alluvions anciennes des Coteaux du Rhône, 1 ; voyez S. *b.* **L.** VI, 28.

L'*Alsine tenuifolia* Cr., **C** Lec., est indiff. ; — l'*A. Jacquini* Koch, Lec. **C**, se trouve sur les calc. du Bugey et les alluv. des Cot. du Rhône ; — les *A. rostrata*, **C** Lec., *A. Gerardi* Walhb. **C** Corr., 154, ne sont pas de la Flore.

Mœhringia muscosa L. — Ctj. I, II, **CCC.** — Rochers calcaires du Bugey ; rares stations dans montagnes granitiques, Pilat au Saut-du-Gier, où il abonde (La Tourrette, 1760, *Voy.* p. 143 ; Balbis, *Fl. lyon.* I, p. 112 ; S. *b.* **L.** II, 121 ; Legrand, *Stat. bot. Forez*, p. 89).

L'*Arenaria ciliata* L., — **C** St-L. *Cat.* 95 ; Corr. 97, — se trouve dans le Haut-Bugey ; il devient **S** dans les Alpes autrichiennes (Bonn. *l. c.*) ; — l'*A. tetraquetra* L. est du Midi ; cf. Vall. 228, 261, 297 ; — l'*A. serpyllifolia* L. est indif., cf. Ctj., Vall. 272, 297.

L'*Holosteum umbellatum* L., — **C** Ctj., — du lehm du Mont-d'Or et des Coteaux du Rhône, se trouve aussi sur le *gore granitique* pur ! voy. *S. b. L.* V, 113.

Cerastium arvense L. — Ctj. **C.** — Terres alluviales du Rhône et de l'Ain ; rochers calcaires du Bugey, de l'île de Crémieux, etc.

Linum tenuifolium L. — Lec. **C**, Ctj. **C.** — Régions calcaires du Mont-d'Or, des Coteaux du Rhône, du Bugey, de Crémieux, etc. ; voyez S. *b.* **L.** VI, 24 ; 1883, p. 105. Se rencontre aussi sur les gneiss des Coteaux du Rhône ! cf. Legr. *Stat.*, 52.

Les *L. suffruticosum* L. (*salsoloides*), Lec. **C** ; Ctj. **CCC** ; St-L. *Cat.* 101, — *L. corymbulosum* Rchb., Ctj. **C**, — *L. campanulatum* L., et la var. *flavum*, **C.** Lec., St-L. *Cat.* 100, — *L. strictum* L., Ctj. **C**, — *L. narbonense* L., **CC** Ctj., St-L., *S. b. L.*, V, 223, — *L. austriacum* L., **C** St-L. *Cat.* 102, — *L. maritimum* L., **C** Lec., marit. Ctj., ne sont pas de la Flore.

Malva alcea L. — **CC** Lec., Ctj., St-L. *Cat.* 102. — « Bois et coteaux calcaires ». Cependant plusieurs stations dans régions siliceuses du Lyonnais (vallées de l'Iseron, du Garon, de la Brevenne), du Forez, etc. ; sur quel sol ?

Althæa hirsuta L. — **C** Lec., Ctj., St-L. *Cat.* 104. — Calcaires du Mont-d'Or, du Bugey, de Crémieux ; terrains de transport (calcaires ?) de la vallée du Rhône, du bassin de Belley, etc. ; cf. terrains calcaires ou basaltiques du Forez (Legrand, *Stat. bot.*, 50, 94) ; calc. de la Normandie Bréb. ;

indifférent à nature physique du sol et station calcaire (dolomie) dans VALL. 297.

L'*A. officinalis* L., CTJ. marit. = 3, dans les alluvions récentes (calcaires) de la Saône, du Doubs, de la Loue, du Drac, etc.; — l'*A. cannabina* L., **C** LEC., est du Midi.

Le *Geranium sanguineum* L., bien qu'indifférent (CTJ., VALL. 298) vient presque exclusivement pour notre région, dans les terrains calcaires : Coteaux du Rhône, alluv. anciennes, poudingues, etc. 1, 2, 3; Mont-d'Or, Crémieux, Revermont et Bugey ; cf. calc. de l'Alsace SP. et basaltes du Forez (LEGR. *Stat.*, 51, 95.) — Cependant stations siliceuses : dans la Valbonne (et probablement dans d'autres points des sols mixtes des coteaux du Rhône), dans les monts du Lyonnais à Tarare (mais peut-être sur porphyre) ; cf. **S** LEC., et sols mixtes dans VALL. 248, 249, 254 ; *S. b. Fr.*, XXVI, p. LXXI.

L'*Hypericum hirsutum* L., indiqué comme **CC** par CTJ. (cf. Lorraine GOD., Alsace SPEN.) vient aussi bien dans les sols gneissiques et granitiques du Lyonnais, du Beaujolais et du Forez, que dans les régions calcaires du Mont-d'Or, des Coteaux du Rhône, du Bugey, etc. ; cf. **S** LEC. — L'*H. montanum* L. (**C** GOD.) est aussi indifférent, soit à la nature chimique (CTJ.) soit à la nature physique du sol (VALL. 298.) — L'*H. tomentosum* L., **C** LEC., est du Midi.

Acer opulifolium Vill. — **CC** : LEC ; CTJ. I, II ; ST-L. *Cat.* 111. — Rochers calcaires du Bugey. Cf. DUR., MOHL, etc.

A. monspessulanum L. — CTJ. **C**. — Rochers calcaires du Mont-d'Or, de Crémieux et du Bugey méridionnal ; voyez *S. b. L.* V, 223 ; — devient indifférent dans le Midi ? : granite et gneiss des bords du Garon, du Gier, des environs de Vienne, de Saint-Vallier ! Cependant calc. dans les Alpes méridionales TOM.

Le *Ruta angustifolia* Pers., — **C** LEC., ST-L. *S. b. L.*, V, 223 ; VALL. 298 (et 240, 261, 276), — est du midi de la France, ainsi que le *R. graveolens* L., **C** LEC., adventice dans notre région.

Rhamnus saxatilis L. — **C** ST-L., *S. b. L.* V, 223 ; VI, 40. — Alluv. anciennes et récentes des Coteaux du Rhône, 1, 2 ; — de l'Ain ; la f. *Villarsii* Jord., mêmes habit., plus rare.

Rh. alpina L. — LEC. **C** ; CTJ. I, **C** ; II, indiff.; ST-L. *Cat.* 117 **C**. — Rochers calcaires de Crémieux, du Bugey ; plante de la dolomie (PLANCHON, l. c.).

Les *Rh. alaternus* L., **C** LEC., CTJ., — *Rh. infectorius* L., **C** LEC., *Paliurus aculeatus* Lamk., **C** LEC., sont du Midi. — Le *Rh. pumila* L., **C** ST-L. *S. b. L.* IX, 392, CORR. 156, vient aussi sur les gneiss (*S. b. L.* X, 23).

Le *Pistacia Terebinthus* L., — **C** LEC., VALL. 299, — est indiqué comme

« fidèle aux sols calcaires et indifférent à la nature physique du sol »
par M. Vallot, p. 299 ; cf. même auteur, p. 232 (calc. magnésien),
240, 261, 276, 281-283 ; voy. aussi rochers calcaires du Bugey méridional et de Crémieux, des bassins du Bourget et de Grenoble, etc.;
zone *calcaire* de la Provence (DE SAPORTA, *op. cit.*) ; mais il croît
certainement sur le gneiss à Vienne ! à St-Vallier ! etc. — Le *Rhus
Cotinus* L., **C** LEC., qui suit à peu près la même distribution, est
aussi indifférent.

Le *Spartium junceum* L., **C** LEC., **S** CTJ., est indifférent, VALL., 299 ;
voy. stations calcaires du Mont-d'Or lyonnais et dans VALL. 232, 276,
281, 285, etc.

Le *Genista sagittalis* L., **C** CTJ , est répandu partout, aussi bien dans le
Mont-d'Or, les Coteaux du Rhône, etc., que sur les gneiss du Lyon-
nais, les schistes carbonifères de l'Azergue, etc. ; cf. *S. b. Fr.*,
XXVII, 217.

Le *G. Scorpius* DC, du Midi, **S** CTJ., est **C** pour LEC., ST-L. *S. b. L.* V,
223 ; cf. aussi VALL. 232, 300 ; CLOS, *S. b. Fr.* XXVII, 225. — Le
G. radiata Scop., **C** ST-L. *Cat.*, 126. est aussi du midi de la France.

Cytisus Laburnum L. — CTJ. **CC** ; ST-L. *Cat.* 126. — Rochers
calcaires du Mont-d'Or, de Crémieux, du Bugey, etc. Cette
espèce, reconnue comme éminemment contrastante par tous
les phytostaticiens (THURMANN, *Phyt.*, I, 213 ; II, 64, etc.),
peut être cependant cultivée dans des sols siliceux ne contenant que 0,35 % de chaux ; elle en retire une proportion de
cette base allant à 27,15 % du poids de ses cendres ; or,
la même plante ayant crû dans une terre végétale calcaire
(à 11,82 %) n'en contient presque pas davantage (29,23 %) :
l'Aubour ne serait donc pas véritablement calcicole ; voy.
FLICHE et GRANDEAU (*Ann. Chim. et Phys.* 1879 et *S. b.
Fr.*, XXVII, r. b., p. 30).

C. capitatus Jacq. — CTJ. **C**. — Alluvions anciennes, lehm des
Coteaux du Rhône 1, 2, 3 ; calcaires du Revermont, de
Crémieux ; on le rencontre cependant dans les bois de la
Dombes, à *Hypericum pulchrum*, et dont le sol (terrain
erratique) parait siliceux ?

Le *C. sessilifolius* L., — **C** LEC., ST-L., *S. b. L.*, V, 223, — remonte du
midi de la France sur les Coteaux calcaires de Crémieux ; cf. VALL.
232, 300. — Le *C. elongatus* Walds. Kit., **C** ST·L. *Cat.* 128, est
du Midi.

Ononis natrix Lamk. — CTJ. I, II, **CCC** ; VALL., 301. —
Alluvions anciennes et récentes des Coteaux et des bords du
Rhône et de l'Ain ; éboulis calcaires et erratique local
(calcaire) du Bugey ; cf. *S. b. L.*, 1883, p. 105 ; VALL., 224,
228, 301 ; *S. b. Fr.* XXVI, p. LXXI.

O. Columnæ All. — Lec. **C**; Ctj. I, II, **CCC**; St-L. *Cat.* 133.
— Alluvions anciennes et récentes des Coteaux et des terrasses des vallées du Rhône et de l'Ain ; calcaires du Mont-
d'Or et de Crémieux; voy. *S. b. L.* V, 223 ; VI, 28, 40 ; —
n'est peut-être pas aussi exclusif qu'on l'a indiqué : il croît
sur les alluvions mixtes des Coteaux du Rhône devenant
souvent siliceuses par place, et on l'a aussi signalé dans la
Vienne, en société des *Digitalis purpurea, Andryala*, etc.
(*S. b. Fr.* XXIV, p. 69); cf. *S. b. Fr.* XXVI, p. LXXI.

Les *O. striata* Gouan (**CCC** Lec., Ctj.), *O. minutissima* L. (**CC** Lec.,
Ctj., Vall. 301) et *O. rotundifolia* L, **C** Lec., ne sont pas de la
Flore. — L'*O. campestris* K. (*O. spinosa* L.) **C** Lec., indiff. Ctj.,
est surtout fréquent dans les sols calcaires de toute la région ; cf. le
Forez, le Jura, etc.

Anthyllis vulneraria L. — Lec. **C**; Ctj. I, II, **CC**. — Pelouses
calcaires de toute la région ; cf. Vall. 261 ; — a cependant
été observé dans terrains siliceux : sur granites des bas-plateaux lyonnais, à Chaponost ! sur gneiss des Coteaux du
Rhône ? Cf. gneiss des Pyrénées, mais avec éboulis calcaires ? *S. b. L.* IX, 150 ; granites du Valais, *id.* X, 34.

A. montana L. — **C** Lec.; St-L. *Cat.* 135 ; *S. b. L.* IX, 392. —
Rochers calcaires du Bugey. Cf. Côte-d'Or Dur., etc.

Medicago orbicularis All. — **C** Lec., Ctj. — La f. *ambigua* Jord.
habite surtout les pelouses calcaires du Mont-d'Or et des
Coteaux du Rhône, 1, 2, 3.

M. Gerardi Willd. — Lec. **C**; Ctj. indiff. — Les deux f. *cinerascens* Jord. et *Timeroyi* Jord. se trouvent aussi de préférence dans le Beaujolais calcaire, les alluv. des Cot. du
Rhône, l'îlot calcaire de Crémieux, etc.

Le *M. falcata* L. (**C** Lec., Ctj.) paraît indifférent ; sa f. *glomerata* Balb.,
du Midi, est plus nettement **C** ; voy. St-L., *Cat.* 137. — *M. apiculata* Willd., **C** Lec., indiff., de même que *M. minima* Lamk. (voy.
Vall. 244, 276 et 301; *S. b. L.* X, 46) et *M. sativa* L.

Le *M. sativa* exige cependant des sols calcaires, du moins pour sa culture
intensive ; la présence de la chaux dans les engrais permet, en
effet, de cultiver la Luzerne dans les sols granitiques et prolonge
la durée des luzernières (voy. les *Traités d'Agriculture* et les observ.
de MM. Chatin dans *S. b. Fr.* XXVI, 107, — Pourrieau et Pom
merol dans *Ann. Soc. d'Agric. de Lyon*, 1862, t. VI, Proc.-verb.,
pages LXXXIII et XCI) ; observons, malgré cette appétence très nette,
que le *M. sativa* croît (spontanément ?) dans les terrains granitiques :
voy. *S. b. Fr.* XXII, 27; XXIV, 369.

Le *Trigonella monspeliaca* L. (**C** Lec.; *S. b. L.* VI, 28) croît dans les cal·

caires du Mont-d'Or, du Beaujolais, de Crémieux, les alluvions des
Coteaux et vallées du Rhône et de l'Ain, 1, 2, 3.

Les *Melilotus macrorhiza* Pers., *alba* Thuill., et *arvensis* Wallr., sont plus
fréquents dans les sols calcaires, les alluvions, etc. du Mont-d'Or, de
la vallée du Rhône, du Bugey, etc.

Trifolium rubens L. — Lec. **C**; Ctj. **CC**; St-L. *Cat.* 144.
— Roches jurassiques du Mont-d'Or, du Bugey, de l'île de
Crémieux; alluvions anciennes des Coteaux du Rhône = 1.
Cf. *S. b. L.*, V, 223; VI, 28, 40; God. (Lorraine); basaltes
du Forez (Legr., 102); — cependant sur gneiss dans l'Ardèche, *S. b. L.*, XI, 112; cf. indiff. dans les Alpes méridionales Tom.

T. medium L. — Ctj. **C**; St-L. indiff. *Cat.* 145. — Sols calcaires
du Mont-d'Or, des Coteaux du Rhône, du Bugey et de Crémieux; aussi sur gneiss et granites des Coteaux et des bas-
plateaux lyonnais, cf. St-L. *Cat.* 145; sur basaltes dans le
Forez, voy. Legrand, *op. cit.*, 50, 102.

T. alpestre L. — Même habitat que les précédents; aussi sur les
gneiss des Coteaux du Rhône et les basaltes du Forez
(Legr., 49, 102). — Ces deux espèces, indifférentes dans le
reste de la France (Vosges, etc.), sont préférentes dans le
Lyonnais; cf. Lorraine God.

Le *T. scabrum* L., **C** Ctj., est indifférent; les *T. resupinatum* L. et *stellatum* L., **C** Lec., sont du Midi.

Le *Dorycnium suffruticosum* Vill., — **C** St-L. *S. b. L.* V, 223; Vall. 302
(cf. 232, 281, 285, 286), — plante méridionale, arrive près de Crémieux. — Le *Lotus hirsutus* L., **C** Lec., remonterait jusqu'à
Vienne?

Les *Astragalus monspessulanus* L. (**CC** Lec.; Ctj.; St-L. *S. b. L.* V, 223;
VI, 28; Vall. 302), *A. hamosus* L., *A. purpureus* Lamk., **C** pour
Lec., ne sont pas de la Flore. L'*Astragalus glycyphyllos* L. paraît
aussi préférer les sols calcaires: cf. Bugey; Jura; Ung., God., Durocher (Fr. occidentale), etc.

Le *Colutea arborescens* L., — **C** pour Lec., St.-L. *Cat.* 167, — n'est pas
spontané dans notre région.

Vicia varia Host. — Ctj. **C**. — Rare dans les moissons des calcaires du Mont-d'Or, du Beaujolais, des alluvions anciennes
des Coteaux du Rhône; cf. *S. b. L.*, VI, 50.

V. dumetorum L. — Ctj. **C**. — Bois calcaires du Bugey.

V. peregrina L. — Lec. **C**; Ctj. **CC**. — Moins préférente dans
notre région; car alluv. (siliceuses?) de la Valbonne,
Coteaux du Rhône (alluvions anc. ou gneiss?), à Vienne,
Ampuis, etc.

27

V. tenuifolia Roth. — Lᴇᴄ. **C.** — Presque indifférente ; cependant, surtout dans le Mont-d'Or, les Coteaux du Rhône.

Le *V. lutea* L., **C** Cᴛᴊ., est indifférent ; cf. **S** pour Lᴇᴄ., Sᴛ-L. *Cat.* 169, Cᴀʀɪᴏᴛ, II, 191, etc. — Le *V. hybrida* L., **C** Lᴇᴄ., est erratique.

Lathyrus latifolius L. — **C** Lᴇᴄ. — Sols argilo-calcaires du Mont-d'Or, des Coteaux du Rhône = 1, du Revermont ; cf. *S. b. L.*, VI, 28 ; — cependant, gneiss des Coteaux du Rhône, dans région méridionale ; *id.*, X, 46.

Les *L. Aphaca* L., *L. sphæricus* L., *L. tuberosus* L., **C** Lᴇᴄ., sont indiff. : cf. Cᴛᴊ. ; ce dernier serait peut-être préféren ? *S. b. L.* VI, 50. — Le *L. setifolius* L., **C** Lᴇᴄ. et *S. b. L.* XI, 112 (avec quelques stations gneissiques) est du midi de la France.

Orobus vernus L. — Lᴇᴄ. **C** ; Cᴛᴊ. I, II, **CCC** ; Sᴛ-L. *Cat.* 177. — Calcaires du Bugey. Cf. Gᴏᴅ. (Lorraine).

O. niger L. — Cᴛᴊ. **C** ; **S** Lᴇᴄ. — Terr. jurassique du Mont-d'Or, du Beaujolais, du Bugey et de l'île de Crémieux ; alluv. anciennes des Cot. du Rhône, **1.** Cf. Gᴏᴅ. — Se rencontre aussi sur granites et les gneiss des Coteaux du Lyonnais.

L'*O. albus* L., **C** Lᴇᴄ., n'est pas de la Flore.

Coronilla Emerus L. — Lᴇᴄ. **C** ; Cᴛᴊ. I, II, **CCC** ; Sᴛ-L. *Cat.* 179 ; Vᴀʟʟ. 303. — Roch. calc. du Mont-d'Or, du Beaujolais, de l'île de Crémieux et du Bugey ; alluv. anciennes des Coteaux du Rhône ; cf. *S. b. L.* V, 223 ; VI, 40 ; Vᴀʟʟ. 233, 240. Cf. Sᴘᴇɴ. Gᴏᴅ. Quoique « fidèle aux sols calcaires et indifférent à la nature physique du sol (Vᴀʟʟ.) », le *C. Emerus* peut se rencontrer dans les sols gneissiques des Coteaux du Rhône, *S. b. L.* IX, 331 (St-Vallier !) ; XI, 112 (Ardèche), etc. ; il devient aussi indiff. dans les Alpes méridionales Tᴏᴍ.

C. minima L. — Lᴇᴄ. **C** ; Cᴛᴊ. I, II, **CCC**. — Calc. du Mont-d'Or, de l'île de Crémieux et du Revermont ; alluv. anc. des Coteaux du Rhône, 1, 2, 3. Cf. *S. b. L.* VI, 28, 40 ; Vᴀʟʟ. 261, 301 ; *S. b. Fr.* XXV, 258 ; le Centre Bᴏʀ., etc.

C. varia L. — **C** Lᴇᴄ., Cᴛᴊ. — Abondant surtout dans les sols calcaires de toute la région ; cf. le Centre Bᴏʀ., la Lorraine Gᴏᴅ., etc. ; — aussi sur granites : voy. *S. b. L.* IX, 197 (Ardèche).

Les *C. vaginalis* Lamk., **CCC** Cᴛᴊ. I, II ; Sᴛ-L. *Cat.* 180 ; *S. b. L.* IX, 392, — *C. montana* Scop., **C** Sᴛ-L. *Cat.* 180 ; *S. b. Fr.* XXV, 258, — se trouvent dans le Jura calcaire. — Le *C. valentina* L., **C** Sᴛ-L.

Cat. 180, est du Midi, et le *C. scorpioides* Koch., **C** Lec., Ctj., seulement erratique dans nos régions (voy. *S. b. L.* IX, 192).

Hippocrepis comosa L. — Lec. **C** ; Ctj. I, II, **CCC** ; St-L. *Cat.* 182. — Calc. du Mont-d'Or, de l'île de Crémieux et du Bugey; alluv. anciennes des Coteaux du Rhône; cf. *S. b. L.* VI, 28, 40 ; Corr. 157; Spen., God., Ung., Bor., Wats., Sch., etc. Nous l'avons vu cependant sur les gneiss dans les Coteaux du Lyonnais! cf. observations analogues de M. Contejean dans diluvium ne contenant pas de chaux, près d'Angoulème (*A. S. Nat.*, 1875, p. 252), — de M. Renauld (terr. feldspathiq. de la Haute-Saône, *Cat.* 1883, p. 17); indiff. dans Alpes mérid. Tom.

L'*H. unisiliquosa* L., **C** Lec., est du Midi.

Cerasus Mahaleb Mill. — Ctj. I, II, **CCC** ; St-L. *Cat.* 189. — Commun dans tous les sols calcaires, Mont-d'Or, Beaujolais, alluv. anciennes et réc. des Coteaux du Rhône et du Bas-Dauphiné, etc.; voy. *S. b. L.* VI, 160, 166! mais peut certainement croître dans les sols mixtes (diluvium, alluvions, etc.), ou les gneiss, en société de plantes manifestement silicicoles ; voy. *S. b. L.* IX, 112 ; *S. b. Fr.* XXIV, 69 ; granites et porphyres du Forez (Legrand, *op. cit.* p. 110), etc. Le *C. Mahaleb* devient plus adhérent dans le nord : voy. la Haute-Saône (Renauld, *Cat.* 1883, p. 117), la Bavière Schnitz., etc.

Le *Prunus insititia* L., indifférent en général, se plaît cependant dans les sols calcaires : Bugey, Coteaux du Rhône, etc.; cf. dans la Moselle, observ. d'Humbert (*Soc. h. n. Moselle*, 1870, 12e cah. p. 41, 50).

Potentilla caulescens L. (et la f. *petiolulata* Gaud.). — Lec. **C** ; St-L. *Cat.* 195 ; **O** Ctj. — Rochers calcaires du Bugey ; cf. *S. b. L.* V, 223 ; IX, 392; Corr. 159; Mohl ; — plante de la dolomie (Planch., *l. c.*) ; observée aussi sur gneiss, dans les Pyrénées, *S. b. L.* IX, 150.

Le *P. aurea* L., **C** Corr. 159, arrive dans les mont. calc. du Bugey ; — les *P. nitida* L. (**C** St-L., *Cat.* 194 ; Corr. 159), *P. minima* Hall. f., Corr. 159, ne sont pas de la Flore.

Fragaria collina Ehrh., — **C** Ctj., — se trouve sur les all. anc. des Coteaux du Rhône, 1, 2, 3, les calc. de Crémieux et du Revermont, mais aussi sur les gneiss des Coteaux du Lyonnais, les basaltes du Forez (Legrand). Calc. exclusive dans Côte-d'Or Dur., Haute-Saône (Renauld, *l. c.*, 121.), etc.

Le *spiræa Filipendula* L., **C** Lec., est indifférent. — Il en est de même des
Rubus cæsius L., *R. collinus*, des *Rosa sepium*, *R. arvensis*, etc
C Lec.

Roza Pouzini Tratt. — Calcaires du Mont-d'Or, de Crémieux,
etc. Exclusivement calcicole (Boullu, in *S. b. Fr.* XXVI,
p. lxxii).

R. lugdunensis Déségl. — Calc. du Mont-d'Or, du Beaujolais, de
Crémieux, etc.

Poterium sanguisorba L., — *Cratægus Oxyacantha* L., — **C**
Lec., sont indiff. (cf. Ctj.)

Cotoneaster tomentosa Lindl. — Lec. **C** ; Ctj. **CC** ; St-L.
Cat. 248. — Roch. calc. du Bugey. Cf. Ung., Mohl.

Amelanchier vulgaris Mœnch. — Plus commun sur calcaire (St-
L. *Cat.* 250). — Roch. calc. du Mont-d'Or, de Crémieux, du
Bugey ; cf. Vall. 261, 277, 281, 304 ; Ung., Mohl., Dur.,
God. ; — gneiss et autres roches siliceuses des Coteaux
du Rhône (Rochecardon, Vienne, Condrieu), du Forez ;
granites de la Drôme, *S. b. L.* IX, 331, des Vosges, etc.

Epilobium rosmarinifolium Hœng. — Ctj. **C**. — Roch. calc.
du Mont-d'Or, du Bugey ; alluv. anciennes et récentes des
Coteaux et des bords du Rhône. Cf. Corr. 97.

Sedum anopetalum DC. — Lec. **C** ; Ctj., I, II, **CCC**. — Calc.
du Mont-d'Or, du Bugey ; alluv. anciennes et récentes des
Coteaux et des bords du Rhône ; plante de la dolomie (Planchon) ; — sols siliceux (basaltes ou gneiss), dans l'Ardèche,
S. b. L. IX, 175 ; XI, 110.

S. purpurascens Koch. — Rochers calcaires du Mont-d'Or, de
Crémieux et du Bugey ; cf. St-L. *Cat.* 270.

S. altissimum Poir. — Lec. **C**. — Roch. calc. du Bugey méridional, etc.; cf. St-L. *S. b. L.*, V, 223.

Le *S. dasyphyllum* L., (**S** Lec., O Ctj.) est très abondant sur les rochers et
les murs calcaires du Mont-d'Or et du Bugey ; mais on le trouve
aussi sur les gneiss des Coteaux du Rhône (St-Rambert, Vienne, etc.)

Le *S. album* L., **C** Ctj., est aussi indiff. que les *S. rubens* L. (**S** Lec.)
S. reflexum L , *S. sexangulare* L., *S. cepœa* L. (**S** Lec.), Ctj. = 7,
qui croissent aussi bien sur les lehm, alluvions, rochers calcaires, que
dans les sols siliceux de la région.

Le *Sempervivum calcareum* Jord., **C** St-L. *Cat.* 280, n'est pas de la Flore.

Les *Saxifraga aizoon* Jacq. et *S. rotundifolia* L., du Bugey, **C** pour Ctj.,
se trouvent aussi dans le Plateau central, le Forez, etc., sur le granite,
S. b. L., X, 37. Voy. cependant *S. b. Fr.*, XXVII, 225 ; Mohl.,
Sch., etc.

Le *S. cotyledon* L., donné comme **C** par Ctj. (*Géogr. bot.*, 127) est manifestement **S** pour St-L. *Cat.* 292 : « nul sur le calcaire ».

Les *S. pubescens* DC. (**C** Lec., St-L. *Cat.* 289 ; *S. b. L.*, V, 223), *S. longifolia* Lap. (**C** Ctj., St-L. *Cat.* 292), *S. media* Gouan (**C** Ctj., St-L. *Cat.* 293), *S. cæsia* L. (St-L. *S. b. L.* IX, 392 ; Corr. 165), *S. petræa* L. et *controversa* Stbg. (**C** Corr. 166), ne sont pas de la Flore.

Trinia vulgaris DC.— Lec. **C** ; Ctj. I, II, **CCC** ; St-L. *Cat.* 326. — Pelouses des terr. jurassiques du Mont-d'Or, de Crémieux, du Bugey ; — des alluv. anciennes des Coteaux du Rhône, 1, 2 ; voy. *S. b. L.*, V, 178 ; VI, 28, 40. Cependant sur gneiss, dans l'Ardèche, *S. b. L.*, XI, 112.

Ptychotis heterophylla Koch. — Lec. **C** ; Ctj. **C**. — Roch. calc. du Bugey ; voy. *S. b. Fr.*, XXV, p. 258 ; Bor., etc.

Le *Falcaria Rivini* Host., (**C** Lec. ; St-L. *Cat.* 325 ; *S. b. L.* V, 223 ; VI, 28 ; Ctj. **CC**) n'arrive qu'accident¹ dans nos moissons. — L'*Ammi majus* L., **C** Lec., est indiff. Ctj.

Carum bulbocastanum Koch. — Lec. **C** ; Ctj. **CC**. — Terre calc. du Mont-d'Or ; lehm de la Cotière méridionale de la Dombes ; voy. *S. b. L.* VI, 28.

Le *Pimpinella saxifraga* L., **C** Lec., est indiff (cf. Ctj.) ; — le *P. tragium* Vill., **C** (St-L. *Cat.* 322) est du Midi.

Buplcurum rotundifolium L. — **C** : Lec., Ctj., St-L. *Cat.* 316. — Calc. du Mont-d'Or, du Beaujolais et du Revermont ; alluvions anciennes des Coteaux du Rhône. Cf. God., Renauld, 143.

B. aristatum Bartl. — **C** : Lec., Ctj. — Calc. du Mont-d'Or et du Revermont ; alluv. anc. et réc. des Coteaux du Rhône, 1, 2, Valbonne ; cf. *S. b. L.*, VI, 28 ; Vall. 277, 305 ; — aussi sur gneiss, dans l'Ardèche, *S. b. L.* XI, 112.

B. falcatum L. — **C** : Lec., Ctj. I, II. — Tous les sols calcaires de la région et particulièrement les alluvions anc. et réc. des Coteaux du Rhône ; aussi sur les cornes vertes du bassin de l'Arbresle, le carboniférien de l'Azergue, du Gier, etc. ; basalte de l'Auvergne, *S. b. L.*, VII, 162. Cf. God., Spen., Bor., Bréb. ; Renauld (Haute-Saône, exclusif.)

Le *B. junceum* L., **C** Lec., (et les f. voisines), est indiff. : Bugey méridional, vallées granitiques des bas-plateaux lyonnais ; cf. pour terrains mixtes, Giraudias in *S. d'ét sc. Angers*, t. 11.

Les *B. protractum* L. et Hoff., *B. ranunculoides* L. (*caricinum* DC), *B. rigidum* L., *B. fruticosum*, **C** pour Lec., les *B. angulosum* L., *B. petræum* L., **C** St-L. *Cat.* 317, 318, ne sont pas de la Flore.

Le *Fœniculum officinale* L., — **C** Lec., Ctj., — se rencontre en effet dans les régions calcaires du Bas-Bugey, des Cot. du Rhône, |mais erratique ou subspontané ?

Seseli montanum L. — **C** Lec., Ctj., St-L. *Cat.* 313. — Mont. calc. du Bugey; voy. *S. b. L.* VI, 28. — Habite aussi les sols siliceux, les gneiss des Pyrénées, par ex., *S. b. L.* IX, 149; cette plante appartient, du reste, d'après M. Contejean (*A. S. N.*, 1875, p. 251), à cette catégorie d'espèces qui viennent exclusivement sur les terrains calcaires dans une région et sur des terrains différents dans une autre; comp. sa présence dans la végétation mixte de l'Isle-Adam, en société des *Teesdalea* **S** et *Globularia*, *Teucrium montanum* **CC** in *S. b. Fr.* XXIII, 402. Cependant exclusif dans Jura Mich., Haute-Saône Renauld, Lorraine God., Normandie Bréb., etc.

S. coloratum Ehrh. — Sols calcaires du Mont-d'Or, de Crémieux, du Bugey ; — Coteaux du Rhône, 1, 2. Cf. God., Renauld.

Les *S. tortuosum* L. et *S. Gouani*, **C** Lec., sont du Midi.

Libanotis montana All. — **C** St-L. *Cat.* 314. — Roch. calc. du Bugey, du Jura, etc.; porphyres du Crêt-David en Beaujolais : cf. eurites et porphyres des Vosges, terr. volcaniques du Plateau-central (St-L. *l. c.;* Godron, *A. de Stanislas,* 1874; Parisot, *Soc. Em. Doubs,* 1858, p. 80 ; Renauld, *Cat.* 1883, p. 17); pour stat. calc. voy. Mohl, Bor., God., Wats., etc.

Athamanta cretensis L. — Lec. **C**; Ctj. ; I, II, **CCC**; St-L., *Cat.,* 311. — Roch. calc. du Bugey, de Crémieux; voy. *S. b. L.,* V, 223 ; IX, 392; Corr. 169; et Ung., Mohl, Dur.

Heracleum alpinum L. — Ctj. **C.** — Calc. du Bugey. Cf. Mohl.

Peucedanum Cervaria Lap. — **C** Lec., Ctj. — Tous les coteaux calcaires de la région.

Le *P. alsaticum* L., **C** Lec., arrive à Crémieux ; voy. *S. b. L.* VI, 24.

Le *Bifora testiculata* DC., Ctj. **CC**., est erratique. — Le *Pastinaca sativa* L., **C** Lec., est indiff. (Ctj.)

Laserpitium siler L. — **CC** : Lec., Ctj. I, II, St-L. *Cat.* 301. — Roch. calc. du Bugey; cependant, granites du Valais, *S. b. L.* X, 37. Cf. Mohl.

Le *L. gallicum* C. Bauh., **C** Lec., est indiff. ; le *L. Nestleri* Soy.-Will., **C** Lec., est du Midi.

Orlaya grandiflora Hoffm. — Lec. **C**; Ctj., **CC**; St-L. *Cat.* 297. — Roch. calc. du Bugey; alluv. anc. des Coteaux du Rhône = 3 ; voy. *S. b. L.* V, 223 ; VI, 50; mais certainement aussi sur les gneiss des Coteaux du Lyonnais, à Vienne! etc., dans le Vivarais, *S. b. L.* IX, 176. Voy. aussi, comme

exemple de terrain de transition, *Soc. bot. Fr.*, XXVI,
p. LXXI.

Caucalis daucoides L. — **C** : LEC., CTJ., ST-L. *Cat.* 298. — Tous
les terrains calcaires : Mont-d'Or, Coteaux du Rhône, etc. ;
S. b. L. VI, 28, 40 ; IX, 192.

Le *C. leptophylla* L., **C** LEC., est erratique ; — le *Torilis helvetica* Gm., **C**
CTJ., est indiff. ; — le *T. heterophylla* Guss., **C** CTJ., est méridional ;
— Le *T. nodosa* Gærtn., quoique indiff., se trouve surtout dans les
alluv. anc. et réc. des Coteaux et terrasses des vallées du Rhône, de
l'Ain, de la Valbonne, etc. Cf. *S. b. L.* IX, 192.

Scandix Pecten L. — Indifférent CTJ. — « Surtout dans les
champs calcaires, ST-L. *Cat.* 327. » Cf. *S. b. L.*, VI, 28, 40 ;
IX, 192. — Alluvions anciennes et modernes des Coteaux et
Vallées du Rhône, de la Saône, de l'Ain ; Revermont, bassin de Belley, etc.

Le *Daucus Carota* L., **C** LEC., est indiff. CTJ., de même que l'*Anthriscus
vulgaris* Pers., **C** CTJ., et le *Chærophyllum aureum* L., **C** CTJ. :
(Bugey calcaire et Monts granitiq. du Lyonnais.)
Le *Turgenia latifolia* Hoffm., **CC** LEC., CTJ., est erratique dans les terres
calcaires ; voy. *S. b. L.* VI, 28 ; ST-L. *Cat.* 297.
Le *Tordylium maximum* L., bien qu'indifférent, se trouve dans le Lyonnais
surtout dans le Mont-d'Or, l'île de Crémieux, le Bugey et les Coteaux
du Rhône, 1, 2, 3. Voyez *S. b. L.* IX, 345.

Astrantia major L. — **C** CTJ. ; ST-L. *Cat.* 333. — Mont. calc. du
Bugey.

Eryngium campestre L. — **C** CTJ. ; VALL. 305. — Alluvions des
terrasses et des Vallées de la Saône, du Rhône, de l'Ain ;
calc. du Mont-d'Or, du Revermont, du bassin de Belley, etc.;
aussi sur les cornes vertes du bassin de l'Arbresle, les grès
bigarrés de la base du Mont-d'Or, etc. Cf. stations calc.
dans *S. b. Fr.*, XXVI, p. LXXI ; GOD. ; VALL., 224, 228, 232,
237, 286 et 305, « fidèle à sol calcaire, indifférent à nature
physique », contrairement à Thurmann (II, 104) : « eugéo-
gène, psammique ».

Cornus mas L. — **C** : LEC., BOR., CTJ., ST-L. *Cat.* 335. — Roch.
calc. du Mont-d'Or, du Beaujolais, du Revermont et du
Bugey ; alluvions anciennes des Coteaux du Rhône, 1, 2.

Lonicera etrusca Santi. — **C** : LEC., ST-L. *Cat.* 337. — Roch.
calc. du Mont-d'Or et du Bugey méridional ; voy. *S. b. L.*
VI, 28.

Le *L. implexa* Aït., **C** LEC., est du Midi. — Le *L. alpigena* L., **C** CTJ.,
arrive dans le Bugey.

Les *Sambucus Ebulus* L., **C** Lec., Ctj., — *Viburnum Tinus* L., **C** Lec., sont indiff.

Galium corrudæfolium Vill. — **C** Ctj., St-L. *Cat.* 342, Vall. 305. — Alluv. anciennes des Coteaux du Rhône, 1, 2 ; alluvions des terrasses, des bords du Rhône, de la Valbonne ; base méridionale du Mont-d'Or (rare) ; Crémieux, Bugey méridional ; cf. Vall. 240, 261 et 305.

G. myrianthum Jord. — **C** St-L. *Cat.* 243. — Roch. calc. du Bugey méridional ; cf. *S. b.L.* V, 223 ; aussi, sur les gneiss, dans les Pyrénées par exemple, *S. b. L.* IX, 150.

G. Timeroyi Jord. — Sols calc. du Mont-d'Or, des Coteaux du Rhône et de Crémieux.

G. tricorne L.— **C** Lec., Ctj. —Coteaux du Rhône, 1, 2, 3 ; Mont-d'Or ; Beaujolais ; bassin de Belley ; cf. *S. b. L.* VI, 28 ; IX, 192 ; terr. calc. du Forez (Legrand) ; cependant **S** dans l'Ouest, *S. b. Fr.* XXII, 27, etc.

Le *G. sylvaticum* L., **C** Ctj., vient non seulement dans le Bugey calcaire, mais aussi dans les mont. granitiques du Lyonnais : cf. Vosges, etc.

Rubia peregrina L.— **C** : Lec., Ctj., St-L. *Cat.* 340.— Calc. du Mont-d'Or ; alluv. anc. des Coteaux du Rhône, 1, 3 ; cf. basaltes du Forez (Legrand); Vall. 232, 305; — observé aussi sur les granites, dans la Drôme, *S. b. L.*, IX, 331.

Asperula galioides M. B. — **C** : Lec., Ctj., St-L. *Cat.* 352. — Alluv. anc. des Coteaux du Rhône, 1, 2, 3 ; Bugey méridional ; cf. terr. calc. du Forez Legr., de la Côte-d'Or Dur.

A. arvensis L. — **C** Ctj. — Stat. calc. dans Coteaux du Rhône, 1, 2, 3, — Mont-d'Or, Revermont, Bugey ; — Forez; — *S. b. L.* IX, 192 ; God. ; — paraît cependant moins caractéristique ?

L'*A. cynanchica* L. est tout à fait indiff. (voy. Ctj.) ; **S** pour Lec.: voy. Vall. 224, 228, 261 et 306 ; — alluv. anc. et récentes, cornes vertes, schistes carbonifères, etc. ; terr. calcaires, etc. Calc. dans Bréb., Wats.

L'*A. tinctoria* L. est indiff. : voy. qlq. local. dans le Bugey ; *S. b. Fr.* XXVIII, p. lxix, lxxxi ; Vall. 248, 252, 256 (silice), 259. — L'*A. hirta* Ram., **C** St-L. *Cat.* 351, est du Midi.

Sherardia arvensis L.— « Champs des terrains calcaires », St-L. *Cat.* 352.

Le *Crucianella angustifolia* L., — **C** Ctj., **S** Lec., — paraît indifférent: alluv. anc., lehm des Coteaux du Rhône, 1, 2, 3 ; granites et gneiss des Coteaux du Lyonnais, Vienne, Chavanay, etc., — de l'Ardèche, *S. b. L.* IX, 198, — de la Drôme, *id.* IX, 331.

Le *Vaillantia muralis* L., **C** Lec., St-L. *Cat.* 331, n'arrive pas à Lyon.

Centranthus angustifolius DC. — **C** : Lec., St-L. *Cat.* 353. — Éboulis calcaires du Bugey; cf. Vall., 241, 306 ; *S. b. Fr.* XXVII, 225 ; Côte-d'Or Dur. ; — cependant sur les gneiss, dans le Vivarais, *S. b. L.*, IX, 174.

Le *C. ruber* DC., **C** St-L. *Cat.* 354, est subspontané ; — le *C. Calcitrapa* Dufr., **C** Lec., du Midi, remonte à Crémieux et dans les Cot. du Rhône.

Valeriana montana L. — **CCC** Ctj.; St-L. *Cat.* 356. — Roch. calc. du Haut-Bugey.

Le *V. tuberosa* L., — **C** Lec., St-L. *Cat.* 355, — se trouve dans les roch. calc. de l'île de Crémieux ; — les *V. supina* L., *V. saxatilis* L., *V. elegonta* L., sont donnés comme **C** (Corr. 170.)

Les *Valerianella carinata* Lois., *V. auricula* DC., *V. coronata* DC., **C** Lec., sont indiff. (Ctj.)

Scabiosa gramuntia L. (*patens* Jord.) — **C** Vall. 307. — Mont-d'Or, Coteaux et terrasses alluviales du Rhône, bassin de Belley; cf. Vall. 240, 272, 277, 307, « préfère les sols calcaires; indifférent à la nature physique du sol » ; cependant sol siliceux, Vall. 270.

D'autres formes voisines (*S. suaveolens* Desf., etc.) habitent aussi les Coteaux et les terrasses du Rhône et de la rivière d'Ain.

Les *Sc. graminifolia* L., *S. ucranica* L. **C** St-L. *Cat.* 362, 363, *Knautia hybrida* Coult.,**C** Lec., *Cephalaria leucantha* Schrad. (**C** Lec., Vall. 306, St-L. *Cat.* 360) ne sont pas de la Flore. — Le *Knautia arvensis* Koch, **C** Lec., est indiff. Cf. Ctj.

Tussilago Farfara L. — Ctj. **CC** — Est indifférent : marnes calcaires des terrains jurassiques du Mont-d'Or, du Beaujolais, du Bugey; argiles des terrains granitiques du Lyonnais et du Beaujolais, des alluvions anciennes (et lehm) des Coteaux du Rhône, etc.

T. patasites L. — Ctj. **C**. — Aussi indifférent : Mont-d'Or, Bugey, alluvions du Rhône; alluvions siliceuses de la Turdine, etc.

Le *T. alpina* L., Ctj. **C**, n'est pas de la Flore.

Cacalia alpina L. — Ctj. **C**. — Mont. calc. du Haut-Bugey.

Linosyris vulgaris DC. — Lec. **C**; Ctj. **CC**. — Coteaux du Rhône (alluv. anc. et lehm, 1), rochers calcaires du Bugey méridional. Peut passer sur terrain argileux ne faisant pas effervescence (cf. Ctj. *A. S. N.* 1875, p. 252; terr. de transport des Cot. du Rh.?); comme autre exemple sur sols mixtes, avec *Teesdalia, Globularia, Seseli* et *Teucrium montanum*, voy. *S. b. Fr.* XXIII, 402.

Aster Amellus L. — Lec. **C** ; Ctj. I, II **CCC** ; St-L. *Cat.* 373. — Mont. calc. du Mont-d'Or, de Crémieux, du Bugey; alluv. anciennes et lehm des Coteaux du Rhône, 1 (com.) 3 (rare) ; cf. *S. b. L.* VI, 28, etc. ; Bor., Dur., God., Mich., Spen., Sch., etc.

L'*A. alpinus* L., — **C** Lec., Corr. 171, — est indiff. ; voy. Vall. 228, 308.

Micropus erectus L. — Lec. **C** ; Ctj. **CC**. — Calc. du Beaujolais, de Crémieux et du bassin de Belley; alluv. anc. des Coteaux du Rhône, 1 ; terrasses alluviales du Rhône, de l'Ain, de la Valbonne.

Les *Phagnalon sordidum* DC. (**C** Lec., St-L. *Cat.* 369), *Ph. saxatile* Cass , **C** St-L. *id.*, sont du Midi.

Filago spathulata L. — **C** Ctj., St-L. *Cat.* 411. — Champs calcaires de toute la région : alluv. anc. et réc. des Vallées et Cot. du Rhône, de la Saône, etc.; Mont-d'Or, etc. Cf. *S. b. L.* VI, 50.

Inula montana L. — **CCC** Ctj., I, II ; St-L. *Cat.* 405. — Calc. du Mont-d'Or, de l'île de Crémieux, du Revermont et du Bugey; alluvions anciennes des Coteaux du Rhône = 1; cf. *S. b. L.* VI, 40; cependant sur les granites des Coteaux méridionaux du Rhône, à Ponsas, par ex., *S. b. L.* IX, 331.

I. conyza DC. — **CC** Ctj. (*Conyza squarrosa*); St-L. *Cat.* 403. — Terres calcaires de la région. Cf. Sch., Wats.

I. squarrosa L. — **C** Lec., Ctj., I, II. — Calc. du Bugey, de Crémieux.

I. salicina L. — **C** St-L. *Cat.* 404; **S** Lec.; indiff. Ctj. — Mont-d'Or, Coteaux du Rhône, Crémieux, Revermont, etc. Calc. dans Bor., God., Mohl.

L'*I. bifrons* L., — **C** Lec., St-L. *Cat.* 403, — n'est pas de la Flore, de même que le *Jasonia tuberosa* DC., **C** Lec.

Artemisia campestris L. — **C** Lec.; Vall. 308; marit. ind. Ctj. — Alluvions des Vallées du Rhône, de la Saône, de l'Ain; éboulis des calc. jurassiques dans le Mont-d'Or, le Bugey; grès bigarrés, schistes métamorphiques du bassin de l'Arbresle, etc. Cf. Vall. 232, 241, 261 et 308 : « fidèle à sol calcaire, indifférent à nature physique du sol ». — C'est une *maritime presque indifférente* pour M. Contejean (*Géog. bot.* 124.)

L'*A. Absinthium* L., donné aussi par M. Ctj., tantôt comme maritime presque indiff. (*l. c.*, p. 124), tantôt comme **C** (*l. c.*, p. 127), est fréquent dans la rég. calc. du Bugey. — Les *A. camphorata* Vill. (**CCC** Lec., Ctj.), *A. vallesiaca* All. (St-L. *Cat.* 389 ; Perroud *S. b. L.* X, 21, 22), ne sont pas de la Flore.

Les *Achillea Ageratum* L. (**C** Lec.), *A. tomentosa* L. (**C** Lec. ; stat. gneissiques, *S. b. l.* XI, 112), *A. nobilis* L. (**CCC** Lec., Ctj.), *A. atrata* L. (**C** St-L. *S. b. L.* IV, 34 ; IX, 393 ; *Cat.* 401 ; Corr. 97, 174), *A. clusiana*, Corr. 174, ne sont pas de la Flore.

Bellidiastrum Michelii Cass. — **CC** Ctj. I, II. — Roch. calc. du Haut-Bugey ; cependant sur gneiss et granites, dans le Valais, voy. *S. b. L.* X, 31, 37.

Chrysanthemum corymbosum L. — **C** Lec., Bor., St-L., *S. b. L.* V, 223. — Calc. du Mont-d'Or, du Bugey ; aussi sur gneiss, dans l'Ardèche, *S. b. L.*, XI, 112.

Les *Ch. pallens* DC., *Ch. graminifolium* L., — **C** Lec., St-L. *S. b. L.* V, 223 ; *Cat.* 391, — ne sont pas de la Flore. — Le *Santolina Chamœcyparissus* L., **C** St-L. *Cat.* 396, est aussi du Midi.

Le *Senecio erucifolius* L., — **C** Lec. Ctj., — paraît indiff. ; — stat. calc. : Mont-d'Or, alluv. anc. et réc. du Rhône ; Vall. 307 ; — sols mixtes, Vall. 249 ; stat. silic., *S. b. Fr.* XXIV, 247 seq. — Les *S. lanatus*, **C** Lec., *S. cordatus* Koch., **C** St-L. *S. b. L.* IX, 393, manquent au Lyonnais.

Helichrysum Stœchas DC. — **C** St-L. *Cat.* 407 ; Vall. 308 ; indiff. Ctj. — Alluvions anciennes et récentes des Vallées du Rhône et de l'Ain ; molasse de St-Fonds ; éboulis calc. du Mont-d'Or ; cf. Vall. 225, 228, 241, 261, 272, 277, 281 et 308 : « préférente calcicole, indiff. à la nature physique ». — Cependant nombreuses stations siliceuses, mais dans gneiss et granites des Coteaux méridionaux de la vallée du Rhône, d'Irigny à Millery !, — dans les environs de Malleval, *S. b. L.*, X, 46, — dans l'Ardèche, *S. b. L.*, IX, 198 ; XI, 110 ; cf. Vall. 266 (quartzite pur).

L'*Echinops Ritro* L., — **C** Lec., Vall. 308, — est du Midi.
Les *Cirsium ferox* DC., *C. bulbosum* DC., **C** Lec., sont indiff.

Cirsium acaule All. — Sols calcaires du Mont-d'Or, des Coteaux du Rhône, du Revermont, de Crémieux, du Bugey, etc. Cf. Thurmann, II, 135 ; terr. calc., dans le Forez Legrand ; Jura Michalet, Lorraine God., Haute-Saône Renauld ; Mohl, etc.

Sylibum marianum Gærtn., — **C** Lec., indiff. Ctj. 131, marit. ind. Ctj. 124, — est erratique.

Les *Saussurea macrophylla* Saut., **C** St-L. *Cat.* 434, — *S. discolor*, **C** Corr. 176, **S** St-L. 434, — *S. pygmæa* Corr. 176, ne sont pas de la Flore.

Carduus defloratus L. — CC Ctj. I, II ; St-L. *Cat.* 421. — Mont. calc. du Haut-Bugey. Cf. Mohl.

Le *C. crispus* L., **C** Lec., est indiff.

Le *Carlina vulgaris* L., — **C** Ctj., et God., Renauld, etc. — est certainement indiff. dans le Lyonnais ; cf. nombr. localités siliceuses, par ex. *S. b. L.* XI, 112, etc. ; il en est de même des *C. acanthifolia* All. (voy. Vall. 310, St-L. 436), *C. acaulis* L. (stat. calc. + stat. silic. *S. b. L.* IX, 149), *C. corymbosa* L. (**C** Lec. ; indiff. Ctj. ; voy. Vall. 309).

Leuzea conifera DC. — **C** : Lec., Ctj., St-L. *Cat.* 433. — Calc. du Mont-d'Or ; cf. *S. b. L.* V, 223.

Les *Serratula nudicaulis* DC. (**C** St-L. *Cat.* 433), *Carduncellus mitissimus* DC. (**CCC** Ctj., St-L. *Cat.* 422), *C. monspeliensium* DC. (**C** St-L. 422), *Rhaponticum heleniifolium* DC. (**C** St-L. 422), *Berardia subacaulis* Vill. (**C** St-L. 434), ne sont pas de la Flore.

Le *Kentrophyllum lanatum* DC. — **C** Lec. indiff. Ctj., — est **C** dans le Lyonnais : terrains jurassiques d'Oncin, de Crémieux, du bassin de Belley ; alluvions anciennes et récentes des Coteaux et des terrasses du Rhône (1, 2, 3) et de l'Ain ; cf. *S. b. L.*, VI, 28 ; id., 1883, p. 104 ; terr. calc. du Forez (Legrand).

Centaurea Crupina L. — **C** Ctj., St-L. *Cat.* 431. — Alluvions anc. des Coteaux du Rhône, 1, 3 (rare) ; Crémieux, Bugey méridional. Cf. *S. b. L.* V, 223.

C. amara L. (et f. *serotina* Bor.) — **C** Lec., Ctj. — Calc. du Beaujolais, du Mont-d'Or, des alluvions des Coteaux du Rhône = 3.

C. aspera L. — **C** : Lec, Ctj. 127 ; mar. ind. Ctj. 124 ; — Alluvions du Rhône ; cf. Vall. 309 : « indifférent à la nature physique du sol. »

C. lugdunensis Jord. — Calc. du Mont-d'Or, de Crémieux, du Bugey ; alluv. anc. des Cot. du Rhône, 1 ; mais gneiss du Garon (f. *intermedia* Car.)

Les *C. scabiosa* L. (**C** Lec.), *C. calcitrapa* L. (**C** *S. b. L.* VI, 50), sont indiff. Ctj., de même que *C. paniculata* L. (**C** Lec. ; O Ctj.), qui habite les alluv. anc. et réc. des Coteaux et terrasses du Rhône et de l'Ain, mais se trouve sur les terr. siliceux dans le midi de la France : cf. granites de la Drôme, *S. b. L.* IX, 331.

Les *C. collina* L. (**C** Lec.), *C. seusana* Chaix, *C. intybacea* Lamk., *C. co-*

rymbosa Pourr., *C. sonchifolia* L., **C** Sᴛ-L. *Cat.* 426, 427, 429, ne
sont pas de la Flore.
Le *Xeranthemum inapertum* Willd., — **C** Lᴇᴄ., — du Beaujolais calcaire
et des alluv. du Rhône et de l'Ain, est indiff. — Le *X. cylindraceum*
Sibth. et Sm., (**C** Lᴇᴄ. et Cᴛᴊ.), *X. annuum* L., *Stœhelina dubia*
L., *Atractilis humilis* L., **C** Sᴛ-L. *Cat.* 435, 436, 437, sont du midi
de la France.

Picris hieracioides L. — Cᴛᴊ. **C**. — Paraît indifférent : surtout
alluvions (calcaires et mixtes) et gneiss des Coteaux du
Rhône, etc.; pour stations sur gneiss et granites, voy.
Vienne !, Saint-Vallier, etc., et *S. b. L.* IX, 345.
Podospermum laciniatum DC. — Cᴛᴊ. **C**. — Alluvions des ter-
rasses et Coteaux du Rhône (1, 3) ; Mont-d'Or.
Leontodon crispus Vill. — **C** Lᴇᴄ. — Alluvions du Rhône et de
l'Ain ; Mont-d'Or, Crémieux ; cf. Vᴀʟʟ. 310.

Le *Catananche cærulea* L., — **C** Lᴇᴄ., Sᴛ-L. *Cat.* 438 ; indiff. Cᴛᴊ., — n'arrive que sur les Coteaux méridionaux du Rhône, à Vienne (sur
gneiss ?) ; voy. encore *S. b. L.* V, 223.
L'*Helminthia echioides* Gærtn., — **C** Lᴇᴄ., marit. Cᴛᴊ., — est adventice
sur alluvions et autres sols calcaires de la région ; indiff. dans le
Midi, cf. *S. b. L.* X, 199, 202.
Les *Urospermum Dalechampii* Desf., *U. picroides* Desf., *Rhagadiolus*
stellatus DC., tous **C** Lᴇᴄ., *Tragopogon crocifolius* L. (**C** Lᴇᴄ., Sᴛ-L.
Cat. 448), *T. porrifolius* L. (**C** Lᴇᴄ. ; mar. Cᴛᴊ.), ne sont pas de la
Flore ; — le *T. major* Jacq. (**C** Lᴇᴄ., Cᴛᴊ.) arrive erratiqᵗ dans les
alluv. de l'Ain et du Rhône; — le *Scolymus hispanicus* L., (**C** Lᴇᴄ.,
S Cᴛᴊ.) est aussi erratique ; — les *Scorzonera purpurea* L. et *S.*
austriaca Willd., **C** Sᴛ-L. *Cat.* 446, manquent aussi au Lyonnais.

Chondrilla juncea L. — Gneiss et alluvions des terrasses et Co-
teaux du Rhône (1, 2, 3) ; cornes vertes de l'Azergue et de
la Brevenne ; éboulis calcaires du bassin de Belley, etc.
Voy. *S. b. L.* VI, 28.
Ch. latifolia M. B. — **C** Lᴇᴄ. — Alluvions des terrasses et Coteaux
du Rhône, 1, 2 ; cornes vertes de l'Arbresle ; gneiss des co-
teaux méridionaux du Rhône, Condrieu, etc. Voy. *S. b. L.*
VI, 28.
Lactuca perennis L. — **CC** Cᴛᴊ., Sᴛ-L. *Cat.* 452. — Mont. calc. de
Crémieux, du Bugey ; — granites et porphyres du Forez.
L. virosa L. — **CC** Lᴇᴄ., Cᴛᴊ. — Disséminé dans le Beaujolais,
les Coteaux du Rhône et le Bugey.
L. scariola L. — **CC** Lᴇᴄ., Cᴛᴊ. — Même dispersion, mais plus
fréquent.
L. saligna L. — **CC** Lᴇᴄ., Cᴛᴊ. — Eboulis calcaires du Mont-d'Or,
de Crémieux, du Revermont et du Bugey ; alluvions an-

ciennes et récentes des terrasses et Coteaux du Rhône (1,
2, 3); cf. *S. b. L.* VI, 28; alluv. du Doubs, Normandie
Bréb.; etc. — Aussi sur les gneiss et les granites des coteaux méridionaux, Saint-Vallier, etc.

Le *L. chondrillæflora* Bor., — **CC** Ctj., — n'est observé que sur les coteaux
méridionaux de la vallée du Rhône, de même que le *Picridium vulgare* Desf., **C** Lec., sur les gneiss et les granites des Coteaux du
Rhône, depuis Condrieu.

Le *Pterotheca nemausensis* Cass., **C** Lec. et dans le Lyonnais, est indiff.
Ctj.; il en est de même du *Barkhausia setosa* DC., cf. *S. b. Fr.*
XXVI, 61; le *B. fœtida* DC., **C** Lec., est indiff. Ctj.; — les *Crepis
pulchra* L. (**C** Lec., St-L. *Cat.* 459, Ctj.), *C. albida* Vill. (**C** St-L.
Cat. 457, *S. b. L.*, V, 223), ne sont pas de la Flore; le *C. præmorsa*
Tausch., **C** St-L. 459, rare dans le Haut-Bugey.

Hieracium Jacquini Vill. — **CCC** Ctj. I, II; St-L. *Cat.* 475.
— Roch. calc. de Crémieux et du Bugey; cf. Mich., Dur.,
Mohl; a été aussi signalé sur le granite, dans le Valais,
S. b. L., X, 35, 37.

H. amplexicaule L. — **CCC** Ctj.; St-L. 473. — Roch. calc. de
Crémieux et du Bugey; espèce de la dolomie (Planchon,
l. c.); observée aussi sur les gneiss, dans les Pyrénées, *S.
b. L.*, IX, 160.

H. villosum L., *glabratum* Hoppe, — **CCC** Ctj., — Haut-Jura.

H. glaucum All., **CCC** Ctj., — *H. præaltum*, **C** Ctj., — *H. fari-
nulentum* Jord., **C** St-L. *Cat.* 478, — roch. calc. Bugey.

De plus, de nombr. formes des *H. murorum* L., etc?

Les *H. saxatile* (**C** Lec., St-L. *Cat.* 472), *H. leucophæum* G. G., *H. an-
dryaloides* Vill., **C** St-L. *Cat.* 468, 476, ne sont pas de la Flore.

L'*H. staticifolium* All., bien que fréquent dans les éboulis calcaires, le glaciaire local du Bugey et du Dauphiné, les alluvions des terrasses et
des bords du Rhône (rare, voy. *S. b. L.*, 1883, p. 117), est indiff.; on
le trouve aussi sur l'erratique alpin, sur le gneiss (*S. b. L.* X, 23) etc.

Campanula glomerata L. — **CC** Lec., Ctj., St-L. *Cat.* 502. —
Sols calcaires de toute la région; cf. God., Wats., Ren.,
Vall. 310.

C. Medium L. — Roch. calcaires du Mont-d'Or, de Crémieux et
du Bugey méridional; alluv. anc. et lehm des Coteaux
du Rhône, 1.

C. pusilla Hœnke. — **C** Ctj. I; St-L. *Cat.* 507; indif. Ctj. II. —
Roch. calc. du Bugey; a été observé aussi dans des stations
siliceuses : gneiss des Pyrénées, *S. b. L.* IX, 160; — de la
Savoie, *id.* X, 23, 34, 37.

Les *C. speciosa* Pourr. (**C** Lᴇᴄ., Sᴛ-L. *Cat.* 501), *C. Allionii* Vill. (**C** Sᴛ·L. 501), *C. thyrsoidea* L. et *C. Zoysii*, **C** Cᴏʀʀ. 180, ne sont pas de la Flore.

Phyteuma orbiculare L. — **C** Cᴛᴊ. — Haut-Bugey; cf. Sᴛ-L. *S. b. L.* IX, 393; Bᴏʀ., Gᴏᴅ., Bʀᴇ́ʙ.; Vᴀʟʟ. 310.

Le *Specularia hybrida* A. DC., — **C** Cᴛᴊ., — est du Midi; voy. *S. b. L.* VI, 28.

L'*Arctostaphyllos alpina* Spr., — **C** Uɴɢ., Sᴛ·L. 511, — n'est pas de la Flore.

Les *Erica carnea* L. et *E. scoparia* L. (**SSS** Cᴛᴊ.) sont « moins exclusivement silicicoles que les autres bruyères; l'*E. carnea* prospère très bien sur les roches calcaires couvertes d'humus » (Sᴛ-L. *Cat.* 515); cf. pour l'*E. carnea*, *S. b. L.* IX, 392; pour l'*E. scoparia*, *S. b. Fr.* XXV, 137: à Poitiers, terre renfermant à peine 1/1000 de calcaire (Cʜᴀᴛɪɴ), — en Bretagne, à la limite d'un bassin calcaire (Bᴜʀᴇᴀᴜ); — dans la Sologne, sur sables recouvrant un fonds calcaire (Mᴀʀᴛɪɴ).

L'*E. multiflora* L. est aussi indiff.: cf. *S. b. Fr.* XXV, 137: calc. jurassiques de l'Hérault (Dᴏᴜᴍᴇᴛ); stat. calc. dans Vᴀʟʟ. 310.

Le *Rhododendrum hirsutum* L., — **C** Cᴛᴊ., Sᴛ·L. 516, Cᴏʀʀ. 97, — arrive à peine dans le Haut-Jura; pour la *prosœcie* des deux *Rh. hirsutum* et *ferrugineum*, voy. Nᴀ̈ɢᴇʟɪ, *Arch. des sc. physiq. et nat.* 1875, p. 211 seq.; G. Bᴏɴɴɪᴇʀ, *S. b. Fr.* XXVI, 338 seq.; *Ann. sc. nat.* t. X, 1880, p. 15; et précéd. *Flore silicicole*, p. 326 (*S. b. L.* XII, 98).

Primula auricula L. — **C** Sᴛ-L. *Cat.* 524; Cᴏʀʀ. 97. — Roch. calc. de Yenne (Savoie).

Les *Androsace maxima* L. (**C** Lᴇᴄ., Sᴛ-L. 531; *S. b. L.* V, 223; VI, 28), *A. lactea* L., *A. helvetica* Gaud., *A. villosa* L., — **C** Cᴏʀʀ. 97, 187, Sᴛ-L. *Cat.* 527, 528, 529, — ne sont pas de la Flore. — Les *Cyclamen repandum* Sbth., *Lysimachia Linum-stellatum*, **C** Lᴇᴄ., *Coris monspeliensis* L., **C** Lᴇᴄ., Sᴛ-L. 534, Vᴀʟʟ. 312, sont du midi de la France.

Le *Jasminum fruticans* L., **C** Lᴇᴄ., arrive à peine à Vienne.

Le *Vinca major* L., **C** Lᴇᴄ., est indiff. (cf. Cᴛᴊ.)

Vincetoxicum officinale Mœnch. — **CCC** Lᴇᴄ., Uɴɢ., Gᴏᴅ., Cᴛᴊ. I, II. — Préfère les sols calcaires de la région: Mont-d'Or, Coteaux du Rhône, Revermont, Crémieux, Bugey; — mais se trouve aussi dans les sols mixtes ou siliceux: terrains de transport et gneiss du Lyonnais, — gneiss du Vivarais (*S. b. L.*, IX, 178), — des Pyrénées (*id.* IX, 149; *S. b. Fr.* XXVII, p. ʟxxxɪ); cf. Cᴏɴᴛᴇᴊᴇᴀɴ: plante à exigence différente suivant les régions (*A. Sc. nat.*, 1875, p. 251), Vᴀʟʟ.: sables siliceux de Fontainebleau (*S. b. Fr.*, XXVIII, p. ʟxɪx; *Rech.*, p. 250, 312); Rᴇɴᴀᴜʟᴅ, terr. feldspath. de la Haute-Saône (*Cat.* 1883, p. 17, 185.)

Chlora perfoliata L. — C Lec., Ctj. — Calc. du Mont-d'Or.,
du Revermont et du Bugey; alluvions du Rhône. Se trouve
aussi dans les sols à flore mixte (voy. S. b. Fr., XXIV, 69),
et sur les gneiss, dans les Pyrénées (S. b. L. IX, 150;
S. b. Fr., XXVII, p. lxxxviii-xc, grès avec flore silicicole).

Gentiana Cruciata L. — CCC Ctj. I, II; St-L. Cat. 545. —
Roch. calc. du Beaujolais, du Mont-d'Or, du Revermont,
du Bugey et de Crémieux; cf. Ung., God., Bor., Ren.,
Schn., etc. — Aussi dans les sols à flore mixte, cf. S. b. Fr.
XXIV, 69.

G. ciliata L. — C Lec., God., Ctj., St-L. Cat. 553. — Roch.
calc. du Mont-d'Or, du Revermont, du Bugey, de Crémieux.

G. germanica Willd. — C Ctj., St-L. 550. — Calc. du Bugey;
cf. Bor., Bréb.

G. verna L. — C Ctj. — Calc. du Bugey.

Le *G. lutea* L. préfère, dans notre région, les sols calcaires : Bugey, Jura,
etc.; cf. St-L. Cat. 542; Dur. (Côte-d'Or); — on l'observe cependant, mais plus rarement, sur les terrains siliceux, dans les montagnes granitiques et porphyriques du Lyonnais (env. de Tarare) et
du Pilat; cf. terr. siliceux dans la Savoie, le Dauphiné, le Plateau
central, le Forez, les Vosges, granite de l'Ariége (S. b. Fr. XXVII,
p. 217 seq.), etc.; la grande Gentiane est aussi indiff. pour Pittier
(S. b. Belg., XIX, 1-14).

Les *G. angustifolia* Vill. (C St-L. 547, Corr. 97), *G. Clusii* P. et S., C
St-L. 548, *G. bavarica* L. Corr. 183, ne sont pas de la Flore.

Convolvulus cantabricus L. — CC Lec., Ctj., St-L. Cat.
556. — Alluvions anciennes des terrasses et des Coteaux du
Rhône (1, 2); cf. calc. de la Côte-d'Or Dur.; devient indifférent sur les gneiss et les granites des coteaux méridionaux de la vallée du Rhône, à Malleval, Chavanay, —
dans la Drôme, S. b. L., IX, 331, — dans l'Ardèche, id.
XI, 112.

Le *C. lineatus* DC., C Lec., est du Midi.
Le *Ramondia pyrenaica* Rich. est C St-L. Cat. 558.

Anchusa italica Retz. — C Lec., Ctj., Bor. — Alluvions des Coteaux et vallées du Rhône et de l'Ain; voy. S. b. L. VI,
28; IX, 345.

Lithospermum officinale L. — CC Ctj. — Coteaux calcaires de
la région. Cf. God., Ren., etc.

L. purpureo-cœruleum L. — CC Ctj.; St-L. Cat. 563. — Calc.
d'Oncin, du Beaujolais, du Mont-d'Or, du Bugey et de Cré-

mieux; alluv. anciennes des Coteaux du Rhône (1, 2, 3); cf. *S. b. L.* IX, 335; *S. h. n. Moselle*, 1870, p, 41,50; SPEN., GOD., REN. A été observé sur les gneiss et les granites des coteaux méridionaux, à Ponsas! etc.

Le *L. fruticosum* L., **C** LEC., est du Midi.

L'*Onosma echioides* L., **C** LEC., et l'*O. arenarium* W. et Kit., habitent les alluvions du Rhône et de l'Ain : cf. *S. b. L.* 1883, p. 105.

Le *Pulmonaria angustifolia* L., **C** CTJ., paraît venir indifféremment dans les coteaux calcaires et siliceux du Lyonnais ; voy. granites et gneiss des vallées, *S. b. L.*, V, 114, etc.

Le *Myosotis silvatica* Hoffm., **C** CTJ., est abondant dans les mont. granitiq. du Beaujolais, du Lyonnais et du Forez ; cf. *S. b. Belg.*, XVI, 181.

Echinospermum Lappula Lehm. — **C** LEC., CTJ. — Alluvions des terrasses et Coteaux du Rhône (1, 2, 3), de la Saône ; Revermont, Bugey ; aussi sur les sables gneissiques du Garon!, des Coteaux du Lyonnais, de l'Ardèche, *S. b. L.* IX, 175.

Cynoglossum pictum Ait. — **C** LEC., CTJ. — Alluvions des terrasses et Coteaux du Rhône (1, 2, 3).

Le *C. cheirifolium* L., **C** LEC., est du Midi.

Heliotropium europaeum L. — **C** LEC., CTJ. — Fréquent surtout sur le lehm et les alluvions des terrasses et Coteaux du Rhône; cf. Jura, Haute-Saône, etc. ; d'autre part, aussi sur les gneiss, les schistes chloriteux de l'Azergue, le calcaire saccharoïde de Ternand; cf. granites de l'Ouest, *S. b. Fr.* XXII, 27, etc.

Physalis Alkekengi L. — **CC** LEC., CTJ., ST-L. 571. — Rochers jurassiques du plateau d'Oncin (exclusivement l'infra-lias), du Beaujolais, du Revermont et du Bugey; molasses et alluv. anciennes des Coteaux du Rhône (1, 2). Cf. GOD., REN., etc.

L'*Atropa Belladonna* L., **S** LEC., indiff. CTJ., est **C** dans qlq. régions; voy. *S. h. n. Moselle*, 1870, p. 44, 77 ; il est en effet plus fréquent dans le Bugey et le Jura que dans les monts du Lyonnais; voy. aussi GOD., REN. *Cat.* p. 192.

Verbascum Lychnitis L. — **C** CTJ. — Coteaux calcaires de la région. Cf. GOD., REN.

Le *V. phlomoides* L., **C** LEC., paraît indiff. ; de même que les *V. sinuatum* L. (**C** LEC., indiff. CTJ.), *V. mayale* DC., **C** LEC., du midi de la France.

Le *Scrofularia canina* L., — **C** LEC., **S** CTJ., est pour M. VALLOT « indifférent à la nature physique et chimique du sol (p. 312) » ; dans le

29

Lyonnais, il habite exclusivement les alluvions des Coteaux du Rhône et de la riv. d'Ain, l'erratique et les éboulis calcaires du Mont-d'Or, du Revermont et du Bugey.

La forme *juratensis* Schl. (*S. Hoppii* Koch), du Bugey, est manifestement **C** ST-L. *Cat.* 577.

Linaria spuria Mill. — **C** LEC., ST-L. *Cat.* 579. — Champs principalement des terr. calcaires de la région ; voy. *S. b. L.* VI, 28, 50; VIII, 250 ; REN. *l. c.*

Le *L. cymbalaria* Will , **C** CTJ., est plutôt subspontané ; — le *L. supina* Desf., **C** LEC., indiff. CTJ., arrive dans les alluv. du Rhône et de l'Ain ; cf. VALL. 313. — Les *L. origanifolia* DC. (**C** LEC., ST-L. 584), *L. chalepensis* Mill., **C** LEC., sont du Midi.

Veronica spicata L. — Calc. du Mont-d'Or, du Revermont, du Bugey, de Crémieux; alluv. anc. et lehm des Coteaux du Rhône ; cf. SPEN., WATS.

V. Teucrium L. — **C** CTJ. — Répandu partout; moins caractéristique que la f. suivante :

V. prostrata L. — **C** CTJ.; ST-L. *Cat.* 586. — Calc. du Mont-d'Or, du Revermont, du Bugey; alluv. anciennes et lehm des Coteaux du Rhône; cf. SPEN., GOD., BRÉB. ?, REN. ; — aussi sur gneiss, dans l'Ardèche, *S. b. L.*, XI, 110.

V. urticifolia L. — **C** ST-L. *Cat.* 586. — Mont. calc. du Bugey et du Dauphiné.

Le *V. præcox* All., **C** LEC., est indiff ; voy. CTJ. — Le *V. aphylla* L. (ST-L. *S. b. L.* IX, 392), arrive dans le Haut-Bugey. — Le *V. saxatilis* Jacq., **C** CORR. 97, est au contraire **S** ; c'est la forme *fruticulosa* L. qui préfère les calcaires (voy. ST-L. *Cat.* 589).

Erinus alpinus L. — **CCC** : LEC., CTJ. I, II, ST-L. *Cat.* 594. — Roch. calc. du Bugey; cf. *S. b. Fr.* XXVII, 225; MOHL; VALL. 113; *S. b. L.*, V, 225; IX, 392. — A été observé sur des gneiss, dans les Pyrénées (*S. b. L.*, IX, 149), — sur les granites, dans le Valais (*id.* X, 37).

Digitalis lutea L. — **CC** CTJ.; ST-L. 595 (non exclusif). — Calc. du Mont-d'Or, du Beaujolais, du Revermont, du Bugey, etc. cf. *S. b. L.* V, 122, 223; GOD., MOHL ; plus rarement dans les mont. granitiques du Lyonnais; cf. *id.* dans les Pyrénées (*S. b. Fr.*, XXVII, p. LXXXI); terr. feldsp. des Vosges REN. (*Cat.*, p. 17.)

Odontites lutea Rchb. — **C** CTJ. — Calc. du Beaujolais, du Mont-d'Or, Crémieux, Bugey; alluv. anciennes et lehm des Coteaux du Rhône (1, 3); cf. *S. h. Moselle*, 1870, p. 77; DUR., GOD. ; — aussi sur gneiss et granites des Coteaux (Rochecardon, Saint-Vallier, etc.); cf. VALL. 266, 313 (mais il l'indique, par erreur, comme préférente S pour les auteurs, p. 313).

Melampyrum arvense L. — **C** CTJ., ST-L. *Cat.* 607. — Champs des terr. calcaires : Mont-d'Or, Coteaux du Rhône, Bugey, etc.

Lavandula vera DC. — **C** LEC., CTJ. (*L. spica*). — Roch. jurassiques du Mont-d'Or et du Bugey, voy. S. *b.* **L.** V, 223.

Hyssopus officinalis L. — **C** LEC. — Roch. calc. du Bugey.
Satureia montana L. — **C** LEC., ST-L. *Cat.* 619. — Roch. calc. du Bugey (rare) = indiff. CTJ.

Calamintha Nepeta Savi. — **CC** LEC., CTJ., VALL. 315. — Alluvions des terrasses et des Coteaux du Rhône; schistes du bassin de l'Arbresle; grès bigarrés du Mont-d'Or; cf. VALL. 233, 261, 277 et 315, « fidèle au sol calcaire, indiff. à nature physique ».

C. officinalis L. — **CC** CTJ.; **S** LEC. — Terrains calcaires de la région? Cf. GOD., SPEN.

Le *C. alpina* Lamk., **C** CORR., est indiff.? Cf. VALL. 244; du reste, d'après M. BONNIER (*A. S. N.*, 1880, X, p. 13) cette espèce, **C** dans les Alpes autrich. et les Carpathes septentrionales, vient indiff. sur le calcaire et la silice dans le Dauphiné.

Salvia glutinosa L. — **C** CTJ. — Rochers calcaires du Bugey; — cependant granites du Valais, S. *b.* **L.** X, 37.

Les *S. officinalis* L. (**C** LEC.; indiff. CTJ.), *S. œthiopis* L., **C** LEC., *S. Sclarea* L., *S. verbenacca* L., **C** LEC., CTJ., sont ou indiff. ou absents de la Flore lyonnaise. — Le *Rosmarinus officinalis* L., **C** CTJ., n'arrive pas à Lyon; voy. VALL. 315.

Galeopsis angustifolia Ehrh. — **CC** CTJ., ST-L. *Cat.* 625; **S** LEC. (*G. Ladanum.*) — Sols calcaires de la région : alluvions, etc.; cf. S. *b.* **L.** VI, 28, 50.

Stachys annua L. — **CC** LEC., CTJ. — Champs calcaires dans toute la région; localités siliceuses dans S. *b. Fr.* XXIV, 247.

St. recta L. — **C** CTJ. — Moins caractéristique; alluvions des Coteaux et vallées du Rhône; cornes-vertes de l'Arbresle; gneiss, granites de l'Ardèche, S. *b. L.*, IX, 176, 197, etc.; plus calcic. dans le Nord, cf. SPEN., etc.

Le *S. germanica* L., **C** LEC., est indiff. CTJ.; — le *S. Heraclea* ALL., **C** LEC., est du Midi.
Les *Phlomis Lychnitis* L., (**C** LEC., ST-L. *Cat.* 629), *Ph. Herba-venti* L., **C** LEC., sont du midi de la France.

Sideritis hyssopifolia L. — **C** St-L. *Cat.* 631. — Éboulis calcaires du Bugey ; alluvions du Rhône.

Le *S. romana* L., **C** Lec., indiff. Ctj., est du Midi.

Melittis Melissophyllum L. — **C** Ctj. — Bois de toute la région ; indifférent ? Cependant calc. pour God., Spen., etc.

Le *Scutellaria alpina* L., **C** St.-L. *Cat.* 632, n'arrive pas dans le Lyonnais ; voy. *S. b. L.* IX, 393 ; *S. b. Fr.*, XXV, 258.

Brunella grandiflora Jacq. — **C** Ctj. I ; indiff. Ctj. II. — Surtout dans les terrains calcaires du Mont-d'Or, du Beaujolais, des Coteaux du Rhône, du Revermont, du Bugey, etc. ; cf. Cha-tin (*S. b. Fr.*, XXV, 104) : « le *B. grandiflora* s'observe toujours sur les terrains calcaires, tandis que le *B. vulgaris* se rencontre le plus souvent sur les terrains siliceux ; » cf. Ung., God., Spen., Bréb., Schn., etc.

Cependant on a signalé quelquefois le *B. grandiflora*, ou du moins quelqu'une de ses formes, dans les sols siliceux : voyez Planch. in *S. b. Fr.*, IX, *loc. cit.* ; Pyrénées, dans *S. b. L.*, IX, 150 ; Chastaingt in *S. b. Fr.*, XXIV, 244 seq. Ce dernier observateur a vu dans l'Aveyron (*S. b. Fr.* XXV, 100-104) que les principales formes du *B. grandiflora* avaient la distribution suivante :

> *α genuina* Godr., indifféremment sur calcaire, terrain houiller, trias et terrain de cristallisation ;
>
> *β pinnatifida* K. et Z., sur terrains de cristallisation ;
>
> *γ pyrenaica* G. God., sur sol argilo-gréseux.

Thurmann avait aussi constaté, dans le Jura, la préférence que les diverses variétés du *P. grandiflora* manifestent pour certains sols : les formes à feuilles le plus souvent entières se trouvant sur les sols un peu péliques, celles à feuilles le plus souvent laciniées sur sols nettement dysgéogènes (*Phyt.*, t. I, p. 347 et t. II, 184.)

Le *B. alba* Pall., indiff. Ctj., « paraît préférer les terrains calcaires, » St-L. *Cat.* 634 ; cf. *S. s. n. Moselle*, 1870, p. 79 ; *S. b. Fr.*, XXVI, p. lxxi.

Le *B. hyssopifolia* C. Bauh., — **CC** Lec., Ctj., — est une espèce méridionale.

Ajuga Chamæpitys Schreb. — **C** Lec., Ctj. — Préfère les champs calcaires des alluvions anciennes et récentes des Coteaux et vallées du Rhône, de la Saône, etc. : cf. Michalet, *Jura*, 261 ; God., etc. ; — se plaît dans les sols mixtes, silicéocalcaires, cf. Vall. 250.

L'*A. genevensis* L., indif. Cᴛᴊ., paraît aussi plus commun sur le lehm, les alluvions de nos Coteaux et dans les régions calcaires ; cf. Gᴏᴅ.; Mɪᴄʜᴀʟ., *Jura*, 261, « nul dans nos terrains siliceux. »

Teucrium montanum L. — **CCC** Lᴇᴄ., Cᴛᴊ. I, II, Sᴛ-L. *Cat.* 636. — Fréquent dans les rochers calcaires du Bugey et du Revermont ; cf. Bᴏʀ., Gᴏᴅ., Sᴘᴇɴ, Bʀᴇ́ʙ., Mᴏʜʟ, Sᴄʜɴ., etc. ; — descend sur les alluvions récentes de l'Ain et du Rhône, les alluvions anciennes des Balmes-viennoises et des Coteaux du Rhône ; plus rarement dans le Mont-d'Or et le Beaujolais calcaire. Plusieurs de ses stations dans les alluvions sont à peine calcaires ; le *T. montanum* a, du reste, été observé ailleurs dans des sols mixtes, silicéocalcaires : par exemple, près de l'Isle-Adam, en société du *Teesdalia* (*S. b. Fr.*, XXIII, 402),—dans la forêt de Fontainebleau (*S. b. Fr.*, XXVIII, p. ʟxxɪx), etc. ; il peut même croître sur le granite, dans le Valais (*S. b. L.*, X, 34, 37), ou sur des schistes complètement dépourvus de carbonate de chaux à l'analyse, comme M. Bᴏɴɴɪᴇʀ l'a constaté dans les Alpes autrichiennes (*S. b. Fr.*, XXVI, 338 ; *A. S. N.*, 1880, p. 12). Tʜᴜʀᴍᴀɴɴ avait déjà signalé sa présence dans les sables siliceux purs de la région rhénane (*Phyt.*, I, 369 ; II, 310); M. Cᴏɴᴛᴇᴊᴇᴀɴ a aussi observé que cette espèce pouvait passer « sur les lambeaux argileux ne faisant pas effervescence » (*A. S. N.*, 1875, p. 252) ; ce qui ne l'empêche pas de la considérer comme une calcicole exclusive **CCC** (*Géogr. bot.*, 125).

T. Chamædrys L. — **CC** Cᴛᴊ. I, II ; Vᴀʟʟ. 316. — Terrains calcaires dans toute la région ; aussi sur les gneiss des Coteaux du Rhône !, les cornes-vertes du bassin de l'Arbresle ! etc ; voyez *S. b. L.*, VII, 247 ; XI, 112 ; et précédemment p. 346 et 347 (*S. b. L.*, XII, p. 118). Cf. comme autres exemples de sols mixtes ou siliceux : diluvium ne contenant pas de chaux près d'Angoulème, Cᴛᴊ. (*A. S. N.* 1875, p. 252); fentes des basaltes compactes, Cᴛᴊ. (*A. S. N.*, II, p. 225.) Cependant M. Vᴀʟʟᴏᴛ conclut de ses observations (*Rech.*, p. 225, 233, 250, 280 et 316) que le *T. chamædrys* est « fidèle au sol calcaire et indifférent à la nature physique ». Cf. Gᴏᴅ., Sᴘᴇɴ., Bʀᴇ́ʙ., etc.

Le *T. Botrys* L., **C** Lᴇᴄ., Cᴛᴊ., paraît indiff.

Les *T. Polium* L. (**C** Lᴇᴄ., Cᴛᴊ., Sᴛ-L. *S. b. L.* V, 223, Vᴀʟʟ. 316), *T. aureum* Schreb. (**C** Cᴛᴊ., Vᴀʟʟ. 315), plantes méridionales, fidèles au sol calcaire pour M. Vallot, n'arrivent pas à Lyon ; il en est de même du *T. flavum* L., **C** Lᴇᴄ., et du *T. pyrenaicum* L., qui **CCC** pour les auteurs (cf. St-L. *Cat.* 636), a été trouvé dans une roche entièrement siliceuse, par M. Vallot (*op. cit.*, p. 244, 245).

Globularia vulgaris L. — **CCC** Lec., Ctj. I, II, Vall. 318; St-L. *Cat.* 644, **C**. — Sols calcaires de toute la région : alluvions des Coteaux du Rhône, Mont-d'Or, Bugey, etc. A été observé aussi sur les granites et les gneiss dans les Coteaux du Rhône,—dans la Drôme (*S. b. L.*, IX, 331),—dans les Pyrénées (*id.*, IX, 150) ; comparez sa présence dans les sols mixtes de l'Isle-Adam (*S. b. Fr.*, XXIII, 402), — le diluvium ne contenant pas de chaux et les lambeaux argileux ne faisant pas effervescence, indiqués par M. Contejean (*op. cit.*, 251, 252), — dans les schistes des Alpes mérid. Tom.; M. Vallot ne l'a constaté que dans des stations calcaires (*Rech.* 228, 241, 272, 277) et le regarde comme « fidèle au sol calcaire et indifférent à la nature physique » (*op. cit.*, 318.) Cf. God., Bréb.

Les *G. nudicaulis* L. (**C** St-L. *S. b. L.*, IX, 393; *Cat.* 645), *G. cordifolia* L. (**C** St-L. *Cat.* 645), ne sont pas de la Flore.

Plantago cynops L. — **C** Lec. ; indiff¹. Ctj. — Alluvions anciennes et récentes, molasses, des Coteaux du Rhône; calcaire jurassique du Mont-d'Or; cf. Côte-d'Or Dur.; aussi sur gneiss de la vallée du Rhône, dans l'Ardèche (*S. b. L.*, XI, 112); indiff¹. à la nature *physique* du sol, d'après M. Vallot (*op. cit.*, 317.)

Les *Pl. Psyllium* L., *Plumbago europœa* L., **C** Lec., sont des pl. méridionales.

Polycnemum majus Al. Br. — **C** Lec., Ctj. — Coteaux du Rhône ; observé aussi sur les plâtras Coignet (*S. b. L.*, IV, 45, 46.)

Rumex scutatus L. — **CC** Lec., Ctj., St-L. *Cat.* 655. — Fréquent dans les rochers calcaires du Mont-d'Or, du Bugey, du Revermont ; mais aussi, quoique plus rarement, dans les gneiss et les granites, — des Coteaux du Rhône (Lyon, Charly, Vienne, etc.), — du Pilat, — des Pyrénées (*S. b. L.*, IX, 150, 151), — du Valais (*S. b. L.*, X, 37.)

Le *R. aquaticus* L., **C** Ctj., n'appartient pas à la Flore lyonnaise.

Daphne Laureola L. — **C** Ctj. I; indiff¹. Ctj. II, 133 ; **C** St-L. *Cat.* 657. — Bois sur calcaires jurassiques du Mont-d'Or, du Beaujolais, du Bugey et du Revermont, etc.; plus rare sur les alluvions des Coteaux du Rhône. — A été observé dans terrains siliceux, par exemple, dans les Pyrénées, sur gneiss, mais au voisinage de calcaire ? (*S. b. L.*, IX, 150 ; *S. b. Fr.*, XXVII, p. LXXXI) : M. CLOS le cite aussi dans l'Ariège, à la montagne granitique du Saquet (*S. b. Fr.*, XXVII, 217 seq.)

D. Mezereum L., — **C** CTJ. II, GOD., MOHL, — nous paraît, au contraire, moins adhérent dans le Lyonnais ; on le rencontre, en effet, aussi bien dans les granites du Pilat et du Forez que dans les calcaires du Bugey et du Jura.

D. alpina L., — **CCC** LEC., CTJ. I, II, ST-L. *Cat.* 657, — atteint à peine les limites du Bugey ; cf. Côte-d'Or DUR. ; notons que c'est une plante de la dolomie pour M. Planchon (*l. c.* ; cf. aussi VALL. 228) et qu'elle est indifférente à la nature physique du sol pour M. Vallot (*op. cit.* 318).

D. Cneorum L., **C** LEC., indiff. CTJ., descend très rarement dans les alluvions de l'Ain et du Rhône.

Passerina annua Spreng., **C** CTJ., préfère les alluvions calcaires du Rhône, de l'Ain, du Doubs ; cf. GOD.

Thesium humifusum DC (**C** LEC., ST-L. *Cat.* 661 ; indif. CTJ.) a été observé, rarement, sur les Balmes-Viennoises ; c'est, du reste, une plante des sols mixtes, cf. *S. b. F.*, XXIII, 402. — Le *Th. divaricatum* Jan., est plus fréquent sur les alluvions anciennes des Coteaux du Rhône et de l'Ain, des Balmes-Viennoises, — sur les calcaires du Mont-d'Or, du Revermont, du bassin de Belley ; cf. VALL. 262, 277 et 318, « indif. à nature physique » ; se trouve aussi sur les gneiss des Coteaux du Rhône, à Malleval (*S. b. L.*, X, 46), plus bas dans l'Ardèche (*id.*, XI, 110), etc. Voy. GOD., BRÉB.? WATS.?

Osyris alba L. se plaît dans les terrains calcaires du Bugey méridional ; cf. ST-L. *S. b. L.*, V, 223 ; VALL. 277, 319.

Cytinus hypocistus L., forme *ruber*, sur le *Cistus albidus* des terrains calcaires, dans le midi de la France : voy. ST-L. *Cat.* 662.

Aristolochia Clematitis L. — **C** LEC., CTJ. — Alluvions et pierrailles calcaires des Coteaux du Rhône et du Mont-d'Or.

Les *A. rotunda* L., *A. pistolochia* L., **C** LEC., sont plus méridionales.

Euphorbia Gerardiana Jacq. — **CCC** LEC., CTJ. I, II, VALL. 320. — Alluvions anciennes et récentes des Coteaux et vallées du Rhône, de la Saône et de l'Ain ; sols mixtes, silicéo-calcaires, molasses et gneiss ? des Coteaux du Rhône (Seyssuel, Vienne, etc.) ; cf. *S. b. L.*, VIII, 254 (Bas-Dauphiné, avec *Anarrhinum*, etc.). Voyez encore VALL. 225, 228, 237 et 230, « fidèle à sol calcaire, indifférente à nature physique ».

E. verrucosa Lamk. — **CC** Ctj., St-L. *Cat.* 666. — « Bois et prés
des terrains calcaires » ; cf. Mich., *Jura*, 275 ; God., Spen.;
terrains feldspathiques de la Haute-Saône Ren. *l. c.*

L'*E. platyphylla* L., et l'*E. falcata* L., **C** Lec., sont aussi **C** pour Ctj.; cette
dernière espèce habite les alluvions récentes du Rhône, de l'Ain, les
champs calcaires du Bugey ; cf. Mich. *Jura*, 276 ; *S. b. L.* VI, 50;
cependant terrains siliceux de l'Aveyron (*S. b. Fr.* XXIV, 247 seq.).
L'*E. exigua* L., **C** Lec., est indiff. Ctj.; — Les *E. chamæsyce* L., *E. ni-*
cæensis All. (**C** Lec.), *E. Characias* L. (Vall. 319), *E. flavicoma*
DC. (**C** St-L. *Cat.* 666), *E. serrata* L. (**C** Lec., indif. Ctj.), *E. se-*
getalis L. (**C** Vall. 319), sont du midi de la France.

Mercurialis perennis L. — **C** Ctj., St-L. *Cat.* 671. — Bois des
calcaires jurassiques du Mont-d'Or, du Beaujolais, du Bugey,
etc.; cf. Mich., *Jura*, 276 ; God.; — alluvions anciennes des
Coteaux du Rhône (plus rare). — Observé aussi, mais rarement, dans régions siliceuses, sur gneiss (ou serpentine ?)
au mont Arjoux !, — dans la Drôme (*S. b. L.*, IX, 331), —
dans les Pyrénées (*id.* IX, 150.)

Buxus sempervirens L. — **CC** Ctj. I, II, St-L. *Cat.* 671. —
Caractéristique des calcaires jurassiques du Mont-d'Or, du
Beaujolais, du Bugey, du Dauphiné, etc. ; cf. God.; Mich.,
Jura, 276 ; — aussi, mais moins fréquemment, sur poudingues
des alluvions anciennes des Coteaux du Rhône, plus rarement
encore sur le lehm et les alluvions meubles de ces mêmes
coteaux ; enfin, quelquefois, sur les gneiss au voisinage des
alluvions, par exemple, à Rochecardon, à Champoly près
Tassin, etc.

    Malgré sa préférence pour les sols calcaires, le Buis peut
croître dans les terrains siliceux ; nous l'avons observé sur
les gneiss, les granites, les schistes chloriteux et amphiboliques, les schistes carbonifériens, etc., dans le Beaujolais
(Chiroubles ! et autres localités du Haut-Beaujolais, Saint-
Bonnet-sur-Montmelas !, Ternand et plusieurs stations dans
vallée de l'Azergue, etc.), — dans le Lyonnais (Champoly, le
Mercruy !, Chaponost !, Taluyers !, etc.) : voyez Magnin
S. b. L., VIII, 142, 143 ; IX, 321 ; X, 218 ; Gillot, *id.* VII, 13;
Thurmann, *Phyt.*, II, p.201 ; — mais plusieurs de ces stations
sont situées ou dans le voisinage des habitations et le Buis
n'y est que subspontané, ou dans des sols qui peuvent contenir un peu de calcaire ; nous l'avons vu cependant, dans le
quartz même, entre Estressin et Vienne ! ; cf. Boullu, localité voisine citée dans *S. b. L.*, IX, 159.

    On a signalé d'autres stations siliceuses du Buis, — dans

les Pyrénées: De Candolle *Physiol. végét.* p. 426 ; Thurmann, 201; Perroud, sur gneiss au voisinage de calcaire
(*S. b. L.*, IX, 150), sur gneiss et granites purs (*id.* IX, 159 et
281 : localité citée par De Candolle) ; Vallot, terrain schisteux de Luz, (*Rech.*, p. 321) ; — dans l'Hérault, quartzite de la
Roche-Percée, Vall. *id.* 271 ; dans l'Ardèche, Perroud
(*S. b. L.*, IX, 174, 176, gneiss; *id.* IX, 181, grès; *id.* XI, 105,
schistes micacés.)

Aussi, pour M. Contejean, le *Buxus sempervirens*, qu'il
avait d'abord considéré comme une calcicole exclusive, n'est-
il plus qu'une indifférente qui « occupe dans le Plateau central et les Pyrénées toute espèce de stations dysgéogènes »
(*A. S. N.*, 1875, t. II, p. 251.) C'est revenir presque à l'opinion de Thurmann (*Phyt.*, t. I, p. 191 ; t. II, p. 201.)

M. Vallot a montré, au contraire, (*Rech.*, 321) que le Buis
est *indifférent à la nature physique du sol*, puisqu'il peut
croître dans des terrains marneux, pierreux, rocheux, sablo-
pierreux et sablonneux. On doit donc en conclure simplement avec lui que « le Buis peut certainement habiter les sols
siliceux, quoiqu'il soit beaucoup plus commun sur le calcaire » et avec le D* St-Lager (*Cat.* 671), qu'il vient « surtout sur les terrains calcaires, quelquefois sur les basaltes
décomposés, les gneiss et les micaschistes calcifères, rarement sur le granit. »

L'*Humulus Lupulus* L. exigerait la présence du calcaire dans le sol pour
être cultivé, d'après M. Braangart (*Jahrb. f. œsterr. Landwirthe*
1879).

Les *Quercus pubescens* Willd. (C Lec.), *Q. coccifera* L. (C Lec., St-L.
Cat. 675), *Q. Ilex* L. (Vall. 323, indif. à nature physique) sont indiff. à nature chimique Ctj.

L'*Alnus incana* DC., C Ctj., paraît indiff.

Le *Salix Seringeana* Gaud., C Lec., Ctj., a été trouvé dans les montagnes
calcaires du Bugey ; le *S. incana* Schrank, C Ctj., est fréquent dans
les alluvions récentes du Rhône et de l'Ain ; les *S. reticulata* L., et
retusa L , C Ctj., ne sont pas de la Flore.

Le *Pinus austriaca* préfère les terrains calcaires: voy. Fliche et Grandeau
(*Ann. Ch. et Phys.* 1877), St-L. *Cat.* 683 ; de même, le *P. halepensis*
Mill. caractérise la zone calcaire de la Provence.

Le *Juniperus communis* L., C Ctj., est indiff.; le *Taxus baccata* L., indiff.
Ctj., est au contraire spécial dans notre région aux montagnes calcaires du Bugey : cf. St-L. *Cat.* 686.

Tulipa silvestris L. — C Ctj. — Alluvions anciennes et éboulis
calcaires des Coteaux de la Saône et du Rhône; aussi
gneiss ?

Scilla bifolia L., — **CC** Cᴛᴊ., **S** Lᴇᴄ., — paraît indiffᵗ. : vallées
granitiques du Lyonnais ; alluv. anc. des Coteaux du Rhône;
bois calcaires du Bugey, etc.

Phalangium Liliago Schreb. — **C** Cᴛᴊ., Sᴛ-L. *Cat.* 709. — Surtout terrains calcaires, Mont-d'Or et Bugey, alluvions anciennes (poudingues) des Coteaux, etc.

Le *Ph. ramosum* Lamk., — **C** Lᴇᴄ. Cᴛᴊ., I, — est plus indiff. cf. Cᴛᴊ. II.

Ornithogalum sulfureum Schult. — **C** Lᴇᴄ., Sᴛ-L. *Cat.* 698 ;
indiffᵗ. Cᴛᴊ. — Terr. calcaires principalement : Mont-d'Or,
Coteaux du Rhône, Bugey, etc.

Les *O. umbellatum* L., *Gagea arvensis* Schultz, *Muscari racemosum* DC.,
C Lᴇᴄ., indiff. Cᴛᴊ., préfèrent peut-être les champs calcaires? Cf.
Sᴛ-L. *Cat.* 708 et 709 pour les *Muscari racemosum* DC. et *comosum*
Mill.

L'*Allium intermedium* DC. vient surtout dans les alluvions anciennes des
Coteaux du Rhône ; — L'*A. sphærocephalum* L. préfère aussi les
terrains calcaires : Sᴛ-L., *Cat.* 702.

Les *A. roseum* L., **C** Lᴇᴄ., *A. flavum* L. (**C** Lᴇᴄ., Vᴀʟʟ. 324), *A. narcissi-
florum* Vill., **C** Sᴛ-L. *Cat.* 706, ne sont pas de la Flore, de même que
l'*Uropetalum serotinum* Gawl., **C** Sᴛ-L. 697.

Le *Convallaria polygonatum* L., **C** Cᴛᴊ., vient ici dans les sols siliceux et
calcaires.

Ruscus aculeatus L. — Cᴛᴊ. indiff. — Ne s'observe dans le Lyonnais que sur les sols calcaires du Mont d'Or, des Coteaux
du Rhône, du Bugey, etc. ; — mais croît ailleurs dans terrains siliceux : voy. Cᴛᴊ. (*A. S. N.* 1875, p. 251), les Pyrénées (*S. b. L.* IX, 150), l'Ouest (*S. b. Fr.* XXII, 27), etc.

Tamus communis L. — **C** Cᴛᴊ., **S** Lᴇᴄ. — Limité aussi pour le
Lyonnais, aux bois frais des sols calcaires : Coteaux du
Rhône, Bugey, etc. ; cf. Mɪᴄʜ., *Jura*, 293.

Les *Asparagus tenuifolius* Lamk., *A. acutifolius* L., **C** Lᴇᴄ., sont indiff. :
cf. Cᴛᴊ.,

Aphyllantes monspeliensis L. — **C** Lᴇᴄ.; Sᴛ-L. *Cat.* 711 ;
Vᴀʟʟ. 324. — Bajocien du Mont-d'Or ; alluvions anciennes
de la Cotière méridionale de la Dombes ; cf. Vᴀʟʟ. 241,
262, 277, où il est aussi indiffᵗ. à la nature physique du sol.

Iris fœtidissima L. — **C** dans le Lyonnais : alluvions anciennes
des Coteaux et vallées du Rhône ; éboulis calcaires du
Mont-d'Or et du Revermont ; cf. Mɪᴄʜ., *Jura*, 294.

Les *I. olbiensis* Hénon, *Narcissus juncifolius* Req., **C** Lᴇᴄ., *Crocus versicolor* Gawl., **C** Sᴛ-L. *Cat.* 714, sont du Midi; le *Crocus vernus* All.,

C CTJ., I, paraît indiff.; — le *Gladiolus segetum* Gawl., C LEC.,
CTJ., arrive dans les alluvions récentes du Rhône, près Lyon.

Orchidées. -- Le plus grand nombre est manifestement calcicole, surtout dans les genres *Ophrys, Epipactis, Cephalanthera*, etc. ; — les espèces indifférentes sont aussi plus fréquentes sur les calcaires que sur les sols siliceux. Voy. pour
notre région : *S. b. L.* VI, 40 ; VIII, 251 ; et précédemment
p. 85 (*id.* IX, 233), 78 (*id.* IX, 226), 131 (*id.* X, 137) pour les
Coteaux du Rhône ; p. 55 (*id.* IX, 203), 58 (*id.* IX, 206), 146
(*id.* X, 152) pour le Mont-d'Or ; et en général, p. 151 (*id.* X,
157), en comparant avec régions siliceuses, p. 188 (*id.* XI,
160).

On trouvera de nombreux exemples confirmatifs dans les
Flores et les C. R. d'herborisation ; aussi nous bornerons-
nous à signaler la discussion soulevée à ce sujet dans une
séance de la *Soc. bot. de France* (1878, t. XXV, p. 168), où
l'on a cité les faits intéressants suivants :

M. CHATIN dit que si quelques Orchidées paraissent indifférentes à la nature du sol, le plus grand nombre est essentiellement calcicole.

M. MALINVAUD a de son côté observé une plus grande variété d'espèces dans les terrains jurassiques du Lot que dans
les environs de Limoges, où l'élément calcaire fait défaut ;
dans ces dernières localités on trouve *Orchis ustulata, O.
coriophora, O. Morio, O. mascula, O. laxiflora, O. maculata, O. bifolia*, etc., espèces indifférentes à la nature du
sol, mais jamais les *O. hircina, O. pyramidalis, O. latifolia, Serapias Lingua, Epipactis pallens, E. rubra*, etc., qui
sont communs dans les bois calcaires de Figeac.

M. DUCHARTRE est un peu sceptique à l'égard de la préférence qu'auraient les Orchidées pour les sols calcaires ;
aux environs de Toulouse, il a observé 18 à 20 espèces de
ces plantes (entre autres l'*O. papilionacea*) sur des terrains
d'alluvions. — Mais M. Chatin ne doute pas que ces terrains ne donnent à l'analyse une quantité notable de
calcaire.

Enfin, M. CORNU apporte les deux faits qui suivent favorables à notre doctrine : 1° Près de la gare de Fontainebleau, il a souvent récolté *Ophrys aranifera* et *O. apifera*,
sur un îlot calcaire dont elles ne franchissent jamais les
limites ; en vain les chercherait-on sur les terrains siliceux
environnants ; — 2° En Sologne, on peut rencontrer des Or-

chidées calcicoles sur un terrain siliceux à la surface, mais dont le sous-sol est argilo-calcaire.

Cf. encore, dans l'Yonne, GILLOT (S. b. Fr. XXV, 258) ; — dans la Sarthe, CRIÉ (Flore comp. des terr. jurass. de la Champagne du Maine) ; — dans la Moselle, BARBICHE (B. Soc. h. n. Moselle, 1870, 15ᵉ cah., p. 83-84), etc.

GODRON indique aussi comme calcicoles les quatorze espèces suivantes : Orchis pyramidalis, conopeus, militaris, fuscus, Simia, hircinus, monorchis, Ophrys anthropophora, myodes, arachnites, aranifera, Cephalanthera pallens, ensifolia et rubra.

Ajoutons que M. Contejean ne donne plus (Géogr. bot.) que 9 espèces d'Orchidées calcicoles, dont : 1 seule CCC (Aceras anthropophora), 3 CC (Cephal. rubra, Epipactis atrorubens, Ophrys muscifera) et 5 C (Orchis hircina, pyramidalis, Ophrys apifera, arachnites, aranifera) ; — 22 sont indifférentes, mais sur ce nombre plusieurs, telles que Cephalanthera ensifolia, C. lancifolia, Orchis fusca, O. militaris, O. bifolia, etc. sont C au moins dans notre région ; enfin 5 sont S presqu'indifférentes, 1 seule SS (Spiranthes æstivalis) et pas une SSS. Malgré le nombre trop considérable des indifférentes admises par M. Contejean, cette répartition confirme les conclusions admises par nous sur l'appétence générale des Orchidées pour les sols calcaires.

Orchis pyramidalis L. — C CTJ. — Calcaires jurassiques du Mont-d'Or, du Beaujolais, du Revermont, du Bugey et du Dauphiné ; alluvions anciennes de la cotière mérid. de la Dombes, plus rarement sur les autres Coteaux du Rhône ; cf. S. b. Fr. XXV, 168, 258, etc. ; et pour les terrains mixtes silicéo-calcaires, id. XXIV, 69. Calc. pour GOD., BOR., SPEN., WATS.

O. hircinus Cr. — C LEC., CTJ. — Mêmes stations, plus répandu ; voy. S. b. Fr. XXV, 168, 258 ; GOD., BRÉB.

O. fuscus Jacq. — C ST-L. Cat. 731 ; indiff. CTJ. — Mêmes stations, plus rare ; voy. S. b. Fr. 258 ; S. h. Moselle 1870, p. 83 ; sols mixtes, silicéo-calcaires, S. b. Fr. XXIV, 69.

O. militaris L. (galeatus Lamk.) — C LEC. ; indiff. CTJ. — Mêmes stations ; peut-être moins préférent : aussi sur sol d'alluvions silicéo-calcaires, cf. S. b. Fr. XXIV, 69. Calc. pour BOR., GOD., SPEN.

O. bifolius L. — C ST-L. Cat. 733 : « prés et bois des coteaux et montagnes calcaires. » — Indiff. CTJ. ; cf. S. b. Fr. XXV, 168.

L'O. Simia Lamk., **C** God., des alluvions des Coteaux du Rhône et des calcaires du Mont-d'Or et du Bugey, est presque indifférent, cf. Ctj. — *L'O. latifolius* L., cité par M. Malinvaud [dans *S. b. Fr.* XXV, 168, est même **S** pour M. Contejean.

Ophrys anthropophora L.— **CCC** Lec., Ctj., St-L. *Cat.* 729. — Calcaires jurassiques du Mont-d'Or, du Beaujolais, du Bugey ; alluv. anciennes des Coteaux du Rhône ; cf. *S. b. Fr.* XXV, 258 ; God., Bor.

O. muscifera Huds. — **CC** Lec., Ctj. I, II, St-L. *Cat.* 737. — Mêmes stations. Cf. God., Ung., Bor., Bréb., Wats., etc.

O. apifera Huds. — **C** Lec., Ctj. — Même habitat : cf. *S. b. Fr.* XXV, 168, 258 ; sur basaltes du Forez (Legrand, *Stat. bot.*)

O. arachnites Hoffm. (*fucifera* Rchb.) — **C** Lec., Ctj. — Mêmes stations ; cf. *S. b. Fr.* XXV, 258 ; God., Spen., Bor., Schn., etc.

O. aranifera Huds. — **C** Lec., Ctj., St-L. *Cat.* 737. — Mêmes stations ; cf. *S. b. Fr.* XXV, 168 ; God., Bréb., Wats., etc.

L'O. Pseudo-speculum DC., **C** Lec., n'arrive pas à Lyon.

Epipactis rubra All. — **CC** Ctj. — Calcaires jurassiques du Mont-d'Or, du Beaujolais, du Bugey ; voy. *S. b. Fr.* XXV, 168, 258 ; God., Bor.

E. ensifolia Sw. — **C** St-L. *Cat.* 725 ; indiff. Ctj. — Mêmes stations et, de plus, alluvions anciennes des Coteaux du Rhône. Cf. Ung., Bor.

E. lancifolia D C. (*pallens* Sw.) — **C** St-L. 725 ; indiff. Ctj. — Mêmes stations que le précédent ; voy. *S. b. Fr.* XXV, 168.

E. latifolia All., surtout la forme **atrorubens** Hoff. — **CC** Ctj. — Mêmes stations que les précédents ; voy. Vall. 250, 325. — L'*E. latifolia* All., type, est indiff. Ctj.

Limodorum abortivum Sw. — **C** St-L. *Cat.* 726. — Calcaires jurassiques du Mont-d'Or et du Bugey méridional ; alluvions anciennes de la cotière méridionale de la Dombes ; voy. *S. b. Fr.* XXV, 258.

Luzula flavescens DC. — **CC** Ctj. — Mont. calc. du Bugey ; cf. St-L. *Cat.* 752.

Le *Schœnus nigricans* L., **C** Lec.; **S** Ctj., est fréquent dans les marais tourbeux du Bugey ; il peut croître certain'. dans sols très calcaires, comme M. Vallot l'a vu (*Rech.*, 262, 325). Il en est de même du *Scirpus holoschœnus* L.

Carex alba Scop. — **CCC** Ctj., St-L. *Cat.* 773. — Calc. jurassiq. du Bugey, de l'île de Crémieux ; rárement sur alluv.

anc. des Coteaux du Rhône ; voy. *S. b. L.* V, 223. Cf. Spen., Ung., Mohl.

C. gynobasis Vill. — **CCC** Lec., Bor., Ctj., St-L. *Cat.* 777.— Commun sur les calc. du Mont-d'Or, de l'île de Crémieux et du Bugey, sur les alluvions anciennes des Coteaux du Rhône, surtout la Cotière méridionale : voy. *S. b. L.* V, 223 ; — cependant observé sur granite, dans la Drôme, *S. b. L.* IX, 331.

C. humilis Leyss. — **CCC** Ctj., St-L. *Cat.* 778. — Même habitat que le précédent : voy. aussi *S. b. L.* VI, 40. Cf. God., Mohl, Bréb.

C. ornithopoda Willd. — **CCC** God., Ctj., St-L. *Cat.* 778. — Calcaires du Mont-d'Or ; plus rarement sur les alluv. des Coteaux du Rhône ; voy. *S. b. L.* V, 223.

C. pilosa Scop. — **C** St-L. *Cat.* 774. — Calcaires du Bugey.

Le *C. tenuis* Host. — **CCC** Ctj., St-L. *Cat.* 780, — n'arrive que dans le Haut-Jura.

C. tomentosa L. — **CC** Ctj. — Cf. God.; St-L. *Cat.* 777 : « lieux argileux et marneux. »

C. sempervirens Vill. — **CC** Ctj., St-L. *Cat.* 779. — Mont. calc. du Haut-Bugey.

C. montana L. — **C** Ctj., St-L. *Cat.* 777. — Calcaires du Mont-d'Or et du Bugey ; alluvions anciennes des Coteaux du Rhône. Cf. God., Spen.

C. nitida Host. — **C** Lec., Ctj. — Mêmes stations que le précédent, plus répandu.

C. digitata L. — **C** Ctj. ; **S** St-L. *Cat.* 778. — Nous paraît plus abondant dans les terrains calcaires du Mont-d'Or, des Coteaux du Rhône, du Bugey, etc. Cf. God., Spen.

Le *C. glauca* Scop., **C** Ctj., nous semble venir indiff[t] dans les lieux argileux (siliceux) et marneux.

Le *C. hordeistichos* Vill., **C** Lec., n'est pas de la Flore.

Phleum Bœhmeri Wib. — **CC** Ctj. — Alluvions des Coteaux du Rhône, du bassin de Belley, etc. Cf. God.

Ph. asperum Jacq. — **C** Ctj. — Alluv. des Coteaux du Rhône.

Ph. alpinum L. — **C** Ctj. — Mont. calcaires du Haut-Jura.

Ph. arenarium L. — **C** Lec. ; maritime excl. Ctj. (*Géogr. bot.* 123). — Alluvions anciennes et récentes des Coteaux et de la vallée du Rhône.

Sesleria cærulea Ard. — **CCC** Lec., Ctj. I, II, St-L. *Cat.* 787. — Espèce caractéristique des calcaires du Bugey, de l'île de Crémieux, etc. (cf. Thurmann II, 259) ; — manque

cependant dans le Mont-d'Or, cette anomalie ne pouvant
être expliquée par le défaut d'altitude, puisque le *Sesleria*
descend à un niveau aussi bas sur les collines calcaires de
la Saône-et-Loire et dans le Revermont. Cf. encore pour
stations calcaires : God., Bor., Ung., Mohl ; *S. b. L.* V,
234 ; IX, 393 ; *S. b. Fr.* XXVIII, p. lxix ; Vall. 250,
327, etc.

Bien qu'il soit indiqué comme « nul sur les granites, les
grès des Vosges et du centre de la France » (St-L. *Cat.*
787], le *Sesleria* a une station anormale, mais qui paraît
certaine, dans le massif granitique du Pilat, au Saut-du-
Gier ; voy., malgré les assertions contraires (Legrand,
Stat. bot. Forez p. 273, etc.), les observations positives de
M. Cusin dans *S. b. L.* II, 121, et III, 32 (1). Le *Sesleria
cærulea* vient aussi d'être constaté, dans le nord de la
France, sur des schistes qui contiennent, il est vrai, du
calcaire (*S. b. Fr.*, 1885, t. XXXII, session de Charleville,
p. xcix).

L'*Andropogon Ischæmum* L., (**CC** Ctj.; cf. Vall. 233, 326), paraît indifférent? (alluvions anciennes et récentes, schistes métamorphiques, etc.),
ou du moins moins préfèrent que ne le veut Ctj. **CC** ; — le *Cynodon
Dactylon*, Pers. indiff Ctj., le serait davantage dans notre région ;
— l'*A. Gryllus* L., **C** Lec., du Midi, arrive à peine à Lyon sur les
terrasses alluviales du Bas-Dauphiné.

L'*Agrostis verticillata* Vill., **C** Lec., est une esp. méridionale qui a été cependant signalée dans une station du Bugey ; l'*A. setacea* Vill., **C**
Lec., est plutôt S, et des Alpes.

L'*A. filiformis* Gaud., **C** St-L. *Cat.* 794, dans les roch. calc. du Haut-Jura.

Stipa pennata L. — Lec., Ctj. — Rochers calcaires du Bugey, de l'île de Crémieux, etc. ; alluvions anciennes de la
cotière méridionale de la Dombe (rare) ; pourquoi le *Stipa*
manque-t-il aussi au Mont-d'Or ? Voy. encore Mohl ; St-L.
Cat. 797.

S. capillata L. — **CC** St-L. *Cat.* 796. — Plus rare, dans les
roch. calcaires du Bugey méridional.

Lasiagrostis argentea DC. — **CCC** Lec., Ctj., St-L. *Cat.*
798. — Rochers calcaires du Bugey ; entraîné qlqf. dans les
alluvions du Rhône. Bien qu'il soit ordinairement nul sur les
granites et les gneiss (dans le centre de la France, etc.), on
l'a signalé dans les granites du Valais, voy. *S. b. L.* X, 37.

(1) La Tourrette indique le *Cynosurus cœruleus* dans les montagnes
du Lyonnais et du Bugey (*Chl. lugd.*, p. 3) ; c'est Gilibert qui paraît
avoir signalé le premier cette pl.nte, textuellement, « à Pilat ; » voy. *Hist.
des pl. d'Europe*, 1re édit., 1798, t I, p. 379.

Kœleria setacea Pers., **C** Cᴛᴊ., surtout la f. *valesiaca* Gaud., **C**
LᴇC., se trouve en effet dans les roch. calc. du Bugey, de
Crémieux, les alluvions anciennes et récentes du Rhône,
etc.; cf. *S. b. L.* V, 234, VI, 28.

L'*Avena pratensis* L., **C** Cᴛᴊ. (surtout la |var. *A. bromoides* Gouan, **C** Lᴇᴄ.)
préfère les sols calcaires aussi dans notre région ; — mais l'*A. sterilis*
L., **C** Lᴇᴄ., paraît indiff.
Les *A. setacea* Vill. et *A. sempervirens* Vill., **C** Sᴛ-L. *Cat.* 801, 802, sont des
espèces alpines.

Melica ciliata L. — **CCC** Lᴇᴄ., Cᴛᴊ. I, II. — Rochers calcaires
du Mont-d'Or, du plateau d'Oncin et du Bugey ; — aussi
sur les gneiss et les granites des Coteaux du Rhône (d'Oullins à Vienne, etc.), sur les grès houillers (à flore silicicole)
de la vallée du Gier! sur les schistes chloriteux (cornes
vertes) du bassin de l'Arbresle !. Voy. encore d'autres stations siliceuses, dans le Forez (où il est commun d'après
M. Lᴇɢʀᴀɴᴅ, *Stat.*, p. 241, sub *M. Magnolii*), granites de
Sail à Chalmazelle, au milieu des *Anarrhinum, Digitalis
purpurea, Senecio adonidifolius , Sarot. purgans* , etc.
(*S. b. L.* VIII, 121), — dans les Pyrénées, sur des gneiss,
mais peut-être mélangés de calcaire? (*id.* IX, 150), — dans
le Valais, granites de Gondo (*id.* X, 37), — et notre note
dans *S. b. L.* 1883, C. R. des séances, p. 151. Le *M. ciliata*
L. ou ses formes *glauca* F. Schultz, *Magnolii* G. God., de
notre région, est donc moins exclusif que Bᴏʀ., Gᴏᴅ.,
Sᴘᴇɴ., et M. Cᴏɴᴛᴇᴊᴇᴀɴ ne l'ont indiqué (1).

Le *M. uniflora* Retz, — **C** Gᴏᴅ., Cᴛᴊ., I, — est indiff. (cf. Cᴛᴊ. II).

Vulpia ciliata Link. — **C** Cᴛᴊ. — Alluvions des Coteaux du
Rhône.

Bromus squarrosus L. — **C** Lᴇᴄ., Cᴛᴊ. — Calcaires du Mont-
d'Or, du Bugey méridional ; alluvions des Coteaux du
Rhône.

Les *B. madritensis* L. (**C** Lᴇᴄ., indif. Cᴛᴊ.), *B. maximus* Desf., indif. Cᴛᴊ.
sont des espèces méridionales, remontant dans le Lyonnais, seulement sur les alluvions des Coteaux du Rhône.

B. asper L., — indiff. Cᴛᴊ., — alluvions anciennes des Coteaux
du Rhône; calcaires du Mont-d'Or et du Bugey: cf. aussi
dans le Jura (Mɪᴄʜ., *op. cit.* 325).

---

(1) Pour la dénomination de ces formes, voy. Rᴏᴜʏ et Mᴀʟɪɴᴠᴀᴜᴅ dans
S. b. Fr. XXVIII, 241 ; XXXII, 37, etc.

Triticum vulgare L., — **C** Cᴛᴊ., — préfère sols calcaires ; pour tous les agnonomes, le calcaire est favorable à la culture du Froment : cf. aussi Gʀɪsᴇʙᴀᴄʜ, I, 160.

Le *T. glaucum* Desf., **C** Lᴇᴄ., paraît aussi préférer les alluvions (calcaires) de notre région.
Les *Brachypodium pinnatum* P. de B., et *sylvaticum* R. et Sch., **C** Lᴇᴄ. sont indiff.; cf. Cᴛᴊ.

Ceterach officinarum Willd. — **CC** Cᴛᴊ. — Bien qu'il soit commun dans les fentes des murs et des rochers calcaires du Mont-d'Or et du Bugey, le Cétérach s'observe aussi fréquemment dans les gneiss et les granites des Coteaux du Rhône (de Lyon à Vienne, Millery, etc.), et des monts du Lyonnais (jusqu'à Violay !) ; voy. encore dans le Forez (Lᴇɢʀᴀɴᴅ, *op. cit.*), dans l'Ardèche, la Drôme, etc. (S. b. L. IX, 176 et 331 ; X, 46 ; XI, 112).

Polypodium calcareum Sm. — **CC** Lᴇᴄ., Cᴛᴊ., Sᴛ-L. *Cat.* 828. — Forme du *P. dryopteris* L. propre aux rochers calcaires du Mont-d'Or (rare) et du Bugey (commune) ; a été cependant vue dans les granites du Valais (S. b. L. X, 37).

Les *Aspidium Lonchitis* Sw. et *Botrychium Lunaria* Sw., **C** Cᴏʀʀ. 200, 201, sont indiff.: cf. Cᴛᴊ. et Bᴏɴɴ. *l. c.* 13; cependant l'*A. lonchitis* devient **C** exclusif dans les Alpes autrichiennes et les Carpathes septentrionales (*id.*).

Polystichum rigidum DC. — **C** Sᴛ-L. *Cat.* 831 ; Cᴏʀʀ. 201. — Rochers calcaires du Haut-Jura ; voy. encore Sᴛ-L. S. b. L. IX, 393.

Cystopteris montana Link. — **CC** Cᴛᴊ., Sᴛ-L. *Cat.* 832. — Forme du *C. fragilis* préférant les rochers calcaires dans le Haut-Bugey ; cf. S. b. L. IX, 393.

Asplenium viride Huds. — **CCC** Cᴛᴊ., Sᴛ-L. *Cat.* 833. — Rochers calcaires du Bugey ; cf. S. b. L. IX, 393 ; — observé cependant sur gneiss dans le Valais (S. b. L. X, 31).

A. Halleri DC. — **CC** Cᴛᴊ., Sᴛ-L. S. b. L. IX, 393. — Commun sur les rochers calcaires du Bugey, de l'île de Crémieux, etc. ; manque au Mont-d'Or ; — assez commun sur les gneiss et les granites des vallées du Lyonnais granitique ! ; observé aussi sur les rochers siliceux ou volcaniques dans le Forez, le Vivarais, le Plateau central, etc. : voy. Cᴀʀɪᴏᴛ, II, 870 ; Lᴇɢʀ. *Stat.* p. 252; Sᴛ-L. *Cat.* 833 ; Mᴀɢɴɪɴ, S. b. L. IX, 311, et 1883, C. R. des séances, p. 189 ; de plus, S. b. L. V, 114; IX, 174 ; X, 47 ; XI, 110, 112.

L'*A. Ruta-muraria* L., si commun sur tous les murs et tous les rochers de la
région, est donné comme **C** par Ctj. II, 128 ; il vient certainement
dans les rochers siliceux, voy. *S. b. L.* X, 47, etc.

L'*Adiantum Capillus-Veneris* L., — **C** Lec., indiff. Ctj., — vient exclusivement, dans notre région, sur les sols calcaires : pondingues à ciment et tuf calcaires du quai des Étroits, près Lyon ; grottes et rochers
calcaires de l'île de Crémieux, du Bugey méridionnal ! voy. aussi
St-L. *Cat.* 836. L'Adiante est aussi **C** dans le nord de l'Afrique : voy.
Davaud in *S. b. Fr.* XXIII, 18.

L'étude de la végétation silicicole du Lyonnais nous avait
prouvé déjà (voyez plus haut, p. 344) (1) que les espèces qui la
caractérisent sont *préférentes* dans un grand nombre de localités, et que leur présence dans les diverses parties de notre Flore
s'explique ordinairement par la composition chimique du sol ;
l'examen de l'énumération qui précède des plantes calcicoles
nous conduit à des résultats analogues.

D'abord, pour s'assurer que cette liste représente bien le
tableau de la végétation des sols calcaires, il suffit de la comparer soit avec les Flores des contrées exclusivement ou presque
entièrement calcaires, comme le Jura (Flores de Grenier, de
Michalet, etc.), soit avec les énumérations réunies dans Thurmann (*op. cit.*, I, p. 355, 358, 361, 366, 369, 374, 377, 380, 383 ;
II, p. 311, etc.), De Candolle (*Géogr. bot.*, I, p. 436), Lecoq
(*Etudes sur la Géog. bot. de l'Europe*, t. II, p. 61 à 66), Godron
(*Géogr. bot. de la Lorraine*, p. 162), Contejean (*Géogr. bot.*,
p. 135 à 140), etc., soit avec les comptes rendus d'herborisations
qui ont été publiés pour les localités calcaires suivantes :

Le Bugey, dans *S. b. L.* I, 45 ; II, 88, 96 ; III, 40, 116, 128 ;
VI, 189, 202 ; *S. b. Fr.* XXIII, p. civ, etc.

Le Dauphiné, dans *S. b. L.* I, 67 ; II, 102, 105, 123 ; V, 195 ;
VII, 219 ; VIII, 49, 249 ; XI, 115 ; — *S. b. Fr.* 1860, sess. de
Grenoble, p. 635 et suiv. ; XXI, 1876, sess. de Gap, p. xlvi,
lii, lxxvi, etc.

Le Vivarais, dans *S. b. L.* IX, 180, 186, 191, et seq. ; XI, 96 ;
— Le Rouergue, *id.* V, 223 ; — la Limagne, *id.* VI, 28 ; — la
Côte-d'Or, dans *S. b. Fr.* XXIX (1882), p. xciv, etc.

D'autre part, si nous comparons cette énumération avec les
listes des espèces caractéristiques des régions secondaires du

(1) *Ann. de la Soc. bot. de Lyon*, t. XII, p. 116.

Mont-d'Or, du Beaujolais calcaire et des Coteaux du Rhône (1),
— de même que nous avons constaté, pour la Flore silicicole,
entre les sables granitiques des monts du Lyonnais et les terres
compactes de la Dombes, une analogie remarquable, qu'on ne
peut mettre sur le compte des propriétés physiques du sol, — de
même, cette étude comparative prouvera l'analogie qui existe
entre la flore des calcaires, des marnes, des *terres compactes*
du Mont-d'Or, de l'île de Crémieux et du Bugey, et celle des
terrains meubles, des alluvions formant les Coteaux du Rhône
et de la Saône; on peut donc rattacher ces régions secondaires
à une même *Flore calcicole* et conclure de nouveau que l'influence de la composition chimique du sol y est aussi prépon-
dérante (2).

Variations de la Flore calcicole. — Nous ne pouvons, dans
ce travail, entreprendre l'étude comparative de la végétation
des différents sols calcaires, grès bigarrés, calcaire conchylien,
marnes irisées, calcaires et marnes du lias, calcaires à entroques
et de la grande oolithe qui constituent le Mont-d'Or et une partie du Beaujolais, — molasses, alluvions et lehm qui forment
les Coteaux du Rhône. Nous nous bornerons à indiquer les principales différences qu'on observe entre la végétation des terrains
récents des Coteaux et de la vallée du Rhône et celle des sols
jurassiques du Mont-d'Or, du Beaujolais, du Bugey et du Bas-
Dauphiné, lorsque ces différences pourront être rattachées à des
variations dans la composition ou la constitution du sol; nous
laisserons donc de côté les modifications de la Flore qu'on doit
rapporter à l'influence de l'exposition ou de l'altitude, ces dernières ayant été déjà étudiées dans une autre partie de ce
travail (3).

Les plantes calcicoles du Mont-d'Or, qu'on ne retrouve pas
dans les Coteaux du Rhône, sont en général des espèces des sols
dysgéogènes : en effet, nous y voyons figurer (voy. plus haut,
p. 148, 149) les *Acer opulifolium, A. Monspessulanum, Lonicera etrusca, Lavandula vera*, plantes méridionales qui trouve-
raient cependant dans l'exposition spéciale de la cotière méri-

---

(1) Voy. p. 127, 142, 149 du tirage à part, — p. 133, 148, 155 du t. X
des *Ann. de la Soc. bot. de Lyon.*
(2) Voy. pour les Mousses et les Lichens notre note de la page 344 du
tirage à part, — p. 116 du t. XII des *Ann. de la Soc. bot. de Lyon.*
(3) Tirage à part, p. 149 ; *Ann. Soc. bot. Lyon*, t. X, p. 155.

dionale de la Dombes des conditions climatologiques aussi favo
rables qu'au Mont-d'Or, mais qui préfèrent les rochers ou les sols
pierreux; c'est ce qui explique pourquoi on les voit reparaître
dans les rochers calcaires du Bugey méridional. Il en est de
même des jurassiques suivantes : *Cytisus Laburnum, Gentiana
cruciata, G. ciliata, Polypodium calcareum*, se rencontrant
dans le Mont-d'Or, mais manquant aux Coteaux; elles exigent
aussi un sol dysgéogène, comme on peut le voir dans THURMANN,
op. cit. II, 65, 159, 161, 273. Le *Chlora perfoliata* fait exception; cette hygrophile des sols eugéogènes (THURM. II, 158) croît
dans la région des Coteaux, (contrairement à ce que nous avons
dit plus haut, p. 149), non pas sur les alluvions anciennes ou le
lehm de la falaise, mais seulement sur les alluvions récentes des
bords du Rhône.

Ces alluvions renferment encore quelques espèces fort intéressantes parce que leur dispersion montre qu'elle est subordonnée non aux propriétés physiques, mais à la composition chimique du sol; nous y trouvons d'abord le *Teucrium montanum,*
plante commune dans les fentes des rochers calcaires du Bugey,
du Jura et donnée comme une *xérophile* préférant les roches
dysgéogènes par THURMANN (*op. cit.* II, 186); or, elle est très
fréquente dans les alluvions récentes du Rhône, alluvions calcaires, meubles, composées de sables, de graviers, souvent inondés et à végétation souvent hygrophile; le *T. montanum* y
croît du reste en société des *Erucastrum obtusangulum, E. Pollichii, Rapistrum rugosum, Euphorbia Gerardiana*, etc., considérées par Thurmann lui-même (*op. cit.* II, p. 31, 36, 202),
comme des *hygrophiles* préférant les sols *eugéogènes psammiques!* Thurmann a cependant reconnu que le *T. montanum*
pouvait se trouver parfois dans des stations psammiques, par
exemple, dans les *sables siliceux purs* de la plaine rhénane
(*op. cit.* I, 369; II, 186); nous citerons encore les *Helianthemum canum, Gypsophila saxifraga* (?), *Linum tenuifolium, Dianthus silvestris*, etc., plantes des sols dysgéogènes
pour Thurmann (*op. cit.*, p. 37, 43, 53, etc.), qui croissent aussi
dans ces mêmes alluvions; le *D. silvestris* se trouve non seulement dans les molasses de Sain-Fonds, où l'on pourrait alléguer
la présence de rognons argilo-calcaires, mais dans les alluvions de la Cotière, à Neyron, et dans les plaines de cailloux
roulés qui s'étendent sous Meyzieu et Jonage.

La fréquence des terrains meubles dans les Coteaux du Rhône explique aussi la présence dans leur végétation de beaucoup d'espèces psamophiles qu'on ne rencontre pas ou rarement dans le Mont-d'Or ; parmi celles qui sont absentes de cette dernière région, nous citerons : *Cistus salviæfolius* qui, bien que silicicole pour M. Contejean, est pour nous, comme pour M. Vallot, (voy. plus haut, p. 305), indifférente au moins à la composition chimique du sol ; *Orchis ruber*, qui vient aussi sur les terrains d'alluvions dans le midi de la France ; *Andropogon Gryllus, Artemisia camphorata, Crupina vulgaris, Chrysocoma*, etc. On pourrait y ajouter encore toute une catégorie d'espèces, qui, fréquentes sur les Coteaux du Rhône, sont, pour la même cause, rares dans le Mont-d'Or, comme *Helianthemum salicifolium, Euphrasia lutea, Thesium humifusum*, etc.; ces plantes sont, il est vrai, considérées comme dysgéogènes par THURMANN; mais il importe de remarquer que beaucoup des calcicoles caractéristiques de la région des Coteaux, et qui y croissent certainement dans des terrains meubles, sables tertiaires, mio-pliocènes, alluvions anciennes, etc., ont été indiquées par Thurmann comme propres aux *sols dysgéogènes* ; telles sont par exemple :

Thalictrum montanum, Helleborus fœtidus, Aquilegia vulgaris (un peu dysg.), Helianthemum œlandicum, Tunica saxifraga (dysg. ?), Dianthus carthusianorum, D. silvestris, Saponaria ocymoides (molasses), Linum tenuifolium (?), Geranium sanguineum, Trifolium rubens, Coronilla Emerus, C. minima (?), Hippocrepis comosa, Cerasus Mahaleb, Bupleurum falcatum, Seseli montanum (?), Chrysocoma linosyris (?), Aster Amellus, Inula salicina, I. conyza, Cynanchum vincetoxicum, Lithospermum purpureocœruleum, Euphrasia lutea, Melittis melissophyllum, Stachys recta, Brunella alba (cepᵗ. psam.), Teucrium Chamædrys, T. montanum, Euphorbia amygdaloides, Quercus pubescens, Orchis militaris, O. fuscus, O. Simia, O. ustulatus, O. conopeus, O. odoratissimus, Ophrys muscifera, O. arachnites, O. apifera, O. anthropophora, Epipactis lancifolia, E. rubra, Limodorum abortivum, Ruscus (?), Tamus (?), Phalangium Liliago, Carex humilis, C. gynobasis, C. digitata, C. ornithopoda, Melica ciliata (?), etc. (1).

Or, la présence certaine de ces espèces dans les terrains

---

(1) Les espèces suivies d'un (?) sont celles qui sont indiquées dubitativement par Thurmann comme exigeant des roches dysgéogènes.

meubles des Coteaux du Rhône constituent un fait absolument
contraire à l'interprétation de Thurmann.

Remarquons cependant que la composition des terrains des
Coteaux est extrêmement variable aussi bien au point de vue
physique qu'au point de vue chimique : les argiles de l'horizon
des sources (voy. plus haut, p. 77, 86), les poudingues du conglomérat, le lehm argileux, se comportent comme des sols dysgéogènes, mais il est rare qu'ils constituent exclusivement le
sol superficiel (1); presque toujours, même au niveau de leurs
affleurements, le sol dans lequel croissent les plantes de l'énumération précédente est véritablement un *terrain mixte*, silicéo-
calcaire, qui n'a pas les caractères physiques des sols provenant
de la décomposition des roches calcaires jurassiques. Au surplus,
si on insistait sur la possibilité d'une telle modification du sol
au niveau même des racines des plantes en question, on pourrait répondre en empruntant à Thurmann l'argument dont il
s'est servi pour combattre l'explication de la présence de certaines calcicoles dans des roches siliceuses renfermant de petites
quantités de calcaires : « Si, dit-il (*op. cit.* II, 310), pour justifier la préférence des calcaréophiles ou des siliciphiles, il suffit
de quelques atomes de calcaire ou de silice, on peut demander
où il faudra s'arrêter, car il est évident que l'on aura dès lors
une interprétation toujours commode et toujours favorable,
analogue à la providence facile de certains historiens qui tantôt
éprouve le juste, tantôt punit le méchant. » Mais nous ne pouvons nous satisfaire de raisons de cette nature, et nous croyons
qu'il vaut mieux admettre les faits tels qu'ils sont, reconnaître,
par conséquent, que la présence des calcicoles dans certaines
roches siliceuses peut être expliquée par l'existence d'un peu de
calcaire, et que les propriétés physiques de certains sols calcaires meubles peuvent être localement modifiées par l'introduction de parties ténues calcaires ou argileuses.

Contrastes en petit. — La particularité la plus intéressante de la végétation des Coteaux du Rhône est la présence
d'espèces silicicoles au milieu des calcicoles caractéristiques ;

---

(1) De même pour les alluvions récentes du Rhône, formées de lits de
cailloux, de graviers, de sable, de limon argileux, plus ou moins enche-
vêtrés.

cette exception apparente aux conclusions que nous avons adoptées demande à être examinée de près, conjointement avec les faits analogues qu'on peut observer dans les autres sous-régions calcaires; car on sait l'importance que les partisans de la prépondérance de l'influence physique leur ont attribuée, pour combattre l'hypothèse contraire.

Ces *contrastes en petit* ont été, en effet, signalés dans la plupart des contrées calcaires; nous en avons relevé de nombreux exemples dans les régions des Coteaux du Rhône, du Mont-d'Or et du Beaujolais calcaire, enfin dans le Bugey et le Jura; nous examinerons de plus, à titre de comparaison, ceux qui ont été observés par les phytostaticiens, particulièrement dans le reste du Jura, le Doubs et le Dauphiné.

A. Dans les *Coteaux du Rhône*, nous rappelons seulement pour mémoire les contrastes produits par les affleurements de granites et de gneiss, couverts de la flore silicicole normale du Lyonnais, et qui apparaissent au pourtour ou dans les échancrures des coteaux de la rive droite du Rhône, à partir et au-dessous de Lyon. Ce qui surprend davantage le botaniste, c'est de voir, dans beaucoup de points de ces coteaux, sur le lehm, les alluvions anciennes ou les sables pliocènes et miocènes, au milieu des *Helianthemum, Emerus, Coronilla minima, Globularia, Convolvulus cantabricus, Odontites lutea, Teucrium Chamædrys*, des *Orchidées* et des autres espèces calcicoles habituelles, les *Sarothamnus, Jasione, Calluna, Pteris* et quelquefois même le Châtaignier, les *Teesdalia, Arnoseris, Anarrhinum*, etc.

Voici du reste l'énumération de la plupart des espèces silicicoles qu'on peut rencontrer dans la région calcaire des Coteaux:

Ranunculus philonotis, R. chærophyllos, R. cyclophyllus (?), Myosurus minimus, Anemone rubra (?), Papaver argemone, Sinapis Cheiranthus, Teesdalia nudicaulis, Helianthemum guttatum, Viola segetalis, Dianthus Armeria, D. prolifer, Gypsophila muralis, Silene gallica (?), S. conica, Spergula arvensis, Sp. rubra, Sp. segetalis, Sagina pentandra, Malva moschata, Hypericum humifusum, Sarothamnus scoparius, Trifolium arvense, T. subterraneum, Ornithopus perpusillus, Vicia lathyroides, Potentilla Tormentilla, Cerasus Padus, Corrigiola littoralis, Filago minima, Hieracium umbellatum, Thrincia hirta, Arnoseris minima, Hypochœris radicata, Andryala sinuata, Jasione montana,

Calluna vulgaris, Myosotis versicolor, Anarrhinum bellidifolium, Veronica verna, V. acinifolia, V. præcox, Rumex acetosella, Castanea vulgaris, Betula alba, Luzula maxima, Corynephorus canescens, Aira caryophyllea, A. præcox, A. elegans, Mibora verna, Vulpia pseudomyuros, Festuca heterophylla, Pteris aquilina.

Il faut observer que les plus adhérentes d'entre elles, les *Myosurus, Teesdalia, Hypericum, Ornithopus, Corrigiola, Arnoseris, Myosotis versicolor, Anarrhinum*, etc., sont très rares et ne se trouvent que dans quelques points sableux des alluvions glaciaires.

L'explication de la présence des ces silicicoles est bien simple : toujours ces espèces croissent dans un terrain spécial, accidentellement siliceux, lehm épuisé, parties des alluvions glaciaires riches en cailloux alpins (diorites, quartzites, etc.), et toutes les fois qu'on a fait l'analyse du sol, toujours on a constaté l'absence du calcaire ou la très faible proportion du carbonate de chaux (voy. précédemment p. 80, 81, 83, 87, 94, 98, 103, 104, et surtout 295, 296 et 297) (1).

Les poudingues des alluvions anciennes nous ont offert un curieux exemple de contraste en petit, donné par les Mousses et les Lichens, et déjà signalé par nous il y a quelques années(2) : Nous rappellerons seulement que sur les galets siliceux de ces poudingues (quartzites, etc.) croissent les silicicoles suivantes : *Lecidea geographica, L. obscurata, Aspicilia gibbosa, Parmelia prolixa*, etc.; tandis que les cailloux et le ciment calcaires supportent : *Lecanora galactina, L. pruinosa, L. scruposa, L. calcarea, Verrucaria calciseda, Pannaria nigra, Collema melænum, Barbula membranifolia* et les tufs : *Trichostomum tophaceum, Eucladium verticillatum, Hypnum commutatum*, etc., toutes caractéristiques des sols calcaires. Ce contraste qu'on peut observer sur quelques décimètres carrés de surface seulement est des plus instructifs.

---

(1) Ces pages du tirage à part correspondent aux pages suivantes des *Ann. de la Soc. bot. de Lyon*, t. IX, 228, 229, 231, 235, 242, 247, 251, 252 et surtout t. XII, p. 67, 68 et 69. — Nous avons signalé, la première fois, ces *contrastes en petit* des Coteaux du Rhône et des Balmes-viennoises dans nos *Recherches sur la Géogr. bot. du Lyonnais*, 1879, p. 151 et 152. M. VALLOT s'est appuyé sur nos observations dans son remarquable travail, *Rech. physico-chimiq.*, p. 220.

(2) *Rech. sur la Géogr. bot.*, 1879, p. 153 et plus développé dans *Ann. Soc. bot. Lyon*, 1883, C. R. des séances, p. 59 ; voy. nos *Fragm. lichen.*, III, p. 5.

B. La végétation des régions jurassiques du *Mont-d'Or* et du *Beaujolais calcaire* présente aussi de ces contrastes locaux sur lesquels nous avons déjà appelé l'attention (1).

Dans le Mont-d'Or, on les observe sur les couches calcaréosiliceuses du trias, du lias, du calcaire à bryozoaires et du ciret.

La flore des grès triasiques est du reste tout à fait celle des granites et des gneiss du Lyonnais: c'est ainsi qu'on voit sur ce terrain, tout autour du Mont-d'Or jurassique et jusque sous le sommet du Mont-Verdun :

Hypericum pulchrum, Spergula pentandra, Orobus tuberosus, Sarothamnus, Genista germanica, Potentilla Tormentilla, Myosotis versicolor, M. Balbisiana, Veronica montana, V. officinalis, Teucrium scorodonia, Calluna vulgaris, Rumex acetosella, Castanea vulgaris, Pinus silvestris, Luzula maxima, L. multiflora, Aira flexuosa, Danthonia decumbens, Pteris aquilina, Polytrichum commune et autres Mousses et Lichens caractéristiques.

Cette végétation forme avec celle des calcaires jurassiques du même massif un contraste en grand, remarquable, analogue à celui que Thurmann avait déjà signalé dans son ouvrage (*Phyt.* I, p. 243), mais sans le rapporter à sa véritable cause, puisqu'il l'indiquait entre les roches calcaires et les *collines cristallines du Mont-d'Or lyonnais ;* le paragraphe que Thurmann consacre à ce fait de phytostatique renferme d'autre part de telles inexactitudes que nous croyons devoir le reproduire et l'examiner avec quelques détails.

« Des faits analogues (aux contrastes signalés dans la Côte-d'Or), dit-il, paraissent se reproduire d'une manière tout à fait semblable aux environs de Lyon, du moins à en juger par un dépouillement attentif de la Flore de Balbis. Ainsi, en comparant la végétation du Mont-Ceindre (416^m) formé de rochers calcaires, avec un district pareil de collines cristallines du même niveau prises dans le Mont-d'Or lyonnais, je ne doute pas que l'on n'y trouve les oppositions signalées ailleurs. On verra, sur les premières, abonder nos espèces jurassiques moyennes, et manquer ou être rares les espèces des sols sablonneux, tandis que sur les secondes on retrouvera, dans leurs parties sèches, avec ces mêmes espèces moyennes,

---

(1) Voy. plus haut, p. 49 et 61 ; *A. S. bot. de Lyon*, t. VIII, p. 305; t. IX, p. 209 ; — nos *Rech. sur la Géogr. bot.*, 1879, p. 146 à 148.

peut-être moins abondantes, une diversité notable de plantes psammiques. Parmi les espèces calcaires on remarquera, par exemple, les *Buxus, Helleborus, Aronia, Bupleurum, Cynanchum, Melittis, Orchis, Ophrys, Anthericum, Veronica prostrata, Prunella grandiflora, Calamintha officinalis, Stachys recta, Teucrium chamædrys, Carex humilis, C. gynobasis, Melica ciliata, Festuca glauca*, etc.; et parmi les psammiques : *Hypericum pulchrum, Stellaria holostea, Sarothamnus, Orobus tuberosus, Scleranthus perennis, Saxifraga granulata, Artemisia campestris, Senecio silvaticus, Filago minima, Jasione, Galeopsis ochroleuca, Digitalis purpurea, Betula, Castanea, Triodia, Aira flexuosa, Avena caryophyllea, Corynephorus, Bromus tectorum, Asplenium septentrionale*, etc. »

Les botanistes lyonnais savent que les *Helleborus, Cynanchum, Melittis, Teucrium Chamædrys, Melica glauca, Festuca glauca*, etc., ne sont pas aussi contrastants que Thurmann, malgré les réserves exprimées, le croyait pour le Mont-d'Or, puisqu'on les trouve aussi sur les gneiss qui entourent la base de ce massif; de même nous verrons dans un moment que les *Sarothamnus, Jasione, Betula, Castanea, Triodia*, etc., se rencontrent, accidentellement, il est vrai, sur les roches calcaires mêmes du Mont-d'Or; quant au *Digitalis purpurea*, il n'existe pas dans ce massif; enfin, les *Stellaria holostea, Saxifraga granulata, Artemisia campestris, Bromus tectorum*, etc., si fréquents dans nos Coteaux ou dans le Mont-d'Or calcaires, ne peuvent certainement pas être indiqués comme contrastants dans notre région. Ces inexactitudes s'expliquent du reste par ce fait que Thurmann n'a connu la végétation de cette contrée que par le « dépouillement attentif de la Flore de Balbis »; il a eu raison d'ajouter : « c'est aux observateurs locaux à vérifier ce qui précède. »

Ces mêmes grès bigarrés produisent un contraste en petit, à l'intérieur même de la chaîne du Mont-d'Or, sur une bande étroite qui descend entre le Mont-Verdun et le Mont-Toux, dans la partie supérieure du vallon de Poleymieux; cette bande est recouverte par les silicicoles indiquées plus haut; on y remarque notamment des Pins, des Bouleaux et des Châtaigniers, qui ne croissent pas sur les calcaires purs voisins.

Mais c'est dans les couches du bajocien que ces contrastes sont les plus importants à constater, à cause de la nature généralement calcaire de ces roches.

Le premier exemple nous est fourni par les *charveyrons* du calcaire à entroques, sortes de rognons très siliceux qui, amassés le long des chemins et sur le bord des champs, perdent, par suite d'une longue exposition à l'air, le carbonate de chaux qu'ils contenaient, deviennent de véritables silex épuisés, sur lesquels on peut observer la Bruyère, le Genêt-à-Balai, le *Danthonia decumbens*, etc.

De même, la zone supérieure de cet étage, ou *calcaire à bryozoaires*, renfermant de nombreux fossiles siliceux, dessine à la surface du Mont-d'Or, surtout entre le Mont-Toux et le Mont-Cindre, au sommet des vallons de Chatanay et de Saint-Romain, une bande sinueuse étroite, reconnaissable de loin aux Châtaigniers qui la recouvrent.

La couche supérieure du Bajocien, calcaire à *Ammonites Parkinsoni* ou Ciret, est aussi fortement siliceuse ; il n'est donc pas étonnant d'y trouver, par exemple, au sommet des carrières de Couzon, au milieu des plantes calcicoles, telles que *Buxus sempervirens, Coronilla Emerus, Aster amellus, Vincetoxicum*, etc., des espèces silicicoles, comme les Bruyères, le Genêt-à-Balai, les *Danthonia decumbens, Deschampsia flexuosa, Potentilla Tormentilla, Festuca heterophylla, Pteris aquilina* et les *Trifolium arvense, Rumex acetosella*, etc., surtout dans les parties devenues exclusivement siliceuses par l'entraînement du calcaire.

Tous ces terrains sont manifestement siliceux, ainsi que le montrent les analyses données dans le chapitre spécial consacré à cette question (voy. plus haut, p. 286, 287) (1).

Dans le *Beaujolais calcaire*, les mêmes formations donnent probablement naissance aux mêmes contrastes ; comme nous n'avons pas d'observations suffisantes sur ce sujet, nous signalerons seulement les modifications que fait subir à la végétation calcicole de cette contrée la présence des terrains de transport locaux, glaciaire de l'Azergue et de la Brevenne, dont les lambeaux sont plaqués sur les couches calcaires du plateau d'Oncin et des collines d'Alix et de la Chassagne. La composition exclusivement siliceuse de ce terrain (voy. précédemment p. 49 et 293) (2) explique pourquoi on peut rencontrer dans ces contrées

(1) *Ann. Soc. bot. Lyon*, XII, 58, 59.
(2) *Id.*, VIII, p. 305 ; XII, p. 65. — Voy. encore pour les terr. glaciaires des vallées de l'Azergue, FALSAN dans *Ann. Soc. d'agric. de Lyon*, t. X, 1877, p. 275, 276, 309, etc.

calcaires les Sarothamnes, les Genêts, le Châtaignier, le Bouleau, les Pins, les *Ulex europæus* et *U. nanus, Illecebrum verticillatum, Trifolium arvense, Potentilla Tormentilla, Calluna vulgaris, Rumex acetosella, Pteris*, etc., et des prairies humides à *Sagina erecta, Cicendia filiformis, Erythræa ramosissima, Ophioglossum*.

C. Les chaînes calcaires du *Jura* renferment, en beaucoup de points, des stations accidentelles de plantes silicicoles, véritables contrastes en petit, qui ont été du reste relevés depuis longtemps par les adversaires de la théorie chimique; disons de suite qu'un examen plus attentif de la nature du sol de ces stations a montré que, loin d'être un argument défavorable, la présence de ces plantes silicicoles était au contraire une des preuves les plus convaincantes de l'influence chimique du sol.

Ces contrastes en petit se rencontrent pour le Jura et le Dauphiné, et particulièrement pour le Bugey, que nous devons étudier spécialement, sur des sols de nature très variable.

Nous les rapportons aux trois groupes suivants:

1º Terrains de transport siliceux superposés aux couches calcaires de la région;

2e Couches siliceuses subordonnées dans les étages calcaires;

3e Terres siliceuses superficielles provenant de la décomposition et de l'épuisement des couches calcaréo-siliceuses sous-jacentes.

1º Les *terrains de transport siliceux*, provenant des dépôts glaciaires (erratique alpin), sont extrêmement fréquents dans le Jura, le Bugey et le Dauphiné, comme l'ont montré les recherches de MM. Benoit, Falsan et Lory (1); ils forment, dans le Bugey particulièrement, de nombreux placages sur le flanc des collines du Revermont, du Bas-Bugey, du bassin de Belley, du pays de Gex, etc., — de puissantes moraines dans les vallées, les cluses, et jusque dans le Valromey; leurs traces, surtout sous la forme de *blocs erratiques*, s'observent jusqu'à l'altitude *maxima* de 1,000 à 1,200 mètres sur les chaînes du Molard-de-Don, du Grand-Colombier, etc.

---

(1) BENOIT. Nombr. communications dans *Bull. Soc. géolog. de France*, 2me série, t. XV (1858) et seq.; principalement t. XX (1863), p. 321 et t. XXII (1865), p. 300; — FALSAN et CHANTRE, *Catal. des blocs erratiques...* dans *Ann. Soc. d'agr. de Lyon*, t. VII (1874), passim; t. X (1877); t. I, (1878, 5e série), p. 757, 771, 777-780, 805-845; LORY, *Descript. géol. du Dauphiné*, 1860-1864, p. 667, etc.; *Soc. de Stat. de l'Isère*, 3e série., t. II (1871), p. 462.

Ces blocs erratiques ont une végétation tout à fait contrastante avec celle des rochers calcaires sur lesquels ils reposent (1); on les voit recouverts en effet de nombreux Lichens silicicoles, tels que *Alectoria chalybæiformis, Gyrophora, Parmelia conspersa, Lecanora sordida, Lecidea fumosa* (2), et particulièrement le *Lecidea geographica;* on y a aussi observé, mais plus rarement, les *Asplenium septentrionale* et *Breynii.*

Les moraines ou les placages de boue glaciaire se révèlent immédiatement par la présence des Châtaigniers, des Tormentilles, *Trifolium arvense, Rumex acetosella, Pteris aquilina,* etc., suivant que le sol est cultivé ou inculte. C'est sur ce terrain que croissent souvent les *Thlaspi silvestre, Polygala depressa, Trifolium aureum, Arnica montana, Scorzonera humilis, Luzula albida, Nardus stricta,* etc., signalés exceptionnellement dans le Bugey (3).

La boue glaciaire provoque enfin, dans certaines conditions, la formation de marais tourbeux, à flore silicicole, dont nous étudierons plus bas les particularités.

Ajoutons, au point de vue historique, que l'influence des terrains de transport siliceux, diluvium, etc., sur la composition du sol superficiel et la nature du tapis végétal, a été signalée depuis longtemps : ainsi que nous l'avons déjà rappelé à propos de la composition chimique des terrains (4), SAUVANEAU concluait déjà de ses nombreuses recherches que « le sol végétal dépourvu de carbonate de chaux observé par lui dans le Bugey provenait d'un dépôt laissé par les eaux diluviennes (5) »; plus loin, il signale ce diluvium pur, sans carbonate de chaux, à Saint-Rambert, Evosges, Hostiaz, Hauteville, Ordonnaz, Le Colombier, etc. (6). THURMANN, quelques années plus tard, appelle

(1) Ce contraste n'avait pas échappé à THURMANN : voy. *Phyt.*, t. I, p. 423, 424, 425 ; t. II, p. 301 ; — MAGNIN, *Stat. bot. de l'Ain*, p. 35.
(2) Voy., comme comparaison, la végétation lichénique des blocs erratiques cristallins du Salève, dans MULLER, *Princ. de classif. des Lichens...*, 1862, passim : *Alectoria chalybæiformis, Ramalina pollinaria rupestris, Gyrophora polyphylla, G. flocculosa, G. cylindrica, G. hirsuta, G. pellita, Umbilicaria pustulata, Parmelia conspersa, P. dendritica, P. stygia, Physcia cæsia, Lecanora sulphurea, L. cenisia, L. sordida, Lecidea Kochiana, L. grisella, fumosa, L. privigna, Rhizocarpum atroalbum, Rh. geographicum,* etc.
(3) Voy. SAINT-LAGER dans *A. S. bot. Lyon*, V, 180 ; VI, 47 ; — MAGNIN, *Stat.*, p. 34, 41, 44, 53.
(4) Tirage à part, p. 287 ; *A. S. bot. Lyon*, t. XII, p. 59.
(5) *Ann. de la Soc. d'agr. de Lyon*, 1845, t. VIII, p. 424.
(6) *Id.*, p. 428.

l'attention sur ce même « fait qui se reproduit fréquemment et pourrait donner lieu à des objections ultérieures » (1) ; il reconnaît très justement que « tel plateau portlandien est souvent recouvert d'un lit peu puissant de diluvium ou de boue glaciaire qui donne pied à une végétation toute autre que celle à laquelle conviendrait la base calcaire compacte sans cette interposition...» Aussi n'est-ce pas sans étonnement qu'on le voit quelques lignes plus loin avancer (p. 97) que : « ces erreurs diminuent beaucoup d'importance quand il s'agit d'observations sur l'ensemble de terrains occupant de vastes étendues, relativement auxquelles les parties *négligées* ne jouent qu'un rôle peu considérable, ce qui est le cas pour la plupart des chaînes de montagnes. Dès lors, ces faits exceptionnels, bien que pouvant modifier la flore par l'adjonction de certaines espèces, ne sauraient altérer la manière d'être générale de la végétation. » Pour montrer le peu de justesse de ce raisonnement, il suffit de faire observer que « ces parties *négligées* » par Thurmann ne sont, à cause de leur fréquence, nullement *négligeables* et que « ces espèces dont l'adjonction modifie exceptionnellement la flore » sont justement celles dont on invoque la présence comme le plus puissant argument défavorable à l'hypothèse de l'influence minéralogique.

Du reste, presque tous les autres phytostaticiens ont, au contraire et avec raison, attribué à la composition chimique spéciale de ces terrains de transport l'apparition des espèces silicicoles dans les régions calcaires. Nous citerons particulièrement : DESMOULINS (2) constatant que le Châtaignier croissait sur un manteau de molasse recouvrant la craie, dans le Périgord ; PUEL (3) : même arbre et *Arnica* observés sur les terrains de transport siliceux du Lot ; CHATIN (4) : Châtaignier dans le diluvium siliceux de l'Isère ; SAINT-LAGER (5) : *Arnica, Nardus stricta, Tormentilla*, etc., dans le terrain glaciaire du Bugey ; GUIGNIER (6) : plusieurs espèces silicicoles dans les terrains de

---

(1) *Phytostatique*, t. I, p. 96.
(2) *Examen des causes qui paraissent influer sur la végétation...* Caen, 1847.
(3) *Bull. de la Soc. bot. de France*, I, 1854, p. 360 et aussi : V, 1858 (Etudes sur la Géogr. bot. de la France).
(4) *Bull. de la Soc. bot. de France*, 1870, XVII, p. 190.
(5) *Ann. de la Soc. bot. de Lyon*, 1877, V, 180 ; VI, 47 ; — cité dans CONTEJEAN, *Géogr. bot.*, p. 21 ; VALLOT, *Rech.* p. 185.
(6) *Bull. Soc. bot. France*, 1879, XXVI, p. 173.

transport de l'Isère ; Contejean (1) : plantes silicicoles dans les argiles diluviennes du Doubs ; enfin Vallot (*op. cit.*, 1883, passim, p. 171 à 221) et nos propres observations dans les départements de l'Ain et du Jura (2).

2° On observe fréquemment des bancs plus ou moins siliceux dans les étages en général calcaires des terrains jurassiques et crétacés ; quelquefois même, certains étages de ces formations sont presqu'entièrement calcaréo-siliceux. Parmi ceux de ces terrains qui ont une influence manifeste sur la végétation, nous mentionnerons d'abord les grès du trias et de l'infrà-lias, les couches à bryozoaires et le Ciret du bajocien que nous avons déjà étudiés à ce point de vue, à propos du Mont-d'Or lyonnais (3), puis l'oxfordien à chailles, les grès verts et les couches à silex du crétacé, les terrains sidérolithiques, etc., qui demandent quelques mots d'examen.

Michalet (4) avait déjà signalé, pour le Jura, l'influence des « marnes oxfordiennes qui renferment quelquefois une notable quantité de silice et les dépôts sableux du néocomien qui admettent une végétation plus hygrophile » que celle des sols calcaires compacts ; il se bornait à ces vagues renseignements. C'est Grenier qui, croyons-nous, a insisté le premier sur les modifications que la végétation éprouve au niveau des *chailles de l'oxfordien supérieur* (5) et qui les a attribuées à leur composition chimique spéciale ; ce botaniste explique en effet, par la rareté du carbonate de chaux dans ce terrain, la présence dans les bois de Chalezeule, près de Besançon, et dans plusieurs autres localités du Doubs, des espèces suivantes à appétence silicicole plus ou moins marquée : *Pteris aquilina, Orobus tu-*

(1) *Géogr. botan.*, 1881, p. 21.
(2) *Stat. bot. de l'Ain*, 1883, p. 34, 35, 40, 41, 42, 43, 53.
(3) Tirage à part, p. 407; *A. S. bot. Lyon*, XII, p. 179. Nous manquons de renseignements précis sur les modifications que ces couches peuvent produire dans la végétation du Bugey où elles sont, du reste, peu développées ; il paraît en être de même dans le Jura septentrional d'après Grenier (*Flore jur.*, préface p. 7 et 8; *Mém. Soc. d'Emul. du Doubs*, 1875, p. 371 et 372) : « il me serait impossible, dit il, de citer un coin du Jura où l'influence de ces couches se soit fait sentir sur la végétation d'une manière appréciable. »
(4) Botanique du Jura, 1864, p. 21.
(5) Grenier rapportait ce terrain au corallien inférieur (cf. Résal, *Carte géol. du Doubs)* ; mais comme M. Choffat l'a montré (*Soc. d'Emul. du Doubs*, 1878, p. 117, 119, 148), on a donné ce nom de terrain à chailles à diverses couches de l'oxfordien, du corallien, etc. Les chailles du bois de Chalezeule sont actuellement rapportées à l'oxfordien supérieur; cf. Bertrand, *Cart. géolog.*, feuille de Besançon.

berosus, Luzula albida (1). Nous avons été à même de vérifier tout récemment l'exactitude de ces faits et de leur interprétation (2).

M. SAINT-LAGER attribue aussi aux chailles de l'oxfordien la présence de plusieurs espèces silicicoles dans le Bugey et le Jura (3). Les géologues indiquent en effet ces couches à chailles de l'oxfordien et du corallien dans plusieurs localités de ces régions (4).

Enfin, M. RENAULD vient de publier des observations analogues, très précises, pour l'oxfordien de la Haute-Saône (5). Les parties supérieures de ce terrain y contiennent aussi des chailles et donnent un sol en partie argilo-calcaire, le plus souvent argilo-siliceux, à végétation nettement silicicole, comme le montrent les espèces suivantes : *Sagina apetala, S. procumbens, Gypsophila muralis, Spergula arvensis, Sp. rubra,* etc. dans les champs, *Calluna vulgaris, Molinia cærulea, Luzula albida, Betula alba, Pteris aquilina* dans les bois, et plus rarement : *Hypericum pulchrum, H. humifusum, Polygala depressa,* et même *Sarothamnus scoparius, Ulex europæus,* ainsi que de nombreuses Mousses silicicoles.

Les grès verts du néocomien ont été indiqués, dubitativement d'abord par Grenier (6), puis avec certitude par M. Saint-Lager (7) comme le substratum sur lequel croissait l'*Arnica montana* dans le Jura et le massif de la Grande-Chartreuse. Je rappelle, à l'appui, une observation analogue de M. HOLLANDE

---

(1) *Revue de la Flore du Jura* dans *Flore jurassique,* 1875, préface, p. 9, et *Mém. Soc. d'émul. du Doubs,* 1874, t. IX, p. 373.

(2) Le bois de Chalezeules renferme encore d'autres espèces plus ou moins silicicoles, telles que *Lysimachia nemorum, Veronica montana, Maianthemum bifolium,* de nombreuses Mousses (*Dicranum, Polytrichum,* etc.) que nous voyons reparaître dans d'autres couches siliceuses des régions calcaires.

(3) *Ann. Soc. bot. Lyon,* 1875, t. III, p. 83; 1877, t. V, p. 179. — C'est aussi dans des couches silicifiées des strates jurassiques que M. Saint-Lager explique la présence des *Sarothamnus, Calluna, Betula* observés par Thurmann dans l'Alb wurtembergeois.

(4) Voy. CHOFFAT, op. cit.. p. 157, 158.

(5) RENAULD, *Catal. rais. des plantes vascul. et des Mousses de la Haute-Saône,* 1883, p. 54-56 ; dans un appendice, p. 361, M. Renauld revient sur cette végétation silicicole des chailles oxfordiennes, si contrastante « qu'elle peut servir aux géologues pour la délimitation des affleurements oxfordiens dont elle décèle immédiatement les moindres lambeaux. »

(6) *Op. cit.,* p. 11 ; *Soc. d'émul. du Doubs,* 1874, p. 375.

(7) *Ann. Soc. bot. Lyon,* 1877, t. V, p. 180 ; cité aussi dans Contejean, *Géogr. bot.,* p. 21.

concernant l'*Agrostis rupestris*; cette espèce silicicole, qu'on a signalée dans la partie calcaire de la Haute-Savoie, y croît certainement sur le gault (1).

C'est aussi par la présence de couches siliceuses dans les terrains néocomiens ou crétacés que M. SAINT-LAGER a expliqué l'existence de plusieurs plantes silicicoles au Mont-Ventoux et au Mont-Méri (en Savoie), invoquée par M. Alphonse de Candolle comme un fait contraire à la prépondérance de l'influence chimique (2). Les silex de la craie peuvent, en s'accumulant à la surface du sol, former un substratum favorable à la croissance des espèces silicicoles, ainsi que M. Saint-Lager l'a fait remarquer pour les Digitales pourprées indiquées dans les calcaires crétacés (à silex) de l'Oise, de la Somme et de l'Angleterre (3), et comme M. GRANDEAU l'a observé sur le plateau d'Othe, près de Troyes, pour le Pin maritime (4).

Enfin, les dépôts sidérolithiques ont été mis en cause par M. Saint-Lager, d'abord pour le Bugey et le Jura (5), puis concurremment avec les couches silicifiées du jurassique supérieur pour l'Alb du Wurtemberg, où Thurmann avait signalé les *Betula alba*, *Luzula albida*, *Arnica montana*, *Sarothamnus scoparius*, *Digitalis purpurea* (6). Comme autres exemples, voyez encore CONTEJEAN, *Géogr. bot.*, p. 23; VALLOT, *Rech.*, p. 183, 185, etc. Ajoutons que ces dépôts ont été quelquefois confondus avec d'autres terrains siliceux, les dépôts glaciaires et les sols superficiellement siliceux dont nous parlons plus bas.

Nous terminerons ce paragraphe par quelques mots sur les gypses et les dolomies, dont la végétation présente certaines particularités intéressantes.

Les gypses nous paraissent pouvoir admettre des espèces silicicoles : c'est aussi le sentiment du Dr Saint-Lager : « La Flore des collines gypseuses, dit-il, qui dans le Valais et dans

---

(1) *Revue savoisienne*, 1881, p. 31.
(2) Voy. DE CANDOLLE, *Géogr. bot.*, 1855, t. I, p. 422; ST-LAGER, *Ann. Soc. bot. Lyon*, 1875, t. III, p. 84.
(3) *Ann. Soc. bot. Lyon*, t. III, p. 86.
(4) *Ann. de chimie*, 1873, t. XXIX ; cf. MEUGY, *Leçons élément. de Géologie...* 1871, p. 97.
(5) *Ann. Soc. bot. Lyon*, 1875, t. III, p. 86; et nos *Rech.*, 1879, p. 159.
(6) Voy. sur cette question : THURMANN, *Phyt.*, 1847, t. I, p. 235; ST-LAGER, *S. b. L.*, 1875, III, 85, et 1876, IV, 133; CONTEJEAN, *C. R. Ac. sc.*, 1878, t. LXXXVI, p. 500; *Géogr. bot.*, 1881, p. 18 et 23; MAGNIN, *Rech.*, 1879, p. 157 à 159.

la Savoie occupent une grande partie du territoire, n'offre pas
une ressemblance complète avec celle des terrains véritablement
calcaires; elle paraît se rapprocher davantage des terrains gra-
veleux à composition chimique mixte (1) » Ces terrains à peine
représentés dans le Jura, surtout méridional, n'y ont pas d'influence sur la végétation ; mais nous pouvons citer, comme faits
analogues, la présence des *Epilobium collinum*, *Spergularia
rubra*, *Rumex acetosella*, *Vulpia pseudomyuros*, *Thrincia
hirta*, constatée par M. Viviand-Morel, sur les plâtras de l'usine
Coignet, près Lyon, plâtras composés de 95 0/0 de sulfate de
chaux et 5 0/0 de biphosphate calcique (2).

La question de l'influence des *dolomies* sur la végétation
est plus complexe : on voit, en effet, les phytostaticiens les invoquer comme la cause de contrastes, tantôt dans les régions
calcaires, tantôt dans les régions siliceuses.

D'abord, la végétation dolomitique est, dans son ensemble,
éminemment calcicole; même les plantes données par M.
Planchon, comme caractéristiques des dolomies, sont des
espèces préférant les sols calcaires : il indique en effet comme
plantes *dolomiticoles*, les *Æthionema*, *Kernera*, *Daphne
alpina*, *Potentilla caulescens*, *Hieracium amplexicaule*, *H.
saxatile*, *Erinus*, *Rhamnus alpina*, *Draba aizoides*, *Athamanta cretensis*, etc. (3), toutes abondantes et même exclusives
dans le Jura et le Bugey. M. Planchon a du reste reconnu
le contraste formé par la végétation des dolomies du Gard et de
l'Hérault avec la flore silicicole des schistes environnants. De
même, dans les environs de Saint-Dié (Vosges), M. Boulay a
constaté qu'au milieu de la flore silicicole des grès vosgiens, on
voyait apparaître des espèces calcicoles, telles que *Dianthus
prolifer*, *Hippocrepis comosa*, *Linaria minor*, *Brunella
alba*, *Berberis vulgaris*, *Coronilla varia*, *Gentiana cruciata*,
Ophrys, etc., exactement cantonnées sur des îlots de dolomie (4).

---

(1) *Ann. Soc. bot. Lyon*, 1876, t. IV, p. 72.
(2) *Id.*, p. 39 et 44.
(3) Planchon, Sur les végétations spéciales des dolomies du Gard et de
l'Hérault, dans *Bull. Soc. bot. de France*, 1854, t. I, p. 218 et suiv. ; —
La végétation de Montpellier et des Cévennes dans *Bull. de la Soc. langue-
docienne de Géographie*, 1879, tirage à part, p. 8 et suiv.
(4) Boulay, Notice sur la Géogr. bot des environs de Saint-Dié (Vosges),
dans *Billotia ou Notes de bot.*, par Bavoux, Paillot, etc., 1866, p. 82
à 97.

Au surplus, Mougeot (1), Godron (2) et Kirschleger (3) avaient déjà appelé l'attention des botanistes sur l'influence des roches calcaires magnésifères, et signalé quelques espèces calcicoles faisant contraste avec la végétation silicicole voisine dans la Lorraine et l'Alsace. Enfin, M. Saint-Lager a relevé l'observation de Facchini (4), qui a constaté dans les Alpes de Fassa, et de Fiume une différence de végétation remarquable entre les dolomies et les porphyres augitiques qui alternent avec elles (5).

Mais on voit, d'autre part, les dolomies invoquées par plusieurs observateurs, pour expliquer la présence d'espèces silicicoles dans les régions calcaires. Ainsi Thurmann (6) attribue aux dolomies de l'Alb wurtembergeois la présence des *Sarothamnus*, *Betula*, *Arnica*, *Digitalis purpurea*, etc., en faisant intervenir il est vrai, non pas la silice qu'elles renferment, comme M. Saint-Lager l'a montré, mais le mode particulier de leur désagrégation. Le même auteur rapporte encore (7) les observations de Bernard concernant la présence de plantes silicicoles dans certains points du Bugey, et particulièrement de l'*Arctostaphylos officinalis* sur les dolomies coralliennes des environs de Nantua et du Mont-du-Chat. M. Planchon a constaté aussi la présence d'espèces silicicoles sur les dolomies du Gard et de l'Hérault : « intercalés dans les schistes talqueux, ces calcaires parfois dolomitisés nourrissent les plantes de la silice, par exemple, le Châtaignier, le Genêt-à-Balai, la Digitale, les Bruyères et les Cistes silici ou dolomiticoles (8)... » M. Saint-Lager a rappelé cette observation, en la confirmant, dans les *Ann. de la Soc. bot. de Lyon*, III, p. 86.

En résumé, de l'ensemble de ces faits, qui paraissent de prime abord contradictoires, il résulte pour nous que les dolomies, possédant une flore calcicole susceptible d'admettre quelques

---

(1) Mougeot, dans *Ann. Soc. d'émul. d'Epinal*, II, p. 275 ; *Stat. vosg.*, 1re partie, p. 186.
(2) Essai sur la Géogr. bot. de la Lorraine.
(3) Kirschleger, Flore d'Alsace, t. III, p. 19.
(4) *Nuovi annali delle scienzi naturelle*, t. II, 1838.
(5) Voy. nos *Rech. sur la Géogr. bot. du Lyonnais*, 1879, p. 155.
(6) *Phytost.*, t. I, p. 234.
(7) *Op. cit.*, t. I, p. 390.
(8) Planchon, Végétation des terrains siliceux dans le Gard et l'Hérault, dans *Bull. Soc. bot. de France*, 1854, t. I, p. 354-361. — La végétation de Montpellier et des Cévennes, *l. c.* (1879). p. 5, 11 ; — Voy. encore Léonard, De la terre végétale, Montpellier (thèse de), 1877, p. 85.

espèces silicicoles, peuvent former de la sorte des contrastes différents suivant la nature calcaire ou siliceuse des régions dans lesquelles elles se rencontrent : dans une région siliceuse, les dolomies contrastent fortement par l'ensemble de leur végétation calcicole ; dans une région calcaire, elles contrastent en sens inverse, grâce aux quelques espèces silicicoles qui s'accommodent, et de leur désagrégation spéciale, et de la proportion de silice qu'elles renferment quelquefois.

On se trouve en effet, ici, de nouveau, en présence de deux hypothèses pour expliquer cette indifférence relative des dolomies : pour THURMANN (*op. cit.*, II, 309, 312), la dolomie rend les calcaires plus désagrégeables et cette désagrégation produit un sol qui se rapproche par ses propriétés physiques des sols psammiques dus à la décomposition des grès et des granites ; pour M. PLANCHON, la dolomie agit surtout par la magnésie qu'elle renferme ; il reconnaît aussi que « dans bien des cas, la *dolomie semble remplacer la silice* dans son rôle directement attractif pour les plantes qu'on appelle d'habitude silicicoles (1)», mais sans indiquer la cause de cette attraction ; enfin, il ne faut pas oublier que les couches dolomitiques peuvent être silicifiées, ainsi que M. Saint-Lager l'a montré pour plusieurs localités et en particulier pour l'Alb wurtembergeois (2).

3° La dernière catégorie que nous ayons à examiner de terrains siliceux observés dans les régions calcaires, comprend des sols dont l'étude est d'autant plus intéressante que leur composition et leur influence sur la végétation ont été signalées seulement dans ces dernières années, et que leur influence se manifeste par des contrastes en petit, des stations anormales de plantes silicicoles ayant résisté jusqu'à présent à toute explication et servant par conséquent d'arguments absolument défavorables à la théorie chimique.

Ces terrains sont constitués par des couches entièrement calcaires ou très faiblement siliceuses (3), mais qui donnent des sols superficiels devenant exclusivement siliceux par l'entraî-

---

(1) *Végétation de Montpellier, l. c.*, p. 11.
(2) Voy. nos *Recherches*, 1879, p. 159.
(3) C'est en cela que ces terrains diffèrent de certaines couches de l'oolithe, telles que le Ciret, donnant aussi des sols superficiellement siliceux, mais qui sont elles-mêmes riches en silice et appartiennent, par conséquent, à notre deuxième catégorie.

nement du carbonate de chaux ; ces sols superficiels siliceux
avaient déjà attiré l'attention des agronomes, comme on le voit
par cette description de De Gasparin : « Ces terres siliceuses
ont été formées en place par des détritus de roches qui ne contiennent pas de carbonates insolubles ou qui en ont été dépouillés
par l'action du lavage par les eaux de pluie chargées d'acide
carbonique, comme on le voit à la Grande-Chartreuse... » Et
ailleurs : « La chaux, dissoute par les eaux chargées d'acide
carbonique, disparaît aussi presque entièrement. M. Gueymard
a cité des terrains à la Grande-Chartreuse, formés de débris de
roches calcaires, et d'où l'élément calcaire avait été entièrement
enlevé par les eaux carbonatées (1). » M. Meugy a signalé aussi
comme très fréquentes les terres provenant des roches calcaires
et transformées en sol argileux manquant de chaux ; il conclut
même que « les roches calcaires autres que la craie donnent
rarement lieu à des sols auxquels on puisse appliquer la dénomination de sols calcaires (2). » Quant au terrain agricole
n° 19 de M. Scipion-Gras (3), *sous-sol de calcaire compact,*
sol argileux-ferrugineux, cité aussi par M. Vallot (4), auquel
nous empruntons quelques-uns de ces renseignements, il paraît
avoir une autre origine et se rapprocher des dépôts sidérolithiques dont nous avons parlé plus haut.

Sauvaneau (5) avait déjà observé ces terrains dans le Bugey,
mais en les confondant à tort, sous le nom de *diluvium rouge,*
avec le lehm des environs de Lyon et d'autres dépôts erratiques.
M. Falsan, le géologue qui a si bien étudié le Bugey, y voit
au contraire et avec raison « une simple terre végétale qui se
produit chaque jour par la décomposition et le lavage des roches
du sous-sol »... « Cette terre, ajoute-t-il, d'un brun rougeâtre,
est presque complètement privée de carbonate de chaux, même
lorsqu'elle est au milieu des roches calcaires et qu'elle résulte de
leur décomposition. Il n'y a rien là que de très rationnel, et
nous imitons la nature, lorsque, pour détacher des fossiles
siliceux d'une roche calcaire, du ciret par exemple, nous

---

(1) Cours d'agriculture, t. 1, p. 131, 285.
(2) Leçons élémentaires de géologie appliquée à l'agriculture, 1871, p. 124.
(3) Traité élémentaire de géologie agronomique, p. 451.
(4) Recherches sur la terre végétale, 1883, p. 176, 183, 187.
(5) Recherches analytiques sur la composition des terres végétales, 1845,
p. 14.

attaquons ce fragment de calcaire par de l'acide chlorhydrique
étendu d'eau ; le calcaire se change en chlorure de chaux
soluble ; par des lavages réitérés on enlève ce chlorure de chaux,
et il ne reste au fond du vase dans lequel l'opération a été faite
que les fossiles siliceux et une boue argileuse privée de calcaire
qui ne tarderait pas à se colorer en rougeâtre par l'oxydation du
fer qu'elle renferme. L'énergie de l'acide que nous employons
remplace l'action du temps, dont la nature dispose largement et
qui nous est si parcimonieusement dispensé (1)... »

Or, ces terrains présentent toujours une végétation différente
de la végétation normale de la région, ainsi que M. Vallot a eu
le mérite de le faire ressortir, en rassemblant un grand nombre
d'observations se rattachant à ce sujet ; malheureusement cet
auteur nous paraît n'avoir pas assez fait le départ de ce qui
revient aux dépôts diluviens, sidérolithiques, etc., et de ce qui
est attribuable aux couches superficiellement épuisées, ainsi
qu'on peut le voir par l'énumération de la page 194 de ses
Recherches.

C'est très probablement dans des sols de cette nature que
croissaient les Châtaigniers indiqués par Dunal (2) sur des
calcaires compacts, dans les environs de Saint-Guilhem-le-
Désert (Hérault), par le Dr Perroud (3) dans le bois de Païolive
(Ardèche) ; on doit aussi y rapporter l'observation faite par
M. Guinier, des *Pinus silvestris* croissant dans des calcaires durs
et indécomposables, à la Roche du Pin, au-dessus de Saint-
Laurent-du-Pont, dans le massif de la Grande-Chartreuse (4).

Dans le Bugey, M. Sagot a observé le *Pteris aquilina* dans
des calcaires durs, compacts, mais où le sol est, d'après ce
botaniste, bien plus une argile superficielle que la roche elle-
même (5) ; ce terrain correspond donc exactement au *diluvium
rouge* de Sauvaneau dont nous avons parlé plus haut.

Nous avons nous-même constaté des faits analogues, dans

(1) Falsan, Étude sur les anciens glaciers... dans *Ann. Soc. d'agr. de
Lyon*, 5me série, t. II (1879), p. 340.
(2) De l'influence minéralogique du sol... dans *Mém. de l'Acad. des
sciences de Montpellier*, 1848, t. 1er ; — voy. les explications de St Lager
dans *S. b. L.*, VI, p. 48 ; — Contejean dans *Géog. bot.*, p. 180 ; — Vallot,
Rech., p. 178 et 202 209.
(3) *Ann. Soc. bot. Lyon*, 1883, t. XI, p. 101 ; voy. plus haut, tirage à part,
p. 335, *S. b. L.*, XII, 107.
(4) *Bull. Soc. bot. de France*, t. XXVI, p. 137.
(5) Voy. plus haut, tirage à part, p. 343 ; *S. b. L.*, XII, 115.

le Revermont, aux environs de Nanc près Saint-Amour, par exemple, où l'on peut voir le Châtaignier croître, non pas sur le diluvium comme à l'Aubépin, mais dans les éboulis de l'oolithe inférieure (1); il est permis de supposer que, leur attention une fois attirée sur ce point, les botanistes jurassiens signaleront de nombreux exemples de ces modifications du sol et de leur végétation.

A ces sols pour ainsi dire artificiels on doit rapporter l'*humus des forêts*, particulièrement des forêts de Sapins, dont l'influence sur la végétation se fait sentir d'une façon fort remarquable surtout dans les régions calcaires, ainsi que nous l'avons déjà signalé dans nos *Recherches* antérieures (1879, p. 81).

Dans cet ouvrage, nous disions à propos de plusieurs espèces considérées comme silicicoles par Lecoq et se retrouvant dans les forêts du Jura, qu' « *on pourrait expliquer leur présence dans les régions calcaires par la nature spéciale des stations dans lesquelles elles croissent : on sait, en effet, que même sur un sous-sol calcaire, le sol des prairies et l'humus des forêts ne contiennent que très peu de carbonate de chaux et constituent souvent un sol exclusivement siliceux;* » et nous citions en note, d'après le F. Ogérien (Hist. nat. du Jura, t. I, p. 208) des analyses du sol des forêts du Jura accusant 14 à 28 0/0 de silice et seulement 1 à 4 0/0 de calcaire.

Cette hypothèse ne satisfait pas entièrement M. Vallot, qui semble vouloir rattacher toutes ces modifications du sol des régions calcaires aux causes qu'il étudie spécialement dans son chapitre « *composition des terrains calcaires* »; aussi, après avoir cité les passages de notre ouvrage reproduits plus haut, ajoute-t-il (p. 174) : « Nous pensons qu'on ne doit pas généraliser cette observation qui doit tenir à des circonstances particulières dont nous parlerons plus loin; » et plus loin, en effet (p. 193) : « Quant aux sols dont parle M. Magnin, qui, dans les forêts du Jura, ne contiennent que quelques centièmes de calcaire, il est probable qu'un examen plus attentif permettra de les rapporter à la même formation (c'est-à-dire à la terre argilo-

---

(1) C'est, en effet, principalement sur les calcaires oolithiques qu'on observe ces terrains; cf. VALLOT, *Rech.*, 178, 180, 190, 192 et 195 ; THURMANN (*Phyt.*, II, 310); non cf. Thurmann (*Phyt.*, I, p. 97, = diluvium), ni Michalet (*Bot. Jura*, p. 55, = influence seule du climat).

ferrugineuse provenant de calcaires compacts) plutôt qu'aux formations tourbeuses. »

Nous persistons à croire cependant que l'humus des forêts a une origine très différente de celle de cette terre argilo-ferrugineuse, si bien étudiée par M. Vallot, et dont nous admettons aussi l'influence dans beaucoup de cas ; mais le sol des forêts ne ressemble en rien à ces derniers terrains : c'est un sol plutôt *organique* que *minéral*, où le calcaire est en petite proportion pour d'autres causes que celles invoquées à propos de l'origine des sols calcaires superficiellement épuisés. C'est du reste aussi le sentiment de notre excellent ami le Dr Saint-Lager, très nettement exprimé dans une phrase publiée depuis longtemps, qui nous avait échappé jusqu'à présent et que nous sommes heureux de citer à l'appui de notre opinion : « Cependant il arrive souvent, dit-il, que l'humus accumulé dans les forêts de Sapins constitue un sol entièrement organique et nullement géologique, sur lequel croissent aussi des espèces qui viennent habituellement dans les terrains siliceux (1). »

Voici, au surplus, les analyses confirmatives puisées dans l'ouvrage de F. OGÉRIEN (2), concernant la composition de l'*humus tannifié* des forêts :

	n° 1	n° 2	n° 3
Matière organique	65 »	37 »	41 50
Argile	7 50	14 »	19 80
Silice	14 40	28 50	27 40
Calcaire	1 40	4 30	4 20
Eau et produits non dosés	11 70	16 20	7 11

OBS. Le n° 1 a été pris dans une forêt entre Champagnole et Sirod. — Le n° 2 provient de la forêt traversée par la route de Saint-Laurent à Morez. — Le n° 3 a été recueilli dans la forêt de Franois.

Ajoutons que MICHALET, en signalant aussi la présence d'espèces silicicoles dans les forêts de Sapins du Jura, n'y voit que l'effet compensateur du climat *(Bot. Jura*, p. 55*)* : « Un fait qui n'est pas sans quelque intérêt, dit-il, c'est de retrouver sous l'ombrage des Sapins plusieurs espèces des bois et des terrains siliceux de la plaine, qui admettent ainsi sans difficulté le calcaire dès qu'il y a le contrepoids du climat. Telles sont : *Sorbus Aucuparia, Epilobium angustifolium, Rubus idœus,*

(1) *Soc. bot. de Lyon*, 1875, t. III, p. 141.
(2) *Hist. nat. du Jura*, t. I, p. 208.

Sambucus racemosa, Lysimachia nemorum, Veronica montana, Phyteuma nigrum, Carex maxima, Polystichum Oreopteris, etc. »

Pour nous, l'explication de Michalet est fausse ; dans les faits cités par lui et que nous avons pu vérifier dans toute l'étendue du Jura, et particulièrement dans le Bugey, il y a plus que l'influence du climat ; il y a surtout l'influence de la composition chimique du sol ; et il est facile de s'assurer que, parmi les espèces citées par cet auteur comme silicicoles, les unes sont des *montagnardes indifférentes*, qui descendent dans les bois siliceux humides de la plaine, à cause du climat plus froid des terrains siliceux (1), comme le *Sorbus Aucuparia*, le *Sambucus racemosa*, etc. ; les autres, des silicicoles qui trouvent dans l'humus des forêts une station favorable, même au sein des régions calcaires (*Lysimachia nemorum, Veronica montana*, etc.)

En résumé, quelle que soit l'origine des différents sols siliceux observés fréquemment dans les régions calcaires, c'est exclusivement sur eux qu'on constate la présence de plantes silicicoles : voici l'énumération de celles de ces espèces qui ont été observées dans le Bugey :

Ranunculus auricomus.	Trifolium arvense.
R. Chærophyllos.	T. striatum.
Barbarea præcox.	T. aureum.
Polygala depressa.	Lotus uliginosus.
P. vulgaris ?	Vicia lutea.
Dianthus Armeria.	Lathyrus silvestris.
D. superbus.	Orobus tuberosus.
D. prolifer.	Cerasus Padus.
Linum gallicum.	Rubus thyrsoideus.
Malva moschata.	Potentilla Tormentilla.
Hypericum pulchrum.	Epilobium collinum.
H. humifusum.	E. lanceolatum.
Geranium nodosum.	Herniaria hirsuta.
Sarothamnus vulgaris.	Lythrum hyssopifolium.
Genista germanica.	Sedum elegans.
G. anglica.	Laserpitium pruthenicum.
G. pilosa.	Chrysosplenium alternifolium.

(1) Voy., sur ce point particulier de climatologie, les agronomes et le paragraphe que nous consacrons plus loin aux différences présentées à cet égard par les sols calcaires et siliceux, à propos de la distribution des plantes méridionales.

Adoxa moschatellina.
Valeriana tripteris.
Filago minima.
Gnaphalium silvaticum.
Inula pulicaria.
Arnica montana.
Senecio viscosus.
S. silvaticus.
Solidago Virga-aurea.
Scorzonera humilis.
Hieracium umbellatum.
Jasione montana.
Campanula linifolia.
Vaccinium Myrtillus.
V. Vitis-idæa.
Calluna vulgaris.
Pirola minor.
Lysimachia nemorum.

Erythræa pulchella.
Veronica acinifolia.
V. montana.
Rumex acetosella.
Castanea vulgaris.
Betula alba.
Pinus silvestris.
Maianthemum bifolium.
Luzula maxima.
L. albida.
L. multiflora.
Festuca heterophylla.
Danthonia decumbens.
Aira elegans.
Nardus stricta.
Asplenium septentrionale.
A. Breynii.
Pteris aquilina.

Végétation des tourbières. — La végétation des tourbières ou des marais tourbeux est ordinairement silicicole (1); aussi contraste-t-elle, dans les régions calcaires, avec la flore environnante. Du reste, ce n'est pas seulement dans les parties tourbeuses mêmes, où le caractère hygrophile des espèces expliquerait à la rigueur ce contraste, qu'on observe ces plantes habituelles aux terrains siliceux; dans les parties environnantes, sur le sol tourbeux désséché, on voit encore *Calluna, Tormentilla, Deschampsia,* les Myrtilles, etc.

Les tourbières et les marais tourbeux du Bugey et du Jura sont dus le plus souvent à la présence de la boue glaciaire imperméable, qui s'est déposée dans le fond d'un vallon ou d'une combe calcaire, fermée en avant par une moraine de même origine ou un autre accident géologique empêchant l'écoulement de l'eau (2).

(1) On a cependant signalé des différences dans la végétation des tourbières suivant qu'elles reposaient sur des sols granitiques ou des sols calcaires : voy. GODRON dans *Bull. Soc. bot. France*, t. XI, revue bibl., p. 80; HUMBERT, tourbières de Vittancourt à deux parties distinctes par leur substratum et leur végétation (*Bull. Soc. hist. nat. Moselle*, 1870, 12ᵐᵉ cahier, p. 43); FLICHE, tourbières calcaires des environs de Troyes, etc. (*Bull. Soc. des s·iences de Nan·y*, 1876, t. II, p. 134); mais il y a quelques critiques à faire sur les espèces citées, comme silicicoles ou calcicoles, dans ces mémoires ; — d'autre part, voy. plus bas les observations de M. Bourgeat concernant les tourbières reposant sur sol calcaire dans le Jura.
(2) Voy. BENOIT, notes citées, dans *Bull. Soc. géol. France*, passim ; FALSAN, id. ; et particulièrement : CH. MARTINS, Observations sur l'origine

Parmi les plantes qui y croissent (1), nous citerons particulièrement les suivantes, considérées comme silicicoles par les phytostaticiens :

Comarum palustre.	Betula alba.
Epilobium palustre.	B. pubescens.
Galium boreale.	Eriophorum sp.
Crepis paludosa.	Schœnus nigricans.
Vaccinium uliginosum.	Cladium Mariscus.
V. oxycoccos.	Rhynchospora alba.
Pinguicula vulgaris.	Scirpus cæspitosus.
Utricularia sp.	Carex dioica.
Gentiana pneumonanthe.	C. pulicaris.
Swertia perennis.	C. stellulata.
Veronica scutellata.	C. filiformis.
Pedicularis palustris.	Etc.
Salix repens.	

et quelques espèces du Jura septentrional, comme : *Andromeda polifolia, Carex chordorhiza, C. heleonastes,* etc. M. Contejean considère même comme calcifuges la plupart des plantes de marais, telles que les *Nasturtium amphibium, N. palustre, Isnardia, Myriophyllum, Œnanthe fistulosa, Œ. peucedanifolia, Sium latifolium, Valeriana dioica, Senecio aquaticus, S. paludosus, Menyanthes, Gratiola, Zanichella, Naias minor, Sparganium simplex, Juncus conglomeratus, J. effusus,* les *Cyperus,* la plupart des *Carex* de ces stations, etc.

On a diversement interprété la nature de la végétation des tourbières : Ch. MARTINS, se fondant sur ce que leur formation est toujours subordonnée, dans le Haut-Jura, à la présence du terrain erratique et sur ce que la plupart des végétaux qui y croissent sont des espèces scandinaves, « conclut, sans hésitation, à l'*origine glaciaire* des tourbières jurassiques et de *leur végétation* (2) ; » nous avons, nous-même, étendu plus tard (3)

---

glaciaire des tourbières du Jura neuchâtelois... dans *Bull. Soc. bot. France,* t. XVIII, 1871, p. 406-433 ; MAGNIN, Étude sur la Flore des marais tourbeux du Lyonnais, in *Bull. Soc. bot. France,* t. XXI, 1874, p. xxxv-xliv ; FALSAN, Étude sur les anciens glaciers... in *Ann. Soc. d'agric. Lyon,* 5me série, t. I, 1878, p. 831.

(1) Voy. pour la végétation de ces marais tourbeux, — dans l'Ain : MAGNIN, Etude citée plus haut et *Stat. bot. de l'Ain,* 1883, p. 27, 40, 41, 51, 52 ; — dans le Jura : MICHALET, *Bot.,* 1865, p. 55, etc.

(2) Mémoire cité plus haut ; voy. *Bull. Soc. bot. de France,* 1871, t. XVIII, p. 432.

(3) Dans *Ann. de la Soc. bot. de Lyon,* 1874, t. II, p. 99 et 100, — et *Bull. Soc. bot. de France,* 1874, t. XXI, p. xxxv.

les observations et les conclusions de Ch. Martins aux marais tourbeux du Bugey et du Lyonnais, mais sans nier pour cela, ainsi qu'on a pu le supposer (1), l'influence de la composition du sol; nous croyons, en eflet, que la flore des tourbières est une épave, un prolongement de la végétation de la période glaciaire : voilà pour l'origine; nous pensons, en second lieu, que ces épaves se sont maintenues jusqu'à l'époque actuelle, précisément parce qu'elles ont trouvé dans les tourbières les conditions de milieu, sol et climat, se rapprochant le plus de celles qui les entouraient à l'époque glaciaire; nous admettons, enfin, que la plupart de ces végétaux sont des espèces silicicoles, adhérentes ou simplement préférentes à divers degrés, trouvant aussi, dans la tourbe ou son substratum, le terrain dépourvu de calcaire qu'elles demandent (2).

Appendice. — Nous ajoutons ici, comme appendice au paragraphe consacré à l'influence du sol, quelques remarques sur des points de la théorie de Thurmann qui sont complètement en défaut pour la région lyonnaise; nous nous bornons à les présenter sommairement, nous réservant d'y revenir plus tard dans un travail spécial.

I. *Une partie des espèces données par Thurmann comme préférant les sols dysgéogènes, parce qu'elles habitent les rochers calcaires du Jura, se retrouve dans les terrains meubles, mais calcaires, des coteaux et des vallées du Rhône et de la Saône.*

Nous avons suffisamment dévoloppé ce point plus haut (3), pour qu'il soit inutile d'y revenir en ce moment.

---

(1) *Ann. Soc. bot. de Lyon*, 1874, t. II, p. 101.
(2) Les observations récentes de M. Bourgeat sur les tourbières du Jura (Poligny, 1885; et *Soc. bot. de France*, 1885, p. xLvii) ont établi les deux faits intéressants qui suivent : 1° dans le Jura, les tourbières ne reposent pas toujours, comme Ch. Martins le croyait, sur l'argile du glaciaire alpin mais souvent, soit sur un glaciaire local, soit même directement sur les marnes oxfordiennes ou néocomiennes ; 2° malgré ce substratum calcaire, l'analyse de l'eau a toujours révélé l'absence du carbonate de chaux dans les parties centrales de la tourbière, au voisinage des plantes silicicoles, Bruyère, Myrtille, Sphaignes, etc. Nous pouvons donc conclure, en somme, que même sur les sols calcaires, les tourbières ont une végétation nettement silicicole, au moins dans leurs parties centrales, c'est-à-dire entièrement tourbeuses ; lorsque les marais tourbeux reposent sur l'erratique alpin, il est évident que les espèces silicicoles se retrouvent alors sur toute leur surface.
(3) Voy. tirage à part, p. 400 et *S. b. L.*, t. XII, p. 172.

II. *Le groupement des espèces d'après les propriétés physiques du sol qu'elles exigent, suivant Thurmann, ne correspond pas à la composition du tapis végétal des diverses régions naturelles du Lyonnais.*

Il est facile de vérifier cette proposition en dressant séparément les listes des espèces données, comme préférant une des deux catégories des sols eugéogènes ou dysgéogènes, par Thurmann ; si nous relevons, par exemple, les *hygrophiles des sols eugéogènes* de l'énumération du t. II de la *Phytostatique* (1), nous trouvons :

Ranunculus Lingua, R. sceleratus, Adonis æstivalis, A. flammea, Anemone Pulsatilla, Holosteum umbellatum, Tetragonolobus siliquosus, Epilobium Dodonæi, Bupleurum rotundifolium, Polygala depressa, Ilex Aquifolium, Ulex europæus, Hieracium umbellatum, Fraxinus excelsior, etc.

A la lecture seule de cette énumération, où l'on trouve des plantes aquatiques, comme *Ranunculus Lingua*, à côté des *Adonis*, *Bupleurum*, etc., on voit qu'elle ne représente la végétation d'aucune de nos régions, pas même la flore habituelle des stations humides.

Une liste formée des espèces *hygrophiles préférant les sols eugéogènes psammiques* (Eug. ps. H., de l'Énumération de Thurmann) (2) renferme aussi, à la fois :

Des plantes de la région des Coteaux, à sols mixtes souvent calcaires, comme : *Centaurea calcitrapa, Melilotus leucantha, Myricaria germanica, Ononis spinosa, Eryngium campestre, Scandix pecten, Artemisia campestris, Barkhausia fœtida, Hieracium staticifolium, Scrofularia canina, Veronica spicata, Euphorbia Gerardiana*, etc. ;

Et les *Myosurus minimus, Sinapis Cheiranthus, Teesdalia, Ornithopus, Spergula pentandra, Corrigiola, Herniaria, Scleranthus, Filago minima, Jasione*, etc., caractéristiques des bas-plateaux siliceux du Lyonnais ou de la Dombes.

On a pu voir, au contraire, que les énumérations de plantes établies d'après leur appétence chimique correspondaient exactement à la flore des diverses régions secondaires et naturelles du Lyonnais.

---

(1) Comp. aussi la liste de la p. 321 du t. I.
(2) Voy. aussi la liste de la p. 323 du t. I.

III. *La flore des calcaires n'est pas exclusivement xérophile, de même que celle des granites n'est pas absolument hygrophile.*

M. Contejean avait déjà fait remarquer que la végétation des sols calcaires renferme quelques espèces véritablement hygrophiles, comme les *Ranunculus lanuginosus*, *Arabis alpina*, *Mœhringia muscosa*, *Bellidiastrum Micheli*, *Campanula pusilla* (1) ; on peut y ajouter les Mousses calcicoles qui habitent les parois inondées des rochers, les tufs calcaires, telles que : *Eucladium verticillatum*, *Trichostomum tophaceum*, *Gymnostomum curvirostrum*, *Hypnum commutatum*, etc., sur lesquelles M. Contejean avait aussi appelé, plus tard, l'attention (2).

Les stations humides de ces plantes peuvent être aisément constatées dans le Bugey et dans les environs de Lyon, pour les Mousses (3) ; mais il est bon de rappeler que ces exceptions, connues déjà de Thurmann, au moins pour les phanérogames, ne lui paraissaient pas démonstratives ; il signale, en effet, dans sa *Phytostatique* (t. I, p. 230) l'habitat des *Mœhringia*, *Bellidiastrum*, *Campanula pusilla* dans les stations *fraîches*, *ombragées* et l'explique ainsi qu'il suit : « Les xérophiles comme les hygrophiles ont leurs plantes des lieux frais, des stations ombragées, des rives, des endroits humectés par *l'eau agissant comme facteur étranger* aux roches sous-jacentes et au sol ; de même que les hygrophiles ont leurs plantes des stations apriques et chaudes ; mais, toutes choses égales, les unes ont pour elles l'élément de siccité des roches et du sol que n'ont pas les autres. »

Laissons de côté cette explication subtile : si l'on examine avec soin les conditions de végétation des plantes des régions calcaires, on verra que beaucoup d'espèces, parmi celles qui croissent dans les fentes des rochers les plus arides et paraissent, en conséquence, des xérophiles incontestées, ont en réalité leurs racines plongées dans un milieu parfaitement frais ou humide ; M. Correvon a parfaitement décrit ce qui se passe, dans le paragraphe suivant :

---

(1) *Ann. des sciences nat.*, 1874, t. XX, p. 285.
(2) *Ann. des sciences nat.*, 1875, t. II, p. 127.
(3) Voy. *S. b. L.*, t. II, p. 73 ; nos *Recherches*, 1879, p. 128, et précédemment tirage à part, p. 33, ou *S. b. L.*, VIII, p. 289.

« L'humidité est l'une des trois conditions essentielles de la vie chez la végétation alpine. On objecte quelquefois que tel ne peut être le cas chez les espèces saxatiles, dont les racines s'enfoncent dans le roc et dont la verdure est exposée aux rayons desséchants du soleil le plus ardent. Cette objection repose sur *les idées absolument fausses qu'on se fait parfois de ces fissures de rochers qui ne sont pas sèches comme on le croit.* En effet, les racines de ce genre de plantes sont extrêmement développées et s'enfoncent profondément dans le roc ; les fentes, souvent très profondes, sont entretenues dans une constante humidité qui suinte tout le long de leurs parois et communique aux racines de la plante l'eau dont celle-ci a besoin... Dans les endroits les plus arides et les plus chauds, les fissures des rochers sont enduites d'humidité... *Ces fissures sont nombreuses dans les rochers calcaires ;* elles le sont moins sur la roche primitive.... (1) »

Et ce ne sont pas seulement les espèces dont les racines pénètrent profondément dans les fentes des rochers qui y trouvent aussi l'humidité dont elles ont besoin, « les plantes qui croissent dans les pierriers ou les éboulis sont également entourées de fraîcheur et d'humidité, malgré l'apparence aride de leur habitation. Leurs racines, leurs stolons et leurs tiges souterraines sont entretenues dans une humidité constante par la présence des pierres, qui empêchent l'évaporation... (2) »

De même, les plantes qui croissent sur les rochers granitiques ne sont pas toujours des hygrophiles ; il n'est pas, en effet, possible de qualifier ainsi l'*Asplenium septentrionale* ou les divers Gyrophores (*Umbilicaria pustulata, Gyrophora murina*, etc.), qui semblent, au contraire, rechercher les rochers les plus arides des vallées et des monts du Lyonnais (3).

IV. *Origine du calcaire des plantes développées sur les sols*

---

(1) *Les plantes des Alpes*, 1885, p. 85, 86.
(2) *Id.*, p. 87, 88.
(3) M. Renauld se refuse aussi à considérer l'*Asplenium septentrionale* comme une hygrophile : « C'est à tort, selon nous, dit-il, que M. Contejean place l'*A. septentrionale* parmi les hygrophiles ; sa station préférée se trouve dans les fentes des rochers porphyriques arides, à pâte compacte, et présentant au plus haut degré le mode de désagrégation dysgéogène. » *Cat. Haute-Saône*, 1883, p. 380. — Nous devons ajouter que M. Contejean avait déjà modifié son opinion, antérieurement à l'ouvrage de M. Renauld : nous voyons, en effet, dans sa *Géographie botanique* (1881, p. 140), les *A. septentrionale* et *Breynii* indiqués comme des *xérophiles lithiques*.

qui en sont dépourvus et origine de la silice chez les plantes
des sols exclusivement calcaires.

Les naturalistes, et principalement les agronomes, se sont
depuis longtemps préoccupés de l'origine des substances minérales, que l'analyse dénote souvent en quantité considérable
dans les cendres des végétaux, et qu'on ne retrouve plus ou seulement en quantité très minime dans les sols sur lesquels ces
plantes se sont développées. C'est ainsi qu'on s'est demandé
d'où provenait la silice qui incruste l'épiderme des Graminées
ayant poussé dans un sol entièrement calcaire.

L'explication généralement admise repose sur les deux faits
suivants : 1° la plupart des sols, même ceux qui paraissent exclusivement calcaires ou siliceux, sont en réalité des sols complexes, renfermant toutes les substances dont la plante a besoin,
mais en quantité variable ; 2° les plantes extrayent du sol, par
une propriété élective particulière, les divers principes dont elles
ont besoin, même lorsqu'ils n'existent qu'en quantités infini-
ment petites, à peine décélables à l'analyse.

Nous avons, en effet, déjà montré plus haut, à propos de la
composition du terrain que beaucoup de roches granitiques
renfermaient des quantités appréciables de chaux (1) ; d'autre
part, on peut affirmer avec M. Contejean qu'on « trouve fort
peu de roches feldspathiques et même fort peu de roches siliceuses qui ne renferment des traces de chaux, comme aussi on
ne connaît guère de calcaires ou de dolomies absolument
exemptes de silice. Il en résulte que, dans la plupart des terrains, les végétaux rencontrent les principes chimiques dont ils
ne peuvent se passer. Quelque minime qu'en soit la proportion, ils savent merveilleusement les extraire et se les appro-
prier... (2) »

Mais il est, croyons-nous, une autre source de ces subtances

---

(1) Voy. plus haut, tirage à part. p. 282 ou *S. b. L.*, t. XII, p. 54.
(2) *Ann. des sciences natur.*, 1874, t. XX, p. 266. — L'année suivante,
M. Contejean, résumant les analyses de Malagutti et Durocher, arrivait aux
conclusions suivantes : 1° Quelle que soit la nature du terrain, le sol renferme
toujours, ne fût-ce qu'en proportion infinitésimale, les éléments inorganiques
nécessaires à la vie des plantes ; 2° sur toute espèce de terrains, les plantes
s'assimilent, en quantité suffisante, les éléments qui leur sont indispensables, quelque minime qu'en soit la proportion dans le sol... (*Ann. sciences
nat.*, 1875, t. II, p. 263). — Voy. aussi le mémoire de M. Saint-Lager dans
Soc. bot. Lyon, t. IV, p. 73, etc.

minérales, passée ordinairement sous silence par les phytostaticiens, et qui peut, dans certains cas particuliers, jouer un rôle considérable : ce sont les *poussières atmosphériques*.

M. Tissandier a montré, en effet, quelle était l'importance de ces poussières, aussi bien au point de vue de leur volume, de leur abondance, qu'au point de vue de leur composition chimique (1).

Ces poussières contiennent *toujours* de la *chaux* et de la *silice*, presque toujours du fer (*op. cit.*, p. 11).

Leur abondance est en général assez considérable pour qu'un mètre cube d'air en contienne de 6 à 23 milligrammes, c'est-à-dire une quantité correspondant à 15 kilogrammes pour une couche de 5 mètres d'épaisseur et de l'étendue du Champ-de-Mars ; enfin un mètre carré en reçoit de 2 à 12 milligrammes par 24 heures.

Ces poussières, transportées au loin, peuvent évidemment fournir le carbonate de chaux aux végétaux qui croissent sur les granites, particulièrement à ceux qui, comme les lichens, prennent peu de chose aux substratums sur lesquels ils sont fixés (2); elles pourront aussi transporter de la silice sur les terrains calcaires ; c'est probablement l'origine de celle que les plantes ont puisée dans les plâtras Coignet composés exclusivement de sulfate et de phosphate de chaux (3).

IV. *Influences réunies du climat, de l'exposition et de la nature du sol.*

Flore méridionale (4).

Ce n'est certainement pas sans étonnement qu'un naturaliste, étranger à notre région et herborisant pour la première fois sur les coteaux qui avoisinent notre cité lyonnaise, y rencontre les *Leuzea conifera, Aphyllanthes monspeliensis, Cistus sal-*

(1) TISSANDIER. Les poussières de l'air, Paris, 1877.
(2) Il en sera, à plus forte raison, de même, si l'on admet, avec MM. Nylander, Richard, etc., que les Lichens ne prennent absolument rien à leurs supports ; il faut alors, de toute nécessité, que les matériaux divers qui entrent dans leur composition leur arrivent par l'atmosphère.
(3) Voy. *Soc. bot. Lyon*, t. IV, p. 39, 44 et 73.
(4) Voy. notre note dans *Lyon scientifique*, 1er décembre 1879, p. 304.

viæfolius, Orchis papilionaceus et d'autres espèces qu'il peut croire habiter exclusivement sous une latitude plus méridionale. La région lyonnaise offre en effet de ces contrastes, non seulement dans sa Flore, mais encore dans sa Faune, ainsi que plusieurs naturalistes l'ont déjà fait voir (1). Comme nous l'avons montré dans le chapitre consacré à l'influence du climat (2), à côté des espèces communes dans le centre de la France et de l'Europe, qui forment le fonds de la végétation de la partie moyenne du bassin du Rhône, à côté des espèces montagnardes, alpines ou subalpines, qui arrivent presque à nos portes en suivant les vallées et les cours d'eau qui descendent des monts du Lyonnais, du Jura ou des Alpes dauphinoises et savoisiennes, on peut observer, dans quelques localités privilégiées, une Florule spéciale, formée d'espèces communes dans la partie méridionale de la France et qui, grâce à l'exposition chaude et à la nature spéciale du sol de ces localités, remontent plus ou moins haut dans les parties supérieures des vallées du Rhône et de la Saône.

De ces espèces, les unes paraissent établies dans nos environs, de *toute antiquité* et font certainement partie de la *Flore naturelle* de la région ; d'autres sont des plantes étrangères, d'acclimatation plus récente, ou des espèces introduites accidentellement dans les cultures, dans les moissons, avec des graines de provenance méridionale : ces dernières constituent une Flore méridionale *adventice* dont la nature et l'importance, par suite de la variabilité des causes qui la produisent, varient elles-mêmes chaque année. Nous ne parlerons ici que de la Flore méridionale naturelle, renvoyant l'étude de l'*adventice* au chapitre consacré aux modifications de la Flore.

I. *Historique.* La présence d'espèces méridionales sur nos coteaux voisins de Lyon est connue et a été signalée depuis longtemps par les botanistes. Sans parler des *Flores lyonnaises,*

---

(1) Voy. pour la *Faune* méridionale du Lyonnais : Foudras. insectes méridionaux des bords du Rhône, des coteaux de la Pape (*Ann. Soc. d'agr. de Lyon*, 1822-1823, p. 100 ; *Ann. Soc. linn.* t. VI, p. 9) ; — Fournet, généralités et dispersion géographique de l'*Emys lutaria* (*Ann. Soc. d'agr. de Lyon*, 1853, t. V. p. 98 et seq.) ; — Locard, mollusques et insectes (*ibid*, 1877, t. X, p. 93 ; et 1882, t. V, procès-verbaux, p. CIII.

(2) Voy. plus haut, tirage à part, p. 205 et suiv., ou *S. b. L*, t. XI, p. 177, seq.

dans lesquelles il est facile de relever l'énumération et l'habitat
de ces espèces (1), des notes publiées sur ce sujet par M. le
Dʳ SAINT-LAGER (2), de l'avant-propos du Catalogue de
FOURREAU (3), où l'on trouve ces plantes méridionales groupées
par localités, on peut, en cherchant dans les publications des
botanistes plus anciens, se convaincre de l'existence dans notre
région de la plupart de ces espèces, à une époque très éloignée.

Près de nous, au commencement de ce siècle, M. de Martinel,
dans une notice sur la culture du Mûrier, disait très heureuse-
ment : « Si vous conservez encore quelques craintes sur le sort
de vos Mûriers, sortez de votre ville, lorsque vos riants coteaux
seront émaillés de fleurs, cherchez un instant et vous trouverez,
végétant avec vigueur, le *Centaurea conifera*, le *Cistus gutta-
tus*, l'*Aphyllanthes monspeliensis*, le *Tribulus terrestris*, le
Lavandula spica et tant d'autres plantes qu'on aurait cru réser-
vées aux climats heureux du Languedoc et de la Provence (4). »

Quelques années auparavant, Gilibert, dans les nombreuses
notes qui accompagnent son *Histoire des plantes de l'Europe*
(1798-1806), donne des renseignements fort intéressants sur les
espèces méridionales qu'on avait déjà observées de son temps,
telles que *Centaurea conifera, Aphyllanthes monspeliensis,
Lavandula spica, Convolvulus cantabrica, Cistus monspeliensis, Orchis papilionacea*, etc.

En remontant plus haut encore, on trouve la plupart de ces
espèces indiquées déjà dans le *Chloris* de la Tourrette (1785) :
Ciste, Lavande, *Convolvulus cantabricus, Carpesium cernuum,
Carthamus lanatus*, etc.

Nous voyons aussi, en 1755, Commerson récolter au Mont-
d'Or, la Leuzée conifère (échantillon conservé dans l'herbier de
Soubri).

Vers 1720, enfin, notre illustre Goiffon signalait la présence

_____

(1) CARIOT, *Étude des fleurs*, 1879, 6ᵉ édition, t. II. — BALBIS, *Flore
lyonnaise*, 1827, etc.
(2) ST-LAGER, Note sur l'introduction de quelques plantes méridionales
dans le domaine de la Flore lyonnaise (*Ann. Soc. bot. de Lyon*, t. I, 1872,
p. 59). — Voy. aussi l'indication des espèces *thermophiles* du Jura méridional dans une note du même auteur sur la Flore du Colombier du Bugey (*ibid.*,
t. III, 1874, p. 140).
(3) J. FOURREAU, Catalogue des plantes qui croissent spontanément le long
du cours du Rhône (*Ann. Soc. lin. de Lyon*, 1868, t. XVI, avant-propos,
p. 301-320).
(4) *Ann. de la Soc. d'agr. de Lyon*, 1817, p. 86.

de plusieurs plantes méridionales, telles que *Plantago Lagopus*, perdues puis retrouvées de nos jours; il donnait les premières indications précises sur l'habitat de l'Aphyllanthe, de la Lavande, de la Leuzée qu'il récoltait dans les mêmes localités où on les trouve encore aujourd'hui. Du reste, la Leuzée aurait été vue dans les environs de Lyon, par Daléchamps, dès 1560 (1).

On possède ainsi la preuve que les plus caractéristiques de ces espèces méridionales existaient déjà dans nos environs au moins au commencement du XVIII* siècle; on doit par conséquent les considérer comme appartenant à notre Flore naturelle. D'autre part, l'extension de cette florule méridionale dans d'autres parties voisines ou situées plus haut dans le bassin du Rhône est encore une nouvelle preuve que sa présence dans notre région n'est pas accidentelle ou récente.

II. *Stations.* A l'exception de quelques rares espèces qui habitent les vallées et les bas-plateaux granitiques du Lyonnais, telles que les *Silene armeria, Draba muralis, Trifolium Lagopus*, des vallons du Garon et du Mornantet (2), nos plantes méridionales sont localisées pour la plupart sur les versants exposés au midi, dans le Mont-d'Or et les Coteaux du Rhône.

Au Mont-d'Or, principalement vers le sommet du Mont-Cindre et dans les pelouses qui s'étendent au-dessus des carrières de Couzon, se trouvent les plus intéressants représentants de cette végétation méridionale : *Leuzea, Lavandula, Aphyllanthes, Genista horrida, Lonicera etrusca, Acer monspessulanum, Spartium junceum, Buffonia macrosperma, Convolvulus cantabricus*, etc. (3).

Les coteaux qui s'étendent de Lyon à Meximieux et à la vivière d'Ain, surtout dans les stations de la Pape, du vallon de la Cadette et de Néron, devenues classiques, recèlent sur leur versant exposé directement au midi : *Cistus salviæfolius, Helianthemum salicifolium, H. guttatum, Cytisus capitatus, C. biflorus, C. argenteus, Trigonella monspeliaca, Crucianella*

---

(1) Voy. les auteurs cités plus haut et principalement GILIBERT, *Hist. des plantes d'Europe*. 2ᵉ édition, 1806, t. I, p. 127, 371; t. II, p. 83, 434, 439; t. III, p. 10; addit., p. xxxii, etc.
(2) Voy. plus haut, tirage à part, p. 28, ou *S. b. L.*, t. VIII, p. 284.
(3) Voy. plus haut, tirage à part, p. 60, ou *S. b. L.*, t. IX, p. 208.

*angustifolia, Valerianella coronata, Crupina vulgaris, Poly-
gala exilis, Helichrysum stœchas, Xeranthemum inapertum,
Linosyris vulgaris, Onosma arenarium, Aphyllanthes, Orchis
papilionaceus, O. fragrans, Barbula membranifolia, Clado-
nia endiviæfolia, Psoroma fulgens,* etc. (1).

Les Balmes-viennoises, situées sur la rive gauche du Rhône,
offrent aussi plusieurs des espèces précédentes ; cependant on
n'y trouve plus la Leuzée, la Lavande, l'Aphyllanthe, le Ciste,
l'Orchis rouge ; mais nous devons faire observer que quelques-
unes de ces plantes ont pu disparaître à la suite des défrichements ; il en est ainsi du Ciste qui existait encore à Saint-Priest,
du temps de Gilibert, comme nous l'avons rappelé plus haut (2) ;
en revanche, les Balmes-viennoises possèdent d'autres espèces
méridionales qui ne se trouvent pas ailleurs dans le rayon de
notre Flore, telles que *Trifolium Bocconi, Psoralea bituminosa, Andropogon Gryllus,* etc. (3).

Du reste, à mesure qu'on descend le cours du Rhône, la Flore
revêt un caractère de plus en plus méridional ; en approchant
de Vienne, on voit abondamment, sur les coteaux d'Estressin, le
Cistus salviæfolius, la Sauge officinale, le Térébinthe, le Mico-
coulier, etc. ; plus bas, vers Condrieu et Malleval, apparaissent
*Anthemis tinctoria, Lactuca viminea, Catananche cœrulea,
Teucrium Polium, Echinops Ritro,* etc.

Si l'abondance des espèces des climats chauds n'a rien de surprenant dans ces dernières localités, il est assez remarquable de
voir quelques-unes d'entre elles constituer des colonies dans les
parties supérieures du bassin du Rhône ; mais d'après Fourreau (4), « le Rhône français appartient presque tout entier à la
végétation méridionale de l'Europe ; » et Christ (5), allant encore

---

(1) De cette Florule méridionale qui orne les chauds coteaux de la Pape et
de Néron, il convient de rapprocher la petite Faune de mollusques méridionaux, *Helix trochoides, H. acuta, Pupa quinquedentata,* qui a été signalée
par M. A. Locard (*Ann. Soc. agr. de Lyon,* 1877, t. X, p. 93). Voy. plus
haut, tirage à part, p. 78, ou *S. b. L.,* t. IX, p. 226.

(2) Voy. tirage à part, p. 32. 136, ou *S. b. L.,* t. VIII, p. 292 ; t. X, p. 142 ;
GILIBERT, *Hist. des plantes d'Europe,* t. II, p. 15 ; — c'est le sort qui menace la station de Néron qui est la plus septentrionale du bassin du Rhône ;
lorsque les derniers pieds de Ciste en auront été arrachés, la limite septentrionale de dispersion de cette espèce sera reculée presque à Vienne, sur les
coteaux d'Estressin.

(3) Voy. plus haut, tirage à part, p. 106, 136 ou *S. b. L.,* t. IX, p. 254 ;
t. X, p. 142.

(4) Fourreau, ouvrage cité.

(5) CHRIST, *La Flore de la Suisse,* 1883, p. 80.

plus loin, admet que les plantes méditerranéennes arrivent jusqu'aux frontières de la Suisse (1).

En continuant, en effet, à remonter le Rhône, au-delà des points extrêmes des Coteaux du Rhône et des Balmes-viennoises dont nous venons de voir la végétation spéciale, nous trouvons d'abord, dans l'Isère, les rochers jurassiques des environs de Crémieux, Mont-d'Annoisin, Vernas, Vertrieu, etc., couverts des *Draba muralis, Rhamnus Villarsii* Jord., *Rh. saxatilis, Cytisus sessiliflorus, C. biflorus, C. argenteus, Trifolium lævigatum, Dorycnium suffruticosum, Trigonella monspeliaca, Psoralea bituminosa, Convolvulus cantabricus, Salvia officinalis, Aphyllanthes, Lecanora testacea, Squamaria Lamarcki,* etc. (2).

Dans l'Ain, les roches calcaires de la *Gorge du Rhône,* à Serrières, Lhuis, Cordon, Pierre-Châtel, possèdent une végétation encore plus riche; on y trouve en effet : *Draba muralis, Æthionema saxatile, Acer monspessulanum, Rhamnus saxatilis, Ptychotis heterophylla, Chrysocoma, Carpesium, Osyris, Stipa,* et plus rarement : *Helianthemum velutinum, Iberis collina* Jord., *Pistacia Terebinthus, Rhus Cotinus, Cytisus argenteus, Clypeola Jonthlaspi, Centaurea Crupina, Adiantum Capillus-veneris, Sedum altissimum,* etc.

Citons encore le bassin de Belley, dont les rochers calcaires de Parves, Muzin, Lit-au-Roi, sont garnis de véritables petits bois de *Pistacia Terebinthus, Acer monspessulanum, Lonicera etrusca, Osyris alba,* avec *Æthionema, Chrysocoma, Clypeola, Hyssopus, Lavandula,* etc.; — les expositions chaudes de la Gorge de l'Albarine, où l'on retrouve : *Helianthemum velutinum, Clypeola, Lonicera etrusca, Iberis, Crupina, Lactuca viminea,* etc. (3).

De semblables colonies se rencontrent enfin dans diverses localités de la Savoie (4) et jusque dans le Valais (5).

---

(1) Voy. plus haut, tirage à part, p. 238, ou *S. b. L.*, t. XI, p. 210.
(2) Voy. plus haut, tirage à part, p. 118, ou *S. b. L.*, t. X. p. 124.
(3) Voy. notre *Stat. de l'Ain*, p. 36, 37. — Thurmann dit aussi quelques mots de la végétation méridionale du Bugey, dans sa *Phytostatique*, t. I, p. 189; voy. aussi St Lager dans *S. b. L.*, loc. cit.
(4) La florule méridionale du bassin du Bourget a donné lieu, au commencement de ce siècle, à une note d'Othon de Moidière, parue dans les *Ann. de la Soc. d'agr. de Lyon*, 1806, p. 37.
(5) Christ, *La Flore de la Suisse*, op. cit.

Pour ne pas allonger démesurément ce paragraphe, nous allons résumer ainsi qu'il suit les conclusions auxquelles l'étude de la dispersion de ces espèces nous a conduit (1) :

1° *Espèces méridionales, limitées à la région lyonnaise, dans le bassin du Rhône, ne dépassant pas vers le nord, le Mont-d'Or et les Coteaux du Rhône.*

Ranunculus monspeliacus (cyclophyllus et lugdunensis *Jord.*), Fumaria Vaillantii, Cistus salviæfolius, Helianthemum guttatum, Polygala exilis, Silene conica, Linum angustifolium, Genista horrida, Cytisus biflorus, Trifolium Lagopus, T. Bocconi, T. glomeratum, Psoralea bituminosa, Crucianella angustifolia, Helichrysum Stœchas, Centaurea paniculata, C. aspera, Leuzea conifera, Andryala sinuata, Salsola Kali, Corispermum hyssopifolium, (Celtis australis, Quercus Ilex), Orchis papilionaceus, O. fragrans, Aphyllanthes monspeliensis, Cyperus Monti, Bromus madritensis, etc.

2° *Espèces méridionales lyonnaises* (sauf celles entre parenthèses) *atteignant la Saône-et-Loire et la Côte-d'Or.*

Ranunculus gramineus, R. parviflorus, (Draba muralis), Silene italica, S. otites, Buffonia macrosperma, Spartium junceum, Ononis Columnæ, O. natrix, Umbilicus pendulinus, Torilis nodosa, Tordylium maximum, Bupleurum aristatum, (Ptychotis heterophylla), Trinia vulgaris, Chrysocoma linosyris, (Inula squarrosa), Micropus erectus, Kentrophyllum lanatum, Convolvulus cantabricus, (Stipa pennata), Bromus squarrosus, etc.

3° *Espèces méridionales lyonnaises remontant à Crémieux, dans le Revermont, le Bugey et à Genève par la vallée du Rhône.*

Ranunculus chærophyllos, Fumaria capreolata, Rapistrum rugosum, Gypsophila saxifraga, Silene italica, Acer monspessulanum, Rhamnus saxatilis, Rh. Villarsii, Ononis natrix, O. Columnæ, Potentilla rupestris, Sedum anopetalum, Tordylium maximum, Bupleurum aristatum, B. junceum, Lonicera etrusca, Galium corrudæfolium, Inula Vaillantii, Helichrysum Stœchas, Micropus erectus, Crupina vulgaris, Campanula Medium, Primula grandi-

(1) Voy. aussi précédemment, tirage à part, p. 232, ou *S. b. L.*, t. XI, p. 204.

flora, Anchusa italica, Onosma echioides, Lavandula spicata, Plantago cynops, Arum italicum, Bromus squarrosus, Adiantum Capillus-Veneris, etc.

4° *Espèces méridionales lyonnaises se retrouvant dans le Valais.*

Ranunculus gramineus, Rapistrum rugosum, Helianthemum salicifolium, Silene armeria, S. otites, Buffonia macrosperma, Ononis Columnæ, O. natrix, Trigonella monspeliaca, Potentilla rupestris, Sedum anopetalum, Lonicera etrusca, Galium corrudæfolium, Chrysocoma linosyris, Micropus erectus, Centaurea paniculata, Kentrophyllum lanatum, Xeranthemum, Crupina vulgaris, Primula grandiflora, Anchusa italica, Onosma echioides, Andropogon Gryllus, Adiantum, etc.

5° *Plantes méridionales, non lyonnaises, remontant, par les montagnes calcaires de l'Isère, dans le Bugey et la Savoie :*

Arabis muralis, Clypeola Jonthlaspi, Biscutella lævigata, B. chicoriifolia, Æthionema saxatile, Ruta graveolens, Pistacia Terebinthus, Rhus Cotinus, Cytisus sessiliflorus, C. argenteus, Dorycnium suffruticosum, Sedum altissimum, Ptychotis heterophylla, Galium myrianthum, Artemisia virgata *(Jord.)*, Inula squarrosa, Satureia montana, Osyris alba, Hyssopus officinalis, Stipa pennata, Stipa capillata, etc.

De même que plusieurs des espèces méridionales lyonnaises arrivent dans la Côte-d'Or (liste n° 2), le Bugey et le Valais (liste n° 4), de même quelques-unes des plantes de la liste précédente peuvent reparaître soit dans les calcaires de la Côte-d'Or (*Ptychotis, Inula, Stipa pennata,* etc.), soit dans le Valais : (*Clypeola, Biscutella lævigata, Ruta graveolens, Rhus Cotinus, Hyssopus, Stipa capillata,* etc.)

III. *Causes.* A quelles causes peut-on attribuer la présence de ces espèces méridionales sous le climat lyonnais ?

La première et la plus puissante est certainement le *climat* même de la région.

Nous avons déjà indiqué (1) que la vallée du Rhône est plus

---

(1) Voy. plus haut, tirage à part, p. 197 et 251, ou *S. b. L.,* t. XI, p. 169, 223.

chaude à latitude égale que les vallées voisines, celle de la Loire
par exemple ; mais pour le montrer mieux encore, nous croyons
devoir reproduire ce que M. Legrand a dit du climat de la partie
de la vallée de la Loire, située sous la même latitude que
Lyon (1) :

« La plaine du Forez, si on la compare au reste de la France,
est située sous une latitude relativement méridionale, car elle
est sensiblement coupée en son milieu par le 45°45' de latitude N.
Cependant on y chercherait en vain les espèces assez nombreuses
qui, des bords de la Méditerranée, remontent la vallée du Rhône
jusqu'à Lyon, c'est-à-dire sous la même latitude que la nôtre.
Ce fait, qui étonne tout d'abord, s'explique par diverses raisons :
l'inclinaison du sud au nord que présente la plaine : son altitude,
qui surpasse en moyenne de 200 mètres celle des bords du
Rhône ; sa situation, au milieu de montagnes élevées, dont
quelques sommets restent ensevelis sous la neige pendant six
mois de l'année ; enfin la direction même de ces montagnes qui,
s'ouvrant vers le nord, facilitent l'action des vents froids.

Aussi la température de cette plaine n'est-elle pas en rapport
avec la latitude, d'où par suite un climat plus froid que celle-ci
ne comporterait, toutes choses égales, d'ailleurs.

Les froids de l'hiver et en général l'abaissement de la température sont donc un obstacle à l'existence des plantes méridionales assez nombreuses qui supportent encore le climat de
Lyon... »

Du reste, les évaluations météorologiques de M. Grüner assignent « à la plaine du Forez une température moyenne d'environ 11°3, et au plateau de Saint-Étienne 10°3, celle de Lyon
étant de 12°5 C. »

En résumé, nous trouvons à l'avantage de la vallée du Rhône
(et de la Saône), au voisinage de Lyon : une inclinaison générale
dirigée du nord au sud, une faible élévation en altitude, un plus
grand éloignement des montagnes, sa direction N.-S. s'ouvrant
largement au midi, pour recevoir sans obstacle l'influence des
vents chauds de la Méditerranée, et, comme conséquence finale,
une température moyenne supérieure de 1°5 à 2° C.

_____

(1) LEGRAND, *Stat. bot. du Forez*, p. 29.

Mais cette donnée climatologique ne nous suffit pas: d'abord elle n'explique pas la localisation des espèces véritablement méridionales en certains points restreints de la région lyonnaise ; de plus, la connaissance des moyennes annuelles atmosphériques n'indique pas exactement la température dont les plantes profitent réellement, donnée mieux représentée par l'accroissement de température de la terre ou de la plante, dû à l'*insolation* (1). Il nous faut donc chercher d'autres causes, que nous trouverons en examinant quelles sont les *stations* préférées dans notre région par les plantes thermophiles : ces causes sont l'*exposition* et la *nature particulière* des terrains dans lesquels ces plantes se sont établies.

Si l'on se reporte aux indications que nous avons données plus haut des diverses localités où croissent les espèces méridionales, on constate d'abord que les plus *frileuses* d'entre elles se trouvent toutes sur les versants de nos Coteaux du Rhône ou du Mont-d'Or, exposés directement au midi (sommet des carrières de Couzon, falaise méridionale de la Dombes), en second lieu que ces stations sont ordinairement dans des *terrains calcaires*, comme les pelouses, les éboulis et les rochers de Couzon, les pelouses des Coteaux de la Pape à la rivière d'Ain, où la proportion de carbonate de chaux est souvent considérable, enfin les rochers calcaires du Bugey ou de la Savoie.

Nous avons suffisamment insisté déjà sur l'influence de l'exposition et surtout des expositions particulières qu'on observe dans les vallées du Lyonnais et du Beaujolais, dans le Mont-d'Or, dans les Coteaux du Rhône (2), pour qu'il soit nécessaire d'y revenir ici. Bornons-nous à rappeler que depuis longtemps les botanistes avaient signalé la *climatologie spéciale des vallées rhodaniennes* et le rôle considérable que jouent l'exposition, la direction des gorges, la réverbération des rayons solaires dans les vallées du Bugey, de la Savoie, du Valais, des Hautes-Alpes, etc. (3). THURMANN *(Phyt.*, I, 189), CHRIST *(op.*

---

(1) Voy. plus haut, tirage à part, p. 191, ou *S. b. L.*, t. XI, p. 163 ; GRISEBACH, *Végét. du Globe*, t. I, p. 37.

(2) Voy. plus haut, tirage à part, p. 251-254, ou *S. b. L.*, t. XI, p. 223-226.

(3) SAUVANEAU, Parallèle de la météorologie de Saint-Rambert et de Lyon (*Ann. Soc. d'agr. de Lyon*, 1840) ; — SAUVANEAU et FOURNET, Observations météorologiques à Saint-Rambert-en-Bugey, etc. (*ibid.*, 1852, t. IV, p. 181); — THURMANN, CHRIST, etc., *op. cit.*

cit., p. 108, 114) ont montré l'influence de ces climats locaux sur la végétation pour le Jura méridional et le Valais ; nous-mêmes nous l'avons étudiée minutieusement dans le Bugey (*Stat. bot. de l'Ain*, p. 35, etc.) (1) ; enfin, M. Legrand en a signalé des exemples remarquables dans le Forez (*Stat.*, p. 31).

Mais l'influence dont l'action sur la dispersion des plantes méridionales est plus intéressante à établir, et qui demande par conséquent quelques développements, est celle de la *nature minéralogique* du sol où croissent ces espèces dans notre région. Ainsi que nous l'avons vu, on les rencontre le plus souvent dans les sols calcaires (Mont-d'Or, Coteaux du Rhône, Bugey, etc.); mais nous devons dire, tout d'abord, que ce n'est pas toujours à une influence chimique exercée par le sol sur la plante qu'il faut attribuer cette relation ; en d'autres termes, il n'y a pas là une appétence nécessaire de ces plantes pour l'élément calcaire : l'étude de la dispersion de ces espèces montre en effet que si, dans le nombre, il s'en trouve qui soient incontestablement calcicoles, d'autres appartiennent certainement au groupe des plantes indifférentes, comme le prouve leur habitat sur les gneiss, les granites ou les autres roches siliceuses, dans les régions plus méridionales de la France.

L'action exercée par les sols calcaires est, dans ce dernier cas, surtout physique : elle résulte de ce que ces terrains sont, toutes choses égales, plus chauds que les sols siliceux. On sait, en effet, que si les sols compacts et blancs, ou peu colorés comme le sont ordinairement les terrains calcaires, s'échauffent moins rapidement sous l'influence des rayons solaires que les sols sableux et colorés plus vivement, ils se refroidissent en revanche plus lentement et conservent, en définitive, plus de calorique que les sols poreux des régions siliceuses (2). D'autre

---

(1) Ce sont, en effet, les vallées transversales du Rhône (de Lagnieu à Pierre-Châtel), de l'Albarine et du Furens (d'Ambérieu à Rossillon), du Lit-au-Roi, etc., qui possèdent les représentants les mieux caractérisés de cette florule méridionale.

(2) On sait que la température qu'un sol peut acquérir, ou son pouvoir d'absorption et d'émission de calorique, dépend de sa nature, de sa couleur, de son état d'agrégation, de sécheresse ou d'humidité, de nudité ou de culture. Des observations de Humbold, Ramond, des expériences de Dove, Gasparin, etc., on peut tirer les conclusions suivantes :

Couleur : Plus un terrain est noir, plus il est chaud, plus il absorbe de rayons calorifiques, mais moins l'atmosphère environnante est chaude, car le sol ne rayonne pas ; au contraire, plus un terrain est blanc, moins il est

part, les sols calcaires rayonnent davantage, ce qui explique pourquoi la température moyenne des régions calcaires ou dysgéogènes serait aussi plus élevée que celle des régions granitiques ou siliceuses (1).

Ces différences sont établies non-seulement par des mensurations directes, des observations de température, mais encore par les faits agricoles et la comparaison des températures des sources suivant qu'elles sortent des terrains calcaires ou des terrains siliceux.

Tous les agriculteurs reconnaissent que les sols calcaires sont plus précoces que les sols siliceux ; déjà, à la fin du siècle dernier, GIRAUD-SOULAVIE disait : « La floraison, la maturité des fruits, etc., sont plus hâtives dans les terrains calcaires que dans les sols quartzeux, toutes choses égales, d'ailleurs (2) ; » assertions confirmées, du reste, par l'expérience de tous les jours. Dans le Lyonnais, par exemple, on observe que les cultures du Mont-d'Or (calcaire) sont plus précoces, à altitude égale, que celles des monts du Lyonnais (siliceux) ; il y a quelquefois 5 à 10 jours de retard pour ces derniers, suivant les années et surtout l'abondance des pluies (3).

---

chaud, mais plus l'atmosphère voisine est chaude, par suite du rayonnement ;

Culture : Les terres non cultivées et les roches nues ont une température moyenne plus élevée que les terres cultivées, mais rayonnent moins qu'elles ;

État physique : Les terrains sablonneux s'échauffent plus vite et à un plus haut degré, mais se refroidissent de même ; les terrains compacts, comme les terrains calcaires, ne s'échauffent pas aussi vite, mais retiennent le calorique bien plus longtemps.

Cf. LECOQ, *Études de Géogr. bot.*, t. I, p. 20 ; F. OGÉRIEN, *Hist. nat. Jura*, t. I, p. 93.

(1) « Les températures atmosphériques, de même que celles des sources, paraissent plus basses en moyennes annuelles sur sols eugéogènes que sur sol dysgéogène. » THURMANN, *Phyt*, II, p. 297, 299.

(2) GIRAUD-SOULAVIE, *Histoire naturelle de la France méridionale*, Paris, MDCCLXXX, 3ᵉ partie, chap. II, p. 303.

(3) A Poleymieux (Mont-d'Or), à l'altitude de 400 mètres, les moissons ont lieu, en général, du 10 au 20 juillet, tandis qu'à Grézieu-la-Varenne (monts du Lyonnais), à la même altitude et la même exposition, elles ne se font que du 15 au 25. — Citons encore la curieuse observation de DUPUIS DE MACONEX (*Ann. Soc. d'agr. de Lyon*, 1839, t. II, p. 435) : s'appuyant sur cette idée (fausse) que les sols calcaires se laisseraient plus facilement pénétrer par la chaleur, cet agronome croyait y trouver la cause de la production, par les vignes du Mont d'Or, de vins agréables et spiritueux.

M. Parisot a aussi observé dans les environs de Belfort « une différence de température entre les roches de nature calcaire et les terrains feldspathiques, lors même que les conditions de climat sont les mêmes. » Il a constaté que la végétation des terrains calcaires a une avance de six à huit jours sur celle des autres terrains (*Mém. Soc. d'émul. du Doubs*, 1858, t. III, p. 63).

Mais les données relatives à la température des sources ne sont pas aussi concluantes et demandent quelques éclaircissements.

Bien que la température moyenne des sources varie suivant les terrains mêmes et suivant les altitudes ; bien que, à leur tour, les sources d'un même terrain soient sujettes à des variations de température provenant des différences de profondeur des filets d'eau qui leur donnent naissance, de l'altitude réelle de leur point de départ, de l'état boisé ou non des massifs où elles se forment, des différences dans l'hygroscopicité des sols traversés, cependant les nombreuses observations dues à Mérian et à Thurmann ont permis à ce dernier de conclure, d'abord, que « toutes choses égales, certains terrains à roches compactes ont probablement une température moyenne annuelle plus élevée que certains terrains à roches poreuses et hygroscopiques (1) ; » et ailleurs : « Les sources sont, toutes choses égales, plus froides en moyenne annuelle et en même temps plus dépendantes de la marche atmosphérique dans les terrains poreux, hygroscopiques, frais, que dans les terrains formés de roches compactes » (2).

Il est vrai que la question de la température des sources est très complexe et Thurmann a reconnu lui-même, plus tard, que la possibilité de l'origine *thermale* de certaines sources devant être admise, il avait peut-être eu tort de conclure précédemment à la moyenne plus élevée de la température des terrains d'où elles sortent (3). Mais le fait de cette différence de température, plus élevée dans des terrains dysgéogènes (calcaires), plus basse dans les sols eugéogènes (siliceux), paraît bien établi, et quelle que soit l'explication donnée, que cette différence ait quelquefois une origine *thermale* ou soit presque toujours de nature hydrométéorique, on doit en tenir compte dans des recherches climatologiques appliquées à la géographie botanique d'une contrée, au moins à cause de l'influence qu'elle doit exercer dans l'arrosement des sols.

Voici les données que nous avons pu recueillir sur les températures des sources de la région lyonnaise ; elles prouvent que l'hypothèse de Thurmann se vérifie d'une façon assez nette dans notre contrée.

---

(1) THURMANN, *Phytostatique*, t. I, p. 57.
(2) THURMANN, *Phytostatique*, t. I, p. 63.
(3) *Ibid.*, t. II, p. 282.

Sources des terrains siliceux :

Source minérale de Charbonnières ; sort du granite porphyroïde ; températ. été (air à $+$ 36°25) = 11°25 ; hiver (air à $-$ 10°) = $+$ 6°25. Cette variation de 5° de la température de la source pour 46° de chaleur atmosphérique, indique qu'elle sort d'une certaine profondeur ; elle est très remarquable surtout pour une eau minérale (1).

Source minérale de Duerne, dans le vallon de Montromant ; sort du gneiss ; tempér. = 9°9, au mois d'octobre (2).

Source de la Mouche, sous Saint-Genis-Laval ; sort des granites ; températ. = 11° C (3).

Sources du Pilat ; sortent des gneiss ; observ. le 11 juillet 1853 (4).

S. des marais des Fraichures (700ᵐ) = 10°2 ;
S. des Hermeaux (id.) = 9° ;
Font-Olagnier (800ᵐ) = 8°8 ;
S. vers maison Collet = 7°4 ;
Id. = 8°2 ;
Font du Razat (850ᵐ) = 8°6 ;
Font Claire (900ᵐ) = 8°2.

Sources des terrains calcaires :

Sources du Mont-d'Or lyonnais. — D'après MM. Falsan et Locard (5), la température normale des sources du Mont-d'Or est de 10° à 13°, représentant à peu près la température moyenne de l'atmosphère (exception, plus bas, pour la source du Nandron).

Sources des falaises de la Dombes : — *a. Falaise occidentale.*

D'après les recherches de M. Dupasquier (6), toutes les sources du rebord occidental de la Dombes, de Lyon à Trévoux, ont les mêmes caractères : leur point d'émergence a lieu dans le même horizon géologique ; leur température est identique : maximum, 13° C. ; minimum, 12° C. ;

Sources de Royes : cinq sources en face de Collonges ; sor-

---

(1) Drian, *Pétral. et minéralogie*, p. 129.
(2) Fournet in Drian, *op. cit.*, p. 128.
(3) *Ann. Soc. d'agr. de Lyon*, 1843, t. VI, p. 141.
(4) Fournet, *Ann. Soc. d'agric. de Lyon*, 1853, t. V, p. 149.
(5) Monographie du Mont-d'Or, p. 42.
(6) Dupasquier, *Des eaux de source et des eaux de rivière*, Lyon, 1840, p. 23-28.

tent à peu près à quarante mètres au-dessus de l'étiage de la Saône ; température invariable hiver et été = 13° C. ;

Source du Ronzier ; sort à un peu plus de 40 mètres au-dessus de l'étiage ; température en été = 12°4 C. ; — en hiver = 11°9 C. ;

S. de fontaine ; sort à 65-70^m au-dessus de l'étiage ; temp. en été = 12° C. ; en hiver (— 3°) = 11°8 C. ;

Fontaine de Lavosne à Neuville ; sort à 40^m ; temp. = 13°, l'air étant à + 27° ;

Les sources de Massieux, Reyrieux, Sainte-Euphémie, Toussieux ont les mêmes caractères, les mêmes températures que les précédentes ;

Id. — b. *Falaise méridionale*. — Les sources du rebord méridional sortent aussi au même niveau géologique que celles du rebord occidental, ordinairement sous le conglomérat bressan (compact et incrusté de calcaire), à une hauteur de 40^m au-dessus de l'étiage du Rhône ; elles paraissent aussi avoir la même température ; voici, en effet, les renseignements que nous avons trouvés dans une série d'articles sur la *Crénologie* de l'Ain publiés par un anonyme (*Ustulatus*) (1).

Sources de la Chapelle, au-dessus de Miribel, observées le 7 janvier 1855 :

S. du Nézoir = 9°2 R (11°5 C).

S. de la Chanée = 9° R (11°25 C).

S. des deux Nézoirs = 8°6 R. (10°75 C.)

S. Diot = 8°5 R (10°6 C).

Ces températures converties en **C** correspondent bien aux températures d'hiver des sources du Ronzier et de Fontaines. On peut remarquer aussi que les températures sont d'autant plus élevées, d'autant moins variables que les sources émergent sous une épaisseur plus grande de terrains (2).

Sources des Balmes viennoises. — Ces sources sortent de ter-

---

(1) *Journal de l'Ain*, n°⁵ du 11 janvier 1878 et suiv.

(2) Nous mentionnons seulement pour mémoire les sources situées sur les bords de la rivière d'Ain et qui ont été étudiées par FOURNET d'abord (*Ann. Soc. d'agr. Lyon*, 1853, t. V, p. 151), puis par M. MICHAUD (*id.*, 1877, t. X, p. 44) ; provenant des infiltrations de l'Albarine à travers le diluvium meuble de la plaine du Bas-Bugey, il n'est pas étonnant que, suivant l'observation de Fournet « quelques-unes de ces sources soient remarquablement froides pour le pays » ; il avait constaté cependant des températures de 10°3, 10°9, 11°3, 11°7, 11°9, le 23 avril 1853 ; M. Michaud leur a trouvé, en été, une température à peu près uniforme, un peu inférieure à 11°, s'élevant à 12° et 13° pour celles qui jaillissent à une certaine distance des balmes.

rains dont la nature, la composition, la consistance sont très variables et n'offrent, par conséquent, que peu d'intérêt ; elles sont, du reste, rares. Aussi, nous ne citerons, d'après DRIAN (1), que celles qui sourdent entre Jonage et Décines et qui alimentent les marais de Vaux ; leur température prise près des Balmes était de 11°, alors que celle du Rhône était à 4°,7.

De l'ensemble de ces données, il résulte bien que la température des sources sortant des terrains calcaires ou compactes est, en général, plus élevée et moins variable que celle des sources sortant des terrains arénacés. Nous ne donnons, bien entendu, ces conclusions, qu'avec les plus grandes réserves, motivées par le petit nombre des observations que nous avons pu recueillir.

Du reste, en dehors des sources thermales, les températures des sources présentent quelquefois des anomalies que nous résumons ainsi :

1° Les sources peuvent être superficielles et leur température varier alors dans des limites assez grandes, suivant les variations de la température de l'air ;

2° Les sources peuvent appartenir à cette catégorie de sources artésiennes, profondes, ayant subi un refroidissement considérable par une sorte de ventilation ou d'autres procédés qui ont été bien étudiés par CHACORNAC et FOURNET, aux travaux desquels nous renvoyons pour ce sujet (2).

En résumé, tous les faits que nous venons d'exposer tendent à démontrer que la nature du sol est certainement pour quelque chose dans la fixation des espèces méridionales dans notre région.

Nous terminerons en rappelant qu'il est, du reste, bien établi que les espèces méridionales remontent plus haut, en latitude, dans les régions calcaires que dans les régions siliceuses ; les citations suivantes le prouvent :

LECOQ dit, pour le Plateau central : « Un fait certain, c'est que

---

(1) *Op. cit.*, p. 407.
(2) FOURNET, Température anormale de quelques sources : puits de Nandron, au Mont-d'Or, oscillant de 3°, 5 à 7° (*Mém. de l'Académie de Lyon*, 1852, t. II [sciences], p. 61) ; — CHACORNAC, Température des sources jaillissant en talus escarpés, dans le Jura (*Ann. de la Soc. d'agr. de Lyon*, 1865, t. IX, p. 310) ; — FOURNET, Température anormale de quelques sources (*ibid.*, 1866, t. X, p. 110-119).

nos espèces les plus méridionales s'avancent davantage vers le nord sur les calcaires blanchâtres des *causses*, sur les marnes blanches de la Limagne que sur les granites et les basaltes colorés (1). »

Kirschleger cite, dans l'Alsace, le parc de rochers calcaires du Schlosberg à Westhalten caractérisé par les plantes méridionales suivantes : *Artemisia camphorata, Helianthemum Fumana, Lepidium petræum, Stipa pennata, Dictamnus albus, Colutea arborescens* (2).

M. Timbal-Lagrave « constate que la végétation méditerranéenne cesse brusquement au contact du calcaire et du granite ; il affirme que l'extension de la flore méditerranéenne vers le nord est principalement subordonnée à la nature chimique du sol et que le rôle joué en cette circonstance par l'action de la latitude est tout à fait secondaire. Ainsi se trouvent expliquées ces singulières colonies méridionales qui surprennent le botaniste à de grandes distances de la région méditerranéenne ; c'est au calcaire qui les supporte qu'elles doivent leur existence (3) ».

M. Timbal-Lagrave paraît donc attribuer à la composition du sol une action complètement chimique ; mais nous ferons observer que certaines de ces espèces sont *indifférentes* dans le Midi ; M. Fournier avait raison d'ajouter : « Les partisans de l'influence physique du sol ne manqueront pas de faire valoir, en cette circonstance importante, que le calcaire est regardé comme conservant mieux la chaleur que les sols siliceux. »

M. Planchon, à propos de la végétation des environs de Montpellier, dit enfin : « En somme, on serait plus embarrassé pour dresser dans notre région une liste de plantes exclusivement amies du calcaire qu'on ne le serait dans le nord ou l'ouest de la France. Cela tient, sans doute, à ce que, dans ces dernières

(1) Lecoq, *Géogr. bot. de l'Europe*, t. II, p. 139.
(2) Kirschleger, *Flore d'Alsace*, t. III, p. 297. Il est vrai qu'on a attribué cette florule à d'autres causes : M. Bleicher, par exemple, pense qu'on pourrait ici songer à l'influence du fœhn mis aussi en cause par Christ à propos de la Flore méridionale de la Suisse ; voy. *Bull. Soc. géolog. de France*, 1880, t. VIII, p. 220 ; *La végétation de la Suisse*, 1880, et *Feuille des jeunes naturalistes*, nº 134, déc. 1881, p. 15.
(3) Timbal Lagrave, Exploration scientifique des environs de Montauban (Aude) dans *Bull. de la Soc. des sciences phys. et natur. de Toulouse*, t. II, p. 234-271) ; analysé dans *Bull. Soc. bot. France*, 1876, revue bibl., p. 35, 36 et note.

régions, le calcaire, par sa faculté de s'échauffer plus que les
terrains moins secs, nourrit des colonies de plantes à caractère
plus méridional que l'ensemble de la flore du pays (1). »

Ici, en effet, on se trouve en présence de cette question qui
nous a déjà arrêté à propos de la flore spéciale des gneiss des
Coteaux du Rhône (2), à savoir si plusieurs au moins des espèces
qui sont manifestement calcicoles dans notre région, dans l'est
et le nord de la France, ne seraient pas simplement des xérophiles, indifférentes dans le midi, mais exigeant dans les contrées septentrionales, des sols calcaires, plus secs et plus chauds ?
L'étude de la dispersion géographique de plusieurs de ces plantes,
et particulièrement des *Saponaria ocymoides, Orlaya grandiflora, Cota tinctoria, Crepis setosa, Kentrophyllum lanatum,
Vincetoxicum, Lavandula, Teucrium Chamædrys, Buxus,*
etc. (3), confirmerait assez bien cette hypothèse que nous devons
seulement nous borner à signaler dans le présent travail.

CHAP. IV. — MODIFICATIONS DE LA FLORE DANS LES TEMPS GÉOLO-
GIQUES ET DEPUIS LA PÉRIODE HISTORIQUE.

Dans ce chapitre nous étudierons successivement : 1° les
principales végétations qui se sont succédé sur notre sol pendant les diverses époques géologiques ; 2° l'origine paléontologique des plantes de la végétation actuelle ; 3° les modifications
survenues dans la flore depuis la période historique.

§ 1er. — Végétations des diverses époques géologiques.

Les premiers vestiges déterminables de plantes, observés dans
les environs de Lyon, ne remontent qu'aux terrains carbonifé-

---

(1) PLANCHON, La végétation de Montpellier et des Cévennes dans ses rapports avec la nature du sol, extr. du *Bull. de la Soc. lang. de Géographie*,
30 août 1879, tir. à part, p. 6.
(2) Voy. plus haut, tir. à part, p. 348 et 349, ou *S. b. L.*, XII, p. 120 et 121.
(3) Pour *Saponaria ocymoides*, voy. plus haut, p. 360 *(S. b. L.* XII, p. 132) ;
Orlaya grandiflora, Vincetoxicum, Teucrium, Buxus, voy. plus haut,
p. 385, 388, etc. *(S. b. L.* XII, p. 157, 160) ; *Crepis setosa*, qui est certainement indifférente, même dans notre région, ne se retrouve dans le Nord
(erratique) que sur les sols calcaires (voy. Moselle, Belgique, etc.) ; de même
Cota tinctoria, qui remonte sur les gneiss de Condrieu, Chavanay, Vienne,
reparaît commune, mais sur les calcaires, dans les lieux arides de la Moselle
(Hollandre, Warion, Tinant ; Barbiche *in Bull. soc. h. nat. Moselle*, 1870,
12e cah., p. 72) ; même résultat pour *Kentrophyllum*, etc., etc.

riens inférieurs ; tels sont, par exemple, les empreintes que renferment les schistes des environs de Tarare et de Ternand ; les végétaux avaient cependant fait depuis longtemps leur apparition, soit dans les mers anciennes, soit même sur les terres exondées, puisque le passage de la vie aquatique à la vie terrestre, perfectionnement déjà considérable, s'était opéré depuis de longs siècles ; les schistes chloriteux (cornes-vertes) du cirque de l'Arbresle renferment, en effet, des traces charbonneuses qui ne sont autre chose que des débris informes de végétaux ; d'autre part, on trouve dans les terrains plus anciens que ces schistes, dans diverses contrées, des empreintes de Fougères, végétaux relativement élevés en organisation et qui ont été certainement précédés par d'autres formes terrestres plus rudimentaires.

Quoi qu'il en soit, lors de l'époque *carbonifériennne inférieure*, ainsi que M. Falsan le disait dans un intéressant travail (1), « à la place des Sapins qui couronnent les montagnes du Beaujolais et des vignes qui en couvrent les flancs, s'élevaient, sur ces anciens rivages, des *Stigmaria*, des *Sagenaria*, des *Cyclopteris*, des Cycadées gigantesques, des Fougères arborescentes, qui devaient donner à notre pays l'aspect d'une des îles basses de l'Océanie. »

La végétation *houillère*, qui a été pour ainsi dire le couronnement de cette première période, est mal représentée dans les environs de Lyon ; il faut aller à Rive-de-Gier ou à Saint-Étienne pour trouver les documents qui nous permettront de reconstruire le paysage des anciennes lagunes disséminées sur les plages lyonnaises de Sainte-Paule, de l'Arbresle, de Sainte-Foy-l'Argentière. En s'aidant des travaux des Brongniart, Grand'Eury, Renault, de Saporta, on revoit par la pensée ces plages basses, bordées de lagunes intérieures, dominées par des collines peu élevées et souvent voilées par une brume épaisse ; sur leurs bords, les Calamites au port raide et nu, les colonnes des Sigillaires, l'inextricable lacis des Fougères entremêlées, puis d'autres Fougères arborescentes avec leurs couronnes de feuilles géantes, des Lépidodendrons, de souples et légères Astérophyllites : « paysage sévère, aux formes coriaces et pointues et dépourvues

(1) FALSAN, Histoire géologique des environs de Lyon, dans *Association lyonnaise des amis des sciences naturelles*, 1874, p. 10.

complètement de ces fleurs aux brillantes corolles de nos végétations actuelles (1). »

Il n'y a rien d'extraordinaire à ce qu'aucun de ces types si
singuliers n'ait persisté, jusqu'à notre époque, dans la région
lyonnaise ; quelques-uns ont même complètement disparu de la
végétation du globe, sans laisser de descendants ; d'autres se
sont transformés et ne sont représentés aujourd'hui que par des
formes dégénérées, amoindries, les *Sphœnophyllum* par les
Salviniées de nos étangs, les gigantesques Calamites par nos
humbles *Equisetum*, pour ne citer que ces deux exemples.

Survient ensuite une grande lacune qui s'étend pendant la
première moitié des *terrains secondaires* ; les dépôts triasiques,
liasiques et oolithiques inférieurs de notre Mont-d'Or n'ont, en
effet, presque pas laissé de débris végétaux ; le plus intéressant
est une Algue, le *Cancellophycus scoparius* Sap., dont on peut
observer les nombreuses empreintes dans le calcaire à fucoïdes,
au-dessous de l'ermitage du Mont-Cindre. Du reste, d'après les
paléontologistes, cette époque présente presque partout une
végétation appauvrie qui ne devient un peu variée que vers la
fin des terrains jurassiques : les types végétaux des terrains
carbonifères ont alors disparu ; les Gymnospermes (Cycadées et
Conifères), au contraire, dominent. C'est ce que montre bien
l'étude des empreintes observées à proximité de la région lyonnaise dans les montagnes du Bas-Dauphiné et du Bugey, à
Morestel et Creys (Isère), Cerin, le lac d'Armaille, Seyssel et
Orbagnoux (Ain).

« Sur les bords de la mer kimméridgienne qui couvrait alors
cette région régnait, dit M. de Saporta (2), une plage extrêmement sinueuse, variant d'aspect et de configuration, tantôt
escarpée avec des eaux pures, comme à Morestel et à Cerin,
tantôt marécageuse et mélangée d'eau douce, comme à Creys,
tantôt enfin convertie en lagunes avec des apports limoneux et
des sources d'asphalte, comme le montrent les dépôts d'Armaille
et d'Orbagnoux. » Ces couches ont conservé les débris d'une
flore des stations sèches et accidentées (3), constituée par des

---

(1) DE SAPORTA, Le monde des plantes avant l'apparition de l'homme,
1879, p. 182.
(2) DE SAPORTA, Notice sur les plantes fossiles des lits à poissons de Cerin,
1873, p. 52.
(3) Voy. DE SAPORTA, Les associations végétales fossiles, dans *Revue
scientifique*, 1876, 6ᵉ année, p. 33.

Fougères aux frondes maigres et coriaces, comme les *Cicadopteris Brauniana, Lomatopteris cirinica*, des Cycadées pouvant se rattacher à celles du Cap, de l'Inde, de l'Australie (*Zamites Feneonis, Otozamites*, etc.) et surtout des Conifères de grande taille, les unes reliées aux types antèjurassiques disparus (*Brachyphyllum nepos*, etc.), les autres apparentées aux Araucarias, aux Séquoias actuels, plantes sociales qui constituaient l'essence principale des forêts couvrant les pentes des montagnes de cette époque géologique.

Avec les terrains *tertiaires* qui succèdent aux précédents, apparaissent de nouvelles formes ; les types américains (aux feuilles larges et caduques), introduits probablement par les régions polaires, aujourd'hui désertes et glacées, mais alors recouvertes d'une riche végétation forestière (voy. les travaux de Heer, Nordenskiœld, de Saporta, etc.) (1), deviennent de plus en plus fréquents ; les Fougères, les Palmiers diminuent ; les Conifères, les Amentacées augmentent de nombre, les Dicotylédones viennent d'apparaître ; les climats, d'abord sensiblement égaux et tropicaux dans les précédentes périodes, commencent à se répartir inégalement à la surface du globe ; au début des terrains tertiaires, durant l'époque *éocène*, c'est encore le climat des Pandanées, exigeant une température moyenne de 25° environ ; avec le *miocène*, la température moyenne s'abaisse déjà à 22° (climat des Palmiers proprement dit) et la flore reçoit de nombreux végétaux analogues aux formes actuelles et ancêtres des types de notre époque ; les Charmes, les Érables, les Peupliers, les Chênes et tous les genres à feuilles élargies et caduques deviennent de plus en plus nombreux en espèces. Cette végétation caractéristique s'observait dans notre région lyonnaise ; la mer mollassique remontait la vallée du Rhône et de la Saône au pied de nos montagnes granitiques et calcaires, sur l'emplacement même de Lyon, témoins les sables qu'elle a déposés au Jardin-des-Plantes, au Vernay, à Gorge-de-Loup, à Sain-Fonds, et qui renferment des empreintes certaines des végétaux que je viens de citer.

Ce caractère nouveau et particulier de la végétation miocène

---

(1) Principalement l'intéressant résumé de M. DE SAPORTA, présenté par lui en 1877 au Congrès international des sciences géographiques, sous le titre de *Ancienne végétation polaire*.

se conserve avec des modifications, dans l'étage suivant ou
pliocène. Le passage se produit insensiblement : en effet, dans
la mollasse marine de Sain-Fonds, nous trouvons le Platane ;
dans les lignites mio-pliocènes de la Tour-du-Pin, le Platane, le
Hêtre, le Noyer ou des Juglandées voisines ; le Hêtre encore
dans les lignites mio-pliocènes d'Hauterive et les sables pliocènes de Trévoux. La présence du Hêtre est importante à noter
comme caractéristique d'un climat spécial, qui s'est maintenu
jusqu'à nos jours, au moins dans quelques-uns de ses éléments (1).

Cependant avec la période pliocène, les conditions climatériques s'altèrent rapidement, la végétation se dépouille et s'ap-
pauvrit ; elle possède encore, dans notre région, une richesse
relative, qui nous est montrée par les empreintes des tufs calcaires de Meximieux (Ain), si bien conservées et en assez grande
abondance pour qu'il ait été possible à M. de Saporta (2) de
reconstituer un tableau pour ainsi dire vivant de la végétation
qui couvrait nos environs à cette époque. C'étaient d'abord de
vastes forêts constituées par une Conifère actuellement japo-
naise (*Torreya nucifera*), un Chêne-vert (*Quercus prœcursor*
Sap.) voisin de celui qui existe encore dans le Midi de la France,
plusieurs sortes de Lauriers des îles Canaries ou de l'Amérique
(*Laurus canariensis* Web., *Apollonias canariensis* Web.,
Persea carolinensis), des Tilleuls, Erables et Noyers asiatiques
ou européens (*Tilia expansa, Acer opulifolium pliocenicum,
A. lœtum, Juglans minor*), des Houx (*Ilex canariensis, I. Falsani*), un Buis (*Buxus pliocenica*), des Viornes (*Viburnum
pseudo-Tinus, V. rugosum*), quelques-uns voisins et probablement ancêtres de ceux qui croissent actuellement dans notre
région ; sur le bord des eaux se pressaient des formes de Peuplier
blanc (*Populus alba pliocenica*), Platanes, Magnolia, Tulipier,
Laurier-rose, Grenadier (*Punica Planchoni*), à peine différents
de ceux qu'on observe à notre époque, en Amérique ou dans le
Midi de l'Europe ; le long des berges humides, des touffes de
Bambusa lugdunensis, et dans les rocailles des cascades, de

---

(1) Voy. GRISEBACH, Végétation du globe, t. I, p. 118, 119, et plus haut,
tir. à part, p. 201 ou S. b. L., t. XI, p. 173.
(2) Voy. sur la végétation pliocène de Meximieux : FALSAN, DE SAPORTA et
MARION dans *Archives du Muséum de Lyon*, t. I, 1876, et DE SAPORTA, Le
monde des plantes, p. 332.

délicates Fougères, le *Woodwardia radicans* et l'*Adiantum reniforme* qui habitent encore les îles Canaries et les régions tropicales.

C'était, en somme, un curieux mélange d'espèces des îles Canaries et de l'Amérique du Nord, de l'Europe moderne et de l'Asie caucasique et orientale, qui exigeaient une température moyenne de 18° pour prospérer, température par conséquent supérieure de près de 6° à celle de notre climat actuel.

A la suite de quelles circonstances le climat se modifia-t-il assez dans la suite pour provoquer l'extension des glaciers des Alpes jusqu'à Lyon? Je n'ai pas à l'expliquer ici ni à décrire les diverses phases de cet important événement géologique qu'on trouvera retracées dans les ouvrages des savants qui ont le plus contribué à les faire connaître (1). Il me suffit de rappeler, en quelques lignes, qu'à la fin de l'époque pliocène, après l'épanouissement de cette flore subtropicale dont nous venons d'esquisser les principaux caractères, le climat devint assez froid pour donner à notre région un aspect presque sibérien. Sous l'influence d'une atmosphère froide et humide, de pluies plus fréquentes, les montagnes des Alpes, du Jura, du Dauphiné, du Lyonnais, se couvrent de névés et de glaciers; puis le grand glacier du Rhône vient s'étaler comme un immense éventail sur les plaines de la Bresse, de la Dombes et du Bas-Dauphiné, peut-être jusqu'au pied des monts d'Iseron, où il rencontre les glaciers locaux de nos montagnes lyonnaises. Que devint alors la végétation tropicale qui s'était épanouie dans la plaine? Tout porte à croire que ces végétaux frileux se sont retirés peu à peu devant les glaciers; mais ont-ils abandonné de suite et complètement la région? Deux hypothèses sont ici en présence : quelques naturalistes, comme Heer, admettent que le sol prit alors un aspect véritablement sibérien; le fond de la végétation ne fut plus constitué que par des Pins, des Sapins, des Bouleaux, des Mousses des régions froides : la végétation pliocène aurait donc, dans cette hypothèse, fait place entièrement à la végétation arctique. Mais d'autres naturalistes, s'appuyant sur certaines considérations climatologiques et surtout sur ces faits curieux

(1) FALSAN et CHANTRE, Travaux divers sur les anciens glaciers de la partie moyenne du bassin du Rhône, particulièrement dans les *Ann. de la Soc. d'agric. de Lyon*, de 1875-1880.

de contact qu'on peut observer de nos jours encore dans les terres australes, à la Nouvelle-Zélande par exemple, où les glaciers descendent au voisinage des Fougères arborescentes, des Dracénas, des Palmiers, des Aralias et autres végétaux qui ne supporteraient pas les hivers de la Provence, admettent la possibilité de la coexistence des glaciers avec un climat relativement doux et une végétation subtropicale (1).

Quoi qu'il en soit, la persistance de ces nouvelles conditions de climat a dû faire reculer les plantes de la Flore pliocène, celles du moins qui n'ont pas pu s'adapter à ce nouveau milieu, de plus en plus vers les parties méridionales du continent, dans la Provence par exemple, où les derniers vestiges de cette flore sont représentés par ces végétaux frileux qu'a étudiés, il y a peu d'années, M. Charles Martins (2); la végétation de notre contrée prit alors un caractère véritablement arctique, au moins au voisinage immédiat des glaciers, et dans les pâturages où paissaient de nombreux troupeaux de Rennes (3); puis à mesure que les glaciers se retirent, les espèces arctiques reculent avec eux jusqu'aux sommets des montagnes alpestres, où elles sont actuellement cantonnées; quelques-unes persistent dans les stations humides, plus froides, où elles trouvent un milieu encore favorable à leur végétation et auquel elles finissent par s'adapter: telles sont la plupart des plantes de nos tourbières et de nos prairies marécageuses (4). En même temps et à mesure

---

(1) Voy. Lecoq, Des glaciers et des climats,... 1847; — Ch. Martins, Recherches récentes sur les glaciers actuels et la période glaciaire (Revue des Deux Mondes, 15 avril 1875; tir. à part, p. 15; — Plus récemment M. Calloni a admis aussi que dans le Tessin méridional, où l'on a retrouvé des empreintes d'Oreodaphne Heerii, Cinnamomum, Laurus princeps, etc., et où l'on voit actuellement Laurus nobilis, Diospyros Lotus, etc., les types ancestraux se sont conservés pendant les accidents de l'époque pliocène, malgré l'existence des glaciers. (Notes sur la Géogr. botan. du Tessin méridional, dans Arch. des sc. phys. et nat., 15 janv. 1881).

(2) Ch. Martins, Sur l'origine paléontologique des arbres, arbustes et arbrisseaux indigènes du Midi de la France, sensibles au froid dans les hivers rigoureux (Mém. de l'Acad. de Montpellier, 1877).

(3) Voy. sur l'extension des plantes arctiques, à l'époque tertiaire, De Saporta, De l'ancienne végétation polaire, op. cit.; — à l'époque quaternaire et principalement sur la question des rapports de la flore arctique (actuelle) avec la flore alpine, les travaux de Hooker (1860), Christ (1865), Bentham (1869), John Ball (Ann. des sc. natur., 1880) et l'aperçu critique de M. Bonnier dans la Revue scientifique du 19 juin 1880.

(4) Voy. Ch. Martins, Origine glaciaire des tourbières du Jura... in S. b. Fr., XVIII, 1871, p. 406; A. Magnin, Origine glaciaire de la végét. des marais du Lyonnais, ibid., XXI, 1875, p. 35 et précédemment, p. 423 du tir. à part ou S. b. L., XII, p. 195.

que le climat redevient plus chaud, les espèces méridionales remontent la vallée du Rhône, d'abord dans les terrains secs, bien exposés, puis dans le voisinage de ces stations, ainsi que cela se passe encore de nos jours.

A ce moment, c'est-à-dire à la fin de l'époque quaternaire, au commencement de l'époque historique, la végétation du Lyonnais se trouve donc constituée dans ses traits généraux, avec les éléments principaux qu'elle a conservés jusqu'à ce jour; des changements s'y produiront cependant, modifications récentes de la flore dont nous étudierons l'importance et les causes dans le dernier paragraphe de ce chapitre; auparavant, mettant à profit les recherches des paléontologistes, nous allons essayer de rattacher les principaux types de notre végétation actuelle aux végétations qui l'ont précédée.

§ 2. Origine des plantes de la végétation actuelle.

Nous venons de voir qu'à l'époque quaternaire, la flore du Lyonnais devait être composée des éléments principaux qui la caractérisent encore de nos jours; pour établir leur filiation avec les types des époques antérieures, nous distinguerons, avec M. de Saporta (1), les diverses associations suivantes de végétaux ayant régné pendant les temps tertiaires et dont quelques-unes seulement sont parvenues jusqu'à l'époque actuelle, du moins dans notre région :

1° « Une première catégorie, indigène, comprenant des types nés dans la région et ne l'ayant jamais quittée à partir de leur première origine : Laurier, Vigne, Lierre, Laurier-rose, divers Érables, Térébinthe, Gaînier, etc... »

2° et 3° (Deuxième et troisième catégorie de types tropicaux, indigènes ou cosmopolites n'ayant pas laissé de descendants dans notre région);

4° Une quatrième catégorie indigène, mais perdue pour l'Europe (comme les deux précédentes), composée de types habitant actuellement les régions montagneuses de la zone tempérée chaude, *Betulaster*, *Alnaster*, certains Peupliers, Erables, Saules, de même groupe que ceux que nous possédons encore,

---

(1) DE SAPORTA, Le monde des plantes, 1879, p. 369 seq.

34

mais s'en distinguant par des aptitudes plus méridionales, leurs feuilles demi-persistantes, leur susceptibilité pour le froid de nos hivers ;

5° Catégorie empruntée au continent *africain* et aux îles qui en dépendent, Açores, Canaries, etc.: *Phœnix, Callitris, Acacia, Aralia, Rhus*, etc.

6° Types américains, des parties méridionales et austro-occidentales de l'Union ;

7° « Une dernière catégorie dont la provenance des régions polaires est notoire, depuis les découvertes relatives aux flores fossiles tertiaires et crétacées du Spitzberg et du Groënland..... Parmi les types de cette catégorie, il faut ranger en première ligne les *Sequoia.....*, *Platanus*, les Chênes de la section *Robur*, les Bouleaux, les Sapins, Ormes, Hêtres, Châtaigniers, Tilleuls, etc., enfin beaucoup de types à feuilles caduques ou marcescentes qui sont demeurés l'apanage des régions du Nord. »

« Dans le pliocène, dit encore M. de Saporta (*l. c.*, p. 373), il n'existe plus guère que des types de la première, de la quatrième et de la septième catégorie, combinés avec des épaves de plus en plus clairsemées de la cinquième et de la sixième. Dans la Flore européenne actuelle il serait possible de signaler les derniers vestiges de celles-ci, que comprend encore la végétation des bords de la Méditerranée : le Caroubier, le Myrte, l'*Anagyris fœtida*, le Lentisque, l'Euphorbe en arbre, etc.... »

Voici donc comment on peut grouper, au point de vue de leur origine paléontologique, les principaux types de la Flore lyonnaise :

I. *Types austraux*, autochtones ou africains (première, quatrième et cinquième catégorie de M. de Saporta), quelques-uns persistants, la plupart éteints ou émigrés, mais ayant occupé l'Europe centrale et méridionale, en général, dès l'éocène, c'est-à-dire dès le commencement des terrains tertiaires. Nous y rapportons :

1° Les espèces qui existaient encore dans les tufs pliocènes de Meximieux et qui ont prolongé leur existence dans notre région jusqu'à l'époque actuelle, telles que la Vigne, — le Lierre, dont l'origine remonte au-delà des temps tertiaires par l'*Hedera primordialis* Sap., de la craie cénomanienne, mais dont le type actuel *(H. Helix)* était établi vers le commencement du pliocène ; — le *Pistacia Terebinthus* (cf. *P. miocenica* Sap., du midi de la France), qui se retrouve de nos jours encore dans notre région, à Vienne, dans le Bugey, etc. ; — le *Quercus Ilex*, descendant, par les *Q. præcursor* Sap. (pliocène de Meximieux), *Q. mediterranea* (miocène), *Q. antecedens, armata* et *cuneifolia* (éocène), du type de la section des *Ilex*, constituée sous l'influence du climat éocène ; le *Q. ilex* atteint presque Lyon par les Coteaux du Rhône ; — les autres représentants de ce type austral, *Nerium, Laurus nobilis, Punica, Viburnum Tinus*, etc., qui existaient encore dans les tufs de Meximieux, ont émigré depuis dans les parties plus méridionales de la France et de l'Europe.

2° Toutes les plantes ayant un facies méditerranéen, par leurs feuilles plus ou moins coriaces, persistantes ou transformées, leur susceptibilité au froid de nos hivers rigoureux, etc., telles que les *Buxus, Ruscus, Ilex Aquifolium*, la plupart des Génistées (*Ulex, Spartium, Sarothamnus*, etc.), les Cistes, Alaterne, Sumac, Osyris, *Tamus*, etc.; le Buis était du reste représenté à Meximieux par une forme voisine, le *B. pliocenica* Sap., ainsi que le Houx par l'*Ilex Falsani* Sap.; le caractère austral du Buis, du Fragon, est aussi reconnu par tous les phytostaticiens (Voy. THURMANN, *Phyt.*, I, 190, 191 ; GRISEBACH, *op. cit.*, I, 315, 316); le Sarothamne enfin a gelé fréquemment pendant les derniers hivers, même sur nos Coteaux lyonnais, etc. (1).

II. *Types boréaux*, d'origine polaire, ou endémiques (remontant à la période glaciaire), ayant commencé à s'introduire dans notre région dès le miocène, mais développés surtout à partir du pliocène et de l'époque glaciaire, en même temps que les types austraux disparaissaient ou émigraient. Ce type est caractérisé par des feuilles en général caduques, marcescentes et plus ou moins élargies, ou des formes aciculaires persistantes adaptées aux courtes périodes de végétation du climat boréal. Nous citerons :

---

(1) Voy. à ce point de vue l'ouvrage cité plus haut de CH. MARTINS, concernant l'origine paléontologique des plantes indigènes du Midi de la France, sensibles au froid dans les hivers rigoureux : parmi les végétaux qu'il y étudie, nous ne trouvons que les *Quercus ilex ?, Pistacia terebinthus* et *Vitis vinifera*, arrivant dans la région lyonnaise. Voy. aussi les *Additions* à la fin du présent ouvrage.

Les Sapins proprement dits, *Abies* et *Picea*, qui « ont eu certainement leur premier berceau dans le voisinage du pôle, d'où ils se sont ensuite répandus en Amérique, en Europe et en Sibérie, à mesure que le climat devenait froid et en suivant les chaînes de montagnes qui leur servaient de chemin. Notre Sapin argenté lui-même (*Abies pectinata* DC.) habitait le Spitzberg sous sa forme actuelle... » (SAPORTA, *l. c.*); le *Taxus baccata*; le *Juniperus communis*, qui descend probablement du *J. rigida* Heer, espèce tertiaire du Spitzberg;

La plupart de nos arbres ou arbrisseaux à feuilles caduques, tels que Hêtres, Bouleaux, Châtaigniers, Chênes-Rouvres, Platane, Tilleul, Noisetier, Viornes, Cornouillers, Sorbiers, etc.; notre Hêtre actuel, *Fagus silvatica*, descend du Hêtre arctique, *F. Deucalionis* Heer, qui s'est répandu vers la fin de la période miocène, par les formes intermédiaires *F. attenuata* Gœpp., *F. silvatica pliocenica*; — « les Bouleaux du type de notre *Betula alba* L. sont aussi venus du pôle de proche en proche », remplaçant les espèces de la section *Betulaster* ou Bouleaux de l'Asie méridionale, qui avaient régné jusqu'alors; de même pour les Chênes-Rouvres, les Ormeaux; — « les Tilleuls firent leur apparition dans la végétation européenne vers la seconde moitié du miocène et par la direction du nord;.... plus tard, au commencement du pliocène, on les retrouve auprès de Lyon; » — « le *Castanea Ungeri*, qui habitait le Groenland lors du miocène inférieur, est très voisin de notre *Castanea vesca* Gærtn., et du *C. pumila* Michx, de l'Amérique; — le *Corylus Mac-Quarii* Forb. des régions polaires, est aussi l'ancêtre de notre Noisetier (*Corylus avellana*) et de celui de l'Amérique (*C. purpurea*); » voici encore quelques exemples de filiations analogues, empruntés aussi à M. de Saporta:

Formes arctiques miocènes.	*Formes actuelles dérivées.*
Ulmus Braunii Heer.............	Ulmus campestris L.
Viburnum Whymperi Heer.......	Viburnum Lantana L.
Hedera Mac-Cluri Heer..........	Hedera Helix var.
Juglans acuminata Al. Br........	Juglans regia L.
Sorbus grandifolia Heer.........	Sorbus Aria L.
Prunus Staratschini Heer........	Prunus spinosa L.
Cratægus oxyacantoides Gœpp....	Cratægus oxyacantha L.

Et ce ne sont pas seulement les végétaux ligneux qui présentent ainsi des preuves manifestes de leur origine; on a pu en relever, quoique plus rares, pour des végétaux herbacés, comme les *Nymphœa, Menyanthes, Potamogeton*, etc. Ainsi le *Menyanthes trifoliata* L. de notre végétation actuelle dérive du *M. arctica* Heer; le *Potamogeton natans* L., du *P. Nordenskiœldii* Heer; l'*Osmunda regalis* L., remonte jusqu'à la végétation *crétacée* polaire par les intermédiaires *O. Strozzii* Gaud. (pliocène de l'Europe), *O. Heerii* Gaud. (miocène de l'Europe et tertiaire arctique), *O. Obergiana* Heer (craie polaire).

C'est à ce type boréal que doivent appartenir les espèces considérées comme *endémiques* dans notre région ou dans le centre de la France, telle que le *Peucedanum parisiense* et autres espèces que nous avons étudiées plus haut (1), formes probablement récentes, qui ne se sont pas encore étendues loin de leur centre d'apparition présumé.

§ 3. — Modifications de la Flore depuis la période historique.

On observe depuis quelques années d'intéressantes modifications dans la végétation du Lyonnais : des plantes qui n'y avaient jamais été indiquées ont apparu dans diverses localités et s'y maintiennent d'une manière remarquable ; d'autres qui n'avaient été rencontrées jusqu'alors que par accident, sont devenues tellement abondantes qu'on ne peut s'empêcher de les considérer comme appartenant à la flore de la région ; on sait, d'autre part, que plusieurs des plantes communes de nos champs, ainsi que quelques espèces qui habitent principalement les décombres, les bords des rivières, sont certainement des espèces introduites depuis la période historique. Nous devons donc examiner d'abord la nature et l'étendue des changements apportés à la flore primitive, par l'introduction de ces éléments nouveaux, qu'ils aient persisté et se soient véritablement naturalisés, ou qu'ils ne soient encore qu'adventices dans notre région, puis rechercher les causes de ces modifications et de la tendance à l'envahissement manifestée par plusieurs de ces espèces.

I. *Plantes naturalisées.* — Nous n'avons pas l'intention de discuter ici le sens qu'il convient de donner au mot *naturalisa-*

---

(1) Voy. GRISEBACH, *op. cit.*, I, p. 275, 294, et plus haut p. 241 ou *S. b. L.*, XI, p. 213.

tion, renvoyant pour cela aux opinions diverses émises par de Candolle, Clos, Naudin, Baillon, etc. (1); nous nous bornons à dire que nous considérons comme *plantes naturalisées*, dans la région lyonnaise, toutes celles qui s'y perpétuent, par n'importe quel moyen, mais d'elles-mêmes, c'est-à-dire sans le secours de l'homme, et sans apports annuels de graines de provenance étrangère. Rappelons encore que la naturalisation peut se faire à *grande distance*, comme cela a lieu pour les plantes d'Amérique qui se sont établies en France, — ou à *petite distance*, comme on l'observe pour les espèces du midi de la France ou de l'Europe qui ont remonté depuis peu dans notre région lyonnaise; enfin, de ces naturalisations, les unes sont déjà anciennes et se perdent même dans la nuit des temps, d'autres sont récentes et s'accomplissent encore sous nos yeux.

1° *Naturalisations anciennes.* On admet généralement que la plupart des plantes qui accompagnent les cultures, dans notre région tempérée, ont été introduites involontairement par l'homme avec les plantes cultivées; leur énumération renferme, en effet, d'abord des végétaux qui croissent à l'état spontané dans les lieux stériles de la Sicile, de l'Italie ou de la Grèce, d'où ils ont été probablement rapportés avec les céréales, depuis l'époque romaine, et qui disparaissent avec ces cultures; tels sont les *Adonis, Caucalis daucoides, Scandix Pecten, Centaurea Cyanus*, etc., et peut-être d'autres espèces messicoles, comme *Raphanus Raphanistrum, Lychnis Githago*, etc. Un autre groupe renferme des plantes originaires aussi de l'Europe orientale ou de l'Asie occidentale, mais qui, ayant été introduites à une époque plus ancienne, ont eu le temps de se naturaliser en dehors des champs cultivés, comme les *Papaver Rhœas, P. dubium, P. argemone, Fumaria officinalis, Stachys annua, Chenopodium, Blitum, Atriplex*.

Voici l'énumération des diverses espèces synanthropes de notre flore, qu'on peut croire avoir été introduites anciennement, soit par la culture, soit par l'habitation de l'homme :

---

(1) Voy. A. DE CANDOLLE, *Géog. bot.*, 1855, p. 608; CLOS, in *Belgiq. horticole*, 1835; NAUDIN, in *Revue horticole*, 1883. Consulter aussi l'intéressant mémoire que M. LAMIC vient de publier dans les *Ann. des sc. natur. du Sud-Ouest* (Bordeaux, août 1885), sous le titre de : *Recherches sur les plantes naturalisées dans le Sud-Ouest de la France*; nous aurons l'occasion de le citer plusieurs fois dans le cours de ce chapitre.

Adonis, Ranunculus arvensis, Nigella, Delphinium, Papaver, Fumaria, Sisymbrium officinale?, Brassica nigra, Sinapis, Thlaspi arvense, Lepidium campestre, Camelina, Senebiera, Neslia, Raphanus, Lychnis Githago, Spergula arvensis, Alsine segetalis, Fœniculum, Caucalis, Scandix, Sherardia, Asperula arvensis, Anthemis arvensis, Matricaria, Chrysanthemum inodorum, Centaurea Cyanus, Souchus oleraceus, S. asper, S. arvensis, Specularia, Convolvulus arvensis, Heliotropium, Lycopsis, Lithospermum arvense, Solanum nigrum?, Linaria elatine, L. spuria, Veronica heredæfolia, V. polita, V. agrestis, V. arvensis, Melampyrum arvense, Euphrasia serotina, Nepeta, Lamium amplexicaule?, L. purpureum?, Stachys arvensis, S. annua, Marrubium, Ballota, Leonurus, Ajuga chamæpitys, Teucrium Botrys, Amarantus Blitum, Chenopodium, Atriplex, Tulipa, Ornithogalum umbellatum, Gagea arvensis, Muscari, Digitaria sanguinalis, Setaria, Hordeum murinum, Lolium temulentum, etc. (1).

L'introduction de certaines de ces espèces est relativement récente ; quelques-unes sont des plantes cultivées rapportées par les Sarrazins ou les Croisés, d'autres des plantes inutiles apportées involontairement avec elles et devenues depuis lors spontanées. On devrait, par exemple, aux Sarrazins, l'introduction de la culture du Safran (*Crocus sativus*) et avec elle l'introduction des nombreuses espèces de Tulipes qui se sont perpétuées dans les mêmes localités jusqu'à ce jour (2) ; nos Tulipes lyonnaises, du moins les *Tulipa præcox* et *T. clusiana* qui n'appartiennent certainement pas à la flore primitive, ont peut-être une origine semblable (3). Il en serait ainsi du *Ranunculus arvensis*, plante si commune dans nos moissons, mais qu'on ne trouve maintenant spontanée qu'en Algérie, d'où elle aurait été transportée en Europe, avec des céréales, par les Sarrazins. L'introduction du *Lithospermum arvense*, originaire de la Thrace et de la Crimée, aurait eu lieu en France, aussi

(1) Cf. CONTEJEAN, Enumération des plantes vascul. de Montbelliard, dans *Mém. Soc. Emul. du Doubs*, t. IV, 1853, p. 85, et troisième suppl¹ à la Flore de Montbelliard, *ibid.*, 1875, t. X, p. 189 ; DE CANDOLLE, *Géogr. bot.*, passim.
(2) *Bull. de la Soc. bot. de France*, t. VII, p. 572 ; t. XIV, p. 98, 101.
(3) Voy. sur les Tulipes lyonnaises : MEHU dans *Bull. Soc. bot. France*, 1874, t. XXI, sess. de Gap, p. XVIII ; — PERRET. dans *Ann. Soc. bot. Lyon*, 1875, t. III, p. 94 ; — BOULLU, *id.*, 1876, t. IV, p. 171 ; — SAINT-LAGER, *ibid.*, 1878, t. VI, p. 156 ; et encore *Soc. bot. Lyon*, 1883, t. XI, C. R. des séances, p. 133 et 138.

460 TRANSFORMATIONS DE LA FLORE.

pendant le moyen-âge (1). La Bourrache (*Borrago officinalis*) serait, aussi d'après A. de Candolle (*op. cit.*, II, 679), originaire des parties orientales de la région méditerranéenne ; bien que très répandue dans la plus grande partie de l'Europe, elle ne serait qu'une plante *indirectement cultivée*.

D'autres espèces encore, mais habitant les bois ou les lieux incultes, peuvent être considérées comme naturalisées et non indigènes dans notre région ; nous citerons *Vinca major*, originaire du sud-est de l'Europe, d'où elle s'est répandue presque partout à l'ouest de son habitat primitif ; elle se retrouve dans un grand nombre de localités du Lyonnais (2) ; — *Syringa vulgaris* L., originaire de la Perse et de l'Asie-Mineure, cultivé communément dans les jardins d'où il s'est échappé pour vivre à l'état subspontané, mais si répandu qu'il peut être regardé comme spontané, surtout dans les régions méridionales (3) ; ces dernières espèces appartiennent cependant plutôt au groupe des plantes échappées des jardins ou introduites volontairement dans les haies, telles que les *Colutea arborescens, Lycium barbarum, Gleditschia, Paliurus, Jasminum fruticans, Linaria cymballaria, Antirhinum majus, Centranthus ruber*, etc., dont nous parlerons plus bas.

2° *Plantes naturalisées depuis la découverte de l'Amérique.* Les exemples les plus probants de naturalisation historique nous sont fournis par les plantes qui se sont répandues en Europe depuis la découverte de l'Amérique ; telles sont :

Erigeron canadensis L., Composée originaire de l'Amérique septentrionale, complètement inconnue dans l'ancien continent avant 1650, signalée pour la première fois en France, en 1655, par Brunyer, dans un catalogue du jardin de Blois, et en 1674, par Boccone, comme naturalisée dans le midi (4) ; elle

---

(1) A. DE CANDOLLE, *Géogr. bot.*, t. II, p. 679.
(2) Voy. LA TOURRETTE, *Voy. Pilat*, p. 131 ; *Chl. lugd.*, p. 6 ; GILIBERT, *Hist. pl. Eur.*, première édit., t. I, p. 57 ; troisième édit., t. I, p. 256 ; BALBIS, *Fl. lyon.*, I, p. 478 ; CARIOT, sixième édit., p. 531 ; DE CANDOLLE, *op. cit.*, p. 674 ; LAMIC, *op. cit.*, p. 70 ; elle présente une tendance manifeste à se répandre de plus en plus dans le Midi de la France (*id.*, p. 71).
(3) Voy. LA TOURRETTE, *Chl. lugd.*, p. 1 ; GILIBERT, *H. pl. Eur.*, première édit., t. I, p. 3 ; deuxième édit., I, p. 14 ; BALBIS, *Fl. lyon.*, I, 474 ; LAMIC, *op. cit.*, p. 72.
(4) A. DE CANDOLLE, *op. cit.*, II, 726.

s'est répandue ensuite si rapidement et en telle abondance dans une grande partie de l'Europe qu'on la croirait indigène (1). L'E. du Canada est depuis longtemps très commun dans le Lyonnais; car on le voit signalé comme tel par les plus anciens botanistes (2); il n'est pas aussi abondant dans d'autres parties de la France, bien qu'il paraisse y avoir une tendance marquée à l'envahissement, comme M. GILLOT l'a observé pour le département de Saône-et-Loire (3), et M. de VICQ, pour la Normandie (4), etc. Notons enfin que l'Erigeron est absent dans le Finistère, probablement, d'après M. MICIOL, parce que les vents régionaux y soufflent de l'Océan (5).

Robinia pseudo-acacia L., originaire de l'Amérique du Nord, d'où il a été importé par Robin, au milieu du XVIIIᵉ siècle, peut être considéré comme naturalisé dans la plus grande partie de la France, bien qu'il ne se propage, le plus souvent, que par drageons. Il est donné seulement comme cultivé dans La Tourrette, Gilibert, Balbis.

Œnothera biennis L., plante de l'Amérique septentrionale qu'on commença à cultiver en Europe, vers 1619 (Bauhin, Prosper Alpin) et qui, vers le milieu du XVIIᵉ siècle, se répandit principalement sur les bords de la mer, des fleuves et des rivières (A. DE CANDOLLE, *op. cit.*, II, 710). Pour le Lyonnais, LA TOURRETTE (*Voy. Pilat*, 142; *Chl.*, 10), GILIBERT (*Hist. pl. Eur.*, II, 436), BALBIS (I, 278), la signalent dans les îles du Rhône et le vallon d'Oullins; elle est aujourd'hui assez abondante dans les îles et sur les bords du Rhône, de la Saône, de l'Ain, de la Brevenne, du Gier, etc. (6).

---

(1) La propagation de l'*E. canadensis* a été favorisée par l'aigrette de ses fruits; quant à son introduction sur le continent européen, elle aurait eu lieu, d'après M. CRIÉ (*Nouv. élém. de botanique*, p. 1009), par un oiseau envoyé d'Amérique en Europe au XVIIᵉ siècle, et qui avait été empaillé avec ses fruits. Voy. LAMIC, *op. cit.*, p. 56.

(2) LA TOURRETTE, *Voy. Pilat*, 176; *Chl.*, 24; GILIBERT; BALBIS, 405, etc.

(3) *Bull. Soc. bot. de France*, 1870, sess. d'Autun, p. 49; *Ann. Soc. bot. de Lyon*, 1879, t. VII, p. 7; 1880, t. X, p. 10.

(4) *Soc. linnéenne du Nord de la France*, t. IV, 1874-1877, p. 77-92.

(5) *Bull. de la Soc. d'Et. scient. du Finistère*, 1881, p. 123; voy. *Soc. bot. Lyon*, t IX, p. 369.

(6) D'autres espèces américaines d'*Œnothera*, les *Œ. muricata* L., *Œ. stricta* Ledeb., *Œ. rosea* Ait., se sont naturalisées, depuis quelque temps, dans le Sud Ouest de la France: voy. LAMIC, *op. cit.*, p. 45; l'*Œ. muricata* L., devenue commune sur le bord des rivières des Vosges, l'*Œ. grandiflora* ou *suaveolens*, ont été trouvées, accidentellement, dans notre région lyonnaise (SAINT-LAGER, *Cat.*, 255).

Amarantus retroflexus L., originaire de la Pensylvanie, est indiquée déjà par La Tourrette (*Chl.*, 28) et Gilibert (1re éd., p. 352 ; 2e éd., t. III, p. 72), sous le nom d'*A. viridis*, dans les « terrains abandonnés aux Brotteaux », puis par Balbis (*Fl. lyon.*, I, 601), comme « commune au bord des chemins, même dans la ville ; » elle tend, du reste, à gagner du terrain, d'année en année, même dans la partie septentrionale du bassin du Rhône (1). — D'autres espèces d'Amarantes, signalées plus récemment encore dans la Flore du Lyonnais, sont aussi des plantes d'importation américaine (2) ; telles sont l'*A. silvestris* DC. (Balbis, *l. c.*, 301) et l'*A. patulus* Bert. (Cariot, *op. cit.*), qui se multiplient de plus en plus dans nos décombres et nos cultures, — l'*A. albus* L., naturalisé d'abord dans le Midi et qui est apparu accidentellement à Lyon, aux Brotteaux (3), — l'*A. paniculatus* L., dans le Beaujolais (4), etc.

L'**Oxalis stricta** L. serait aussi, pour quelques botanistes (5), une plante originaire de l'Amérique du Nord ; actuellement très commune dans les cultures et le long des chemins du Lyonnais et d'une partie de la France, elle ne paraît pas avoir été connue de nos plus anciens botanistes, du moins si l'on s'en rapporte à leurs descriptions ; dans La Tourrette (6) et dans Gilibert (7), on ne trouve indiquée comme *Oxalis* à fleur jaune, que l'*O. corniculata* L. ; il est vrai que la distinction des deux espèces *O. stricta* et *O. corniculata* est incertaine et que Balbis (8) et M. Jordan (9) ont rapporté précisément l'*O. corni-*

---

(1) Saint-Lager, *Cat.*, 648. — M. Contejean dit aussi : « Plante mexicaine, introduite en France depuis 1778. J'en ai vu les premiers pieds (aux forges d'Audincourt) en 1850 ; depuis, elle s'est étonnamment multipliée, et devient une mauvaise herbe dans les champs de la vallée du Doubs. (*Soc. Emul. du Doubs*, 1875, t. X, p. 202). » Est-ce bien l'*A. retroflexus* que La Tourrette et Gilibert avaient déjà observée aux Brotteaux, sur la foi de Balbis ? Ne serait-ce pas plutôt l'*A. silvestris* Desf. (*A. viridis* L.), qui y est aussi très-commune ? Quoi qu'il en soit, l'*A. retroflexus* était certainement déjà abondante au commencement de ce siècle dans nos environs.

(2) Voy. A. de Candolle, *Géogr. bot.*, p. 737 à 739.

(3) Saint-Lager, *Cat.*, 648 ; *Ann. Soc. bot. de Lyon.* — L'*Amarantus albus* est déjà indiqué aux Brotteaux dans l'anonyme de 1852.

(4) Gillot, *Soc. bot. Lyon*, 1880, t. X, p. 11. — Plusieurs de ces Amarantes sont aussi indiquées dans la *florule exotique de Genève*, de Déséglise ; M. Lamic n'en parle pas dans son mémoire.

(5) A. de Candolle, *Géogr. bot.*, p. 659, 660, 724.

(6) *Chloris lugdunensis*, p. 12.

(7) *Hist. des pl. d'Europe*, première édit., 1798, t. I, p. 141 ; deuxième édit., t. I, p. 320.

(8) *Flore lyonnaise*, t. I, p. 156.

(9) Dans deux notes parues dans les *Archives de la Flore de France...* (en

culata L. de La Tourrette et de Gilibert à l'*O. stricta* L. ; c'est
une question qui nous paraît difficile à résoudre. Quoi qu'il en
soit, Gilibert dit expressément : *tige diffuse ou à rameaux
étalés*, ce qui caractériserait l'*O. corniculata* L., s'il ne s'est
pas borné à transcrire la diagnose linnéenne, tandis que le
caule erecto de la description de Balbis prouverait que ce botaniste avait en vue l'*O. stricta*? On pourrait conclure de ces indications qu'à la fin du siècle dernier, l'Oxalide à fleurs jaunes
observée dans les environs de Lyon était l'*O. corniculata*, tandis qu'à partir du commencement de ce siècle, l'*O. stricta* la
remplace et devient de plus en plus commune? (1) Nous trouvons, du reste, dans d'autres régions, des preuves certaines de
l'envahissement *récent* de l'*Oxalis stricta* ; ainsi HEER a signalé
cette espèce parmi les plantes introduites récemment dans la
Flore zurichoise (2) ; M. LAMIC a relevé des faits semblables
dans le sud-ouest (3), etc.

3° Nous arrivons ainsi aux *naturalisations récentes* concernant des plantes qui ne figurent pas dans les anciens botanistes,
La Tourrette, Gilibert ; les premières sont encore des espèces
américaines, telles que :

Solidago glabra Desf. (*S. serotina* Willd.), plante de l'Amérique septentrionale, indiquée seulement depuis BALBIS (4)
comme « croissant en abondance dans les saussaies d'Oullins,
dans les îles du Rhône » ; ainsi que M. Saint-Lager le faisait
remarquer (5), et contrairement aux prévisions de M. A. de Can-

---

1854, p. 309) et les *Annotations* de Billot (1855, p. 14), M. Jordan a discuté
cette question de savoir si l'espèce connue généralement en Europe, aujour-
d'hui, sous le nom d'*O. stricta* L., est véritablement l'espèce linnéenne ;
M. Jordan pense : 1° que notre *O. stricta* L. actuel est bien celui que les
botanistes du siècle dernier rapportaient à l'*O. corniculata* ; 2° qu'il est difficile d'admettre que cette espèce nous soit venue d'Amérique, étant donnée
sa large diffusion, puisque « seulement aux environs de Lyon, je l'ai observée,
dit-il, en cent endroits divers, dans la région des plaines, comme dans celle
des montagnes, sur les deux rives du Rhône, aussi bien que sur les deux
rives de la Saône ; je l'ai vue abondante dans des haies et des champs éloi-
gnés de près d'une lieue des villages et fort loin des routes... »
(1) Cf. CARIOT, sixième édit., p. 139.
(2) HEER, Variation de la Flore zurichoise, traduit dans les *Ann. des sc.
naturelles*, 5° série, t. III, 1865.
(3) LAMIC, *op. cit.*, p. 41 ; voy. aussi B. MARTIN dans *Bull. Soc. d'ét.
scient. de Nîmes*, mars 1879.
(4) *Flore lyonn.*, 1827, t. I, p. 399.
(5) *Ann. Soc. bot. de Lyon*, t. I, p. 63, 64.

464 TRANSFORMATIONS DE LA FLORE.

dolle (1), qui mettait en doute que la naturalisation de cette plante fut durable, le *S. glabra* s'est répandu abondamment sur les bords du Rhône, de la Saône, de l'Ardèche (2), de l'Ain, de l'Arve (3), du Doubs, de l'Ognon, du Drac, de l'Isère, etc. Nous avons aussi montré que ce Solidage s'étend de plus en plus chaque année, se substitue complètement aux autres plantes herbacées qu'il étouffe et arrive même à gêner la végétation des taillis et des *vorgines* qui couvraient auparavant les îles et les délaissés du Rhône (4).

L'**Aster Novi-Belgii** L. (*A. serotinus* Willd.) a été déjà cité du temps de Balbis (*op. cit.*, p. 403) dans la « presqu'île de Perrache et les îles du Rhône au-dessus de Pierre-Bénite ». Il s'est depuis naturalisé sur les bords et dans les îles du Rhône et de la Saône (5), mais moins abondamment que le *Solidago glabra*. On trouve, aussi, plus rarement encore, dans les mêmes stations, d'autres *Aster* américains, tels que les *A. brumalis* Nees (*A. Novi-belgii* Willd.), *A. salignus* Willd., *A. Novæ-Angliæ*, etc.; on ne peut pas encore les considérer comme véritablement naturalisés (6).

Le **Xanthium spinosum** L. est très probablement aussi d'origine américaine (7); il s'est rapidement propagé surtout dans le midi de la France, où on le connaissait dès 1763, et dans le sud-ouest où on le voit, en 1811, indiqué à Toulouse; depuis lors il a envahi toute la région et y devient de plus en plus commun (8). Pour le Lyonnais, on peut croire, d'après le

---

(1) *Géogr. bot.*, p. 727.
(2) *Ann. Soc. bot. de Lyon*, 1880, t. VIII, p. 5.
(3) Voy. Déséglise, Suppl[t] à la Florule exotique de Genève, dans *Bull. Soc. Et. sc. de Paris*, 1881, tir. à part, p. 6.
(4) *Ann. Soc. bot. de Lyon*, 1883, C. R. des séances, p. 106. — Le *Solidago glabra* vient d'être trouvé par M. Lamic dans une île de la Garonne, près de Toulouse *(op. cit.*, p. 55).
(5) Saint-Lager, *Cat.* 374.
(6) Voy. pour les *Aster Novi-Belgii* L. et *brumalis* Nees, dans le Bassin du Rhône : Saint-Lager, *Cat.*, p. 374; Gillot, *Ann. Soc. bot. de Lyon*, 1880, t. X, p. 11; Contejean, *l. c.*, 1875, p. 201; — dans le Sud-Ouest, Lamic, *op. cit.*, p. 58.
(7) Voy., pour la discussion de ce point, De Candolle, *Géogr. bot.*, t. II, p. 729, et Lamic, *op. cit*, p. 62; toutes les espèces du genre *Xanthium*, à l'exception du *X. strumarium* L. spontané en Europe et du *X. indicum* Rxbg. de l'Inde, seraient originaires de l'Amérique méridionale.
(8) Lamic, *op. cit.*, p. 65. — Nous retrouvons le *X. spinosum* signalé en Belgique, parmi les plantes qui s'y propagent depuis quelques années : voy. *Bull. Soc. bot. de Belgique*, 1878, t. XVI, n° 2, et *Ann. Soc. bot. Lyon.*, 1878, t. VI, p. 113.

silence de BALBIS (*Fl. lyon.*, 1827, p. 648) (1), que le *X. spinosum* ne se rencontrait pas dans les environs de Lyon, dans le premier quart de ce siècle; cependant il y avait déjà été aperçu, accidentellement, par Gilibert; on lit en effet dans son *Hist. pl. Eur.*, première édit., 1798, t. I, p. 352 : « Nous avons trouvé, cette année, en août, quelques pieds du Glouteron épineux, *Xanthium spinosum*, dans les décombres, au-delà d'Ainai, près des rives de la Saône...; nous doutons si cette plante méridionale se propagera dans notre province. » Les doutes de Gilibert ne se sont pas vérifiées: le *X. spinosum* est maintenant assez fréquent sur les bords de la Saône et du Rhône (2). Le *X. macrocarpum* DC., autre espèce américaine, connue en Europe seulement depuis 1814, et qui s'est répandue dans les vallées du Rhône, de la Garonne et de la Loire, se rencontre quelquefois sur les bords du Rhône, près de Lyon; nous l'avons même observé assez loin, à Beynost, sur des décombres (3).

Les naturalisations les plus récentes de plantes américaines sont dues à l'*Edodea canadensis* et à l'*Ambrosia artemisiæfolia*.

L'**Elodea canadensis** Michx. (*Anacharis alsinastrum* Babingt.), plante aquatique de l'Amérique du Nord, apparut d'abord en Angleterre, vers 1842, s'y propagea rapidement, pénétra en Hollande, en Allemagne, en Belgique, puis en France, vers 1863, dans les environs de Bordeaux; depuis lors, soit par propagation naturelle, en suivant les cours d'eau, et au moyen de fragments de plantes entraînées par l'eau ou les bateaux, soit par l'introduction directe et volontaire de l'homme, cette plante s'est répandue dans toutes les eaux tranquilles de l'Europe occidentale et d'une partie de l'Europe centrale. Dans les environs immédiats de Lyon, elle paraît avoir été introduite volontairement (4); à partir de 1873, on la voit pulluler dans les fossés du parc de la Tête-d'Or (5) et dans le ruisseau du Ratier, sous Tassin (6); en 1876, M. Lacroix la signale près de

---

(1) Balbis ne mentionne que le *X. strumarium ;* cependant dans le supplément, publié en 1835, on dit que le *X. spinosum* se conserve depuis plusieurs années sur le glacis de la Saône, en face de l'Ecole vétérinaire, probablement échappé du jardin (p. 37).

(2) M. GILLOT signale aussi le *X. spinosum* dans la florule adventive du Creusot *(S. b. L.*, 1881, t. X, p. 201).

(3) Cf. SAINT-LAGER, *Cat.*, 493.

(4) Voy. note de M. BOULLU dans *Ann. Soc. bot. Lyon*, 1876, t. IV, p. 190.

(5) *Soc. bot. de Lyon*, 1875, t. III, p. 4.

(6) *Ibid.*, 1877, t. V, p. 13, 118.

Saint-Laurent–lès-Mâcon dans une chambre d'emprunt, le long
du chemin de fer de Mâcon à Bourg (1); puis M. Gillot la trouve
dans le Canal du Centre ; on l'a retrouvée enfin plus haut encore
dans la Haute-Saône, le Doubs, etc. (2); elle menace d'envahir
tous nos cours d'eau, surtout les canaux, les lônes, les fossés,
où le courant est moins rapide.

L'**Ambrosia artemisiæfolia** L., plante de l'Amérique du
Nord, dont la présence avait été constatée, sur plusieurs points de
l'Allemagne, vers 1864, et plus tard en Angleterre (? sous le nom
de *A. maritima* et *A. peruviana*) (3), a été observée pour la
première fois, dans le Beaujolais, en 1875, par M. Chanrion, sur
le coteau de Montmoron entre Durette et Lantignié (4); elle s'y
trouvait probablement depuis plusieurs années (5). Comme on
avait rapporté cette plante à l'*A. maritima* L., nous appelâmes
l'attention des botanistes sur l'espèce déjà signalée en Allemagne (6), et M. Boullu vérifia que la plante de Montmoron
appartenait en effet à l'*A. artemisiæfolia* L. (7). — En 1879,
M. Carret retrouvait cette même espèce, en grande abondance
aux Petites-Brosses, près du fort de Montessuy, aux portes de
Lyon (8), où elle se maintenait encore ces dernières années (9);
enfin, en 1883, M. Villerod en constatait une nouvelle station,
au pied du Mollard de Décines (Isère) (10); l'*A. artemisiæfolia*
paraît donc établie définitivement dans la flore lyonnaise ; ajoutons qu'aux localités d'Allemagne, d'Angleterre et des environs
de Lyon, il faut ajouter celle de l'Allier, où M. Ollivier la signalait en 1876, sous le nom d'*A. maritima* (11), et celle du

(1) *Ibid.*, 1876, t. IV, p. 189.
(2) *Ibid.*, 1882, t. X, p. 201. Voy. encore SAINT-LAGER, *Cat.*, p. 739; sa
propagation dans le canal du Rhône au Rhin (CONTEJEAN); — dans les environs d'Angers (BOUVET in *Soc. ét. sc. Angers*, 1876 ; DÉSÉGLISE, in *Feuille
des jeunes nat.*, 1878, n° 88) ; — dans le Sud-Ouest, LAMIC, *op. cit.*, etc.
(3) Voy. ASCHERSON, dans *Bot. Zeit.*, 1874, n° 48; *Bull. Soc. bot. de
France*, 1875, rev. bibl., p. 78; *Ann. Soc. bot. de Lyon*, 1876, t. IV, p. 86.
(4) *Ann. Soc. bot. de Lyon*, 1876, t. IV, p. 40.
(5) *Ibid.*, 1877. t. V, p. 117.
(6) *Ibid.*, 1876, t. IV, p. 86.
(7) *Ibid.*, 1877, t. V, p. 117 (note) et 1878, t. VI, p. 5. Cf. SAINT-LAGER,
Cat. 494. La plante de Montmoron a été distribuée par M. Boullu dans les
Exsiccata de la *Soc. Dauphinoise*. en 1878, n° 1739.
(8) *Ann. Soc. bot. Lyon*, 1880, t. VIII, p. 317; *Feuille des jeunes natur.*.
1er janv. 1880, p. 32.
(9) *Ann. Soc. bot. Lyon*, 1883, t. XI, C. R. des séances, p. 124.
(10) *Ibid.*, 1883, t. XI, p. 124.
(11) *Bull. de la Soc. bot. de France*, 1876, sess. de Lyon, p. XLI.

Forez, où le F. Faustinien l'aurait trouvée très abondante, en 1878 (1).

Nous citerons encore, à propos des espèces américaines apparaissant dans nos environs, mais accidentellement et certainement échappées des cultures :

Asclepias Cornuti Dec., qu'on a cru pendant longtemps originaire du Levant (d'où le nom de *A. syriaca* Linné), mais qui est certainement de l'Amérique septentrionale ; il s'est naturalisé dans quelques stations des bords du Rhône, de la Saône, etc. (2).

Chenopodium ambrosioides L., originaire du Mexique, naturalisé assez abondamment dans la région méditerranéenne et le sud-ouest (3), mais qui n'est que rarement subspontané, au voisinage des habitations, dans le Lyonnais.

On peut y ajouter enfin deux **Carex** américains trouvés à de longs intervalles dans l'est, près de notre région : l'un est le *Carex plantaginea*, naturalisé de 1803 à 1822, dans la terre de Moidière, à cinq kilomètres au sud de Saint-Quentin (Isère). Observé d'abord par M. DE MOIDIÈRE dans cette localité, planté à la pépinière de la Déserte à Lyon, retrouvé quelques années plus tard dans une station voisine de le première, ce *Carex* s'y voyait encore en 1822 ; il y fut recueilli par MADIOT et replanté de nouveau à la pépinière de l'Observance, où plusieurs botanistes de l'époque, Grognier, Balbis, purent l'étudier ; il fut, du reste, montré à un des de Jussieu lors de son passage à Lyon (4). Depuis, le silence s'est fait sur cette plante, qui ne figure ni dans la Flore de Balbis (1827), ni dans les Flores postérieures.

La deuxième espèce est un *Carex* trouvé, il y a une vingtaine d'années, par M. MONIEZ de Louhans (Saône-et-Loire), dans les environs de cette ville, à Bruailles, lieu dit le Moulin-du-Bois ; décrit d'abord, par M. Lagrange, sous le nom de *Carex Moniezi* (5), il a été reconnu plus tard identique au *C. multiflora*

(1) CARIOT, *Etude des fl.*, 1879, t. II, p. 496.
(2) SAINT-LAGER, *Cat.* 540 ; CARIOT, *op. cit.*, II, p. 533 ; cf. A. DE CANDOLLE, *op. cit.*, p. 730 ; LAMIC, *op. cit.*, p. 69.
(3) A. DE CANDOLLE. *op. cit.*, p. 736 ; LAMIC, *op. cit.*, p. 78.
(4) GILIBERT, Hist. des pl. d'Eur., deuxième édition, 1806 ; *Ann. de la Soc. d'agriculture de Lyon*, 1822-1823, p. 120-121 ; voy. encore notre note dans les *Ann. de la Soc. bot. de Lyon*, 1882, t. X, p. 223.
(5) Voy. MICHALET, Hist. nat. du Jura, *Botanique*, 1865, p. 36. C. BILLOT, *Annot. à la Fl. de France*, 1861, p. 226, etc.

Muehlbg., de l'Amérique du Nord (1); il s'est maintenu très abondant jusqu'à ces dernières années (2).

Un autre exemple de naturalisation à grande distance, mais concernant une espèce non américaine, est fourni par l'**Impatiens parviflora** Led.: cette plante, originaire de la Sibérie altaïque (3), semée autrefois à l'ancien jardin des plantes (placé au nord de la place Sathonay), s'est rapidement propagée dans les jardins voisins (4); elle a gagné ensuite les clos de la Croix-Rousse, de Caluire, la montée Saint-Boniface, au Vernay (5), les bois de l'École vétérinaire, le vallon de Rochecardon, jusqu'à Saint-Didier-au-Mont-d'Or (6) ; on l'a retrouvée aussi sur des décombres, au voisinage de la gare de la Mouche (7). Cette plante s'est propagée de la même façon, autour des jardins botaniques de Genève et de Dresde (8), etc., plus récemment encore en Belgique (9).

4° *Naturalisations récentes de plantes méridionales.* Les naturalisations à *petite distance* de plantes originaires du Midi de la France ont dû se produire de tout temps; c'est à elles que se rapportent plusieurs des naturalisations anciennes que nous avons énumérées dans un précédent paragraphe; on peut même soupçonner que plusieurs de nos plantes méridionales, actuellement indigènes, ne l'ont pas toujours été et sont arrivées dans notre région, en remontant la vallée du Rhône, à une époque inconnue (10). Les faits que nous allons citer concernent les plantes

---

(1) Voy. *Herbarium normale* de F. Schultz, cent. IV (nouv. série), n° 364.
(2) *Bull. de la Soc. bot. de France*, 1881, t. XXVIII, p. 294. M. GILLOT a signalé aussi *(ibid.*, p. 293) la présence à Mouthiers-en-Bresse (Saône-et-Loire) et au bois de Rye (Jura) du *Juncus tenuis* Willd., trouvé déjà dans plusieurs localités de France et d'Allemagne ; c'est aussi une plante de l'Amérique du Nord, introduite par la navigation ou volontairement ? voy. LAMIC, *op. cit.*, p. 95, mais en complétant les indications données sur sa dispersion.
(3) DE CANDOLLE, *Géogr. bot.*, p. 724 ; l'*I. parviflora* manque à la Sibérie occidentale et à la Russie d'Europe.
(4) CARIOT, troisième édit., 1860, p. 116.
(5) CARIOT, sixième édit., 1879, p. 140.
(6) *Ann. de la Soc. bot. de Lyon*, 1872, t. I, 127.
(7) GUILLAUD dans *ibid.*, 1875, t. III, p. 51.
(8) A. DE CANDOLLE, *loc. cit.*
(9) *Bull. Soc. bot. de Belgique*, 1878, t. XVI, n° 2 ; voy. *Ann. Soc. bot. Lyon*, t. VI, p. 113.
(10) Ainsi le *Centaurea paniculata* L., espèce méridionale trouvant à Lyon son extrême limite septentrionale, n'y a peut-être pas toujours été naturalisé ; il manifeste, encore de nos jours, la tendance à l'envahissement, dans le Sud-Ouest de la France, par ex., voy. LAMIC, *op. cit.*, p. 53.

du Midi de la France qui se sont fixées dans les environs de
Lyon pendant ces dernières années; d'abord adventices, elles
ont envahi peu à peu notre région, leur introduction dans notre
flore s'étant fait véritablement sous nos yeux.

Un des plus intéressants exemples est le **Barkhausia setosa**
DC., que ses involucres hérissés de longs poils étalés font aisément reconnaître parmi les espèces du même genre. Or, les
anciens botanistes, La Tourrette, Gilibert, Balbis, n'en font pas
mention, même comme adventice; les flores plus récentes (1)
ne l'indiquent d'abord que dans quelques localités des environs
de Lyon, comme une plante rare et accidentelle; enfin, depuis
1870 et surtout dans ces dernières années, elle s'est répandue en
telle abondance, non seulement dans les cultures, aux bords
des chemins, mais encore dans les stations sèches, et dans un
rayon si considérable autour de Lyon, qu'on ne peut hésiter
à la considérer comme définitivement naturalisée. C'est là un
exemple d'introduction et d'envahissement indéniable dont tous
les botanistes locaux ont été témoins (2). Ajoutons que cette
espèce ne se propage pas avec autant de rapidité dans la partie
supérieure du bassin du Rhône; elle paraît encore à l'état erratique dans le Beaujolais (3), la Saône-et-Loire (4), la Côte-
d'Or (5), le Jura et le Doubs (6), etc.; il en est de même dans
d'autres parties de la France, les environs de Paris (7), d'Angers (8), la Touraine (9), la Normandie (10), dans la Belgique (11),

(1) CHIRAT, CARIOT, *Etude des fleurs*, éditions successives.
(2) Voy. *Ann. de la Soc. bot. de Lyon*, 1872, t. I, p. 62; 1876, t. IV, p.
165; 1882, t. X, p. 235, etc.
(3) GILLOT, dans *Ann. Soc. bot. Lyon*, 1880, t. VIII, p. 10.
(4) Id., *ibid.*, 1882, t. X, p 199.
(5) Voy. *Bull. Soc. bot. de France*, 1882, t. XXIX, p. LXI.
(6) Voy. CONTEJEAN, dans *Soc. Emul. du Doubs*, 1853, t. IV, p. 85, et
1875, t. X, p. 201; PAILLOT la cite aussi parmi les plantes apparues en
1871 (*ibid.*, 1871, t. VI, p. 91; 1872, t. VII, p. 518, 519).
(7) CHATIN, dans *Soc. bot. France*, 1870, t. XVII, p. 304; 1878, t. XXV,
séance du 22 fév.
(8) BOUVET, dans *Bull. Soc. d'Et. scient. d'Angers*, 1873, p. 96.
(9) *Bull. de la Soc. bot. de France*, t. XXVII, déc. 1880; voy. aussi *Soc.
bot. Lyon*, 1881, t. IX, p. 359.
(10) CHABOISSEAU, dans *Soc. bot. France*, 1870, t. XVII, p. 304.
(11) *Soc. linnéenne de Bruxelles*, 1876, t. V, p. 113; *Soc. bot. de Belgique*,
1882, 14 oct., p. 144; voy. encore *Soc. bot. Lyon*, t. VI, p. 53. etc. M. Contejean donne aussi les renseignements suivants: « Lachenal l'indique à Bâle
en 1765. Apparaît en Alsace vers 1840. Thurmann le signale à Porrentruy
en 1848. Je l'ai vu moi-même à Montbelliard à partir de 1850; il recouvrait
alors la colline de La Chaux. Partout envahissant: dans la Saintonge et le

etc., bien que les stations indiquées se multiplient de plus en plus depuis quelques années.

Le **Pterotheca nemausensis** Cass., plante commune du Midi de la France, nous fournit un second exemple remarquable d'envahissement. Bien que cette espèce ait déjà été signalée par GILIBERT, au commencement de ce siècle, sous le nom d'*Hieracium sanctum,* mais à l'état erratique (1), on peut dire qu'elle ne s'est jamais montrée qu'accidentellement avant 1870. BALBIS (1827) n'en parle même pas ; l'anonyme de 1852 (2) l'indique à Couzon ; l'*Étude des fleurs* de Cariot, en 1860, (3me édition, page 349), mentionne seulement : « Couzon, Villeurbanne, au chemin de la Renaissance et dans les terres voisines » ; FOURREAU, en 1868 : « Crémieux, Montluel, Lyon, Vienne, Midi » (3). A partir de 1870, les localités se multiplient : en 1872, M. CUSIN appelle l'attention sur la tendance que présente cette plante à devenir de plus en plus fréquente et l'indique à Villeurbanne, Sainte-Foy, au Parc, au Grand-Camp, à Vaux et aux Charpennes (4). M. Saint-Lager l'observe aussi sur le chemin de ronde des Balmes à Villeurbanne (5) ; M. de Teissonnier, à la Grand'Croix (6). En 1873, M. Cusin apporte de nouvelles preuves de son envahissement dans nos environs : le *Pterotheca* est déjà assez commun, surtout sur le territoire de Villeurbanne, pour qu'il soit récolté et vendu à Lyon, comme salade (7). Ses progrès continuent les années suivantes et on le signale successivement : de Lyon à Ambérieu (8), non seulement le long du chemin de fer, mais

---

Poitou, où elle était inconnue en 1842, cette plante se trouve maintenant plus répandue que l'*Erigeron canadensis* L. *(Soc. Emul. du Doubs,* 1875, t. X, p. 201) ». Le *Barkhausia setosa* est aussi signalé en Angleterre depuis 1845 ; voy. WEBB dans *Trans and. proceed. of the bot Soc.* Edimbourg, 1877, t. XIII, p 101 : « Earlest specimen is from North Queensferry, 1845 (Dewar), also one from Drem, 1847 ».

(1) GILIBERT, *Hist. des pl. d'Europe,* deuxième édit. (1806), t. II, p. 342 : « *Hieracium sanctum* L. — En Languedoc, et autour de Lyon, aux Brotteaux (Gouan en a fait son *Crepis nemausensis*). »

(2) Flore du département du Rhône dans *Ann. de la Soc. linnéenne,* 1852, p. 104.

(3) Catalogue des plantes qui croissent le long du cours du Rhône, dans *Ann. Soc. linnéenne,* 1868.

(4) *Ann. Soc. bot. de Lyon,* t. I, p. 82.

(5) *Ibid.,* t. I, p. 63.

(6) *Ibid.,* t. I, p. 118.

(7) *Ibid.,* t. I, p. 108 ; voy. encore 1878, t. VI, p. 132.

(8) MAGNIN, SAINT-LAGER, CUSIN, dans *ibid.,* 1876, t. IV, p. 139, 151, 153, 155, 165 ; cf. SAINT-LAGER, *Cat.* 456.

dans les vignes, les terres, les luzernières éloignées, — aux environs de Rillieux et de Sathonay (1), — à Saint-Genis-Laval (2), — au mont Cindre (3), etc.; le *Pterotheca* y est partout très abondant et certainement naturalisé, bien qu'il soit un peu sensible aux froids anormaux de notre climat : il disparut, en effet, presque entièrement à la suite de l'hiver rigoureux de 1879-1880 ; mais il a réapparu de nouveau, et très abondamment, les années suivantes (4).

Ce n'est pas seulement dans la vallée du Rhône que le *Pterotheca nemausensis* s'est ainsi répandu ; dans le Sud-Ouest, cette espèce s'est comportée de même : « Dans les environs d'Agen où elle fut trouvée, la première fois, par Chaubard, vers le commencement du siècle, elle était encore extrêmement rare en 1821 ; aujourd'hui elle est devenue presque aussi commune que l'*Erigeron canadensis*... Le *Pterotheca* a suivi la vallée de la Garonne qu'il a descendue jusqu'à l'Océan, se répandant plus ou moins dans l'intérieur du pays (5). » Nous ne l'avons pas vu signaler dans le Nord comme erratique, contrairement à ce qui arrive pour les *Barkhausia setosa, Centaurea solstitialis, Helminthia echioides*, etc.

Le **Centaurea solstitialis** L., paraît aussi naturalisé, depuis ces dernières années, dans quelques stations de notre région ; il est du reste, très fréquemment adventice, principalement dans les luzernières ; Gilibert (6) et Balbis (7) l'avaient déjà observé, mais erratique, « dans les terres à blé de la plaine du Dauphiné et à la Croix-Rousse ; dans les terres, au bord des chemins, à Villeurbanne et à Ivour ». L'anonyme de 1852 ne le signale « qu'aux Brotteaux » ; avec Cariot (1860, 3ᵉ éd., p. 303), les localités deviennent plus nombreuses : « Vernaison, Saint-Alban, Villeurbanne, Dessines, Trévoux, Thoissey, Pont-de-Vaux, Volognat, Grammont, etc.; » nous l'observons nous-mêmes plusieurs fois à Beynost (1863-1870). Mais c'est encore à partir de

---

(1) Guichard, *Soc. bot. Lyon*, 1877, t. V, p. 174.
(2) Duchamp, dans *Feuille des jeunes natur.*, 1878, nᵒ 89 ; voy. aussi *S. b. L.*, 1878, t. VI, p. 132.
(3) Saint-Lager, *Ann. Soc. bot. Lyon*, 1882, t. X, p. 224.
(4) Magnin, *ibid.*, 1881, t. IX, p. 335.
(5) Lamic, *op. cit.*, p. 60.
(6) Gilibert, *Hist. des pl. d'Europe*, 1ᵉ édit. (1797), t. I, p. 324 ; 2ᵉ édit. (1806), t. II, p. 442.
(7) Balbis, *Flore lyonn.*, 1827, t. I, p. 420.

1870 que sa naturalisation est constatée d'une façon certaine par M. Saint-Lager et par nous, le long des chemins, à Villeurbanne (1) et à Heyrieux (2) ; ses stations adventices se multiplient aussi d'une façon remarquable, non seulement dans le Lyonnais (3), mais encore dans la Saône-et-Loire (4), la Côte-d'Or (5), le Doubs (6), le Sud-Ouest de la France (7), jusque dans le Nord (8) et la Belgique (9).

Le **Veronica Buxbaumii** Ten. (*V. filiformis* DC., *V. persica* Poir.) est certainement une espèce en voie d'extension dans le Lyonnais ; elle ne figure ni dans Gilibert, ni dans Balbis ; en 1860, Cariot (3ᵉ éd., p. 495) ne l'indique que « sur les bords du Rhône, au-dessus de Lyon et dans les environs de Vienne ». Bien que ses progrès n'aient pas été expressément mentionnés dans les communications imprimées des botanistes de la région, nous pouvons affirmer que depuis une dizaine d'années cette espèce y est devenue fréquente, non seulement dans les cultures, mais encore le long des chemins. On la rencontre, en effet, dans la plaine du Bas-Dauphiné (Grand-Camp, Charpennes, Vaux-en-Velin, etc.), — tout le long de la plaine et de la Cotière méridionale de la Dombes, de Lyon à Meximieux (La Pape, Miribel, Beynost, etc.), — sur les coteaux de la Saône (Caluire, le Vernay, Rillieux, Collonges, etc.), — les coteaux de Tassin (10), de Saint-Genis-Laval, etc.

C'est, du reste, d'après M. A. de Candolle, une plante originaire des contrées de l'Asie occidentale ou du Sud-Est de l'Europe, d'où elle s'est propagée vers l'Ouest et le Nord-Ouest (11);

---

(1) St-Lager, dans *Soc. bot. Lyon*, 1872, t. I, p. 62, 63 ; 1877, t. VI, p. 53 ; 1882, t. X, p. 217.

(2) Magnin, 1878 ; voy. *Ann. Soc. bot. Lyon*, t. VI, p. 54 (note).

(3) Magnin dans *ibid.*, t. IV, p. 166 ; VI. p. 53 ; IX, p. 388 ; X, p. 202, 235 ; nous avons montré qu'elle ne persiste pas dans les luzernières. — St-Lager, *ibid.* I, p. 62, 63 ; X, p. 235. — Gillot, pour le Beaujolais, *ibid.*, VIII, p. 10.

(4) Quincy dans *Feuille des jeunes natur.*, juin 1881, n° 128 ; *S. b. L.*, IX, 345.

(5) St-Lager, *S. b. L.*, X, 235 ; *Cat.* p. 430. — Miciol, dans *Soc. d'ét. scient. du Finistère*, 1881 ; voy. *S. b. L.*, IX, 369.

(6) Paillot, dans *Mém. Soc. d'émul. du Doubs*, 4ᵉ sér., t. VI (1871), p. 92, 98 ; t. VII (1872), p. 518.

(7) Lamic, *op. cit.*, p. 52.

(8) Barbiche dans *Bull. Soc. hist. nat. Moselle*, 1870, p. 73.

(9) *Bull. Soc. linn. de Bruxelles*, 1876, t. V, p. 113 ; *Bull. Soc. bot. de Belgique*, 1878, t. XVI, n° 2 ; voy. *Ann. Soc. bot. Lyon*, t. VI, p. 53, 113.

(10) *Ann. Soc. bot. de Lyon*, t. IV, p. 147, etc.

(11) A. De Candolle, *Géogr. bot.*, p. 677.

elle n'a pas tardé à se répandre dans la plus grande partie du Centre et du Midi de l'Europe, notamment dans le Sud-Ouest de la France ; dans certaines localités, le *V. persica*, qui était très rare au commencement de ce siècle, est aujourd'hui une des plantes les plus communes (1).

Vallisneria spiralis L. Parmi les espèces américaines naturalisées en France et devenues envahissantes dans le Lyonnais, nous avons cité une plante aquatique, l'*Elodea;* le *Vallisneria* est un autre exemple d'envahissement d'une plante aquatique, mais par naturalisation à petite distance. C'est, en effet, une espèce de l'Italie et de la Provence (2), qui a remonté le Rhône, puis la Saône, jusqu'au-dessus de Châlon (3) et de Saint-Jean-de Losne et a pénétré ainsi dans les canaux du Centre (4) et de la Bourgogne (5).

La première indication précise de la présence de la Vallisnérie dans les environs immédiats de Lyon remonte à 1835 ou 1838 (6); on la découvre alors dans la Saône, près de l'Arsenal, vers l'embarcadère des bateaux de la Compagnie Bonnardel, qui ont probablement été les agents de son introduction ; en 1846 (7), elle y était encore rare ; mais elle gagne plus tard les mares de la presqu'île Perrache (8), le bassin de la gare d'eau, à Vaise, les bords de

---

(1) Lamic, *op. cit.*, p. 75. — Voy. encore Doubs et Haute-Saône, d'après Contejean, *Soc. Em. du Doubs*, 1875, t. X, p. 184 ; le *V. Buxbaumii* est devenu très commun dans les environs de Besançon, comme nous avons pu nous en assurer dernièrement ; au témoignage de M. Paillot, cet envahissement ne remonte qu'à ces dernières années. Voy. encore dans le Valais, *Soc. Murithienne*, fasc. V et VI, 1876, p. 16.

(2) Voy. A. De Candolle, *op. cit.*, p. 641 ; Lamic, *op. cit.*, p. 92. — Nous rappelons seulement pour mémoire l'hypothèse émise par Moniez (dans Billot, *Annotat. à la Flore de France...*, p. 285) que la station primitive du *Vallisneria* pourrait bien être la Bourgogne ; on aurait, du reste, signalé sa présence dès 1749 dans les environs de Paris (Dalibard, *Flora parisiensis*) où on l'a retrouvé récemment (Bourgeau et Delacour dans *Bull. Soc. bot. de France*, 1874, t. XXI, p. 283).

(3) Moniez et Berthiot, 1861 ; voy. Billot, *Annot.* p. 284 ; — Gillot, 1882, dans *Soc. bot. de France*, t. XXIX, p. xxiv.

(4) A. Méhu dans *Bull. Soc. bot. de France*, 1874, t. XXI, p. 371, 372 ; *Soc. bot. de Lyon*, 1874, t. III, p. 4 ; du canal du Centre, le *Vallisneria* a passé dans le canal latéral de la Loire et le canal de Roanne.

(5) A. Maillard, *Bull. Soc. bot. de France*, 1868, t. XV, p. xxv.

(6) A Méhu, dans l'art. cité plus haut du *Bull. de la Soc. bot. de France*, 1874, t. XXI, p. 371, d'après les renseignements fournis par MM. Cusin, Viviand-Morel et Allard (voy. *Ann. Soc. bot. de Lyon*, 1874, t. III, p. 4). — L'indication de Gilibert (*Hist. pl. d'Europe*, 1798, t. I, p. 369) « dans les étangs de la Bresse » est probablement inexacte.

(7) P. Chabert, in *Herb.*, août 1846.

(8) P. Chabert, *id.*, 1853 ; Cariot, 3e édit., 1860, p. 608.

la Saône, vers l'Ile-Barbe (1), Fontaines, Trévoux, Arnas (2), les environs de Mâcon, le canal de Pont-de-Vaux (3), puis la Haute-Saône, ainsi que nous l'avons dit plus haut ; ajoutons qu'elle pullulait aussi dans les fossés des fortifications de la rive gauche du Rhône, à Lyon, dans lesquels on l'avait introduite à dessein (4). La Vallisnérie ne paraît pas remonter si facilement le Haut-Rhône (5).

Comme autres espèces paraissant aussi en voie d'extension, bien que leurs stations soient encore peu nombreuses, nous citerons :

Lepidium Draba L., sur lequel nous avons appelé autrefois l'attention (6) ; nous nous bornerons à résumer les renseignements que nous avons déjà donnés sur cette espèce, ainsi qu'il suit : 1° Cette espèce est probablement originaire, d'après M. A. de Candolle (7), du Sud-Est de l'Europe et des environs du Caucase ; 2° elle est actuellement répandue dans toute la partie méridionale du bassin du Rhône (8) ; 3° dans les environs de Lyon, elle est aujourd'hui bien plus fréquente qu'elle ne l'était du temps de Gilibert (fin du siècle dernier), de Roffavier (1835) et même il y a quinze à vingt ans (9) ; 4° des stations nouvelles ont apparu depuis quelques années dans le Beaujolais (10), la Saône-et-Loire et les environs de Dijon (11), le Jura et le

---

(1) CARIOT, 3ᵉ édit., 1860, p. 608 : « Lyon à Perrache ; dans la Saône à Lyon, près du Gazomètre et au-dessous de l'Ile-Barbe. R. »

(2) CARIOT, 6ᵉ édit., 1879, p. 747, mêmes localités, et de plus : « dans le bassin de la Gare d'eau à Vaise ; dans les fossés des forts de la rive gauche du Rhône ; dans la Saône, au-dessus de Fontaines, à Arnas, en face de Mâcon ; canal de Pont-de-Vaux. »

(3) CARIOT, id. ; LACROIX et FRAY, dans MÉHU, loc. cit., p. 371.

(4) VIVIAND-MOREL, dans Soc. bot. de Lyon, 1874, t. III, p. 4.

(5) Voy. sur cette question : ST-LAGER et CHABERT dans Ann. Soc. bot. de Lyon, 1882, t. X, p. 238.

(6) MAGNIN, Note sur quelques points intéressants de la dispersion géographique du Lepidium Draba, dans Ann. Soc. bot. Lyon, 1877, t. VI, p. 51.

(7) Géogr. bot., p. 652 ; cf. BAKER (1863), WATSON, etc.

(8) ST-LAGER, Catal., p. 61.

(9) GILIBERT, Hist pl. d'Europe, (1ᵉ édit., 1798, p. 220) : « plaine du Dauphiné près de Vienne » ; — ID., ibid., (2ᵉ édit. 1806, t. II, p. 168) : « îles du Rhône, près de la ville » ; — ROFFAVIER (Suppl. Flore lyonn., 1835, p. 10) : « bords des chemins, aux Etroits, en Vaques » ; — CARIOT (3ᵉ édit., 1860, p. 56 ; 4ᵉ édit., 1874, p. 54) : « champs cultivés à Charbonnières, Vaux-en-Velin, Villeurbanne » ; — ID. (6ᵉ édit. 1879, p. 71) : « de plus, la Mouche, Souzy, l'Argentière » ; — VIVIAND-MOREL, in Soc. bot. Lyon, II, p. 12, etc.

(10) GILLOT, dans Ann. Soc. bot. Lyon, t. VIII, p. 10.

(11) QUINCY et GILLOT, dans Feuille des jeunes natur., 1881, nº 128, et Ann. Soc. bot. Lyon, t. IX, p. 345 ; t. X, p. 201. Voy. pour les env. de Dijon, Soc. bot. Fr., 1882, t. XXIX, p. LXI.

Doubs (1), les environs de Genève (2), la Limagne, (3) le Hainaut (4), etc.; mais, dans la plupart de ces contrées, surtout dans les régions septentrionales, le *L. Draba* n'est certainement qu'adventice ;

Plantago Coronopus, *Helminthia echioides*, *Phalaris canariensis*, etc. ; ces espèces ne sont pas encore assez répandues pour qu'on ne puisse les considérer autrement que comme des plantes adventices.

II. *Plantes adventices et subspontanées.* — Nous comprenons, dans ce paragraphe, toutes les plantes qui apparaissent accidentellement dans nos environs sans s'y maintenir, si ce n'est par l'apport constant de graines étrangères, et celles qui s'échappent des jardins, mais sans se propager au dehors.

1° *Espèces adventices des moissons et autres cultures.* Ce sont des espèces du Midi de la France accompagnant souvent les cultures, mais d'une façon intermittente ; voici les principales :

Ceratocephalus falcatus Mœnch., inscrit dans la Flore de Cariot (3ᵉ édition, 1860, p. 11), comme ayant été trouvé dans les champs, à Villeurbanne; il a été omis, avec raison, dans les éditions suivantes (voy. aussi *S. b. L.*, t. I, 92); on le rencontre de temps à autre, dans les moissons, à Sathonay (Bazin), dans le Jura!, etc.

Delphinium pubescens DC., trouvé accidᵗ à Vaux (Cariot, 3ᵉ édit., p. 20 ; 6ᵉ, p. 25) ;

Nigella damascena L.	*Camelina sativa* Crantz.
Sinapis alba L.	*C. microcarpa* Andrz.
Myagrum perfoliatum L.	*Neslia paniculata* Desf.

Coronilla scorpioides L., conservé à tort dans les dernières éditions de Cariot (3ᵉ édit., 1860, p. 146; 6ᵉ édit., 1879, p. 184) ; trouvé accidentellement dans les champs des Charpennes et de Villeurbanne (5).

---

(1) SAINT-LAGER, *Cat.* p. 61 ; — PAILLOT, dans *Mém. Soc. Emul. du Doubs*, 1872, t. VII, p. 517.
(2) DÉSÉGLISE, Note sur quelques plantes de France et de Suisse, dans *Feuille des jeunes natur.*, 1877, n° 86, p. 14; voy. *Ann. Soc. bot. de Lyon*, t. VI, p. 30, 51; t. VII, p. 300.
(3) LAMOTTE, 1877 (cité par M. Déséglise, *loc. cit.*) : « Le *L. Draba* très rare, il y a quelques années, dans la Limagne, y devient de jour en jour plus commun ».
(4) *Bull. Soc. bot. de Belgique*, 1878, t. XVI, p. 173.
(5) Le *C. scorpioides* est naturalisé dans la Lorraine française ; voy. GODRON, *Fl. Lor.* et BUCHINGER dans *Bot. Zeit.*, fév. 1886, n° 8, col. 152.

Melilotus parviflora Desf., trouvé de temps en temps dans les luzernières de la Mouche (Cariot, 1860, p. 140), — au Grand-Camp (voy. *Soc. bot. de Lyon*, t. I, 56, 87, 120; III, 97; IV, 169, etc.)

Vicia monanthos Desf.	*Lathyrus sphæricus* L.
V. hybrida L.	*L. angulatus* L.
V. peregrina L.	*L. inconspicuus* L.
Orlaya platycarpos Koch.	*Valerianella pumila* DC.
Caucalis leptophylla L.	*V. microcarpa* Lois.(S.b.L.I,82)
Bifora radians Bieb.	*V. eriocarpa* Desv.
Ammi majus L.	

Helminthia echioides Gærtn., signalé depuis longtemps dans les champs, les luzernières, le long des chemins, etc. (1).

Nous avons montré qu'il disparaissait toujours des luzernières la deuxième ou la troisième année de leur établissement, non pas parce que la fauchaison empêche la plante de mûrir les graines, mais parceque ces graines ne peuvent germer dans le sol tassé et compact (2); l'*Helminthia* s'est cependant naturalisé dans quelques localités à Villeurbanne (3), dans le Beaujolais, la Saône-et-Loire, la Nièvre (4), etc.; on pourrait donc le transporter dans notre catégorie des plantes du Midi naturalisées, à la suite du *Centaurea solstitialis*.

Cuscuta Trifolii Babingt. (5), et *C. suaveolens* Ser.;

Lithospermum permixtum Jord. (*L. incrassatum* Guss?) est une espèce méridionale signalée aussi depuis longtemps dans les moissons, les champs de la région (6).

Gladiolus segetum Gawl., se trouve depuis plus de cinquante ans (7) dans les terres cultivées entre le Grand-Camp et Vaux (8);

---

(1) GILIBERT, *Hist. pl. d'Europe.* 1806, t. II, p. 327; Anonyme de 1852; CARIOT, 3e édit., 1860, p. 382; 6e édit., 1879, p. 419; ST-LAGER, *Cat.* 445; *Ann. Soc. bot. Lyon*, etc. Nous l'avons trouvé plusieurs fois à Beynost, Rillieux, Saint-Laurent-lès-Mâcon, etc.

(2) *Ann. Soc. bot. Lyon.* 1981, t. IX, p. 388; 1882, t. X, p. 202, 235.

(3) ST-LAGER, dans *id.*, 1872, t. I, p. 64.

(4) GILLOT, dans *id.* t. X, p. 199; l'*Helminthia* est encore erratique dans le Nord : cf. *Soc. linn. du Nord*, t. IV, 1874-1877, p. 77-92.

(5) Le *C. trifolii* arrive avec les graines de Trèfle du Midi; cf. pour la Suisse, HEER (*A. S. N.*, 1865), — pour la Moselle, WARION et BARBICHE (*Soc. hist. nat.*, 1870, p. 76).

(6) CARIOT, 1860, p. 442; *Ann. Soc. bot. Lyon*, t. I, p. 85, etc.; ST-LAGER, *Cat.* 562.

(7) Supplément à la *Flore lyonn.* de BALBIS, 1835, p. 41 : « trouvé par M. Benoit ». Ne serait-ce pas la même espèce qui aurait déjà été indiquée sous le nom de *Gl. communis*, par GILIBERT (*Hist. des pl. d'Europe*, 1e éd., 1798, t. II, p. 369) comme « très rare autour de Lyon », et (t. I, p. 15) « à Saint-Cyr, dans un blé ? »

(8) CARIOT, 1860, p. 589; 1879, p. 729; *Ann. Soc. bot de Lyon*, t. I, p. 88.

a été retrouvé depuis à Miribel (Philippe !) et à Nuelles (Pélagaud !)
Cette plante se maintient chaque année au Grand-Camp, mais elle
ne se répand pas dans les environs ; ce n'est donc pas une espèce
véritablement naturalisée ; il en est de même des *Tulipa Clusiana*
DC., *T. præcox* Ten., qui végètent dans quelques vignes des environs de Lyon (voy. plus haut, p. 459 du tirage à part, ou 231 des
Annales).

Avena tenuis Mœnch.	*Secale cereale* L.
A. sativa L.	*Triticum* sp.
A. orientalis L.	*Lolium rigidum* Gaud.
A. fatua L.	*L. temulentum* L.
A. sterilis L.	Etc., etc.

2° *Espèces adventices dans les décombres, au voisinage des
usines*, ou *échappées de cultures spéciales* (plantes maritimes,
de l'Est de l'Europe, asiatiques, américaines, etc.) :

Sinapis incana L.
S. nigra L.
Berteroa incana Rchb. : cette espèce du nord de l'Europe, s'étendant de l'Alsace en Crimée, est souvent adventice dans l'Est de la
France, depuis Besançon (1) jusqu'à Marseille (2). Dans le Lyonnais,
elle a été signalée dès le commencement de ce siècle par AUGER,
dans la plaine d'Ambronay (3), où on la retrouve encore (4) ; ses
stations paraissent se multiplier depuis ces dernières années (5),
depuis la guerre franco-allemande ; il en est de même dans le Centre
et l'Ouest de la France (6), dans le Luxembourg (7), en Belgique (8), etc.
Erysimum orientale Br. (*perfoliatum* Cr.), indiqué depuis
longtemps à Saint-Cyr au Mont-d'Or (9) ; s'est propagé plus tard
le long du chemin de fer à Vaise (10).
Senebiera Coronopus ? Poir.
Isatis tinctoria L.

---

(1) PAILLOT, in *Soc. Emul. Doubs*, 1871, t. VI, p. 95; 1872, t. VII, p. 517.
(2) Voy. GRENIER, Florule exotique des environs de Marseille, dans *ibid.*,
1857, t. II, p. 402.
(3) BOSSI, *Stat. de l'Ain ;* CARIOT, 3ᵉ édit., p. 44.
(4) *Ann. de la Soc. bot. de Lyon*, 1872, t. I, p. 93 (Franc. MOREL).
(5) *Ann. Soc. bot. Lyon* t. V, 36 ; CARIOT, 1879 (6ᵉ édit.), p. 56.
(6) Voy. *ibid.*, t. V, p. 66 (Allier) ; *Bull. Soc. scient. d'Angers*, 1876,
(BOUVET); *Bull. Soc. linn. de Normandie*, 2ᵉ sér., t. VII, p. 2-6.
(7) *Soc. bot. du Grand-Duché de Luxembourg*, 1875 1876, t. II-III, p. 58.
(8) *Soc. bot. de Belgique*, 1878, t. XVI, n° 2. — Voy. encore notre note
dans *Soc. bot. Lyon*, 1878, t. VI, p. 114.
(9) Cariot, 3ᵉ édit., 1860, p. 40 ; 6ᵉ éd., 1879, p. 51.
(10) Guichard et Morel fils, dans *Soc. bot. Lyon*, 1876, t. VI, p. 150.

Linum usitatissimum L.

Tribulus terrestris L. : cette plante, qui croît dans les champs
cultivés du Languedoc et de la Provence, a été trouvée accidentellement à Lyon, dès le commencement du XVIIIᵉ siècle; on lit,
en effet, dans Gilibert (*Hist. pl. d'Europe*, 1798, t. II, p. 38) :
« Goiffon a indiqué cette plante comme spontanée dans notre
département, mais nous n'avons encore pu la découvrir. » On l'a
retrouvée depuis dans les décombres, à Perrache, et derrière l'ancienne verrerie de Pierre-Bénite (1).

Kentrophyllum lanatum Duby, plante méridionale, spontanée
dans beaucoup de points de la région lyonnaise, paraît se répandre
dans les décombres et le long des chemins (voy. *Soc. bot. Lyon*,
VI, 53) (2).

Sylibum marianum Gærtn (3).

Xanthium macrocarpum DC., et *X. italicum* Moretti (voy. plus
haut : plantes naturalisées).

Datura Stramonium L., plante originaire, non pas de l'Amérique, comme le croyait Linné, mais de l'Asie occidentale, des
bords de la mer Caspienne (4), d'où elle aurait été apportée par les
bohémiens errants qui la cultivaient autour de leurs camps pour
l'employer, dit-on, dans leurs maléfices (5) ; aussi la rencontre-t-on
assez fréquemment dans les décombres.

Hyoscyamus niger L. ?

Solanum villosum Lamk (6).

Plantago Coronopus L. : voy. plusieurs stations nouvelles indiquées récemment dans *Ann. Soc. bot. Lyon*, t. I, p. 95, 122, etc.

Salsola Kali L. et *Corispermum hyssopifolium* L., plantes des
terrains salés et des décombres de la région méridionale, remontant au voisinage des verreries et autres usines, à Givors, Feyzin
et la Mouche près Lyon ; Gilibert avait déjà indiqué des *Salsola*
en 1798 : *S. Tragus* « aux Brotteaux-Mogniat » (t. I, p. 69) ; *S.
Kali* « en Dauphiné près Lyon » (t. II, p. 20.)

---

(1) BALBIS, *Fl. lyon.* (1827), I, 158 ; CARIOT, ST-LAGER, etc. *loc. cit.*
(2) Plaine du Bas-Dauphiné : Villeurbanne, St-Alban, Meyzieu ! Leyrieu,
etc. ; cotière mérid. de la Dombes et plaine de la Valbonne : Miribel à la
Pavotière !, Beynost au Mûrs !, Valbonne, pl. d'Ambronay ; bassin de Belley ;
îlot calcaire d'Oncin à Bully, Nuelles ! etc. ; Coteaux de la Saône et du Rhône,
à Trévoux, Vernaison, Sainte-Colombe !. Reventin-Vaugris !, etc.
(3) D'après les observations de MM. de Marsilly et Sargnon, cette plante
est, en Corse, bien plus commune près de la mer que dans l'intérieur des
terres. (*S. b. L.*, t. VI, p. 59).
(4) Voy. A. DE CANDOLLE, *Géogr. bot.*, II, 731 seq., surtout 734.
(5) CRIÉ, Nouv. élém. de botanique ; LAMIC, *op. cit.*, p. 74.
(6) Le *Solanum villosum* a été indiqué comme adventice par M. BOUVET,
aux environs d'Angers (*Bull. Et. scient.*, 1873, p. 96). — par M. DÉSÉGLISE,
aux environs de Genève (*Bull. Soc. bot. Belgique*, 1878, t. XVI, p. 235).

Amarantus deflexus L., *A. albus* L., etc. : (voy. plus haut : plantes naturalisées d'origine américaine).

Urtica pilulifera L.: c'est une de ces espèces à poils raides et crochus que l'homme peut aisément transporter involontairement (1) ; elle a été observée avec certitude au XVIIIᵉ siècle, dans les décombres des environs de Lyon, à Fourvières (2), et plus récemment à Caluire (3).

3° *Plantes utiles, médicinales, ou d'ornement échappées des jardins :*

Sur les murs : *Cheiranthus Cheiri, Linaria cymbalaria, Antirrhinum majus, Iris pallida* Lam., *I. germanica* L., etc.

Dans les haies (ordinairement plantées intentionnellement) : *Clematis Flammula* L., *Paliurus australis* R. et Sch., *Colutea arborescens, Gleditschia tricanthos, Cratægus pyracantha, Ribes nigrum, R. rubrum, Jasminum fruticans, Syringa vulgaris, Lycium barbarum, Morus alba,* etc.

Au voisinage des habitations : *Spartium junceum, Centranthus ruber, Salvia sclarea, Chenopodium ambrosioides, Euphorbia Lathyris, Allium* divers, *Phalaris canariensis,* etc.

Buxus sempervirens L., dans les régions siliceuses ; cf. *S. b. L.,* VIII, p. 13, 143 ; IX, 321, etc.

Citons encore les plantes échappées des cultures de M. Jordan, aux Charpennes, telles que *Salvia verbenaca,* etc. ; — l'*Euphorbia depressa* Torrey, plante du Texas, qui accompagne les cultures et les manufactures de tabac et que M. Miciol a observée dans celle de Lyon (4) ; — les plantes introduites volontairement par divers botanistes, dont nous parlerons plus loin, etc.

4° *Florules adventices apparues à la suite des événements de* 1870-1871. On sait que les mouvements de troupe qui ont eu lieu pendant la guerre franco-allemande ont provoqué l'apparition, sur plusieurs points du territoire, de *florules adventices* formées par de nombreuses espèces du Midi de la France, de

(1) Voy. A. De Candolle, *op. cit.,* p. 700.
(2) Voy. Gilibert, *Hist. pl. d'Eur.,* 1798, t. II, p. 79 : « Observé près de Lyon, par Goiffon. Je cite avec d'autant plus de confiance Goiffon (*Bot. lugd. manuscr.*) que je me rappelle positivement l'avoir trouvée à Fourvières il y a à peu près 25 ans, suivant la note que j'en pris dans ce temps. »
(3) Cariot, 1860, p. 544.
(4) *Bull. Soc. d'ét. sc. du Finistère,* 1881, p. 123 et seq. ; *Soc. bot. Lyon,* t. IX, p. 369.

l'Algérie, de l'Italie, etc. (1). La plupart de ces plantes ont fini par disparaître (2) ; cependant il est intéressant de conserver le nom de ces hôtes d'un jour de la Flore lyonnaise ; voici donc la liste de toutes celles qui ont été observées dans les environs de Lyon, principalement par MM. Cusin et Saint-Lager, soit au Grand-Camp, sur la digue du Parc (à la suite de l'exposition de 1872), soit sur les talus du fort de Villeurbanne, au voisinage de la gare de la Mouche (3). Nous indiquerons, en même temps, celles de ces espèces qui ont été retrouvées plus au nord, à Besançon, par exemple (4).

---

(1) Voy. les florules adventices : de l'enceinte de Paris, comprenant 190 espèces, décrite par M. Godefroy et Mouillefarine (*Bull. Soc. bot. de France*, t XVIII, 1871, p. 246 ; t. XIX, p. 266) ; — des environs de Blois et d'Orléans, comprenant 157 espèces méditerranéennes, décrite par M. De Vibraye (*C. R. Acad. des sciences.* 1872, t. LXXIV, p. 1376) ; — de Besançon, énumérée par M. Paillot (*Mém. Soc. d'émul. du Doubs*, t. VI et VII, 1871-72, p. 89 et 514), etc. M Nouel a observé 83 espèces adventices aux environs de Vendôme, 90 aux environs d'Orléans ; M. Franchet, 243 plantes méridionales et algériennes, aux environs de Blois, en été 1871 ; (Voy. *S. b. Fr.* 1872, t. XIX, rev. bibl.) ; enfin M. Bouvet a donné une énumération des plantes introduites dans les environs d'Angers, dans le *Bull. Soc. d'Et. sc.*, 1873, p. 96. — Plus récemment M. Malinvaud a signalé le *Linum angustifolium, Medicago lappacea, Trifolium resupinatum, Melilotus parviflora, Vulpia ligustica*, etc., comme étant encore adventices dans les environs de Paris (*Soc. bot. France*, 1882, t. XXIX, p. 248) ; — MM. Gauthier, Jeanbernat et Timbal-Lagrave ont aussi constaté dans les Corbières, la présence de 30 espèces de l'Italie et de l'Algérie, dont *Trifolium resupinatum, T. isthmocarpum, T. spumosum, T. lappaceum, Medicago* pl. sp., *Lithospermum incrassatum*, etc., (*Soc. bot. de France*, 1882, t. XXIX, p. 246, 248) ; — en Belgique, M. Ch. Baguet a noté l'introduction de nombreuses espèces américaines, africaines, orientales ou du midi de l'Europe, comme *Centaurea paniculata*, etc. (*Soc. bot. Belgique*, 1883, t. XXII, analysé dans *Soc. bot. France*, 1884, rev. bibl., p. 17).

(2) Voy. *Ann. Soc. bot. Lyon*, t. X, p. 216, 217. Cf. Nouel, pour la florule d'Orléans (*Bull. Soc. bot. France*, 1873, t. XX, p. 151).

(3) St-Lager, Note sur l'introduction de quelques plantes méridionales... dans *Ann. Soc. bot. de Lyon*, 1871, t. I, p. 59 et 64 ; Cusin, diverses notes dans *Soc. bot. Lyon*, t. I, 56, 57, 87, 88 ; t. IV, p. 169, etc. ; dans le *Bull. de la Soc. bot. de France*, 1876, t. XXIII, sess. de Lyon. p. xlii ; voy. encore *Soc. bot. Lyon*, t. I, p. 120, 121 ; t. III, p. 96, 97 ; Viviand-Morel, Note sur l'acclimatement des espèces adventices, dans *ibid.* t. X, p. 183, etc. M. Boullu a aussi observé quelques plantes adventices dans nos environs, à Méginand, particulièrement les *Trixago viscosa* Rchb., *Hordeum maritimum* With., *Chrysanthemum Myconis* L., *Trifolium hybridum* L., qui ont toutes disparu après un an ou deux (*Bull. Soc. bot. de France*, 1876, sess. de Lyon, p. xlvi). Voy. encore les constatations de de Teissonnier pour la vallée du Gier (*S. b. L.*, I, 1873, p. 117).

(4) Paillot, Note sur les plantes transportées par le mouvement de nos troupes en 1870-71, dans *Mém. Soc. Emul. du Doubs*, 1871-72, t. VI, p. 89 et suiv.; — Id. dans t. VII, 1872, p. 514, ou *Flora Sequaniæ exsiccata*, nos II et III.

Nigella damascena L. (Midi de la France); St-L. *S. b. L.* I, 64; Besançon (1).

Glaucium luteum Scop. (id.); St-L. *id.* I, 64; III, 109; X, 216.

G. corniculatum Curt. (id.); Cus. III, 97; *S. b. Fr.*; — Besançon.

Raphanus Landra Moretti (id.); St-L. *id.* I, 64; — Besançon.

Diplotaxis erucoides DC. (id.); St-L. *id.*

Iberis linifolia L. (id.); St-L. *id.*

Reseda alba L. (id.); St-L. *id.* — Besançon.

Dianthus liburnicus G.G. (id.); Viviand-Morel, *id.* III, 109.

Erodium ciconium Willd. (id.); St-L. *id.* I, 64.

E. malacoides Willd. (id.); St-L. *id.*; Cus. *S. b. Fr.*; — Besançon.

Medicago muricata Bnth. (id.); Cus. *S. b. L.* IV; *S. b. Fr.*; — Besançon.

M. sphærocarpa Bertol. (id.); Cus. id.; — Besançon.

M. lappacea Lamk. (id.); Cus. *S. b. L.* III, 97; IV, 169; *S. b. Fr.*; — Besançon.

M. striata DC. (Côtes de l'Océan); Cus. *S. b. L.*, IV; *S. b. Fr.*

M. littoralis Rhode (Midi); Cus. *S. b. Fr.*

Trigonella Besseriana Ser. (Hongrie); Cus. *id.*

Melilotus parviflora Desf. (Midi); Cus. *S. b. L.* I, 56, 87, 120; IV, 169; *S. b. Fr.*; — Besançon.

M. infesta Guss. (Corse); Cus. *S. b. L.* III, 97; IV, 169; *S. b. Fr.*, — Besançon.

M. italica Lam. (Midi); Cus. *S. b. L.* III; — Besançon.

Trifolium angustifolium L. (Midi); St-L. *S. b. L.* I, 64 : — Besançon.

T. stellatum L. (Midi); St-L. *id.*

T. resupinatum L. (Midi); St-L. *id.* I, 64; *Cat.* 148; Cus. et autres (Magnin, Guedel, Fray, etc.) dans *S. b. L.* I, 56, 87; III, 97; IV, 169; *S. b. Fr.*; — Besançon.

T. barbatum DC. (Port Juvénal); Cus. *S. b. L.* IV; *S. b. Fr.*

T. dalmaticum Vis. (Midi); Cus. *id.* IV, 169.

T. panormitanum Presl. (Midi); Cus. *id.* III, 97; IV, 169; — Besançon.

T. isthmocarpum Brot. (Portugal); Cus. *S. b. Fr.*; — Besançon.

T. pallidum W. et K. (Autriche); Cus. *id.*

T. squarrosum DC. (Midi); Cus. *id.*

---

(1) Les abréviations signifient: St-L. = Saint-Lager; I, 64 = plantes méridionales observées sur les talus du fort de Villeurbanne; Cus. = Cusin; *S. b. Fr.* = sa note sur la florule adventice du Parc et du Grand-Camp dans le *Bull. de la Soc. bot. de France*, 1876, sess. de Lyon, p. xlii, etc.

T. lappaceum L. (Midi) ; Cus. *S. b. L.* III, 97 ; *S. b. Fr.* ; — Besançon.
T. ligusticum Balb. (Midi) ; Cus. *id. ;* — Besançon.
Lotus hirsutus L. (Midi) ; St-L. *S. b. L.* I, 64.
Lathyrus latifolius L.; Viviand-Morel, *S. b. L.* III, 109.
Coronilla scorpioides Koch, (Midi) ; Cariot (voy. plus haut) ; Cus. *S. b. L.* III, 97 ; *S. b. Fr.* ; — Besançon.
Valerianella truncata DC. (Midi) ; Cus. *S. b. Fr.*
Chrysanthemum segetum L. (Midi) ; St-L. *S. b. L.* I, 64 ; — Besançon.
Ch. Myconis L. (Midi) ; Cus. *S. b. L.* I, 56, 120 ; — Besançon.
Anthemis tinctoria L. (Midi) ; St-L. *S. b. L.* I, 64.
Anacyclus clavatus Pers. (Midi) ; Cus. *S. b. L.* I, 56, 120 ; — Besançon.
Urospermum Dalechampii Desf. (Midi) ; St-L. *S. b. L.* I, 64.
Achillea ligustica All. (Midi) ; St-L. *id.*
Centaurea deusta Ten. (Italie) ; Viv.-Morel *S. b. L.* III, 109 ; — Besançon.
Hyssopus officinalis L.; St.-L. *S. b. L.* I, 64.
Amarantus albus L.; St-L. *id.* (voy. plus haut).
Plantago Lagopus L. (Midi) ; Cus. *S. b. L.* I, 56 ; — Besançon.
Euphorbia segetalis L. (Midi) ; Cus. *id.*
Phalaris canariensis L. (Midi) ; Cus. *S. b. L.* III, 97 ; *S. b. Fr.* ; — Besançon.
Ph. paradoxa L. (Midi) ; Cus. *id.* I, 56 ; *S. b. Fr.;* — Besançon.
Ph. cærulescens Desf.; St-L. *S. b. L.* I, 64.
Andropogon distachyus L. ; St-L. *id.*
Avena barbata Brot. ; St-L., *id.*
Agrostis verticillata Vill. ; St-L. *id.*
Vulpia ligustica Link.; Cus. *S. b. L.* I, 56, 121 ; *S. b. Fr.*
Bromus rubens L.; Cus. *S. b. L.* IV ; *S. b. Fr.* ; — Besançon.
Polypogon monspeliensis Desf.; St-L. *S. b. L.* I, 64 ; Cus. *id.* I, 56 ; *S. b. Fr.* ; — Besançon.
Cynosurus echinatus L.; Viv.-Morel, *S. b. L.* VII, 312 ; X, 189 ; — Besançon.
Hordeum maritimum L.; Boullu, *S. b. Fr.*
Ægilops ovata L. ; St-L. *S. b. L.* I, 64.
Æ. triuncialis L.; St-L. *id.*

Outre les espèces indiquées à Besançon, on voit les *Calepina Corvini, Medicago lappacea, Trifolium resupinatum, Phalaris paradoxa, Ph. canariensis, Polypogon monspeliensis, Bromus rubens, Cynosurus echinatus, Hordeum maritimum, Ægilops ovata*, etc., signalées aussi dans les environs de Genève, par M. DÉSÉGLISE (1) ; — les *Medicago litto-ralis, M. lappacea, Melilotus parviflora, Trifolium resupi-natum, Hordeum maritimum,* etc. à Angers, par M. BOUVET (2), etc. ; — presque toutes ces espèces, à Paris et dans les autres florules exotiques ; voy. plus haut, tir. à part. p. 480 ou *S. b. L.* XII, p. 252 (note).

La plupart de ces plantes ont disparu du Lyonnais, mais après avoir persisté quelquefois cinq et dix ans (3); elles n'ont pas toutes succombé sous l'influence du climat: celles de la digue du Parc ont été raclées avec acharnement par les cantonniers; les stations du talus du fort de Villeurbanne ont été bouleversées par les travaux exécutés pour la construction du chemin de fer de Cré-mieux (4). Ainsi que l'a dit, avec raison, le Dr Saint-Lager, « il est bon qu'on soit informé de ces accidents complètement étrangers aux conditions climatériques, afin qu'on ne dise pas plus tard que les espèces méridionales qui ont eu l'imprudence de s'aventurer hors de leur domaine naturel ont succombé par le fait de la rigueur des hivers. La vérité est qu'elles ont péri de mort violente (5). »

Enfin, parmi les espèces dont l'apparition a été signalée ré-cemment, je rappellerai, outre l'*Ambrosia :*

Setaria ambigua Guss., observé, en 1879, par M. Viviand-Morel, aux Charpennes (6);

Cynosurus echinatus, la même année, par le même botaniste, en abondance, à Montchat (7);

Pyrethrum Tchihatchewi, devenu subspontané dans les che-mins à Villeurbanne (8) et à Monplaisir (9);

---

(1) DÉSÉGLISE, *Florula genevensis advena* dans *Bull. Soc. bot. de Bel-gique,* 1878, t. XVI, p. 235.
(2) BOUVET, dans *Bull. Soc. d'ét. scient. d'Angers,* 1873, p. 96.
(3) Le *Trifolium resupinatum,* par exemple, s'est maintenu très long-temps : HEER le signale, du reste, déjà en 1865 à Zurich (*loc. cit.*) ; d'autre-part, on le retrouve plusieurs années après 1871, dans différents points du bassin du Rhône, à Bourg (1876), à Genève (1878), etc.
(4) Voy. *Soc. bot. de Lyon,* 1876, t. IV, p. 171 ; 1881, t. X, p. 185, 216 et 217.
(5) *Soc. bot. Lyon,* 1882, t. X, p. 217.
(6) *Ann. Soc bot. de Lyon,* t. VII, p. 282.
(7) *Ibid.* t. VII, p. 312; t. X, p. 189; cf. SAINT-LAGER, *ibid.,* t. X, p. 189; *Cat.,* p. 812.
(8) VIVIAND MOREL, *ibid.,* 1883, C. R. des séances, p. 65.
(9) GUILLAUD, *ibid.,* p. 65.

Elymus crinitus Schreb., vu par M. Saint-Lager dans des décombres, à la Guillotière (1) ;

Et l'*Artemisia austriaca* Jacq., var. α *Jacquiniana* Besser, que M. Sargnon a observée le long du chemin de fer, derrière la Guillotière, et que M. Saint-Lager a retrouvée en grande abondance, près des fossés du fort Lamotte (2).

III. *Plantes disparues.* — De même que les flores se modifient journellement par de nouvelles acquisitions, comme nous venons de le voir dans les alinéas précédents, de même elles peuvent s'appauvrir par la disparition de quelques espèces chassées de leurs stations normales par les transformations que l'homme leur fait subir ; ces disparitions se produisent donc toujours sous l'influence de causes organiques, sous l'action involontaire de l'homme (3).

Nous citerons, en premier lieu, les plantes disparues à la suite des déboisements de nos coteaux : nous avons déjà signalé, à diverses reprises, la destruction des stations du *Cistus salviæfolius* à Charly et à Saint-Priest (4) ; cette espèce était probablement accompagnée d'autres plantes méridionales qui ont disparu avec elle. On peut prévoir aussi le moment où le Ciste disparaîtra de Néron pour la même cause et où le *Genista horrida*, la Leuzée, la Lavande seront complètement extirpés des pelouses de Couzon, soit par le défrichement de leurs stations, soit par les récoltes inconsidérées des centuriateurs. Déjà les *Crupina vulgaris*, *Chrysocoma linosyris*, sont devenues très rares sur les coteaux de la Pape où les anciens botanistes les récoltaient autrefois ; il en est de même du *Ranunculus chœrophyllos* (voyez S. b. L., IV, 160, etc.).

Le *Berberis vulgaris* disparaît dans beaucoup d'endroits où on l'arrache pour le vendre comme bois de teinture.

Le *Myosurus minimus* devient de plus en plus rare dans la Dombes, depuis l'emploi du chaulage.

D'autres modifications importantes ont été apportées à la flore

(1) *Ann. Soc. bot. Lyon*, 1883, p. 123.
(2) *Ibid.*, p. 123, 124, 125 et 126.
(3) Nous laissons de côté les quelques espèces qui pourraient ǀdisparaître à la suite des ravages des faiseurs de centuries.
(4) Voy. plus haut, pages 32, 136 du tir. à part, ou *S. b. L.*, VIII, p. 288; X, p. 142, etc.

des environs immédiats de Lyon par les transformations opérées dans les faubourgs et la banlieue de cette ville, principalement à Vaise, aux Brotteaux et à Perrache.

Le cirque de Vaise a subi des changements profonds depuis le commencement du siècle et surtout depuis 1835 ; son caractère marécageux qui est, du reste, l'origine du nom de *Vaques* ou *Vaise*, était encore évident en 1835 (1) ; mais il a été tellement modifié depuis par les atterrissements successifs, les remblais, etc., qu'il serait impossible d'y trouver, ailleurs que dans ce qui subsiste des marais de Gorge-de-Loup, les plantes qui y sont indiquées par Gilibert.

Il en est de même de la presqu'île de Perrache, remaniée déjà du temps de Balbis (2) et dont la flore a été l'objet d'une intéressante étude de M. Sargnon (3) ; on y trouvera l'indication de plusieurs espèces disparues telles que *Centaurea myacantha*, *Alisma arcuatum*, *Salsola Kali*, etc.

La transformation de la partie des bords et îles du Rhône située aux Brotteaux et devenue le Parc de la Tête-d'Or, en a fait disparaître une série d'espèces intéressantes et particulièrement des formes de *Thalictrum* décrites par M. Jordan.

Rappelons enfin les modifications que nous avons signalées ailleurs dans la végétation des bords du Rhône et qui reconnaissent pour cause les changements apportés au régime de ce fleuve par les travaux du service de la navigation ; nous avons, en effet, montré qu'à la suite de la démolition du barrage de Jonages, lequel avait rejeté le cours du Rhône sur la rive droite à Thil, Miribel, etc., et y avait provoqué l'apparition de nombreuses colonies de plantes aquatiques, telles que *Cyperus Monti*, etc., ces plantes avaient complètement disparu de ces localités (4).

Ces faits, bien constatés, doivent rendre très circonspect lorsqu'il s'agit de se prononcer sur l'existence d'espèces indiquées par les botanistes anciens dans des localités où on ne les retrouve plus aujourd'hui. Sauf le cas de plantes que leur aire de dispersion spéciale démontre devoir être tout à fait étrangères

---

(1) Voy. Fournet dans *Ann. Soc. d'Agr. de Lyon*, 1866, t. X, p. 69.
(2) Voy. Balbis, *Fl. lyon.*, 1827, préf., p. xiv, xv.
(3) Sargnon, Florule de la presqu'île Perrache, dans *S. b. L.*, 1882, t. X, p. 49-67.
(4) Magnin, dans *Ann. Soc. bot. Lyon*, 1881-1882, t. X, p. 203.

à la contrée, leur absence actuelle ne suffit pas pour affirmer que ces plantes n'ont jamais été observées dans la région (1).

IV. *Causes de ces modifications.* — Ces causes doivent être cherchées surtout dans les causes de transport des végétaux, que M. A. de Candolle (2) a classées en causes physiques (vents, courants d'eau, etc.) et en causes organiques (action des animaux et de l'homme); nous y ajouterons: les modifications possibles du climat et une cause spéciale qui paraît résider dans une aptitude particulière de certaines plantes à l'envahissement.

1° Parmi les *causes physiques*, nous nous bornerons à rappeler l'action du *vent* qui joue certainement un grand rôle dans la dispersion des végétaux, surtout lorsque les plantes possèdent des graines munies de poils, d'aigrettes ou des fruits pourvus d'expansions aliformes; c'est précisément le cas pour l'*Erigeron canadensis*, les Solidages, les *Pterotheca, Barkhausia*, etc., qui nous ont présenté les exemples les plus démonstratifs d'envahissement.

Les *courants d'eau*, les rivières, n'agissent que pour propager le long de leur cours une plante déjà introduite ou indigène dans une partie de leur vallée: c'est ainsi qu'ils ont aidé à la propagation de l'*Helodea canadensis* dans les environs de Lyon, une fois que cette plante y a été introduite; ils n'ont contribué qu'indirectement à l'extension du *Vallisneria*, puisque cette espèce a remonté le courant du Rhône et de la Saône; les rivières servent aussi à la propagation des plantes terrestres, comme on le voit pour les plantes alpines ou montagnardes qui descendent de la Savoie et du Bugey, sur les bords du Rhône, jusqu'aux portes de Lyon (*Hutchinsia petræa, Gypsophila repens, Helianthemum canum, Hieracium staticifolium, Linaria alpina, Teucrium montanum*, etc.).

Modifications du climat. Cette question, encore controversée,

---

(1) On a signalé, du reste, ailleurs, d'autres exemples authentiques de disparition: M. HEER, par exemple. *(A. S. N.*, 1865), a indiqué les *Limosella aquatica, Lysimachia punctata, Heleocharis acicularis, Zanichella*, comme disparus depuis peu de la Flore zurichoise; — M. CARUEL a cité des modifications analogues dans la flore toscane (1867); — M. NEILREICH (Vienne, 1870) a montré que depuis les trois derniers siècles, 76 espèces de la flore viennoise ont disparu ou sont devenues très rares, etc.
(2) DE CANDOLLE, *Geogr. bot.*, t. II, p. 613 et seq.

demande plus de développement; nous examinerons donc : 1° si l'on a des preuves que les climats aient changé depuis la période historique; 2° l'influence des forêts et des déboisements sur le climat local; 3° l'époque et l'étendue des déboisements dans la région lyonnaise.

A. La possibilité de changement dans les climats depuis la période historique a été démontrée par plusieurs météorologistes et en particulier par FRAAS; voici comment THURMANN, qui admet aussi la réalité de ces modifications, expose les idées de Fraas et les siennes : « Il est à peu près certain, dit-il, qu'en se reportant seulement à 2,000 ans en arrière de notre époque historique,. on reconnaît de notables différences, non seulement dans la dispersion et l'association des plantes, mais aussi dans les caractères mêmes des espèces. *Ainsi que l'a bien démontré M. Fraas*, dans son travail sur les climats et la végétation selon les temps, la *température moyenne de l'Europe centrale et méridionale* s'est *généralement adoucie*, et l'*atmosphère* est devenue *plus sèche* depuis les siècles qui ont précédé et suivi l'ère chrétienne. Les *modifications* qui s'opèrent *de nos jours* paraissent avoir lieu encore *dans le même sens*, car l'aire des végétaux à station humide tend à se réduire, tandisque celle des plantes des lieux secs paraît prendre de l'extension (1). » Comme nous l'avons déjà indiqué, il y a plusieurs années (2), la justesse de cette assertion est prouvée par la nature des modifications apportées de nos jours dans les flores locales et par ce fait que les plantes envahissantes sont, en grande majorité, des espèces xérophiles (*Erigeron canadensis, Pterotheca, Barkhausia, Helminthia*, etc.).

D'autres faits ont été cités qui prouvent même une *détérioration récente* du climat de la France; ainsi, suivant M. Chatin, « d'après des observations faites durant ces 15 dernières années, les mares et les cours d'eau des environs de Paris ont subi un abaissement de niveau très considérable. On a d'abord attribué le manque d'eau à une diminution de la quantité de pluie tombée, mais les observations faites à ce sujet ont fait reconnaître que cette diminution est minime et presque inappréciable. Par

---

(1) THURMANN, *Phytostatique*, t. I, p. 152.
(2) *Ann Soc. bot. de Lyon.*

contre, on a observé que le nombre des *jours clairs* a augmenté notablement et a amené une évaporation plus abondante. Ce fait a dû agir nécessairement sur la végétation (1). »

On trouvera la confirmation de ces changements climatériques récents dans le recul des glaciers, dans les Alpes et les Pyrénées ; de 1853 à 1865, le glacier des Bossons a reculé de 322 mètres, celui des Bois de 188, celui de l'Argentière de 181, etc.; depuis cette époque le recul a toujours continué et ces mêmes glaciers ont remonté à plus de 800 mètres ; M. Tyndall « entrevoit même le moment où nos beaux glaciers ne seront bientôt qu'un lointain souvenir. » Examinant les causes de ce recul, M. Plantamour dit expressément : « Il est positif que depuis 15 ans la température s'est élevée dans les Alpes de près de 1° C au-dessus de la moyenne des 20 années antérieures, que l'*atmosphère y est plus sèche*, que les chutes d'eau y sont moindres (2). » Dans les Pyrénées, M. Trutat a observé aussi que le glacier de la Maladetta avait reculé de 400 mètres, entre les années 1872 et 1876, soit de 100 mètres par an (3).

Les preuves tirées de la diminution du débit des fleuves et des rivières ne sont cependant pas toujours aussi confirmatives ; ainsi Fournet affirme que le débit du Rhône et de la Saône n'a pas varié de 1825 à 1855 (4).

D'autre part, les arguments tirés des changements apportés à l'aire des végétaux cultivés, changements qui auraient eu lieu en sens inverse de celui que nous admettons, ne peuvent être pris en sérieuse considération ; il n'est pas difficile, en effet, de montrer que les cultures sont subordonnées au profit qu'on en peut tirer ; ainsi, par exemple, la vigne était cultivée pendant l'époque romaine et le moyen-âge, bien plus au nord qu'elle ne l'est aujourd'hui ; mais ce n'est pas que le climat de ces contrées y soit devenu plus froid ; la véritable raison, c'est que par suite de la facilité des transports on n'a plus intérêt à continuer dans le Nord une culture qui ne donne que des résultats médiocres et incertains (5).

---

(1) *Bull. de la Soc. bot. de France*. 1872, t. XIX, p. 179, etc.
(2) Voy. Grüner dans *Bull. Soc. géol. de France*, 6 déc. 1875.
(3) *Bull. de la Soc. hist. natur. de Toulouse*, 11ᵉ année, 1876-1877, premier fasc., p. 69, 70.
(4) Fournet, *Revue du Lyonnais*, 1842 ; *Ann. Soc. d'agr. de Lyon*, 3ᵉ sér., t. X, 1866.
(5) Voy. le travail de Lortet, Origine et extension de la vigne, dans *Ann.*

Ces modifications récentes du climat ont été signalées encore dernièrement par divers observateurs, soit dans l'Algérie (1), soit dans la France, comme on le voit par les lignes suivantes : « La détérioration du climat que vous avez récemment signalée à vos lecteurs comme probable, en Algérie, se produit avec plus d'évidence pour la France, puisque nous y avons vu, en moins de deux ans, une cote thermométrique minima à la fin de 1879 et une cote maxima en juillet 1881. Si, comme j'ai lieu de le supposer, les observations faites sur divers points de la France confirment à cet égard celles de l'Observatoire de Paris, il conviendrait de signaler à l'autorité supérieure cette preuve certaine de la détérioration de notre climat, qui serait produite, au dire de toutes les personnes compétentes, par les *progrès incessants du déboisement*..... (2). » C'est, en effet, aux déboisements excessifs et à la diminution de l'influence compensatrice des forêts qu'il faut attribuer ces perturbations climatologiques ; nous allons le démontrer dans le paragraphe suivant.

B. *Influence des forêts et du déboisement sur le climat local.* LECOQ reconnaît déjà « que la température d'une contrée est modifiée par la présence de vastes forêts....; que les pays boisés sont plus froids que ceux dépourvus d'arbres, non que cela puisse avoir une influence marquée sur le froid des hivers, mais une action réelle sur la température de l'été... (3). »

Plus récemment, des recherches précises de MM. FAUTRAT et SARTIAULT ont démontré, contrairement à l'opinion de Dove (4), mais conformément aux expériences et aux observations de Grisebach, de Tchihatchef, Mathieu, Becquerel, etc., qu'il pleut davantage sur un terrain boisé que sur un terrain découvert,

Soc. d'agr. de *Lyon*, 1846, t. IX, p. 551 ; — Cf. DES ETANGS, Culture de la vigne en Angleterre (*Bull. Soc. bot. de France*, 1872, t. XIX., p. xc).
(1) M. DÉHÉRAIN, dans le *Génie civil* (1881), pense que c'est le déboisement qui y produit la *sécheresse* : voy. *Revue scientifique*, 13 août 1881.
(2) *Revue scientifique*, 1881, t. XXVIII, p. 288. Cf. l'article récent de M. Paulin TROLARD, intitulé : Une colonie en danger, l'épuisement des sources et la dévastation des forêts en Algérie (*Nouvelle Revue*, 1er avril 1886). Voy. encore sur les variations du climat de la France : FOURNET, dans *Ann. Soc. agr. de Lyon*, 1846, p. 551 ; J. BOURLOT, dans *Revue des Soc. savantes*, 2e sér., t. VII, 1873, p. 182; PÉROCHE, DE MONTLUC, dans *Mém. de la Soc. litt. de Bar-le-Duc*, 1876, t. VI, p. 214, 276.
(3) LECOQ, *Études sur la Géogr. bot.*, t. I. p. 23, 24.
(4) Voy. GRISEBACH et TCHIHATCHEFF, La végétation du globe, t. I, p. 112, 113, 115.

que l'air y possède un degré de saturation plus considérable (1) ;
que les forêtts possèdent enfin une *action frigorique* très nette,
avec courants latéraux allant du massif à la plaine (2). MM. Tissandier et de Fonvielle ont même constaté que cette influence
rafraîchissante de la forêt se fait sentir jusqu'à une grande
hauteur dans l'atmosphère (3).

Tous ces faits sont confirmés par d'autres travaux plus récents,
par exemple ceux de MM. Worré (4), parus en 1881, ceux de
Wocikoff, publiés en 1885 (5), etc., qui nous permettent de conclure, en résumé, que l'action de la forêt sur le climat local se
manifeste par :

Une augmentation de la quantité de pluie, de la saturation
de l'air, dans la région boisée ;

Un abaissement très net de la température moyenne des régions avoisinantes.

Le déboisement aura donc des effets diamétralement opposés :
il amènera une diminution des pluies, l'augmentation de la
température moyenne, du nombre des jours clairs, par conséquent de l'intensité de l'insolation, etc.

Nous ne pouvons donner aucune preuve directe que des modifications semblables aient pu survenir dans le climat de la
région lyonnaise ; nous y suppléerons par des preuves indirectes,
en résumant les documents que nous avons recueillis sur les déboisements opérés dans le Lyonnais.

---

(1) FAUTRAT et SARTIAULT, Influence des forêts sur la quantité de pluie
que reçoit une contrée (dans *C. R. Ac. sciences*, 1874, t. LXXIX, p. 409).
Voy. aussi CHRIST, Végétation de la Suisse, p. 246, 247 ; il insiste particulièrement sur ce fait que les forêts *contribuent à adoucir le climat* (p. 247) ;
mais ce n'est pas en contradiction avec les observations citées plus haut ; les
forêts rendent le climat *plus égal*, bien qu'elles abaissent la température
moyenne et augmentent la quantité de pluie ; le déboisement rendra le climat plus *extrême*, dégradation prouvée par les froids plus vifs, les étés plus
chauds.

(2) FAUTRAT, Influence du sol et des forêts sur les climats ; température
des couches d'air au-dessus du massif ; conséquences au point de vue de la
végétation. Effets des courants provenant des différences de température sous
bois et hors bois (*C. R. Ac. sciences*, 1877, t. LXXXV, n° 24, p. 1115.)

(3) Albert TISSANDIER et W. DE FONVIELLE, Ascension en ballon du 3 août
1878 (*Nature*, n° 270, p. 155.)

(4) WORRÉ, Influence des forêts sur le climat, dans *Institut du Grand·
Duché du Luxembourg*, 1881, t. XVIII.

(5) WOCIKOFF, Influence des forêts sur le climat dans les *Petersmann's
Mittheilungen*, analysé dans *Revue scientifique* du 27 juin 1885, p. 813. —
Voy. encore HUMBOLDT (Asie centrale, t. III, p. 202) ; GUINIER, Faculté assé-
chante des arbres forestiers (*Bull. Soc. bot. de France*, 1883, t. XXX, p.
271), etc.

C. *Déboisements dans la région lyonnaise.* Depuis les deux derniers siècles, les coteaux qui avoisinent Lyon, le Mont-d'Or, les Bas-plateaux et les Monts du Lyonnais ont subi des déboisements considérables. Nous lisons, en effet, dans Alléon-Dulac : « Nos coteaux n'ont pas toujours été couverts de vignobles ; il fut un temps où de vastes forêts les couvraient entièrement. On a les preuves les plus authentiques que les coteaux de Fontannières et de Sainte-Foy n'étaient anciennement que des bois qui furent défrichés en partie par les Bénédictins ; » et plus loin : « Le territoire d'Écully n'était qu'une vaste forêt (1). »

« Dans le XVᵉ siècle, dit Grognier, le sommet du Mont-d'Or était couvert d'une forêt considérable. M. Cochard a lu un acte de 1470 où il est dit que les frères Beluze y chassaient à la bête fauve (2). »

Au commencement de ce siècle, M. de Rozières parle encore « des immenses taillis de chênes » qui couvrent les territoires de Tassin, Pollionay, Charbonnières (3) ; on sait le peu qu'il en reste aujourd'hui. De la Chassagne rappelle, à la même époque, les déboisements inconsidérés qui ont eu lieu dans le canton d'Anse et particulièrement la destruction de la forêt de Bagnols (4).

Les montagnes du Beaujolais et du Lyonnais étaient autrefois bien plus boisées qu'elles ne le sont maintenant ; elles étaient presque entièrement couvertes de forêts ; tandis qu'aujourd'hui, de vastes surfaces ne sont plus que des pelouses arides ; nous en avons les preuves dans les mémoires statistiques de Lambert d'Herbigny (5), de Sarron (6), Grognier (7), etc.: « La forêt de Pramenou en Beaujolais, comme le rappelle Grognier en 1820, dont il reste à peine quelques traces, fournissait autrefois abondamment des poutres et des planches de Sapins pour les constructions de Lyon et des villes voisines. »

---

(1) Mém. pour servir à l'hist. naturelle..., 1765, t. I, p. 50. — Cochard rappelle aussi les déboisements opérés dans les parties plus méridionales des Coteaux, par exemple, aux Hayes (voy. *Ann. Soc. d'agric. de Lyon*, 1823-24, p. 18).

(2) Voy. *Ann. Soc. d'Agric. de Lyon*, 1820, p. 9.

(3) Voy. *Id.*, 1811-12, p. 6.

(4) *Ibid.*, p. 54.

(5) Mém. de M. Lambert d'Herbigny, intendant de Lyon, en 1698, cité dans *Ann. Soc. d'Agric. Lyon*, 1820-21, p. 8.

(6) Aperçu de l'agricult. des montagnes de Tarare, 1805, cité dans *Id.*, 1821-22, p. 38.

(7) Voy. *Ann. Soc. d'Agric. Lyon*, 1820, p. 9, 10.

Enfin, on peut constater que, de nos jours, les déboisements sont opérés avec la même imprévoyance : les coteaux de Charly et de Saint-Priest, où Gilibert récoltait autrefois le Ciste et d'autres plantes rares, ont été depuis le commencement de ce siècle livrés en entier aux cultures ; et les quelques taillis ou broussailles qui garnissent encore le sommet de la cotière de la Dombes sont eux-mêmes menacés, sous peu, d'une destruction complète.

2° *Causes organiques*. Sous cette dénomination, M. A. de Candolle comprend l'action des animaux et de l'homme ; nous nous bornerons seulement à rappeler comment les animaux, surtout les oiseaux migrateurs, peuvent aider à la dissémination des graines (1).

L'action de l'homme peut être volontaire ou involontaire ; involontairement, l'homme a contribué aux modifications de la flore par les défrichements, les cultures et surtout par l'ensemencement du blé, des luzernes, des prairies, au moyen de graines étrangères ; nous renvoyons pour ce point à ce que nous avons dit plus haut sur l'origine de la plupart des plantes messicoles, de plusieurs espèces naturalisées plus récemment et de nombreuses plantes adventices. C'est aussi à l'action involontaire de l'homme, à l'industrie et au commerce, qu'il faut rapporter l'introduction des plantes étrangères qui ont apparu : 1° autour des usines de Pierre-Bénite, de la Mouche, de Givors, Chasse, etc. (2) ; au voisinage des usines d'Épinac et du Creuzot, où M. Gillot a cité : *Sisymbrium pannonicum* Jacq., importé de la Russie, *Silene multiflora* Pers., originaire de la Hongrie, les *Atriplex rosea* L., *Salsola Kali* L., etc. (3) ; 2° dans les cultures ou le voisinage des manufactures de tabac, comme l'*Euphorbia depressa* cité plus haut ; 3° le long des chemins de

---

(1) Voy. A. DE CANDOLLE, *Géogr. bot.*, p. 618 ; LAMIC, *op. cit.*, p. 18.

(2) Voy. plus haut : plantes adventices ; et comp. le *Flora juvenalis* de GODRON (Nancy, 1854) où l'on voit 350 espèces importées, au port Juvénal, avec des laines, etc., d'origine étrangère ; l'*Appendix florulæ juvenalis* de M. COSSON (1860) ; le *Flora massiliensis advena* de GRENIER (Besançon, 1857) où figurent 250 espèces introduites, etc.; et depuis : G. LESPINASSE et THÉVENEAU, Enumération des plantes étrangères qui croissent aux environs d'Agde et principalement au lavoir à laines de Bessan (1859) ; AUBOUY, Florule exotique des étandages et anciens séchoirs à laine de Lodève, dans *Ann. Soc. agric. de l'Hérault*, 1877, t. IX, p. 185.

(3) Voy. GILLOT dans *Ann. Soc. bot. de Lyon*, 1881, t. X, p. 200, etc.

fer, soit par des naturalisations à petite distance de plantes de
la région, dont les graines ont été amenées avec le ballast, ou
mises au jour par les déblais, (comme les *Epilobium rosmarinifolium*, *Plantago cynops*, etc., et qui s'étendent de plus en
plus en suivant les voies ferrées), soit par des graines étrangères
échappées des foins et autres produits importés, surtout au voisinage des gares de marchandises ; 4° c'est, enfin, à cet ordre
de causes qu'il faut rapporter la propagation du *Vallisneria*,
plutôt qu'à l'action propre des cours d'eau, cette plante ayant
été, pour ainsi dire, remorquée avec les bateaux qui remontent
le Rhône et la Saône.

L'homme a contribué volontairement aux modifications de la
flore par des introductions de plantes étrangères faites soit en
vue d'acclimater des végétaux utiles ou d'ornement, soit uniquement pour enrichir la flore de la région.

Nous citerons, comme exemple, les nombreuses tentatives de
naturalisation d'arbres exotiques, faites par La Tourrette, à
Lyon et à Éveux (1), par Poivre à la Fretta (2), par Lecamus à
Fontannières (3), par Rast-Maupas à Écully (4), par Madiot,
etc.; elles n'ont évidemment pas eu d'influence sur la flore; il
en est de même de l'introduction de la *Pomme de terre* vers le
milieu du siècle dernier, sur les conseils d'Alléon-Dulac et de
Chancey (5), — du *Mûrier*, vers la même époque, sous l'influence de Thomé (6), et d'autres plantes, telles que l'*Arachis
hypogea* cultivé par Bouchard-Jambon (7), l'*Helianthus annuus*

---

(1) Voy. notre ouvrage sur La Tourrette, sa vie, ses travaux, etc. Lyon,
1885, p. 7 ; Gilibert, *Démonst. élém. de botanique*, 4ᵉ édit., 1796, t. III,
p. 451. C'est en 1766 que La Tourrette (1729-1793) créa à Eveux ce *jardin
d'acclimatation* qui comprenait plus de 360 espèces étrangères.
(2) L'illustre botaniste Poivre (1719-1786) se retira en 1757 à la *Freta*,
dans le vallon de Saint-Romain, près Lyon, où il acclimata de nombreux
végétaux exotiques ; en 1835, lors d'une excursion qu'y fit Hénon, ce botaniste y vit *Juglans fraxinifolia, Tulipa gesneriana, Narcissus pseudo narcissus, N. poeticus, Cynoglossum omphaloides*, etc. (*Ann. Soc. d'agric. de
Lyon*, 1835-36, p. 188.)
(3) C'est probablement l'origine de quelques plantes spéciales habitant le
coteau des Étroits et de Sainte Foy : voy. *Démonst. élément. de botanique*,
1799, t. III, p. 461.
(4) Rast-Maupas (1731-1820) y naturalisa de nombreuses plantes étrangères, *Phormium tenax, Broussonetia papyrifera, Aylanthus glandulosa,
Gleditschia triacanthos, Gymnocladus canadensis*, etc. (Voy. *Ann. Soc.
d'agr. de Lyon*, 1806, p. 78 ; 1807, p. 28 ; 1811, p. 9, etc.)
(5) *Ann. Soc. d'Agric. Lyon*, 1823-24, p. 7.
(6) Voy. plus haut, tir. à part, p. 265. — *Ann. Soc. bot. de Lyon*, t. XII
p. 37.
(7) *Ann. Soc. d'Agric. Lyon*, 1823-24, p. 14.

par Deschamps (1) ; mais certaines espèces sont devenues depuis lors subspontanées ou erratiques dans la région ; il y a donc une certaine importance à rappeler que :

Les *Légumineuses fourragères* ont été introduites vers le milieu du siècle dernier, par MM. de Monspey, dans leurs domaines (2) ;

Le Sainfoin (*Onobrychis sativa*) a été semé pour la première fois par Cochard sur la côte du Rhône, près de Saint-Colombe, puis s'est propagé, de là, à Irigny, etc. (3) ;

Le Colza a été introduit dans les assolements par Rozier (4) ;

La culture de la Navette, du Lin, a été recommandée par Rozier et les de Monspey (5).

Je trouve encore qu'on a propagé, vers la fin du dernier siècle et au commencement de celui-ci, les cultures : du Pavot, dans le Beaujolais, comme plante oléagineuse, par Mme Lortet (6) ; — du *Camelina sativa*, qu'on retrouve encore de temps à autre erratique (7) ; — de l'*Asclepias* de Virginie, appelé à tort *syriaca*, par M. de La Chassagne (8) ; — du *Spartium junceum*, indiqué aujourd'hui comme naturalisé, etc. (9).

Quelques tentatives plus récentes, faites directement en vue d'enrichir la flore, ont été couronnées de succès, au moins passagèrement ; nous rappellerons qu'Estachy avait introduit le *Sison amomum* à Montchat, le *Salvia verticillata* à Montchat et Sans-Souci, les *Isatis tinctoria, Ptychotis Timbali, Echinops banaticus, Xanthium macrocarpum*, sur la digue qui longe le Grand-Camp, les *Bunias orientalis* et *Biscutella intricata* dans les graviers de Cusset (10) ; ces plantes y ont persisté longtemps ; elles n'ont disparu qu'à la suite des transformations qu'on a fait subir à ces stations : Montchat est devenu une cité ; l'emplacement des *Isatis, Echinops*, a été recouvert par les terres amassées pour des fortifications ; le *Sison amomum*

(1) *Ann. Soc. d'Agr. Lyon*, 1807, p. 23.
(2) *Id.*, 1823, p. 7.
(3) *Id.*, 1823, p. 8.
(4) *Id.*, 1823, p. 8.
(5) *Id.*, 1806, p. 78 et 1823, p. 8.
(6) *Id.*, 1821, p. 294 et 1823, p. 16.
(7) *Id.*, 1811, p. 161.
(8) *Id.*, 1807, p. 21 ; 1823, p. 11.
(9) *Id.*, 1808.
(10) Au milieu de ce siècle ; voy. CUSIN, dans *Ann. Soc. bot. Lyon*, t. I, p. 54.

apparaît cependant de temps en temps, et le *Biscutella* est encore très abondant dans la gravière de Cusset.

Rappelons encore les introductions de l'*Helodea* par M. Boullu, du *Villarsia* et d'autres espèces par MM. Morel et Guichard, et enfin les tentatives plus récentes de M. Viviand-Morel qui n'ont pas réussi jusqu'à ce jour (1).

3° *Causes tenant à une aptitude spéciale de la plante.* Nous avons déjà vu que les plantes introduites et envahissantes sont pour la plupart des xérophiles; cette particularité peut s'expliquer par la tendance du climat à devenir plus sec ou à avoir des étés plus chauds. Mais une autre constatation nous frappe, en examinant les listes des espèces naturalisées ou adventices, soit dans la région lyonnaise, soit dans d'autres contrées : c'est le nombre considérable des plantes qui appartiennent à la famille des Composées.

Si nous consultons, en effet, parmi les énumérations à peu près complètes qui ont été données, celle des plantes américaines naturalisées en Europe, telle qu'elle a été établie par M. A. de Candolle (2), nous voyons que 25 °/₀ de ces espèces sont des Composées; dans l'énumération dressée par M. Saint-Lager des espèces qu'il considère comme introduites dans la flore lyonnaise (3), on trouve aussi, sur soixante-dix espèces, vingt-trois appartenant aux Composées, soit presque 33 °/₀; de même les plantes citées par M. L. Rérolle, comme envahissantes dans la région de la Plata, renferment 1/6 de Composées (4); enfin, dans les plantes étudiées récemment par M. Lamic, comme naturalisées dans le Sud-Ouest de la France, on trouve 16 Composées sur 80 espèces, soit 20 °/₀, ou un 1/5 du nombre total (5). Cette famille est, il est vrai, actuellement la plus nombreuse du règne végétal, du moins des Phanérogames; elle en forme la dixième partie; mais cette proportion de 10 °/₀ n'en est pas moins bien inférieure à celles de 20, 25 et 33 °/₀ indiquées plus haut pour les Composées envahissantes.

D'autre part, si l'on rapproche de ces premières constatations les particularités remarquables que les Composées présentent

---

(1) *Ann. Soc. bot. de Lyon*, t. X, p. 183.
(2) *Géogr. bot.*, t. II, p. 723.
(3) *Ann. Soc. bot. de Lyon*, t. I, p. 89.
(4) *Id.* 1880, t. IX, p. 39.
(5) *Op. cit.*, passim.

aux divers points de vue de leur organisation, de leur place dans la classification, de leur développement historique, à savoir: 1° l'organisation des gamopétales épigynes, et particulièrement des Synanthérées ou Composées, c'est-à-dire des plantes chez lesquelles la concrescence des diverses pièces de l'appareil reproducteur est la plus accentuée, ce qui fait regarder les Composées par les phytographes actuels comme les végétaux les plus élevés en organisation (1); 2° leur apparition récente à la surface du globe, placée par les paléontologistes, dans l'époque miocène, montrant ainsi que les Composées sont un des derniers rameaux détachés du tronc des Dicotylédones (2); 3° enfin la tendance remarquable à agrandir leur aire de dispersion que présentent un certain nombre de Composées, comme l'*Erigeron canadensis*, les Solidages, Asters, *Barkhausia*, *Pterotheca*, *Centaurea*, *Helminthia*, etc., pour ne citer que celles de notre région; — on ne peut s'empêcher d'être frappé de cet ensemble de circonstances et se refuser à voir dans les Composées des plantes arrivées aujourd'hui à leur apogée, comme complication d'organisation, nombre de formes (soit fixées, soit en voie d'évolution, *Hieracium*, Centaurées, etc.), nombre d'individus et, par leur tendance à l'envahissement, marchant pour ainsi dire à la conquête de la végétation du globe.

Ce sont les conclusions que j'ai déjà eu l'occasion d'énoncer à plusieurs reprises (3) et que j'ai été heureux de voir soutenir par M. Guillaud, dans les lignes suivantes:

« Les Épicorolliflores. Ce titre ou embranchement est formé des

---

(1) C'est un point généralement admis aujourd'hui par les botanistes, sur lequel il est inutile d'insister; voy. cependant, comme confirmation récente, l'article publié par M. Heckel dans un des derniers numéros de la *Revue scientifique*, 18 mars 1886, p. 337. C'est uniquement, par respect pour l'usage suivi jusqu'à ce jour, que la plupart des Floristes conservent l'ordre du Prodrome de De Candolle et commencent l'énumération des plantes par les Polypétales hypogynes (Thalamiflores) et les Renonculacées.

(2) Il est très remarquable que les plus anciennes empreintes de Dicotylédones observées jusqu'à ce jour (dans l'étage crétacé) appartiennent précisément aux familles dont les organes floraux ont subi le moins de réduction, de soudures ou de concrescences; ce sont, en effet, des *Magnoliacées*, des *Ménispermacées*, des *Helléborées*, etc., où l'on retrouve si manifeste la disposition phyllotaxique des éléments appendiculaires de la fleur, en spirale, sur un axe à peine contracté. Voy. DE SAPORTA, *Ancienne végétation polaire*, p. 34, et plus récemment un nouvel exemple confirmatif, le *Nelumbium* dans *C. R. Ac. des sciences*, 3 avril 1882.

(3) *Ann. Soc. bot. de Lyon*, t. I-X, passim; *Origines de la Flore lyonnaise*, 1882.

Caliciflores gamopétales de De Candolle, reportées avec raison par Adrien de Jussieu et Decaisne à la suite des Corolliflores et en tête du règne végétal. Ce sont, en effet, les plantes dans lesquelles la fleur est à la fois la plus réduite et la plus compliquée par la soudure des verticilles entre eux. Avec tous les caractères des Corolliflores ordinaires et notamment un calice gamosépale et une corolle gamopétale, l'ovaire devient, en outre, infère en se soudant avec le tube du calice... Les Épicorolliflores sont issues des Corolliflores *ligneuses* inférieures, peu après la séparation de celles-ci d'avec les Tiliales. La branche corolliflore s'est ainsi bifurquée dès son origine...; *les Epicorolliflores se terminent par les Composées* les plus réduites de toutes dans la structure de leur fleur... (1).

« Les Labiées et les *Composées*, avec les familles qui se groupent respectivement autour d'elles, sont les *derniers termes*, les derniers rameaux des deux branches des Corolliflores. Elles s'étendent, comme vous le voyez, au faîte de l'arbre végétal. Comme ce sont les dernières venues, elles dominent dans la végétation actuelle.

« Les Composées, notamment, sont actuellement campées un peu partout, sous toutes les latitudes et sous tous les climats ; elles marchent à la conquête de la terre à l'aide de trois cent mille représentants au moins, dont chacun est par lui-même une légion. Ce sont les plantes du moment et ce seront sans doute celles de l'avenir. Il est possible, en effet, que la constitution générale de la fleur actuelle vienne à changer et que le capitule condensé des Composées devienne le point de départ d'une fleur plus complexe et plus perfectionnée, par l'amplification des tendances actuelles des Radiées. Nous verrions alors se produire avec des fleurs entières ce qui s'est passé déjà pour de simples organes sexuels lors de la venue des Monimiacées, c'est-à-dire une concentration nouvelle des organes de reproduction éminemment favorable dans la lutte pour l'existence (2). »

Un autre fait remarquable et qu'on peut déjà inférer des

---

(1) *Revue scientifique*, 1880, t. XXVI, p. 536.

(2) Cependant il est possible que le perfectionnement se produise dans une autre direction, et qu'une autre branche se substitue aux Composées comme importance numérique et perfection d'organisation ; il ne faut pas perdre de vue que les groupes arrivés à leur summum de développement peuvent s'épuiser et disparaître ; c'est ainsi que les Ammonites « n'ont succombé qu'à force de perfection et de délicatesse », suivant l'élégante expression de M. de Saporta ; et comme le dit le même savant, « des groupes d'abord obscurs et subordonnés se développent successivement, tandis que d'autres s'épuisent après avoir longtemps joué un rôle brillant. C'est l'histoire des dynasties et des nations humaines transportée dans le domaine paléontologique ».

quelques exemples donnés dans les pages qui précèdent, c'est
la tendance des végétations récentes à ne renfermer de plus en
plus que des formes herbacées : c'est une autre manifestation de
la *tendance générale à l'individualisation* qu'on retrouve
partout dans le développement des êtres organisés ; en effet, de
même que les formes arborescentes, qu'on peut comparer à des
individus agrégés, deviennent de plus en plus rares, de même,
dans les séries animales, les individus composés, les colonies,
si nombreux dans les anciennes périodes géologiques, diminuent de nombre et d'importance à mesure qu'on se rapproche
de l'époque actuelle ; on peut dire que, de toute façon, la marche
évolutive des êtres tend vers une individualisation de plus en
plus parfaite ; pour les végétaux, en particulier, on peut prévoir
la disparition progressive des arbres et la composition de plus
en plus herbacée des associations végétales ; du reste, les formes
arborescentes ont ordinairement précédé, dans le temps, les
formes herbacées, comme on le voit pour les Ombellifères,
réduction évidente des Araliacées, seules représentées dans les
époques antérieures ; or, il est remarquable de voir l'organisation des Composées venir à l'appui de ces considérations ; on
sait, en effet, que cette famille si nombreuse en espèces et
en individus ne renferme que quelques formes ligneuses ou
sous-ligneuses.

En résumé, nous conclurons de l'étude des faits exposés dans
ce dernier chapitre que la plupart des types qui caractérisent la
végétation lyonnaise remontent, par filiation directe, aux formes
des diverses époques de la période tertiaire ; la flore venait alors
de recevoir son dernier complément, par suite de l'apparition
des Dicotylédones, bientôt prépondérantes et devant prendre
une extension de plus en plus considérable ; parmi ces dernières,
les types polaires, aux feuilles larges et caduques, viennent
d'abord se mêler aux types asiatiques, africains et australiens
des époques antérieures, jusque-là prédominants, mais qui tendent à abandonner notre région ; la végétation qui s'en rapproche encore actuellement le plus, celle qu'on peut appeler
méditerranéenne, d'après les caractères qu'elle revêt encore
aujourd'hui, au pourtour de notre mer intérieure, persiste seulement dans les parties moyennes et inférieures de la vallée du
Rhône, luttant contre les invasions de la flore arctique ; celle-ci,

après avoir couronné les montagnes miocènes et pliocènes, descend avec les glaciers, recule ensuite avec eux, se réfugie enfin au sommet des Alpes, en abandonnant quelques épaves dans les tourbières et les marais tourbeux. C'est à ce moment, à l'époque quaternaire, que les conditions climatologiques se rapprochant de plus en plus de ce qu'elles sont aujourd'hui, la végétation du Lyonnais et de l'Est de la France prend l'aspect et les caractères qu'elle possède encore. Depuis, elle a cependant subi des changements, soit par le fait de l'homme, soit par des causes naturelles : pour les expliquer, nous avons montré que ces changements, produits peut-être par des causes climatologiques, étaient surtout caractérisés par l'invasion des types américains et méridionaux ; nous avons essayé de montrer aussi que les plantes qui présentaient cette tendance à l'envahissement appartenaient en grande partie aux familles les plus élevées en organisation, à celles apparues en dernier lieu, comme les Composées. Enfin, conclusion générale qui ressort des faits groupés dans ce travail, c'est que les flores, comme les espèces, se modifient, se transforment, sous l'influence de cette loi générale d'évolution qui préside au développement de tous les êtres, individus ou collectivités, dans le temps et sur la surface du globe.

FIN.

[Les pages 5-52 ont été tirées en 1881, dans le t. VIII des *Annales de la Soc. bot. de Lyon* (1879-1880, p. 261 à 308) ;
Les pages 53 à 108, en 1882, dans le t. IX des *Annales* (1880-1881, p. 201 à 256) ;
Les pages 109 à 162, en 1883, dans le t. X (1882, p. 115 à 168) ;
Les pages 163 à 254, en 1884, dans le t. XI (1883, p. 135 à 226) ;
Les pages 255 à 528, en 1885 et 1886, dans le t. XII (1884, p. 27 à 288).]

ERRATA & ADDITIONS

Page 12, ligne 2 (des notes) : au lieu de 1847, lisez 1849.
— id.   — 4 (des notes) : — 1876, — 1879.
— 17, — 8 : après « bas-plateaux » ajoutez : « *Polygonum Bistorta*, descendant à Vaugneray, Soucieu, Francheville, etc. »
— id. — 21 : au lieu de « due à de » lisez : « due à la présence de ».
— 18, — 13 : ajoutez : « *Ranunculus Lingua*, à Salvizenet, au sud de Panissière (Cariot, p. 9). »
— id. — 20 : après « Palay » ajoutez : « (S. b. L., V, 73). »
— 20, — 32 : après « Chanrion » ajoutez : « (S. b. L., V, 80, 116). »
— 22, — 14 : après « *Pirola minor* » ajoutez : « *Gentiana campestris* (Magnin 1883). »
— 24, — 26 : après « Roses nombreuses » ajoutez : « — *Centaurea tubulosa* Chab. et *Pilularia globulifera*, à l'Aigua (Boullu, 1883). »
— id. — 29 : après « *decumbens* » ajoutez : « *Ranunculus parviflorus* (Boullu, S. b. L., IV, 175). »
— 25, — 21 : après « les Ollières » ajoutez « et à Champoly, près Charbonnières. »
— id. — 31 : au lieu de « se rendent soit dans le » lisez : « appartiennent soit au ».
— 27, — 37 : après « *Stockesii* » ajoutez : « (S. b. L., II, 41). »
— 28, — 7 : après « *Meleagris* » ajoutez : « (S. b. L., II, 71 ; V, 119 ; VI, 151, 159, etc.). »
— id. — 9 : après « *Lappula* » ajoutez : « *Symphytum tuberosum*. »
— id. — 11 : après « *Bistorta* » ajoutez : « (dans le vallon du Gau). »
— id. — 14 : après « *alopecurum* » ajoutez : « *Solorina saccata*. »
— 29, — 4 : après « Jord. » ajoutez : « ; *Bartramia stricta* Brid., à Orliénas (Debat, S. b. L., III, 29) ; »

37

Page 29, ligne 21 : après « Étang du Loup (3) : » ajoutez « *Helosciadium repens* Koch, *H. inundatum* K., *Potamogeton tuberculatum* Guep. »

— id. — 23 : remplacez les lignes consacrées à l'Étang de Lavaure, par les suivantes : « — à l'Étang de Lavaure, dans les terres sablonneuses et humides, *Lythrum hyssopifolium, Peplis Timeroyi* Jord., *Centunculus minimus, Plantago minima, Galeopsis intermedia, Juncus Tenageia, Aira agregata* Jord.; dans les prairies marécageuses, les fossés, mares, étangs, *Isnardia, Ceratophyllum submersum, Myriophyllum alterniflorum, Helosciadium inundatum, Senecio aquaticus, Littorella lacustris, Juncus pygmæus, J. capitatus, J. tenageia, Sparganium simplex, Scirpus supinus, Potamogeton amphibium, P. acutifolium, P. tuberculatum, Carex hirtæformis, Alopecurus fulvus, Chara flexilis*, etc.; au Bâtard, *Myriophyllum alterniflorum* ; le *Rumex maritimus*, près de Montagny (Fourreau); l'*Œnanthe pimpinelloides*, dans le vallon du Mornantet, etc. »

Page 32, ligne 13 : après « *petræum* » ajoutez : « ; cf. *Helianthemum pilosum* Pers.? »

— id. — 35 : ajoutez ici un alinéa comprenant la flore : « Du coteau de Beaunant, poudingues calcaires à *Carex humilis, C. ornithopoda*, etc.; Du coteau des Barolles ; Des coteaux du Bas-Garon. »

— 33, — 4 : après « Sainte-Foy-lès-Lyon » ajoutez : « *Isopyrum thalictroides* (aux Razes). »

— id. — 6 : après « Saint-Genis-Laval (4) » ajoutez : « *Senebiera Coronopus*, erratique, à Pierre-Scize, Gorge-de-Loup, etc. »

— id. — 26 : après « Gorge-de-Loup » ajoutez : « *Anemone ranunculoides* ».

— id. — 39 : ajoutez : « voy. S. b. ***L.***, II, 73. »

— id. — 40 : après « Soc. botan. » ajoutez : « II, 80 ; »

— id. — 42 : après « p. 288 » ajoutez : « des *Annales*, ou p. 31 et 32 du tirage à part. »

— 34, — 26 : ajoutez à l'énumération : « *Passerina vulgaris, Leontodon autumnalis*, etc. »

— id. — 35 : ajoutez à l'énumération : « *Lepidium petræum, Helianthemum pilosum*, etc. »

— 35, — 4 : après « de plus » ajoutez : « *Lysimachia vulgaris, Mentha Pulegium, Polygonum lapathifolium, P. hydropiper, P. mite*, etc. ».

Page 39, ligne 12 : après « plus au sud » ajoutez : « au-delà de
l'Ardière, ».

— id. — 29 : après « *Leucoium vernum* » ajoutez : « (V.
Pulliat) »

— id. — 31 : après « *paludosa*, etc. » ajoutez « — Cenves,
Leucoium vernum (Ducros); — Prusilly, *Orchis sambucinus*,
Doronicum Pardalianches, etc. (Boullu, *S. b. L.*, VIII, 332) ; —
Chrysosplenium oppositifolium, descendant par les vallées jus-
qu'à Chiroubles, etc. »

Page 39, renvoi (1) du bas de la page ; ajoutez, comme premier
explorateur du Beaujolais, VAIVOLET (1736-1828) qui, dès le commencement de ce siècle, y a signalé la plupart des plantes caractéristiques indiquées plus tard par Aunier, Fray, etc. (Voy. notre
Notice à la *Société botanique de Lyon*, séance d'avril 1886).

Page 40, ligne 25 : après « (Cariot) » ajoutez : « *Hypericum androsæmum*, à Propières ; »

— 41, — 2 : après « (Sargnon) » ajoutez : « *Cirsium anglicum* (Fray) ; »

— 42, — 36 : après « Jord. » ajoutez : « *Trifolium aureum*,
Poll. (Saint-Lager), »

— 43, — 7 : après « Bois » ajoutez : « et Pic »

— id. — 10 : après « *Belladonna* » ajoutez : « (Méhu), »
après « *Spicant* » ajoutez : « *Trifolium aureum* (Saint-Lager), *Centaurea jacea* var.
lineata Gdg. (Mlle Cariez), *Eriophorum
Vaillantii*, etc. »

— id. — dernière : après « Rivollet » ajoutez : « *Chrysos-
plenium oppositifolium*, à Chiroubles ;
Centaurea nigra, à Solémy, près de
Bully, »

— 44, — avant-dernière : après « Morgon » ajoutez : « *Rosa
Aunieri, R. Friedlanderiana*. »

— 45, — 23 : après « Arnas » |ajoutez : « *Centaurea amara*,
à Arnas, Denicé ; *C. decipiens*, à Saint-
Julien-sur-Montmelas, Arnas ; »

— 46, — 6 : après « Bess., » ajoutez : « *(S. b. L.*, VI, 174) »

— id. — 32 : au lieu de « triasiques et jurassiques » lisez :
triasique et jurassique. »

— id. — 35 : après « *alpestre* » ajoutez : « *Cerasus Mahaleb*
(Tillet, *S. b. L.*, VI, 166), »

— id. — 37 : au lieu de *Emmer.* lisez : « *Énumér.* »

— id. — 38 : après « p. 281 » ajoutez : « des *Annales*, ou
p. 25 du tirage à part. »

Page 47, ligne 39 : après « *arvensis* » ajoutez: « — *Rubia pere-
      *grina, Lilium Martagon, Epipactis rubra,
      E. latifolia, Campanula linifolia*, au bois
      de Châlier (Méhu); *Rosa comosa*, au Mont-
      Buisanthe ; »

 — 48, —   5 : après « Déségl. » ajoutez : « , *squarrosa* Rau.
      var. *b. gracilescens* Car. »

 — id. —   8 : après «Lamk.» ajoutez: « *Teucrium Polium;*»

 — id. — 14 : après « Marcy » ajoutez : « (Méhu, *S. b. Fr.*,
      1874, p. xviii; *S. b. L.*, VI, 156), »

 — id. — 29 : après «signale» ajoutez : « *Hepatica triloba*,»

 — 49, — 14 : au lieu de « Akekengi » lisez : « *Alkekengi*, »

 — id. — 33 : au lieu de « Ullex » lisez : « *Ulex*. »

 — 50, — 37 : ajoutez : « *Crepis paludosa* Mœnch., à Saint-
      Julien-sur-Montmelas. »

 — 51, —   5 : après « Liergues » ajoutez: « et plus bas,
      au Grand-Moulin, près Villefranche; »

 — id. —   7 : après « Liergues » ajoutez : *Ophioglossum
      vulgatum*, à Alix, au Grand-Moulin. »

 — 52, — 10 : après « p. 291 » ajoutez : « des *Annales*, ou
      p. 34 et 35 du tirage à part. »

 — id. — 32 : après « Jord. » ajoutez : « *Barbarea stricta*
      Andrz., *Arabis sagittata* Rchb. (Seytre), »

 — 58, — 24 : à l'énumération, ajoutez : « *Epilobium rosma-
      rinifolium, Plantago cynops; Carex hu-
      milis* (Viv.-Morel, 1882); »

 — 67, — 11 : après « *triandra* » ajoutez: « *E. alsinastrum,
      E. hexandra*, »

 — 72, — 16 : ajoutez : « *Narcissus Pseudo-narcissus*, »

 — 73, — 18 : aux espèces de la Dombes, manquant dans
      la Bresse jurassienne, ajoutez l'*Hydro-
      charis Morsus - Ranæ* (cf. Mich., *Jura*,
      p. 301).

 — 82, — 37 : après Fontaines, ajoutez : « et au Vernay; »

 — 84, — 28 : au lieu de « *eragnostis* » lisez « *eragrostis*. »

 — 87, — 10 : ajoutez : « Vallons frais à *Lithospermum
      purpureo-cœruleum, Sanicula europæa,
      Paris quadrifolia*, etc. »

 — 91, — 30 : aux espèces descendant sur les bords du
      Rhône, ajoutez : « *Alsine Jacquini* Koch. »

 — 95, — 14 : aux plantes des bords de l'Ain, sous Mexi-
      mieux et à Ambronay, ajoutez l'« *Allium
      pulchellum* Don. »

Page 96 et seq. : rectifiez l'orthographe de Saint-Fons en « Sain-Fonds. »

— 98, ligne 7 : au lieu de « des Coteaux » lisez : « les Co-teaux. »

— 127, — dernière : ajoutez : « 1 a. »

— 136, — 21 : lisez : « la cause en est due aussi..... »

— 140, — 28 : ajoutez : « quelques-unes de ces espèces re-montent la vallée du Gier plus ou moins haut ; ainsi le *Calamintha nepeta* arrive jusqu'à Saint-Chamond, etc. »

— 141, — 13 : changez 2° en 2° a ;

— id. — 15 : — 3° en 2° b ;

— id. — 17 : — 4° en 3°.

— 144, — 39 : à *Rubia peregrina*, ajoutez 2.

— 155, — 13 : *Ran. chærophyllos*, ajoutez : « b. » ; on le trouve en effet à Villié (voy. S. b. L., t. VI, p. 178).

— id. — 14 : au lieu de « 1 pl. » lisez : « I pl. »

— id. — 15 : au lieu de « 1 pl. » lisez : « I pl., a, b. » ; voy. en effet S. b. L., VII, p. 11 ; ajoutez, après le *R. parviflorus*, l'*Helleborus fœtidus* L.

— id. — 25 : ajoutez : « a, b. »

— id. — 32 : au lieu de « vol. » lisez : « val. »

— 156, — 18 : ajoutez : « a, b. »

— id. — 45 : ajoutez : « , b. »

— 157, — 3 : ajoutez « a. b. »

— 158, — 22 : ajoutez : « Inula graveolens. — I, a, b. »

— 159, — 32 : supprimez le point de doute (?)

— 160, — 41 : après « *squarrosus* » ajoutez : « II, »

— 170, — 38 : rétablissez une parenthèse avant les mots « en plus ».

— 191, — 20 : après « Lacroix » ajoutez : « P. Duclos, »

— id. — 22 : ajoutez : « LAFON, dans *ibid.*, 1873, t. VI, p. 869. »

— 192, — 21 : ajoutez à l'art. *Température*, les renseigne-ments complémentaires suivants :

I. — Températures extrêmes (1) :

1° L'écart extrême de la température, pendant 25 ans, a été de

---

(1) Voy. ANDRÉ, Note sur les températures extrêmes observées à Lyon, de 1854 à 1878 (*Ann. Soc. d'Agric. de Lyon*, 1881, 5° série, t. IV, p. 885).

58°8; et il s'est produit en 10 ans, du 21 déc. 1859 (— 20°2), au 24 juillet 1870 (+ 38°6).

2° L'écart des températures mimima a été de 17°2; celui des températures maxima, seulement de 7°3.

3° Il y a eu en moyenne, par été, 45 jours chauds, c'est-à-dire supérieurs à 27°5, moyenne des maxima du mois de juillet; il y a, par hiver, 56 jours froids, c'est-à-dire inférieurs à 0°.

II. — Principaux hivers rigoureux :

Nous rappellerons seulement pour mémoire l'hiver de 1810, pendant lequel la température est descendue à — 17° R. et dont les effets ont été décrits par Faisolles dans les *Ann. Soc. d'Agr. de Lyon*, 1812-1813, p. 15 ; — celui de 1830, etc.

Les principaux, survenus pendant cette dernière période, sont :

L'hiver de 1859-1860, avec un minimum, le 21 décembre, de — 20°2;

L'hiver de 1870-1871, avec un minimum, le 10 décembre, de — 18°2;

Enfin l'hiver de 1879-1880, qui a été remarquable par la durée des séries de basse température; le minimum extrême s'est produit le 27 décembre et a atteint — 16°3; mais il a été précédé d'une longue période de froid ayant duré du 6 au 28 décembre, et pendant laquelle les températures *maxima* ont été constamment inférieures à 0°; du 3 au 29, dans le même mois (sauf cinq jours en deux séries), les *minima* ne se sont jamais élevés à — 10° et ont été de —16°3, 15°8, 14°8, 14°6, 14°1, et huit fois — 13°. Le mois de janvier 1880 a eu encore des minima de — 15°6, le 21 ; — 14°3 le 28 ; — 14°, le 27 ; -- 13°4, le 25, etc. Les effets désastreux de cet hiver se sont fait sentir non seulement sur un grand nombre de végétaux étrangers cultivés, particulièrement les Conifères, etc. (1), mais encore sur des végétaux spontanés, tels que Sarothamme, Buis, Lierre, etc. Voyez plus loin les conséquences qu'on peut tirer de ces faits sur l'origine de ces plantes.

III. — Chaleur des étés.

Si les températures extrêmement basses des hivers sont importantes à connaître pour déterminer les *végétaux vivaces* qui résistent à la dureté du climat d'une région, il est aussi utile de noter les variations d'intensité que peuvent prendre les chaleurs de l'été, non pas seulement en valeur absolue, mais surtout comme durée,

---

(1) Voy. *Ann. Soc. d'agr. de Lyon*, 5° série, t. III, 1880, proc.-verb., p. XLVIII, XLIX, CVIII, etc.

cette particularité climatologique favorisant évidemment l'extension des *espèces méridionales annuelles*, sur lesquelles les rigueurs de l'hiver n'ont aucune influence.

Or, nous avons déjà vu plus haut que l'été normal du Lyonnais est caractérisé par le nombre de ses jours chauds, c'est-à-dire supérieurs à la moyenne des maxima du mois de juillet (= 27°5) ; ce nombre moyen est de 45 ; mais quelques étés ont été remarquables à ce point de vue: celui de 1865 en a eu 99 ; celui de 1859, 68 ; celui de 1858, 63. Quelquefois ces jours chauds forment des séries consécutives plus ou moins longues, importantes à considérer à cause de leur influence sur la végétation ; nous signalerons, avec M. André (1), l'été de 1866, qui a eu 53 jours chauds, dont 36 ont formé la plus longue série de jours consécutifs (du 19 juin au 24 juillet) ; — l'été de 1857, avec 25 jours chauds consécutifs (juillet-août) sur 48 ; — celui de 1864, avec 23 jours chauds, sur 49 ; — 1856, 20 jours chauds sur 34 ; — 1873, 20 jours chauds sur 45. Les autres étés ont eu aussi des séries de jours chauds, mais séparées par des périodes de jours à température au-dessous de la moyenne ; nous citerons particulièrement :

1865, avec 63 jours chauds (sur 99) formant trois séries ininterrompues, du 20-29 juin, 3-31 juillet, 3-26 septembre ;
1859, avec 44 jours chauds (sur 68), en deux séries (1-23 juillet, 26 juillet-15 août) ;
1876, avec 37 jours chauds (sur 45), en deux séries (14-31 juillet, 3-21 août) ;
1858, 39 jours chauds (sur 63) en trois séries ;
1874, 38 jours chauds (sur 48) en deux séries ;
1863, 36 jours chauds (sur 57) en deux séries ;
1861, 36 jours chauds (sur 47) en trois séries, etc.

Page 196, ligne 28 : Ajoutez comme autre exemple de l'augmentation de la quantité des pluies en se rapprochant des massifs montagneux, les chiffres suivants, relevés, pour les localités des vallées, bas-plateaux et monts du Lyonnais, dans les tableaux de la *Commission météorologique*, publiés dans les *Ann. Soc. d'agr. de Lyon*, de 1869 à 1878, c'est-à-dire pendant une période de dix années :

_____

(1) Voy. Mémoire cité plus haut.

Variations des quantités annuelles de pluie.

	Lyon.	St-Laurent d'Oingt.	Tarare.	St-Nizier d'Azergue.	Cercié.	Monsol.	L'Arbresle.	Duerne.	Ste-Foy-Argentière
1869	524.5	682.9	628.»	762 1	541.1	1021.9	546.4	621.2	629.»
1870	516.8	557.3	561.8	511.7	524.9	695.4	492.2	553 8	522.3
1871	448.3	605.»	670.2	406.3	561.9	998.3	510 6	488.7	492 9
1872	1146.6	1223.4	1151 6	1305 4	1039.1	1623.6	1028.4	986.8	1027 3
1873	609.3	712 6	787.8	808.9	702.1	1180.4	606.6	571.4	595.4
1874	656.5	781.9	688.»	656.5	585.8	910.3	623.»	662.»	607.»
1875	767.3	809.2	915.»	950.1	755.8	1096 8	769.2	736 1	659.»
1876	788.8	749.8	718.4	1039.6	800.1	1074.1	815 2	788.7	520.4
1877	973.6	744.7	1088.»	1266.8	881.3	999.6	731.»	795 »	806.1
1878	892.5	516.2	844.»	1143 6	890.4	793 9	805.»	771.»	884 »
TOTAUX..	7324.2	7383.»	8052.8	9001.»	7285.5	10424.3	6927 8	6574.7	6725 4
Moyenne annuelle..	732.4	738.3	805.2	900.1	728.5	1042.4	692.7	657.4	672.5

Ainsi, en allant de Lyon vers les monts du Lyonnais et du Beaujolais, on trouve qu'il tombe, par année moyenne :

A Lyon........................ 734.2 millim. de pluie
A Saint-Laurent-d'Oingt........ 738.3　—
A Tarare .... 805.2　—
A Saint-Nizier-d'Azergue........ 900.»　—

De même en allant de Cercié vers le Haut-Beaujolais, à Monsols,
la quantité annuelle de pluie s'élève de 728.5 à 1042.4 ; dans cette
dernière localité on la voit atteindre, certaines années, 1000, 1100
et 1600 millimètres.

Ce tableau montre encore, comme fait intéressant, que le cirque
de l'Arbresle et la vallée de la Brevenne reçoivent une quantité
de pluie remarquablement faible, inférieure à celle de Lyon ; cela
est tout à fait en rapport avec le caractère spécial de la végétation
de ces localités : voy. plus haut, p. 21 du tirage à part (p. 277 du
t. VIII des *Annales*), végétation de Sainte-Foy-l'Argentière à
espèces xérophiles, *Lepidium, Rapistrum, Torilis,* etc.; p. 49 du
tirage à part (p. 305 du t. VIII), flore méridionale des environs de
l'Arbresle ; et en général, p. 166 et 167 du tir. à part (p. 138 et 139
du t. XI des *Annales*).

Page 205, ligne　1 : au lieu de « épèces » lisez: « espèces »
　— 　id.　　— 　29 : Obs. En classant les espèces lyonnaises en
plantes de l'Europe septentrionale, plantes méridionales, etc., nous
n'avons pas voulu affirmer que ces plantes sont originaires de
ces contrées, mais simplement qu'elles y sont plus fréquentes que
dans les autres situées *au voisinage de la région lyonnaise.*

Page 214, ligne 18 : Voy. l'observation précédente.
　— 221,　—　4 : Id.

Page 237, ligne 11 : au lieu de « leur caractère » lisez : « leurs caractères »

— 240, — 24 : ajoutez avant « la Nièvre » : « l'Yonne, la Côte-d'Or » et en renvoi : « GILLOT, dans *Soc. bot. France*, 1882, p. LVIII. »

— 251, — 4 : avant « *Influence* » ajoutez : « A. »

— 255, — 7 : au lieu de « II » lisez : « B. »

— 259, — 20 : au lieu de « *Zone inférieure ou des Sapins* » lisez : « *Zone supérieure.....* »

— 261, — 21 : lisez : « la Persagne. »

— id. — 43 : lisez : « *Cépages de l'Ain.* »

— 264, — 42 : au lieu de « stérile » lisez : « inculte. »

— 265, — A propos du Mûrier, ajoutez que le Mont-d'Or lyonnais et la Cotière méridionale de la Dombes constituent la limite septentrionale de la culture du Mûrier dans la vallée du Rhône. Voy. notre carte n° 5.

— 276, — 32 : renvoi au tableau des quantités annuelles de pluie tombées dans les diverses parties de la région lyonnaise, tableau donné plus haut dans les additions à la page 196 du tirage à part, ou page 168 du t. XI des *Annales.*

— 279, — 10 : lisez : « stations. »

— id. — 17 : lisez : « composition chimique. »

— id. — 27 : au lieu de « carte n° 4 » lisez : « carte n° 7. »

— 280, — 4 : au lieu de « I » lisez : « 1° ».

— 303, — 17 : ajoutez après « Forez » : « ou terrains argilo-calcaires (LEGRAND, *Stat.*, p. 48). »

— 313, — 39 : à *Cerasus Padus*, ajoutez : « basaltes du Forez (LEGR., *Stat.*, 48). »

— 315, — 10 : ajoutez « basaltes du Forez, LEGR., *Stat.* 48. »

— id. — 37 : Id.

— 320, — 42 : après « sols tourbeux, » ajoutez : « ou les grès verts du néocomien (SAINT-LAGER, *S. b. L.*, V, 180 ; CTJ., *Géogr. bot.*, 21). »

— 325, — 14 : après « *S. b. L.*, V, 175 » ajoutez : « et surtout, 177. »

— 330, — 4 : ajoutez aux stations calcaires du *L. striata* DC. : « calc. de la Côte-d'Or, DUR. »

— 335, — 5 : ajoutez « cf. THURMANN, *Phyt.*, I, 395. »

— 341, — 22 : ajoutez « SAINT-LAGER, *S. b. L.*, VI, 47 ; MAGNIN, *Stat. de l'Ain.* »

Page 341 ligne 39 : ajoutez après « Lec. »: « Renauld, *Cat.* 22. »

— 346, — 33 : ajoutez en renvoi, à ce paragraphe: « Thurmann avait déjà reconnu l'inaltérabilité de quelques roches granitiques et gneissiques, mais sans signaler leur influence spéciale sur la végétation (voy. *Phyt.*, I, 90). — Dans le t. II, p. 294, il reconnaît cependant qu' « *il importe de mieux distinguer que nous ne l'avons fait, l'influence phytostatique des granites de celle des gneiss.* »

Page 351, ligne 26 : aux indications concernant la flore calcicole des porphyres, etc., ajoutez : « Parisot signale sur les syénites et les labradophyres des environs de Belfort : *Trollius europœus, Lunaria rediviva, Hypericum hirsutum, Seseli Libanotis,* etc. *(Mém. Soc. d'Emul. du Doubs,* 1858, p. 80.) »

M. Renauld indique aussi les plantes suivantes « très fréquentes sur les calcaires jurassiques, qu'on retrouve disséminées sur les terrains feldspatiques de la Haute-Saône: *Clematis vitalba, Arabis arenosa, Helianth. vulgare, Anthyllis vulneraria, Astragalus glycyphyllos, Hippocrepis comosa, Inula conyza, Linaria striata, Ajuga genevensis, Vincetoxicum,* etc. *(Catal.,* 1883, p. 17). »

Page 353, ligne dernière : ajoutez : « *Clematis vitalba* L.; plus commune sur calc., alluv., porphyres, etc.; rare dans les sols granitiques, argileux, etc.; cf. Mich., *Jura,* p. 81; Renauld, *Cat.,* p. 17, etc.). »

— 372, — 9 : au lieu de 243 lisez : « 343. »

— 388, — 37 : au lieu de « Gillot, *id.,* VII » lisez : « *id.* VIII, »

— 390, — 30 : au lieu de « sol calcaire » lisez : « régions calcaires. »

— 392, — 24 : au lieu de « conclusions admises » lisez : « adoptées. »

— 411, — dernière: ajoutez à la note (5) sur le *terrain à chailles,* que cette dénomination a été établie par Thirria (*Stat. de la Haute-Saône,* p. 168), pour la partie supérieure de l'oxfordien; Thurmann et Gressly ont aussi rapporté à l'oxfordien les marnes à fossiles siliceux et à chailles (voy. Etallon, *Mém. de la Soc. d'Émul. du Doubs,* 1858, p. 405).

Page 413, ligne 26 : A propos des terrains sidérolithiques, il est utile de faire observer que les géologues eux-mêmes ne s'entendent guère sur l'origine, la nature et l'époque de la formation de ces dépôts ; voyez, par exemple, la discussion soulevée à ce sujet entre MM. Hébert et De Rouville, à la *Réunion des Sociétés savantes* de 1874 *(Revue*, t. VII, p. 345, 346) ; M. Hébert rapporte les terrains sidérolithique à l'éocène supérieur.

Page 428, note (2) : au sujet de l'origine et du rôle du calcaire dans la végétation, consultez les mémoires récents publiés par MM. Dehérain et Schloesing dans l'*Encyclopédie chimique* de M. Frémy (1885, t. X). M. Dehérain dit (p. 129) : « La chaux est tellement répandue à la surface de la terre qu'il est bien rare qu'elle fasse défaut ; quand les terrains n'en renferment pas, elle est amenée par les eaux souterraines, et les amendements calcaires n'ont pas pour but de fournir aux plantes les matières calcaires qui leur sont nécessaires, mais de modifier la composition du sol et notamment d'en exclure les plantes calcifuges qui l'occupent. » Cependant, dans le Mémoire de M. Schloesing (p. 75), nous voyons que le carbonate de chaux du calcaire se dissout en passant à l'état de bicarbonate et circule ainsi facilement dans le sol, en y répandant « la chaux nécessaire à l'alimentation des plantes » ; c'est en effet « l'agent chimique nécessaire de la nitrification ».

Page 455, ligne 25 : à propos des plantes sensibles aux hivers rigoureux, ajoutez le Buis et le Lierre, qui ont gelé lors de l'hiver 1879-1880 (voy. *Ann. Soc. d'agr. de Lyon*, 1880, t. III, C. R. des séances, p. xlviii).

— 457, — 16 : au sujet des modifications des flores, consultez la thèse de M. G. Planchon sur les *Modifications de la flore de Montpellier.*

— 459, — 25 : sur l'origine des Tulipes de la Savoie et de l'Italie, voy.: A. Chabert dans *Bull. Soc. bot. de France,* t. VII, p. 572 ; — Perrier de la Bathie, Distribution géographique et lieux d'origine des Tulipes de la Savoie, dans *ibid.*, 1867, t. XIV, p. 95 : « les *T. præcox, T. Gesneriana, T. Didieri* Jord., *T. Billieti* Jord., auraient été introduites avec le *Crocus sativus* qui les accompagne toujours en Savoie » (p. 98) ; — De Schoenefeld, *ibid.*, p. 101 : les Sarrazins refoulés dans la Maurienne y ont introduit les nombreuses espèces de Tulipes qui s'y sont perpétué jusqu'à ce jour ; — Le Dr Levier, dans un travail sur le même sujet, publié dans les *Arch. ital. de biologie* (1884) et analysé dans le *Bull. Soc. bot. France,* 1884, rev. bibl., p. 19, pense que ces Tulipes sont des plantes d'abord naturalisées, puis modifiées par la culture, qui se sont enfin *fixées* en redevenant *sauvages ;* telle serait l'origine des nombreuses formes signalées depuis quelques années, origine par conséquent récente.

512   ERRATA ET ADDITIONS.

Le *T. Clusiana* habite la péninsule ibérique et la France méridionale, de Bordeaux à Nice, etc., mais n'est que subspontané dans les vignes où on le trouve aux environs de Lyon, et dans la Savoie ; le *T. silvestris* et le *T. celsiana* des montagnes calcaires (Dauphiné, Bugey, Savoie), sont seuls spontanés.

Page 461, ligne 23 : à la bibliographie concernant l'*Œnothera biennis*, ajoutez : « PLANCHON, thèse citée ; GRISEBACH, *op. cit.*, I, p. 305, 308. »

— 462, — 35 : ajoutez à la fin de la note (1) : « HEER cite aussi l'*A. retroflexus* comme se répandant depuis quelques années dans les environs de Zurich (*A. S. N.*, 1865) ; voy. encore PLANCHON, thèse citée. »

— id. — 39 : au lieu de « 1880, t. X, », lisez : « 1880, t. VIII, ».

— id. — 40 : ajoutez après « DÉSÉGLISE » : « (*Bull. Soc. bot. Belgique*, 1878, t. XVI, p. 235) ; » ajoutez, après « Plusieurs de ces Amarantes » : « (*A. patulus, A. paniculatus, A. sanguineus*). »

— 464, — 4 : au lieu de « l'Ardèche », lisez : « l'Ardières ».

— id. — 28 : après p. 5 ; ajoutez : « et 10. »

— id. — 37 : au lieu de « 1880, t. X », lisez : « 1880, t. VIII. » — Ajoutez après « p. 201 : » « dans l'Ouest, BOUVET, *Soc. d'ét. sc. d'Angers*, 1873, p. 96. »

— id. — 38 : après « p. 58 », ajoutez : « voy. encore GRISEBACH, *op. cit.*, I, p. 303, 305. »

— id. — 42 : ajoutez à la fin de la note (7) : « voy. PLANCHON, GRISEBACH, *loc. cit.* »

— id. — dernière : ajoutez : « dans les environs de Bayonne, *Bull. Soc. bot. de France*, 1877, p. 16 ».

— 465, — 22 : à propos de l'apparition de l'*Elodea* en Angleterre, ajoutez en note : « Our earliest specimen are from the Whitader, sept. 1848 (G. Johnston) : Market Harbro. — cultivated in Cambridge Bot. Gard., june 1848 (Prof. Babington) ; Northamptonshire, aug. 1849 (Mitchell), — d'après les *Trans. and Proceed. botan. Soc.* d'Edimbourg, 1877, t. XIII, p. 109. »

— id. — 29 : aj. « GRISEBACH, *op. cit.* I, 303 et 305. »

Page 465, ligne 38 : à la fin de la note (2), ajoutez : « DÉSÉGLISE, dans les environs de Genève (*Bull. Soc. bot. de Belgique*, 1878, t. XVI, p. 235). »

— 466, — 4 : ajoutez en note : « *Soc. bot. de France*, 1882, t. XXIX, p. XXIV ; cf. aussi LEGRAND dans *ibid.*, 1879, et sa note sur les *Plantes nouvelles pour le départ. du Cher* (1884).

— 476, — 24 : L'étude récente que M. CARUEL vient de faire du g. *Lithospermum* lui aurait prouvé que le *L. incrassatum* Guss. n'est qu'une monstruosité ayant rendu le fruit semi-infère, de supère qu'il était ; voy. *Bull. Soc. bot. de France*, 1886, t. XXXIII, p. 58.

— 486, — 3 : Nous ajouterons que M. Chabert nous a paru précisément trop affirmatif à ce sujet dans les diverses notes qu'il a publiées sur les plantes à exclure de la Flore de Savoie (voy. *Bull. Soc. bot. de France* t. XXIX, p. 50 et 352 ; et *Ann. Soc. bot. de Lyon*, t. X, 236).

— 488, — (dernière) et dernière note : à propos de l'extension de la culture de la vigne, on trouve quelques faits contradictoires : ainsi nous lisons dans la *Géographie de l'Ain* de M. JARRIN (*Bull. Soc. Géogr. de l'Ain*, 1886, n° 1, p. 39), que la date de la vendange, dans le Revermont, était autrefois plus précoce qu'aujourd'hui « soit que le climat fût plus chaud, ou *qu'on aimât le vin plus vert* », ajoute cependant M. Jarrin.

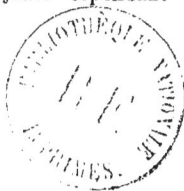

EXPLICATION DES CARTES

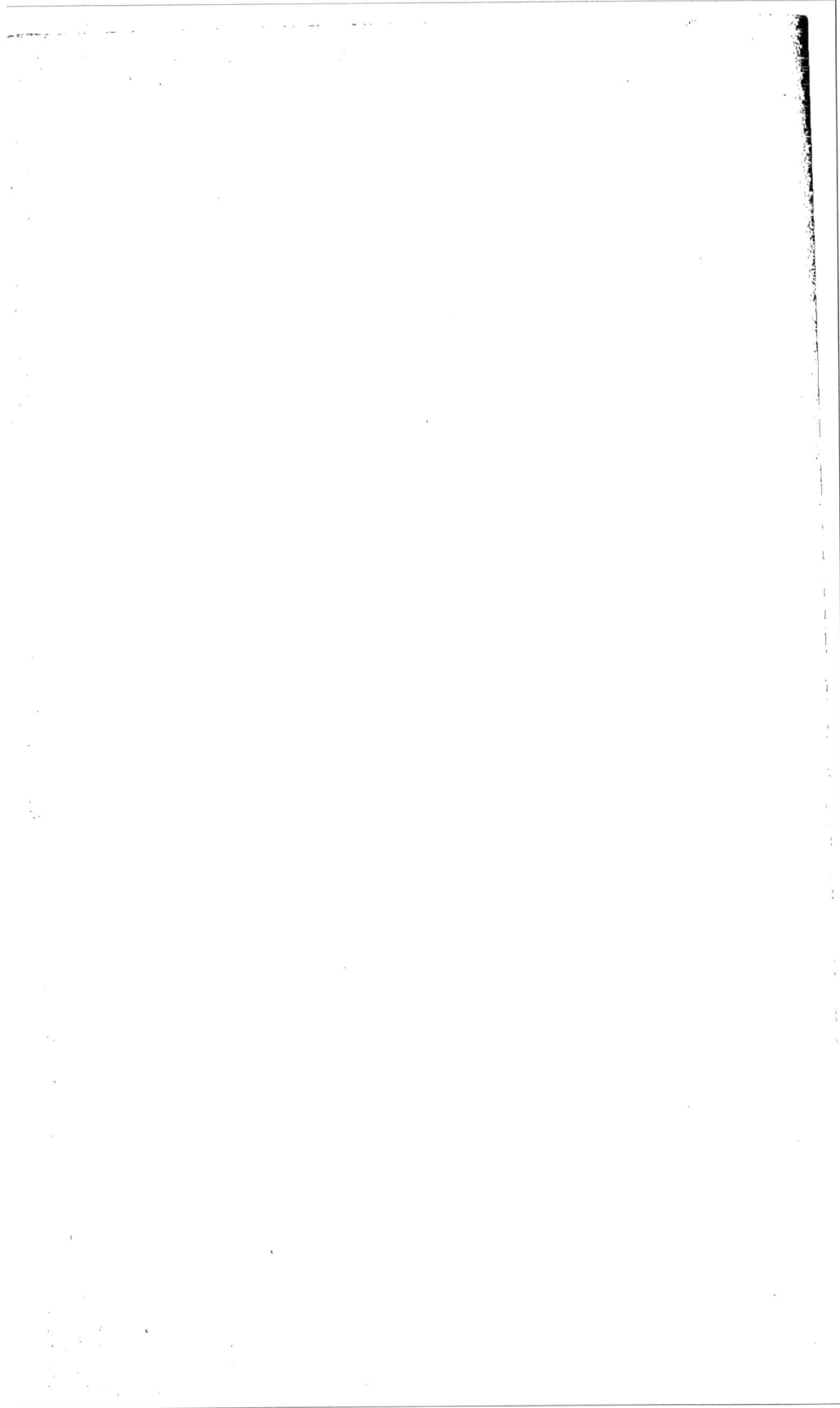

CARTE N° 1

CARTE EXPLICATIVE DES LOCALITÉS

POUR SERVIR A LA LECTURE DES CARTES TOPOGRAPHIQUES
ET PHYTOSTATIQUES.

CARTE N° 1. — **Carte explicative des localités pour servir à la lecture des cartes topographiques et phytostatiques qui suivent.**

───────

╂╂╂╂ Ligne de partage des bassins du Rhône et de la Loire ; c'est à
cette ligne, représentée dans les cartes suivantes par des traits noirs in-
terrompus ----------, que sont limités les faits de phytostatique intéressant la région lyonnaise.

───────

[Cette carte doit être montée sur un onglet de la largeur d'une page, de
manière à pouvoir être placée en regard des cartes suivantes et faciliter
leur lecture.]

───────

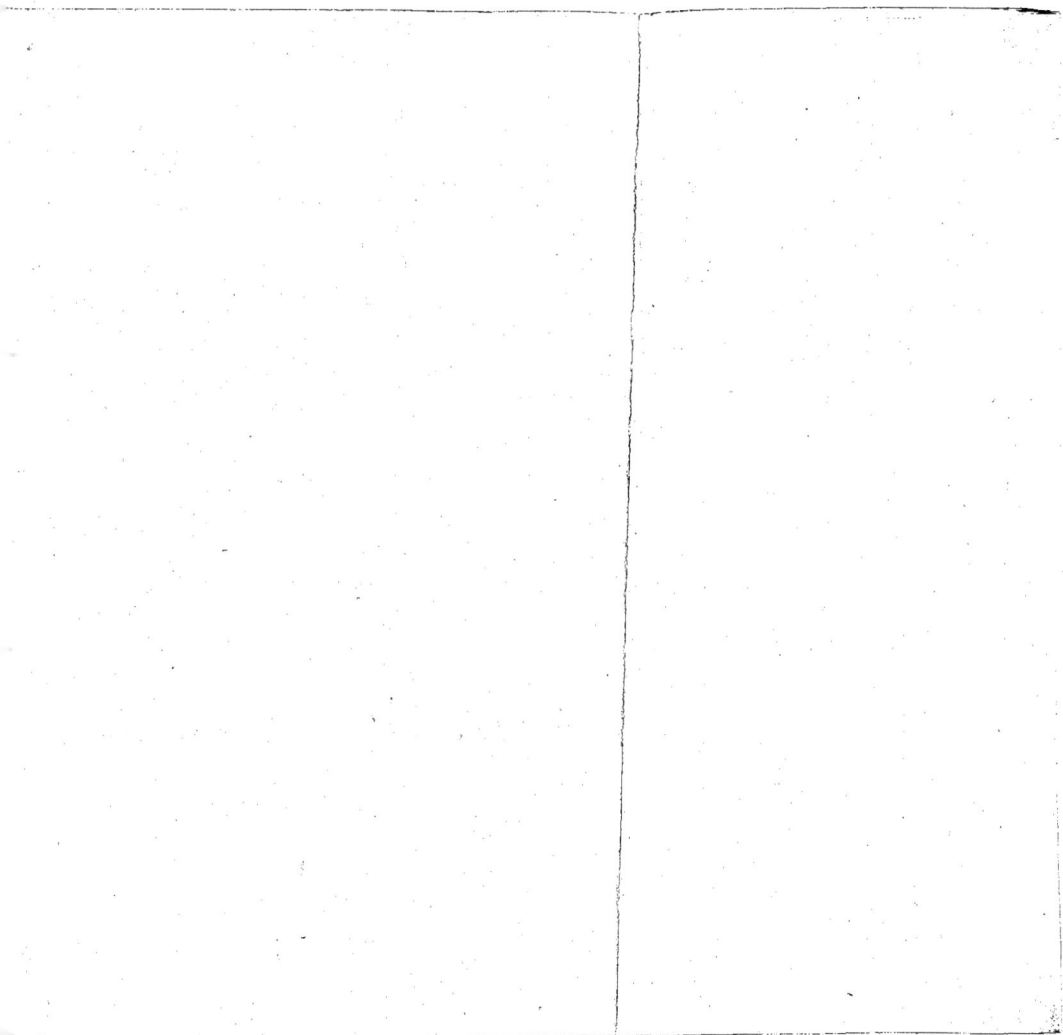

CARTE EXPLICATIVE
de
Localités
pour servir à la lecture
des Cartes
topographiques
et
distribution végétale
Dressée par
Ant. MAGNIN.

Echelle 1 pour 500.000

(Plat. de Chambaran)
o Roybon

CARTE N° 2

RÉGIONS NATURELLES DU LYONNAIS

A. Régions à prédominance calcaire. (Flore surtout calcicole.)

1° Coteaux et vallées du Rhône, de la Saône et de l'Ain (teinte jaune) :

    I. Cotière occidentale, méridionale et orientale de la Dombes :
- *a*. Coteaux proprement dits ;
- *b*. Plaines et terrasses alluviales de la Valbonne et du Bas-Bugey.

    II. Plaine et coteaux du Bas-Dauphiné :
- *a*. Plaine inférieure ;
- *b*. Terrasses alluviales de Sain-Fonds à Jonages et plateau supérieur ;
- *c*. Balmes-viennoises.

    III. Coteaux du Beaujolais et du Lyonnais :
- *a*. Coteaux de la Saône ;
- *b*. Coteaux du Rhône : Sainte-Foy, Oullins, Saint-Genis, Irigny, Charly, etc.

2° Mont-d'Or et Beaujolais calcaire (teinte bleue) :

    I. Massif du Mont-d'Or lyonnais.

    II. Beaujolais calcaire :
- *a*. Collines de la Chassagne ;
- *b*. Monts de Theyzé et d'Oingt.

    III. Plateau d'Oncin.

Comp. Bugey, Ile de Crémieux, îlot de Saint-Alban, etc.

B. Régions à prédominance siliceuse. (Flore calcifuge.)

3° Monts du Lyonnais et du Beaujolais granitique (teinte rose) :

    I. Lyonnais :
- *a*. Massif montagneux occidental (Tarare à la Brevenne) et massif oriental (de la Brevenne à Saint-André-la-Côte) ;
- *b*. Bas-plateaux et vallées (Charbonnière, Brindas, Chaponost, Mornant).

    II. Beaujolais :
- *a*. Haut-Beaujolais et Beaujolais méridional ;
- *b*. Coteaux et vallées.

Comp. Pilat et Forez.

4° Dombes et Bresse (teinte lilas) :

Dombes d'Étangs.

Comp. Terres-Froides et Plateau de Chambaran.

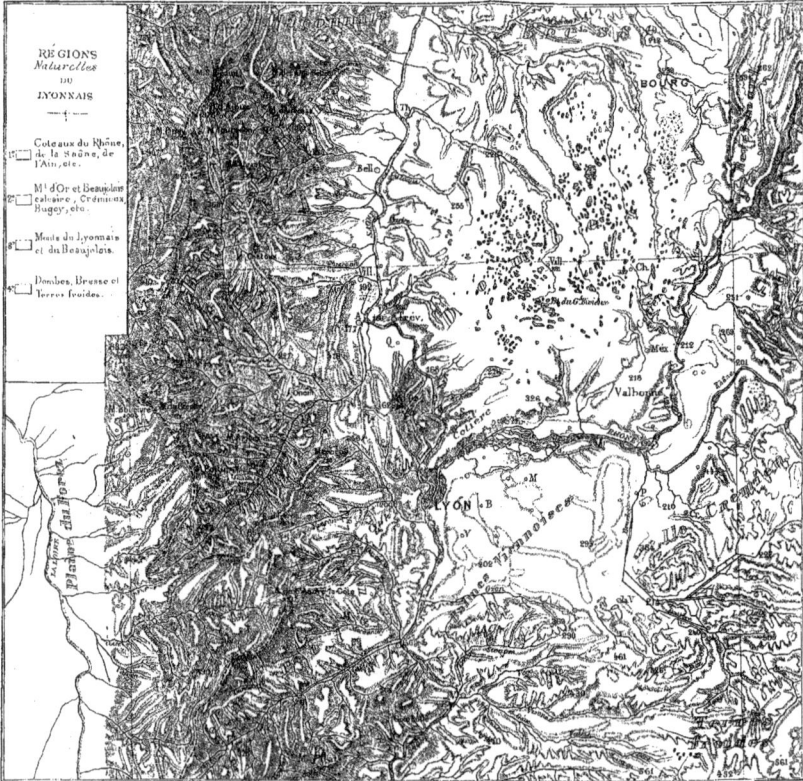

RÉGIONS
Naturelles
DU
LYONNAIS

1ᵉ Coteaux du Rhône,
de la Saône, de
l'Ain, etc.

2ᵉ Mᵗˢ d'Or et Beaujolais
calcaire, Crémieux
Bugey, etc.

3ᵉ Monts du Lyonnais
et du Beaujolais.

4ᵉ Dombes, Bresse et
Terres froides.

BOURG

Bello

LYON

Valbon

(Plat. de Chambaran)

CARTE N° 3

INFLUENCE DE L'ALTITUDE ET DE L'EXPOSITION

ZONES DE VÉGÉTATION

CARTE N° 3. — **Influence de l'altitude et de l'exposition.**
— Zones de végétation.

I. — **Zone inférieure ou de la Vigne** ; 170-600ᵐ. (Teintes jaune, ocre et rose).

a. *Vallées inférieures* (teinte jaune) :
Plaines alluviales de la Saône, du Rhône, de l'Ain, de la Bourbre, etc.
Bords de la Saône : St-Jean-d'Ardières, Bourdelans ; Thoissey, Trévoux. Reyrieux, etc.
Bords du Rhône : 1° Oullins, Irigny, Yvour, Chasse, Feyzin ; — La Pape, Thil, Balan, etc.
2° Plaine infér. du Bas-Dauphiné : Vaux, Décines, etc.
Bords de la Bourbre, etc.
Valbonne ; — Plaine du Bas-Bugey.
Plaine supérieure du Bas-Dauphiné.

a'. *Coteaux* (teinte ocre) :
Coteaux inférieurs du Beaujolais, de la Basse-Azergue, du Cirque de l'Arbresle.
Base du Mont-d'Or ; Coteaux de Fourvières à Grigny ; — Coteaux du Gier.
Cotières de la Dombes.
Balmes-viennoises.

b. *Plateaux et Basse-Montagne* (teinte rose) :
Coteaux moyens du Beaujolais.
Bas-plateaux du Lyonnais et vallées intérieures (Brevenne, Turdine, Azergue). — Mont-d'Or.
Plateaux de la Dombes, des Terres-Froides, etc.

II. — **Zone moyenne, de la montagne, ou des Pins** ; 600-950ᵐ. (teinte bleue).

a. *Chaînes du Lyonnais :* Ch. orientale (Mercruy à St-André-la-Côte) ; Ch. occidentales (Pottu, Arjoux, etc.).

b. *Ch. du Beaujolais :* Ch. du Tourvéon aux Chatoux, — des Mollières, etc.

III. — **Zone supérieure ou des Sapins** ; 950-1012ᵐ (teinte verte).
St-Rigaud, Roche-d'Ajoux ; — Boucivre.

OBS. — Ces zones ne sont pas exactement *hypsométriques* ; on a tenu compte, pour les établir, non seulement de l'altitude, mais aussi de l'exposition et des caractères de la végétation. C'est pourquoi tout le plateau bressan. par ex., est compris dans la même zone. bien que ses cotes descendent de 339 à 230 m., c'est-à-dire au-dessous de l'altitude moyenne de la zone des coteaux ; de même, cette dernière (170-300ᵐ), qui sert de support aux plateaux dans les env. de Lyon, se continue avec les coteaux du Revermont qui dominent au contraire la plaine bressane ; enfin, à mesure qu'on descend dans les parties méridionales de la feuille, les limites des zones sont de plus en plus *relevées ;* de semblables différences ont été représentées entre les versants des vallées transversales.

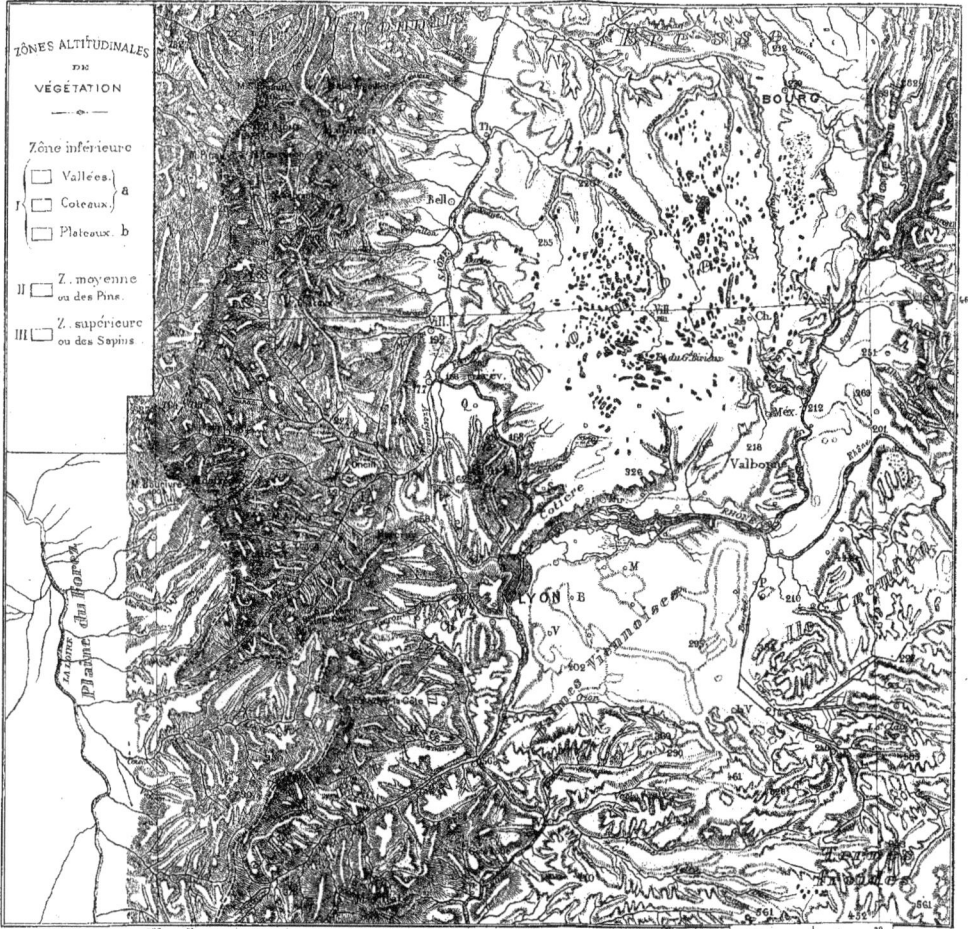

ZÔNES ALTITUDINALES
DE
VÉGÉTATION

Zône inférieure

Vallées.
I   Coteaux.   à
Plateaux.   b

II   Z. moyenne
ou des Pins.

III   Z. supérieure
ou des Sapins.

(Plat. de Chambaran)
M   R

CARTE N° 4

DISTRIBUTION DE LA VIGNE ET DES PRINCIPAUX
CEPAGES

CARTE N° 4 — **Distribution de la vigne.**

————

1° Région inférieure ou méridionale (vert) :

Serine (Sirah, etc.) ○ ○ De Saint-Genis-Laval à Valence, d'abord en
mélange avec d'autres plants, puis exclusive, principalement sur la rive droite du Rhône, surtout
à partir de Givors.

Viognier + + Mélangé à la Serine, de Côte-Rotie à Givors ; exclusivement, de Côte-Rotie à St-Pierre-de-Bœuf, rive droite.

2° Région moyenne, australe (bleu) ; maturité de 2e époque :

Mondeuse (Persagne, Savoyé, etc.) ○ ○
Tous les coteaux du Rhône, de Genève à Vienne ; dans le
Bas-Bugey, le Bas-Dauphiné, les Terres-Froides (mé-
langé avec le Corbeau) ;
Le Revermont (avec le Poulsart et le Gueusche).
Le Mont-d'Or (avec le Gamay).
Corbeau (Mauvais-noir, Montmélian, etc.) + +
Coteaux du Rhône, du Bugey et du Dauphiné (avec la
Mondeuse).
Rive gauche de la Saône (avec le Gamay).
Mornant noir □ □ Plateau du canton de Mornant ; coteaux élevés de
Givors à Condrieu ; plaine d'Ampuis, etc.
Poulsart et *Gueusche* du Revermont, du Jura : — *Mècle* de Saint-
Savin, etc.

3° Région septentrionale (rose) ; maturité de 1re époque :

Gamay ○ ○ Beaujolais ; Coteaux de la Saône ;
Plateaux et vallées du Lyonnais prop. dit ;
Plaines alluviales du Rhône.
Pineau + + Plaine alluviale des bords de la Saône ;
Environs de Mâcon ; Bourgogne, etc.

Obs. — On a tracé sur cette carte la courbe de 600 mètres, qui représente
la limite extrême de la culture de la vigne dans les montagnes beaujolaises
et lyonnaises ; elle n'est dépassée que dans quelques parties bien exposées
ou méridionales, à Riverie, par exemple ; mais la grande culture, fructueuse
et assurée, s'arrête en général vers 450 mètres.

————

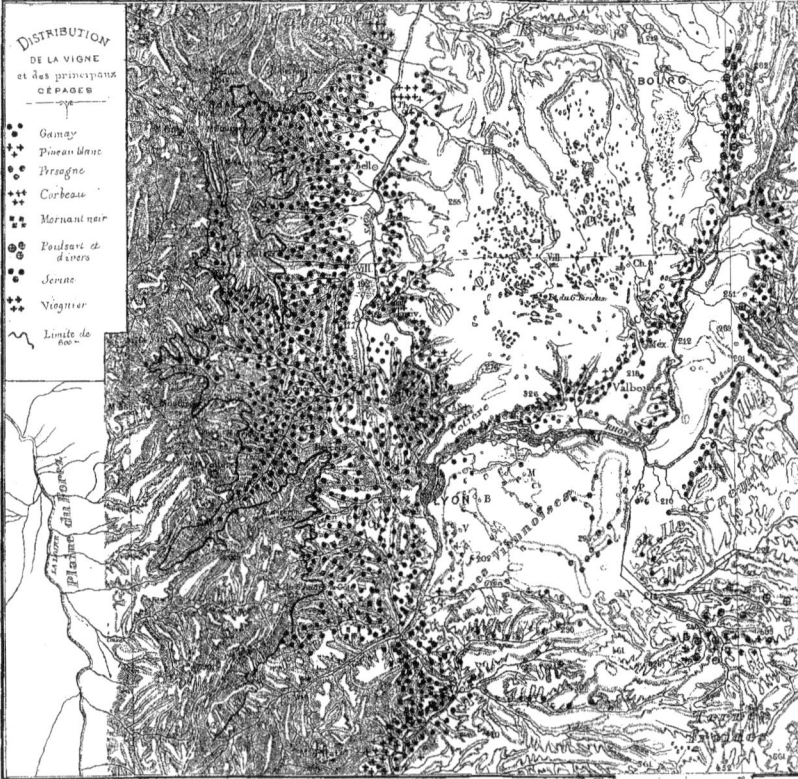

Dr Ant. MAGNIN. *Végétation du Lyonnais.* (*Annales de la Soc. Botanique de Lyon*)

Carte N° 4

DISTRIBUTION
DE LA VIGNE
et des principaux
CÉPAGES

Gamay
Pineau blanc
Persagne
Corbeau
Mornant noir
Poulsard et divers
Serine
Viognier

Limite de 600 m.

(Plat de Chambaran)

CARTE N° 5

EXTENSION DE LA FLORE MÉRIDIONALE
DANS LE LYONNAIS

CARTE N° 5. — **Extension de la flore méridionale dans le Lyonnais.**

(Voy. tirage à part, p. 221, 223, 229, 231 et 435, ou *Ann. de la Soc. bot. de Lyon*, t. XI, p. 193, 195, 201, 203 et t. XII, p. 207).

A. Première zone. *Plantes ne remontant pas la vallée du Rhône au-dessus de Vienne*, quelques-unes réapparaissant dans les expositions chaudes des gorges du Rhône, à Crémieux, dans le bassin de Belley, du Bourget, etc.

   I. Groupe du *Rhamnus Alaternus*, ne dépassant pas Vienne et Chasse : Silene conoidea, Lotus hirsutus, L. rectus, Crucianella latifolia, Rubia tinctorum, Centaurea pullata, Anthemis tinctoria, Campanula Erinus, Picridium, Catananche, Echinaria capitata, etc. — Culture de la Sérine, du Viognier.

   II. Groupe du *Pistacia Terebinthus*, réapparaissant dans le Bugey ou à Crémieux : Trifolium angustifolium, Pistacia, Sedum altissimum, Rhus Cotinus, Osyris alba, etc.

   Localités principales : 1, Estressin, Seyssuel ; 2, Chasse ; — 16, Crémieu ; 15, Vernas ; 14, Vertrieu ; 13, Saint-Sorlin, etc.

B. Deuxième zone. *Espèces ne dépassant pas le Mont-d'Or et la Cotière méridionale de la Dombes.*

   Ranunc. cyclophyllus et lugdunensis, Cistus salviæfolius, Helianth. guttatum, Polygala exilis, Genista horrida, Cytisus argenteus, C. biflorus, Leuzea conifera, Orchis papilionaceus, Aphyllanthes, Bromus madritensis, etc. — Culture du Mûrier.

   Localités principales : 3, Mornantet ; 4, Garon ; 5, Mont-Cindre ; 6, Couzon ; 8-9, Coteaux de la Pape à Néron ; 10, Cot. de Montluel ; 11, Collines des bords de l'Ain ; 12, Saint-Maurice-de-Gourdans ; — 17, Mollard de Décines ; 18, Petit-Mollard de Pierrefitte.

C. Troisième zone. *Plantes remontant plus haut dans la vallée de la Saône, les vallées du Gier, du Mornantet, du Garon, de l'Iseron, de l'Azergue et de la Brevenne, la vallée du Rhône* (jusqu'à Genève), etc. Voy. renvois indiqués plus haut.

   Localités : 21, Chazey-d'Azergues ; 22, Cogny, etc., etc.

Exemples de quelques dispersions intéressantes :

Cistus salviæfolius. ⊙ Stations actuelles : 1, Estressin ; 9, Néron.
   □ Stations disparues depuis Gilibert : 20, Charly ; 19, Saint-Priest.

Genista horrida, Leuzea conifera : 6, Couzon.

Orchis papilionaceus : 9, Néron ; 12, Saint-Maurice-de-Gourdans.

Andropogon Gryllus, 18 ; — *Aphyllanthes*, 6, 9 ; — *Silene Armeria*, 4.

Primula grandiflora. **D.** Sa limite septentrionale ; au nord et à l'ouest de cette ligne, il est remplacé par le *P. elatior* ; les traits continus représentent les limites constatées ; les pointillés, les limites hypothétiques ; 23, limite du bassin de la Coise et de la Brevenne ; 24, Saint-Romain-de-Popey ; 25, Saint-Vérand ; 26, la tour de Chavagneux, sous Mogneneins ; 27, Villars ; 28, Pont-d'Ain ; 29, Corveyssiat et, au delà, dans le pays de Gex et le bassin du Léman.

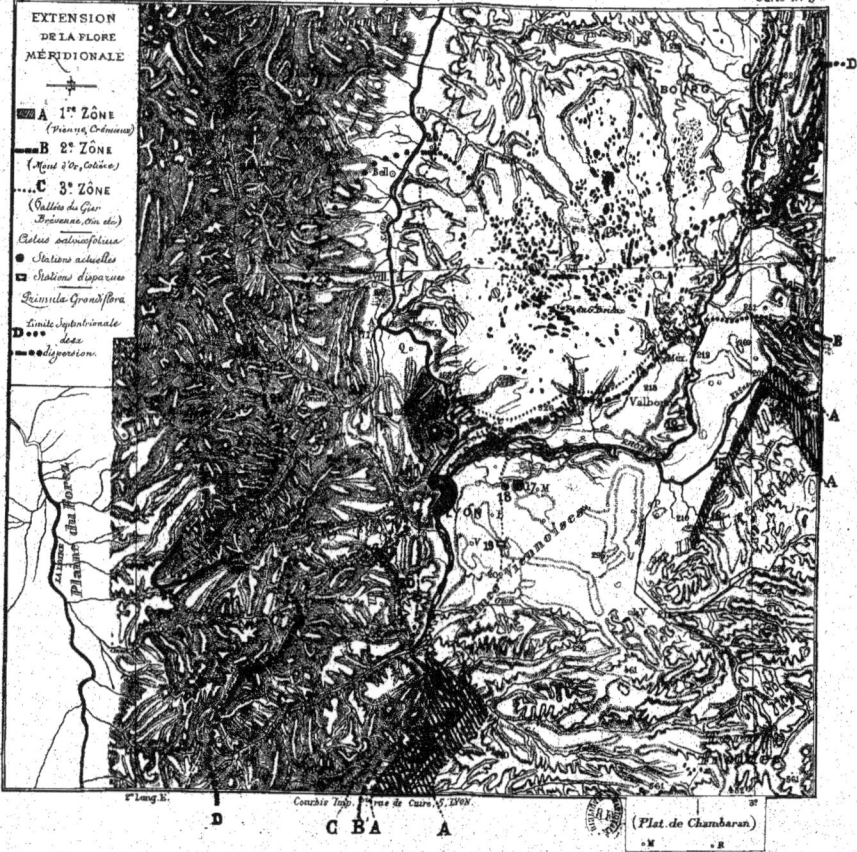

EXTENSION
DE LA FLORE
MÉRIDIONALE

A 1ʳᵉ ZÔNE
(Vienne, Crémieu)

B 2ᵉ ZÔNE
(Mont d'Or, Cotière)

C 3ᵉ ZÔNE
(Vallée du Gier
Brévenne, Ain etc.)

Coleus salviaefolius
● Stations actuelles
▢ Stations disparues
Primula Grandiflora

Limite Septentrionale
D••• d
de la
dispersion.

(Plat. de Chambaran)

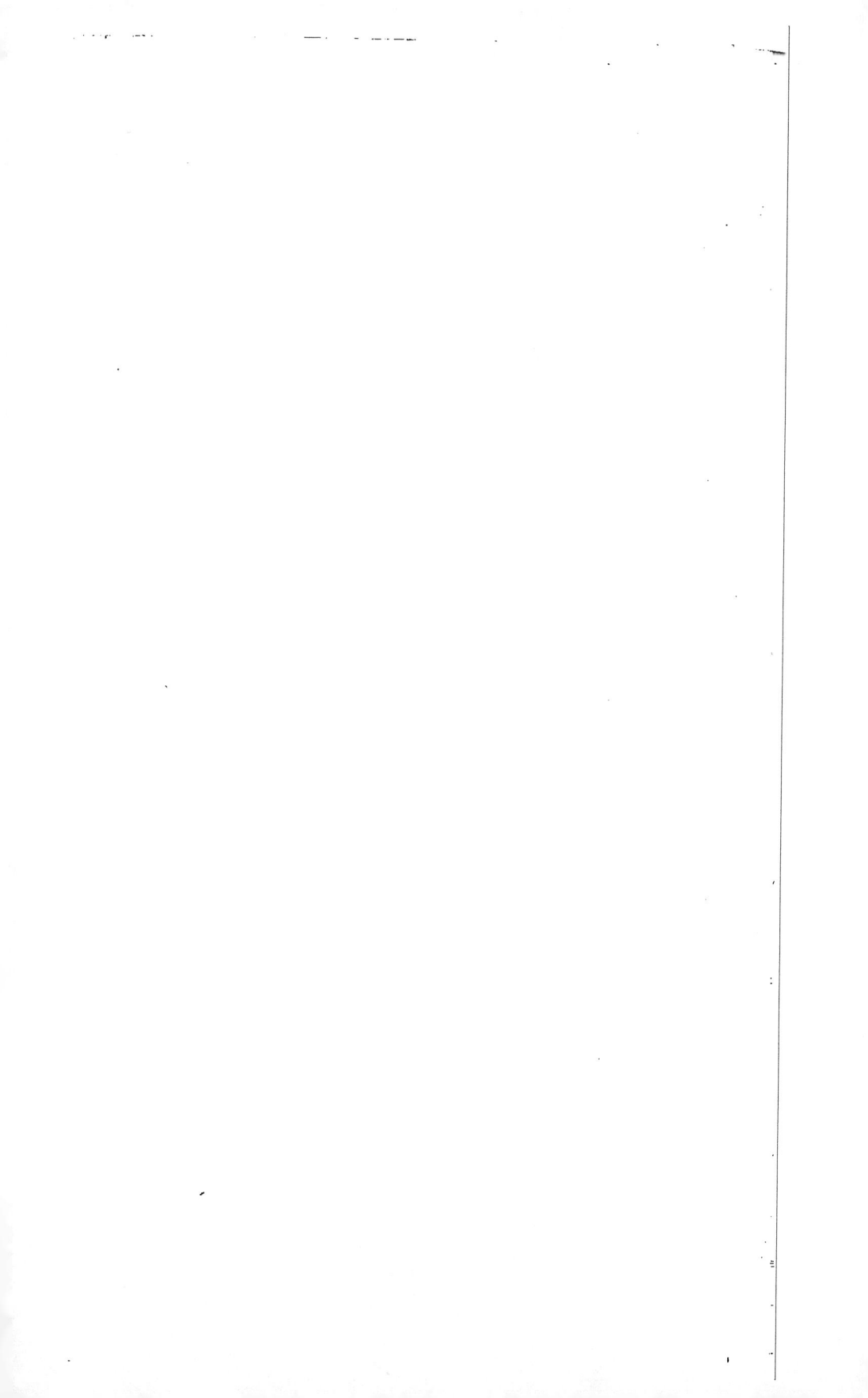

CARTE N° 6

EXTENSION DE LA FLORE OCCIDENTALE

CARTE N° 6. — **Extension de la flore occidentale dans le Lyonnais**.

———

A. LIMITE EXTRÊME (ORIENTALE) DES ESPÈCES OCCIDENTALES, s'avançant jusqu'au pied du Jura, dans la Bresse, la Dombes et les Terres-Froides.

(Voy. tir. à part, p. 224-228 ; *Annales*, t. XI, p. 196-200 : *Ranunculus hederaceus, Alsine segetalis, Sisymbrium supinum, Anarrhinum, Alisma ranunculoides*, etc.)

a Limite extrême de la dispersion des **Ulex europæus et nanus** ;

○ Stations principales des *Ulex*, dans la Dombes (Bourg, le Plantay, Sainte-Croix, les Échets, etc.), le Lyonnais (Alix, Écully, Francheville, etc.), le Bas-Dauphiné (plateau de Chambaran, etc.)

□ Stations des **Erica decipiens et cinerea**, postes avancés (avec Genève) de leur dispersion :

Erica decipiens : 1, Monchal (dans le bassin de la Loire) ; 2, Eyzin-Pinet ; 4, Roybons.

E. cinerea : 3, Montfalcon ; 5, Forêt de Saint-Serverin.

B. ESPÈCES OCCIDENTALES NE DÉPASSANT PAS LA SAÔNE ET LE RHÔNE.
(Voy. renvois indiqués pour *A*.)

○ **Peucedanum parisiense** L. (*P. gallicum* La Tourr.) : ne dépasse pas les Bas-plateaux beaujolais et lyonnais, vers l'Est ;

□ **Senecio adonidifolius** : pl. du Plateau central, dont l'aire de dispersion envoie des prolongements dans les monts du Beaujolais (à Saint-Rigaud. 6), — dans les monts du Lyonnais (à Izeron, 8 et accidentellement à Charbonnières et Tassin, 7), — dans le Mont-Pilat, 9 (accidentellement jusqu'à Givors).

+ **Sarothamnus purgans** : pl. du Plateau central, s'avançant dans le Forez et dans le massif du Pilat, au-dessus de Saint-Chamond (10) et au-dessus de Pelussin (11) ;

12. **Meconopsis cambrica** : station la plus orientale de cette espèce asturienne, à Saint-Rigaud.

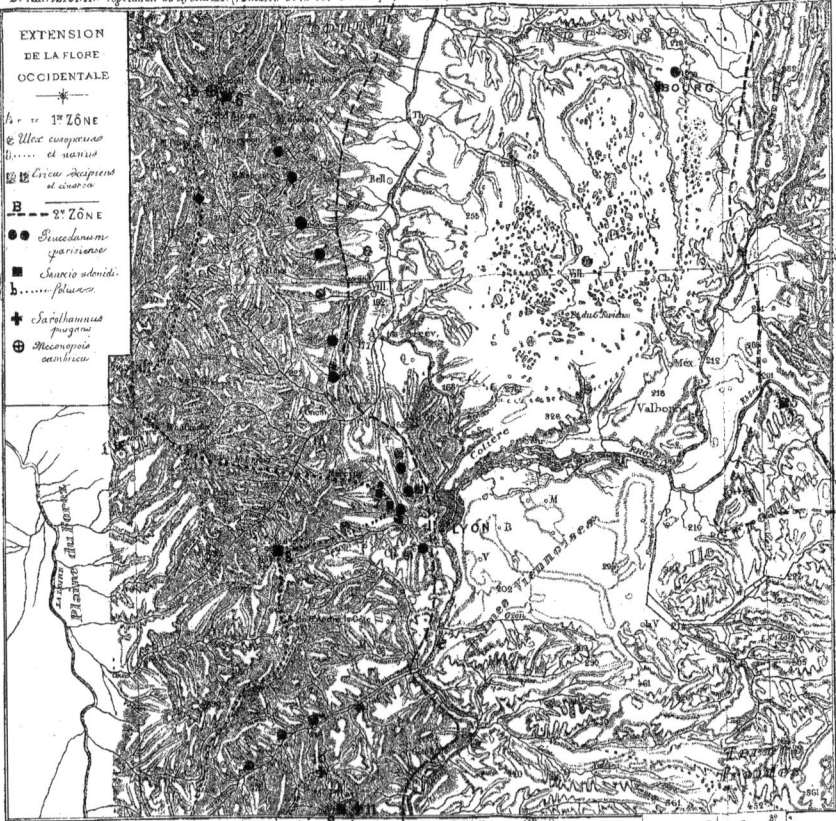

EXTENSION
DE LA FLORE
OCCIDENTALE

1re ZÔNE
Ulex europæus
et nanus
Erica scoparia
et cinerea

2e ZÔNE
Peucedanum
parisiense
Senecio adonidi-
folius
Sarothamnus
purgans
Meconopsis
cambrica

(Plat. de Chapharan)

CARTE N° 7

NATURE DU SOL

CARTE N° 7. — Nature du sol.

I. ROCHES EN PLACE (teintes plates).

   1° *Siliceuses* ou *silico-alumineuses* (rose) :
      Gneiss, micaschistes, granites anciens des Bas-plateaux lyonnais ;
      — leurs affleurements au pourtour des Coteaux du Rhône.
      Granites syénitiques, porphyroïdes, etc. des monts du Lyonnais et
        du Beaujolais.
      Porphyres des monts de Tarare et du Beaujolais, etc.
      Schistes amphiboliques et chloriteux des vallées de la Brevenne, de
        la Turdine, etc.
      Schistes carbonifères, etc. du Beaujolais.
      Grès du trias, dans le Beaujolais et le Mont-d'Or.

   2° *Calcaires* (bleue) :
      Roches calcaires triasiques, liasiques et oolitiques inférieures du
        Mont-d'Or, du Beaujolais et du plateau d'Oncin ; cf. Ile de Cré-
        mieux, Bugey, etc.
      Cf. Molasses calcaires de Sain-Fonds ;
      Poudingues des Coteaux du Rhône (de Trévoux à Lyon et Mont-
        luel ; Demi-Lune, Oullins, Beaunant, etc.).

II. TERRAINS DE TRANSPORT (figurés divers, traits, cercles).

   3° *A prédominance siliceuse* ou *argilo-siliceuse* (roses) :
     a. Boue glaciaire de la Dombes   } (traits horizontaux)
        Molasses des Terres-Froides
     b. Alluvions glaciaires et récentes de l'Azergue } (cercles)
        Alluvions glaciaires alpines.

   4° *A prédominance calcaire* (bleus) :
      Lehm de la vallée de la Saône, du bord du Plateau bressan, de la
        base du Mont-d'Or, etc. (traits obliques).
      Alluvions glaciaires, poudingues des Coteaux, etc. (cercles).

   5° *Mixtes*, calcaires ou siliceux par places (traits et cercles roses et bleus
      superposés).
      Lehm épuisé ; — Alluvions glaciaires des Coteaux et des plaines du
        Bas-Dauphiné, etc.

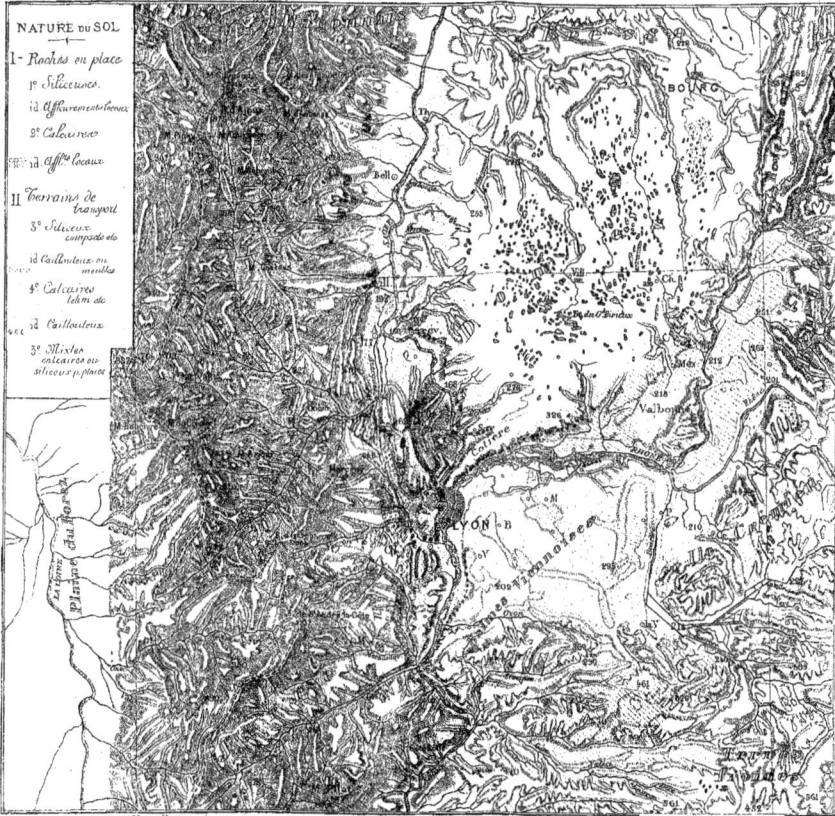

NATURE du SOL

I- *Roches en place*

  1° *Siliceuses.*

  id *Affleurements locaux*

  2° *Calcaires*

  id *Affl.ts locaux*

II *Terrains de transport*

  3° *Siliceux composés etc*

  id *Caillouteux ou meubles*

  4° *Calcaires lehm etc*

  id *Caillouteux*

  5° *Mixtes calcaires ou siliceux p. places*

BOURG

LYON

(Plat de Chambaran)

2° Long. E.

Couzhis Imp. Pte rue de Cuire, 8, LYON.

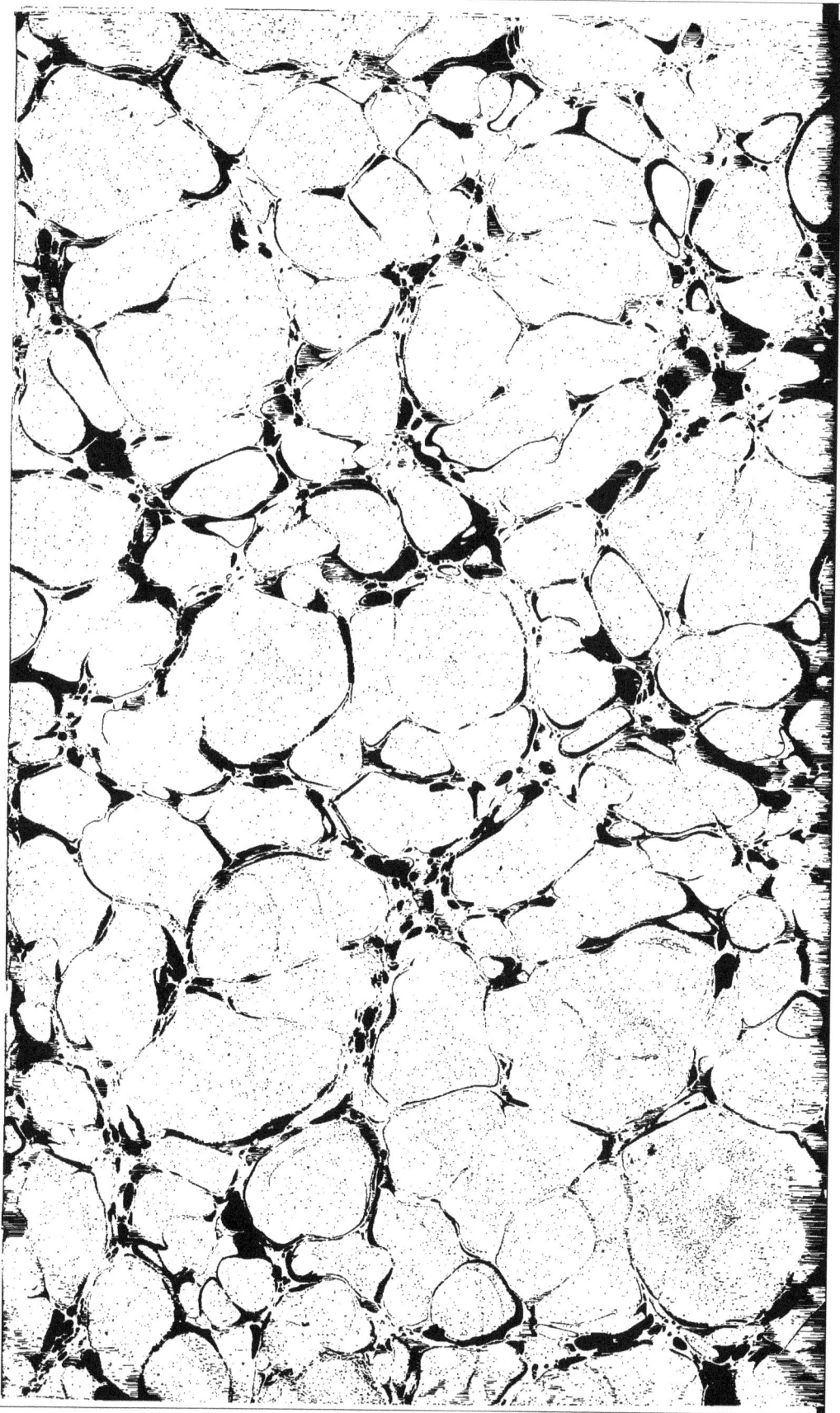

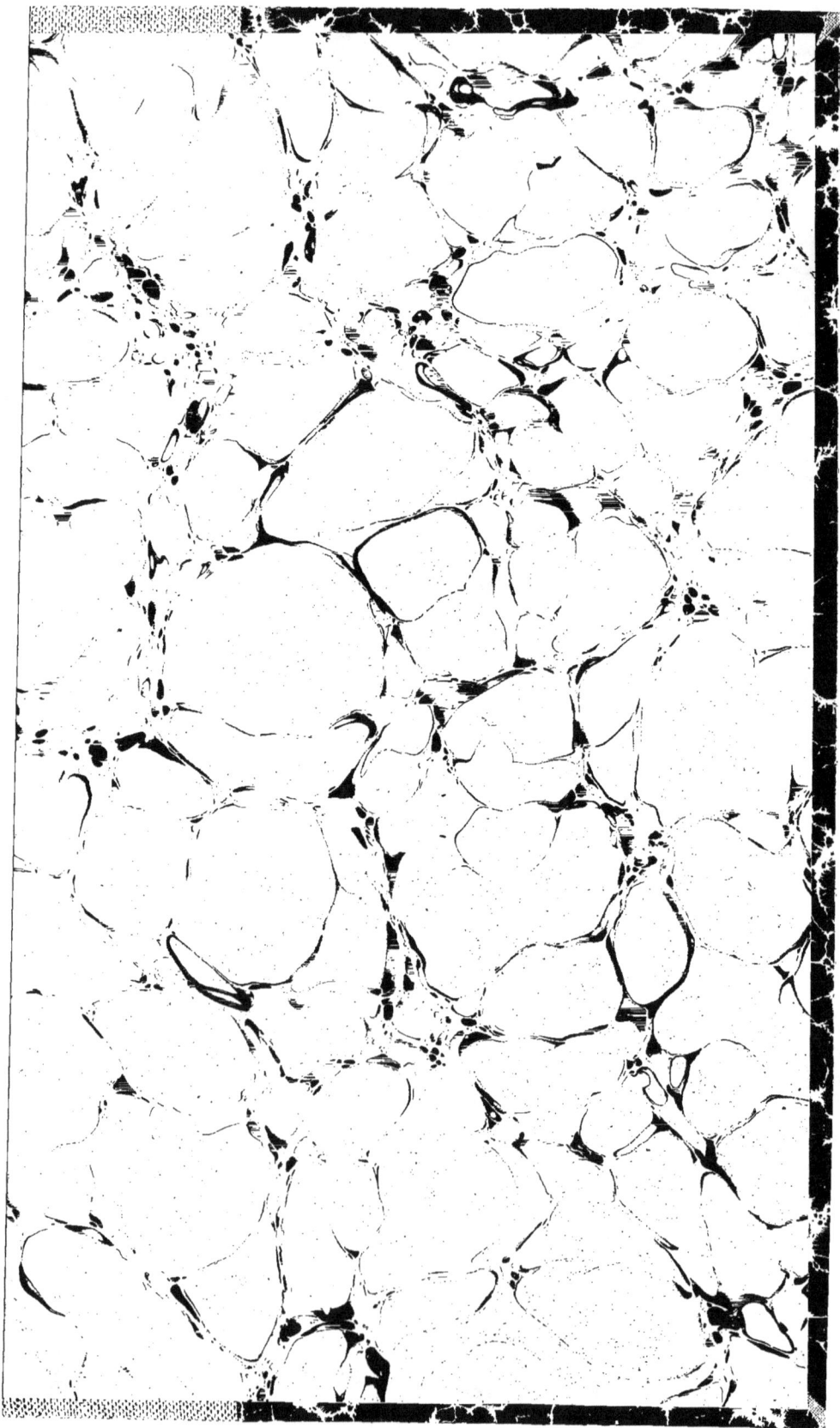

BIBLIOTHEQUE NATIONALE DE FRANCE

3 7531 03287414 2

www.ingramcontent.com/pod-product-compliance
Lightning Source LLC
Chambersburg PA
CBHW031344210326
41599CB00019B/2643